系统工程：

分析、设计与开发

下　册

System Engineering

Analysis，Design，and Development（Second Edition）

[美] 查尔斯·S. 沃森（Charles S.Wasson） 著

牛文生 牟 明 田莉蓉 陆敏敏 等 译

上海交通大学出版社

SHANGHAI JIAO TONG UNIVERSITY PRESS

目 录

第Ⅲ部分　分析决策和支持实践

21 需求派生、分配、向下传递和可追溯性

系统性能规范（SPS）的制定通常只代表大型复杂系统的多层次需求的一小部分。系统工程师面临的挑战是：如何建立使系统开发商能够创建零件层设计的低层规范？

本章介绍需求派生、分配、向下传递和可追溯性实践，使我们能够创建基于规范的系统需求层次。然后讨论需求派生、分配和向下传递等术语。最后探讨如何推导需求，并选定需求推导方法以及如何应用该方法。

21.1 关键术语定义

（1）子需求（child requirement）——一个语境相关术语，表示从上一层抽象的“父”需求派生出来并有助于实现该“父”需求的需求。

（2）叶级需求（leaf level requirement）——特定能力的最低层派生需求，可被分配至并向下传递至下一层实体。

（3）辅助性能影响因素（contributory performance effector）——影响系统、产品或服务总体结果和性能的关键参数，用技术性能参数（TPP）和性能度量（MOP）来表征。

（4）父需求（parent requirement）——一个语境相关术语，表示需要被精化或细化为两个或更多个下一层“子”需求的抽象需求。

（5）需求分配（requirements allocation）——将实现需求的责任分配给至少一个或多个低层系统元素（如设备、人员和设施或这些元素内的实体）的过程。

（6）需求派生（requirements derivation）——将抽象的父能力需求分解或

细化为低层基于行为的子需求的过程。有条件地完成衍生的子需求集（兄弟姐妹需求）即圆满完成了父能力需求。

（7）需求向下传递（requirements flow down）——将实现需求或部分需求的责任指派给低抽象层次的过程，如系统到产品、产品到子系统等。

（8）需求测试（requirements testing）——按照一组预定义的需求开发标准，评估需求陈述的内容和质量的过程。其目的在于确定需求是否具体、可测量、可执行、现实、可测试、可验证和可追溯（原理 22.3），以及是否完整、一致、明确。

（9）需求可追溯性（requirements traceability）——建立最低至最高抽象层次系统/实体与高层用户源需求或原始需求之间自下而上的规范需求联系。

（10）需求验证（requirements verification）——由系统开发商或系统购买者使用检查、检验、分析、演示、测试等验证方法进行的活动，旨在根据对工作成果、物理实体、测量数据、质量记录（QR）等客观证据的审查，证明符合规范需求。

（11）需求确认（requirements validation）——由利益相关方（系统购买者、用户、最终用户和系统开发商）执行的一项活动，确保规范需求完整、准确、精确地定义和界定可解决全部或部分用户预期运行需求（即问题空间，见图 4.7）的解决方案空间。

（12）可追溯性（traceability）——“识别开发过程中各种工件之间关系的能力，即需求谱系、设计决策与相关需求和设计特征之间的关系、对设计特征的需求分配、测试结果与原始需求来源之间的关系”（海军系统工程师指南，2004：171）。

21.2 引言

本章开始部分为需求派生、分配、向下传递和可追溯性的介绍性概述，介绍理解具体实践所需的关键术语和概念。

基于这些概念，我们探讨如何使用用例线程分析（UC thread analysis）来推导需求。尽管人们经常认为需求派生是有关“潜在派生需求可能是什么”的临时头脑风暴会，但是我们还是说明了用例和用例线程分析是如何提供分析方法，从而使我们能够实际推导出需求。然后，再到更复杂的情况，说明如何使用代表用例的系统层能力需求来推导出可以跨子系统规范边界分配的低层次需求。

这些讨论描述了需求派生、分配和向下传递的分析方法和机制。现实情况是：用户运行需求文件（ORD）和能力开发文件（CDD）或系统购买者系统需求文件（SRD）应基于有效性度量（MOE）、适用性度量（MOS）及其各自的性能度量（MOP）（第5章）。因此，下一步是讨论如何推导、分配并向下传递系统性能规范有效性度量、适用性度量和性能度量需求至低抽象层次规范。

本章最后讨论需求派生、分配、向下传递和可追溯性方面的专题。

21.3 需求派生、分配、向下传递和可追溯性简介

需求派生是工程师常用的词汇。然而，似乎很少有人真正理解推导需求究竟需要什么。如果你问工程师他们是如何推导需求的，他们可能会漫不经心地回答“我刚刚做了”，就好像有一些模糊的、不可思议的公式只有他们才能明白。第20章中讨论的多层次基于特征方法制定的规范和图20.3文字说明中举例说明的规范就是这一点的客观证据。那么，什么是需求派生呢？

需求派生是将抽象的父能力需求陈述精化或细化为一组低层子能力需求的过程。这个过程类似于光学棱镜分解白光的光谱带，如图21.1所示。推导过程完成后可得出系统/实体的多层次需求层级，如图21.2所示。

需求层级简单地示意了需求的网状结构。虽然图中未显示，但需求网格被分割成了最高层的系统性能规范，而在较低的抽象层次，由低层实体开发规范支撑。规范的层级形成系统的规范树（见图19.2）。

需求层级不仅仅是需求派生，相关示意见图21.2。注意在层级结构中的语境中父子关系。从语境来看，在层级结构中某层的子需求是下一分解层次的“父”需求。

将抽象父需求推导成两个或更多个子需求的过程意味着，如果满足子需求，那么也满足更高层级的父需求。两个关键点：

（1）自下而上：每个子需求及其兄弟需求有条件地帮助实现父需求。也就是说，子需求表达了父需求是如何实现的。

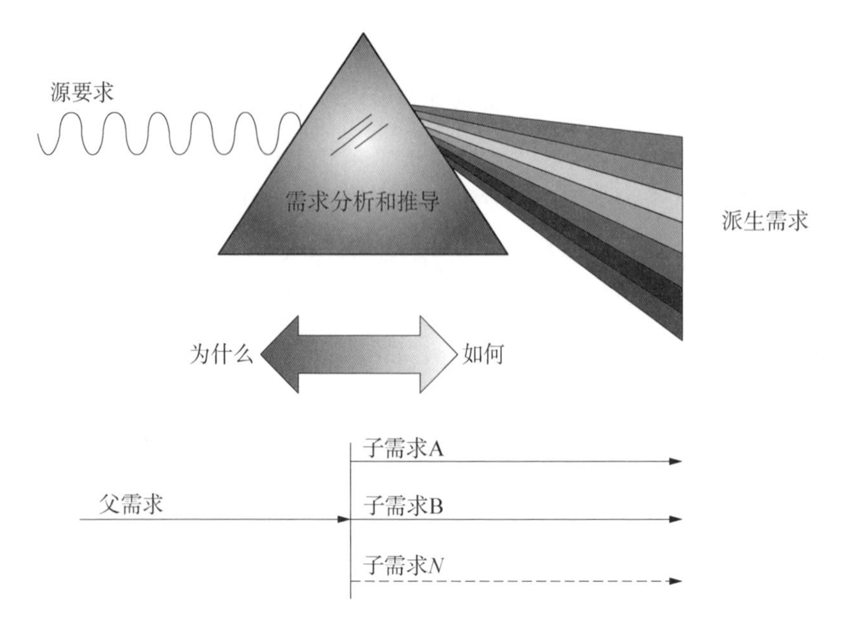

图 21.1　需求派生的光学棱镜示意图解

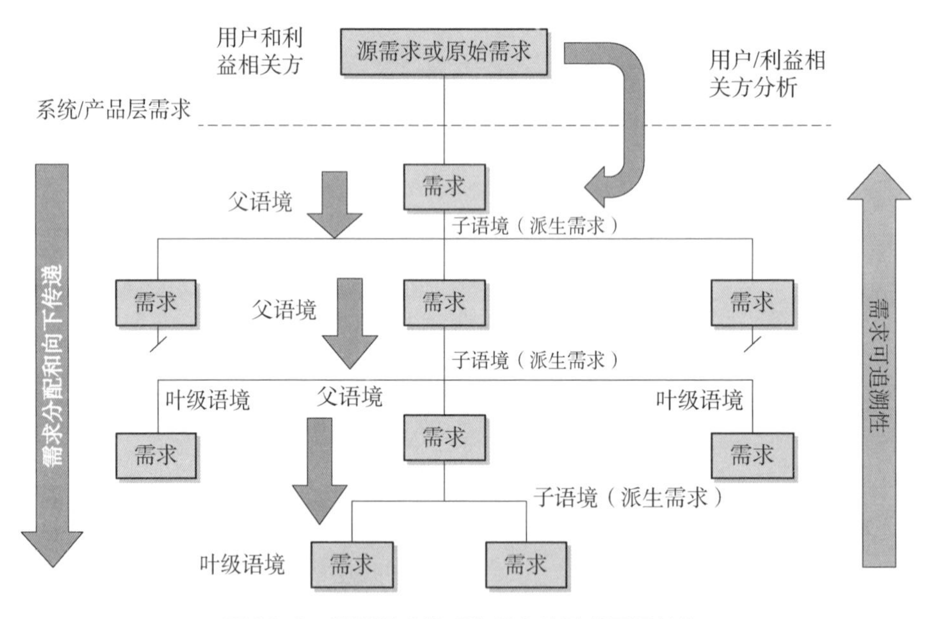

图 21.2　说明需求谱系和语义的需求层级结构

(2) 自上而下：每个语境中的父需求都有条件地表达为什么会存在子需求。

请注意“自下而上”一点中“有条件地”这个术语的使用。有几种方式来有条件地实现子需求：分别实现、按顺序实现或同时实现。

这就引出了一个关键问题：怎样得知何时停止推导需求？

高层次的需求可以很好地表达必须完成的任务。然而，他们的抽象性不足以将其分配给下一个抽象层次的架构实体。例如，“汽车质量不得超过两千磅”代表抽象需求。这两千磅，应该给车架、车身、发动机等分配多少？我们必须将两千磅的质量需求（问题空间）划分成可以直接分配（指定）给车架、车身、发动机等的解决方案空间。可以分配给架构实体的最低层次需求被称为叶级需求。

总结图 21.2，按照语境下的父子关系，用户的源需求或原始需求被分解或细化到多个层次。抽象需求的细化自上而下持续进行，直到叶级需求可以直接分配（指定）给逻辑架构能力或物理实体为止。

然后，将自上而下层次结构中的每个子需求链接（追溯）到其更高层次的父需求，直至达到用户的源需求或原始需求。

这个过程貌似比较简单。究其原因是这个过程代表了功能分析的基本内容。我们认为功能分析和需求推导具有相关性，但不足以进行需求推导。功能分析的不足之处在于，侧重于推导子功能这项相对简单的工作，而不是推导能力。也因此将确定各能力需求的性能度量值这项真正困难的工作推迟到了系统设计进行之时。要做出明智的决策，需要进行广泛的分析、折中研究、建模与仿真以及原型制作。那么，这是如何实现的呢？

观察图 21.3 的左侧。系统工程宣传是指“将系统性能规范的需求传递到更低的规范层”。但这是企业高管、经理和工程师经常会有的误解。不为人知的“幕后”故事发生在系统工程流程模型和决策支持流程中。

系统工程师利用沃森系统工程流程模型的迭代和递归特征（第 14 章）来了解用户的问题和解决方案空间，以及开发需求域解决方案。需求域解决方案是基于系统架构进行的需求推导、分配和向下传递的实践来开发的。如果需要深入开展分析、折中研究、建模与仿真以及原型制作等工作，系统/产品开发团队（SDT/PDT）会为决策支持流程分配任务。

决策支持提供定量分析、数据和建议，用于从系统性能规范到产品开发规范的需求推导、分配和向下传递。随后，这些需求被分配并向下流向硬件构型项（HWCI）硬件要求规范（HRS）和/或计算机软件构型项（CSCI）软件要

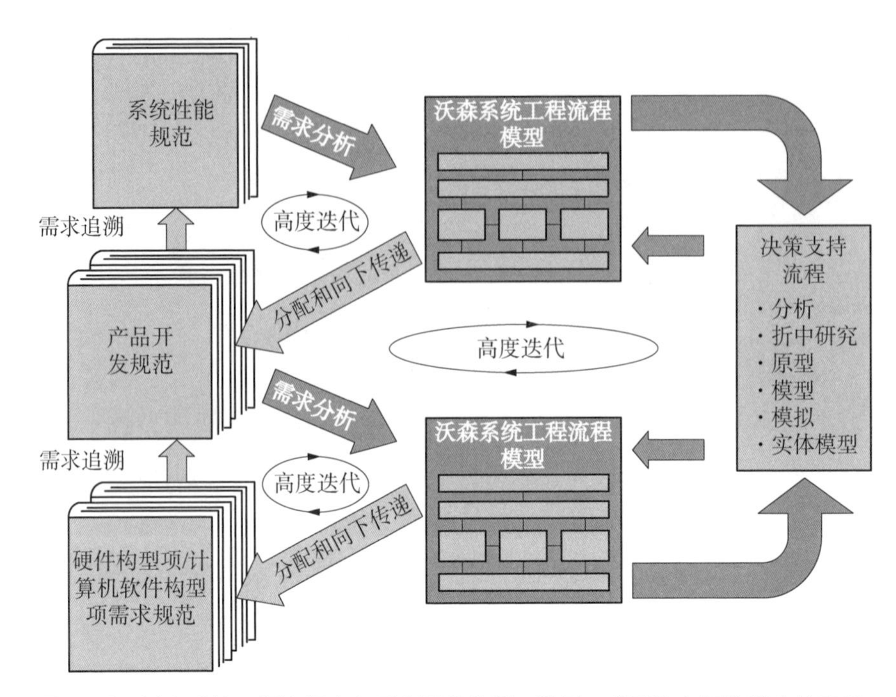

图 21.3　沃森系统工程流程在多层次需求分析、推导、分配和向下传递中的应用

求规范（SRS）。基于关系数据库的需求管理工具有助于需求分配、向下传递过程、需求可追溯性、验证方法的指定等工作，并支持需求指标的跟踪。

21.3.1　需求推导的总体约束

原理 21.1　用户想要、需要、负担得起和愿意支付原理

推导系统/实体需求时，请了解：

(1) 用户想要（want）什么。

(2) 用户需要（need）什么。

(3) 用户负担得起（can afford）什么。

(4) 用户愿意为什么支付费用。

从学术上可以推导出无数个解决方案空间需求来解决全部或部分问题空间。但是在天真地沿着这条路走下去之前，有两个现实情况制约着这个过程：①只需要确定必要和充分的基本需求（原理 19.7）；②用户想要的、需要的、负担得起的和愿意支付的需求。后一点的说明见图 21.4。阅读后面的章节时，要注意这些现实情况。

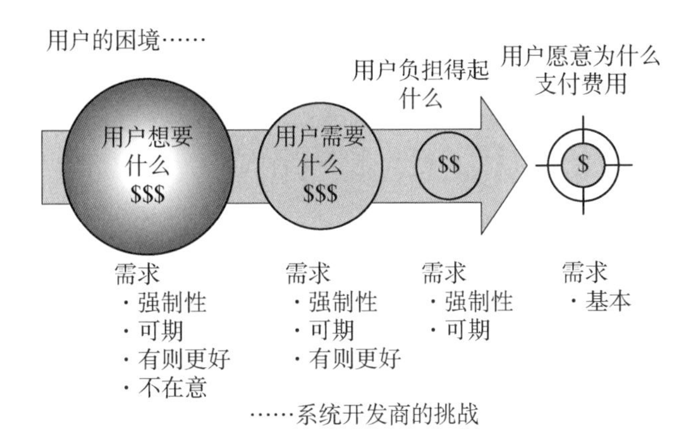

图 21.4　需求推导的总体约束——用户想要什么、需要什么、负担得起什么和支付意愿

21.3.1.1　有多少需求是“基本的”?

系统工程师很纠结一个问题：究竟需要多少个需求来定义系统/实体？没有具体的指导方针或规则，只有训练有素的和丰富的经验。规范质量不是用需求的数量来衡量的。相反，问题应该是：在不发生过度定义或不充分定义的情况下（原理 19.7），需要定义怎样的基本任务或系统能力？

吓人吗？是的。再仔细想想！每一层需求都增加了约束、复杂性、成本和进度风险，限制了系统开发商创新和实现更低成本、实施进度和风险的灵活性和选择。

一个理想的规范应该有多少需求？假设答案可能是一个需求，但是只有一个需求的规范实用性很有限。我们可以说，一个适当编制的规范是有最少数量基本需求的规范。这使得系统开发商能够灵活地选择最佳解决方案，并对其进行验证和确认，来满足用户的操作能力和性能需求。

我们是如何实现这种完善规范的？答案可以在性能规范中找到。性能规范使系统工程师能够将系统视为一个有输入和输出的“黑盒”（见图 20.4），其目的是限定和界定系统、产品或服务在规定的运行环境下，特定场景和条件下的行为。这可以通过有效性度量（MOE）和适用性度量（MOS）来实现。有效性度量和适用性度量都有支持性的性能度量（MOP）指标（见图 20.1 和图 20.2）。性能度量构成了推导满足规范要求的系统能力的基础。通过将系统/

实体的特征作为“性能边界”，我们避免了指定如何设计系统。

但在“性能边界”层级限定系统/实体还存在一个问题：如果允许以过大灵活性的方式制定性能规格，那么可能会得出不可接受的结果，尤其是对系统购买者而言。这给系统开发商带来了挑战，确定或者解释系统/实体将提供什么基本能力以及各项能力执行得怎么样。这有利也有弊，具体取决于你的角色是系统购买者还是系统开发商/分包商。由于用户可能不认为所有能力都具有相同的价值和优先级，特别是在预算有限的情况下，因此用户的优先级顺序表可能与系统开发商的优先级顺序表不同。*

根据合同类型的不同，系统开发商也希望在优化盈利能力的同时将技术、成本和进度风险降至最低。因此，除非双方都愿意为代表“双赢”的最优解决方案而努力，否则在这些优先顺序观点上可能会出现冲突，企业目标可能需要调整。

我们如何解决这个难题呢？系统购买者可能不得不指定额外需求来更明确地确定关键能力、性能水平以及优先顺序。面临的挑战也就变成了：系统购买者在什么层次停止指定需求？最终，根据预算因素，系统购买者可能会过度定义或不充分定义系统。

那么，需求的最佳数量是多少？这并没有简单的答案。但从概念上讲，我们也许能够在下一个主题“最佳系统需求概念”中描述答案。

21.3.2 最佳系统需求概念

坊间数据表明，可以构建一个概念性的曲线图来说明规范需求的最佳数量。为了说明这个概念，请思考图 21.5 所示的图形。

图 21.5 中包含一条带有三根曲线段的图形曲线。为了便于讨论，我们把每个区段下的空间标为一个区域。从 *X* 轴与 *Y* 轴相交处开始，在最高层级识别的每个合法需求都提高了系统定义达到理论最佳水平的充分性。我们将 1 区称为“系统定义充分性提高区”。这个理论点是曲线斜率的拐点。

在拐点处，应该有一个最佳的需求数量。假设此处需求的数量在技术上应是必不可少的（必要和充分），用以指定具有期望能力和性能水平的系统/实

---

* **系统购买者和系统开发商不同观点的分歧**

请记住，用户感兴趣的是优化能力和性能，同时最大限度地降低技术、成本及进度开发成本和风险。

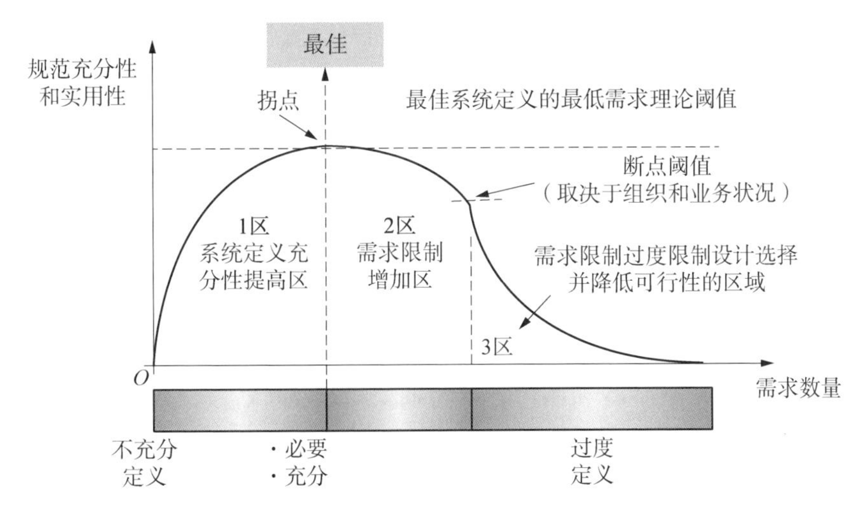

图 21.5　最佳基本需求概念

体。在这个层级，需求至少足以定义和界定用户的预期操作需求。

拐点之后是 2 区——增加需求限制。如曲线的斜率所示，可以增加需求，但代价是过度定义。每一项附加需求都限制了系统工程设计选择，并且可能增加技术、成本、进度、工艺和支持风险。

随着需求数量继续向右增加，最终到达了 3 区的断点，在这个区域内需求变得过于严格。因此，这些需求过度限制了系统工程设计选择，并严重限制了系统的可行性。当这种情况发生时，通常会发生两件事：

（1）解决方案#1——系统购买者在建议书草拟阶段发现这个问题，并决定根据潜在报价人的意见，取消一些因技术、成本、进度、工艺和支持成本及风险过高而产生的需求。

（2）解决方案#2——如果系统购买者不予以取消，你可能会选择不出价，这有一定的潜在意义。

这里描述的挑战不是系统购买者所独有的。这个问题同时也是对系统开发商的挑战，不仅仅是在系统层，还针对低层的规范。除了进度和风险影响之外，每层的每个需求都有实现成本和验证成本。这影响了系统开发阶段的系统工程设计、部件采购和开发以及系统集成、测试和评估流程（见图 12.2）。

这个概念是否回答了“规范需求的最佳数量是多少”这个问题？没有。但还是说明了一些应当作为重点的假设条件（拐点和断点）。总之，规范制定

需要更多的洞察力，而不是简单地将临时需求写入规范大纲。你需要考虑究竟需要什么，以及对系统开发商的潜在影响。

21.3.3 理解如何推导规范需求

由系统/实体能力缺口、产品过时、外部威胁、关键运行和/或技术问题等产生的用户运行需求代表的抽象问题空间很难直接解决，特别是对于中大型复杂系统而言。但我们可以通过将其划分（细化）成更小、更易管理、风险更小的部分来解决（原理 4.16 和图 4.7）。将抽象问题空间划分为更细的细节层次，使我们能够界定和定义不同抽象层次的解决方案空间需求，最终得出派生需求的层级结构（见图 21.2），这些需求可以追溯到用户的源需求或原始需求。

21.3.4 理解系统需求层级结构

系统性能规范需求通常从面向用户任务的高层要求陈述开始。然后将这些高层陈述细化成连续的低层需求，明确地阐明、定义和界定高层需求的意图。实际上，会得到类似于图 20.3 所示的需求层级结构。请注意，采用低层需求加数字的惯例来标记各个需求，说明需求的谱系及对高层需求的可追溯性。请思考以下示例。

示例 21.1 实体编号惯例

父能力需求 R1 有三个子兄弟能力需求 R11，R12 和 R13（见图 20.3）。标记惯例只是在各需求的最右边加一个数字，数字顺序从“1”开始。因此，你可以通过解码数字序列来跟踪各派生需求的谱系和后代。需求 R31223 的谱系基于以下分解“链”：R3→R31→R312→R3122→R31223。*

系统任务代表最高层次的需求，如图 11.1 和图 20.3 所示。采用三个高层能力需求 R1、R2 和 R3 来确定任务范围，界定并描述任务。当单个需求（如 R12、R32 和 R33）有效地结束分解链，表明需求可直接分配给单个实体（如子系统或组件）且无须进一步推导时，术语“叶级需求”即可使用了。

* **MOE 和 MOS 可追溯性**

图 20.3 所示的层次结构是理想的层次结构，也就是说，所有需求都与高层需求相一致。出于讨论的目的，我们将这个图简单限制在一般需求上。所有需求源于系统和任务目标层的有效性度量、适用性度量和性能度量（MOP）（第 5 章），且必须可追溯至这些度量。

21.4 需求派生方法

我们可以用如图 21.6 所示的简单构造来说明需求推导的方法。这个例子中，假设子系统 A 的开发规范包括基于用例的能力需求 A11，该需求界定并定义了以毫伏为单位显示传感器测量值的能力。基于用例分析，需要完成三个连续的动作：①收集传感器数据；②处理数据；③显示结果。基于这些动作，我们将各用例步骤转换成能力需求 A_111、A_112 和 A_113。

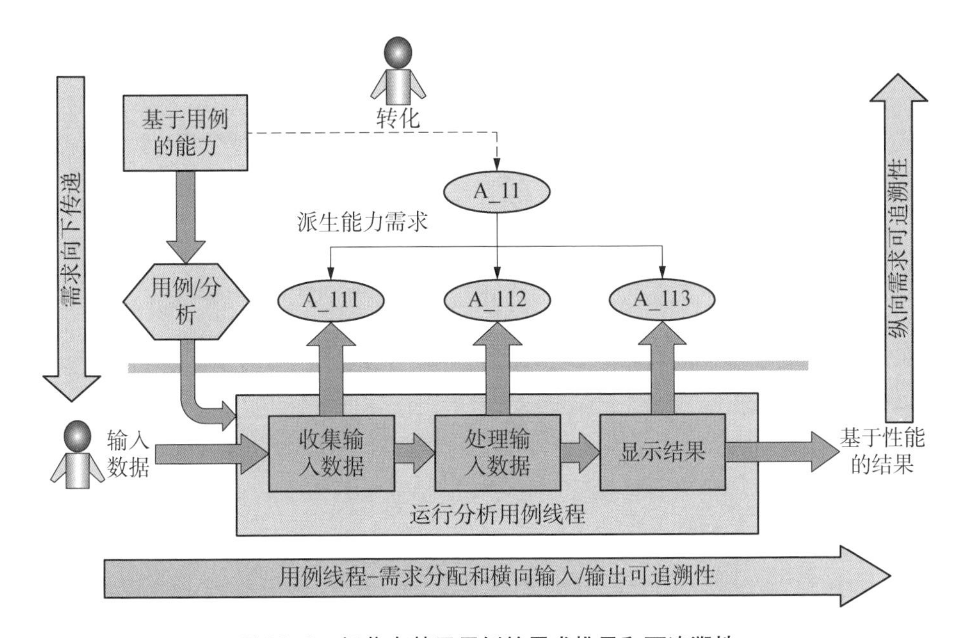

图 21.6　规范内基于用例的需求推导和可追溯性

请注意，这个例子为在单个规范内派生能力需求提供了示例。现在，假设我们有一个必须跨几个子系统实现的系统层需求，且每个子系统都有自己的实体开发规范。

在规范中，需求派生只是将每个抽象需求细化到更低的层次。例如，思考抽象需求 A_111 收集输入数据，"输入数据"的来源是什么？因此，由于需求 A_111 代表一种能力，其用例线程可能包括收集传感器#1 数据、收集传感器#2 数据，依此类推。其中的每个任务都会成为派生需求，如 A_1111、A_1112 等。然后将每个需求分配给监控各传感器的子系统 X。

下面我们将前面示例的复杂性扩展到系统层系统性能规范。

21.5 跨实体边界的需求派生和分配

假设有一个系统层能力需求 SYS_11，如图 21.7 所示。系统开发团队分析需求，执行用例分析，并在系统性能规范内推导出子需求 A_11 和 B_11。此时系统开发团队没有将需求 A_11 和 B_11 分配给子系统 A 和子系统 B。我们将它们分别指定为 A_11 和 B_11，标识各个需求的唯一性。

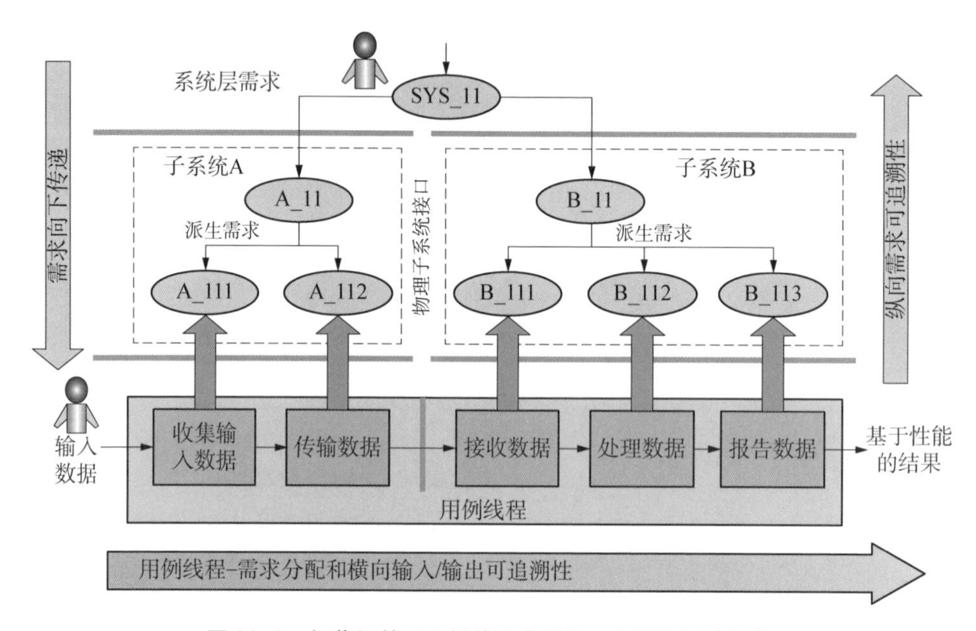

图 21.7 规范间基于用例的需求推导、分配和可追溯性

用例分析表明，需求 A_11 和 B_11 还需要进一步推导。这就引出一个有趣的问题：你怎样得知规范中的需求应该进一步推导？**答案是：**当需求太抽象而无法实现时。这就引出了一项关键原理。

原理 21.2 需求分配和向下传递原理

相关系统规范的需求应推导到这样的水平，即允许将每个需求直接指派、分配和向下传递给相关系统架构中的可以物理实现的特定实体。

在不考虑需求 A_11 应该分配给子系统 A 还是子系统 B 的情况下，我们在图的底部构建了用例线程。基于用例线程分析，系统工程师可以：

（1）根据**父**需求 A_11 推导出**子**需求 A_111 和 A_112。

（2）根据**父**需求 B_11 推导出**子**需求 B_111、B_112 和 B_113。

由于这些需求可以物理实现，我们将它们分配给系统架构中的子系统 A 和子系统 B，并将它们向下传递给各自的子系统 A 和子系统 B 实体开发规范（EDS）。

分配后，**就系统需求 SYS_11 预期完成的任务而言，这意味着什么？**这意味着，如果想要实现系统层需求 SYS_11 所规定的基于行为的结果，子系统 A 必须满足需求 A_11 并将结果（成果）提供给子系统 B，子系统 B 必须满足需求 B_11 并产生最终结果（成果）。

子系统 A 和子系统 B 是如何分别物理实现需求 A_11 和需求 B_11 的？

（1）子系统 A 通过物理实现需求 A_111 和 A_112，符合并满足需求 A_11。

（2）子系统 B 通过物理实现需求 B_111、B_112 和 B_113，符合并满足需求 B_11。

举例说明如下。

示例 21.2　用例线程：能力需求派生

假设有一个简单的系统，含一个遥感器（子系统 A）。如图 21.7 所示，遥感器收集输入数据，并将其传输至中心端（子系统 B）。

（1）中心端（子系统 B）接收并处理数据，生成报告。因此，遥感器开发规范必须说明遥感器收集数据（需求 A_111），并且将数据传输到中心端（需求 A_112）。

（2）中心端开发规范包括需求用例线程的剩余部分，用以接收数据（需求 B_111），处理数据（需求 B_112），并且报告数据（需求 B_113）。

21.5.1　有效性度量

第 20 章给出了一个规范大纲模板。对大纲的简要讨论指出，第 3.2 节“运行性能特征”（见表 20.1）规定了表示用户成功度量的有效性度量。请注意，术语“运行”和在任务运行中的含义一样。为了说明是如何记录有效性度量的，请思考如图 20.2 所示的例子。

图中说明了将乘客从一个城市运送至其他城市的航空公司任务。请注意，我们将任务分为多个阶段，每个阶段都有一个或多个有效性度量。每个有效性

度量都应由两个或两个以上的性能度量（MOP）支持。例如，当飞机着陆时，停航时间对“准时性”至关重要。因此，我们用 $t=\times\times$ 分钟的性能值来确定停航有效性度量。

为了达到有效性度量指标，我们需要确定有助于达到有效性度量的性能度量。这需要清洁飞机、装载餐饮用品、给飞机加油、执行维护检查、装载乘客等的性能度量。所有这些因素都和整个系统架构和设计相关。请注意发生了什么：我们混杂了飞机系统（系统性能规范规定的）与航站楼登机口装载系统（含廊桥），它们是飞机系统—任务系统的使能系统。

基于我们的有效性度量分析和性能度量推导，可以利用如图 20.2 所示的任务运行阶段结构编制系统性能规范第 3.2 节“运行性能特征”。图 21.8 所示的例子说明了如何填充第 3.2 节。

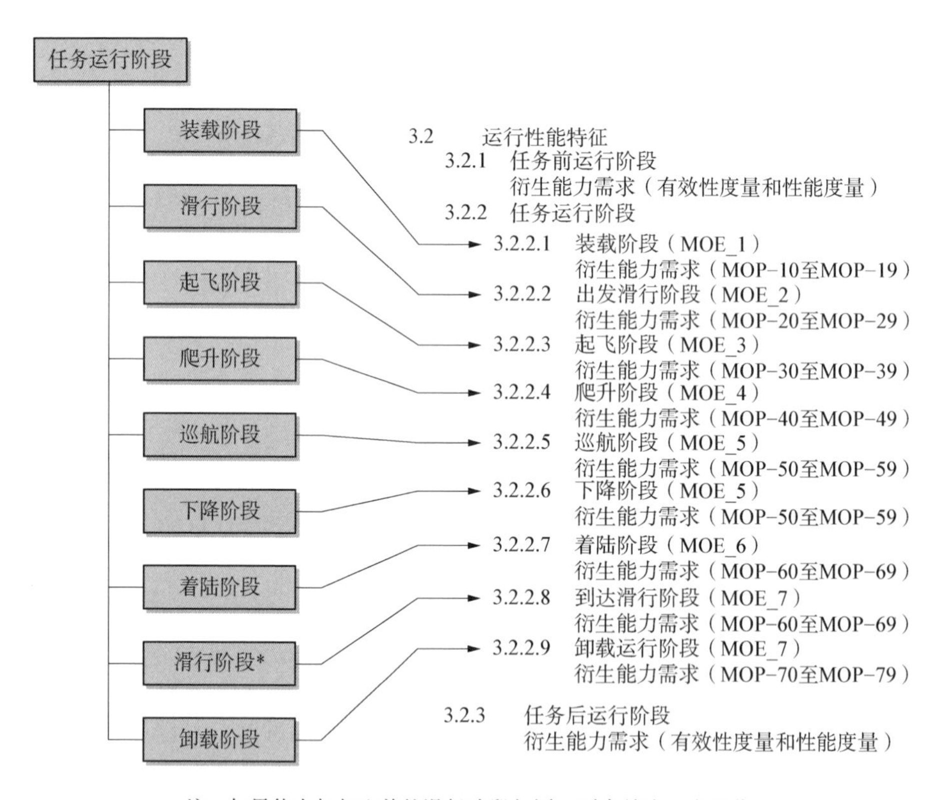

注：如果能力与起飞前的滑行阶段相同，则合并成一个段落。

图 21.8 举例说明图 20.2 任务生命周期有效性度量如何为规范第 3.2 节“运行性能特征”（表 20.1）提供依据

21.5.2 需求派生的组成

前面讨论将需求作为“标的物”来推导的概念。需求有两个属性：①要达到什么结果；②达到得怎么样（原理 19.6）。第 2 章和第 14 章讨论了功能分析的谬误，因为功能分析的侧重点是“什么”，是比较简单的部分。需求派生的难点在于决定如何将性能分配给派生需求。

格雷迪（2006：59-60）确定了三种基本的性能分配方法：①等价分配；②分摊分配；③综合分配。由于这些主题是性能预算和安全裕度的关键点，我们将在第 31 章（第 31.2.2 节）中再行讨论。

对需求派生的讨论就到此为止。现在，我们把注意力转移到支持需求派生的需求分配方法上。

21.6 需求分配

随着需求派生过程的进行，系统开发团队或产品开发团队采用系统工程流程开始调研运行域、行为域和物理域解决方案的初步架构，如图 14.1 所示。但许多人认为要先建立需求，再进行设计开发。这是错误的。现实情况是随着需求向每个层级的分配和向下传递，系统设计解决方案也在同时发展。

21.6.1 需求分配概念

图 21.9 所示为需求分配过程概览。系统性能规范定义了我们可以用来创建类似于图 20.4 的输入/输出（I/O）模型的能力需求。沃森系统工程流程模型（见图 14.1）被用于分析需求、制定和选择逻辑能力架构，得出右上角所示包含实体 A1~A4 的架构描述。创建了一个矩阵来将系统性能规范功能需求映射（分配）到架构元素 A1~A4。上述工作完成后，每个 A1~A4 列中的需求将向下传递到产品 A1~A4 开发规范中。

21.6.2 多层需求分配

现在，我们将这个概念扩展到如图 21.10 所示的更广泛系统视图。在此，通过沃森系统工程流程模型分析了每组需求，制定并选择了逻辑架构，将能力

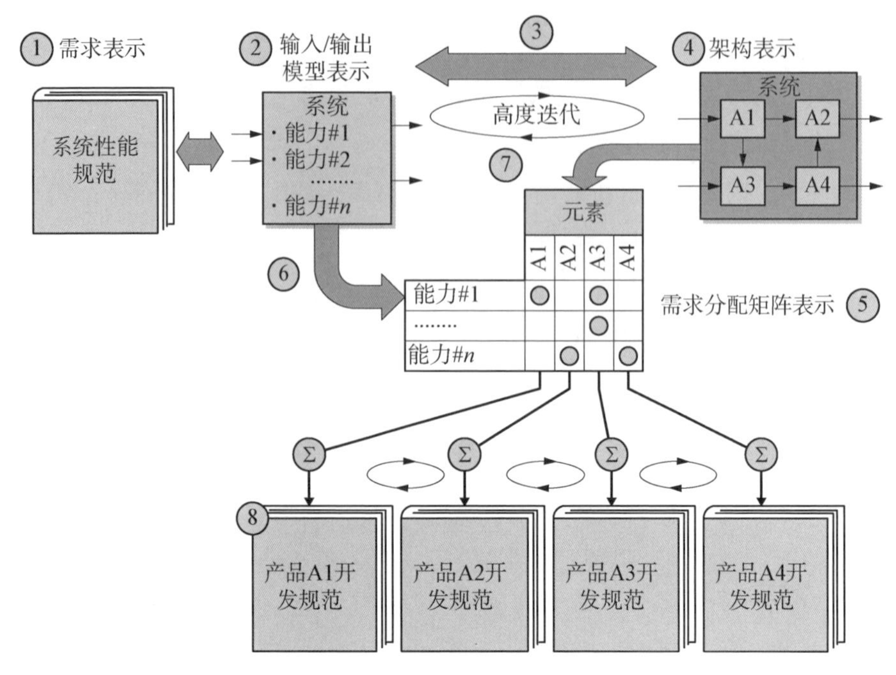

图 21.9　基于基本架构模型的规范需求分配和向下传递方法

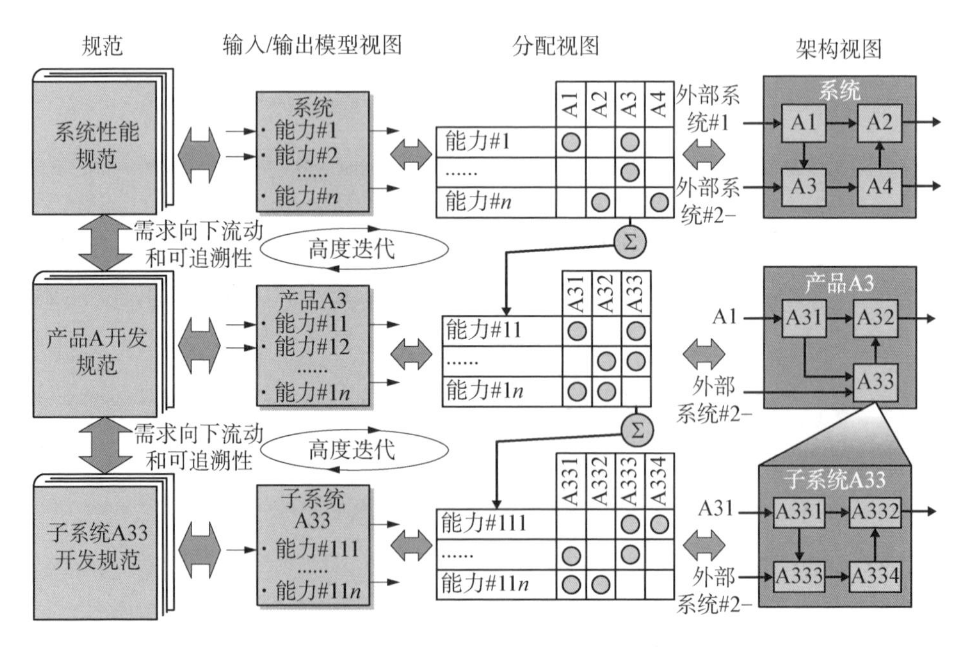

图 21.10　多层需求分配和向下传递流程

需求分配给架构中的元素。在图 21. 10 中，沃森系统工程流程模型不断重复应用的迭代和递归特征应该是不证自明的。在需求分配过程不断在下级抽象层次上的持续进行过程中，如果遇到了关键运行和技术问题，那么可能需要回到更高的层次来解决。

在每一个分解和规范制定层次，每个需求都有：

（1）基于价值的用户优先级。

（2）实现成本。

（3）实现风险等级。

（4）实现进度限制。

因此，需要在项目内部制定多层规范草案。当我们分配并向下传递这些能力时，这些规范使技术决策者能够理解这些能力对低层实体的可行性、影响和风险。虽然高层规范往往是抽象的，但低层规范代表的是由外部供应商开发或从外部开发商处采购的物理组件。随着时间的推移，会需要不断通过这种反馈来完善高层规范（原理 14. 2）。这说明了为什么规范制定是一个多层次的自上而下、自下而上、从左到右和从右到左的过程。完成规范制定后，任何层次的需求都应该可追溯至上一层，并随后追溯至用户源采购需求或原始采购需求，即目标陈述（SOO）或系统需求文件（SRD）。

理解了需求分配方法后，接下来我们讨论需求可追溯性。

21.7 需求可追溯性

原理 21. 3 纵向和横向需求可追溯性原理

规范需求的分配和向下传递确保了至源需求或原始需求的纵向需求可追溯性。用例线程将这些分配的功能集成到产生可追溯至规范需求的系统层基于行为的结果的水平能力线程中。

作为需求推导、分配和向下传递的结果，我们可以说子需求“可追溯”至高层父需求（原理 19. 13）。请注意措辞“可追溯至高层父需求”。我们只能说需求的纵向链可以追溯至用户的源需求或原始需求。

系统开发过程中的一个挑战是让独立的项目开发团队交付他们的工作成果实体用于系统集成、测试和评估，却发现实体之间不兼容或不可操作（原理

10.3)。以图 21.7 为例，假设子系统 A 的产品开发团队和子系统 B 的产品开发团队未就如何确保子系统 A 的实体开发规范中说明的应向子系统 B 发送传输数据（A_ 112）进行沟通。如果子系统 A 发送了数据，那么在子系统 B 的实体开发规范中是否有接收数据（B_ 111）的接口？在这种情况下，我们需要可审核的纵向和横向可追溯性。纵向可追溯性隐含在规范大纲中；横向可追溯性要求手动审核各自的规范，以确保规范和产品开发团队接口边界的连续性。

21.7.1　系统层架构视角：综合用例线程能力

截至目前我们的讨论都集中在离散的系统或实体层的用例线程能力（UC thread capabilities）上。但是，系统架构并不只是用来容纳每个用例线程的独立松散的部件集合。相反，它是一个能力集成框架，支持用户命令和控制一个系统/实体实现对每个用例的特定的系统/实体响应。例如，系统/实体的模式和状态（第 7 章）使用户能够命令和控制一组能力集来实现基于特定用例线程行为的结果，示例如图 21.11 所示。

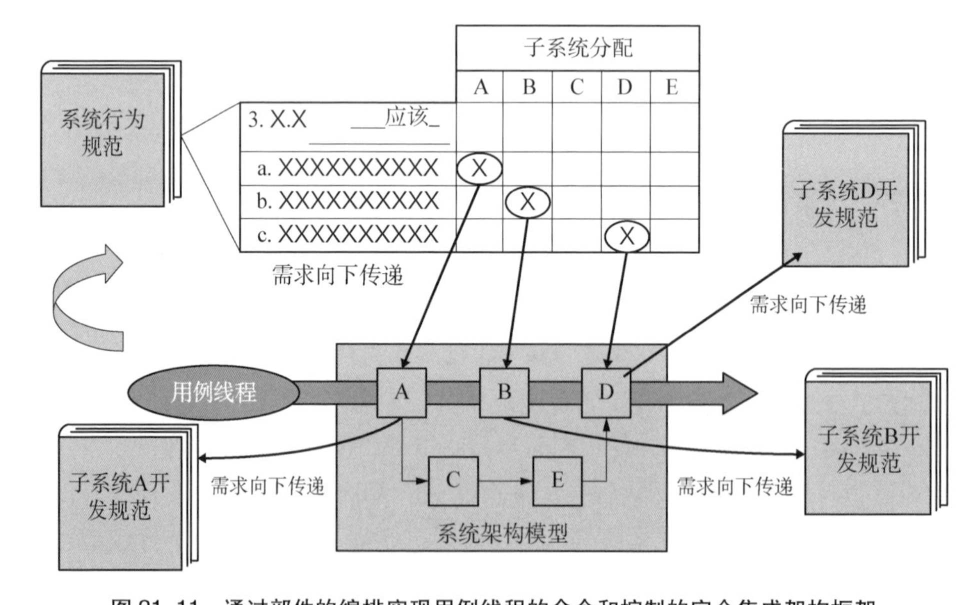

图 21.11　通过部件的编排实现用例线程的命令和控制的完全集成架构框架

请注意，图中系统架构包括子系统 A~E，每个子系统的配置都确保针对给定的一组输入刺激、激励或提示得到基于性能的能力行为和结果。例如，系统层用例是通过子系统 A、B 和 D 提供的能力链来实现的。对此用例，不需要子系统 C 和 E 提供的能力。另一个系统用例线程可能需要通过经子系统 A→C→E→D 的系统架构中的不同路径。

21.7.2 企业需求可追溯性成熟水平

业界证据表明，工程师和企业倾向于通过一个三阶段过程来了解需求可追溯性的概念。演化的程度取决于正在开发的系统的规模、复杂性和风险，以及企业和个人提高业绩的愿望和意愿。以下是系统工程能力从第 1 阶段到第 3 阶段的演化描述：

（1）第 1 阶段：组织技术、职能和执行管理层普遍认识到需要使用标准规范大纲来组织和构建需求。在一段时间内，个人和企组织的经验教训，如遗漏、错乱、冲突、矛盾或重复的需求，表明需要新的需求实现能力。如果过程持续改进，并认识到需要进入第 2 阶段，即表示第 1 阶段已成熟。

（2）第 2 阶段：在第 2 阶段，系统工程组织理解并懂得多层系统需求涉及通过高层需求的族谱实现的纵向需求可追溯性。同样，随着时间的推移和在实现规范需求中的许多痛苦经历，人们认识到并理解纵向需求可追溯性是一维的。如果持续改进过程，并认识到需要进入第 3 阶段，即表示第 2 阶段已成熟。

（3）第 3 阶段：在第 3 阶段，系统工程组织理解并懂得需要有二维需求可追溯性：①纵向通过需求层级结构追溯至用户源需求或原始需求；②横向通过用例线程实现可追溯性。

21.8 技术性能度量

原理 21.4 技术性能度量原理

周期性报告技术性能度量（TPM）的状态、进度和成熟度，TPM 跟踪并有助于实现高层用户关键性能参数（KPP）和系统性能规范（SPS）的有效性度量（MOE）或适用性度量（MOS）。

我们通过对技术性能参数、性能度量、关键性能参数、有效性度量和适用

性度量的讨论确定了性能影响因素。那么问题是：项目经理、项目工程师或首席系统工程师（LSE）如何知道技术项目正在朝着符合其规范的方向发展，并且不会给按时在成本范围内无重大风险交付项目带来任何风险？我们通过技术性能度量来实现这一点。技术性能度量代表每周、每两周或每月跟踪和更新，并在主要技术评审中提交给系统购买者的图表。

总的来说，技术性能度量图描绘了影响总体关键性能参数和有效性度量的各抽象层次上选定性能度量的过去性能、当前状态和预测性能。技术性能度量不仅限于关键性能参数和有效性度量；只要某些性能参数对用户和系统购买者来说是至关重要的，则需关注。最初，技术性能度量代表分析估计。随着系统性能的模型和模拟在系统开发阶段得到确认，估计值达到了可以推断预测性能的置信度水平。随着物理部件的开发、测试和验证，分析预测变成了实际性能，如你可以估计系统、子系统、组件或子组件的质量。一旦组件制造出来并得到验证，实际性能将取代估计值。

21.8.1　绘制技术性能度量

一旦确立了系统、产品或服务的关键性能参数和有效性度量，下一步就是跟踪和绘制技术性能度量。可以通过数值报告等多种方式实现。最佳实践是如图 21.12 所示的以图形方式绘制这些值。

技术性能度量：

（1）由负责实现的人员每周跟踪一次，如由开发团队或产品开发团队跟踪。

（2）至少每月报告一次。

（3）在每次主要技术评审中进行评审。

关于最后一点，请注意产品开发团队在每个主要技术评审中是如何报告过去的性能、当前进展和预测性能的，如图 21.12 所示。

（1）我们通过技术性能度量 XYZ 的分析预测的性能水平。

（2）我们目前达到的性能水平。

（3）我们期望在下一次评审中达到的性能水平。

（4）使当前性能水平与预测性能和可接受控制限制（风险缓解）保持一致的纠正措施计划。

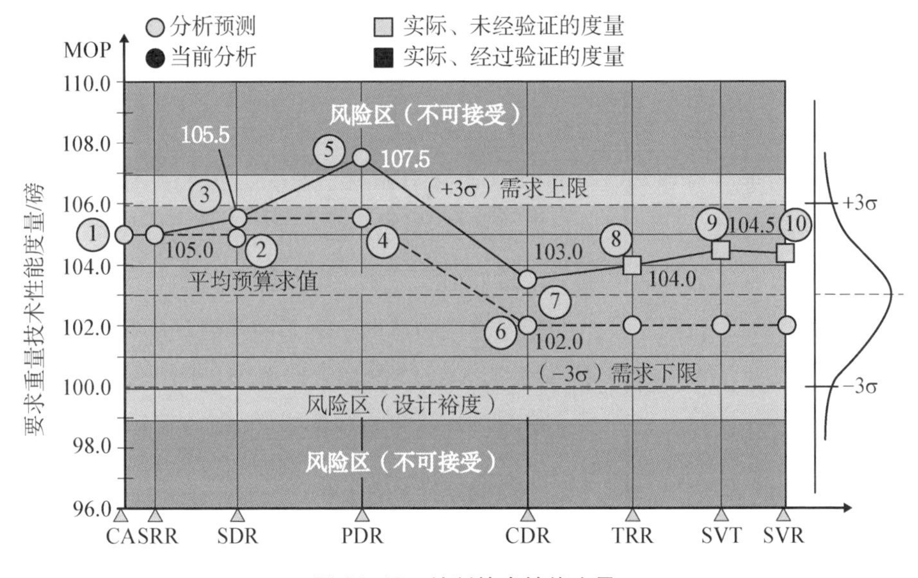

图 21.12　绘制技术性能度量

还要注意技术性能度量值是由通过关键设计评审的分析预测值和与实现相关的风险水平组成的。在关键设计评审和测试就绪评审之间，物理部件可用于系统集成和测试。因此，测量实际数值并作为最终技术性能度量跟踪的基础。

要认识到系统部件性能因质量性质、制造公差等而异。这就是为什么标称技术性能度量值代表正态分布的平均值。对于给定的技术性能度量值，系统工程师面临的挑战是：对于给定的实体（产品或子系统），在不降低整体系统性能的前提下，允许的控制上限和下限是多少？基于该决策的结果，为触发多层风险项目和缓解计划确立了$+3\sigma$ 和-3σ 或其他适用的阈值。可以在每个$+3\sigma$ 和-3σ 阈值内确立设计安全裕度。为了便于查看，设计裕度区应为浅阴影区；任何超出$+3\sigma$ 和-3σ 阈值的都应该是深阴影区。

在开发过程中的技术性能度量能指出潜在的风险，特别是如果系统开发团队或产品开发团队无法实现分析预测的指标时。当发生这种情况时，应要求各技术性能度量都有用于触发缓解和跟踪风险的风险缓解工作项目启动的风险阈值。如果风险变成重大风险，风险项目缓解工作计划可能需要提供风险剖面计划，从而随着时间的推移降低风险，并使其逐步接近规范要求。项目的风险管理计划应确定该流程以及触发跟踪和缓解计划的风险工作项目的阈值标准。

21.8.2 选择技术性能度量

技术性能度量很容易成为非常耗时的活动，特别是出于报告目的。显然，除了正常的需求所有权和专业责任（自然有跟踪责任）之外，不能也不必正式跟踪规范中的每个性能度量。需要选择关键性能参数及其有效性度量和适用性度量等至关重要的性能度量。这是如何实现的？

当系统购买者有跟踪技术性能度量的需求时，项目技术管理的自然做法是告诉每个规范的负责人选择 4~6 个 TPM、绘制技术性能度量的历史和未来预测的图表等。在选择技术性能度量时，往往没有任何形式的协调和整合，特别是在如何满足总体关键性能参数或有效性度量方面。

最好是从系统性能规范的关键性能参数及其有效性度量入手。一旦这些被选择，遵循需求分配线程就可以追踪到有助于实现关键性能参数和有效性度量的低层规范技术性能参数及其性能度量。为了说明这一点，请思考如图 5.9 所示的概念性车辆燃油效率关键性能参数的例子。

如果系统工程的任务是设计一款达到燃油效率关键性能参数的汽车，则确立了性能阈值为××英里/加仑的有效性度量，如图 5.9 所示。然后，分析确定影响有效性度量的所有辅助性能影响因素，包括车辆空气动力学性能度量、车辆发动机效率性能度量、燃油质量性能度量、路况性能度量、天气状况性能度量等。显然，我们无法控制可变的性能影响因素，如天气状况、路况、驾驶技能、燃油质量等，即使车辆必须在一系列运行条件下运行也无法控制。但是我们可以确定可跟踪的低层车身和发动机规范中的车辆空气动力学、车辆发动机效率等技术性能度量。

最后一点，系统工程师需要“设想”大局。在展示技术性能度量时，观众必须在心理上处理有效性度量和性能度量之间的连通性，会影响演示效果。帮你自己、你的团队和客户一个忙，创建每个技术性能度量的概图，如图 5.8 所示。客户需要了解技术性能度量对系统、产品或服务的高层有效性度量或关键性能参数的性能贡献。

21.8.3 技术性能度量挑战

技术性能度量跟踪有多个挑战。下面我们探讨部分挑战。

21.8.3.1 技术性能度量挑战 1：形式主义指标跟踪

技术性能度量有两个关键级别：

（1）第一，技术性能度量作为可视化指标，提醒系统开发团队或产品开发团队注意需要采取纠正措施的潜在技术问题。产品开发团队领导需要清楚地理解这一点，否则开展的工作就毫无意义，只会沦为为了给系统购买者留下深刻印象而进行的形式主义指标跟踪。

（2）第二，作为首席系统工程师、项目工程师或技术总监，需要早期指标来确认系统将按规定和设计运行的置信度水平。如果系统不是这样的话，则需要提前获知，才有时间采取纠正措施。

21.8.3.2 技术性能度量挑战 2：明智地选择技术性能度量

系统开发团队和产品开发团队通常随机选择几个技术性能度量来满足指标跟踪任务的要求。选择最难的，可与高层关键性能参数相关的可能成为障碍的技术性能度量。这样可以确保适当注意要实现的最具挑战的技术性能参数。大多数系统开发团队和产品开发团队倾向于选择最容易跟踪的技术性能参数，这容易给管理层和客户留下深刻的印象。但后来却发现在努力满足与系统层关键性能参数相关的关键技术性能参数方面存在很大的挑战。

21.8.3.3 技术性能度量挑战 3：保留实际技术性能度量数据

如果技术性能度量成为风险项目，则产品开发团队领导通常会继续绘制分析预测图，以避免实际数据的真实情况构成政治和技术风险。不要耍花招！作为系统工程师，你的职责是报告现有的真实数据。如果有政治问题，那么用其他方式解决。请记住，如果现在没有达到性能水平，并且选择忽略潜在的主要问题，那么等到试图向技术、计划和执行管理层解释这些问题时，就会知道纠正问题的成本是非常昂贵的。

相反，项目管理层应该认识到客观的报告对项目是有助益的。**避免**“惩罚信使”，专注于能带来成功的**建设性**技术解决方案。记住，个人和团队成功了，项目管理层才能成功。

21.8.3.4 技术性能度量挑战 4：技术性能度量“适用期限”

技术性能度量，尤其是低层技术性能度量，有适用期限。在设计过程中和系统集成、测试和评估阶段早期，低层技术性能度量是可能影响总体系统性能和有效性的关键性能指标。一旦验证了技术性能度量需求，可能根本就没有必

要跟踪技术性能度量了，除非系统内部出现故障。请记住，低层性能度量是由高层关键性能参数和有效性度量衍生而来的。一旦验证了某个低层性能度量，且将其构型项或组件集成到了上一层，而上一层自身就有一组技术性能度量，则不用继续跟踪底层性能度量。可能会有例外情况；**若有，则需要采用明智的工程判断**。

21.8.3.5　技术性能度量挑战5：技术性能度量报告

作为一种工程最佳实践，无论合同是否要求，都应该跟踪技术性能度量。跟踪技术性能度量需要开展相关工作，也需要时间，最终转化为成本和进度影响。明智地选择正式报告的技术性能度量；跟踪其他技术性能度量进行内部评估。一些系统购买者组织更加成熟，更能正确看待**开放性**。

注意 21.1

确保你对技术性能度量的坦诚和开放态度不会成为那些别有用心的人将日常系统开发中常见的技术性能度量小偏移转为重大技术和项目问题的基础。

这些问题有时需要系统购买者和系统开发商执行管理层来干预和解决。

21.9　本章小结

本章通过对需求派生、分配、向下传递和可追溯性实践的讨论，说明了一种推导多层规范需求的方法；讲到了基于需求分配和向下传递的**纵向**需求可追溯性的重要性；还讨论了基于用例连续性线程检查的**横向**需求可追溯性的重要性，尤其是与组织能力相关的方面。

作为系统工程师，你需要理解任务有效性是如何确定和分解成有效性度量和适用性度量的，有效性度量和适用性度量受记录在各种需求文件中的性能度量约束。此外，本章还讨论了如何使用技术性能度量来跟踪计划与实际 MOP 的 TPM 值，以及触发风险工作项目和相关风险管理计划（RMP）的阈值的重要性。

最后，人们通常会说技术性能度量太麻烦，难以执行和跟踪。如果情况确实如此，那么你和你的组织如何能够交付满足用户运行需求的系统、产品或服务，如何知道你可以在不执行 TPM 实践的情况下按照规范需求在成本范围内按时交付?

21.10 本章练习

21.10.1 1级：本章知识练习

（1）什么是需求推导？

（2）如何推导需求？

（3）什么是需求分配？

（4）如何分配需求？

（5）什么是需求向下传递？

（6）如何使需求向下传递？

（7）什么是需求可追溯性？

（8）如何追溯需求？追溯至哪里？

（9）有效性度量、适用性度量、性能度量和技术性能度量之间有什么关系？

（10）谁负责有效性度量、适用性度量、性能度量和技术性能度量？

（11）如何跟踪和控制有效性度量、适用性度量、性能度量和技术性能度量？

（12）技术性能度量和风险工作项目之间有什么关系？

（13）技术性能度量何时触发主动风险缓解的风险工作项目？

21.10.2 2级：知识应用练习

参考 www. wiley. com/go/systemengineeringanalysis2e。

21.11 参考文献

Grady, Jeffrey O. (2006), *System Requirements Analysis,* Burlington, MA: Academic Press.

Naval SE Guide (2004), *Naval Systems Engineering Guide,* Washington, DC: U. S. Navy. Retrieved on 1/20/14 from http: //www. dtic. mil/dtic/tr/fulltext/u2/a527494. pdf.

22　需求陈述编制

一旦确定了解决方案空间，系统工程师面临的挑战为是否能够通过系统性能规范（SPS）或实体开发规范（EDS）准确、精确地界定和指定一项能力。通过对规范制定实践的讨论，我们提供了一种识别规范需求类型的方法。

本章着重于规范需求陈述的制订。我们的讨论介绍并探究编制需求陈述的各种方法，确定一种有助于定义需求的句法结构。讨论中强调要先定义需求的实质性内容，再看语法。为了促进需求的准备，我们给出了需求编制指南，并讨论如何分析性地“测试”需求。

在本章结尾，我们讨论了定义规范需求的一大挑战：如何知道一系列基本需求何时是必要且充分的；还探讨了尽可能减少需求数量并避免过度定义和不充分定义的必要性。

22.1　关键术语定义

（1）分析（analysis）——参考第13章“关键术语定义”中的定义。

（2）演示（demonstration）——参考第13章“关键术语定义”中的定义。

（3）基本需求（essential requirement）——参考第19章“关键术语定义”中的定义。

（4）检验（inspection）——参考第13章“关键术语定义”中的定义。

（5）遗传系统（legacy system）——参考第16章“关键术语定义”中的定义。

（6）原始需求陈述（primitive requirement statement）——一种没有标点符号或正式句子结构的需求陈述形式，并且不是以正式的规范风格编写的（FAA SE，2006，第3卷：B－9）。

（7）兄弟需求（sibling requirement）——相同层级上可追溯至上一层共同“父”需求的两个或多个需求。

（8）规范语言（specification language）——一种用于表达系统或部件需求、设计、行为或其他特征的语言，通常为自然语言和形式语言的机器可处理组合（SEVOCAB，2014：298）（来源：ISO/IEC/IEEE 24765：2010。© 2012 ISO/IEC 版权所有，经许可使用）。

（9）测试（test）——参考第 13 章“关键术语定义”中的定义。

22.2 引言

本章的开篇语最好可以用图 22.1 中的需求开发决策过程来描述。一般而言，该过程由以下序列决策组成：

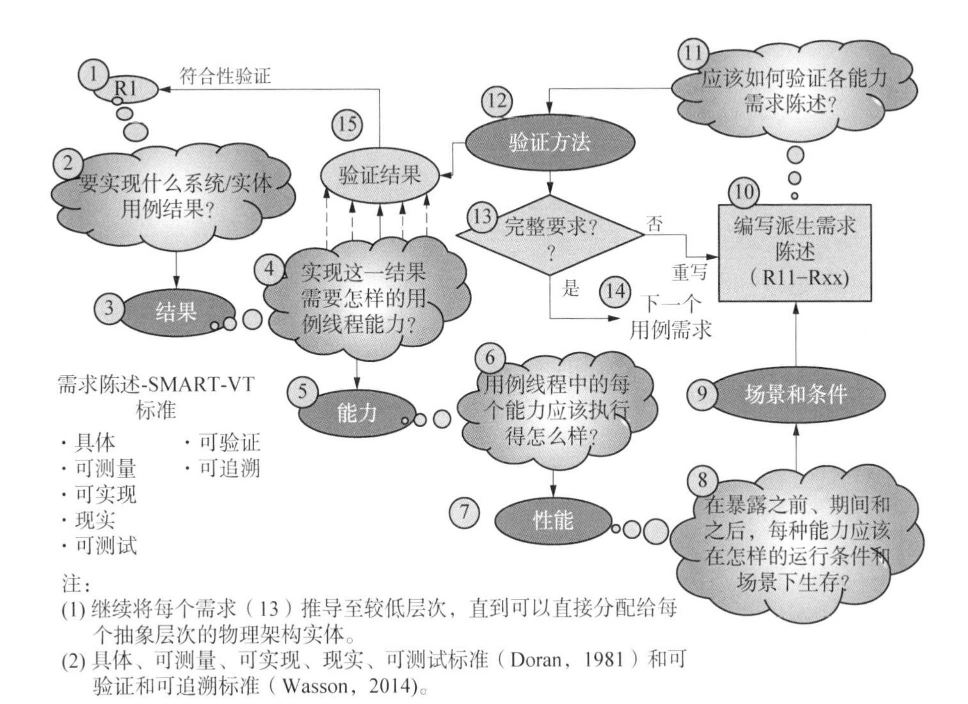

图 22.1　需求开发决策过程

（1）要实现什么系统/实体用例结果？

（2）实现这一结果需要怎样的用例线程（见图 21.7）能力？

(3) 用例线程中的每个能力应该执行得怎么样?

(4) 在暴露之前、期间和之后，每种能力应该在怎样的运行条件和场景下生存?

(5) 应该如何验证各能力需求陈述?

这些问题为我们的讨论提供了基础。下面我们从需求陈述编制简介开始讨论。

22.3 需求陈述编制简介

工程师和分析师经常说某个规范有一组“好”需求。术语“好”的口语化用法让系统工程师打退堂鼓。“好”是按照什么“适合使用”的标准，对谁来说的?是系统购买者?还是用户?或是系统开发商?如果好的需求存在于每个利益相关方的头脑中，那么是什么让“不好的”需求变得不好呢?“不好”是不是意味着陈述不当、有多种解释、无法实现、无法衡量、无法核实、不可验证?那么，什么是定义明确的“好”需求?

定义明确的需求陈述仅指如下基本需求：

(1) 用简洁易懂的语言表达，且两个或两个以上具有同等专业技能的独立读者给出多重解读的风险很低。

(2) 表示基于一个且仅有一个用例及场景的能力（第5章）。

(3) 在系统性能规范或实体开发规范中是唯一的，在系统中没有重复或冲突（见图20.3)。

(4) 定义在暴露于规定运行环境条件之前、期间和之后要达到的性能。

(5) 遵守多兰（1981）-沃森（2014）具体、可测量、可实现、现实、可测试—可验证和可追溯标准（原理22.3)。

(6) 可以采用一种或多种符合性方法进行验证。

为了说明前面几点的重要性，我们简要总结一下。

22.3.1 简明扼要的陈述

作为具有法律约束力的合同的一部分，规范表达了系统购买者和系统开发商理解他们（认为）同意并承诺履行的内容。可惜，有关待开发和交付内容看法上的分歧偶尔会以冲突告终。冲突的根源通常围绕需求的措辞。那么，如何避免这些情况呢?

解决方案是从书写易于理解的、有且仅有一种解释的简洁、清晰、简明的陈述开始。

22.3.2 基于用例和场景的能力需求

需求陈述应该来自基于高层用例的运行能力和场景。低层需求应：①详细描述有助于实现高层用例的基于特定活动的结果，以及任何最有可能的场景；②可追溯至用户源需求或原始需求（原理 19.13）。*

颇具讽刺意味的是，上述需求都在系统性能规范或实体开发规范第 3.3 节“能力”中。读者应该知道他们正在阅读的是系统性能规范或实体开发规范的“能力”部分。

22.3.3 系统内的唯一性

原理 22.1 需求唯一性原理

每个需求陈述应对有且仅有一个系统或实体是唯一的，系统内没有重叠、重复或冲突的情况。

定义明确的需求陈述应该是唯一的，并且在系统或产品规范树（见图 19.2）内的全部规范中出现且仅出现一次。不幸的是，工程师经常在系统性能规范或系统开发规范中创建相似的需求，这些需求的表述略有不同，并且相互冲突（见图 20.3）。

22.3.4 有限运行环境条件

原理 22.2 运行环境条件原理

每个规范都应该包含一个全局需求，规定系统/产品在暴露于规范的运行环境条件和限制之前、期间和之后都要符合需求。

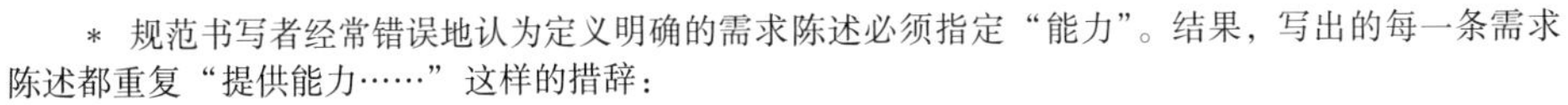

* 规范书写者经常错误地认为定义明确的需求陈述必须指定“能力”。结果，写出的每一条需求陈述都重复“提供能力……”这样的措辞：

(1) 系统应提供能力，以便……（行动 A）。

(2) 系统应提供能力，以便……（行动 B）。

每个规范必须包括至少一条需求陈述，确立、描述并限定约束指定系统能力的规定运行环境条件。例如：

系统应在暴露于表 20.1 所示的系统性能规范会实体开发规范第 3.5 节“运行环境条件”中规定的条件之前、期间和之后，符合文中规定的需求。

22.3.5　遵守具体、可测量、可实现、现实、可测试—可验证和可追溯属性

原理 22.3　具体、可测量、可实现、现实、可测试—可验证和可追溯标准原理

每个规范需求都应符合具体、可测量、可实现、现实、可测试（Doran，1981：35－36）—可验证和可追溯（Wasson，2014）标准。

需求陈述必须是具体的、可测量的、可实现——可分配的、现实的、可测试的、可验证的和可追溯的。如果需求陈述没有达到上述任一标准，则应修改直至符合标准。

22.3.6　需求符合性验证

原理 22.4　需求验证方法原理

应通过以下一种或多种验证方法证明符合各需求陈述：检验、分析、演示、测试和相似性（若允许），成本最低且最省工作量。

定义明确的需求陈述必须由一种或多种验证方法支持，如检验、检查、分析、演示和测试（第 13 章）。

22.4　编制需求陈述

规范制定人员经常努力尝试在单条陈述中说明多个需求。将众多需求打包成一条规范需求陈述被视为终极成就。但事实却是：这是错误的！制定规范需求的核心是关于系统工程的，语言写作（课程代码：101）只是使能系统。

为了制定需求，应该遵循以下三个步骤：

（1）第 1 步：确定需求的关键要素——谁、什么事、何时、何地以及怎么样。

(2) 第 2 步：草拟需求陈述。

(3) 第 3 步：精炼需求陈述语法，如单词、语序等的选择和得体。

下面我们详细说明这些步骤。

22.4.1 第 1 步：确定需求的关键要素

人们会在无意间将系统性能规范和实体开发规范需求陈述过度复杂化。规范需求陈述的制定涉及三个方面：①内容；②句法；③语法。

需求陈述编制中最常见的一个问题是，人们试图同时兼顾以上三个方面。但结果是，顾好了句法和语法，却忽略了内容。语法只是达到目的的手段，而不是最初的关注点。我们应该如何纠正这种习惯？这个问题的一个解决方案是制定原始需求陈述，这也是我们的下一个话题。

22.4.1.1 创建原始需求陈述

原始需求陈述只关注需求的实质性内容。

制定原始需求的最佳方式是使用表格，如表 22.1 所示。在此，我们给从特定用例中推出的“能力 24”分配唯一的需求 ID（SPS－136）。其余列侧重于实质性内容，如关系算子类型、边界限制、公差或条件，以及备注。

表 22.1 原始需求确定表

需求编号	需提供的能力	关系算子类型	边界限制、公差或条件	备注
SPS－136	能力 24	• 不超过 • 小于或等于 • 大于或等于 • 依照（IAW） • 最佳	• 50 磅 • 68 华氏度 • 25 摄氏度 • 6 克 • 6 海里（NM） • 25 赫兹（Hz） • 10.000V DC+/−0.010V DC • 海况 3 • 12 兆字节（Mb）	

注意表 22.1 是如何侧重于需求的主要内容并避免陷入语法困境的。一旦确定了需求的要素，下一步就是将内容转换成句法陈述。为了说明原始需求方

法如何应用于编写初始需求陈述，请思考表 22.2 中的示例。

表 22.2　使用表格方法的原始需求示例

需求编号	主语（施动者）	动作	要实现的结果	关系算子	性能水平	条件
SYS_1	系统	应	外部电源工作	额定为	• 110±10% VAC	基于待定负荷
SYS_123	系统	应		不超过	• 50 磅	
SYS_341	系统	应	运行	范围	• −10～90℉ • 20%～100%湿度	
SYS_426	系统	应	生成格式化报告	依照	• 第 126 号条例第 3.2.1 节	在收到操作员命令后
SYS_525	系统	应	检测过载情况	超过	• 10±0.1A DC	
SYS_736	系统	应	响应	范围内	• 100±10 毫秒	任何操作员命令

一旦确定了需求声明的原始内容，下一步就是制定需求陈述草案。

22.4.2　第 2 步：制定需求陈述草案

规范需求陈述不仅仅是自由形式的“愿望清单”。与任何类型的书面语言一样，它们有一个代表最佳实践和经验教训的文字结构，使我们能够避免他人犯过的错误。

原理 22.5　需求结构原理

每条需求陈述都需要：①有行动的主体；②用“应”（shall）表达强制符合的动作；③有一个基于动作的动词；④包含需提供基于行为的结果；⑤有实现条件。

每条规范需求陈述都应包含以下要素：

（1）动作执行者。

（2）“应”（强制性合规）。

（3）基于动作的动词。

（4）要实现的基于行为的结果（什么）。

(5) 性能等级（怎么样）。

在某些情况下，需求陈述结构可能需要其他限制，例如：

(6) 基于条件的动作（依赖于需求）（何时）。

(7) 动作接受者（依赖于需求）。

22.4.2.1　动作执行者

原理 22.6　需求动作执行者原理

每条需求陈述都应确定启动系统、产品或服务能力的执行者和外部刺激、内部激励或提示。

定义明确的需求陈述需要说明动作执行者。动作执行者是名词对象，如作为触发或启动基于用例或场景能力的外部刺激、内部激励或提示的人、地方、角色或事物（第5章）。

如 UML™/SysML™ * 用术语“施动者（Actor）”（SysML™）指代动作执行者。例如，需求陈述开头部分为：

(1) 系统（施动者）……

(2) 子系统（施动者）…… *

由于：①需求代表根据用例或场景推导出的能力；②用例定义了施动者期望通过系统/产品获得什么结果（原理 5.14），因此每条需求陈述都规定了实现用户结果所需的能力。设计师如何设计系统/产品来实现该需求并不在规范需求的范围内。

注意措辞“施动者期望通过系统/产品获得什么结果”。请记住，施动者可以是人、地方、角色或者事物，而不仅仅是人类用户。如果子系统 A 向子系统 B 提供刺激或激励，并且我们正在制定子系统 B 的需求，则子系统 A 是作为动作执行者的施动者，其激励是子系统 B 基于用例能力的触发因素。

22.4.2.2　基于“应”的需求陈述

原理 22.7　基于“应”的需求原理

用“应”定义每条需求陈述，表达为实现符合性和用户可接受性所需的强制性动作（结果）。

---

* UML™ 和 SysML™ 是对象管理组（OMG）的商标。

每条需求陈述都应该使用“应”来表示要完成的强制性动作。当将基于“应”的需求纳入作为已批准合同一部分的规范时，可以认为需求具有法律约束力。

当需求作为合同的一部分发布时，如果用“应”明确说明，则认为需求具有法律约束力，足以采取采购行动。一些规范制定人员因使用“将”（will）“宜”（should）和“必须”（must）来表达需求而得到好评。这些术语表达的是“履行意图”，而不是强制性或必须要做的动作。

注意 22.1 “应”“将”和“目标”

越来越多的证据表明，使用诸如“将”（will）这样的词语，会使规范措辞缺乏规范性。一般认为，陈述的“语境”才是最重要的，如“系统将执行下面指定的任务”。根据系统工程最佳实践，这种需求陈述是不可接受的！

编写规范需求时需谨慎：

（1）“应”（shall）需求陈述表达了实现或达到符合性和可接受性所需的强制性动作/结果。

（2）“将”（will）陈述表达了非承诺的履行意愿或事实陈述。

（3）“目标”陈述表达了会努力实现的非强制性或自愿性愿望，因此不包含“应”。

你是和一个“承诺履行”的承包商签订合同，还是和“非承诺履行意愿”的承包商签订合同？在任何情况下，在采用包含可能需要法律解释的模糊措辞的规范之前，请务必征求组织法律顾问的意见。

有些组织称只要明确定义了“将”这个词，就可以接受在传达需求时使用“将”。“将”表达了“非承诺的履行意愿”。签订规定合同各方承诺和义务的具有法律约束力的合同时，系统购买者或用户无意与履行“最好的意愿”的系统开发商或服务提供商签订合同。但有两个例外情况：

（1）例外#1——可能存在双方同意由于成本、进度和其他风险，技术或工艺需求实际上无法实现的情况。在这种情况下，规范可能包括“将”陈述，表达为实现指定的结果和性能值而努力的意图。在这种情况下，明确地将该陈述标记为“目标”。

（2）例外#2——可能有声明，而不是需求陈述，说明系统/产品将很难达到××单位的技术性能水平。

最后，为了提高规范的可读性，请考虑将每一处“应”措辞（如“应该”）加粗。

总而言之，要么承包商完全遵守合同、合同条款和条件以及系统性能规范或实体开发规范，要么彻底不遵守。使用“应”一词来表示作为合同符合性和完成验收条件的强制符合性。因此，请在系统性能规范或实体开发规范第2.0节“参考文件”中说明这些术语及其含义和应用。

22.4.2.3　基于动作的动词

原理 22.8　需求动作动词原理

在每条需求陈述中使用一个基于动作的动词来表达要完成的动作。

需求陈述使用基于动作的动词来表示要执行的增值动作，如检测压力，将阳光转换为能量，处理传感器数据或存储信息、能量、数据或资料。举例如下：

（1）车辆管理系统（VMS）应检测故障。

（2）计算机应存储 XYZ 数据。

22.4.2.4　要实现的基于行为的结果

原理 22.9　需求结果原理

每个需求陈述应规定一项且仅规定一项能力，以及要实现的有一项且仅有一项基于行为的结果。

根据具体、可测量、可实现、现实、可测试—可验证和可追溯标准 SMART-VT（原理 22.3），如何制定符合标准的需求陈述？从工程的角度来看，答案存在于作为客观证据的工作成果中，即设计图纸、物理实体，以及通过检验、分析、演示或测试获得的验证结果。

这就引出了另一个问题：为了验证符合性，用什么作为比较这些工作产品的客观证据的基础？答案就在规定了由性能水平决定的结果的规范需求中。请记住，尽管我们已经说明了需求陈述指定了能力，但用来进行符合性验证的还是能力所产生的基于行为的结果。

要说明基于行为的结果，请思考以下示例：

启用时，系统应以 1 Hz 的频率广播运行健康和状态（OH&S）数据消息。

现在，请思考规范通常是如何编写的。系统工程师“写”规范，就像为写作课（代码：101）写论文一样。作为工程师，我们通常不接受有关规范需求制定的正式教育作为工程教育的一部分。面临行业或政府中规范制定任务时，默认应用所接受的教育——写作（代码：101）。因此，需求陈述通常是以段落的形式编写，由复合句组成，每个复合句包含多个嵌入的需求。

要说明规范制定正规教育的缺乏是如何导致这个问题的，请思考以下示例。

示例 22.1　不良需求陈述示例

• 车辆应能够在任何天气条件下，使用一箱燃油，根据要求将一名驾驶员和三名乘客安全运送到 300 英里以外的目的地，同时将驾驶室温度保持在仪表板设定的 68~78℉之间，并在后备箱中放四个尺寸为 12″×24″×30″的行李箱。

• 出于安全原因，车辆后部应装有尾灯、倒车灯和双闪灯，并携带 200 磅的各种尺寸的行李，但不限制在行李箱中安装高音质音响系统，避免雨天车门关闭时损伤乘客的耳膜。

你是否遇到过这类需求陈述？你认为每个示例陈述中有多少个需求？你会如何验证这段陈述？始终编写简洁、清晰、简明的陈述，表达有且仅有一个需求。

此外，规范书写者经常觉得有必要告诉读者为什么他们知道他们所知道的。同样，要编写简洁、清晰、简明的陈述，表达有且仅有一个需求。系统购买者付钱给你，开发满足他们需求的漂亮且低成本的系统、产品或服务，而不是通过需求陈述来展现你的知识。

对于可接受和不可接受需求陈述的讨论，建议参考 INCOSE - TP - 2010 - 006 - 02（2015）获得指导。

22. 4. 2. 4. 1　性能水平准确性和精度

原理 22. 10　需求准确性和精度原理

每条规范需求陈述应量化限定性能结果水平的准确性和精度及其公差。

一旦确定了基于能力的结果，下一步就是在准确性和精度方面量化地定义其性能水平。举例如下：

（1）性能的标称结果水平是否准确地定量代表用户接受所需系统、产品或服务结果的边界条件。

（2）在不增加开发成本的情况下，在技术、测试设备、部件和材料以及制造工艺的限制范围内，标称结果性能水平需要怎样的定量公差水平（严格控制的差异)?

22.4.2.4.2　基于动作响应时间的需求

原理 22.11　需求响应时间原理

在适当情况下，每条需求陈述都应规定限制实现结果的响应时间。

在适用情况下，定义明确的需求陈述规定了触发事件（如外部刺激、内部激励或提示）和所需结果响应之间的时间限制。举例如下：

(1) 系统应在收到每个命令后的 250±10 毫秒内对命令做出响应（动作响应时间)。

(2)（替代方法）收到每个命令后，系统应在 250±10 毫秒内做出响应(动作响应时间)。

22.4.2.4.3　行动响应格式需求

原理 22.12　需求结果格式原理

在适当情况下，每条需求陈述都应规定基于动作的结果响应格式。

在适用情况下，定义明确的需求陈述根据参与规则规定了对合作、良性或敌对互动的动作响应格式。例如：

系统应按照某个表的格式向 XYZ 系统传输数据消息。

22.4.2.4.4　动作完成时间需求

原理 22.13　需求动作完成原理

在适当情况下，每条需求陈述都应该界定和规定完成一个动作所允许的时间。

在适用情况下，定义明确的需求陈述可能需要指定对外部刺激、内部激励或提示做出响应的最大允许时间。举例如下：

(1) 系统应在收到命令后 100±10 毫秒（完成时间）内完成对 XYZ 信息的处理。

(2)（替代方法）收到 XYZ 命令后，系统应在 100±10 毫秒内完成对 XYZ 信息的处理。

22.4.2.4.5　结果媒介需求

原理 22.14　需求媒介原理

在适当情况下，每个需求陈述结果应指定用于交付结果的媒介。

在适用情况下，定义明确的需求陈述根据参与规则规定了对合作、良性或

敌对互动的动作响应的媒介。例如：

网站应提供订购艺术家工作体系光盘（CD）的选项。

22.4.2.4.6 不可接受的结果

原理 22.15 需求不可接受结果原理

在适当情况下，每条需求陈述应规定有且仅有一个在执行动作时要避免的结果。

定义明确的需求陈述可能需要指定要避免的结果。举例如下：

(1) 系统废气排放不得超过……（否定含义）

(2)（替代方法）系统废气排放量应小于……（肯定含义）

22.4.2.5 基于条件的动作需求

原理 22.16 需求条件动作原理

在适当情况下，每条需求陈述都应规定启动动作的基于触发的条件。

有时，需求陈述取决于触发条件，如外部刺激、内部激励或提示。因此，条件必须嵌入陈述当中。请思考以下示例：

(1) 系统应在 XYZ 命令后……

(2)（替代方法）收到 XYZ 命令后，系统应……

22.4.2.6 动作接受者

原理 22.17 需求动作接受者原理

在适当情况下，每条需求陈述都应规定动作接受者。

在适用情况下，定义明确的需求陈述确定结果的预期接受者。例如：

系统应以 1 Hz 的频率向 XYZ 系统（动作接受者）传输运行健康和状态（OH&S）数据消息。

22.4.3 第 3 步：精炼需求陈述语法

第三步要求将句法陈述转换成清晰、简洁、易于阅读和理解的语法陈述。

22.5 需求验证方法的选择

规范制定的一个关键要素是在系统购买者和系统开发商之间达成关于如何证明系统、产品或服务符合规范第 3.0 节“需求”（见表 20.1）规定的协议。规范制定中一个最大的潜在风险是系统开发商为系统购买者准备和进行正式的验收测试时，双方在验证方法上存在分歧。验收测试期间的分歧会对系统开发商的合同成本、进度、系统购买者的现场部署和支持成本计划产生重大影响。

为了避免这种情况，规范包括了系统性能规范或实体开发规范中第 4.0 节“合格规定”（见表 20.1）。第 4.0 节明确记录了系统购买者和系统开发商关于需求验证方法的协议，这些方法被认为是证明符合性的可接受的验证方法。因此，应要求将需求验证矩阵（RVM）作为系统性能规范或实体开发规范第 4.0 节的一部分。需求验证矩阵将在下一节中讨论。*

下面我们把重点放在如何选择验证方法上。

22.5.1 验证方法选择过程

一般来说，有四种验证方法可以证明系统、产品或服务符合规范要求包括：检验或检查、分析、演示和测试（IADT）。有些组织可能还会允许第五种方法——相似性。**

那么，系统工程师如何选择合适的验证方法呢？答案在于两个关键点：

（1）第一，验证方法涉及广泛的成本和进度影响范围。在这个范围的一端，检验的成本最低，然后是分析、演示，最后是测试，成本最高。请注意，测试是获得测试数据所必需的，但可能不足以证明符合性，可能还需要分析测试数据。

（2）第二，选择成本和进度影响最小的最有效率和效果最好的方法（原理 22.4）。

那么，我们如何做出这些决定呢？图 22.2 通过用来评估每一个需求陈述的决策链提供了解决方案。下面我们来更详细地探讨这些决策。请注意，由于

---

* **系统购买者和系统开发商在语境下的角色**

请记住，要在“基于角色”的语境（见图 4.1 中供应链）中使用术语“系统购买者”和“系统开发商”。如前所述，这些术语确定了合同层的角色和关系。这些术语也适用于系统和产品开发团队之间、产品和子系统开发团队之间、系统开发商和分包商之间等类似情形。这是为什么？因为当每个团队将需求向下传递到低层实体开发规范时，这些需求的实现者必须向其系统购买者（高层团队）证明需求已经实现。

** 请注意，美国国家航空航天局《系统工程手册》（NASA，2007）将分析、检验、演示和测试称为“确认”方法。在这种情况下，美国国家航空航天局将“确认”定义为“产品达到预期目的的证明，确认可以通过综合测试、分析和演示来确定”（NASA，2007：278）。

空间限制，图 22.2 中将检验和检查结合在了一起。

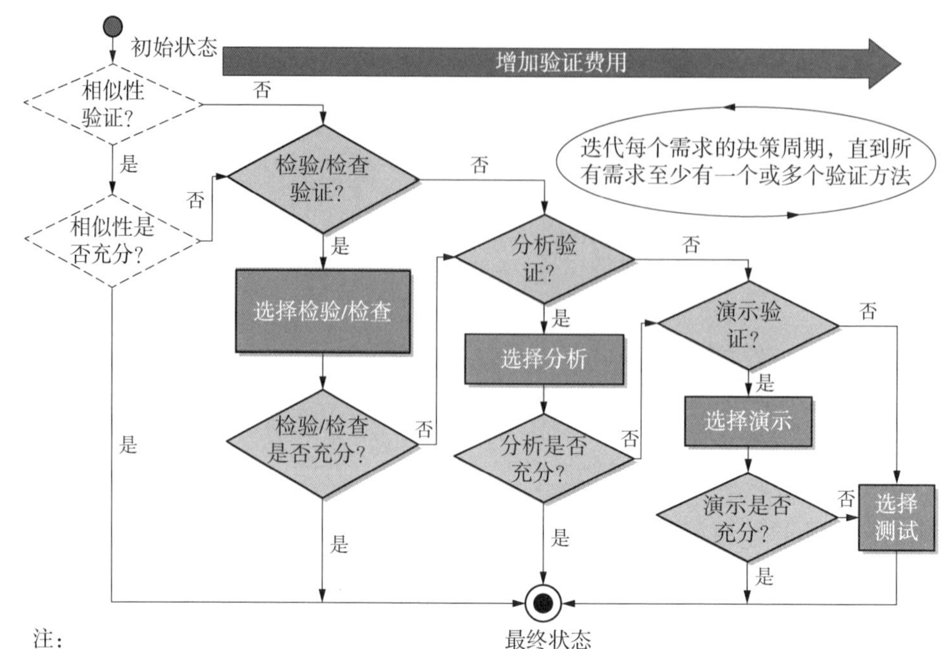

图 22.2　需求验证方法选择过程

22.5.1.1　检验或检查验证决策

检验（inspection）/检查（examination）需要提出有两个潜在结果的问题：

(1) 是否有必要进行检验/检查来证明符合规范或设计需求？如果答案为“是”，则选择检验/检查作为验证方法。

(2) 检验/检查是否足以证明符合规范或设计需求？如果答案为“是”，则退出并继续确定下一个需求的验证方法；如果答案为“否”，请继续执行“分析验证”决策。

示例 22.2　检验与检查的微妙之处

检验和检查之间的微妙关系。

(1) 如前所述，检验可以像执行视觉、听觉或振动验证一样简单，如通电时电源指示灯亮。

（2）检查范围从简单的尺量到电子显微镜学、放射学等。

22.5.1.2　分析验证决策

分析验证需要提出有两个潜在结果的问题：

（1）是否有必要进行分析（通过正式测试收集的物理数据）来产生客观证据，证明实体符合规范或设计需求？如果答案为“是”，则选择分析作为验证方法。

（2）分析是否足以证明符合规范或设计需求？如果答案为“是”，则退出并继续确定下一个需求的验证方法；如果答案为“否”，请继续执行“演示验证”决策。

示例 22.3

分析作为一种验证方法，需要基于工作成果［如有限元分析（FEA）、热分析、建模与仿真（第 33 章）数据审查等］给出客观证据，验证是否符合规范需求。

例如，美国联邦航空管理局《可重复使用运载火箭安全确认和验证计划指南》（FAA. 2003：8）指出：“这种方法包括技术或数学评估、数学模型、模拟、算法和电路图。”

22.5.1.3　演示验证决策

演示验证需要提出有两个潜在结果的问题：

（1）是否有必要进行演示来通过正式观察证明物理实体产生可重复和可预测的结果，而无须记录正式测量来证明其符合规范或设计需求？如果答案为“是”，则选择演示作为验证方法。

（2）演示是否足以证明符合规范或设计需求？如果答案为“是”，则退出并继续确定下一个需求的验证方法；如果答案为“否”，请继续执行“测试验证”决策。

示例 22.4　需求演示（验证方法）示例

演示作为一种验证方法，可用于验证用户是否可以登录计算机系统，但前提是用户已经注册且已经获得了账户登录权限。

22.5.1.4　测试验证决策

如果上述任何问题的答案为“否”，则必须选择测试作为特定需求的验证方法。此时，退出验证方法选择过程，并循环到下一个需求。

示例 22.5　测试（验证方法）示例

作为一种验证方法，喷气发动机的测试可包括在试验台上安装，为发动机配备传感器和仪器，以评估和收集发动机性能及其运行环境的性能数据，进行负载测试，水、冰雹和水流摄入等。

22.5.1.5　相似性验证决策（允许情况下）

相似性验证是某些业务领域中可接受的验证方法。新系统或产品设计的开发可以：①非常耗时且成本高昂；②在尽一切努力寻找符合规范需求的外部商用现货（COTS）产品（第 16 章）后，仅应作为最后手段。当传统产品基于以前的系统开发已经在内部存在时，重用设计是有意义的，尤其是在下列情况下：

（1）自实体正式验证以来，没有进行任何行为或物理设计修改。

（2）在现场设备中没有检测到安全关键运行或技术问题。

（3）“经验证”（原理 16.5）的可重复使用设计的规范需求等于或超过新系统/产品的能力需求或运行环境条件。

由于遗产设计已经在现场系统/产品中经过一段时间的验证和证实，剩下的唯一问题是对各个可交付产品实例的验证。最终结果是：控制成本，而不是进行新开发。例如，美国联邦航空管理局《可重复使用运载火箭安全确认和验证计划指南》（FAA，2003：8）指出：使用这种验证方法时，需要进行“相似性鉴定”分析……如果有不太相似的项目，则执行“差异鉴定”测试，使项目完全符合新应用的需求。

许多组织不鼓励进行相似性验证，其中一个原因是，相似性验证要求提供客观证据，如可能不再可用的检验或检查记录。

22.5.1.6　验证方法总结

总之，验证方法的选择需要有深刻的先见之明。注意：

（1）可能需要一种或多种验证方法（原理 13.9）来证明符合规范需求。

（2）当多种验证方法满足必要和充分标准时，验证方法选择过程是怎样的。

验证方法选择决策的范围从简单的目视检验/检查到需要分析结果的复杂测试，这些测试可能成本高昂并消耗宝贵的计划时间。当简单的目视检验就可提供客观的证据来满足需求的必要性和充分性时，为什么还要浪费时间和金钱去做测试呢？

了解了如何选择验证方法，接下来我们继续讨论如何通过需求验证矩阵记录这些方法。

22.6 需求可追溯性和验证工具

需求可追溯性和验证需要需求管理工具（RMT），使工程师能够有效地输入、挖掘和管理规范、需求、验证和验证结果数据。例如，高度复杂的系统通常涉及几十万个需求及所有相关的数据。鉴于数据集的庞大，关系数据库需求管理工具是拥有单一信息库的唯一本地方式。需求管理工具的强大使用户能够挖掘、整理和过滤数据。这些数据可以移植到特定类型的报告中进行分析和审查，以及编制特殊报告和跟踪指标。

报告示例包括需求验证矩阵（RVM）、需求追溯矩阵（RTM）和需求验证可追溯矩阵（RVTM）。其中一个挑战是人们往往沉迷于创建电子表格或数据库矩阵工具，而忘记了是在试图管理需求知识。工具只是我们需要管理的有关需求的更广泛问题空间的解决方案空间。例如，问题空间可以有以下问题：

(1) 不同抽象层次规范中的所有需求是否可通过系统性能规范追溯至用户的源需求或原始需求？如果回答为“否”，那么原因是什么？(原理 19.13)。

(2) 第一层系统性能规范或实体开发规范需求陈述是否可追溯至用户故事、用例和场景？

(3) 系统性能规范、特定实体开发规范或整个系统或产品需求层次结构中有多少种需求？

(4) 有多少待定项仍未确定？

(5) 有多少需求缺乏负责任的实施分配？

(6) 有多少需求缺乏验证方法？

(7) 有多少需求：①通过验证？②验证结果存在差异？③还有多少需求有待验证？

需求管理工具作为解决方案空间，我们先不急于讨论。我们先采用系统思维（第 1 章），并关注工程师需要从数据库中挖掘和分析哪些知识（问题空间）来回答上面的问题。

下面我们从以上关于需求可追溯性的第 1 个问题开始。

22.6.1 需求验证可追溯矩阵*

解决需求可追溯性和验证的一个最常见方法是从需求验证可追溯矩阵入手。由于需求验证矩阵和需求追溯矩阵是需求验证可追溯性矩阵定制版本，我们将会重点讨论需求验证可追溯矩阵。

需求验证可追溯矩阵只是一个列表，列出了选择在报告中呈现的关键需求属性，需求验证可追溯性矩阵报告的示例如表 22.3 所示。

表 22.3 需求验证可追溯矩阵报告

需求编号	需求陈述	分配给	验证层	验证方法				纵向追溯至
				检查	分析	演示	测试	
SYS_136	**3.1.1 能力 A** 系统应……	子系统 123	子系统	X				3.1 能力 XXXX
SYS_137	**3.1.1 能力 A1** 系统应（能力 A1）	组件 A1	组件	X	X			3.1.1 能力 A
SYS_138	**3.1.1.2 能力 A2** 系统应（能力 A2）	组件 A2	子系统		X			3.1.1 能力 A
SYS_139	**3.1.1.3 能力 A3** 系统应（能力 A3）	组件 A3	组件			X		3.1.1 能力 A
SYS_140	**3.1.1.4 能力 A4** 系统应（能力 A4）		组件				X	3.1.1 能力 A
需求验证可追溯性矩阵列的适用性	需求追溯矩阵和需求验证矩阵	需求验证可追溯性矩阵	需求验证矩阵	需求验证矩阵	需求验证矩阵	需求验证矩阵	需求验证矩阵	需求追溯矩阵

注意需求验证可追溯矩阵的结构。

(1) 第 1 列——为各需求陈述分配唯一标识符。需求陈述创建时即永久分配标识符，为需求的正式构型管理（第 16 章）提供基础。

(2) 第 2 列——说明需求。

* 更多阅读——美国国家航空航天局《系统工程手册》附录 D：第 282 - 283 页。

（3）第 3 列——确定为实现和履行责任，需求分配到的系统或实体架构元素（产品、子系统、组件、子组件或零件层部件）。

（4）第 4 列——确定代表需求验证地点的验证等级。

（5）第 5~8 列——提供单元格（需求管理工具“选择列表”），选择证明符合性所需的一种或多种验证方法。

（6）第 9 列——确定适用于纵向可追溯性的上一层需求。

在需求验证可追溯矩阵数据库中，其他属性（如职责和责任、对分析的引用等）可以作为附加列添加到自定义报告中。

22.6.1.1　需求验证矩阵

需求验证矩阵（RVM）只是需求验证可追溯性矩阵的定制版本，如表 22.3 所示。需求验证矩阵将各系统性能规范（见表 20.1）或实体开发规范第 3.X 节“需求”与特定的第 4.X 节“验证方法”（检验、检查、分析、演示和测试）关联起来。需求验证可追溯性矩阵下方的行确定了大多数需求验证矩阵中出现的需求验证可追溯性矩阵的列。

原理 22.5 验证方法的选择通常被认为是工程师执行的最单调的任务之一。因此，工程师很少花时间认真考虑如何验证每个需求。此外，出于两个原因，应与测试人员协同选择每个需求的验证方法（第 28 章）。

（1）测试人员将面对每个需求的验证。为了避免冲突，测试人员应该做出需求陈述是否定义明确，是否符合具体、可测量、可实现、现实、可测试—可验证和可追溯标准（原理 22.3）的判断。

（2）测试人员的参与确保他们处于测试各需求所需的特定类型测试设备的相关工作环节中。

示例 22.6　验证层次应用示例

如果你被分配了创建子系统 A 实体开发规范的任务，在理想情况下，希望将子系统 A 作为物理工作成果验证。在分配验证方法的过程中，你会发现在集成到上一层子系统之前，完成组件需求 3.1.1.2 的验证是不切实际的。例如，关键接口（组件 A4）为组件 2 提供输入，组件 A4 落后于计划，尚未得到验证。如何解决这个问题？有几个选择：

（1）模拟或刺激（见图 28.3）组件 A4 并完成组件 A2 的验证。

（2）推迟组件 A2 验证的完成，直到组件 A4 通过验证。然而，这可能导

致实验室测试和设备闲置，因而是不可接受的。

另一个解决方案是创建验证层次属性，说明可以完成组件 A2 需求 3.1.1.2 验证的抽象层次。然后，当组件 A4 验证完成时，集成组件 A2 和 A4 来形成子系统 A。子系统 A 需求 3.1.1 验证包括组件 A2 需求 3.1.1.2 的验证。

22.6.1.2　需求追溯矩阵

需求追溯矩阵（RTM）和需求验证矩阵一样，是需求验证可追溯性矩阵的定制版本，如表 22.3 所示。需求追溯矩阵将各系统性能规范或实体开发规范第 3.X 节的子需求与上一层的父需求关联起来。表 22.3 下方的行确定了在大多数需求追溯矩阵中出现的需求验证可追溯性矩阵列。

22.6.2　需求管理工具

传统上，硬拷贝规范要求在文件中给出需求验证矩阵，作为系统性能规范或实体开发规范（见表 20.1）第 4.0 节“合格规定”的一部分。这种方法的困难之处在于规范制定人员和读者必须在第 3.0 节“需求”和第 4.0 节“合格规定”之间来回切换。来回切换效率低下且耗时。

随着基于面向对象关系数据库的需求管理工具（RMT）技术的发展，例如，我们可以创建一个需求验证可追溯矩阵（见表 22.3），作为需求管理工具的直接输出报告。需求管理工具简化了这种方法，并使规范制定人员能够选择一种或多种验证方法，例如，从一个单元格中的“选择列表”选项中选择，而不是从如表 22.3 所示的五列中选择。

通常工程师更喜欢基于文字处理软件的文档。这是为什么？因为这样更容易使用大多数利益相关方拥有的技能和应用软件来创建。但系统工程师的问题是，如何将文字处理软件文档中的需求与其他规范、工程图、图表等联系起来？

有着当今基于网络的技术，你可能会说这可以通过文字处理软件文档链接轻松实现。但是，这些链接并不允许你利用数据库的能力来显示或打印可跨文档追溯的文本陈述“线程”。这一点至关重要，尤其是在由于高层需求变化而进行影响评估时。

你可以在没有需求管理工具的情况下合理地执行系统开发。然而，该工具在验证需求可追溯、收集需求指标以及执行多层需求影响评估时节省了时

间。这就是为什么需求可追溯工具有优势，并利用了你自己的能力和时间。你可以进一步说明需求管理工具是买不起的。但需求管理工具会通过消除对文档链接的手动审计工作量来得到收益，尤其是对于大型复杂系统的开发工作而言。

22.7 需求陈述编制指南

可以用一系列属性来描述需求，包括法律、技术、成本、优先顺序和进度考虑。下面我们简要说明每个属性。

22.7.1 各需求陈述加标题

原理 22.18 需求标识符和标题原理

为每个需求语句分配唯一标识符和标题，方便搜索和可读性。

在较大的文档中，需求往往不再作为陈述标识。当需要快速搜索需求某个实例时尤其麻烦。应该使规范评审者和用户容易找到需求。用唯一标识符标记每个需求，并用“尾贴”标题标记每个需求。提供了在规范目录中找到需求的机制，并且更容易识别。

示例 22.7 需求标题示例

SPS_136 **执行通信**（“尾标”标题）

- 系统应与……通信

SPS_243 **转换 28 伏直流电**（“尾标”标题）

- 系统应将 28 伏直流电转换为 5 伏直流电。

22.7.2 规范中对其他章节的引用

规范章节经常引用文档中的其他章节。在通常情况下，规范会说明“参见第 3.4.2.6 节”。应该引用章节段落编号和标题。因为规范大纲编号经常随着主题的添加或删除而变化。当这种情况发生时，需求管理工具会自动对章节进行重新编号。因此，诸如“参见第 3.4.2.6 节”这样的引用就可能指的是不相关的需求主题。这同样适用于对外部标准和规范的引用。

22.7.3 对外部规范和标准的引用

原理 22.19 外部参考原理

规范对外部规范和标准的引用必须包括以下内容：文档编号、版本和日期。对内部章节的引用应包括章节编号和标题。

引用外部规范和标准时，包括标题、文档编号、版本和日期。系统性能规范或实体开发规范第 2.0 节“参考文件”中应列明对外部文件（含完整的标题、日期、版本等）的引用，有两个要点：

（1）请列出有关文件的完整信息，如“XYZ 系统性能规范（SPS），文档编号 123456，A 版，20××年 6 月 20 日”。

（2）按照上一点所示的要求准确地确定版本。通常规范制定人员在匆忙中会潦草地写下简短的标题，待稍后回来再更新，但这是有风险的。然后，在规范中进行泛泛引用，如“根据（标准）的最新版本……”某个标准可能有 400 页，涵盖许多应用领域，但你并不想证明完全符合 400 页的需求，只需参考特定的标准 XXXX 段落编号。然后，在（表 20.1）第 2.0 节“参考文献”中列出版本。

22.7.4 指定运行和技术能力需求

运行和技术能力及特征需求记录了系统、产品或服务成功所需的能力。这些能力推动了系统设计解决方案，并且必须是各系统性能规范或系统开发规范大纲（见表 20.1）的组成部分。美国国防采办大学（2005：B－15）对这些术语的定义如下。

22.7.4.1 要求的运行特征

要求的运行特征包括“系统参数，为用于执行所需任务功能并得到支持的系统能力的主要指标”（DAU，2005：B－15）。

22.7.4.2 要求的技术特征

“作为实现工程目标主要指标的系统参数，不一定是直接度量，但应始终与用于执行所需任务功能并得到支持的系统能力相关”（DAU，2005：B－15）。请记住，运行和技术特征应遵循 SMART-VT 原则（原理 22.3）——具体、可测量、可实现、现实、可测试和可追溯。

22.7.5 避免基于段落的文本需求

原理 22.20 复合需求原理

避免使用段落式的复合需求陈述。

基于段落的事实说明陈述在规范用于规范第 1.0 节“引言”中是可接受的。问题是当复合需求出现在系统性能规范或实体开发规范第 3.0 节“需求”中时，系统开发商必须花费宝贵的时间将其分离或解析成单一需求。帮助自己，也帮助系统开发商（承包商、分包商等），用包含一项且仅有一项能力的单一需求陈述编制系统性能规范和实体开发规范。这样不仅可以节省时间，还可以将时间更好地分配给更高优先级的任务，并创建一致的格式，提高可读性、可理解性和可验证性。

示例 22.8 复合需求陈述

车辆应能在各种条件下，无论是上山还是下山、在碎石路上、在邻近（城市）的河流或湖泊附近，载着一家四口前往（目的地）进行滑雪旅行。

请记住，如果你签了一份合同，并且有义务演示和验证是否符合技术需求，那么需求陈述中的每一个不必要的词都会增加误解和冲突的风险。需求陈述应该简洁、实用、清晰、简明。要说明这一点，请思考以下基于儿童流行读物《迪克和简丛书》（格雷和夏普，1946）的初级读者的例子。其目的并不荒谬，而是意图说明两种需求写作风格（示例 22.9 和示例 22.10）的区别。

示例 22.9 简单的写作风格

（1）观看现场直播。

（2）迪克跑上山。

（3）简摔倒了。

虽然这些都是极端的例子，但说明了用很少的词来简短的陈述能够更加明确地沟通。我们如何将此付诸实践？请思考以下示例：

示例 22.10 需求陈述

（1）系统**应**在+28 伏直流电外部电源下运行。

（2）系统**应**在 250±10 毫秒内响应来自 XYZ 的命令。

22.7.6 删除复合需求陈述

当需求陈述定义了复合需求时，很难分配需求。因为假设在单个需求陈述中指定了多个需求，因此每个需求都被分配给不同的实体。那么问题来了——如何将需求陈述的某一部分与特定子系统联系起来？

当系统必须通过验证时，如果由于缺少设备等原因而存在仍需验证的部分，那么如何确定需求验证完整？唯一的选择是给陈述中的每个需求赋予唯一编号，但这不切实际。当验证时，需要需求陈述中嵌入的所有要素来满足陈述的整体验证要求。举例说明如下。

示例 22.11 SPS_178 传输气象数据

系统应传输包含以下信息的气象数据消息：

(1) 日期。

(2) 当日时间（TOD）。

(3) 环境温度。

(4) 相对湿度。

(5) 气压。

SPS_179 格式化气象消息：

系统应传输采用表 XX. X（见图 27.5）格式的气象数据消息。

22.7.7 删除无限需求

原理 22.21 无限需求原理

不使用“全部/所有”“等”“等人”“和/或”等对于指定、界定和验证而言不切实际的无限需求术语。

规范作者注意事项：删去所有规范中使用的每个“全部/所有”一词！理解“……XYZ 的**所有**实例都会得到验证”这个陈述的法律意义，设想一下“所有”这个词的范围有多大！“所有”这个词在实际使用中表示无限含义，是无限的，可以解释的。作为规范制定人员，你的任务是把解决方案空间规定得简单而实用，但并不是为了验证实体的每一个可能的场景或实例。出于为自己考虑，应避免使用“全部/所有”这个词。

22.7.8　删除术语和缩写“等”

“等等”（“等”）是规范作者使用但不应使用的另一个词。工程师在职业生涯早期发现，总会有人质疑物理、科学或自然现象的微小实例（不管是对是错），并因他们的疏忽而责备工程师。为了避免这种情况，工程师默认使用“等”来“涵盖所有基础”。作为系统工程师，你的任务是定义和界定解决方案空间。当你用“等”指定需求时，如“系统应由 a、b、c 等组成”，系统购买者稍后可能会说“嗯，我们还需要 d、e 和 f”。你可能会回答说“我们的投标价并不包含执行 d、e 和 f 的成本”，系统购买者可能会回应“你同意了需求，‘等’表示我们可以要求任何我们想要的项目”。帮你自己一个忙，删除规范中所有的“等”。

22.7.9　删除术语“和/或”

规范作者经常通过包含术语“和/或”（and/or）的枚举列表来定义需求。

示例 22.12　需求的枚举列表

例如，“系统应包含能力 A、B、C 和/或 D”。正如所写的一样，这个陈述听起来像汽车销售一样，“……您可以选购您所选择的有选装 A、B、C 和/或 D 的汽车……”

明确定义需要什么。系统要么由 A、B、C 或 D 组成，要么不是。如果不是，那么请明确说明并限定系统要包含的内容。请记住，规范必须明确说明在系统交付和验收时需要验证哪些能力，而不是由系统购买者和用户列出愿望清单。

22.7.10　分析“测试”衍生的需求陈述

许多人经常惊讶地发现可以分析性地“测试”需求。可以采用组织标准和惯例（如软件编码标准和图形惯例）的技术符合性审计形式进行需求测试。建模与模拟提供了另一种测试需求的方法。通过执行这些模型和模拟，可以洞察需求合理性、性能分配、潜在冲突和验证难题。

需求测试还包括根据预定标准检验和评估各需求陈述。标准是什么？这就引出下一个话题——需求确认标准。

22.7.11　需求确认标准

当通过检验或检查来测试需求的有效性时，可以用许多准则来确定需求的必要性和充分性。主要准则示例见表 22.4。

表 22.4　需求陈述确认标准

编号	标准	标准问题	参考
1.	唯一标识符	需求是否有自己的唯一标识符，如规范中的规范助记符和索引助记符？	原理 22.18
2.	唯一标题	需求是否有基于结果的标题：①在系统中是唯一的；②表示要实现的结果？	原理 22.18
3.	唯一性	需求陈述在系统规范树（见图 19.2）中是否是唯一的，有没有重复？	原理 19.5
4.	必要性	需求对于系统、产品或服务的开发是否必要？	原理 19.7
5.	有效性	需求是否为反映可追溯至用户预期运行需求的或仅反映问题或需求现象的有效需求？	原理 4.13
6.	可追溯性	需求是否可追溯至用户的源需求或原始需求？	原理 19.13
7.	工作说明书语言	某个需求是否包括逻辑上属于合同或项目任务书工作说明书的语言？	原理 20.6 和 20.7
8.	规范范围	某个需求是在本规范范围内，还是属于其他规范？	原理 19.5
9.	层次	如果某个需求在本规范范围内，那么该需求是否处于需求层次结构中的正确层次？	图 20.3
10.	用户优先级	对于某个需求，用户的优先级是什么，如“没有亦可”“有则更好”“可期”和“强制性”？	原理 19.15
11.	现实性与可实现性	需求是否现实且可实现？	原理 22.3
12.	可行性	需求能否在合理正当的需求优先级和预算成本范围内实现，而不限制最低需求集？	原理 19.4
13.	完整性	就满足结构句法标准而言，需求是否完整？	原理 22.5
14.	语义和术语	需求是否包含可能有多种解释且为了清晰起见需要范围定义的任何术语或语义？	原理 19.12
15.	简明	需求是否以清晰、简明、明确的语言表述，使利益相关方有且仅有一种解释？	原理 19.9
16.	易懂	需求是否简单地用文档利益相关方易懂的语言表述？	原理 19.12

（续表）

编号	标准	标准问题	参考
17.	一致性	需求是否： • 与整个规范中使用的系统术语和助记符一致？ • 规范树（见图 19.2）中规范使用的系统术语和助记符一致？ • 系统购买者、用户和系统开发商使用的系统术语和助记符一致？	原理 19.11
18.	假设	需求是否做出了应该在规范的注释和假设部分传达的假设？	原理 24.20
19.	重叠	某个需求的范围是否与其他需求的范围重叠？	原理 22.1
20.	准确性	需求是否以准确、精确地限制了所需结果和所需性能水平的语言表述？	原理 22.10
21.	精度	要求的性能水平和公差水平的精度足够，还是过于严格？	原理 22.10
22.	可测试性	如有需要，能否设计一次或一系列测试并利用可用资源（如知识、技能、设备等）经济节约地进行？	原理 22.3
23.	可测量性	如果可测试，则能否直接测量或通过测试结果分析间接得出结果和性能水平？	原理 22.3
24.	可验证性	能否通过检查、分析、演示或测试来验证结果和性能水平，证明完全符合需求？	原理 22.4
25.	风险等级	某个要求是否会带来任何重大的技术、工艺、成本、进度或支持风险？	原理 19.16

表 22.4 中规定的标准很全面。你可能会想：如何用这些标准来令人信服地评估可能有数百个需求的规范？经验丰富的职业系统工程师在潜意识里会将这些标准铭记在脑海当中。有了经验，将学会通过检验来快速测试规范需求。这进一步强调了对所有系统工程师进行需求编写和评审的正确方法培训的重要性，以确保规范结果的置信度水平和连续性。

22.8 需求何时成为“正式需求”？

原理 22.22 正式需求原理

在满足以下标准之前，并不将需求视为正式需求：

(1) 得到利益相关方的一致认可。

（2）可通过需求验证矩阵追溯至源需求或原始需求。

（3）满足表 22.4 中列出的需求验证标准。

（4）定义有一种或多种验证方法。

（5）批准并发布实现。

前面的讨论侧重于定义明确需求的内容。人们经常会问的一个关键问题是：什么时候将需求视为正式需求？这个问题有两个阶段的答案：①非正式；②正式。

仅识别和定义需求陈述只是利益相关方正式认可和接受的先决条件。第一阶段仅仅是将陈述确定为像需求一样相关的且值得考虑的。接下来就进入下一个阶段，正式批准和随后发布。

许多系统工程师错误地认为，只是编制需求陈述就能使需求变得完整且可接受。编制需求陈述并不意味着该陈述将通过具体、可测量、可实现、现实、可测试—可验证和可追溯（原理 22.3）和表 22.4 中所列的需求验证标准。为什么必须测试完整性？需要考虑以下两个关键因素。

（1）第一，确定验证方法使得需求开发人员思考如何验证需求。例如，编写一个一两句话的验证测试计划，计划进行两次测量，两次比较，并评估相对于需求陈述的差异。

（2）第二，如果在确定测试计划方面有困难，那么也许应该考虑重写和重新定义需求陈述。*

关于第二点，一种方法可能是在推导出需求时确定一套初步的验证方法，进行验证要求的初始完整性检查。然后，继续进行更低层次的分析。在需要基线化更高层次的需求之前，评审和协调初步验证方法。

虽然过早基线化的潜在后果是众所周知的（第 16 章），如决策稳定性导致成本增加，但是人为拖延会带来更大的挑战和风险。不管是有意还是无意，项目进度经常成为系统工程师将确定验证方法转移到优先列表后面的一个方便的借口，正如我们在前面验证方法选择中所讨论的一样。因此，工程师有时会在系统集成、测试和评估有需要之前才提出验证方法，但这是错误的。必须先

---

* 工程师倾向于推迟到在系统集成、测试和评估阶段开始时确定验证方法。这是不可接受的！你需要认识到需要在需求开发过程的早期确定验证方法。这不只是为了成本估算，也是为了确认需求的现实性和合理性。

确定验证方法，再批准规范。

22.9 本章小结

本章对需求陈述编制实践的讨论：

（1）提供了定义明确需求的制定原理。

（2）讨论了何时会被正式承认为需求。

（3）描述了定义明确需求的主要属性。

（4）介绍了通过三步法编制需求陈述的基本方法，避免了同时制定需求内容和语法内容的常见问题。

（5）提供了定义明确需求的建议列表。

（6）强调了需要关注需求层次结构中唯一的单一需求陈述。

（7）描述了需求验证方法的选择过程。

（8）描述并说明了需求验证可追溯矩阵、需求追溯矩阵和需求验证矩阵之间的差异。

22.10 本章练习

22.10.1 1级：本章知识练习

回答引言中所列“您应该从本章中学到什么”的每个问题：

（1）定义明确的需求有什么属性？

（2）“需求”何时会被正式承认为需求？

（3）编制定义明确的需求有哪些原则？

（4）在编制需求陈述时，有哪些常见的陷阱？

（5）需求陈述的句法结构是什么？列出顺序。

（6）用什么标准来确认（测试）需求？

（7）请描述用于确定需求验证方法的决策过程？

（8）什么是需求验证矩阵？

（9）如何制定需求验证矩阵？

（10）什么是需求最小化？为什么要减少需求的数量？

（11）规范中的最佳需求数量是多少？

22.10.2　2级：知识应用练习

参考 www.wiley.com/go/systemengineeringanalysis2e。

22.11　参考文献

DAU (2005), *Test and Evaluation Management Guide,* 5th ed., Ft. Belvoir, VA: Defense Acquisition University (DAU) Press. Retrieved on 1/16/14 from http://www.dtic.mil/cgi-bin/GetTRDoc?AD=ADA436591.

Doran, George T. (1981), "There's a S.M.A.R.T. way to write management's goals and objectives," *Management Review* (AMA FORUM), Vol. 70 No. 11: pp. 35 - 36. Cambridge, MA: MIT Sloan Management Review.

FAA (2003), Guide to Reusable Launch Vehicle Safety Validation and Verification Planning, Office of the Associate Administrator for Commercial Space Transportation, Version 1.0, Washington, DC: Federal Aviation Administration (FAA), Sept. 2003. Retrieved on 1/20/14 from http://www.faa.gov/about/office_org/headquarters_offices/ast/licenses_permits/media/VV_Guide_9-30-03.pdf.

INCOSE - TP - 2010 - 006 - 02(2015), *Guide for Writing Requirements,* Requirements Working Group (RWG), San Diego, CA: International Council on System Engineering (INCOSE).

ISO/IEC/IEEE 24765: 2010(2010), *Systems and software engineering—Vocabulary,* Geneva: International Organization for Standardization (ISO).

NASA SP - 2007 - 6105(2007), *System Engineering Handbook*, Rev. 1. Washington, DC: National Aeronautics and Space Administration (NASA). Retrieved on 6/2/15 from http://ntrs.nasa.gov/archive/nasa/casi.ntrs.nasa.gov/20080008301.pdf.

Gray, William S, and Sharp, Zerna (1946), *Dick and Jane Series,* Glenview, IL: Scott, Foresman, and Company.

SEVOCAB (2014), Software and Systems Engineering Vocabulary, New York, NY: IEEE Computer Society. Accessed on 5/19/14 from www.computer.org/sevocab.

23 规范分析

在购买系统、产品或服务时，系统购买者通常会在正式投标邀请书中提供系统需求文件或目标陈述。系统需求文件/目标陈述会给出报价人在提交基于解决方案的建议书时依据的能力和性能需求。系统购买者和系统开发商面临的挑战是需要定义、衍生和商议出能够满足下述要求的系统性能规范：

（1）清晰、简洁、完整限定解决方案空间的系统性能规范。

（2）所有利益相关方（用户和最终用户）都能充分理解的系统性能规范。

（3）确立可交付系统、产品或服务技术验收基础的系统性能规范。

本章将介绍各种规范分析实践，从多个角度探索规范要求完整性分析的各种方法和技术，介绍常见的规范实践缺陷，研究识别、跟踪和解决这些缺陷的方法。同时，本章还将分析术语的语义模糊性，如“符合”（comply）和“遵从”（conform）以及“满足”（meet）等系统购买者和系统开发商在解释中经常使用的具有字面意义的术语。

作为系统规范实践系列的最后一章，本章包含了两个应用背景：

（1）背景 1——为评审根据系统需求文件或采购规范在**外部**开发的规范提供指导。

（2）背景 2——为**内部**开发规范（系统性能规范或实体开发规范）提供评估指导，用于建议或采购目的。

23.1 关键术语定义

（1）可用性（availability）——衡量在未知（随机）时间点调用任务时，组件处于可操作状态并在任务开始时可执行任务的程度。参见固有可用性

（A_i）、可达可用性（A_a）和运行可用性（A_o）（DAU，2012：B－18）。

（2）效率（efficiency）——“系统或部件以最少资源消耗执行指定功能的程度”（SEVOCAB，2014：104）［资料来源：ISO/IEC/IEEE 24765：2010（2010）——ISO/IEC 版权所有。经许可使用］。

（3）可维护性（maintainability）——组件经具有特定技能水平的人员使用规定的程序和资源，按规定的维护和修理规程进行维护后，保持或恢复到特定状态的能力（DAU，2012：B－131）。

（4）便携性（portability）——系统或部件从一个硬件或软件环境转移到另一个硬件或软件环境的容易程度（SEVOCAB，2014：225）［资料来源：ISO/IEC/IEEE 24765：2010（2010）——ISO/IEC 版权所有。经许可使用］。

（5）可生产性（producibility）——制造零件或系统的相对容易程度。这种相对容易程度受设计的特征和特性影响，包括设计能否使用现有的制造技术经济地完成制造、组装、检查和测试（DAU，2012：B－175）。

（6）可重构性（reconfigurability）——系统、产品或服务构型可经手动或自动修改以支持任务目标的能力。

（7）可靠性（reliability）——系统及其零件在规定条件下，无故障、无退化、无须支持系统执行任务的能力。参见平均故障间隔时间（MTBF）和平均维护间隔时间（MTBM）（DAU，2012：B－189）。

（8）可服务性（serviceability）——在特定条件下，在给定时间内组件完成服务的容易程度（DAU，2012：B－202）。

（9）可保障性（supportability）——可保障性是可用性的关键组成部分，包括促进系统异常检测、隔离、及时修复和/或更换的设计、技术支持数据和维护程序，也包括诊断、预测、实时维护数据集和人类系统集成（HSI）（JCIDS 手册）等因素（DAU，2012：B－216）。

（10）生存性（survivability）——系统及其用户回避或承受人为敌对环境、完成规定任务而不遭到破坏性损伤的能力（DAU，2012：B－217）。

（11）敏感性（susceptibility）——装置、设备或武器系统由于一项或多项固有弱点而容易受到有效攻击的程度。敏感性受作战战术、对策、敌人威胁概率等的影响，从属于生存性（DAU，2012：B－217）。

（12）可持续性（sustainability）——“保持运行活动的必要水平和持续时

间，实现”任务及任务目标的能力。可持续性涉及提供支持相关系统所需的准备工作、人员、消耗品和耗材，并需要将其维持在一定的水平（改编自DAU，2011：B－258－259）。

（13）系统安防（system safety）——在系统生命周期的各个阶段，应用工程和管理原则、标准和技术，在运行有效性、时间和成本限制下，提高系统安全程度（DAU，2012：B－221）。

（14）系统安全性（system security）——系统防护水平，即产品或服务拒绝或阻止外部威胁或未授权系统入侵和访问的能力。

（15）可测试性（testability）——系统和部件对于确立测试标准，以及通过测试确定是否满足这些标准的能力的支持程度（SEVOCAB，2014：325）［资料来源：ISO/IEC/IEEE 24765：2010（2010）——ISO/IEC 版权所有。经许可使用］。

（16）可运输性（transportability）——组件采用铁路、公路、水路、管道、海运和空运等方式通过牵引、自推进或运载装备而移动的能力。为实现可运输性，需要充分考虑可用的和预计的运输设施、机动计划和进度安排、系统设备和保障项目等对作战部队战略机动性的影响（DAU，2012：B－232）。

（17）易用性（usability）——“用户学会系统或部件操作、准备系统或部件输入以及理解系统或部件输出的容易程度（SEVOCAB，2014：339）［资料来源：ISO/IEC/IEEE 24765：2010（2010）——ISO/IEC 版权所有。经许可使用］。

（18）脆弱性（vulnerability）——由于在非自然（人为）敌对环境中受到一定程度的影响，因此导致系统出现明显退化（执行指定任务的能力丧失或降低）的系统特征。脆弱性从属于生存性（DAU，2012：B－239）。

23.2 分析现有规范

第19~第22章重点介绍了系统购买者针对系统、产品或服务的采购如何开发系统需求文件、系统性能规范或实体开发规范，或系统开发商如何开发较低层次的实体开发规范。但如已存在规范，怎么办？系统购买者或候选系统开发商如何分析规范的完整性、合理性和可行性呢？

关于规范分析，需要了解以下两个关键情景：

（1）购买者在正式招标前的验证。

（2）系统开发商在建议期间和合同授予后的分析。

下面我们进一步分析这两个情景。

23.2.1 系统购买者视角

项目启动之初，系统购买者需要降低采购行为的项目风险和技术风险。如何做到这一点？发布高品质草案规范，准确、精确、完整地规定和限定解决方案空间系统、产品或服务。可能会提出下述关键审查问题：

（1）是否充分识别、界定和规定了所有用户系统部署阶段、系统运行、维护和维持阶段、系统报废/处置阶段（见图12.2）的利益相关方要求，并进行了优先排序？

（2）是否在问题空间内限定了正确的解决方案空间？

（3）是否确定了合适的系统来填充规定的解决方案空间并应对其运行环境？

（4）规范是否准确、精确、完整地规定了所选的解决方案空间？

（5）如果根据这些要求采购系统，可交付工作成果是否能满足运行需求文件（ORD）或能力开发文件（CDD）中记录的用户预期操作需求？

（6）指定的系统能否在总拥有成本（TCO），即预算范围内开发，例如采购成本、部署成本、运行、维护和维持成本以及报废/处置成本？

如未充分解决以上问题和其他问题，会产生什么后果？后期如果确定需求存在错误、不足或遗漏等潜在缺陷，那么即使另一方同意修改合同，费用也可能非常昂贵。为尽量降低规范风险，系统购买者通常会向合格的候选投标邀请报价人发布招标前规范草案来征求意见。

23.2.2 系统开发商视角

相比之下，系统开发商必须降低合同成本、缩短开发时间、减少技术和工艺风险。为此，必须在规范分析中回答下述关键审查问题：

（1）是否完全理解了同意执行的工作范围？

(2) 所述系统需求文件要求是否规定了能够满足用户操作需求的系统？如果没有，必须采用什么方法通知对方？

(3) 是否已进行了彻底调查并与整个利益相关方群体的代表进行了交流，验证了他们的需求？

(4) 是否理解用户购买该系统试图解决的问题空间？规范是否规定并限定了问题或问题的症状？

(5) 所述需求是否能在合理预期、成本、时间和风险范围内得到确认？

(6) 这些需求是否需要采用具有不可接受风险的技术？

23.3 规范评估检查单

设计系统时，我们的思维定式是提出并开发问题空间中用户解决方案空间的解决方案，但缺少能够抓住用户需求或目标的重点，如用户是否关心增长性、可靠性、可操作性等问题？如果不清楚用户需求和用户对需求的重视程度，你只是在做一个“复选框”练习而已。那么，系统工程师如何摆脱这种思维定式呢？

本节将以基于用户目标的系统性能规范为主题。用户目标是系统开发中常用的关键驱动因素，是响应系统购买者正式招标和合同的建议书和系统开发活动的基础。为支持用户目标所作技术决策的广泛而深远的主要结论是：需要召集主题专家（SME），作为系统/产品开发团队的关键成员，参与使能系统的开发。下文讨论涵盖了各个目标的背景。*

如果你在使用自定义、无限循环的定义-设计-构建-测试-修复（SDBTF）-设计过程模型（DPM）工程范式（第 2 章），那么应避免使用以下需求类型并将其转换为规范需求的想法。

记住，后续讨论主要集中在系统属性（第 3 章）方面，而非其功能本身。

* **基本需求**

(1) 第一，规范大致记录了系统购买者的所有基本需求（原理 19.7）。但沉浸在细节中往往会模糊用户的关注重点，导致“只见树木，不见森林”。阅读规范后，通过系统购买者合同协议与用户沟通，确定最重要的影响系统开发商决策的关键目标。

(2) 第二，与用户合作，确定基本能力需求并确定其优先次序。

23.3.1　一次性、可重用和多功能系统需求

原理 23.1　系统应用原理

规范需求的编制方法应支持下述任一类系统应用：一次性系统应用、可重用系统应用或多功能系统应用。

系统的用户任务应用是规范需求的最终驱动。大多数系统都是针对下面三类主要任务应用而设计：一次性系统应用、可重用系统应用或多功能系统应用。术语定义澄清如下：

（1）**一次性系统**是为一次性使用而设计的系统，如卫星、火箭、导弹、弹药、医用注射器和电池等。

（2）**可重用系统**是执行大量任务且需定期维护而配置的系统，如汽车、计算机、飞机、手电筒、充电电池和住宅。

（3）**多功能系统**是指可重新配置，容纳多种任务应用的可重用系统。例如：飞机可重新配置，用于运载乘客或货物；计算机可重新配置，用于执行各种软件应用；打印机或调制解调器等外部硬件设备；等等。

用户购买的大多数系统和产品都是作为可重用应用购买。在规定的运行使用周期内，可重用系统和产品必须具有易用性、可靠性、可维护性和可用性和可持续性。因此，需要关注可重用应用的模块化和可互换性等需求。相比之下，一次性应用需要关注的可能是单位成本、可靠性和其他因素。

23.3.2　效率需求

对于部分系统和产品，则需要关注资源的有效利用。在这种情况下，必须确立效率需求。

23.3.3　有效性需求

用户满意度的一个关键因素是系统、产品或服务的有效性。导弹是否精准定位、打击并摧毁了目标？飞行模拟器能否提高飞行员的飞行技能？系统有效性是任务成功的关键决定因素时，确定有效性需求。

23.3.4 易用性需求

耐用的系统和产品需要具有高易用性。从用户和终端用户的角度来看，易用性通常是模糊不清的。常用需求包括人性化界面、使用方便、易于理解、易于控制、易于在崎岖地形区域行驶、易于提升、便于携带等。从系统工程的角度来看，必须在系统性能规范和实体开发规范中准确和精确地界定易用性需求。

可能需要快速开发原型，供用户进行易用性评估，并给出建设性反馈。之后，必须以图形显示或以文本需求的方式捕获用户决定。应用示例如下：

(1) 对残障人士的特殊考虑。

(2) 进出车辆、建筑物等的专用设备。

23.3.5 舒适度需求

为操作员和乘客等用户开发的用于长时间旅行的车辆系统需要舒适、防止疲劳和旅途枯燥、保持卫生等。和易用性目标一样，必须明确识别、限定和界定舒适度需求。舒适度需求是住宅、车辆、航天器和办公室等系统开发的关键驱动因素。

23.3.6 兼容性和互操作性需求

对于需要与外部系统机械连接的系统和产品，需要确定兼容性需求。机械接口或无线接口需要采用由两个系统理解和编码/解码的单向或双向通信时，必须确立互操作性需求。选定互操作性目标后，必须确立严格的接口设计标准和协议，并对其进行控制以保持一致性。

23.3.7 增长和发展要求

系统、产品和服务通常需要不断发展，适应未来的升级。为此，可能需要加强处理或推进能力、提高消耗品或耗材存储容量的灵活性、增加数据通信端口或带宽，或者完成组织性或地理性扩张。

注意 23.1　可靠性、可维护性和可用性需求

请注意，讨论可靠性、可维护性和可用性需求的目的是强调和认识这些领域的潜在需求。雇用一个合格的、有能力的可靠性、可维护性和可用性专家来帮助你做出这些决定。记住，可靠性、可维护性和可用性需求会对成本和安全性造成很大的影响！

23.3.8　可靠性需求

各系统、产品和服务对其利益相关方来说都具有内在价值，能够支持组织任务和目标。依据系统或产品的运行条件、任务和运行环境，和任务成功实现密切相关的系统可靠性（第 34 章）至关重要。

23.3.9　可维护性需求

对于一次性、可重用和多功能系统，需要确立一定的可维护性目标（第 34 章），可能包括预防性维护、纠正性维护、校准、升级和整修。可维护性需求的关键因素包括维护人员通道，手、手臂、工具和设备等的间隙。

其他因素包括电力可用性、电池或发电机需求、飞机在地面时的外部气源等。这些因素强调了对操作概念、维护概念（第 6 章）的需求，以提供派生可维护性需求的框架。

23.3.10　可用性需求

系统、产品和服务成功的第一个标准是系统启动时立即准备就绪，可按要求执行任务。

需要确立与可用预算和任务相匹配的可用性需求，包括实施日常运行准备测试或用户启动测试（UIT）、内置测试（BIT），启动内置测试设备（BITE）、指示器和显示仪表等。这些活动和设计因素可以提前指示潜在问题，从而能够在执行任务之前采取纠正措施。

23.3.11　可生产性需求

计划用于生产的系统和产品必须能按下述要求经济高效地生产：

（1）具有可接受的风险。

（2）具有可重复和可预测的流程和方法。

（3）可以在预算和时间表内以合理的利润生产。

首件的工程开发通常是能力演示，可能采用较差材料、技术、简易部件以及支撑性能验证的“附加”仪器。生产组件可能不需要这些会限制性能、增加成本的额外组件或重量。可生产性目标通常会驱使人们寻找替代材料和工艺，降低成本和风险，改善或维持系统性能。

23.3.12 存储需求

大多数系统需要采取一定的方式存储能量、操作手册、任务数据、工具和设备等。此外，系统操作人员必须能够进入存储区或存储间。例如，汽车的杂物箱设置在前仪表板内，而不是在行李箱内。应根据任务、系统和人员元素确立存储需求。

23.3.13 集成、测试和评估需求

对于需要经历多层级集成和测试的模块化系统和产品，需要确立集成、测试和评估设计的目标。理想情况下，可隔离各个构型项（CI），并采用实际接口、模拟接口或仿真接口测试该构型项。如果需要在各种设施内集成系统或产品，应考虑物理约束和设备的特殊接口，并调研可用工具。

最后，系统和产品的设计必须便于多层级系统验证和确认。为此，需要结合临时或永久测试点和访问端口，以支持标定和校准。

23.3.14 验证需求

完成系统或产品集成、测试后，并可随时进行验证时，设计者必须考虑如何验证相关组件。部分需求可以采用物理方式验证，而另一部分需求必须采用其他方式验证。确立验证目标，以确保所有验证所需数据均可访问且易于测量。

23.3.15 使能系统需求

可重用应用程序在计划生命周期内，需要持续的支持。使能系统需求确保在设计时，适当考虑了消耗品和耗材补充以及纠正性和预防性维护。

因此，使能系统需求对于确定任务支持需求至关重要。

23.3.16 部署需求

对于许多系统、产品或服务，需要确立部署需求，支持部署或运送到工作

地点任务区。设计要素包括固定索具、安全链、锚固件、加速度传感器仪表组件、环境氛围控制装置、防震和防振装置等。此外，在系统性能规范（见表 20.1）第 3.6 节“设计和构造约束”决策中，必须考虑桥梁高度和最大承重、道路坡度、有害垃圾路线限制等运输途中的限制。

23.3.17　可运输性需求

对于车辆系统、军队等，需要基于可运输性目标，考虑设计要求。为此，应了解：需要运输哪些人/哪些物品？需要多大的体积空间和运载能力？需要哪些固定索具、吊点或安全灯和标记？如何保护货物？哪些人需要什么样的货物通道？什么时候需要采取什么保护机制防止对环境和人类系统造成威胁？

23.3.18　移动性需求

对于车辆系统和军队，需要基于移动性目标考虑设计要求。需求要素包括系统的物理移动方式、移动频率，以及系统到达目的地后的固定方式。

23.3.19　机动性需求

在运行环境中，系统通常需要具有机动能力。这需要驾驶/转向机构，使操作人员能够通过物理或远程控制移动车辆、操纵导航系统、相对于参照系更改方向、做出基于方向向量的更改。

23.3.20　便携性需求

在开发部分系统和产品时，必须考虑便携性目标。便携性需求包括两个关键背景：物理属性和软件（可移植性）。

（1）从物理属性而言，系统或产品的便携性是指人可以举起、移动和运输的可接受尺寸和重量。

（2）从软件而言，可移植性是指在通过少量适应性更改在各种计算机系统内集成和执行 CSCI 的容易程度。

23.3.21　培训需求

大多数系统和产品都需要设置一定的培训目标。此时，培训属于关键运行问题，对学生、培训讲师、公众和环境都是如此。此外，培训课程的评分和汇报也很重要。因此，运行概念中的维持概念（见表6.1）是系统和产品需求的关键输入。在某些情况下，可能需要重新修改系统和产品，纳入培训讲师控制和评分结果。

23.3.22 可重构性需求

部分系统和产品需要适应各种任务，并在任务之间完成快速切换。因此，这些系统或产品可能必须在指定时间内重新配置。

23.3.23 安全和防护需求

对于各种系统和产品，都需要设置安全和防护目标，限制系统或产品的访问权限，只对“须知”的授权个人或组织开放。需求要素包括防护层、互联网防火墙、授权账户、密码和加密措施等。

23.3.24 脆弱性需求

对于在敌对威胁环境中运行的系统或操作人员可能误用或滥用的系统，应该设置脆弱性目标。该要求适用于建筑物、保险箱、车辆、计算机和电路。

预计系统、产品或服务易受运行环境威胁时，在任务分析和用例分析过程中，应识别威胁和威胁场景，并考虑设计能力的优先顺序，抵消或尽量降低这些威胁的影响。通用解决方案承认交互作用；而专门解决方案整合关键能力和/或功能，保护系统和操作人员免受外部威胁。

23.3.25 致命性需求

弹药和导弹等系统旨在穿透脆弱地区，摧毁目标系统赖以生存的机制。致命性目标侧重于系统设计和材料特性，使导弹等系统能够针对外部系统实现这一目标。

23.3.26 生存性需求

部分系统和产品需要在恶劣的或敌对的运行环境中运行。这些系统和产品必须存续，完成任务，并视情况安全返回，如绝缘、防护层、单点故障清除等系统（第26章和第34章）。对于这种系统，应确立生存性目标。

23.3.27 安全需求

在应用系统工程时，需要严格遵守法律、法规、工程原理、工程规程，保证系统和产品利益相关方（操作人员、维护人员）、普通民众、个人财产和环境的安全。安全需求的重点是确保系统、产品和服务的安全部署、安全运行、安全维护、安全维持、安全处置。这不仅限于物理产品，还应确立培训和指导程序、危险识别、警示和警告程序，明确违规操作带来的潜在后果。

23.3.28 处置需求

使用核材料、生物材料或化学材料（核生化材料）的系统和产品最终会消耗殆尽、停止运行、损坏以及有意或无意销毁。在任何情况下，都应确立系统或产品处置目标，包括核生化等有害物质和痕迹的监测和清除机制。对于可回收和循环利用的项目，可能需要提供特殊工具和设备，即专用保障设备（PSE）。

23.4 规范分析方法

从系统购买者和系统开发商的角度来看，如何对规范进行分析？答案包括前文中介绍的方法和技术。由于这个答案的涉及范围很广，因此我们将简要介绍一些可以用于规范分析的高级方法。

检查大纲结构，确定是否存在对开发一个系统填补解决方案空间并解决用户/最终用户的问题、议题或顾虑至关重要的缺失部分和主题。

23.4.1 系统需求分析

执行系统需求分析（SRA），理解期望系统做什么，再提出问题：

（1）需求列表是作为基于特征的“愿望清单”生成的，还是通过结构化分析生成的，如基于模型的系统工程？

（2）需求是否符合需求陈述确认标准（见表22.4）？

（3）需求是由经验丰富的资深专家编写的，还是由需要完成任务的经验不足人员编写的？

(4) 需求是否充分反映了用户的操作需求？需求是否必要和充分？

(5) 需求是否过多地限制了可行解决方案的范围？(见图 21.5)

(6) 是否识别了所有系统接口需求？

(7) 规范中是否还存在未定义注解（待确定或待提供)？

(8) 是否存在任何关键运行问题/关键技术问题需要解决，或需要系统购买者、用户或最终用户澄清？

23.4.2 进行工程图形分析

(1) 能否基于前文所述系统性能规范或实体开发规范要求，绘制简单图形，展示系统及系统在运行环境中的交互情况，包括系统环境图（context diagram)（见图 8.1)、架构/系统框图（ABD/SBD)（见图 20.5）等。

(2) 图形中是否存在未能在规范中定义为需求的明显不一致，如遗漏需求(见图 20.3)？

23.4.3 层级分析

(1) 是否存在任何错乱、缺失、重复或冲突需求（见图 20.3)？

(2) 是否在适当的抽象层次上定位和限定了需求（见图 8.4)？

23.4.4 技术分析

规范需求是否表明了系统购买者愿意还是不愿意考虑和接受新技术或解决方案？

23.4.5 竞争分析

规范需求是否不恰当地偏向或针对了竞争对手的产品、服务或组织能力？

23.4.6 建模与仿真分析

是否值得通过建模与仿真（第 10 章和第 33 章）辅助系统性能问题（关键运行问题/关键技术问题）分析的决策（如适用)？

23.4.7 需求验证分析

（1）使用指定的验证方法时，是否存在任何不合理、无法确认、成本过高或风险过大的需求？

（2）验证过程中，是否需要任何特殊测试设施、工具、设备或培训？

23.4.8 需求确认分析

分析规范时，尤其是分析外部组织制定的规范时，大多数系统工程师都会假设制定该规范的人员：

（1）了解用户的问题空间和解决方案空间。

（2）准确地分析了解决方案空间，并将解决方案空间准确地转化、表述为能够以合理风险经济地实现的需求。

这种心态很危险！在确认完规范要求之前，不要做出任何假设。

23.5 规范缺陷清单

分析大量组织的规范要求实践后，你会发现许多常见缺陷反复出现。其中包括如下缺陷：

缺陷 1：未安排合理的规范分析时间。

缺陷 2：要求可追溯。

缺陷 3：未能遵照标准规范大纲执行。

缺陷 4：规范制定方法不合适。

缺陷 5：未指定规范和要求责任人。

缺陷 6：参考文件与适用文件。

缺陷 7：指定广泛参考。

缺陷 8：引用未经批准的规范。

缺陷 9：使用模糊词语。

缺陷 10：缺少故障检测、隔离、控制和恢复需求。

缺陷 11：需求过高/过低。

缺陷 12：规范变更管理。

缺陷 13：需求适用性——构型有效性。

缺陷 14：未能确定验证方法。

缺陷 15：未能定义技术术语。

缺陷 16：未能识别假设。

1）缺陷 1：未安排合理的规范分析时间

讽刺的是，在系统开发过程中，未安排适当的时间来合理地分析或制定规范。

原理 23.2　沃森的任务重要性原理

管理层为大多数计划和技术决策任务分配的时间与任务或决策对于可交付产品、用户或组织的重要性成反比。

在建议工作阶段，最重要的三项规范分析任务是理解以下三项任务：

（1）用户试图解决的问题。

（2）正式招标中，系统购买者在系统需求文件/目标陈述中规定的系统、产品或服务。

（3）响应投标邀请时，在提交的系统性能规范草案中给出的组织承诺。

尽管这三项任务非常重要，但在优先表内，往往列在比较重要的多层次管理简报和其他“行政”任务之后。需要认真地花费适当的时间，才能编制出正确的规范要求！

2）缺陷 2：要求可追溯

组织和工程师甚至不需要提出下面这个最基本的问题，就完成了规范审查。这些要求源自何处，分配至和向下传递至本规范的方法是什么（原理 19.13）？在花时间审核规范之前，应该验证这个问题的答案。

3）缺陷 3：未能遵照标准规范大纲执行

许多规范问题源于未承诺制定和采纳标准规范开发大纲和指南（原理 19.3）。标准大纲代表行业最佳实践，条理清楚地给出了经验教训——反映了其他人遇到的问题领域或问题，必须在未来的工作中予以纠正。随着时间的推移，标准大纲会纳入适用于或不适用于所有项目的通用主题，再根据系统工程的自然趋势，删除标准规范大纲中的不适用部分。此外，因为“不想让别人注意到我们不打算执行的内容（主题）”，所以管理层经常要求删除某些特定的主题。

事实上，标准大纲中的主题是为了让你远离麻烦。按照系统规范实践的基本规则，你需要给出理由，解释为什么标准大纲主题不适用于你的项目。你可通过基本原理得知：

（1）你已充分考虑了主旨。

（2）你已确定该主题与你的系统开发工作无关。

因此，如果之后有人确定“不，该主题是相关的”，那么你可以纠正缺陷和适用性声明。这适用于计划、规范和其他类型的技术决策文件。

系统工程师有意删除标准大纲的章节时，就会出现问题。删除章节，“眼不见，心不烦”。但是，只有按时在预算内交付适当设计和开发的系统，才能顺序完成合同。因此，最佳的做法是将相关主题章节确定为“不适用”。之后，如果其他人确定该主题适用也为时未晚，至少还可采取纠正措施。

如果遵循该指导方针展开系统需求评审（SRR）（第 18 章），则可当场解决任何“不适用”（N/A）的问题。各方可通过会议记录提供就适用性问题达成一致的记录。*

4）缺陷 4：规范制定方法不合适

部分工程师能够通过复制遗产系统规范（规范复用方法——第 20 章）快速“组装规范”，而无须进行适当的任务、操作和系统分析。他们往往还引以为傲。猜猜看，会发生什么？管理层也非常推崇这种方法。提前完成任务，生活多么美好！但之后，系统工程师发现忽视或忽略了关键要求（见图 20.3），未评估，并且实现成本很高。猜猜看，会发生什么？管理层非常生气！

如果存在传统遗产系统，那么经细微修改后作为制定新规范的依据，这种抄袭现有规范的做法也可接受。然而，要小心，这种做法不可取！了解何时以及如何有效地复用规范。

5）缺陷 5：未指定规范和要求责任人

由于未指定责任人，因此规范需求经常被忽略。当两个系统工程师争论时，都认为对方应负责实施某项系统性能规范要求或实体开发规范要求。应指定责任人，负责分析、实现、验证、追溯各规范中的各项需求，并完成建议的

---

* **纠正规范需求错误和遗漏的成本**

请记住，在整个系统开发流程中（见图 12.2），纠正规范要求潜在缺陷的成本几乎呈指数级增长（见表 13.1）。

更新（原理 19.8）。挑战在于：当审核规范时，如果需要澄清某项需求，似乎没有人知道应由谁负责该需求的起源。

6）缺陷 6：参考文件与适用文件

原理 23.3　规范参考文件原理

规范第 2.0 节“参考文件”仅列出第 3.0 节“需求”和第 4.0 节“合格规定”明确引用的文件；删除所有其他未引用的文档。

参考文件是指系统性能规范和实体开发规范第 3.0 节“需求”明确规定的，以及第 2.0 节“参考文件”或“适用文件”列出的文件，即规范和标准。而适用文件是指包含与主题密切相关的信息，但未在规范中引用的文件。不得在规范第 2.0 节“参考文件”中列出适用文件。

7）缺陷 7：指定广泛参考

原理 23.4　广泛参考原理

避免广泛、笼统地引用外部文件。始终指定文件标题、版本、发布日期、章节号和章节标题。

规范作者会耗费大量的时间来对文档进行文字加工、调整和更正，只会预留非常有限的时间（如有）来执行系统分析，更不用说规范参考了。参考文献通常在最后一分钟插入。这是为什么？通常，这些相同的系统工程师没有时间彻底研究参考文献，仅作出广泛的、非特定的引用，诸如“根据 MIL - STD - 1472”等“形式”，理由如下：

（1）管理层要求完成。

（2）稍后再“明确”。

（3）不明白这个引用是什么意思，但听起来不错；“曾经在其他规范中见过，所以在此沿用。”

这是一个规范，合同要求系统开发商执行系统性能规范的规定，你是否准备为 MIL - STD - 1472 的所有规定买单？绝对不能！幸运的是，在建议阶段，问题可能通过报价人正式的问答过程自行解决。

这个问题对系统购买者和系统开发商来说都是一个挑战。原因如下：

（1）引用的文档可能已过期或已废止。从专业角度来说，组织和规范开发人员会感到为难。

（2）不熟练的规范作者，即使在其他非主题领域有 30 年的经验，无意间作出的技术决策也可能导致要求具有法律、安全和风险影响。

(3) 系统开发商通常无法正确研究投标邀请的参考文件，因此需要耗费大量资金来实现系统性能规范中规定的参考需求。

启示 23.1　未记录的口头协议

在任何一方陷入困境或出现争议时，未记录的口头协议和要求就会无效。

注意 23.2　彻底分析和理解投标邀请的参考需求

彻底研究投标邀请的参考资料，正式要求系统购买者（角色）澄清或确认，再简要记录参考资料明确需求的内容。请记住，出现问题时，未记录的评论会被提出方神奇地遗忘！

8）缺陷 8：引用未经批准的规范

系统开发商项目计划开发多项多层级实体开发规范时，这些工作必须同步进行。讽刺的是，规范开发给人的印象是：多层级规范可同时编写，以节省开发时间。这是一种错误的观念，最终会导致技术混乱、冲突和不一致！应在高层级规范成熟和获批后，再开发并批准低层级规范。如果不同层级的团队能够有效地沟通，且高层级团队能够迅速作出成熟的决策，则有很多方法可以实现这一点。

9）缺陷 9：使用模糊词语

规范作者在“编写”需求声明时，往往经常使用具有不同解释的模糊词语（原理 19.9）。根据加强明确性的规范实践，应避免或定义语义模糊的词语和术语。请思考以下示例。

示例 23.1　模糊的客户规范词句

仿真领域的规范通常包含模糊的需求陈述措辞，如“真实世界的现实表现”“有效训练”。

系统购买者和系统开发商面临的挑战是：如何得知什么时候成功实现了“现实表现”或“有效训练”？答案是明确定义术语。风险在于：用户在潜意识里会用哪些主观标准来决定需求的成功实现？（NAVAIR TSD，2014 提供了模糊术语和短语示例）

10）缺陷 10：缺少故障检测、隔离、控制和恢复需求

大多数系统工程师编写的是“理想”世界的规范。但实际上，系统和接口会发生故障，有时还会带来灾难性的后果。在编写规范时，确保给出了有关

正常运行、异常运行、紧急运行和灾难运行（如适用）的需求（见图 19.5）。这需要采用强大的架构解决方案（第 26 章），使系统能够承受下述各类故障和/或恢复正常：

（1）外部接口故障。

（2）部件故障和内部接口故障导致的内部故障。

对于涉及生命安全、公共安全、财产损失和环境污染的任务关键型系统，规范通常未能规定故障检测、隔离和控制需求（见图 26.8）。在这种情况下，需要规定故障检测、隔离和控制需求，以及从外部和内部故障中恢复的需求（见图 10.17）。

11）缺陷 11：需求过高/过低

规范开发人员经常无法确定需求是否充分。规范需求可能会过高或过低（见图 21.5）。可采用下述四个标准，避免需求过高/过低：

（1）仅确定基本需求（原理 19.7）。

（2）着重规定系统或实体的性能包络线，如基于性能的能力的边界。

（3）避免规定如何实现基于性能的能力包线（原理 19.6）。

（4）避免在系统或实体的抽象层次之下指定超过一个层级的功能。

12）缺陷 12：规范变更管理

原理 23.5　决策参考原理

在标准操作规程中，项目人员执行实现基线化的工作成果：①已批准可发布供决策的工作成果；②已传达给所有利益相关方的工作成果。

规范经批准、基线化和发布后，规范的任何变更都需要正式批准并告知利益相关方。但由于缺乏沟通，可能会出现如下两个问题：

（1）第一，项目和技术管理人员通常不理解向项目人员传达技术变更的必要性。讽刺的是，这会威胁项目的技术完整性，而这正是管理人员所不愿意看到的。

（2）第二，管理层传达了变更，但项目人员通常会忽略规范变更通知（SCN）等有关规范变更的公告，继续使用以前的版本。

需要实施正式的变更管理过程规程，跟踪批准的规范更新，立即纳入变更，并将最新变更通知所有利益相关方，以保证系统完整性，包括适当的版本控制，使利益相关方能够确定现行规范。

13）缺陷13：需求适用性——构型有效性

原理 23.6　规范有效性原理

规范适用于不同的型号、版本或模块序列号时，要明确指定具有适当有效性的各项需求。

部分规范需求可能仅适用于特定的配置和单元，即构型有效性。在这种情况下，将相关需求标记为仅适用于构型A、B、C……或序列号XXXX－YYYY。如果出现这种情况，请在封面和第1.0节“引言”向读者说明本规范适用于构型A、B和C以及序列号XXXX－YYYY。

注意 23.3　多功能产品型号规范

实际上，型号随着时间的推移发生变化，规范有效性可能成为一个非常复杂的挑战。企业产品线都有核心要求，而特定产品型号变体也有特定的阐述。运用系统思维（第1章）来思考这些决策的影响，避免出现意外后果（原理24.20）。

14）缺陷14：未能确定验证方法

每项规范需求都必须得到验证。然而，验证方法往往在最后确定。因此，大多数规范，尤其在规范制定初期，都存在缺陷，未规定系统或产品验证方法。制定优秀规范的规则应该是，在各项要求分配了至少一种或多种验证方法之后，再对规范进行基线化（原理13.10和原理22.4）。

15）缺陷15：未能定义技术术语

应该使用用户熟悉的语言和术语编写规范。规范通常存在技术术语方面的缺陷，例如，术语模糊不清，或有多种含义。在这种情况下，应按照表20.1规范第6.2节的规定记录假设。

16）缺陷16：未能识别假设

大多数规范的基础是一组从未记录的假设。在这种情况下，应按照表20.1规范第6.3节的规定记录假设。

23.6　解决规范关键运行问题/关键技术问题

规范通常会包含一些抽象或模糊的需求，此时需要澄清，必须确保正确的解释和理解。但是，部分需求会引起关键运行问题/关键技术问题，这些问题对实现而言，是很大的挑战。这些问题可能反映技术、工艺、成本、进度或保障风险以及待定项等。

需求问题和澄清需求在合同授予前后都存在。下面简要探讨在这两个时间段内如何处理这些问题。

23.6.1 澄清需求问题——合同授予前

在正式招标，发出投标邀请时，系统购买者通常会发布系统需求文件草案，供审查和征求意见。系统需求文件草案可能包含了各种规范需求问题和澄清需求的请求。

在分析任何规范时，第一步都应该是识别和标记所有需要澄清的要求——技术、成本、进度、技术和保障风险等。请记住，在发出投标邀请时浮现的问题和澄清可能会让竞争对手窥探到你的建议策略，洞察你的方案，从而提高其自身竞争力。因此，建议团队必须决定哪些问题需要提交澄清，哪些问题需要内部深入分析和/或跟进。

关键是报价人，即系统开发商，必须在随建议书提交规范和签署合同之前，彻底分析、审查并解决所有需求问题和澄清。

如未执行系统需求评审（第 18 章），可能还有机会解决澄清需求或纠正缺陷。即便如此，部分系统购买者可能不愿意修改合同来同意规范变更。

从系统购买者的角度来看，变更需求总是可以追溯到合同授予之前的投标邀请响应过程。“为什么没在当时或合同谈判期间解决这个问题?”如果报价人（系统开发商）没有进行充分的分析或考虑就自主提出规范要求，那么问题会更加严重。这种情况可能会造成一定程度的组织、技术和专业上的尴尬。

23.6.2 澄清需求问题——合同授予后

合同授予后，需求问题的解决因合同和购买者而异。是否愿意修改规范需求取决于合同是否刚刚授予。

23.6.3 澄清需求问题——系统需求评审前

人类系统、组织和工程系统，即使出于好意，也无法达到完美。不可避免的是，每份合同系统性能规范都存在瑕疵、优缺点，完善程度也不一致。尽管“完善程度”有学术内涵，但在系统购买者和系统开发商的头脑和感知中是存在的。虽然是陈词滥调，但也请记住“众口难调”。

双方通过讨论达成一致，即拒绝接受合同修改以消除规范瑕疵或潜在缺陷的意愿。系统购买者可能原则上同意变更，但系统开发商会利用这种情况，要求修改变更成本，导致系统购买者不愿意请求变更。

相反，系统开发商可能希望变更需求，但是系统购买者不愿意允许任何变更，担心出现未知结果。即使双方都同意变更，系统性能规范也可能存在处于休眠状态的潜在缺陷（原理 13. 2 和原理 13. 7），直到合同的系统开发阶段后期才能发现。假设这是合理、合适的解决方案，最好的办法是双方都免费满足对方的愿望。

但无论如何，都可能遇到这样一种情况，即系统性能规范存在缺陷、不足或错误，而系统购买者拒绝修改合同。怎么办？

一种解决方案是创建电子系统设计记事本（SDN）；有些人将此称为“设计原理文档”（DRD）。为什么需要系统设计记事本或设计原理文档？你需要一种机制来记录需求分配和设计标准的设计假设和基本原理。

根据合同条款和条件，系统开发商必须执行并遵守向下传递到低层级实体开发规范的系统性能规范需求。但如果缺少一套明确的系统性能规范需求，则可能需要冒险考虑一个方案，表达企业对模糊系统性能规范需求的理解。根据合同协议，应向系统购买者的合同官员提供工程变更建议（ECP），供审查和跟进。*

在系统需求评审（第 18 章）期间，任何残留的系统性能规范潜在缺陷（缺陷、错误、不足等）都应与系统购买者一起解决。系统需求评审的会议记录应记录需求缺陷讨论过程和决策。如果系统购买者拒绝修改合同进行更正，则可通过系统购买者的合同官员确认你选择的方法。因此，考虑在设计原理文

* **签订合同前澄清需求的重要性**

前文讨论强调，必须提前慎重考虑各项需求，避免出现这种情况。但还是有人缺乏耐心，坚持让你继续前进，不用担心理解问题。“另外，我非常清楚！”请当心！在系统性能规范转化为合同义务之前，投入时间和精力澄清系统性能规范需求，与合同授予后再澄清需求相比，风险和成本都会大幅降低。请记住，图 13. 2 包括所有潜在缺陷类型——设计错误、瑕疵和规范需求缺陷（见图 20. 3）。

档（DRD）中记录设计假设，并向系统购买者提供开放分发或访问权限。*

所有利益相关方都需要成为合同赢家！因此，在建议阶段或在系统需求评审之前以及整个系统开发阶段（视情况而定），避免并解决这个问题。

23.6.4 关键运行问题/关键技术问题——系统需求评审之后

由于分析不充分，因此有时规范要求的潜在缺陷——瑕疵、错误、不足等，会在系统需求评审后才得以发现。系统购买者可能不愿意考虑工程变更建议，也可能接受/不接受工程变更建议来更改需求。根据具体情况，唯一可行的解决方案可能是针对规范需求提交偏离请求。

23.6.5 跟踪需求问题和澄清

原理 23.7 需求问题跟踪原理

跟踪规范需求问题，直至解决。

识别规范需求问题和澄清后，必须快速解决。跟踪解决状态的首选方法是建立一个指标，表示可执行关键运行问题/关键技术问题、待定项和待提供项的数量，以及处于“未解决”状态澄清项。

23.6.6 结论

发现规范需求问题，在重大技术评审中让买方项目经理感到意外时，通常会造成不良后果。利益相关方，即买方、用户、最终用户、高管和项目经理，不喜欢“惊喜”，尤其是在项目评审和会议等公开场合。虽然问题需要所涉人员和企业解决，但系统开发商项目总监或技术总监最好在项目评审之前，与买方项目经理私下交流，非正式地“离线”介绍出现的问题。系统开发商可根据结果和响应，选择通过正常的采购渠道正式解决问题。

最后，因修改合同既烦琐，又具有职业风险，同时还需要各种批准和说明，导致买方不情愿接受规范需求变更。规范需求变更的发起人也需要向管理

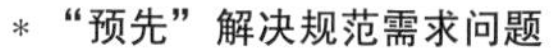

* **“预先”解决规范需求问题**

每一份合同和情况都是不同的，需要根据自己的情况做出决策。从专业和技术角度来讲，系统购买者和系统开发商应在系统需求评审中解决所有突出的规范问题。而实际情况是：

（1）在系统交付时，即使存在已知缺陷，系统购买者可能也只得勉强照原样协商接受系统。

（2）系统开发商可能无法履行合同条款和条件。

层解释，为什么未能在合同谈判期间意识到这种情况并加以解决。这也是一个挑战。

23.7 需求符合性

作为系统开发商，管理层向系统工程师提出的一个最常见问题是：我们能否满足规范需求？通常会采用“遵守”（comply）、“遵照”（conform）、“满足”（meet）等词语回答。但系统工程师通常未经培训，不知如何正确使用这些术语，他们可能会交叉使用。那么，这些术语有何含义？

大多数字典中关于“符合”“遵从”“满足”的定义会让人感到迷惑。字典在定义其中一个术语时，都会使用另外两个术语中的任一术语，导致循环引用。因此，为了避免混淆，考虑采用以下解释。

23.7.1 符合性

术语“符合性”（compliance）通常用于指规范或设计要求的符合性、过程符合性、法规符合性等。一般来说，“符合”表示无一例外地强制严格遵守或服从某项要求的“字面意义”。即使该术语有此要求，但还是经常会发现不同程度的符合性。在合同系统开发领域，合同协议要求执行实体，即系统开发商在无法完全遵守合同规范要求时，应：①立即通知系统购买者的合同官员（ACO）；②提出风险缓解纠正措施。

示例 23.2 符合性示例

人们应该完全遵守国际、联邦、州和地方政府当局制定的合同法。

23.7.2 遵从性

我们经常听“我们将遵从您的要求。”这个含糊不清的术语“遵从”到底是什么意思？总的来说，“遵从性”（conformance）表示企业有组织标准规程（OSP），比如经常使用的过程、方法和行为模式。但是，为了促进团队成员之间和谐相处，形成良好的关系，我们将调整或采用，即遵从对方可接受的一系列过程、方法和行为模式。示例如下。

示例 23.3　遵从性示例

到访一个国家，发现这里的饮食习惯不同。可选择：①遵从他们的烹饪习惯；②不吃东西；③自带厨师和食物。

23.7.3　“满足”要求

经常听到有人说他们或他们的企业能够“满足”（meet）要求。这是什么意思呢？总的来说，“满足”这个词是一种非常软弱、不明确的回答，带有最低限度的含义。实际上，他们说的是“我们将满足您的最低要求。”

在总结要求合规性部分的讨论时，分包商可能会告诉系统开发商：“对于此分包合同，我们将遵从贵方文档系统的审查和批准流程。在提交文件供审查和批准时，我们将符合分包合同的文件格式说明，并通过合同官员提交。”

23.8　本章小结

本章讨论了可用于规范分析的关键主题，适用于外部和内部编写的项目规范。规范分析中最大的一项挑战是未能从要求、参考资料和验证方法的角度全面审查规范。规范分析应该揭示文档是由采用 SDBTF－DPM 工程范式的组织创建的，还是由采用基于模型的系统工程方法的组织创建的。

我们从规范的系统购买者和系统开发商的角度讨论了规范分析。我们介绍了系统开发商用于对规范的“完善程度”进行高级评估的各种方法，

介绍了一些常见的缺陷，比如困扰许多规范的缺失、错位、重叠或重复要求。还介绍了在合同授予之前和之后，系统开发商和购买者解决规范问题和顾虑的方法。最后，我们分析了三个术语“符合”“遵从”和“满足”的含义。这三个术语经常被承包商交叉表达，但它们各自的含义不同。

23.9　本章练习

23.9.1　1 级：本章知识练习

（1）如何系统地分析规范？

（2）规范要求缺陷有哪些常见类型？

（3）识别到需求缺陷时，应该如何与系统购买者在内部和外部解决？

（4）符合一项需求是什么意思？

（5）遵从一项需求是什么意思？

（6）满足一项需求是什么意思？

23.9.2　2 级：知识应用练习

参考 www. wiley. com/go/systemengineeringanalysis2e。

23.10　参考文献

DAU (2011), *Glossary: Defense Acquisition Acronyms and Terms,* 14th ed. Ft. Belvoir, VA: Defense Acquisition University (DAU) Press. Retrieved on 3/27/13 from: http://www. dau. mil/pubscats/PubsCats/Glossary%2014th%20edition%20July%202011. pdf.

DAU (2012), *Glossary: Defense Acquisition Acronyms and Terms,* 15th ed. Ft. Belvoir, VA: Defense Acquisition University.

(DAU) Press. Retrieved on 6/1/15 from http://www. dau. mil/publications/publicationsDocs/Glossary_ 15th_ ed. pdf.

ISO/IEC/IEEE 24765: 2010 (2010), *Systems and software engineering—Vocabulary,* Geneva: International Organization for Standardization (ISO).

NAVAIR TSD (2014), *Acquisition Guide: "Guide to Specification Writing," Naval Air Warfare (NAVAIR) Center Training Systems Division (TSD),* Orlando, FL: NAVAIR. Retrieved on 3/6/15 from http://www. navair. navy. mil/nawctsd/Resources/Library/Acqguide/spec. htm.

SEVOCAB (2014), *Software and Systems Engineering Vocabulary,* New York, NY: IEEE Computer Society. Accessed on 5/19/14 from www. computer. org/sevocab.

24 以用户为中心的系统设计

组织和工程系统、产品或服务需要人类通过某种形式的交互来领导和指导，启动、运行（监控、命令和控制）、维护、维持和终止其运行。随着技术的进步及部署、运行、维护和维持成本的增加，我们不断努力实现系统自动化，以最大限度地减少人机交互和决策的数量，从而提高生产力、效率和有效性，并降低成本和风险。

一般来说，大多数人倾向于将系统、产品或服务视为独立的实体。现实情况是，系统、产品或服务只是工具，是为人类提供完成任务和基于结果的行为目标的能力的手段。例如，早期人类利用支点和杠杆集成系统的能力来移动超过人类自身体能和行动限制的重物。

原理 24.1　用户心理模型原理

为了减少或消除人为错误，在设计设备（硬件和软件）之前，彻底理解用户对任务行为的概念心理模型。

所有工程学科的一个共同方面是设计和选择部件，以确保部件在各个进展阶段和接口层次上：①相互之间物理兼容且可互操作；②耐用且可靠；③能够在任务期间在规定的运行环境中生存。工程部门耗费大量时间来完成某项任务，专门设计各种部件和设备——这就是我们接受的教育。然后，在设备开发完成后，继续执行编写后期被用户认为无用的操作、维护和培训手册之类的无效任务。假设告知操作人员“将右脚放在左耳上，左手放在右腿下，启动操作人员右侧地板上的开关”，组织会奖励项目团队，并宣传在设计可能仅拥有一定易用性及用户满意度的系统、产品或服务时因“卓越的技术性能和创新”而获得的荣誉。

人类，作为一个系统的“元素”，不是柔术大师！就像物理部件和材料一样，人的体能有限，限制了我们的能力。我们的内在表现会因焦虑（低效和无效接触）而被扰乱，焦虑会产生压力，对决策和表现产生生理和心理影响。讽刺的是，工程师接受研究电气、机械和软件部件的物理特征和兼容性、材料及制造商数据和规格表中的化学品的教育和培训，但并没有接受过将操作人员和维护人员视为值得进行类似兼容性和互操作性考量的“部件”的教育和培训。“只要告诉操作人员把手伸到地板上，打开开关就行了。应该很直观。他们（用户）很聪明，自己能够理解，不需要我们告诉他们该做什么！”这是一种常见的工程思维定式。

本章侧重以用户为中心的系统设计（UCSD），试图应对这个挑战。我们经常会在谈论各种术语时提到 UCSD 这个话题，如人类系统集成（HSI）、人为因素（HF）、人因工程（HFE）、人体工程（HE）、人本设计（HCD）和以用户为中心的设计。新工科毕业生进入行业、政府和学术界后，随着时间的推移，他们会学会适应组织对这些术语的本地化使用。本章围绕以下需求展开讨论：

（1）需要设计和工程实现与操作人员、维护人员和维持人员特点相匹配且可互操作的多层“设备”“任务资源”“过程文件”“系统响应”和“设施”系统元素。

（2）需要就如何安全、有效且高效地监控、命令和控制系统、产品或服务来开展企业任务、执行任务，实现基于行为的结果和目标，对“人员”系统元素进行教育和培训。

学完本章后，最重要的一点是认识并理解人类作为系统的“人员”元素“部件”，具有有限的能力和限制。这些能力和限制会成为对“设备”“过程文件”“任务资源”“系统响应”和“设施”元素的设计和实现的限制要求，反之则不成立！底线是组织需要认识到这一点，并将其自定义的“代入求出”……定义-构建-测试-修复（SBTF）-设计过程模型（DPM）的基于设备的工程范式改为以用户为中心的系统设计范例。

24.1 关键术语定义

（1）人体测量（anthropometry）——人体特征的科学测量和数据收集，以及这些数据在系统、设备和设施的设计和评估中的应用（工程人体测量）（MIL－HDBK－1908B，1999：6）。

（2）生物力学（biomechanics）——“人为因素的一个附属专业，主要与人类运动、肌肉强度和肌肉力量有关”（Chapanis，1996：12）。“采用力学方法对生物系统结构和功能的研究”（Hatze，1974：189－190）。

（3）一致性（concurrency）——“过程文件”元素信息（操作和维护手册、培训说明、材料、设备和辅助工具）与任务系统和使能系统“设备”元素设计及其实现准确一致的程度。

（4）职责（duty）——给定工作中与操作相关的一系列任务，如驾驶、系统或产品维修、通信、目标探测、自我保护、操作人员维护（改编自 MIL－HDBK－1908B，1999：32）。

（5）出（egress）——走出或离开一个地方的行为（牛津在线词典，2013a）。

（6）人类工程（或人为因素）［ergonomics（or HF）］——与理解人类与系统其他元素之间的相互作用有关的科学学科，以及应用理论、原理、数据和方法进行设计以优化人类感受和整体系统性能的专业（IEA，2013）。

（7）人类工程学家（ergonomists）——执行人类工程……（及）……参与任务、工作、产品、环境和系统设计与评估的人（HFES，2013）。

（8）故障安全设计（fail-safe design）——“在失效会导致设备损坏、人员受伤或关键设备误操作而造成灾难性影响的区域提供的”一种设计（MIL－STD－1472G，2012：12）。

（9）失效（failure）——任何组件或组件的一部分不能或不会按先前的规定运行的事件或不可操作状态（MIL－HDBK－470A：第 G－5 页）。

（10）故障（fault）——失效的直接原因（如失调、错位、缺陷）（MIL－HDBK－470B 第 G－5 页）。

（11）触觉部位（haptic）——指提供皮肤触感及肌肉和关节力反馈的所有身体感知部位（DoD 5000. 59－M，1998：117）。

（12）触觉学（haptics）——不仅能感知身体各部位（如手指）的运动，还能为虚拟世界的触觉感知提供触觉和力反馈的服装或外骨骼设计（DoD 5000. 59－M，1998：117）。

（13）损害（harm）——对人体健康的身体伤害或损害，或对财产或环境的破坏（ISO/IEC 指南 51：1999，2009，3.3）。

（14）危险（hazard）——任何可能导致人身伤害、疾病或死亡；系统（硬件或软件）、设备或财产的损坏或损失；和/或对环境的破坏的真实或潜在状况（FAA，2006：第 B－6 页）。

（15）危险（hazard）——可能导致的意外事件或一系列事件（即事故），会造成死亡、伤害、职业病、设备或财产损坏或损失或环境破坏的真实或潜在状况（MIL－STD－882E，2012：5）。

（16）人类系统集成（HSI）——在所有系统元素内部和它们之间集成人为因素的跨学科技术和管理过程；系统工程实践的一个基本使能手段［国际贸易术语解释通则第 4 版（2015）附录 C］。

（17）人本设计（HCD）（以用户为中心的设计）——一种“设计方法，其特征在于用户的积极参与、对用户和任务需求的清晰认识、人和技术之间功能的适当分配、设计解决方案的迭代以及多学科设计”［除了 ISO 1503：2008 第 3 页第 3.7 段外，经代表国际标准化组织的美国国家标准协会许可使用，（c）ISO 2014——版权所有］。

（18）以用户为中心的系统设计（UCSD）——一项多学科活动，将人的能力和局限性放在系统设计解决方案开发的最前沿，以实现：①所有系统元素（人员、设备、过程资料、任务资源、系统响应和设施）的**最佳**系统性能；②可接受的风险；③可接受的系统/产品生命周期运行、维护和维持阶段成本。

（19）人体工程（HE）——通用含义　将关于人类能力和限制的知识应用于系统或设备的设计和开发，以最小的成本和人力、技能及培训需求实现高效、有效和安全的系统性能。人体工程确保系统或设备设计、所需人工任务和工作环境与操作、维护、控制和支持人员的感觉、知觉、心理和身体属性相容（MIL－STD－1908B，1999：17）。

（20）人体工程需求（HE requirements）——为开发有效的人机界面和排除需要大量认知、身体或感觉技能，复杂的人力或培训密集型任务，或容易导致频繁或严重错误的系统特征而建立的……需求（MIL－STD－1472G，2012：11）。

（21）人为因素（HF）——关于人类特征的大量科学事实。这个术语涵盖所有生物医学和心理社会因素，包括但不限于人体工程、人员选择、培训、生命支持、工作绩效辅助和人员表现评估领域的原则和应用（MIL－HDBK－1908B，1999：17）。

人因（HF）学科致力于人机接口和人员编配的研究、分析、设计和评估。由于人的能力和局限性会影响系统运行，强调能力和限制（NASA SP 2007－6105，2007：246）。

（22）人因工程（HFE）——一项多学科工作，旨在生成和汇编关于人的能力和局限性的信息，并将信息应用于（复杂系统的设计和采购）产生安全、舒适和有效的人员表现［FAA SEM（2006），第3卷：B－6］。

“涉及人类能力（认知、身体、感觉和团队活力）的理解，并将其融入系统设计当中，从概念化开始，在系统处置期间持续”（USAF AFD－090121－055，2009：58）。“评估和改善工作系统（如医疗保健服务）的安全性、效率和稳健性的跨学科方法”（国家医疗保健人因工程中心，2013）。

（23）人因测试和评估（HFTE）——默认含义　根据批准的测试计划进行的系统测试工作的一部分。人因测试和评估包括为确认和评估人因分析、研究、标准、决策、运行和维护设计特征及特性指导进行的所有测试，可能包括为验证系统层需求而进行的工程设计测试、模型测试、模型评估、演示和子系统测试。人因测试是系统开发测试与评估以及运行测试与评估的一部分（MIL－HDBK－1908B，1999：18）。

（24）人员表现（human performance）——在特定环境中人的职能和行动的度量，反映实际用户和维护人员在系统使用条件下满足系统性能标准（包括可靠性和可维护性）的能力（MIL－HDBK－1908B，1999：18）。

实际用户和维护人员在系统使用条件下满足系统性能标准（包括可靠性和可维护性）的能力（DAU，2012：B－98）。

（25）人类系统集成（HSI）——系统人力、人员、培训、安全和职业健康、可居住性、人员生存性和人因工程的需求、概念和资源的综合全面分析、设计、评估（MIL－STD－882E，2012：6）。

为人体工程、人力、人员、培训、系统安全、健康危害、人员生存性和可居住性提供综合全面的需求、概念和资源分析、设计和评估的系统工程过程和计划管理工作（MIL－STD－46855，2011：Ⅱ）。

（26）人（ingress）——通过旨在适应和方便人员进入和需求的入口进入物理系统的行为。

（27）工作（job）——运行和维护系统中人员职位（如驾驶员）所需的所有人员行为组合（MIL－HDBK－1908B，1999：32）。

（28）工作危害分析（job hazard analysis）——识别问题工作和与之相关的风险因素（OSHA 3125，2013：7）。

（29）人机接口（MMI）——人和其他系统部件之间的动作、反应和交互。这也适用于多工位、多人配置或系统。术语还定义了支持交互的硬件、软件或设备的特性（MIL－HDBK－1908B，1999：21）。

（30）人对人接口（person-person interface）——通用含义　为操作和维护有人系统，人在执行工作、职责和任务时的行动、反应和交互（即交易），包括同级和上下级交互（改编自 MIL－HDBK－1908B，1999：21）。

（31）安全关键（safety critical）——适用于事故后果严重性为灾难性或严重后果的状况、事件、操作、过程或项目（如安全关键功能、安全关键路径和安全关键部件）（MIL－STD－882E，2012：7）。

（32）安全设计（safety design）——对"……系统和人员安全因素，包括最大可能减少系统操作和维护中的潜在人为错误，尤其是在警报、战斗压力或其他紧急或非常规状况下"的应用（改编自 MIL－STD－1472G，2012：12）。

（33）设计简单性（simplicity of design）——符合功能需求和预期使用条件……并且……能够由受过最少培训的人员在其运行环境中操作、维护和维修的最简单设计（MIL－STD－1472G，2012：12）。

（34）子任务（subtask）——在任务中实现部分直接目的的活动（感知、决策和响应），如拆除螺母（MIL－HDBK－1908B，1999：32）。

（35）任务（task）——为直接目的而执行的相关活动（感知、决策和响应）的组合，用操作人员/维护人员的语言编写，如更换轮胎（MIL－HDBK－1908B，1999：32）。

（36）任务分析（task analysis）——一种系统方法，用于编写操作人员、控制人员或维护人员采用系统或设备项目完成工作单元时引起的人员—设备/软件交互的时间相关描述。给出了设备操作、维护或控制人员的顺序和同步体力和智力活动，以及设备的顺序操作。在有系统工程要求情况下，构成系统工程分析的一部分（MIL HDBK－1908B，1999：31－32）。

（37）任务要素（task element）——完成任务或子任务所需的最小的逻辑上合理定义的行为单位，如用单向扳手向螺母施加逆时针扭矩（MIL HDBK－1908B，1999：32）。

（38）使用错误（use error）——一种重复的失效模式，表明失效模式很可能随着使用而发生，因此有合理的可预测的发生概率（NAP，2007：256）。

24.2 引言

以用户为中心的系统设计是一项多学科系统工程活动，需要遵循应用人因工程、人体工程、安全和学科设计原理的人类系统集成战略，与用户社区和专业工程进行深度的合作。目标如下：

（1）宣传系统工程师在项目开始时就将人为因素融入系统、产品和服务设计中的重要性。

（2）描述和澄清各种人因技能和学科背景。

（3）培养洞察力和意识，使系统工程师能够规划、招聘/雇佣、质疑和审查设计和实现人机交互的人类系统集成、人为因素、人因工程、人体工程和人类工程等专业人员的决策和工作成果。

注意 24.1

尽管每个工程学科都是一个专业学科，但通常将人类系统集成、人为因素、人因工程、人体工程和人类工程称为专业工程技能。每一项都需要工程学和行为科学等学科的专业知识、经验和领域专门知识。始终使用组织自己选择的能胜任的专业人员提供的服务。请记住，对于向客户及其用户和最终用户提供的系统、产品和服务的性能，你和你的企业要对你们自己的决策和行动负全部责任，或对未做出决策或采取行动负全部责任。

大多数教科书把人类系统集成作为一个抽象模糊的术语，涉及的主题包括人为因素、人因工程、人体工程和人类工程。但实际情况是工程师和组织都很外行地把这些术语当作可互换术语使用。人体测量学、生物力学这些术语也陷入了困境。详细的讨论并没有帮助系统工程师了解要达成的目标，而是侧重讨论选择显示字体大小、颜色、工作站椅子高度和视角，而忽略了“任务要成

功需要什么”的更高层次视角。本章旨在阐明这些学科及其在系统、产品或服务的系统工程与开发中的应用。

鉴于大多数工程师没有接受过胜任人为因素工作的教育或培训，本章将从系统或产品如何因人机交互而失效的整体观点出发展开讨论。我们讨论的关键构造将是图 8. 13 介绍的系统元素架构（SEA）。这个构造描述了一套完整的系统元素（人员、设备、任务资源、过程数据和系统响应），包括一个任务系统及其使能系统加上使能系统特有的附加“设施”元素。

原理 24. 2　人员双重责任原理

每个任务系统或使能系统中的“人员”元素都有两个责任级：任务责任和系统责任。

因为“人员”元素是系统元素架构中的操作实体，所以截至目前，我们的讨论在架构上将其视为与其他系统元素在相同层次上的部件。请注意这里的“架构”的语境。现实情况是，高阶系统（企业）使用各相关系统、任务系统和使能系统来完成具有结果和基于行为目标的任务。高阶系统中对任务性能负责的是谁——无生命物体，如设备（硬件和软件）、过程数据或任务资源？不，是构成“人员”元素的任务系统或使能系统操作人员、维护人员和培训师。因此，“人员”元素有以下两个责任级：

（1）系统责任，作为系统元素架构（见图 9. 2）中的安全正确控制任务系统行为的执行系统元素。

（2）对高阶系统的任务责任，以实现任务指令结果和行为。

鉴于以上两个责任，本章着重遵循以下思路：

（1）最佳任务性能由最佳“人员”元素决策和行动以及在规定的一系列运行环境条件下的最佳“设备”元素性能决定。

（2）最佳“人员”元素表现与解决了在设备、过程资料、任务资源、系统响应和设施方面人员能力和限制的各种人为因素有关。特别是关于易用性（兼容性和互操作性）、压力和环境安全的关键运行和技术问题。

（3）这个思路将我们引向一个关键问题：如果用户行为表现是总体任务和系统行为及成功的主要因素，那么我们如何设计设备、过程数据、任务资源、系统响应和设施来解决这些关键运行和技术问题？

关于这一点，我们需要先了解使我们能够“设计”系统、产品或服务的专业工程学科。接下来我们从高层（10 万英尺层次）视角开始，通过一系列放大的层次最终将我们带到用户系统界面的“开关”。

24.3 以用户为中心的系统设计简介

企业和工程系统及其任务的成功最终取决于人的表现：领导力、战略、资源、教育、培训、经验和运气。但人的精力和体力是有限的。因此，我们将工程系统、产品或服务作为工具，使我们能够利用自己有限的能力，以最少的人为错误实现更高层次的任务和系统结果，如太空探索、运输、能源、医疗和技术进步。

第 2 章着重说明了传统的自定义 SDBTF 设计过程模型（DPM）工程范式的缺点：

SDBTF - DPM 缺点#1——从规范需求到物理解决方案（硬件和软件）的巨大飞跃（见图 2.3），但没有对用户需要解决的操作需求或问题空间、用户希望如何使用系统，以及系统的行为响应进行尽职调查。

SDBTF - DPM 缺点#2——工程教育未纠正的错误认识和根深蒂固的信念，即设计过程（第 2 章、第 11 章和第 14 章）的应用就是系统工程。

以下第三个缺点是缺点#1 产生的结果：

SDBTF - DPM 缺点#3——在“设备”元素的设计中，对用户（操作人员、维护人员和培训师）的考虑有限。

缺点#3 通常被称为“人为因素”。历史上有许多案例研究。在这些案例中，侧重于设备设计（“设计盒子式工程设计”）而忽视了人的能力和局限性（“系统工程设计”），导致了任务和系统的失败以及伤害、损害和生命损失。其中一些结果是由“设备”元素设计不良造成的。发生其他故障是因为任务系统或使能系统存在以下问题：

（1）未达到运行实用性、适用性、可用性、易用性、有效性及效率标准（原理 3.11）。

（2）在做出“设备”元素设计决策时，没有咨询或考虑“人员”元素。

（3）所有者未能对“人员”元素进行有关“设备”元素正确处理和安全程序（使用、错用、滥用和误用）的培训。

也许有人会问：如果人为因素确实有这么重要，为什么又会被忽略呢？一般来说，有多种原因：

（1）作为工程师，在设计系统时自然会用到人为因素。

（2）错误地认为系统自动化就消除了对人为因素的需求。

（3）人们会自动适应我们提供的任何系统。

（4）人为因素想要审查的设计已经提交并固化。

（5）项目人手不足——我们需要工程师，而不是严密监视我们的人为因素。

（6）仔细想想，人为因素只是常识。

（7）我们的合同不要求人为因素。

为了更好地理解和认识人为因素对系统、产品或服务性能的影响，我们运用系统思维（第1章）。这就引出了安全工程和风险管理中的一个关键概念：瑞森“瑞士奶酪”事故轨迹模型。

24.3.1 瑞森“瑞士奶酪”事故轨迹模型

在分析各类工业和医疗突发事件和事故的根本原因时，瑞森（1990b：208）创建了所谓的“瑞士奶酪”事故轨迹模型。这个概念基于许多“奶酪片”建立。“奶酪片”代表旨在防止潜在危害从每一片奶酪的“空洞”中溜走的防御措施、屏障或保护措施。图24.1对瑞森概念进行了说明。把这个模型看作图8.13所示系统元素架构的符号表示。随着它们的动态增长/收缩和排列，危害会通过一条轨迹渗透不同的层，从而导致突发事件或事故的发生。

这个模型的基本前提是高阶组织系统建立了各种形式的防御措施、屏障或保护措施，如政策、流程、程序、培训和设备设计方法，防止或最大限度地减少安全相关突发事件或事故的发生。例如，系统设计保护措施可能包括如下方面：

（1）培训人员正确操作设备，帮助减少突发事件或事故的发生机会、频率和严重性。

（2）建立和培训组织标准流程（OSP），即政策、流程、程序和方法，限制“人员”元素（操作人员、维护人员、培训师）在权力、责任和安全方面的权限。

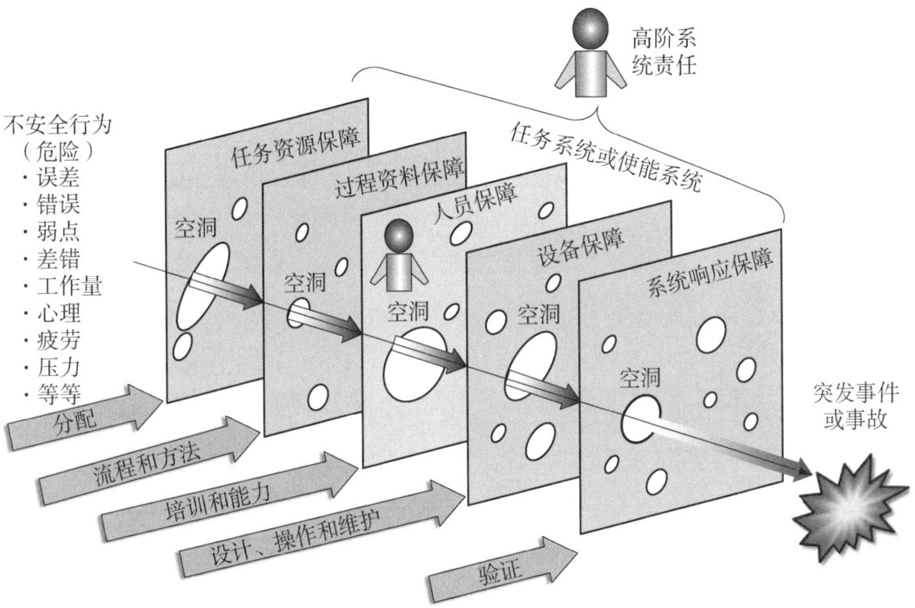

图 24.1　瑞森（1990）事故轨迹模型在任务系统或使能系统元素中的应用

（衍生作品——经许可使用）

（3）设计具有安全驱动文化和重点的设备，以帮助减少事故。

一系列的防御措施、屏障或保护措施旨在检测和防止潜在危害轨迹变成突发事件或事故。

这种讨论有两个应用层次：①任务系统或使能系统的设计和开发；②用户的高阶 0 级系统（见图 8.4）。该系统将任务系统和使能系统合为资产，作为相关系统来执行企业任务。

从概念上讲，每个系统元素都有固有弱点或潜在缺陷，如设计瑕疵、错误、不足和遗漏，是组织设计评审过程中可能未被发现的潜在危害。从工程角度来看，将瑞森的“空洞”视为故障，每个系统元素（人员、设备和故障）中固有故障的显著程度都象征性地表示为与时间相关或与时间无关的不同大小的“空洞”。

当故障由链中的后续切片发现，并被通过主动持续的过程改进来执行纠正措施（防御措施、屏障或保护措施）时，系统、产品或服务故障的风险则应降低。但是当切片链中的缺陷以允许危害通过的方式对齐并使风险成为突发事件或事故时，就会出现挑战。结果可能会产生负面后果，如伤害用户和/或公

众、破坏系统或环境，或造成丧命等灾难性后果。

从系统工程师或系统分析师的角度来看，在设计各系统元素时应该考虑以下“故障”例子：

（1）“任务资源”元素故障例子——包括不充分、矛盾、中断、模糊、任务分配、资源和质量，可能是静态的也可能是动态的，并且随着时间的推移而逐渐接近。

（2）“过程数据”元素故障例子——包括在纠正前保持不变的文档错误、不准确、不一致和遗漏。

（3）“人员”元素故障例子——包括记忆差错、睡眠不足、疲劳、压力等人体动力学，走捷径，忽视注意和警告，对设备的不安全行为（滥用、错用或误用），或者发出错误命令、拨动错误开关等。

（4）“设备”元素故障例子——包括失效、电缆断断续续或短路、计算错误、数据破坏、机械退化、密封破裂、润滑不良、过热、超出规格公差和缺乏维护。

（5）“系统响应”元素故障例子——包括不适当或不可接受的输出或副产品以及潜在缺陷（设计错误、瑕疵和不足）。

（6）“设施”元素故障例子——包括没有服务、没有适当工具和零件、空间不足或环境条件。

故障可能是设计缺陷等静态故障，也可能是由于磨损或人为决策造成的动态故障。瑞森（2000：769）注意到，动态“空洞”（故障）处于不断变化的状态，并以随时间变化的空洞大小来形象地表征。

原理 24.3　工程责任原理

工程学是一门专业学科，对我们工作的方方面面都有性能和责任的要求，包括“设计系统”，不仅仅是“设计盒子”！

当各系统元素的防御措施、屏障或保护措施在一系列切片中都很薄弱或失效，且孔洞形成并排成一条直线时，风险会沿着图 24.1 中箭头所示的瑞森事故轨迹模型的开放轨迹发生。结果就是，潜在危险变成了物理突发事件或事故。

瑞森（1995：82）将模型中的失效分为两类：主动失效和潜在条件或失效。

(1) **主动失效**代表穿过保护措施和屏障层的（见图 24.1）“直接的不利结果”。例如，如果你（“人员”元素）以 60 英里/小时的速度在道路上行驶，并将变速箱（“设备”元素）从前进挡换到倒挡，将会出现“直接的不利结果”！

(2) **潜在条件或失效**，瑞森（2000：769）称之为“常驻病原体”，代表“延迟行动”的结果。潜在条件（Reason，2000：769）或失效（Reason，1995：82）源于其他人（系统设计人员、评审者和管理层）做出的决策，在特定因素触发不良结果之前都处于休眠状态。例如，如果你（“人员”元素）未能将汽车中冷却液的液位和完整性保持在可接受的性能条件下，那么发动机（“设备”元素）最终将发生机械故障，这可能会给乘客带来潜在的灾难性后果。

这些描述引出了一个尚未解答的问题：失效是由什么构成的？MIL－HDBK－470A 第 G－5 页对失效的定义如下：

失效——所有组件或部分组件不能或不会按先前的规定运行的事件或不可操作状态（MIL－HDBK－470A：第 G－5 页）。

请注意，主动失效和潜在失效并不是互斥的。外部因素或条件可能触发潜在失效，变成主动失效。请思考以下示例。

示例 24.1　导致主动故障的潜在故障条件

假设你忽略了要适当保持汽车中的冷却液液位（潜在的潜在失效状态），然后高速驾驶汽车，这是导致发动机过热和随后机械故障的触发因素（具有直接不利后果的主动失效）。

鉴于瑞森（1995，2000）失效类型（主动失效和潜在失效），考虑以下几点：

(1)“人员”和依赖于人的“任务资源”元素是动态的，并处于不断变化的状态，随操作人员和维护人员生理、情感和心理状态的变化而变化。

(2) 现在，考虑“设备”元素空洞的象征性意义。这些空洞代表潜在缺陷（设计错误、瑕疵、不足和低劣工艺或材料），在由于系统使用、部件随时间退化、缺乏维护、滥用、错用等原因而暴露出来之前都处于休眠状态。一般而言：①设计潜在缺陷要么存在，要么不存在；②产品的特定实例（序列号）在交付时可能没有潜在缺陷，但在日常维护过程中可能会产生潜在缺陷，如

缺损。

（3）“过程数据”元素潜在缺陷与“设备”元素的类似。文件或手册要么包含潜在缺陷，要么没有用固定大小空洞象征性地表示。随着时间的推移会识别出并纠正这些潜在缺陷，你可以说空洞是动态的，并且会关闭。

（4）由于稍后在图 24.9 中讨论的人为因素互动模型所示的延迟和人员决策时机，因此“系统响应”元素结果随“人员—设备”元素的交互（“主动失效”）的变化而变化。*

希望你能认识到并理解由于下游纠正成本（见表 13.1）和对任务性能的潜在影响，为什么早期消除潜在缺陷是如此重要。如果你不能消除潜在缺陷，那么可能导致伤害，破坏设备、财产或环境，或者造成灾难性的生命损失。工程学是一门专业学科，对我们工作的方方面面都有性能和责任的要求，而不仅仅是设计小部件！

那么，强调这些要点的目的是什么呢？最终，任务的成功取决于相关系统（任务系统和使能系统）的成功。回想一下第 1 章的定义，每个系统都有成功概率。系统的成功概率转化为任务成功概率。问题是：系统工程师如何确保在系统元素中设计适当的保护措施和屏障来确保成功概率？答案取决于系统开发商的能力、用户的系统开发资源以及用户可以承受的可接受风险水平（成本与性能的权衡）。

24.3.2 间接原因或根本原因：人为失误、差错、误差、错误和违规

原理 24.4 根本原因原理

事故通常是旨在防止危险升级为有负面影响突发事件的系统屏障或保护措施中一系列薄弱环节的结果，而不仅仅是一个薄弱环节的结果。

作为衍生成果，瑞森（1990a，b，c,）发表了大量有关图 24.1 所示的事故轨迹模型的相关间接原因的研究。根据这些研究，他确定了四类人为错误：

* **缺陷报告和纠正措施**

系统工程师和系统分析师认为记录和报告进程内评审（IPR）中发现的缺陷数量是徒劳的形式主义做法。如果在规范或操作手册中发现错误，会立即进行纠正，不需要非增值统计。但不巧的是，这实际上会成为形式主义文书工作，特别是如果经理从来没有分析和区别潜在缺陷进入工作产品开发过程的“谁”“什么”“何时”“何地”和“如何”问题或采取过纠正措施。

①失误（slips）；②差错（lapses）；③错误（mistakes）；④违规（violations）（Reason，1990b：9）。为什么这些看似深奥的术语对系统工程师至关重要？答案便是任务的成功。如何领导多学科系统设计解决方案的开发，以消除或最大限度地减小失误、差错、误差、错误和违规的影响？具体而言，即是对人员（操作人员/维护人员行动）、设备（硬件和软件）、过程资料、任务资源和系统响应元素的要求和设计。下面我们来定义每一类人为错误：

（1）误差（errors）——“一系列有计划的脑力或体力活动未能达到预期结果的情况”（Reason，1990：9），如误算。

（2）失误（slips）——“简单但经常进行的身体行动出错”（HSE 2013a：3）。

（3）差错（lapse）——“注意力或记忆差错”（HSE 2013a：3），如工作时睡觉或在执行动作时分心。

（4）错误（mistake）——误解事实或状况，或偏离既定实践或程序，导致产生意外结果的行动，并产生潜在的负面后果，如失效或灾难，又如“不正确理解某个事物如何工作，或诊断或规划错误”（HSE 2013a：3）。

（5）违规（violation）——“故意违反规则和程序……”（HSE 2013a：3）。

瑞森（1990b：1－18）、HSE（2013a：2－3）和尼尔森 W.（2013a）对这些话题进行了更详细的描述。

NAP（2007）强调了关于人为错误（human error）、用户错误（user error）和使用错误（use error）的一个重要区别：在医疗产品领域，监管机构和标准制定机构明确区分了常用术语“人为错误”“用户错误”和“使用错误”。术语“使用错误”试图减少来自用户的责备，并让分析师无须考虑其他原因：

（1）用户界面设计差（如易用性差）。

（2）组织因素（如培训或支持结构不足）。

（3）设计中未正确预期的使用环境。

（4）不了解用户的任务和任务流程。

（5）不了解有关培训、经验、任务表现、激励和动机方面个人差异的用户情况（NAP，2007：256－257）。

一旦部署系统或产品，瑞森（2000：768）强调了详细分析的重要性，以了解各种突发事件和事件（如“未遂事件”）如何指示发现潜在主动或潜在失效（有时被系统工程师称为“未知的未知”），或了解它们的触发边界条

件。一个典型的例子是下面的试飞员查克·叶格小型案例研究 24.1。

小型案例研究 24.1　F－86“佩刀”喷气式飞机事故

试飞员查克·叶格以前一直驾驶 F－86“佩刀”喷气式歼击机，支持其他飞机的测试。许多飞行员在驾驶 F－86 时都由于神秘的机械问题而丧生。唯一可用的实物证据是散落各处的飞机残骸。

在一次与事故无关的单独飞行任务中，当飞机离地 150 英尺时，副翼突然锁死，叶格试图慢速翻滚。作为对飞机行为的反应，叶格依靠重力后退，导致机头向上倾斜，然后机头朝地面撞去。令他惊讶的是，副翼并没有锁死。随机，叶格停止翻滚，又将飞机升到了 1 万 5 千英尺的高度。作为一名典型的被驱使去理解因果关系的试飞员，他决定一次又一次地尝试这个动作，然后再恢复。

回到基地后，他告诉上级，他认为问题是由于机翼在受力时弯曲，从而导致副翼锁死。之后展开了调查，逐项拆卸机翼。调查显示有一个螺栓装反了。经过进一步调查，他们了解到在每个人都知道螺栓头要安装在上端，而不是下端的前提下，一名工人故意无视了组装说明（这是一种违规行为）。

小型案例研究 24.1 举例说明了与瑞森模型有关的几个关键点。

（1）制造（使能系统）人员元素：

a. 违规——工人忽视工作说明、瑞森保护措施和屏障。

b. 错误——工人错误安装螺栓。

c. 差错——没有对螺栓安装正确性的明显验证。

（2）飞机（任务系统）：

a. 设备元素——由主动失效（触发条件）引发的潜在故障。

b. 人员元素——作为试飞员的本能情况评估，识别灾难性状况并采取补偿措施（第 34 章）、瑞森保护措施和屏障来恢复飞行。

图 24.2 说明了瑞森错误分类（人为失误、差错、错误和违规）如何进入系统或产品，并影响整体任务表现。那么问题是：多学科系统工程师（硬件和软件）如何将人为因素融入“设备”和“过程数据”元素的设计，以降低用户错误的可能性和风险，以及正确、安全的设备操作用户培训？

作为系统开发人员或用户系统工程师，有三个主要目标：

（1）目标#1——雇佣或获得有能力的人因工程师来执行人因工程。

（2）目标#2——与用户、人因工程、安全、硬件和软件合作，降低技术和

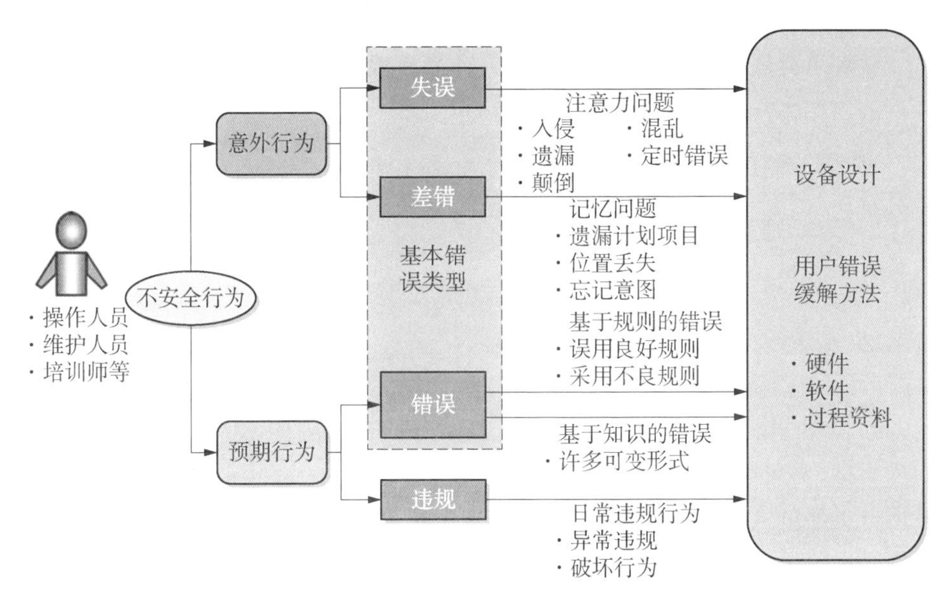

图 24.2 应用于“设备”元素设计的瑞森错误分类

［衍生作品——改编自瑞森 J. T. （1990）。人为错误。英国剑桥：剑桥大学出版社© 1990 版权所有，经许可使用］

组织级风险。根据技术、成本和进度限制，防止或尽量减少用户失误、差错、误差、错误和违规的可能性。

（3）目标#3——通过用户对系统、产品或服务运行、维护和维持的评估，确认是否已经实现了最佳人类系统集成。

在突发事件或事故调查期间，行政人员、项目经理或项目工程师经常公开说明需要确定单一的根本原因。事实是，大多数突发事件或事故都是多种间接原因共同作用的结果，而不仅仅是一个原因作用的结果。英国安全与健康执行局（HSE，2013a：5）注意到，“人们可能会争论是否应该将特定因素归类为根本原因、间接原因或两者皆不是。但重大事故通常涉及不止一个根本原因” HSE（2013a：5），继续引用道：“实际上没有哪个调查的事故只涉及单一原因。更常见的情况是，确定六个根本原因和间接原因。”贝尔克（1998：1）强调了这一点，并指出“实际上，美国环境保护局（EPA）和美国职业安全与健康管理局（OSHA）调查的事故中，几乎没有一起事故只涉及单一原因。更常见的情况是，确定六个根本原因和间接原因”。

这就引出了另一个问题：是什么促使人类犯下失误、差错、误差、错误或违规行为？这就引出了人类表现（行为）影响因素（因子）的识别。

瑞森事故轨迹模型有多适合系统、产品或服务？EEC（2006）讨论了这个模型的适用性和限制，瑞森博士也参与了讨论。

那么，都有什么辅助表现影响因素促成了潜在危险通过防御措施、屏障和安全措施，从而导致突发事件或事故？这就引出了我们的下一个话题——人类表现影响因素。

24.3.3 人类表现影响因素

英国安全与健康执行局提出多种可归为三类（工作、个人和组织）影响人类表现的表现影响因素。安全与健康执行局建议，优化这些因素可以“降低所有类型的人为失效的可能性”（HSE，2013b）（见表 24.1）。

表 24.1 影响人类表现的表现影响因素（HSE，2013b）

因素	表现影响因素
工作因素	（1）标志、信号、说明和其他信息的清晰程度。 （2）系统/设备接口（标签、警报、避错/公差）。 （3）任务难度/复杂性。 （4）常规或异常。 （5）分散注意力。 （6）程序不充分或不当。 （7）任务准备（如许可、风险评估、检查）。 （8）可用时间/所需时间。 （9）任务的适合工具： 与同事、监理和承包商的沟通，以及其他工作环境条件（噪声、热量、空间、照明、通风）
个人因素	体能和身体状况： （1）疲劳（暂时急性或慢性）。 （2）压力/士气。 （3）工作超负荷/欠负荷。 （4）情况处理能力。 （5）动机与其他优先考虑事项
组织因素	工作压力（如生产与安全）： （1）监督/领导的级别和性质。 （2）沟通。 （3）人员配备。

（续表）

因素	表现影响因素
	（4）同级压力。 （5）角色和职责的清晰程度。 （6）不遵守规则/程序的后果。 （7）组织学习（经验学习）的有效性。 （8）组织或安全文化，如每个人都违反规则

24.3.4 转向以用户为中心的设计范式

原理 24.5 无害原理

设计对其用户、最终用户、公众或环境**无害的**组织和工程系统、产品或服务。

为了进一步强调人为因素在系统设计中的重要性，请思考当今世界飞行安全的含义。图 24.3 所示为 FAA－H－8083－30（2008）关于航空事故根本原因的图解。

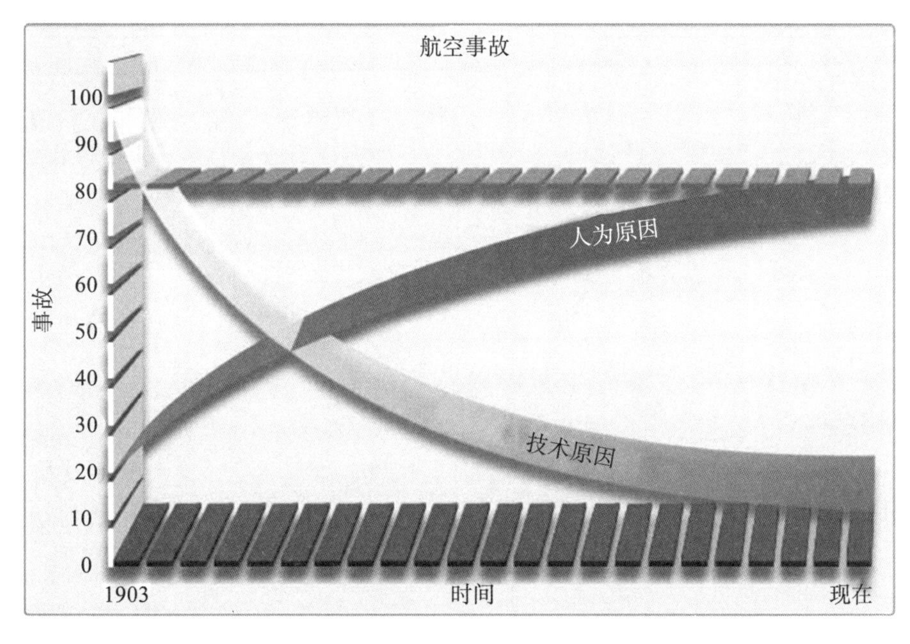

图 24.3 航空事故：统计图表显示，80%的航空事故是由人为因素引起的

（来源：FAA－H－8083－30，2008：14－28，图 14~图 34）

在自1903年开始的早期，航空事故的主要原因是技术原因。几十年来，工程重点关注系统工程和专业工程集成（可靠性、可维护性和可用性、人为因素和飞行安全），致使技术原因显著减少。今天，人为原因往往是主要因素。

虽然这是美国联邦航空管理局提供的图，但这一概念同样适用于其他业务领域，如军事、医疗、运输、金融和教育。简而言之，如果这些系统出现故障，那么它们可能会给公众、设备和/或环境带来恐慌、丧失信心、不信任、伤害、损害或生命损失。底线是系统设计解决方案应通过稳健的人类系统集成活动纳入人为因素，确保系统、产品或服务无害。

基于向新的用户人为因素和基于人类工程的系统设计范式转变的需要，系统工程师如何实现这一点？答案在于所谓的人类系统集成概念中。

24.3.5 人类系统集成

原理 24.6 人类系统集成应用原理

人类系统集成是一项持续的多学科活动，涵盖整个系统/产品生命周期，而不仅仅是系统集成、测试和评估阶段。

人类系统集成概念已经存在了几十年。但要理解这个概念有很多难题，其中一个就始于这个概念的名称。从字面上看，导致错误理解“人类系统集成”的原因是其模糊性——即推断系统开发商将要开发系统、产品或服务，获得用户认可，将其交付给用户来集成操作人员、维护人员和培训师进行系统操作、维护和维持。在这种上下文中，这个术语的应用似乎是一个事件。

但人类系统集成并不是事件，而是表示将人体工程、人因工程和人类工程知识与工程设计相结合，生产出与用户简单兼容、可互操作并可由用户使用的系统、产品或服务。要说明这一点，请思考美国空军和系统工程国际委员会的一些观点。

（1）美国空军《人类系统集成手册》（2009：8）指出，“人类系统集成（HSI）是一个稳健的过程，通过这个过程可以设计和开发有效且经济地集成人类能力和限制的系统”。

（2）从系统工程师的角度来看，系统工程国际委员会《系统工程手册》（2012：328）指出，“人类系统集成将以人为中心的学科和关注点引入系统工程流程中，以改进整体系统设计和性能”。

人类系统集成的范围从与系统购买者、用户或最终用户的初始接触开始，贯穿整个系统/产品生命周期。图 24.4 提供了一个更好的视角，把人类系统集成的范围看作一个简单的文本描述的活动。图中使用了 V -模型（见图 15.2）示例，说明了作为系统工程活动的人类系统集成是如何通过人因工程完成的，或者人类工程在系统/产品生命周期的系统采购、系统开发和系统运行、维护和维持阶段是如何执行的。尽管图中未示出，但在系统退役/处置阶段，人类系统集成同样重要。

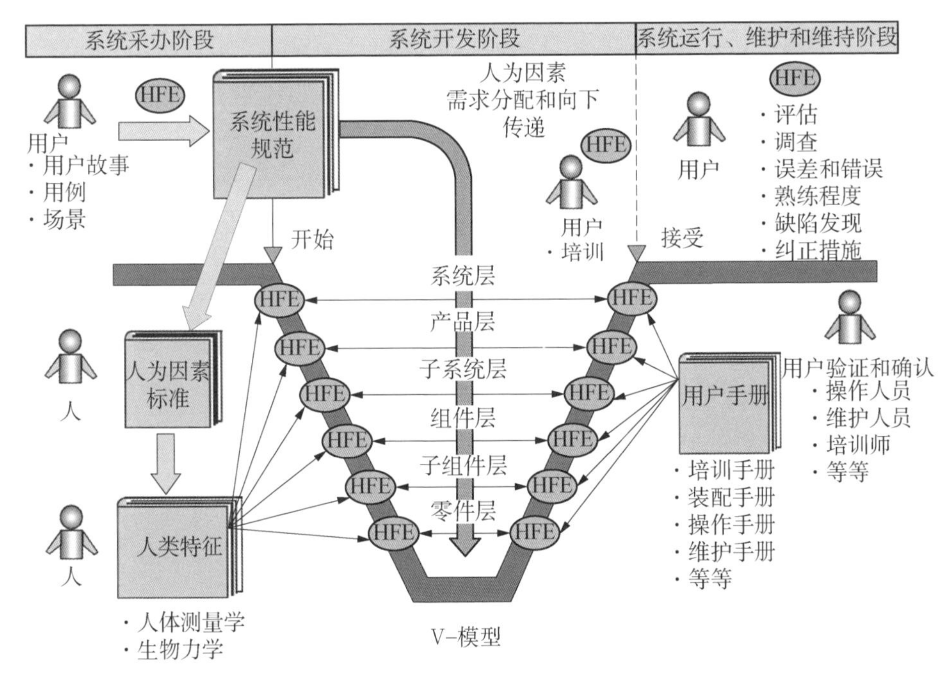

图 24.4　人类系统集成（HSI）在 V -模型系统开发中的应用

作为一项系统工程活动，人类系统集成在系统/产品生命周期的多个阶段执行，如图 24.4 所示：

（1）系统采办阶段人类系统集成需求考虑事项（用户和最终用户是谁）以及采办规格。

（2）系统开发阶段人类系统集成设计和开发考虑事项。

（3）系统部署、运行、维护和维持阶段人类系统集成考虑事项——易用性、维护和维持标签——标识符、注意事项和警告，接入端口，测试点和现场

可更换单元移除。

(4) 系统退役/处置阶段人类系统集成考虑事项——容易识别和去除敏感、有毒和危险材料。

第 8 章强调了确定用户是正在采办或需要交付的系统、产品或服务的**内部**用户还是**外部**用户的重要性。图 8.1 所示的环境图为界定和指定“系统”提供了有价值的见解。如果你是只负责交付“设备”和“过程数据”元素的系统开发人员，则应该创建一个 0 级客户系统，在架构上将用户的操作人员、维护人员和培训师与你的设备和过程数据集成在一起。尽管用户的人员状况超出了系统开发商在决策和行动方面的控制，但在执行任务时，衡量成功的标准是用户对任务执行情况的客户满意度。

注意 24.2　系统架构过程和人为因素考虑事项

避免认为系统架构过程只是基于“设备”元素制定一个架构。很多时候，系统架构师专注于开发系统或产品的硬件和软件，并将人为因素作为设计完成后用户手册定稿时的事后想法。以用户为中心的系统设计代表了只专注于硬件和软件设计的典型系统层架构过程的重大范式转变。

为了说明这一点，美国国家航空航天局（SP 2007－6105，2007：247）指出，“大多数方法都涉及判断，因此高度依赖于分析师的技能和专业知识。此外，有经验和无经验的操作人员都提供了有关旧系统优点和缺点以及如何使用新系统的宝贵信息”。马德尼（2011：5）将这种情况称为“人类角色—架构不匹配”。

如果你是系统架构师，那么以用户为中心的系统设计应该是你在教育、培训和日常工作中不可或缺的一部分。如果对此有疑问，请购买一个产品，评估系统架构师考虑用户故事（第 15 章）、用例（第 5 章）和场景的程度。

24.3.6　人类系统集成域

人类系统集成是一个非常广泛的话题，包含了许多影响人类和其他表现的因素。MIL－STD－46855A（2011）将人类系统集成划分为九个域：*

(1) 人体工程。

---

* 有关这些域的详细讨论，参见美国空军《人类系统集成手册》（2009：11，16）、克拉克和戈尔德（2002：90）及系统工程国际委员会（2011：332－336）。

（2）人力。

（3）人员。

（4）培训。

（5）系统安全。

（6）健康危害。

（7）人员。

（8）生存性。

（9）可居住性。

人类系统集成是系统工程与开发的考虑因素吗？希望我们对瑞森事故轨迹模型的讨论在回答这个问题时是不言自明的。系统工程国际委员会（2011：328）指出，人类系统集成“是系统工程实践的一个基本使能手段”。航空和地面运输、海运、医疗、能源等领域对飞机、车辆、列车、船舶和医疗设备的人为因素有法定、监管和其他类型的要求。举例说明：

DODI 5000. 02（2008）指出，“项目经理应采取措施，确保在项目生命周期内的系统工程中采用人类工程、人因工程和认知工程，提供有效的人机界面并满足人类系统集成要求。在可行且有成本效益的情况下，系统设计应尽量减少或消除需要过度认知、身体或感官技能，需要大量培训或工作负荷密集任务，导致任务关键错误，或产生安全或健康危害的系统特征”［DODI 5000. 02（2008：60）］。

总之，完成了以用户为中心的系统设计简介，接下来我们把焦点转移到人为因素的理解上。

24.4　理解人为因素和人类工程

新闻报道和其他讨论经常将事故原因归咎于“人类元素”（human element）。尼尔森（2013b：2）注意到，人们在对“人为因素”（human factors）或“人因工程”（human factors engineering）知之甚少或一无所知的情况下就参与使用“人类元素”和“人为因素”的对话当中。他对事情出错时，以“人类元素”这个术语作为对个人的抽象引用的用法提出告诫，合适的术语应该是“人为因素”。

24.4.1　人为因素和人类工程的出现

为了解决系统设计中对人员的考虑涉及的需求和挑战，在相同的时间框架内出现了两个研究领域：人为因素（HF）和人类工程（ergonomics），如人为因素源于美国。相比之下，人类工程的起源可追溯至欧洲。查帕尼斯（1996：13）称，人为因素在北美很普遍，人类工程在欧洲和亚洲广泛使用。还补充道，“这两个领域的工作者认为人为因素和人类工程是等同的”（Chapanis 1996：13）。

这两个术语都可以追溯到古希腊文明希波克拉底的作品：

“在第一次世界大战之前，航空心理学的焦点是飞行员本人，但是战争把焦点转移到了飞机上，特别是控制器和显示器的设计，以及高度和环境因素对飞行员的影响”（维基百科，2013a）。后来，随着汽车越来越普及，研究延伸到驾驶员行为等领域。随后，随着系统变得更加复杂和昂贵，任务的成功变得更加关键，第二次世界大战带来了新的重点。因此，出现了几个专业组织：

（1）1946 年，人为因素专家和人类工程学家的人类工程学和人因研究所（前人类工程学会）成立（维基百科，2013a）。

（2）1957 年，美国人因工程学会（HFES）成立（HFES，2013b）。

（3）最后，演变出国际工效学联合会（IEA），代表世界各地人类工程学和人因学会的联合会（IEA，2010a）。

基于对人为因素和人类工程定义的回顾，人们可能会问：既然两个术语都实现了相同的目标，为什么会有两个不同的术语呢？这就需要理解细微差别。

人类工程（ergonomics）是由两个希腊词根组成的，“*ergon*”意为工作，“*nomos*”意为规律——“为了表示工作的科学，人类工程学是一门面向系统的学科，现在适用于人类活动的所有方面”（IEA，2010b）。注意，在此描述中“工作”这个操作术语，推断出侧重点是人们做什么和完成得怎么样。这是理解图 24.5 所示两个视角之间的区别的关键点：

（1）人类工程学——了解工作负荷分配、设备设计和操作环境等应激源如何影响人类的生产力和绩效，使工作“适合”工人。

（2）人因学——将人的能力和局限性作为设备设计、任务分配和操作环境

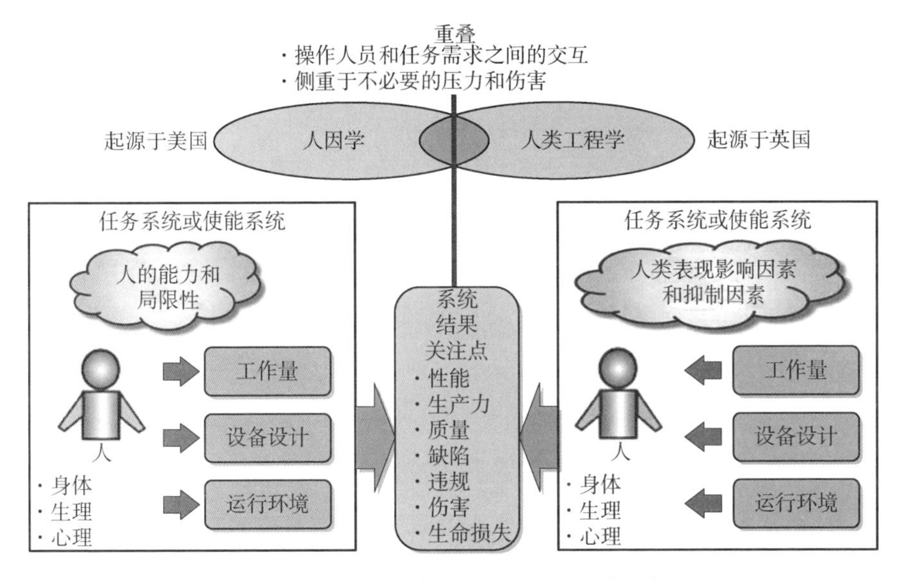

图 24.5　人因学和人类工程学之间细微的视角差异

条件的限制。*

尼尔森（2010b：2）注意到，“人类工程学传统上一直关注工作如何影响人，而人因（工程学）则侧重于减少潜在系统错误和防止伤害的系统设计”。尼尔森（2013b：2）指出：

（1）人类工程学可能涉及的研究领域包括对体力要求高的工作的生理反应，热量、噪声和光照等应激源，复杂精神运动任务的执行，以及涉及视觉监控的活动。

（2）人类工程学的重点是通过在人的工作能力范围内设计任务来减轻疲劳。

（3）人类工程学工作计划旨在实现工作人员和整体工作环境之间的最佳匹配（Nelson 2013b：2）。

在一项关于人类工程学的讨论中，维基百科（2013）指出，“‘人员因素’是一个北美术语，用来强调同样的方法在非工作相关情况下的应用”。请注意措辞“非工作相关情况”，这里的推论是关于飞机、导弹等系统开发的。但举例来说，在飞机地面和飞行运行的不同阶段，飞机仍然具有通过驾驶舱中的飞行员操作、客舱中乘务员以及为飞机加油的维护机组的工作相关环境。

由于商品广告活动的误导，人们通常会认为人类工程学注重办公椅和隔间

* 关于人因学和人类工程学历史的更多信息，参见 FAA-H-8083-30（2008：14-6 至 14-8）和迈斯特（1999：146）。

的人类工程学设计，提高员工的舒适度和工作效率。查帕尼斯（1996：12－13）指出，主流媒体提到人因学“更多的生理、人体测量和生物力学方面”，但专业人士认为人类工程学与人因学是同义词。

例如，心理学维基（2013）确定了人类工程学的五个方面：

(1) 安全性。

(2) 舒适性。

(3) 易用性。

(4) 生产力/性能。

(5) 美学，如标志。

无论你是在人因学还是人类工程学领域工作，都适用于系统工程与开发。在接下来的讨论中，我们将使用人因学；任一术语同样适用。

关键问题是：从系统、产品或服务的角度来看，人因学考虑事项欲实现的目标是什么？

24.4.1.1　人因目标

查帕尼斯（1996：16）提出了如表24.2所示的人因目标。

表24.2　查帕尼斯（1996）人因目标

主要目标	支持目标
基本操作目标	• 减少错误 • 提高安全性 • 提高系统性能
目标关系到： • 可靠性、可维护性和可用性 • 综合后勤保障（ILS）	• 提高可靠性 • 提高可维护性 • 减少人员需求 • 降低培训需求
目标影响： • 用户和操作人员	• 改善工作环境 • 减少疲劳和身体压力 • 增加人体舒适度 • 减少无聊和单调 • 提高易用性 • 提高用户接受度 • 提高审美外观

（续表）

主要目标	支持目标
其他目标	• 减少时间和设备损失 • 提高生产经济性

24.4.1.2 什么是人因？

人因，顾名思义，是由代表人员表现的若干个不同类别的元素组成的。例如，美国国防部关键流程评估工具（CPAT）（1998，表 1）确定了五个人类特征相关的关键因素或元素。这些特征对以下“人员-设备”元素的交互有影响，而这些交互推动了系统设计的考虑：

（1）人体测量因素。

（2）感官因素。

（3）认知因素。

（4）心理因素。

（5）生理因素。

为了更好地理解每个因素的范围，表 24.3 列出了与每个因素相关的一般人类特征。

表 24.3 与人因相关的常见人类特征

人因	人类特征
人体测量因素*	• 人体身量尺寸 • 身体姿势 • 重复运动 • 物理接口
感官因素	• 听觉 • 视觉 • 触觉 • 平衡
认知因素	• 智力 • 技能 • 决策 • 培训需求

（续表）

人因	人类特征
心理因素	• 人的需求 • 态度 • 期望 • 动机
生理因素	• 人对环境的反应 • 力量（举力、握力、背负力） • 耐力

资料来源：DoD CPAT，1998：7，表 1。
注：* 此处介绍，本章稍后讨论。

既然源于美国国防部，这个列表是否适用于任何业务领域？在一般情况下答案为“是”，但具体情况下答案为“否”。关于人因，你会发现这个主题通常依赖于领域。例如，表 24.3 反映了当时美国的军事角度。相比之下，美国国家航空航天局（SP 2007 - 6105，2007：67）在表 24.4 中确定了四类相似但不同的人因，代表航空航天研究和空间探索领域的主要考虑因素。

表 24.4　美国国家航空航天局人因（NASA SP 2007 - 6105，2007：67）

人因类别	属性
人体测量学和生物力学	• 人的身量大小、体型和力量
感觉和知觉	• 主要是视觉和听觉 • 触觉等感官也很重要
环境	• 环境噪声和照明 • 振动 • 温度和湿度 • 大气成分 • 污染物
心理因素	• 包括记忆 • 信息处理部分，如模式识别、决策和信号检测 • 情感因素，如情感、文化模式和习惯

医疗、运输等其他领域也有自身的人因，请采用适合你的业务领域的因素。

24.4.1.3　人因学科

一个关键问题是：作为一项人类系统集成战略，实现人因需要什么类型的学科？答案取决于产品的类型、复杂性、工艺和风险。例如，FAA－H－8083－30（2008：14.2－14.6）确定了构成人因考虑事项的十个学科*：

（1）临床心理学。

（2）实验心理学。

（3）组织心理学。

（4）教育心理学。

（5）人体测量学。

（6）计算机科学。

（7）认知科学。

（8）安全技术学。

（9）医学科学。

（10）工业工程学。

在另一个例子中，国家医疗保健人因工程中心（NCHFEH）（2013）指出，人因科学家和工程师采用跨学科方法研究人、技术、政策和工作在多个领域的交集，这种方法来自：

（1）认知心理学。

（2）组织心理学。

（3）人的表现。

（4）工业工程学。

（5）系统工程。

（6）经济理论。

对于非特定领域的一般人因应用，查帕尼斯（1996：14）确定了8个对人因/人类工程学有贡献的技术学科：

（1）人体测量学。

* 有关各学科及其与人因的联系的详细说明，参见 FAA－H－8083－30（2008）。

（2）应用生理学。

（3）环境医学。

（4）工程学。

（5）统计学。

（6）运筹学。

（7）工业设计。

（8）心理学。

查帕尼斯（1996：13－15）描述了这些学科如何为系统、产品和服务的人因开发做出贡献。

鉴于以上列出的专业技能的人因组成，**欲实现什么目标？**这就引出了用户-系统设计因素。

24.4.2　用户系统设计因素

MIL－STD－1472G（2012：11）规定，以下设计因素反映了影响人类表现的人体工程、生命保障和生物医学因素，适用情况如下：

（1）令人满意的大气条件，包括空气成分、压力、温度和湿度。

（2）噪声、振动、加速度、冲击、爆炸和冲击力的范围，以及防止超出安全极限的不可控可变性的保护措施。

（3）热、生物、毒物学/化学、放射/核、机械、电气、电磁、烟火和其他危害的防止措施。

（4）在正常、不利和紧急情况下，人员、其设备和自由体在操作和维护任务期间进行所需活动的足够空间。

（5）在正常、不利和紧急情况下，人员之间以及人员与其设备之间的充分物理、视觉、听觉和其他通信联系。

（6）操作和维护工作场所、设备、控制器和显示器的有效布置。

（7）确保在重力减轻和加大情况下安全、高效地执行任务并防止受伤、设备损坏或迷失方向的设施。

（8）执行操作、控制、培训和维护的充分自然照明或人工照明。

（9）在正常、不利和紧急情况下，安全足够的通道、舱口、梯子、楼梯、平台、斜坡和其他出入和通道设施。

（10）提供可接受的人员住宿，包括支身架和缚身带、座位、休息室和食物，即氧气、食物、水和废物管理。

（11）提供非限制性个人生命保障和防护装备。

（12）在正常、不利和紧急情况下，最大可能减小任务持续时间和疲劳的心理生理压力影响的设施。

（13）确保在正常、不利和紧急维护环境下快速、安全、简便和经济地进行操作和维护的设计特征。

（14）令人满意的远程搬运设施和工具。

（15）应急管理、逃生、生存和救援的适当应急系统。

（16）控制器、显示器、工作区、维护通道、装载设施、乘客舱、分配任务和控制动作的设计、位置和布局与军事系统或设备操作、乘坐或维护人员所穿的衣服和个人装备的兼容性。

（17）移动操作的所有人机交互都应考虑工作站的设计。

现在，请思考这个列表对于不同类型的系统有哪些共同点和不同点，举例如下：

（1）医疗设备，如输液泵、X 光设备、核磁共振成像设备和达·芬奇手术设备（见图 25.9）。

（2）智能手机、平板电脑等便携式消费产品。

（3）办公楼。

为了说明如何应用用户系统设计因素，请思考以下两个背景示例（示例 24.2 和示例 24.3），其中人类被集成到任务系统（语境角色）中，并作为其他任务系统的使能系统。

示例 24.2　完全集成的，独立飞机系统以用户为中心的系统设计

作为集成独立系统，任务系统，如由人员（飞行员、乘务员/空姐、乘客）、设备、过程资料、任务资源和系统响应组成的商用飞机系统，其设计将人因纳入每个实体的开发中。

示例 24.3　架构分布式无人机系统

无人机系统由一架无人驾驶飞机组成，飞机可能由数千英里外地面上控制中心的操作人员（替代飞行员）控制。由于飞行员不在飞机上，除了机载视觉摄像机和传感器以及下行至地面控制工作站的仪表数据之外，没有必要提供具有物理驾驶舱空间、飞行控制器和最大重力限制的环境。但是需要创建某种形式的驾驶舱，类似于在飞机上驾驶飞机。在这种情况下，地面站设备元素必须考虑人的能力和局限性。

在以上两个例子中，注意人因是如何以不同的方式成为设备设计的组成部分的。在无人机系统中，飞行控制系统（FCS）下行数据和上行命令和控制传输延迟时间对飞行操作员提出了新的挑战，这在商业航空公司的例子中是不存在的。

再举一个例子。飞行员习惯于感受飞行中由于湍流而产生的颠簸，听发动机声音及起落架的收放，感受飞机降落在跑道上的效果。无人机系统的飞行员为系统外部远程用户，缺乏这些感觉。这在着陆时尤其成问题。在着陆时，飞行员可能会无意中把飞机推到跑道上，硬着陆时希望感觉到“颠簸”，结果飞机弹回空中。

最后一点强调需要确定用户是否是第 8 章（见图 8.1）中讨论的正在开发的系统的一部分。示例 24.2 和示例 24.3 说明了如何根据用户是在飞机上还是远程操纵飞机来做出改变。

工程系统出售时，用户不作为系统/产品的一部分一起出售。用户被视为与系统或产品接口的“外部系统”。例外情况如下：

（1）内部开发的执行企业任务用系统的企业。

（2）培训员工操作和维护这些系统的企业。

（3）进行部署为客户提供分析服务（如能源油气井勘探）的企业。

总的来说，大多数系统、产品或服务都是根据合同或为市场开发的，供企业和消费者使用（见图 5.1）。

因为本章侧重于用户，你需要：①了解谁是系统用户；②确定是内部用户还是外部用户；③确定用户的人因能力、局限性和技能组合；④开发以用户为中心思维定式的系统元素来满足用户需求。从人因的角度来看，为全球多样化的外部用户技能组合市场开发商品可能与为已知的内部用户组合开发系统、产品或服务大不相同。

在适应和瞄准具有不同用户和技能组合的特定细分市场时，必须做出技术决策和假设，确定我们在系统、产品或服务设计中采用的能力和自动化水平。在这种情况下，我们需要了解：①用户在用户故事和用例方面想要做什么；

②他们有什么能力、技能和局限性；③他们愿意为特定性能水平付出什么（见图 21.4）。可以引出一个关键问题：我们如何确定适当的用户和系统分别执行的用户-系统任务组合？下面我们从用户-系统任务分配切入展开讨论。

24.4.2.1　定义任务属性

分析大多数组织的系统操作人员、维护人员或培训师任务，你会发现他们拥有一组共同的属性。这些属性使人因工程师能够理解用户-系统交互的任务和场景条件。例如，MIL－HDBK－1908B（1999：32）确定了如表 24.5 所示的任务属性。

表 24.5　MIL－STD－1908B 任务属性的定义

项目	任务属性	定　　义
1.	使命	系统应该完成什么，如使命
2.	场景/条件	系统预期运行和维护的因素或约束类别，如白天/黑夜、全天候、全地形运行
3.	功能	由系统执行的一大类活动，如运输
4.	工作	运行和维护系统中人员职位所需的所有人员表现组合
5.	责任	给定工作中与运行相关的一组任务，如驾驶、系统维修、通信、目标探测、自我保护和操作维护
6.	任务	为直接目的而执行的相关活动（感知、决策和响应）的组合，用操作人员/维护人员的语言编写，如更换轮胎
7.	子任务	在任务中实现部分直接目的的活动（感知、决策和响应），如拆除螺母
8.	任务要素	完成任务或子任务所需的最小的逻辑上合理定义的行为单位，如用单向扳手向螺母施加逆时针扭矩

资料来源：MIL－HDBK－1908B，定义，第 3.0 段，第 32 页。

24.4.2.2　“人员”因素任务分配和责任

如前面原理24.2 所述，“人员”因素有两个责任级：系统责任和任务责任。从分析来看，“人员”因素作为同层次架构系统元素的合作因素，确保任务系统安全、正常运行（系统责任）。然而，与其同层次系统因素［“设备”（硬件和软件）、“过程数据”“任务资源”或“设施”元素等无生命对象］不同，“人员”因素对高阶系统负责，对其同层次系统元素行使决策、命令和控

制权，从而成功完成每个任务（任务责任）。

我们在图 9.2 所示系统元素架构的讨论中，认为人员是与设备、过程数据、任务资源、系统响应和设施“同层次”的因素。从建模与仿真和系统设计的角度来看，确实如此。但是“人员”因素有双重角色，不仅要执行任务，还要对各自的任务系统或使能系统及其系统元素进行权威命令和控制。这是为什么？

原理 24.7　应力点原理

避开、消除或减少用户-系统应力点（SP）后，可以实现最佳系统性能。

任务系统和使能系统有任务结果和性能责任（原理 24.2）。

最终任务成功的责任在于“人员”因素。因此，在整个任务中，“人员”因素（操作人员和维护人员）的身体、精神和情绪状态，即人的能力和局限性，最终决定了任务的成功。这些状态通过以下因素反映在“人员”因素表现中：

（1）培训和经验，以高效、有效地安全正确操作和维护“设备”因素。

（2）工作量和相关压力。

（3）人员安全。

（4）“任务资源”元素——清晰的通信和及时准确的任务信息和数据流动。

（5）“设备”元素——易用性、完整性和可靠性、注意事项和警告。

（6）“过程数据”元素——培训手册和操作/维护手册。

（7）运行环境——噪声水平、照明、温度和湿度。

观察人员和设备、过程数据、任务资源、系统响应和设施（未显示）之间的每个接口（见图 24.6）如何代表可能妨碍、分散或影响人员表现的潜在应力点。

24.4.3　任务系统和使能系统任务环境

如果对各种人员任务环境进行领域分析，那么三种最常见的类型如图 24.7 所示。

（1）基于桌面的任务环境，如办公室、空间站和制造工厂。

（2）站姿任务环境，如机器、复印机和传真机、空间站和制造工厂。

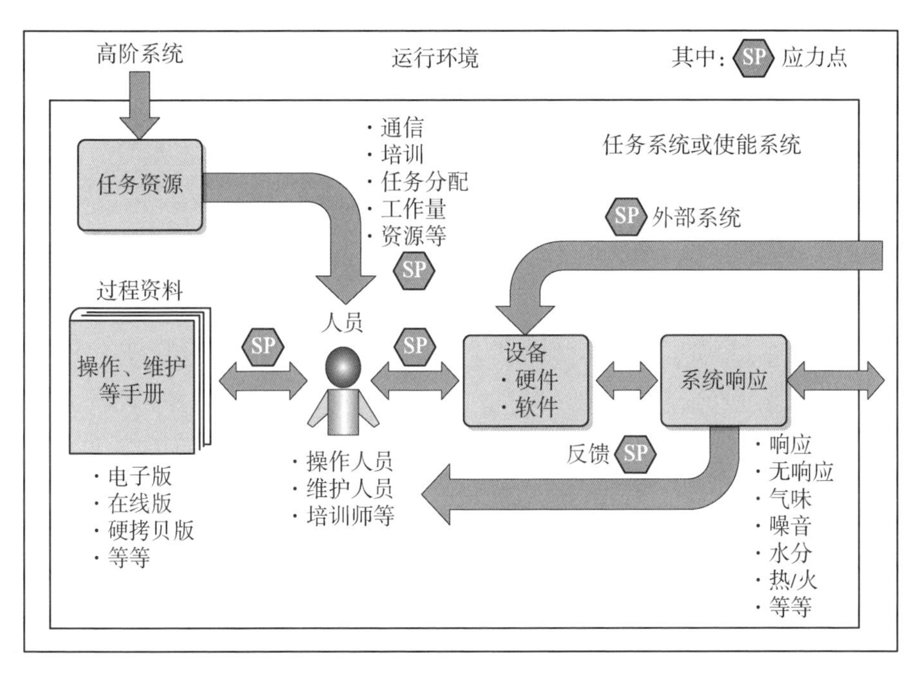

图 24.6　任务系统或使能系统任务分配模型

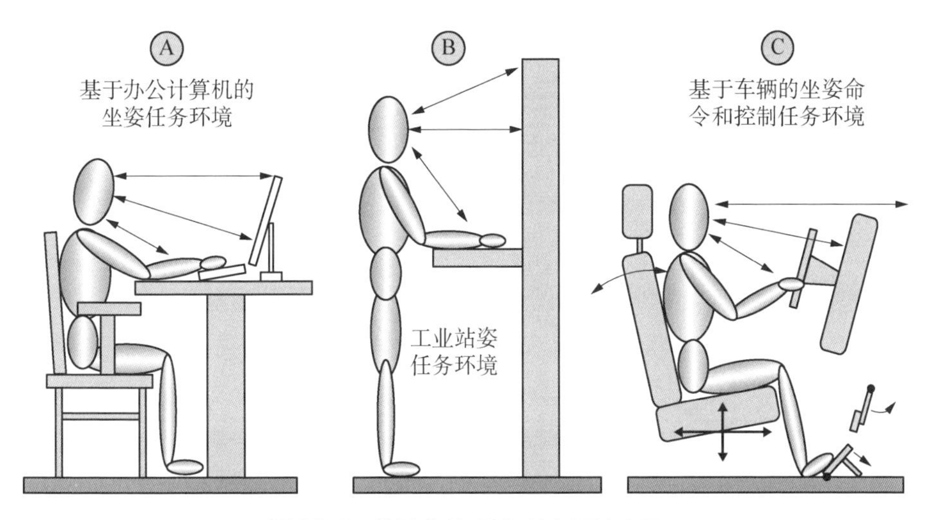

图 24.7　常见人员-设备任务环境交互

（3）基于载具的坐姿任务环境，如汽车、飞机、航天器、施工和农业设备。

问题是：如何为不同的用户（操作人员和维护人员）开发系统和产品？答案在于人体测量学和生物力学。

24.4.4　人体测量和生物力学与人因的关系

原理 24.8　以用户为中心的设计原理

设计“设备”元素并调整任务工作量，以适应用户的人因能力和局限性，反之不成立。

人类有各种各样的身体特征，影响着他们的工作和表现。在人因学和人类工程学的理论下，使人与工作和任务相匹配是很重要的。这需要对人体结构、能力、敏感性和局限性进行深入研究。因此，出现了两个研究领域——人体测量学和生物力学，来收集、分析和总结已发表的数据库，支持人因学和人类工程学决策。

图 24.8 采用简单的图示帮助我们理解。

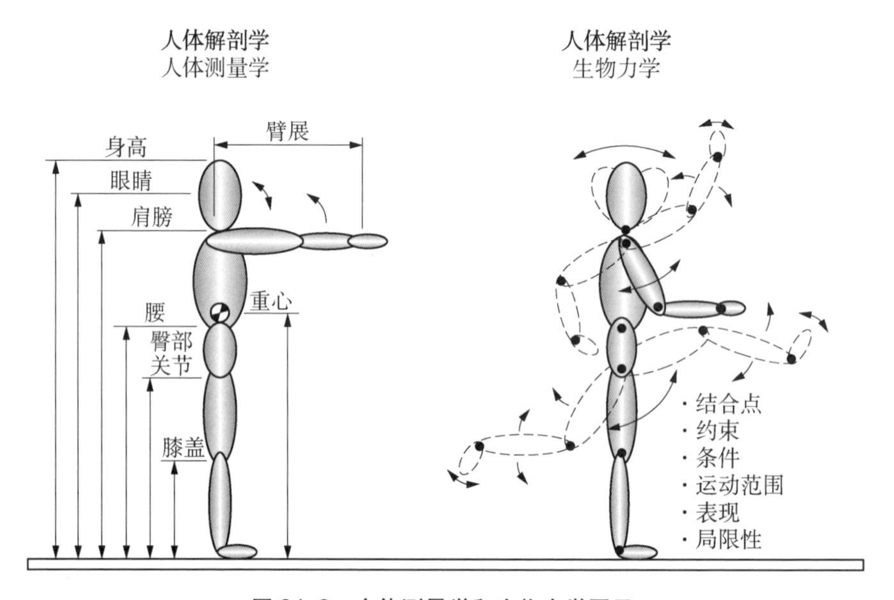

图 24.8　人体测量学和生物力学图示

总的来说，人体测量学侧重于不同姿势（站姿、坐姿、抬起）时对人类身体特征的科学测量——男性和女性、身量尺寸、重量和身体结构。相比之下，生物力学侧重于人的能力和与身体运动相关的局限性，如站立、坐和运动范围。人类特征来源的例子如下：

(1) DoD - HDBK - 743A (1991)，军事手册：美国军事人员人体测量学。

（2）NASA SP－2010－3407（2010），《人员整合设计手册》（HIDH）。

（3）NASA－STD－3000（1995），载人系统集成标准。

（4）NASA RP 1024（1978），人体测量源书，第1—3卷。

罗巴克等（1975：7）注意到：生物力学“主要关注体节的尺寸、组成和质量性质；将体节连接在一起的关节；关节的灵活性；身体对力场、振动和冲击的机械反应；身体在实现受控运动、向外部物体（如控制器、工具和其他设备）施加力、扭矩、能量和动力方面的自主行为”。还补充说，“在人体测量学、生物力学和工程人体测量学之间划分界限很难（也是无用的）”。

尽管生物力学看起来是一个相对较新的研究领域，但它的起源可以追溯到亚里士多德的《论动物运动》（拉丁文 *De Motu Animalium*，英文翻译 *On the Movement of Animals*）一书。之后，列奥纳多·达·芬奇可能是第一个研究解剖学的人（维基百科，2013b）。通过列奥纳多·达·芬奇（1452—1519）对人体解剖学的研究和乔瓦尼·阿方索·博雷利（1608—1679）对生物力学的研究，合作整合了现有的物理学、解剖学和生理学知识。博雷利根据亚里士多德最初的书名出版了著作《论动物运动第一部》和《论动物运动第二部》。博雷利还引入了“火柴人”（stick person）的概念，作为具有关节连接和连接肌肉的人体模型（Kroemer，2010：97）。

24.4.5 理解人员-设备交互

用户-系统交互通过人员-设备物理接口（见图10.15和图10.16）和沟通表现出来。问题是：谁是传达者，传达的是什么内容？

从概念上来说，我们可以说设备元素只在需要知道的基础上向用户传达基本信息（原理24.9）。虽然设备元素充当物理传达者，但是真正的传达者是与用户合作开发设备的虚拟硬件和软件设计人员。因此，真正的挑战变成了虚拟设计人员与操作人员、维护人员或培训师的沟通。然后，将这些沟通（需求）转化为“设备”元素设计，使用户能够执行特定类型的任务，并对交互和结果感到满意。问题是：需要传达什么内容？

通常，用户需要：

（1）查看当前状态——情况评估。

（2）查询系统或产品，获取信息。

（3）存储任务信息，供将来参考。

（4）命令和控制——命令和控制系统结果和性能。

（5）执行制导与导航。

（6）传达信息。

（7）报告系统运行健康和状态。

我们可以将这些信息总结为三项关键系统能力：①获得或能够访问设备运行健康与安全的情况评估；②能够命令和控制任务；③参与并与其他外部系统互动。

从系统工程师的角度来看，要实现清晰无误的沟通，必须考虑人员-设备接口的两个方面：

（1）基于对人体、生理和心理特征的理解，设备必须能够通过选择仪表板显示颜色、灯光、刻度盘或比例尺来感知、检测和传达信息。对于任务而言，信息必须有效、可理解、准确且精确。

（2）人员必须能够读取显示传达的信息，听到传达的听觉提醒和警报，或感觉到传达的振动（如适用）。操作人员对这些信息的感知、解释和理解至关重要，并且必须与虚拟设计人员想要传达的信息相匹配。这就是为什么操作人员培训、过程资料和经验对于在压力下填补任何空白或纠正任何感觉至关重要。

如果我们模拟这些交互，**从科学的角度来看，到底发生了什么？**这就引出了梅斯特的人因交互模型。

24.4.6 梅斯特人因交互模型

大多数“人员-设备”元素操作交互涉及三个人因：认知因素、身体因素和生理因素。描述这些交互的最佳模型之一是基于梅斯特（1971）的著作，并在图 24.9 中作为衍生成果进行说明。美国联邦航空管理局（2014）和美国国家航空航天局（SP 2007－6105，2007：247）都采用了这个模型。

图 24.9 有三个关键点：

（1）作为对系统行为负责的执行实体和控制操作人员，“人员”因素与美国联邦航空管理局和美国国家航空航天局的描述相反。目的在于描绘通往设备的一般人员命令和控制刺激流（从左到右），并将行为响应返回给人员。

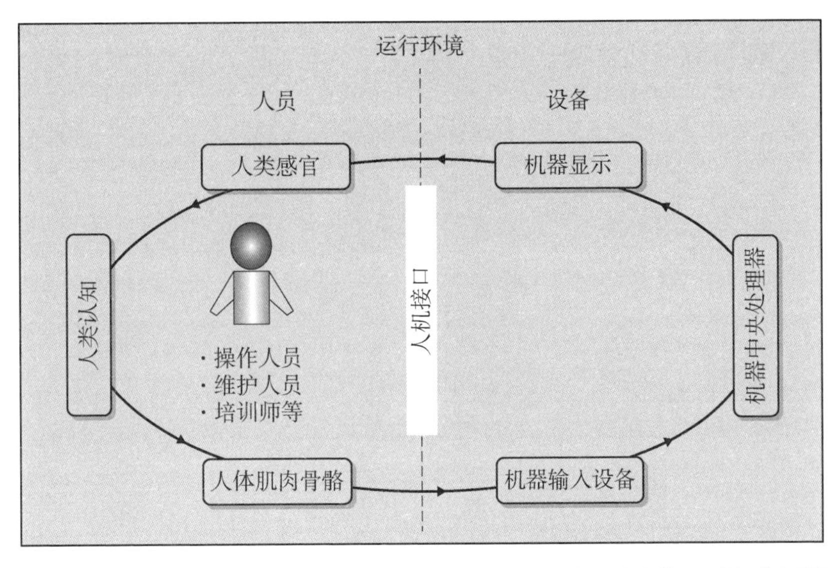

图 24.9 “系统工程设计”考虑因素——改编的美国联邦航空管理局和美国国家航空航天局版梅斯特（1971）人因交互模型

（衍生成果——经许可使用）

（2）图中使用了一个更加贴切的旧词“机器”来代替设备，这样更好。

术语**“机器中央处理器”**是物理实现，而不是行为能力。**“处理”**更恰当地代表关键能力，如感应、情况评估、命令和控制以及存储。

（3）有些人将人员和设备之间的边界称为人机接口（MMI）或人机界面（HCI）。

原理 24.9　显示信息原理

根据用户的需求和优先级，仅显示**基本**信息，避免数据过载。

原理 24.10　多余信息原理

消除多余的非增值信息，除非用户自觉要求，并且信息可用。

美国联邦航空管理局（2013）对图 24.9 中各部分的描述如下：

（1）人类感官——视觉、听觉、味觉、嗅觉和触觉。

（2）人类认知——注意力、记忆（短期和长期）、信息处理、决策和行动发起。

（3）人体肌肉骨骼——运动协调、动作表现和物体操纵。

（4）机器输入设备——通过传感器接收数据，控制器、开关和杆件，键

盘、鼠标和轨迹球，触摸屏和语音接收数据。

（5）机器中央处理器——执行编程程序、存储数据、检索数据、传输响应。

（6）机器显示——显示响应（视觉、听觉和触觉），并启动查询。

（7）环境——照明、噪音水平、空气质量、振动和气候。

MIL－HDBK－470A（第4－11页，图8）提供了图24.10中模型的更详细版本。

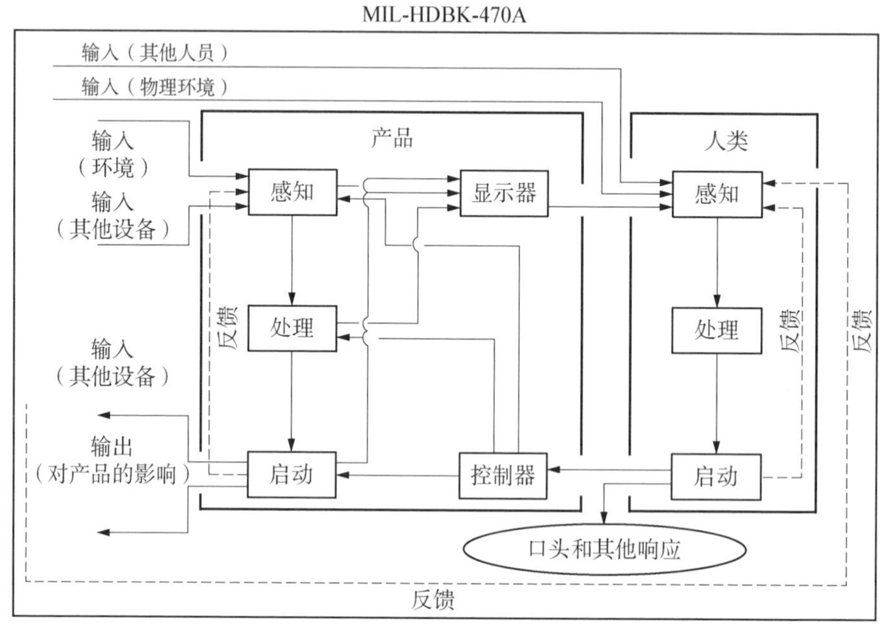

图24.10　MIL－HDBK－470A梅斯特人类互动模型描述

（资料来源：MIL－HDBK－470A第4－11页，图8）

知道了人员-设备交互的基本构造，我们用图24.11所示的简单闭环汽车-驾驶员命令和控制系统来探讨这些交互是如何发生的。请注意，图中将前文图24.7的C部分中所示的基于车辆的任务环境的每一侧分开。

如图24.11所示，为了驾驶车辆，驾驶员利用培训、过程资料（车辆的车主手册）和个人经验，通过用于运行健康和安全信息的仪表板显示器和方向盘、油门、制动器等控制装置与车辆交互。这些交互是通过驾驶员基于车辆情况评估信息和物理动力学的情况评估和决策来实现的。

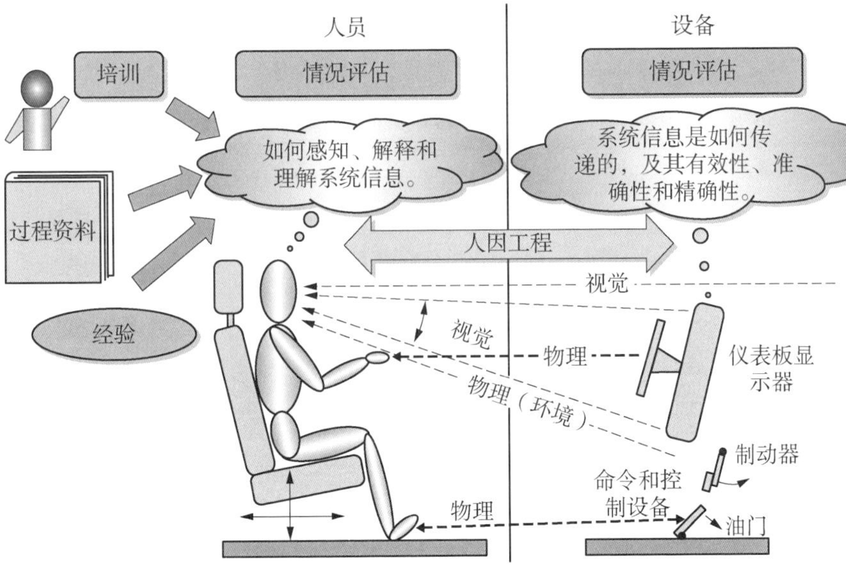

人员
设备
培训
情况评估
情况评估
如何感知、解释和理解系统信息。
系统信息是如何传递的，及其有效性、准确性和精确性。
过程资料
人因工程
视觉
经验
视觉
物理
仪表板显示器
物理（环境）
制动器
命令和控制设备
物理
油门

图 24.11　通用人员-设备情况评估交互模型

尽管我们这里的讨论侧重于情况评估交互，但要注意表 24.3 中列出的所有人因（人体测量学和生物力学、感官、认知、生理和心理因素）都适用于这个接口的设计。

我们可以使用图 24.12 所示的 SysML™ 活动图对这些交互进行建模。注意，人员和设备都执行情况评估及命令和控制任务。请思考以下汽车-驾驶员系统示例。

示例 24.4　汽车-驾驶员系统：情况评估及命令和控制

(1) 汽车驾驶员对车辆的运行健康与安全进行情况评估，然后命令和控制车辆启动发动机。

(2) 汽车的命令和控制对驾驶员命令做出响应，启动发动机，并通过仪表板显示器向驾驶员提供情况评估信息。

(3) 驾驶员持续进行情况评估——查看车况和路况、解释结果，并根据车况、路况和驾驶条件做出相应响应。

这个讨论不仅介绍梅斯特人因交互模型（见图 24.9），更重要的是，人因学和人类工程学都认识到任务和系统性能最终主要取决于人的表现。反过来，人的表现又受到用户组能力（力量和局限性）的限制。

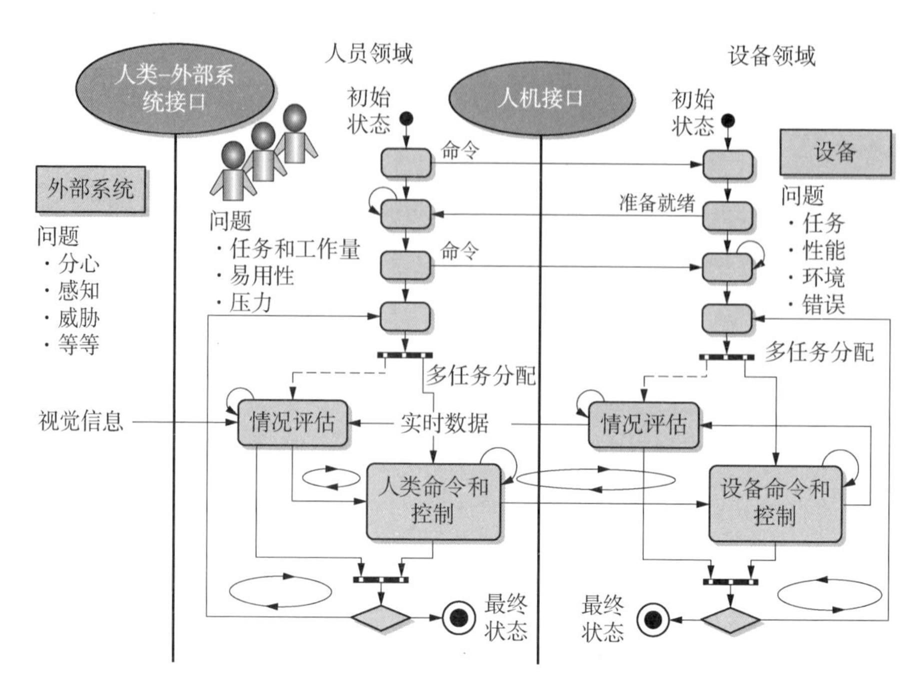

图 24.12　人员-设备任务交互的通用 SysML™ 活动图模型

如果设备、过程资料、任务资源、系统响应和设施接口、设计和实现与用户能力和局限性**不匹配**且**不相容**，整体系统性能将受到影响。图 24.9 和图 24.10 所示的和下面说明的用户-系统人因交互模型接口就是这种情况。未能提前正确解决这些不相容问题可能会导致伤害，甚至更严重的灾难性问题，导致人员伤亡。因此，图 24.9 中以下接口之间的以下人类系统集成（HSI）对于减少人为错误和提高熟练程度变得至关重要。

（1）机器显示——人类感官接口。

（2）人体肌肉骨骼——机器输入设备接口。

这个例子突出了传统系统设计方法几乎只关注设备（硬件和软件）的谬误。因此，忽略了人员元素（见图 24.9），并且假设用户将会符合并弥补设备设计中的缺陷。人类根本无法超出自己的人因能力和局限性，或者长时间无法做到。因此，需要将组织范式从传统的设备设计转变为以用户为中心的设计。这需要认识到人的能力边界成为对设备和过程资料的性能要求限制，反过来不成立。图 24.13 说明了以用户为中心的设计是如何将这些人员人因限制作为需求分配给剩余的系统元素的。

有了对人因的这些见解，接下来我们讨论如何将人因融入人类系统集成和系统工程中。这就引出下一个话题：人因工程。

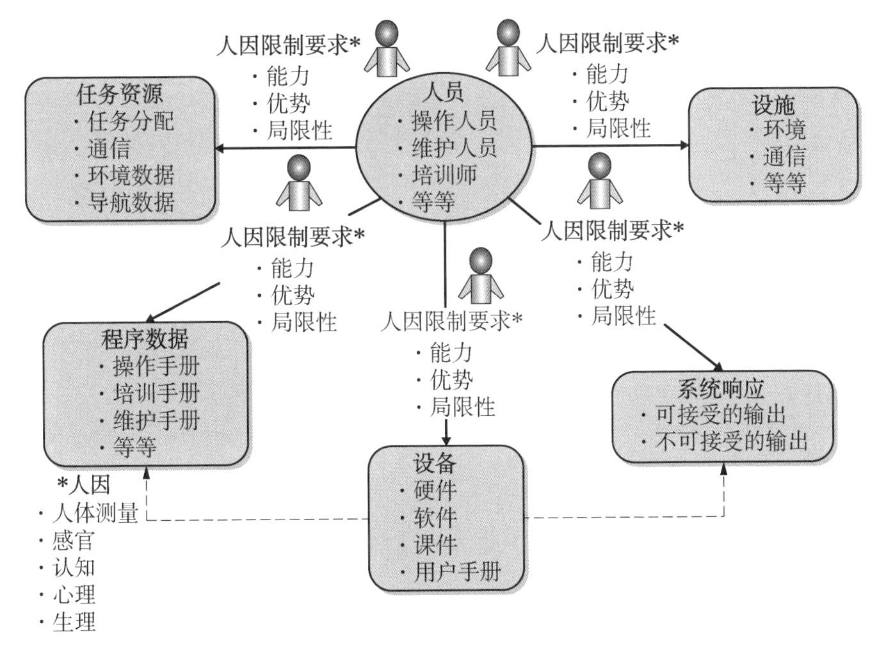

图 24.13　从传统设备设计到以用户为中心的设计的范式转变（程序数据-过程资料）

24.4.7　人因工程

原理 24.11　人因应用原理

“在任何发现技术和人互动的地方，都需要人因工程”［Nelson G.（2013b：1），改写坎特威茨（1983）］。

原理 24.12　人因合格专业人员原理

雇佣有能力的专业人员来执行人因工程。

当人机交互作为“系统工程设计”的关键元素时，必须就人员和设备元素做出具有挑战性的技术决策。

对于给定的一组运行条件和限制，需要回答的关键问题如下：

(1) 与“设备”元素相比，“人员”元素执行什么任务最好？

(2) 与“人员”元素相比，“设备”元素执行什么任务最好？

(3) 相对于设备，应该为人员分配哪些控制（能力和超控）？如自动控制

和手动控制。

(4) 在人机接口设计中应该考虑哪些工作任务的人类工程学因素？

(5) 人机交互和输出（如产品、副产品和服务）对支持系统和公众的环境、安全和健康有什么绩效影响？

这些问题的答案需要专业工程技能，包括人因工程和系统安全。

人因工程如何使我们能够开发系统、产品或服务，实现与其操作人员、维护人员和维持人员的兼容性和互操作性？简而言之，人因工程不仅仅包括工程师“查找”一些人体特征，并在技术评审期间说服用户，他们实际上花费了时间考虑将人因作为系统设计解决方案的一部分。

注意措辞“查找一些人体特征”。希望在我们讨论的这一点上，你能够认识到并理解“人体特征”为前文表 24.3 中列出的五个需要考虑的人因之一。这种思维定式可能会给系统购买者或用户留下深刻印象，但不能满足前面提到的人因目标。

最后一点，人们有时认为是人因设计了设备元素（硬件或软件）。在一些企业中，如果有能力，可以同时扮演两种角色。但是大多数人没有意识到的是，大多数专业工程学科（如人因工程、安全性、可靠性和可维护性）的作用是：①支持人因需求开发；②通过基于学科的设计原理和最佳实践的设计评审和原型评估来评估对规范需求的符合性；③报告问题并提供实现符合性的建议。他们基于学科的任务不是设计（硬件或软件）设备。如果是这样，可能有潜在的利益冲突。

另一个经常与人因工程互换使用的术语是人体工程。

24.4.7.1 人体工程

人体工程是从军事组织发展起来的一门学科。例如，MIL - STD - 1472《人体工程》几十年来一直是国防部的设计规范标准。对于使用过该标准的人来说，人体工程的语境很好理解，并且已经很好地服务于航空航天和国防系统工程与开发。但随着时间的推移，医学等知识和技术的进步给这个术语带来了新的含义。从字面上看，其内涵是我们将“设计人类”，这涉及专业、伦理和道德问题。尽管这不是这个术语的背景或意图，但对一些人来说，人体工程令人困惑。尼尔森（2013b：2）警告说，“这个术语中使用的单词和单词的顺序可以暗示不知情的人——是要‘设计’或‘改变’人类，而不是系统。”

经仔细审视，人们可能会认为人因和人体工程是相同的。然而，利希特（未注明日期）引用了空军太空司令部（1977：p. 2－1）提供的以下描述：

• 人因和人体工程——人体工程与人因并不是同义词。“人因”这个术语更为全面，涵盖了适用于系统中人的所有生物医学和心理社会考虑因素。不仅包括人体工程，还包括生命保障、人员选择和培训、培训设备、工作表现辅助工具以及表现衡量和评估。

24.4.7.2 原型和演示的评估

支持设计决策的一个最佳方法是对可能具有中度到高度风险的领域进行原型设计。第15章中讨论的螺旋开发提供了很好的策略——通过快速原型设计来完善与用户的人机接口，排除基于风险的需求。快速原型设计包括纸板模型、样品展示等。

人因工程原型评估完成了什么？DoD *HFE CPAT*（1998）第1.1.3节建议：应该对操作人员/维护人员进行原型设计，以便

（1）开发或改进显示器/软件和硬件接口。

（2）实现在系统运行和维护过程中能产生所需人员行为表现有效性的设计。

（3）开发出对人力资源、技能、培训和费用提出合理经济性要求的设计。

这就引出了一个问题：原型如何使人因工程能够评估设计方案？原型是使人因工程师能够实现以下目的的机制：①评估基本概念（如工作流程）、触觉控制（如触摸和感觉）、人员-设备交互序列及非增值步骤的消除；②基于仪表化测试结果评估性能。

人因工程师工作时，展开的什么类型的分析使人因工程师能够评估设计方案？答案在于理解我们的下一个话题——人因工程分析。

24.4.8 人因工程分析

人因工程执行各种分析，如人力、人员、培训和安全/健康危害，确保满足系统性能规范（SPS）和低层实体开发规范（EDS）中的需求。人因工程师使用各种工具和方法进行操作顺序评估、时间线和任务分析以及错误分析。

由于这些决定对系统性能规范和实体开发规范中的需求有影响，人因工程应该成为在提案阶段开始的系统性能规范和实体开发规范制定活动的组成部

分。未能做到这一点可能会对合同技术、工艺、成本、进度和交付情况产生重大影响，如果在系统、产品或服务部署后发生本可避免的灾难性故障，也会产生严重后果。

DoD *HFE CPAT*（1998：6）第1.1.3节确定了四种分析性人因工程方法，应用于人类系统集成设计决策：

（1）操作顺序评估——描述从任务启动到任务完成的信息流和流程，再用这些评估结果来确定人机接口应该如何支持决策行动顺序。

（2）任务分析——对任务以及在特定任务中可能预期的活动流程和人类特征的研究。任务分析用于检测与人的能力（如技能水平和技能类型）相关的设计风险。任务分析也为人机权衡研究提供了数据。任务分析的结果使系统设计人员能够就自动化和手动任务分配的最佳组合做出明智决定。

（3）错误分析——用于确定可能的系统故障模式。错误分析通常作为人机权衡研究的一部分进行，用以揭示和减少（或消除）系统运行和维护过程中的人为错误。最终将错误分析结果纳入可靠性故障分析中，确定任何故障的系统层影响……

（4）测试和演示——通常有必要确定任务关键型操作和维护任务，确认人因相关分析的结果，并验证设计是否满足人因设计需求。通过这些测试和演示确定任务关键型操作和维护任务。因此，应该在设计开发过程中尽早完成。

24.4.9 “人员-设备”元素权衡

原理 24.13 最佳以用户为中心的系统设计原理

当人员和设备两个元素基于各自的最佳表现而相互兼容、可互操作且平衡时，达到最佳系统性能。

系统性能规范和各实体开发规范应规定和界定与人员能力（技能水平和局限性）有关的系统能力、接口、设计和构造限制。回想一下：

（1）自定义SDBTF-DPM企业环境的一个误区是从系统性能规范或实体规范需求向物理域解决方案的飞跃（见图2.3）。

（2）在编写规范时，规范中应该规定必须完成什么以及完成得怎么样，而不是规定如何设计系统、产品或服务——物理域解决方案。

如果系统、产品或服务必须执行具有特定结果和基于行为的结果的任务，那么是如何在架构上将系统需求分配给系统元素（人员和设备）的？在环境条件（如空间）对人类来说过于苛刻的某些极端环境中，设备成为运行环境及其人员之间的生存缓冲，如太空旅行、大气层中的飞机、核电站和海底勘探。

相比之下，地球的环境对人类来说有适宜居住的条件，如驾驶汽车或办公环境。在这两种情况下，“人员”元素都要负责命令和控制任务系统或使能系统。因此，系统工程师必须基于工艺、预算、进度和风险的可接受组合，更具体地说，基于人员-设备交互的系统需求分配，在系统元素之间寻求最佳平衡。具体而言，就人类（人员）擅长的方面与系统擅长的方面做出明智决策。

我们知道任务系统和使能系统在操作上都是执行任务来完成整体任务。每个系统层运行任务都是通过人员和设备之间的一系列交互来完成的（见图 10.16）。交互能力要求人员和设备执行自己的任务组合和任务序列。那么，我们如何从系统层运行任务过渡到“人员”和“设备”元素任务呢？答案在于通过折中研究替代方案分析（第 32 章）确定人员能力和局限性与设备能力和局限性或两者组合之间的最佳平衡，如图 24.14 所示。注意图的顶部，图中两端的矩形区域所示，某些类型的任务特别适合于“设备”元素或“人员”元素。举例如下：

（1）应该将需要查询任务数据检索参数或搜索标准的任务分配给“人员”元素。

（2）应该将需要对大量任务数据进行高速数据搜索的任务分配给“设备”元素。

在这两个区域之间是如互补对角线所示可能既需要人员行动又需要设备行动的混合任务区域，例如，需要“人员”和“设备”元素监控正常工况、注意和警告，并及时做出规避或防御决策或动作的任务。

一般来说，切勿指定由“人员”元素明确执行的运行任务，除非有替代方案分析支持的令人信服的理由。由于是通过多层次系统设计（见图 21.3）来应用系统工程流程模型（见图 14.1），因此权衡得到第 30~34 章“决策支持实践”的支持。从组织上来说，人因工程师应该根据人员和设备各自的优势和局限性来确定人员和设备任务的最佳组合。可能需要通过原型、模型和仿真开发来支持分析，确保整体系统层性能最佳。

那么，人因工程师如何评估应该将哪些任务分配给人员和设备元素？答案

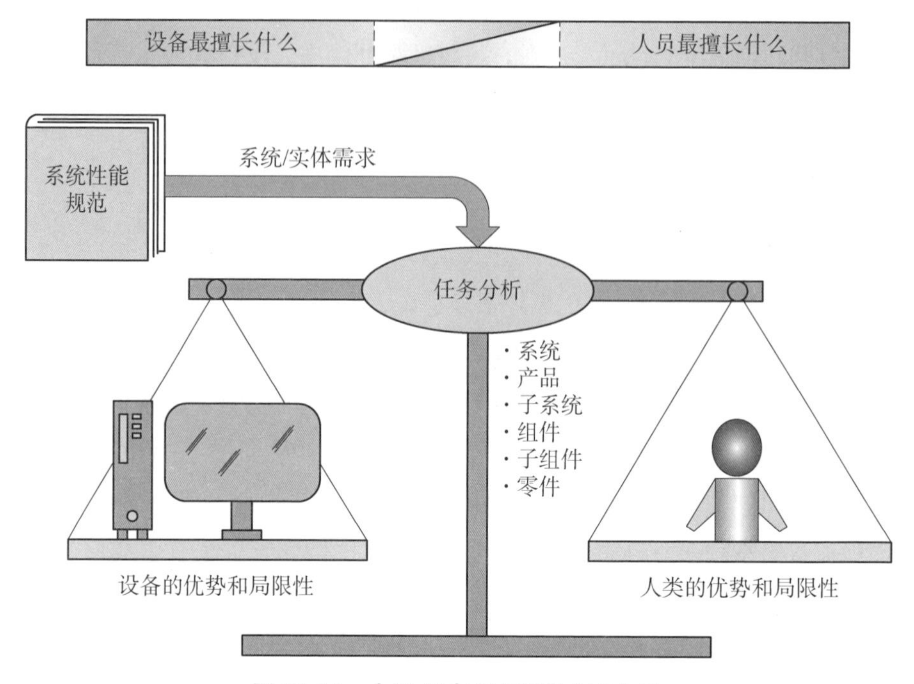

图 24.14　人员-设备任务替代方案分析

在于确立描述“人员”和“设备”元素能力（优势和局限性）的标准。下面我们来探讨人员和设备性能/表现的主要优势和局限性。

与“设备”元素相比，人类一般在脑力和许多技能上更胜一筹。人的表现通常在以下方面超过“设备”元素的表现：

（1）基于价值的判断和决策。

（2）优先级选择。

（3）资源分配——长时间。

（4）临时任务。

（5）创造性的非重复性任务。

（6）对疼痛症状的敏感性。

（7）人类交流。

（8）嗅觉和触觉。

（9）适应性行为。*

* 上面和下面列表中的编号项目仅供参考，不得解释为能力的等级排序。

有关人员与设备能力和局限性的详细列表，请参考麦考密克和桑德斯（1964，1982）。

（1）人的优势（McCormick 和 Sanders，1982：489－490）。

（2）人的局限性（McCormick 和 Sanders，1964：573）。

（3）机器的优势（McCormick 和 Sanders，1982：490）。

（4）机器的局限性（McCormick，1964：574）。*

在已经了解了人类（人员）-设备的优势和局限性的基础上，下面来讨论一下它们是如何应用于系统工程与开发的。

24.5 态势评估：相关领域

任何系统、产品或服务的成功都需要关于态势评估的知识和见解。主要的态势评估**相关领域**如下：

（1）任务目标状态。

（2）任务目标状态（原文如此）。

（3）任务状态。

（4）机组状态，如适用。

（5）飞行器姿态。

（6）资源状态。

（7）运行的阶段、模式和状态。

（8）运行健康和状态。

（9）制导与导航。

（10）命令和控制。

（11）通信。

（12）环境条件。

如图 24.9～图 24.12 所示，上述每个要素都需要人员-设备交互。问题是：人因工程师如何以操作人员、维护人员和培训师都能充分理解的清晰、简洁的

* **麦考密克标准的现行性和有效性**

注意，麦考密克标准建立于 1964 年。但在当今也同样有效，只有由于新技术和现行术语引起的极少的例外情况。

方式传达人员-设备信息，而不需要解释（基本培训除外）？有几种方法。

24.5.1 态势评估方法

原理 24.14 态势评估原理

向用户提供实时态势评估信息，用以评估任务性能及系统运行健康和状态（OH&S）。

一旦进行了初始人员-设备任务分配，下一个问题是：人员和设备元素如何相互作用来实现接口目标。我们将这些人员交互称为输入/输出（I/O）操作，包括如下内容：

（1）视听刺激和提示。

（2）触觉反馈——如触摸和逆反应提示。

（3）物理产品和服务——如硬拷贝和数据文件。

在收集和处理这些信息时，“设备”元素会产生各种预编程的提示以及注意或警告警报，至少包括如下内容：

（1）提示用户对查询做出反应或做出决定。

（2）总体健康状况。

（3）问题报告。

（4）执行任务的进度报告。

因为视觉、听觉和振动提示是人机接口的组成部分，下面我们来定义这些术语的相关内容。

24.5.1.1 视觉提示

视觉提示包括光学警告、注意或正常指示或消息，告知操作人员和维护人员当前的系统状况、状态或健康状况。这些包括手势、控制台指示器、视频显示消息和闪光灯。

24.5.1.1.1 视觉显示消息

原理 24.15 视觉信息原理

根据既定的人体工程和系统安全设计原理，向用户提供视觉信息。

视觉显示消息包括要求操作人员做出响应的各类格式化对话框，如颜色编码框、选择选项和闪光灯。根据所要求的强调程度，视觉显示消息可以与各类音频警告或警报配对。

24.5.1.1.2　视觉通知、警告和报警指示器

原理 24.16　视觉指示器原理

提供视觉通知、警告和报警，告知用户可能影响系统性能、造成损害或威胁用户安全的情况。

通常使用三类提示来指示将在图 30.1 中讨论的完成、注意和状况警告，如通电、完成、中断、注意、主要注意，以及警告通知、告警和报警等。例如，飞机有综合注意和警告（ICAW）驾驶舱仪表报警。其中大部分实现为单独控制面板灯或与视觉显示状态屏幕信息、显示完成百分比的对话框或条形图相结合：

（1）电源指示灯——提供电源已接通、已激活或可用、发生过载情况，或者备用电源已接通的视觉反馈。

（2）状态指示灯——提供已激活或处于完成状态的过程的状态。

（3）完成指示灯——提供活动已完成处理的视觉指示。

（4）注意信号（提示）——提醒操作人员需要注意，但不一定要立即采取行动的即将发生的危险情况（MIL－HDBK－1908B，1999：8）。

（5）警告信号——“（通用）含义：提醒操作人员需要立即采取行动的危险情况的信号”（MIL－HDBK－1908B，1999：34）。

（6）主注意（警告）信号（提示）——“通用含义：指示一个或多个注意（警告）灯已经启动的信号”（MIL－HDBK－1908B，1999：21）。

其他类型的视觉通知包括提醒用户各种程度的危险和风险的标志。尼尔森 G.（1990）在其论文《警告和说明的基本要素》中提供了其他信息。

小型案例研究 24.2　标志信号技术进步

大型复杂系统传统上包括通过指示灯监控众多性能参数的控制室、驾驶舱、医院护士站和安全系统。当时的实践状态包括信号到中央监控位置的硬连接。当出现如图 30.1 所示的注意或警告情况时，设置用于检测阈值条件的电子电路激活视觉和听觉注意或警告信号。实现成本、可靠性和持续维护是持续存在的问题。

其中一些在今天仍然存在，需要指定一个操作人员来监控每个单独的灯。因此，操作人员和飞行员接受了视觉扫描技术培训，确保定期查看所有指示灯。根据瑞森错误分类（失误、差错和错误），注意信号有时以电子方式布尔“或”为单个主注意信号，指示任何一个注意信号是何时激活的。

好在借助当今的技术和自动化，这些参数可以通过分布式或远程系统进行跟踪。这些系统通过以太网或无线网络连接到中央控制站，然后通过互联网连接到智能手机和其他设备。尽管技术有了进步，但仍然需要指示灯，特别是用于定位问题设备，如电线杆上的变压器、照明有限的大型设施、调制解调器上的指示灯等。

24.5.1.2　听觉提示

原理 24.17　听觉提示原理

提供与重要性级别及其频谱音频范围相称的通知、报警和警报的用户听觉提示。

听觉提示包括警告、注意和报警，通知操作人员或维护人员需要关注且有不同行动紧急程度的特定设备健康和状态状况。采用各种音调频率以及音调顺序和模式来象征系统运行条件。例如，可以为智能手机设定为不同呼叫者、提醒和电子邮件发出特定类型的铃声。听觉提示通常用于提醒系统操作人员，尤其是当操作人员不细心或没有注意到需要立即注意的视觉提示时，例如后文图 30.1 中说明的情况：

音频输出设备包括向系统操作人员传达音调或消息的机电机制设备，如扬声器和耳机。

24.5.1.3　振动提示

如果听觉或视觉提示不理想、不适当且不允许，那么可以使用振动提示来提醒系统操作人员。振动提示包括采用根据命令振动一段预先设定时间的电子机制的设备，如手机和传呼机。

目标 24.1

鉴于对人机交互提示类型的理解，这些提示是如何传达的？这就引出了下一个话题：系统命令和控制装置。

24.5.2　操作人员命令和控制设备

原理 24.18　命令和控制设备原理

选择合适、兼容且可与用户人体测量和生物力学互操作的命令和控制设备。

原理 24.19　逃生机制原理

提供允许用户安全操控或退出需要立即采取纠正措施的条件的操作逃生机制（安全闩锁、停止开关或报警器、中止处理、重启和灭火系统），而不会造成恐慌、伤害、损坏或灾难性后果。

人员需要输入/输出机制来监控、命令和控制系统或产品的运行和性能。下面我们确定一些不同类型的输入/输出设备，作为监控、命令和控制中命令和控制部分的备选解决方案：

（1）数据输入设备——包括光机电机械装置，如键盘或触摸面板，使系统操作人员和维护人员能够输入字母或数字信息和数据。

（2）指向控制设备——如轨迹球、眼球跟踪器、触摸板或鼠标，使系统操作人员和维护人员能够指向、选择、操作或操纵数据，如“拖放”。

（3）转向设备——包括地面车辆上的方向盘和操纵杆、飞机上的操纵杆和方向舵踏板、宇宙飞船上的推进器。

（4）机械控制输入/输出设备——包括使操作人员能够校准、调整、控制或调节系统配置、操作和性能的机械工具。

（5）电子控制输入/输出设备——包括电子或机电机构，如遥控器、拨动开关或旋转开关、转盘和触摸屏显示器，用于向特定数据组件传达操作人员控制的指向位置或位移。

（6）平移位移控制装置——如操纵杆和轨迹球，采用电子设备，将角位移、应力或压缩引起的机械运动转换或转化为用于控制系统的电子信号。

（7）感知输入/输出设备——包括感知人类交互的存在、程度、接近度和强度的机械装置。

（8）音频输入设备——包括将声波转换为输入的麦克风。这些输入与系统的语音识别软件命令兼容并被该软件命令识别，执行动作或执行语音识别动作（听写），用于笔记和录音。

目标 24.2

在此，我们采用瑞森事故轨迹模型从高层角度出发探讨了人类系统集成，并深入到用户-系统接口的物理实现。以此为背景，下面我们讨论如何将其应用于复杂系统的开发。

24.6 复杂系统开发

原理 24.20 无根据假设原理

“设计中的无根据假设会产生意想不到的后果”（Madni，2011：5）。

人因、人体工程、人因工程和人类工程可能看起来很简单。但现实情况是人类对借助系统、产品或服务来防止伤亡产生了一定程度的信任和信心，尤其是人们的生命依赖该系统、产品或服务时。马德尼（2011：4-5）指出了使这些决策更为复杂的几个挑战：

（1）人的表现。

（2）人为错误。

（3）人类适应性。

（4）多任务分配。

（5）压力下的决策。

（6）用户接受度。

（7）风险认知和行为。

（8）人类系统集成。

潜在问题一般可能是人员越来越依赖技术和自动化来弥补自身的缺点，如瑞森（1990b）失误、差错、错误和违规。马德尼（2011：5）注意到“自动化设计不良会降低人的行为表现”示例如下：

（1）自动化监督中的认知负荷。

（2）自动化导致的自满。

（3）知识不完全的部分自动化系统。

（4）对自动化的不信任。

（5）对操作人员专业知识和参与度的侵蚀。

为了说明这些观点，帕斯托（2013）在《华尔街日报》的一篇文章中报道说，受联邦航空管理局委托的一项研究表明飞行员可能过于依赖自动化——对自动化的依赖，因而在遇到异常情况时，可能不愿意干预自动化。由于对自动化的依赖，因此手动驾驶飞机（如果需要）所需的驾驶技能也可能在减弱。

24.7 系统工程人因和人类工程学行动

应该采取什么行动来确保人类系统集成的成功？答案在于系统工程的五个关键目标。

24.7.1 目标#1：雇佣有能力的合格人因工程师

本章的一个关键主题是，工程师一般没有接受人因工程的教育，没有进行人因工程的资格或经验。重要的是要认识到需要雇佣有能力的合格人因工程师提供服务。然后，基于此处提供的信息，工程师应：①能够沟通和理解这门学科；②监督这些行动的实施；③用户宣传；④与人因工程师合作，做出技术、工艺、成本、进度和风险方面的替代方案分析决策。

24.7.2 目标#2：用户宣传和系统易用性

原理 24.21 系统易用性原理

系统、产品或服务的易用性是赢得用户、关注、信心和接受等客户满意度要素的关键。

系统工程师应始终与用户合作，并将用户的评审意见纳入决策过程。没有用户时，应做好用户宣传。用户宣传的中心是确保系统、产品或服务的易用性。

ISO 9241－11（1998）根据特定语境中的有效性、效率和满意度来定义易用性。NAP（2007：192）对这些属性的定义如下：

（1）有效性——用户能够准确、完整地完成工作的程度的度量。

（2）效率——用户完成工作的速度的度量，通常用任务时间来衡量，对生产力至关重要。

（3）满意度——“用户对产品的喜欢程度——一种主观反应，包括感知到的易用性和有用性。满意度是酌情使用产品的成功因素，也是保持员工动力的关键。”

换言之，

$$易用性 = f(有效性、效率和满意度)$$

尼尔森（2013）用五个质量要素定义了易用性，其中包括上面 ISO 92411－11（1998）列出的两项：

（1）易学性：用户第一次遇到设计时完成基本任务有多容易？

（2）效率：一旦用户学会了设计，他们执行任务的速度有多快？

（3）可记忆性：当用户在一段时间不使用设计后又回到设计时，能多容易地重新熟悉？

（4）错误：用户犯了多少错误，这些错误有多严重，从错误中恢复有多容易？

（5）满意度：使用这种设计有多愉快？

有关人因和易用性的更多信息，请参考以下参考资料：

（1）尼尔森（1995）《用户界面设计的 10 个易用性启发》。

（2）张（2003）《使用易用性启发评估医疗设备的患者安全性》。

（3）芬尼哥（2011）《人机设备接口的复杂性》。

24.7.3　目标#3：无害

原理 24.22　故障安全设计原理

必要时，每个系统、产品或服务都应包含故障安全设计功能，防止或尽量减少可能导致死伤或环境破坏的人为错误。

当人类与设备交互时，执行不安全行为（失误、差错、误差、错误和违规）的可能性会增加。设计并实现无害“设备”元素——防止或尽量减少可能伤害用户或公众、破坏或污染环境或导致生命损失的潜在人为错误。考虑可能发生任何不安全行为的故障安全设计。*

24.7.4　目标#4：减少人员元素应力点

在没有干扰或最少干扰情况下应用重点知识、教育和培训时，人员元素表现最佳。人在压力条件下的表现可以将潜在危险转化为不安全行为，从而导致突发事件和事故，如瑞森（1990b）事故轨迹模型所示。如何减轻“人员”元素的压力？如应力点图标所示，图 24.6 有多种使用方法，例如与用户协作设

* 有关产品安全工程基本要素和核心原理的其他信息，参见尼尔森（1990，1993 和 2007）。

计、原型制作和开发：

（1）“设备”元素，使之与其操作人员、维护人员和培训师的能力和局限性兼容并可互操作，且无潜在缺陷。

（2）“过程资料”元素信息（过程、方法和程序）——①并发、准确，并且与“设备”元素设计一致；②消除多余或不必要的非增值步骤；③易懂、易理解和易实现。

（3）“任务资源”元素信息，清晰简洁地做到：①传达任务系统和使能系统的任务分配、目标、结果和性能；②避免、消除或防止重叠、误解、误判或人与人之间的冲突；③根据用户的技能将工作负荷降低到可接受水平。

（4）“系统响应”元素，产生可接受的输出，并避免与用户不兼容的不可接受输出。例如，人类飞行员可能无法在新的高性能飞机技术的不可接受重力下生存。反之，可能导致需要开发新型无人驾驶飞机，能够实现现有人驾驶飞机方式无法实现的水平任务性能。

（5）“设施”元素（如果适用），适应：①对“人员”元素的培训，以正确、安全地操作、维护和维持“设备”元素；②“设备”元素的维护和维持。

24.7.5 目标#5：持续评估系统易用性和性能

尽管有最佳计划和人因工程，但是用户对系统、产品或服务的接受最终取决于他们在情感上是否“喜欢”——易用性。回想第3章中的讨论，影响用户接受系统、产品或服务的属性——运行实用性、适用性、可用性、易用性、效率和有效性。这些代表了表24.3中确定的心理人因。

因此有如下结论：

（1）在系统/产品生命周期的整个系统开发阶段，系统开发商的系统工程师和人因工程师应与用户合作来评估这些属性。

（2）用户的系统工程师和人因工程师应在整个系统运行、维护和维持阶段（第29章）持续评估这些属性，以便：①制定纠正措施来提高整体性能并消除潜在缺陷；②评估用户表现，以确定是否有必要进行熟练程度培训或矫正培训；③随着新技术的发展，制定和编写下一代人因需求。

24.8 本章小结

总之，我们讨论了用户人因和人类工程系统设计的重要性。要点如下：

（1）通过瑞森（1990b）“瑞士奶酪”事故轨迹模型，了解人因和人类工程学如何影响系统、产品或服务性能。

（2）应如何设计系统元素（人员、设备、任务资源、过程资料、系统响应和设施）作为瑞森（1990）提到的防御措施、屏障或保护措施，以最大限度地避免危险演变为事故。

（3）为什么瑞森（1990b）人为错误分类（失误、差错、错误和违规）很重要，以及如何设计和实施人员培训、设备设计和过程资料，作为防止危险演变为事故的保护措施。

（4）事故通常不是单一根本原因的结果，而是瑞森（1990b）事故轨迹模型的防御措施、屏障和保护措施的多个弱点导致的结果。

（5）人类系统集成的目标是确保在系统/产品生命周期的整个系统采办、开发、部署运行、维护和维持，及退役/处置阶段都考虑人因和人类工程学的需求、设计和实现。

（6）了解人类系统集成、人因工程、人体工程和人类工程学的背景和差异。

（7）人因和人类工程学被视为同义词，但采取了不同的侧重于相同结果的方式——人类工作量、压力、安全、减少伤害、生产力和表现。

（8）人因侧重于对任务工作量、设备设计、过程资料说明和运行环境条件等方面的人的能力和局限性。

（9）人类工程学侧重于工作负载任务、设备设计和运行环境条件如何造成影响人类表现和生产力的紧张局面。

（10）人体测量学侧重于人类的身体特征。

（11）生物统计学是人体测量学的一个分支，主要研究人类的机械运动、能力和表现水平。

（12）可以用基于梅斯特（1971）作品的人因交互模型（见图 24.9 和图 24.10）来模拟人机交互。

(13) 人因和人类工程学的应用对于减少需要进行情况评估及命令和控制（见图 24.11 和图 24.12）的各类人机交互（桌面、站姿、交通和环境）中的压力至关重要。

人因工程在以下方面发挥了重要作用：

(1) 确定人因和人类工程学需求。

(2) 将人因需求分配给人员和设备，利用各自的优势和局限性（见图 24.14）来确定实现整体系统性能的最佳组合。

(3) 与用户合作评估设备、过程资料（操作和培训手册）、硬件和软件设计以及原型，评价易用性以及是否符合人因和人类工程学设计原理。

(4) 支持系统集成、测试和评估验证和确认活动。

(5) 分析用户现场经验、问题和事项，识别任何潜在缺陷，以及是否需要采取纠正措施。

(6) 评估用户在基础、补救或熟练培训（第 33 章）需求方面的表现。

(7) 参与突发事件或事故调查，确定根本原因并提出纠正措施。

(8) 易用性与设备的效率、有效性和满意度有关。尼尔森（2013）增加了易学性、错误和可记忆性，作为其他质量组成部分。

(9) 欲了解更多信息，参见诺曼（2013：32，图 1.11）关于理解用户概念心理模型及其与良好系统设计实践关系的重要性。

24.9 本章练习

24.9.1 1 级：本章知识练习

(1) 什么是人因？

(2) 有哪五类人因？

(3) 什么是人体测量学？

(4) 什么是生物力学？

(5) 什么是触觉？

(6) 什么是人类工程学？

(7) 什么是人类系统集成？人类系统集成领域是什么？

(8) 什么类型的输入/输出设备可用于人机接口?

(9) 人工任务有哪些关键属性?

(10) 什么是人因工程? 它是如何应用于系统/产品生命周期的?

(11) 什么是瑞森 (1990) “瑞士奶酪” 事故轨迹模型, 它是如何应用于人因和人类工程学的?

(12) 什么是人因交互模型, 它是如何应用于人员-设备元素设计的?

(13) 人因工程师采用什么标准来将规范需求分配给 “人员” 和 “设备” 元素?

(14) 人因和人类工程学至少有七个共同的系统结果关注点, 分别是什么?

(15) 比较和对比表 24.3 和表 24.4 中列出的美国国防部 CPAT 和美国国家航空航天局人因视角。

24.9.2 2 级: 知识应用练习

参考 www.wiley.com/go/systemengineeringanalysis2e。

24.10 参考文献

AFSC (1977), *Air Force Systems Command Design Handbook,* 3rd Edition, Wright-Patterson Air Force Base (WPAFB): Air Force Systems Command.

Belke, James C. (1998), Recurring Causes of Recent Chemical Accidents, U.S. Environmental Protection Agency (EPA), Chemical Emergency Preparedness and Prevention Office, San Antonio, Texas: AIChE/CCPS Workshop on Reliability and Risk Management.

Chapanis, Alphonse (1996), *Human Factors in Systems Engineering,* New York: John Wiley & Sons, Inc.

CPATS HFE (1998), CPATS (Critical Process Assessment Tool)—Human Factors Engineering (HFE), Military Specifications and Standards Reform Program (MSSRP), 14 August, 1998, Los Angeles, CA: USAF SMC/AXMP. Retrieved on 3/7/15 from http://www2.mitre.org/work/sepo/toolkits/risk/taxonomies/files/CPATS_ HSI_ 14Aug98.DOC.

Clark, James J. and Goulder, Robert K (2002), *Human Systems Integration (HSI)—Ensuring Design & Development Meet Human Performance Capability Early in Acquisition Process*, PM Magazine: July-August 2002, Ft. Belvoir, VA: Defense Acquisition University (DAU).

DAU (2012), *Glossary: Defense Acquisition Acronyms and Terms*, 15th ed. Ft. Belvoir, VA: Defense Acquisition University (DAU) Press. Retrieved on 3/27/13 from http://www.dau.mil/pubscats/PubsCats/Glossary%2014th%20edition%20July%202011.pdf.

DoD 5000. 59 - M (1998), *DoD Modeling and Simulation (M&S) Glossary*, Washington, DC: Department of Defense (DoD). Retrieved on 8/1/13 from http://www. dtic. mil/whs/directives/corres/pdf/500059m. pdf.

DOD - HDBK - 743A (1991), *Anthropometry of U. S. Military* Personnel *(Metric)*, Washington, DC: Department of Defense (DoD).

DoDI 5000. 02 (2008), *Operation of the Defense Acquisition System*, Washington, DC: Department of Defense.

EEC (2006), *Revisiting the Swiss Cheese Model of Accidents*, EEC Note No. 13/06 Bretigny-sur-Orge, France: Eurocontrol Experimental Centre (EEC). Retrieved on 10/22/13 from http://www. eurocontrol. int/eec/gallery/content/public/document/eec/report/2006/017_ Swiss_ Cheese_ Model. pdf.

FAA SEM (2006), *System Engineering Manual,* Version 3. 1, Vol. 3, National Airspace System (NAS), Washington, DC: Federal Aviation Administration (FAA).

FAA - H - 8083 - 30(2008), *Aviation Maintenance Technician Handbook-General*, Washington, DC: U. S. Department of Transportation (DOT) Federal Aviation Administration (FAA). Retrieved on 10/16/13 from http://www. faa. gov/regulations_ policies/handbooks_ manuals/aircraft/media/AMT_ Handbook_ Addendum_ Human_ Factors. pdf.

FAA (2014), *Human Factors Model webpage*, Washington, DC: U. S. Department of Transportation (DOT) Federal Aviation Administration (FAA). Retrieved on 5/22/14 from http://www. hf. faa. gov/Webtraining/HFModel/HFInterModel/overview. htm.

Fennigkoh, Larry (2011), *The Complexities of the Human-Medical Device Interface*, January/February, 2011, *Biomedical Instrumentation & Technology*, Arlington, VA: Association for the Advancement of Medical Instrumentation (AAMI).

Hatze, Herbert (1974). *"The meaning of the term biomechanics"*, Vol. 7, New York: Elsevier Science *Journal of Biomechanics*. Retrieved on 10/24/13 from http://biomechanics. psu. edu.

HFES (2013a), *Definitions of Human Factors and Ergonomics webpage*, Santa Monica, CA: Human Factors and Ergonomics Society (HFES). Retrieved on 10/19/13 from http://www. hfes. org/Web/EducationalResources/HFEdefinitionsmain. html.

HFES (2013b), *About HFES webpage*, Santa Monica, CA: Human Factors and Ergonomics Society (HFES). Retrieved on 10/19/13 from https://www. hfes. org//Web/AboutHFES/about. html.

HSE (2013a), *Humans and Risk*, HSE Human Factors Briefing Note No. 3, Liverpool, Merseyside, England: UK Health and Safety Executive (HSE). Retrieved on 10/16/13 from http://www. hse. gov. uk/humanfactors/topics/pifs. pdf.

HSE (2013b), *Performance Influencing Factors (PIFs)*, Liverpool, Merseyside, England: UK Health and Safety Executive (HSE). Retrieved on 10/16/13 from http://www. hse. gov. uk/humanfactors/topics/pifs. pdf.

IEA (2010a), *Definitions of Ergonomics webpage*, Zurich, Switzerland: International Ergonomics Association (IEA). Retrieved on 10/19/13 from http://www. iea. cc/01_ what/What%20is%20 Ergonomics. html.

IEA (2010b), *About IEA webpage*, Zurich, Switzerland: International Ergonomics Association

(IEA). Retrieved on 10/19/13 from http://www.iea.cc/02_ about/About%20IEA.html.

INCOSE TP-2003-002-03.2.2(2011), *System Engineering Handbook*, Version 3.2.2, San Diego, CA: International Council on System Engineering (INCOSE).

INCOSE (2015). *Systems Engineering Handbook: A Guide for System Life Cycle Process and Activities*, 4th ed. D. D. Walden, G. J. Roedler, K. J. Forsberg, R. D. Hamelin, and, T. M. Shortell (Eds.). San Diego, CA: International Council on Systems Engineering.

ISO 1503: 2008 (2012) *Spatial orientation and direction of movement-ergonomic requirements*. Geneva: International Organization for Standards (ISO).

ISO 9241-210: 2010(2010) *Ergonomics of human-system interaction-Part 210: Human-centred design for interactive systems*. Geneva: International Organization for Standards (ISO).

ISO/IEC Guide 51: 1999 (2009) *Safety aspects—Guidelines for their inclusion in standards*. Geneva: International Organization for Standards (ISO).

Kantowitz, Barry H. (1983), *Human Factors: Understanding People-System Relationships*, Hoboken, NJ: John Wiley & Sons, Inc.

Kroemer, Karl H. E. (2010), *Engineering Physiology: Bases for Human Factors Engineering/Ergonomics*, 4th Edition, Berlin: Springer-Verlag.

Licht, Deborah M., Polzella, Donald J., Boff, Kenneth R (undated), Human Factors, Ergonomics, and Human Factors Engineering: An Analysis of Definitions, Wright-Patterson Air Force Base (WPAFB): Crew System Ergonomics Information Analysis Center (CSERIAC). Retrieved on 10/22/13 from http://www.hfes.org/Web/EducationalResources/HFDefinitions.pdf.

McCormick, Ernest J. (1964), *Human Factors Engineering*, 2nd Edition, New York: McGraw-Hill Company.

McCormick, Ernest J. and Sanders, Mark S. (1982), *Human Factors in Engineering Design*, 5th Edition, New York: McGraw-Hill Company.

Madni, Azad M. (2011), *"Integrating Humans With and Within Complex Systems,"* University of Southern California, *Crosstalk*-May/June 2011, Hill AFB, UT: *CrossTalk*. Retrieved on 9/27/13 from http://www.crosstalkonline.org/storage/issue-archives/2011/201105/201105-Madni.pdf.

Meister, David (1971), *Human factors: theory and practice*, Hoboken, NJ: Wiley-Interscience.

Meister, David (1999), *The History of Human Factors and Ergonomics*, Mahwah, NJ: Lawrence Erlbaum Associates.

MIL-HDBK-1908B (1999), *DoD Definitions of Human Factors Terms*, Washington, DC: Department of Defense (DOD).

MIL-STD-470B (1989), *Maintainability Program for Systems and Equipment*. Washington, DC: Department of Defense (DoD).

MIL-STD-882E (2012), *System Safety*, Washington, DC: Department of Defense (DoD).

MIL-STD-1472G (2012), *DoD Design Criteria Standard: Human Engineering*, Washington, DC: Department of Defense (DoD).

MIL-STD-46855A (2011), *Human Engineering Requirements for Military Systems, Equipment, and Facilities*, Washington, DC: Department of Defense (DoD).

NAP (2007), Human-System Integration in the System Development Process: A New Look, Committee on Human-System Design Support for Changing Technology, Richard W. Pew and Anne S. Mavor, Editors, Committee on Human Factors, National Research Council. Washington, DC: The National Academies Press. Retrieved on 10/22/13 from http://www.nap.edu/catalog.php?record_id=11893.

NASA RP-1024(1978) *Anthropometric Source Book*, Vols. 1-3. Washington, DC: NASA Scientific & Technical Office.

NASA SP-2007-6105(2007), *System Engineering Hand book*, Rev. 1. Washington, DC: National Aeronautics and Space Administration (NASA). Retrieved on 5/1/13 from https://acc.dau.mil/adl/en-US/196055/file/33180/NASA%20SP-2007-6105%20Rev%201%20Final%2031Dec2007.pdf.

NASA SP-2010-3407(2010), *Human Integration Design Handbook (HIDH)*, Washington, DC: NASA. Retrieved on 10/21/13 from http://ston.jsc.nasa.gov/collections/TRS/_techrep/SP-2010-3407.pdf.

NASA-STD-3000(1995), *Man-Systems Integration Standards*, Vols. 1-5, Washington, DC: NASA.

National Center for Human Factors Engineering in Healthcare (2013), *What is Human Factors Engineering webpage*, Washington, DC: National Center for Human Factors Engineering in Healthcare. Retrieved on 10/19/13 from http://medicalhumanfactors.net/what-is-hfe.

Nielsen, Jakob, (2013), *Usability 101: Introduction to Usability*, Fremont, CA: Nielsen Norman Group. Retrieved on 10/22/13 from http://www.nngroup.com/articles/usability-101-introduction-to-usability/.

Nielsen, Jakob, (1995), *10 Usability Heuristics for User Interface Design*, Fremont, CA: Nielsen Norman Group. Retrieved on 10/22/13 from http://www.nngroup.com/articles/ten-usability-heuristics/.

Nelson, Gary (1990), *Essential Elements of Warnings and Instructions*, TX: Nelson and Associates. Retrieved on 10/22/13 from http://www.hazardcontrol.com/factsheets/pdfs/essential-elements-of-warnings-and-instructions.pdf.

Nelson, Gary (1993), *Basic Elements of Product Safety Engineering*, TX: Nelson and Associates. Retrieved on 10/22/13 from http://www.hazardcontrol.com/factsheets/pdfs/basic-elements-of-product-safety-engineering.pdf.

Nelson, Gary (2007), *Core Principles of Safety Engineering and the Cardinal Rules of Hazard Control*, TX: Nelson and Associates. Retrieved on 10/22/13 from http://www.hazardcontrol.com/factsheets/pdfs/core-principles.pdf.

Nelson, Gary (2010a), *"Human Error" vs. "Human Nature"*, Bryan, TX: Nelson and Associates. Retrieved on 10/22/13 from http://www.hazardcontrol.com/factsheets/pdfs/human-error-vs-nature.pdf.

Nelson, Gary (2010b), *Human Factors and Ergonomics*, Bryan, TX: Nelson and Associates. Retrieved on 10/22/13 from http://www.hazardcontrol.com/factsheets/humanfactors/human-factors-and-ergonomics.

Norman, Don (2013), *The Design of Everyday Things*, New York: Basic Books.

OSHA 3125(2000 Revised), *Ergonomics: the Study of Work,* Washington, DC: Department of Labor Occupational Safety and Health Administration (OSHA). Retrieved on 10/25/13 from https://www.osha.gov/Publications/osha3125.pdf.

Pasztor, Andy (2013), *Pilots Rely Too Much on Automation, Panel Says,* Wall Street Journal, Nov. 17, 2013, New York, NY: Wall Street Journal. Retrieved on 5/22/14 from http://online.wsj.com/news/articles/SB10001424052702304439 804579204202526288042.

Psychology Wiki (2013), *Human Factors Engineering webpage,* San Francisco, CA: Wikia, Inc. Retrieved on 10/22/13 from http://psychology.wikia.com/wiki/Human_factors_engineering.

Reason, James (1990a), *The contribution of latent human failures to the breakdown of complex systems, Series* B, Vol. 327, pp. 475 - 484, London: Philosophical Transactions of the Royal Society.

Reason, James (1990b), *Human Error,* Cambridge, UK: Cambridge University Press.

Reason, James (2000), *Human error: models and management,* Vol 320, London: *British Medical Journal.*

Roebuck, J. A. Jr., Kroemer, K. H. E., and Thomson, W. G. (1975), *Engineering Anthropometry Methods,* New York: John Wiley & Sons, Inc.

USAF AFD - 090121 - 055(2009), *Human Systems Integration Requirements Pocket Guide,* Falls Church, VA: USAF Air Force Human Systems Integration Office. Retrieved on 10/25/13 from http://www.wpafb.af.mil/shared/media/document/AFD-090121-055.pdf.

USAF AFD - 090121 - 054(2009), *Human Systems Integration Handbook,* Brooks City-Base, TX: USAF Human Performance Optimization Division. Retrieved on 10/27/13 from http://www.wpafb.af.mil/shared/media/document/AFD-090121-054.pdf.

Wikipedia (2013a), *Human Factors and Ergonomics webpage,* San Francisco, CA: Wikimedia Foundation. Retrieved on 10/19/13 from http://en.wikipedia.org/wiki/Ergonomics.

Wikipedia (2013b), *Biomechanics webpage,* San Francisco, CA: Wikimedia Foundation. Retrieved on 10/16/13 from http://en.wikipedia.org/wiki/Biomechanics.

Zhang, Jiajie; Johnson, Todd R.; Patel, Vimla L.; Paige, Danielle L.; and Kubose, Tate (2003), *"Using Usability Heuristics to Evaluate Patient Safety of Medical Devices," Journal of Biomedical Informatics* 36(2003)23 - 30, Miamisburg, OH: Reed Elsevier Inc. -ScienceDirect Division. Retrieved on 9/27/13 from http://www.sciencedirect.com/science/article/pii/S1532046403000601.

25 单位、坐标系和惯例的工程标准

随着系统架构的演进，系统/产品与其运行环境、内部元素（如子系统）之间的交互必须是兼容和可互操作的。这就要求接口的两端均符合接口要求。对于某些系统而言，建立接口可能需要：

（1）接口方之间的协作，以建立接口需求。

（2）就遵守行业、专业或科学接口标准达成一致。

（3）使用以前建立的传统接口。

不管是哪种情况，接口双方的多学科系统工程师必须在思想、过程和方法上达成一致，并共享一个共同的系统设计视角来完成界面设计。确保观点一致的第一步是建立单位、坐标系和惯例（convention）的工程标准，这些标准构成了接口需求的基础。

工程师通常将单位、坐标系和惯例的工程标准视为次要主题……“每个工程师都从工程静力学、动力学和物理学中知道的东西”。然而，系统工程师在毕业时的知识与开发系统、产品或服务的多学科工程师群体中的系统工程领导、协调和共享愿景和思维模式的应用需求之间存在重大差异。系统工程师开发的不少系统已经在系统集成、测试和评估或其任务中失败，原因是在解释、翻译和沟通一个系统的以下方面存在简单工程错误：①单位标准；②度量衡；③坐标参照系；④地球物理空间中作为自由体的位置和动力学。

本章强调了系统工程师的关键领导角色之一，即“预先”建立工程标准、坐标系和惯例，作为系统设计决策的基石之一。我们的讨论探讨了每个主题领域，并提供了示例来说明统一设计思想的重要性。在项目开始时，每个人对项目的单位、度量衡和坐标系标准都有共同的、共享的认识，这一点非常重要。简单地说，在原理 26.12 中，如果你想监控、命令和控制系统、产品或服务，则必须衡量其性能。

25.1 关键术语定义

（1）高度（altitude）——从位于标准物体参考［如平均海平面（MSL）］表面的相关点向外测量到自由空间的垂直距离。

（2）方位角（azimuth）——由参考平面（如正北）和通过相关点的垂直面之间的弧形成的顺时针角度。

（3）合规性（compliance）——无一例外地完全遵守要求的过程。

（4）符合性（conformance）——调整或定制组织工作成果、流程和方法，以满足所需行动或目标的精神和意图的过程。

（5）惯例（convention）——由项目、行业、国家或国际标准组织建立的一种方法，用于传达工程师如何解释和应用系统或实体配置、定向、方向或行动。

（6）坐标系（coordinate system）——用于建立系统构型和定向惯例、支持分析和促进数学计算的二维或三维轴参照系。

（7）尺寸（dimension）——物体固有的物理属性，与用来量化其量级的度量系统无关。

（8）仰角（elevation）——观察者所在位置和地球表面相切的平面与该平面上方或下方的相关点形成的角度。

（9）欧拉角（euler angles）——一组三个角度，用于将实体的方向描述为围绕三个不同正交轴（x、y 和 z）的一组三个连续旋转。旋转的顺序首先是 z 乘以角度（ψ），其次是新的 y 乘以角度（θ），最后是最新的 x 乘以角度（φ）。角度 ψ 和 φ 的范围在 $-\pi \sim \pi$ 之间，而角度 θ 的范围仅在 $-\pi/2 \sim \pi/2$ 之间。这些角度定义了从世界坐标系到实体坐标系转换所需的连续旋转。围绕轴的正旋转方向由右手定则定义［DoD 5000. 59 - M（1998）：113］。

（10）开放标准（open standards）——受公认的标准组织或市场广泛接受和支持的标准。这些标准支持互操作性、可移植性和可扩展性，并且可以免费或以中等许可费用同等地提供给公众（DAU，2012：B - 153）。

（11）绩效标准（performance standard）——针对某项活动或能力建立的

基于结果的熟练程度或表现要求。

（12）旋转运动（rotational movements）——自由体相对于其惯性参照系主轴的正或负角旋转和变化率。

（13）标准（standard）——在工作测量中，用来进行比较的任何既定或公认的规则、模型或准则（DAU，2012：B－211）。

（14）技术标准（technical standard）——产品或相关工艺和生产方法的规则、条件、指南或特性的共同和重复使用。

“它包括术语定义、部件分类、过程描述、尺寸规格、材料、性能、设计或操作，还包括质量和数量的测量以及配合和测量的描述”［NASA SOW NPG 5600.2BE（1997），附录B定义］。

（15）平移运动（translational movements）——作为时间-速度函数的自由体相对于其惯性参照系主轴的定向运动。

25.2 引言

原理 25.1 工程标准原理

单位、坐标系和惯例的工程标准应在**有且仅有一份**正式文件中规定，该文件已被审查、批准、基线化并置于正式的构型管理（CM）控制之下，已发布和传达以供决策。

本章并不是为了复习工程和物理学中关于单位、坐标系参照系或惯例标准的相关内容。我们的目的是简单地提供一个通用检查表，作为系统工程师和技术领导者，在计划和实施一个以各种规范、架构、设计和接口等展示出来的技术项目时，需要考虑这个检查表。

有些工程师会满不在乎地说：“我们已经知道了！”

首先，对“我们”这个统称名词没有共享的、共同的认知，除非……你，作为首席系统工程师（LSE）基于项目利益相关方的协作和共识，建立、记录和传达了项目标准。

其次，历史不乏这样的案例，即使这些标准已经到位，但在接口的另一侧，由于**简单的**错误——**公制**和**英制**单位——导致了失败。例如，美国国家航空航天局的火星气候轨道器（MCO，1999）和（MCO，2000）。

这个主题应该是首先要考虑的任务之一。一旦确定这些信息，要将其记录下来并作为项目工程标准。这些关键信息常常分散在一系列项目备忘录中。为避免这种情况，将其合并到**一份**文件中，该文件要：

（1）有文件编号、名称、数据和版本。

（2）经过审查、批准、按正式构型管理控制，并发布用于项目。

最后，说明坐标系的最好研究案例之一是 2012 年结束的美国国家航空航天局空间运输系统（STS）或航天飞机计划。现在我们用一些航天飞机的图片来说明我们的讨论。在阅读本章时，这些插图和坐标系同样适用。

25.3 工程标准

原理 25.2 工程标准、坐标系和惯例原理

工程标准、坐标系和惯例是工程系统和企业系统开发的基础——致命要害。不重视这些，系统就会失败。

工程标准为企业和行业提供了一种机制：

（1）就开发的系统、产品和服务的性能要求达成共识。

（2）审核这些可交付工作成果的符合性。

（3）为与性能和安全相关的目标改进提供一个决策框架。

标准是根据企业内部和跨行业领域的经验教训、最佳实践和方法编制。标准包括如下内容：

（1）确保产品兼容性和互操作性。

（2）确保材料、工艺、重量和计量的一致性、均匀性、精确性和准确性。

（3）促进模块化和可互换性。

（4）确保公众和环境的安全。

（5）吸取教训避免可能产生的后果。

（6）促进合乎道德的商业关系。

当标准被用作评估工作相关绩效的依据时，采用“绩效标准”一词。

25.3.1 标准规范性和资料性条款

一般来说，标准通过条款表达要求。标准条款通常分为两类：规范性条款和资料性条款。

（1）规范性条款或要求表达了符合标准的强制性要求，并包括“应”（shall）一词来表示要求。

（2）资料性条款表达自愿遵守的信息，或为实施规范性要求提供指导/澄清信息。

企业工程标准应明确描述和指定规范性和资料性要求。

25.3.2 工程标准机构

工程标准由公司、学术、专业和国际机构制定。为使自己具备这一资格，这些机构必须在特定的行业或业务领域中作为标准实践的权威倡导者或发行者得到认可和尊重。请查询合同、行业和工程规范，以了解业务和合同适用的具体标准。

25.3.3 维度属性和单位制

标准表达作为度量参照系的两种类型的信息：尺寸属性（dimensional properties）和计量单位（systems of units）。

（1）尺寸属性代表物体的固有物理属性，如质量、长度、宽度和重量。

（2）计量单位是度量标准，它构成了测量一个物体的尺寸属性的基础。

25.4 度量衡标准

工程标准代表了为各种应用建立“适用性”标准（见图4.1）的行业利益相关方的共识，包括文档、流程、方法、材料、接口、参照系、度量衡、域变换、演示和惯例。在这些项目中，工程度量衡、惯例和参照系需要特别强调，尤其是要在整个合同项目中建立一致性。

也许工程学最基本的概念是建立一个度量衡体系。描述系统、产品或服务的形式、适合性和功能的技术表达完全依赖于度量衡标准单位的使用。目前有两种主要的标准单位制：

（1）国际单位制（SI）。

（2）英制工程单位制（BES）。

现在我们对比一下二者。

25.4.1 国际单位制

1960年第十一届国际计量大会（CGPM）批准了国际单位制（NIST，2013）。CGPM采用了法国国际单位制的国际单位制名称。国际计量局（BIPM）出版的小册子《国际单位制》“根据CGPM和国际计量委员会（CIPM）的决定不时修订”（Taylor and Thompson，2008：70）。

国际单位制，有时被称为“米-千克-秒制”的公制计量单位制，是基于被确定为独立的七个基本单位。相互独立的七个基本单位如表25.1所示。

表25.1 国际单位制的七个基本单位

基本量	国际单位制基本单位①	基本符号	数量符号②	尺寸符号②
长度	米	m	*l*，*x*，*r*	L
质量	千克	kg	*m*	M
时间、持续时间	秒	s	*t*	T
电流	安培	A	*I*，*i*	I
热力学温度	开尔文	K	*T*	Θ
物质的量	摩尔	mol	*n*	N
照度	坎（德拉）	cd	^{I}v	J

资料来源：NIST，2008a：4；2008b：11。

注：① Taylor and Thompson（2008a），4.1“国际单位制基本单位表1”，第4页。
② Taylor and Thompson（2008b），1.3“数量尺寸”，第11页。

原理25.3 国际单位制字体原则

用斜体字体记录数量符号，用无衬线罗马字母记录尺寸符号（泰勒和汤普森，2008：4）。

泰勒和汤普森（2008a：33）提到，“总是用斜体印刷的数量符号通常是单个拉丁字母或希腊字母，有时带有下标、上标或其他识别符号，只有少数例外”。它们还提供了将各种类型的单位转换为国际单位制的转换系数表（Taylor和Thompson，2008a：45－69）。

25.4.2 英制工程单位制

英制工程单位制由表25.2中列出的五个基本单位组成。

表 25.2 英制工程单位制的基本单位

基本量	名称	符号
长度	英尺	ft
力	磅	lb
时间	秒	s
温度	华氏温度	℉
照度	坎（德拉）	cd

25.4.3 科学符号

除了定义测量的单位系统，我们还需要以一种易于阅读的方式来表达与这些单位相关的量值。我们用表 25.3 所示的科学符号来表示。

表 25.3 科学符号系统（Taylor and Thompson，2008b：29）

幂	前缀	符号
10^{-9}	纳米	n
10^{-6}	微	μ
10^{-3}	毫	m
10^{-2}	厘	c
10^{-1}	十分之一	d
10^{1}	十	da
10^{2}	百	h
10^{3}	千	k
10^{6}	百万	M
10^{9}	十亿	G
10^{12}	万亿	T
10^{15}	亿亿	P

25.4.4 标准大气

在各种自然和派生环境条件下，系统和产品在其运行环境中与其他外部系统相互作用。作为问题空间和解决方案空间定义的一部分，系统工程师和其他人员必须做出描述和限定运行环境条件的假设（原理 24.20）。

由于自然环境条件每天、每月、每年、各地均有不同，因此这些假设会更为复杂。那么，我们如何标准化，并在大量信息基础上做出运行环境决策呢？答案在于创建由美国国家海洋和大气管理局（NOAA）、美国国家航空航天局和美国空军开发的美国标准大气（NASA，1976）。“列出的参数包括温度、压力、密度、重力引起的加速度、压力标高、数密度、平均粒子速度、平均碰撞频率、平均自由程、平均分子量、声速、动态黏度、运动黏度、热导率及地电位高度”（NASA，1976）。

地理位置的标准大气模型和表格可从美国国家海洋和大气管理局和美国国家航空航天局等政府机构获得。

25.4.5 数据准确度和精确度

数据测量或计算时，对项目而言，建立数据准确度和精确度策略至关重要。除了建立数学模型、转换和换算之外，计算链的完整性完全依赖于为每个环节提供的数据的准确度。

为了说明数据精确度的重要性，考虑数学符号 pi（π）的简单定义。两位数的精度——即 π 的 3.14——对于下游计算来说是**必要和充分**条件吗？还是需要到四位数的精度？或需要到八位数的精度？你必须决定并就项目标准达成一致。

最后，提醒一下，两个数字相乘，每个数字的十进制精度为两位数，并不会产生四位数的十进制精度的乘积（原理 30.1）。

25.4.6 度量衡小结

作为项目的技术负责人，系统工程师应该就表示项目物理量的标准单位制达成共识。这需要如下三项措施：

（1）通过项目备忘录或参考已建立的专业标准，为重量、度量和单位转换表建立项目标准。

（2）在整个系统开发阶段，特别是在评审阶段，彻底**评审**接口两边的接口兼容性和互操作性的单位标准。

（3）促进项目团队的专业性和合规性。

25.5 坐标参照系

除了建立度量衡标准之外，系统工程师在系统开发过程中的关键角色和初始任务之一是建立坐标参照系。系统工程设计决策需要的不仅仅是特定学科的专业技术，如设计电源、电子电路或编码软件。部件的集成需要超越传统学科"形状、适合性和功能"考虑的有洞察力的决策。具体而言，要考虑部件的物理布局及其在下一更高层次系统、子系统、组件或子组件中的相互作用（见图 8.4）。

部件在更高层次的一般布局需要考虑运行环境条件（见图 9.6），如电磁干扰（EMI）、辐射、热传递以及机械冲击和振动。这些部件在飞机、宇宙飞船（见图 25.6 和图 25.7）、卫星、舰船或导弹结构内的物理布局；医疗设备（见图 25.5）或外科设备（见图 25.9）；或者加工一个零件（见图 25.8）需要建立一个观察者的参照系，指定主轴，并指定轴的旋转方式。

如果在项目开始时听工程师的意见，那么你会听到这样的对话，"我们需要为项目建立一个坐标系。我们可以使用笛卡尔右手坐标系作为标准"。正如你将在接下来的章节中看到的，"建立一个坐标参照系"这样的对话需要更多的洞察力。系统工程师在其技术领导角色中要负责确保消除所有模糊性，并将选定的坐标系清晰地传达给每个人。*

25.5.1 坐标参照系原点

谈到坐标参照系，我们要提及 17 世纪的数学家勒内·笛卡尔、19 世纪后期的电子先驱约翰·安布罗斯·弗莱明以及 18 世纪末 19 世纪初的汉斯·克里斯蒂安·厄斯特。

（1）笛卡尔设计了二维（2D）和三维（3D）笛卡尔坐标系，提供了第一个"欧几里得几何和代数之间的系统联系"（Wikipedia，2013a）。

（2）弗莱明设计了以下定则来解释电动机和发电机应用中的力、场和电流

* 坐标参照系的讨论经常与关键术语相关的模糊性混淆，如左手（LH）定则和右手（RH）定则，每一个都有两个不同的应用构型背景。与其让这些含糊不清的东西继续存在，不如简要地说明它们的起源，以便区分应用背景。

方向，如图 25.1 所示：

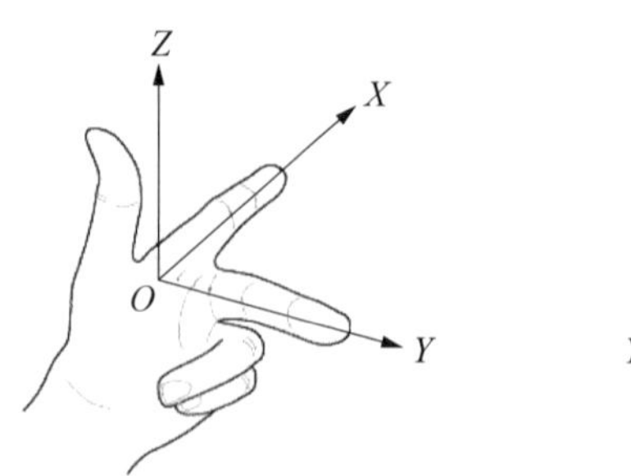

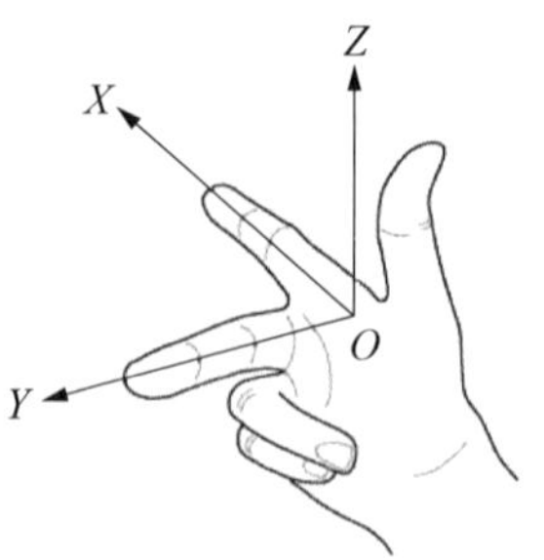

(a) 适用于电动机的弗莱明左手定则 (b) 适用于系统工程应用的发电机右手定则

图 25.1 左手定则和右手定则

a. 解释电动机运动的左手定则。构型由左手手指形成的三个正交轴组成，其中：拇指代表电动机的推力或运动力，食指代表磁场方向，中指代表电流方向（Fleming，1902：149－150）。

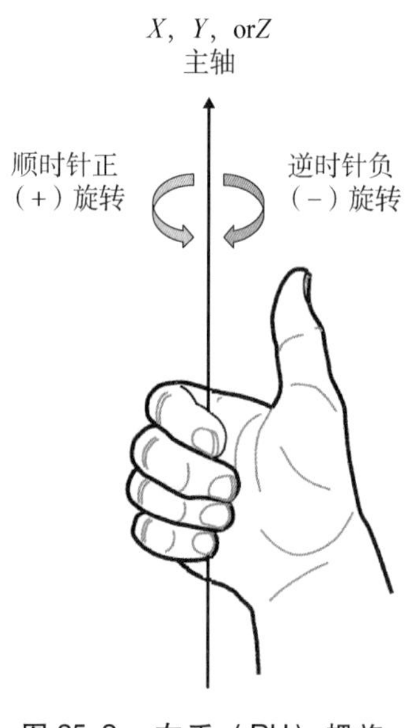

图 25.2 右手（RH）螺旋定则在轴上的应用，以说明顺时针（+）和逆时针（-）符号惯例

b. 右手定则最初被定义为解释发电机中电流流动的电动势方向的定则。构型由右手手指形成的三个正交轴组成，其中：拇指代表导体的方向，食指代表磁通量（磁场）方向，中指代表感应电动势（EMF）的方向（Fleming，1902：173－174）。

（3）右手螺旋或麦克斯韦螺旋法则（Wikipedia，2013c）基于厄斯特的发现，即圆形磁场是由流经导体的电流产生（Wikipedia，2013d）。右手螺旋定则规定，如果右手拇指代表导体中电流的方向，则缠绕在导体上的手指代表逆时针磁通量或正（+）旋转（Fleming，1902：149）。相关说明见图 25.2。

由于坐标参照系使我们能够建立地球物理和空间关系，我们简单地把 X、Y 和 Z 分配给相应的左或右坐标轴，如图 25.1 所示。

作为一个抽象层次，坐标参照系包括：①观察者的参照系；②惯例；③度量单位。使工程师和分析师能够交流关于当前位置、其形状或与其他物体的距离的空间信息。问题是：从什么观察者的角度？这就引出了第一个话题——观察者的参照系。

25.5.2 观察者的参照系

系统和产品工程通常要求建立一个观察者的参照系，将系统作为自由体描述其相对于运行环境中其他系统运动的工程力学和动力学。观察者参照系的基本概念源于物理学。首先，我们从复习原理开始。

原理 25.4 观察者参照系眼点（eyepoint）原理

人类坐标系由观察者的参照系组成，该参照系由标记为 X、Y 和 Z 的三个主轴构成，这三个主轴彼此正交，并相交于位于观察者眼点的原点。

说明示例如图 25.3 所示。

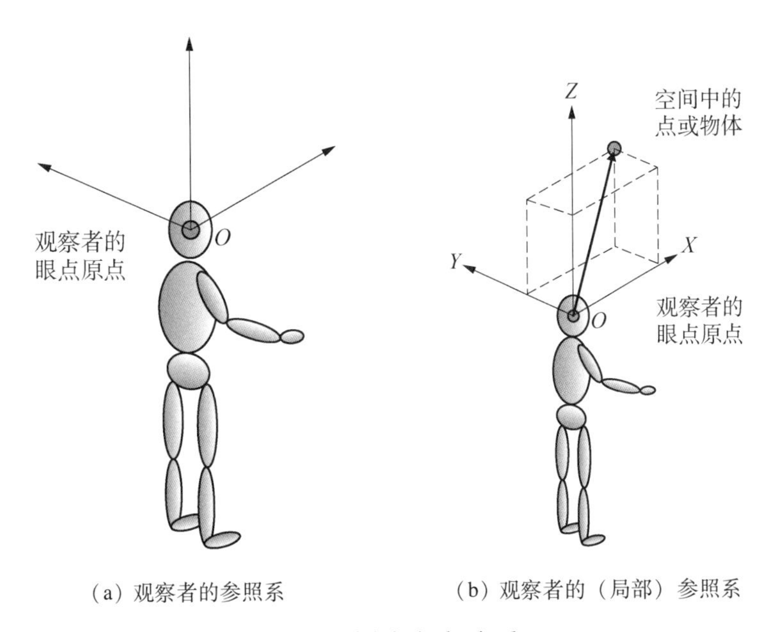

(a) 观察者的参照系　　(b) 观察者的（局部）参照系

笛卡尔右手坐标系

图 25.3 观察者参照系和坐标系的示例

原理 25.5　坐标系原理

观察者的眼点作为观察者参照系的原点；坐标系使用 X 轴、Y 轴和 Z 轴坐标建立空间中的点或对象相对于原点的空间位置。

观察者参照系选定后，我们需要建立惯例（convention）来识别沿轴的运动。这就引出了一个关键问题：什么是惯例？

惯例为描述相对于观察者参照系所观察到的动作确定定向，其中眼点位于原点。坐标系作为静态观察者的参照系，用于在相对于参照系原点和轴的特定时刻定位对象的位置。

人们经常把观察者参照系等同于坐标参照系。事实上，观察者的参照系提供了多轴框架，用于指定行进方向和构成坐标参照系的度量单位。示例如图 25.3 的右侧所示。

25.5.2.1　*左手和右手惯例*

原理 25.6　观察者参照系惯例原理

观察者的参照系以左手（LH）或右手（RH）定向为特征。

建立观察者参照系的第一步是决定使用左手定则或右手定则惯例，示例如图 25.1 所示。在这两种惯例中，指定手的拇指向上，食指向前，中指垂直指向另一只手。

约翰明梅尔（2013）指出，大多数计算机数控（CNC）机械采用的是右手坐标系——X 垂直。然而，他也警告说，一些数控机械可能会使用左手坐标系——X 垂直。现在思考下例中左手坐标系和右手坐标系的含义。

示例 25.1

一家制造商采用计算机辅助设计（CAD）来创建一块由航空级铝材加工而成的机械外壳的三维模型。设计通过审批后，模型数据将发送到数控加工单元进行加工。在传输三维模型尺寸数据时，制造单元的坐标系成为定位铝块并将其加工成三维模型指定尺寸的参照系。作为机械系统工程师，你的任务是与机器车间团队合作，建立无缝的数据传输策略，确保零件制造成功。

25.5.2.2　*参照系多轴构型*

原理 25.7　观察者的多轴构型原理

为既定观察者参照系眼点选择一个且仅有一个多轴构型，最好是为整个项目服务。

声明左手定则或右手定则惯例是描述观察者参照系的必要但非充分条件。实际情况是 X、Y 和 Z 三轴可以旋转，从而产生新的结构参照构型。例如，相对于观察者的眼点，笛卡尔右手参照系有三种可能的定向。图 25.4 所示为简单地将右手定则声明为参照系，而不考虑主轴方向这种谬误。注意：关键是建立局部垂直轴方向，如 X 轴垂直、Y 轴垂直或 Z 轴垂直。

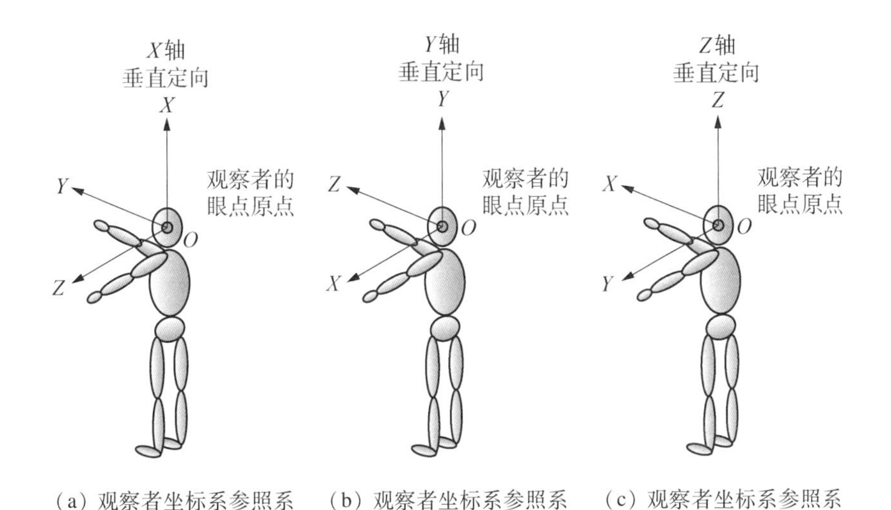

图 25.4　观察者右手坐标系的三种主轴定向

注意 25.1

在使用术语“垂直”时要谨慎，就好像它是固定的一样。在本文中，垂直是指从观察者的参照系原点向外投射到与重力相反的自由空间。正如我们在讨论人体解剖学坐标参照系时将会看到的，“垂直”是一个相对概念，取决于人是站着还是坐着、是趴卧还是向左或向右躺着或仰卧。观察者的参照系相对于一个物体是固定的，它会随着物体的位置而旋转，这就使得它相对于具体位置“垂直”。示意图如图 25.5 所示。

为了说明这三种构型在现实世界中的应用，请思考以下示例。

示例 25.2　右手定则三种构型的应用实例

参考图 25.4，陆基、海基、空基和天基载具应用通常使用 X 轴（c 图）来表示**前进方向**。然而，空间中的自由物体，如飞机和卫星，可以采用两种物体坐标系定向中的任何一种：①Z 轴向上指的是东-北-天（ENU）；②Z 轴向下指的

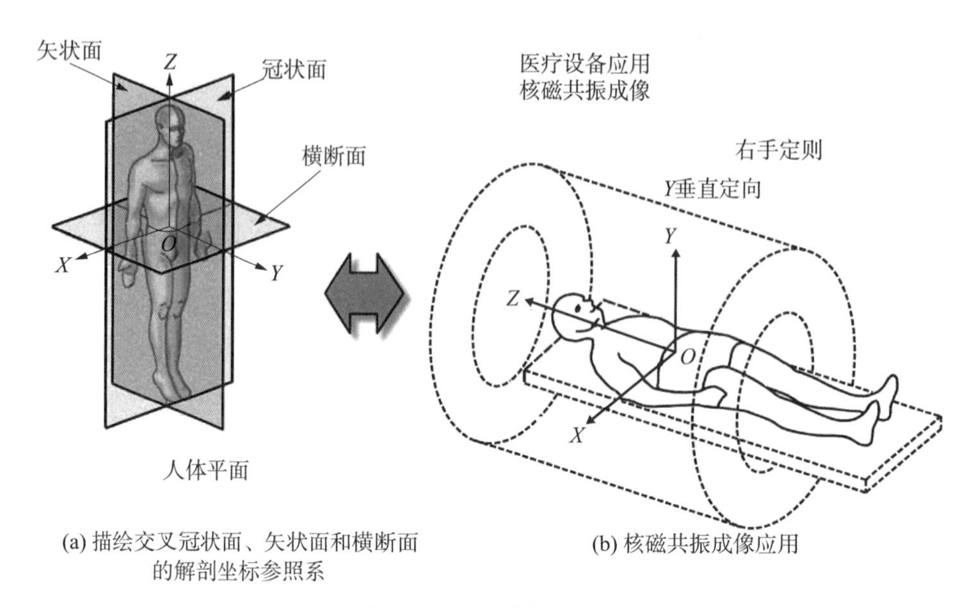

(a) 描绘交叉冠状面、矢状面和横断面的解剖坐标参照系

(b) 核磁共振成像应用

图 25.5 “垂直”示例图

［资料来源：(a) Wikimedia Commons，2013］

是北-东-地（NED），这点我们在本章后文讨论（见图 25.11）。

25.5.3 笛卡尔坐标系及其应用

右手或左手二维（X，Y）或三维（X，Y，Z）笛卡尔坐标系是工程和物理中使用的最基本坐标参照系之一。两者都由位于观察者眼点原点或系统内部或外部的指定点组成。

我们先用一些真实案例说明笛卡尔坐标系是如何应用于现实世界的。

25.5.3.1 医疗设备示例和坐标系的应用

我们常常认为笛卡尔坐标系适用于机械应用。然而，人类也不例外，尤其是在医疗设备技术方面。

例如，医疗行业使用人体平面的解剖坐标参照系，如图 25.5 左侧所示。图中有三个相交的解剖平面，原点位于身体中点。

现在，思考如何将人体解剖坐标参照系应用到现实情况。如图 25.5 右侧所示为人正在进行核磁共振成像程序的示例。

这是上一节中关于三种可能多轴构型的早期注意事项的后续。

注意 25.2

如前所述，当我们将 X 轴、Y 轴、Z 轴中的任何一个称为垂直轴时，需特别小心。“垂直”视情况而定，并与静止和固定的系统/产品相关。自由体系统可能有所不同。

虽然坐标参照系相同，但在一种情况下可能“垂直”，在其他情况下可能并不垂直。人体平面就是这种情况（见图 25.5）。

请思考以下示例。

示例 25.3　固定和自由体系统中“垂直”的情境依赖性

请注意图 25.5 左侧所示的人体平面——冠状面、矢状面和横断面。图中，一个人站着或坐着时，Z 轴为“垂直”。

现在，观察图 25.5 右侧——人在核磁共振成像过程中卧位时的情况。请注意，在图中，自由体 Y 轴已在矢状面中朝向 Z 轴旋转。图中，Y 轴现在为“垂直”。因此，核磁共振成像设备通常将人体对象视为 Y 轴垂直方向。

打个比方，建立坐标系相当于为一座建筑打下第一块基石。基石就是系统/产品开发的参照系。这需要首席系统工程师发挥领导作用：不仅要建立坐标系，还要建立与轴线相关的惯例。为说明这一点，请思考核磁共振成像设备的小型案例研究 25.1。

小型案例研究 25.1　核磁共振成像医疗设备坐标系和惯例

图 25.5 所示的核磁共振成像设备称为圆柱形超导系统。核磁共振成像坐标系的原点定义在成像等深点，即 X、Y 和 Z 三个梯度场都为零的点。不管制造商是谁，基本假设都是 B0 与图左侧所示的人体 Z 轴一致。任何例外（如反向倾斜系统）均需说明。除此之外，核磁共振系统开发商之间的共性也就无他。

1）Z 轴惯例

一些系统开发商选择+Z 轴（B0）惯例：

（1）从病人入口端指向“孔”，如图 25.5 所示。

（2）指出“孔”——朝向病人的脚。

2）Y 轴惯例

一些系统开发商选择 Y 轴：

（1）指向上，如图 25.5 所示。根据右手定则，这意味着当从患者入口端

观察孔时，X 轴指向左侧。

（2）指向下，当从患者入口端观察孔时，X 轴指向右侧。

3）B0 磁场极性

请注意，Z 轴与 B0 对齐并不意味着 B0 场总是指向 Z 轴。一些核磁共振成像磁体可以向前或向后倾斜，这相对于 Z 轴改变了 B0 的极性。然而，Z 轴的方向保持不变；它总是从病人端到孔中。

以上资料来源：Eash（2013）。

25.5.3.2　机械工程示例：航天飞机坐标系

确定系统/产品中物理集成部件的相对空间位置和方向是系统工程面临的挑战之一。目标是确保它们：

（1）在形状、适合性和功能方面兼容并可互操作。

（2）不要无意相互干扰。

（3）不要对系统的性能、操作人员、设施或任务目标产生不利的负面影响——意外后果定律（原理 3.5）。

这一挑战要求确定集成部件在虚拟参照系或结构中的位置，并将其连接到集成点（IP）（第 28 章），确保互操作性。然后，确定额外连接点，如能够提升或移动集成系统的外部系统的提升点。为此，需要建立一个空间坐标系。

尽管发生了两次重大事故，但美国国家航空航天局最终还是在 2011 年完成了最后一次航天飞机任务。航天飞机架构要求将四个主要系统组合成一个“堆栈”结构。为确保“堆栈”的集成按照计划进行，多学科系统工程师和系统分析师建立了如图 25.6 所示的空间坐标参照系。*

集成“堆栈”由轨道飞行器（OV）、外部燃油箱（ET）和两个固体火箭助推器（SRB）组成，每个都有各自的参照系坐标系。这些系统是相对于一个完整的车辆坐标系而言的，其原点被指定为 $X_\_$ 、$Y_\_$ 、$Z_\_$ ，其中“_ ”代表图 25.6 左侧列出的下标 T、B、O 和 S。该图说明了系统工程师在空间坐标参照系方面的几个关键决策领域。

（1）如图 25.6 所示，飞机设计师在飞机机头前沿纵向 X 轴建立虚拟原点。例如，有一个基本原理，包括了在机头前部为以后可能添加并且在维度空间中

* 关于航天飞机坐标系的详细文字说明，请参阅：http：//science. ksc. nasa. gov/shuttle/technology/sts-newsref/sts_ coord. html#sts_ coord。

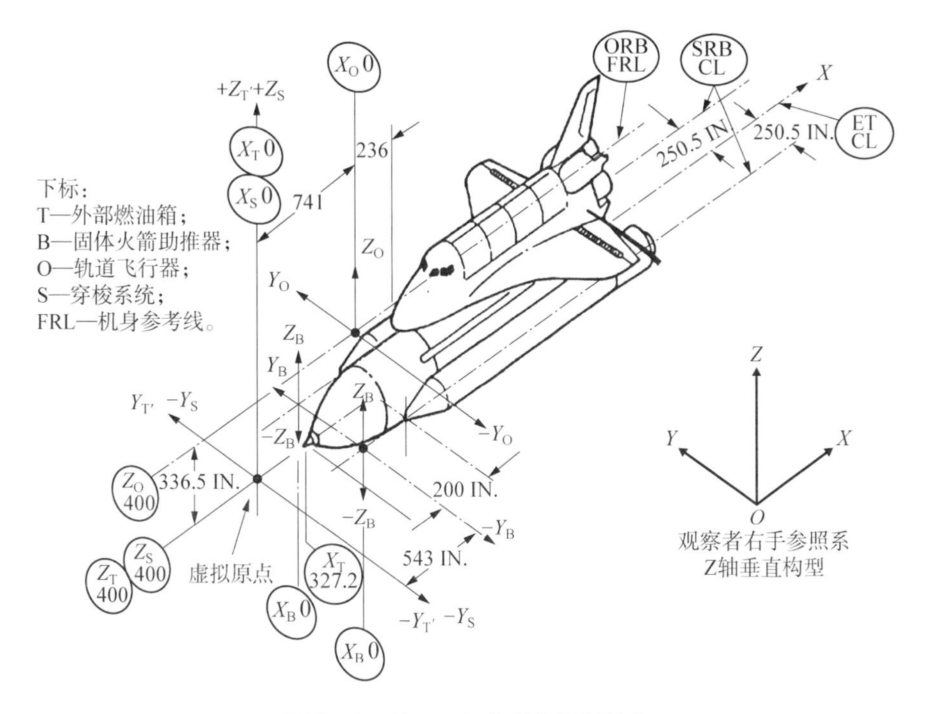

图 25.6　航天飞机空间坐标参照系

［资料来源：罗杰斯委员会（1986），图 1——“挑战者号”报告 http：//history. nasa. gov/rogersrepMp69. htm］

仍具有正“站位”的其他分量设自由空间。例子包括为雷达、传感器和附加设备进行球形机头改造的飞机。AerospaceWeb. org（2013）指出，飞机的机头趋向于增大，而机翼和尾部通常保持在相同的站位。

（2）*X* 轴，在飞机中称为“机身线”（FS），延伸穿过机头并从飞机尾部引出（AerospaceWeb. org，2013）。根据惯例，轴线沿线的任何一点均为正。飞机等系统沿机身线建立尺寸基准或“站位”，作为参考部件位置的手段，如 FS 100 表示相对于原点沿着机身线的特定位置。使用从机头前部的原点延伸通过尾部的纵向 *X* 轴惯例，确保所有沿机身线的“站位”均为正。

（3）原点上方的 *Z* 轴在飞机中称为“水线”（WL）（AerospaceWeb. org，2013）。

（4）延伸出右翼的 *Y* 轴在飞机中称为“纵剖线”（BL）。这个名字的用途不常见。由于飞机机翼上有安装传感器和武器的挂架和挂载点，因此通常使用

武器挂点这一术语（AerospaceWeb. org，2013）。*

25.5.3.3 现实世界惯例其他示例

工程惯例有多种形式。请思考以下示例。

示例 25.4 集成电路引脚布局惯例

当查看顶部有缺口、左右两侧有引脚的一些集成电路（IC）器件时，引脚1位于左上角（见图16.2），剩余的引脚在器件的外围沿**逆时针**方向编号，最后一个标识位于右上角。若没有缺口，则引脚1通常由压印在器件上或压印在引脚1位置旁边的芯片主体上的小点或印记来表示。

示例 25.5 进/出门惯例

从观察者的角度来看，办公室门和住宅门分为左侧门或右侧门。

当观察者靠近一扇门时：

（1）右侧门惯例——当观察者面对一扇门时，如果把手或旋钮位于门的右侧，并朝向观察者的左侧打开，则按照惯例，它是右侧门。

（2）左侧门惯例——当观察者面对一扇门时，如果把手或旋钮位于门的左侧，并向观察者的右侧打开，则按照惯例，它是左侧门。

左手惯例和右手惯例只是门考虑因素的一部分。另一个关键的考虑因素包括墙的哪一侧限制了门运动：朝向观察者"向内摆动"进入房间或远离观察者"向外摆动"朝向相邻房间。

分析内容至少包括系统工程师、系统分析师、建筑师和设计师必须分析系统，以确定哪些区域可能需要识别和接口部件惯例，以免混淆和产生安全问题。然后，建立、记录并向开发团队传达这些约定的详细内容。

25.5.4 角位移参照系

一些系统还采用观察者左和右参照系惯例中有惯例需求的共同部分。参考图25.6，美国国家航空航天局如何确定左右固体火箭助推器相对于外部燃油箱的方向？解决方案见图25.7。

在图25.7中，观察者的眼点作为参照系的原点，位于轨道飞行器尾部的

* **空间——非导航——坐标参照系**

请注意，航天飞机坐标参照系的讨论侧重于"堆栈"的物理设计和集成。这与本节后面讨论的导航坐标参照系不同。

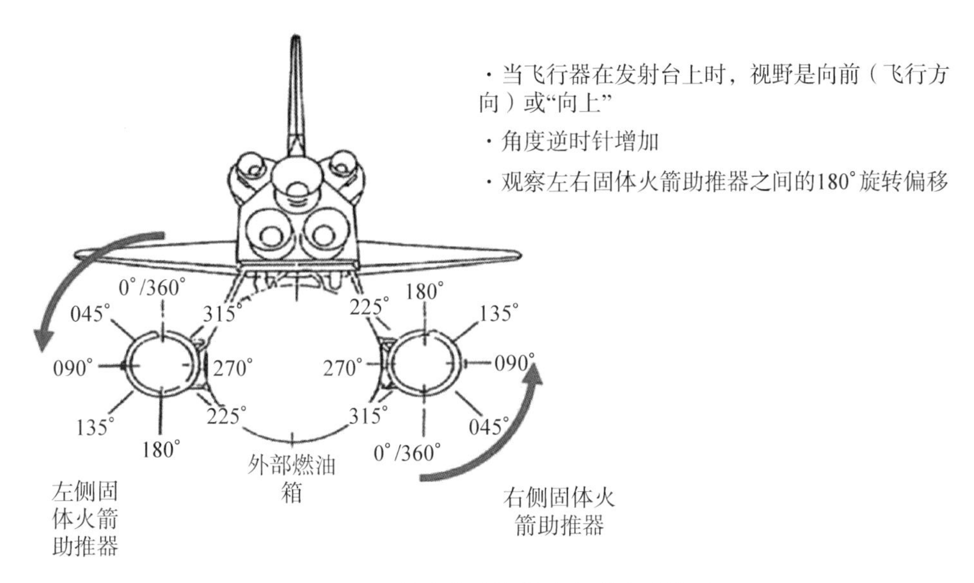

图 25.7　固体火箭助推器/电机的角参照系

［资料来源：罗杰斯委员会（1986），《总统委员会关于“挑战者”号航天飞机事故的报告》，图 26］

后面，向前看沿纵向 X 轴在飞行器的前进方向。相对于观察者的参照系，左边的固体火箭助推器称为“左”，另一个称为“右”。

现在观察到左右固体火箭助推器各自采用镜像角位移系统。当固体火箭助推器连接并集成到外部燃油箱的相对侧时，注意各自 0°/360°参考标记的位置。这样的构型定向图是由系统工程师与主题专家（SME）合作完成，对设计决策、建模与仿真以及工程制图至关重要。

25.5.5　圆柱和极坐标系

除了笛卡尔右手坐标系，制造计算机数控（CNC）和医疗设备还采用其他坐标系，如圆柱坐标系和极坐标系。格鲁佛（2013：988）在图 25.8 中举例说明了机器人和数控制造应用中采用的各种坐标系。

从 20 世纪 80 年代开始，制造业因机器人技术的出现发生了革命性的变化——能够按预计的、一致的方式实现重复生产。随着技术的成熟，医疗行业开始应用机器人技术。尽管图 25.8 看起来过于简单，但它们为更复杂的真实世界示例奠定了基础，尤其是医疗机器人领域。机器人手术的一大关键

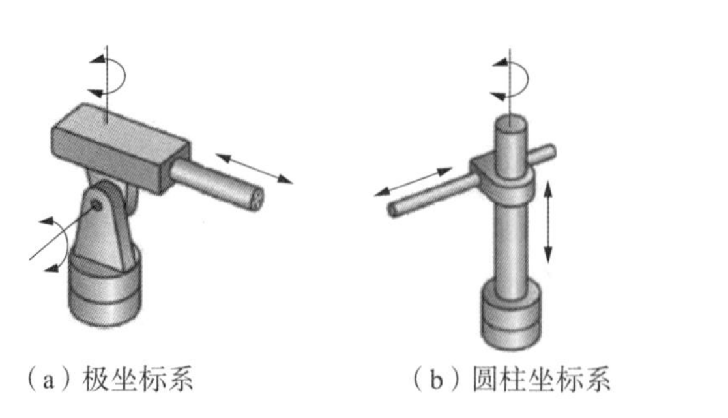

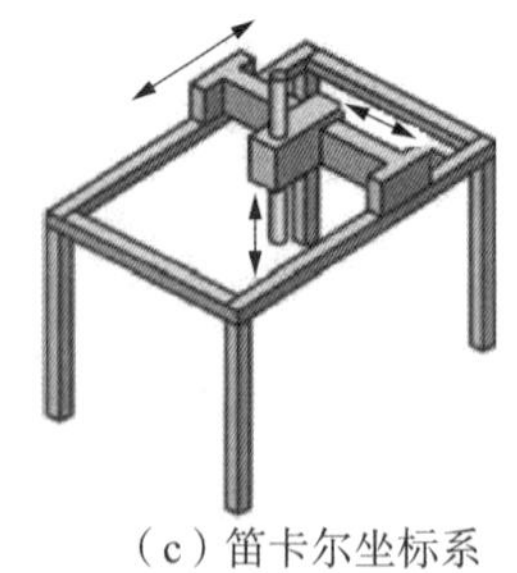

（a）极坐标系　　（b）圆柱坐标系　　（c）笛卡尔坐标系

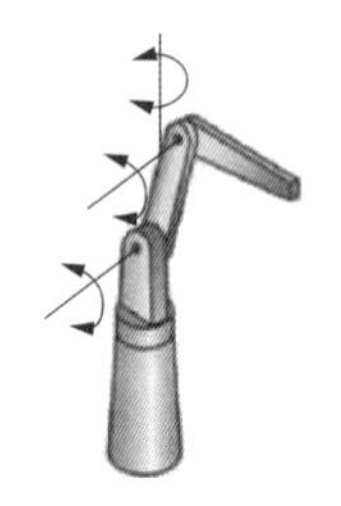

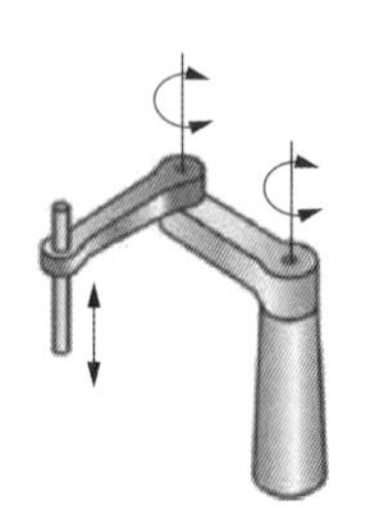

（d）关节臂坐标系　　（e）SCARA选择性柔性装配机器人臂坐标系

图 25.8　极坐标系、圆柱坐标系和笛卡尔坐标系；关节臂和选择性柔性装配机器人臂（SCARA）——机器人和数控应用

（资料来源：Groover，2013：988。经许可使用）

是对身体微创。图 25.9 所示为心血管、泌尿、妇科、结直肠、头颈和胸外科的手术机器人示例。通过独立控制台，外科医生能够远程监控、命令和控制设备。

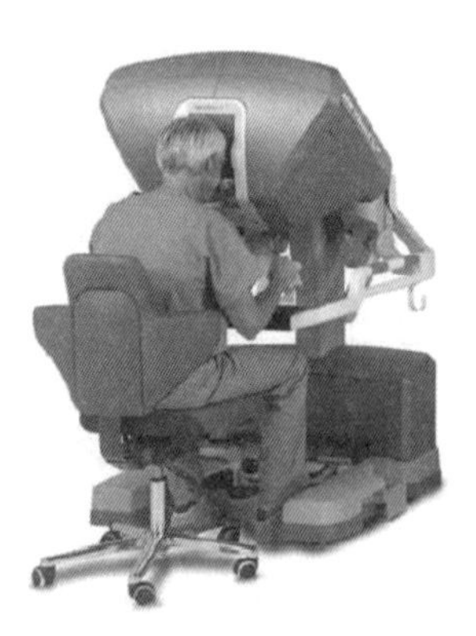

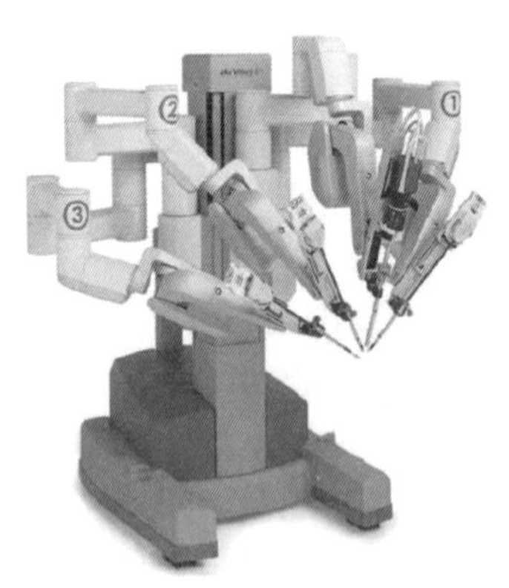

（a）外科医生控制台　　（b）患者侧推车机器人手术装置

图 25.9　基于圆柱坐标和极坐标参照系的医疗机器人

［资料来源：（a）直觉外科，2014；（b）直觉外科，2014；经许可使用］

25.5.6 球坐标系

卫星、飞机和舰船等系统凭借其各自的地球、行星和星系任务，依赖球坐标系来精确定位它们相对于参照系的空间位置，如地球采用的是世界坐标系（WCS）（国家地理空间情报局，2005）。像美国国家航空航天局这样的组织在计划星际旅行时进行的太空探索也是如此。请思考以下示例。*

大地测量、飞机和部队等系统根据任务系统原点相对于地球表面的位移来跟踪它们的地理空间位置。系统工程中常用的两种世界坐标系是地心地固（ECEF）坐标系和地心惯性（ECI）坐标系。现在我们简要了解下这些坐标系。

25.5.6.1 地心地固正交坐标系

有时也称为地球中心旋转坐标系，是一个永久固定在地球上随地球一同旋转的笛卡尔坐标系。例如，1984 世界大地测量系统（WGS84）是地心地固"陆地参照系和大地基准"（WGS84：1）。图 25.10 所示为表示地球表面切点的一个图形示例。

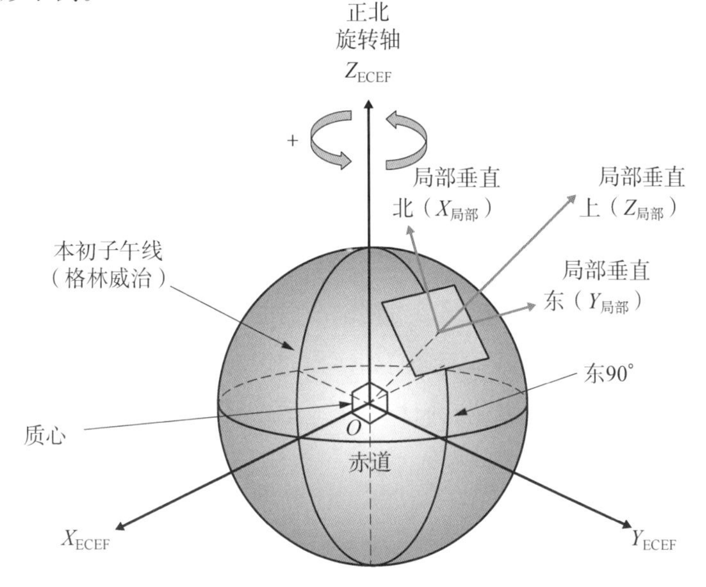

图 25.10 地心地固坐标系所用的东-北-天体参照系

---

* **美国国家航空航天局月球坐标系**

美国进行了载人登月任务，重返月球的计划促使美国国家航空航天局制定了月球坐标系，供月球勘测轨道飞行器（LRO）使用。2006 年 4 月至 7 月，美国国家航空航天局举行了一系列会议和两周一次的电话会议，为 LCS 建立了群体共识（NASA，2008：4）。

ECEF 坐标系：

（1）原点位于地球的质心（CoM）。

（2）X-Y 轴平面与地球赤道平面重合。

（3）X 轴从地球的质心（原点）延伸穿过赤道平面，并在本初子午线处引出。

（4）Y 轴从地球的质心（原点）延伸穿过赤道平面，在本初子午线以东 90°处引出。

（5）Z 轴从地球的质心（原点）穿过北极延伸到北极星。

25. 5. 6. 2　地心惯性坐标系

地心惯性坐标系也是笛卡尔坐标系。地心地固坐标系**固定**在地球上与地球一起旋转，而地心惯性坐标系相对于天球**固定**，地球绕着地心惯性参照系旋转。地心惯性坐标系：

（1）原点位于地球的质心（与地心地固相同）。

（2）X-Y 轴平面与地球的赤道平面重合（与地心地固相同）。

（3）X 轴有一个指向天球上某个位置的方向。

（4）Y 轴，一般来说，地球的赤道面绕着地心惯性 X 轴和 Y 轴旋转。

地心惯性通常用于卫星应用，以确定卫星在空间中的位置，并且相对于固定的地心惯性参照系。当使用一个固定的参照系时（如地球地心惯性与地心地固），由于其相对于卫星有一个旋转参照系，卫星运动方程（EOM）的计算通常更容易。

通过世界坐标系，我们能够参考地球表面的一个特定点。但是，像飞机和宇宙飞船这样的太空自由体系统，是如何相对于同样在运动的地球确定其地球物理位置的呢？我们如何表达它们相对于地球参照系的航向、旋转速度和加速度？下面来进一步探讨这些问题。

25. 5. 7　自由体参照系惯例

三轴坐标参照系的方向或视角取决于观察者在处理物理、空间和数学含义和结果时的**视角**和挑战。这就引出以下两个关键问题：

（1）我们如何表示相对于观察者参照系的自由体运动？

（2）根据三轴参照系，如何表征集成设备元素和物理部件的位移和关系？

第一个问题的答案在于建立一个坐标参照系；第二个问题要求建立坐标系适用的惯例。

地球采用地心地固或地心惯性坐标系，其 Z 轴均指向正北。我们所说的垂直或向上视观察者在地球表面的地球物理位置而异。“垂直”或“向上”为局部语境，可以用局部参照系来表示，其中 $Z_{局部}$是它的垂直轴。不过，$Z_{局部}$确实等同于正北。

如图 25.10 所示，地球表面的任何位置都可以用局部参照系来描述。我们创建一个由以下部分组成的笛卡尔右手（X，Y，Z）局部坐标系：

（1）在特定地球物理位置与地球表面相切的虚拟平面。

（2）与虚拟平面正交的“局部垂直”**Z 轴**，从地球的质心通过地球表面位置延伸到自由空间。

（3）指向 **X 轴**的局部东。

（4）指向 **Y 轴**的局部北。

理论上，只要观察者在地球表面，这种方法就可行。然而，从工程的角度来看，由于飞行中的空基和天基载具，其运动受**重力影响**，这就需要考虑一种替代系统让局部垂直 Z 轴**向地**。为解决这些问题，我们引入两个坐标系方向：

（1）局部北-东-地（NED）方向。

（2）局部东-北-天（ENU）方向。

接下来我们分别讨论。

25.5.7.1 局部“北-东-地”体参照系定向

海基应用（如水面和水下航行器）、**空基**应用（如飞机和旋翼机）以及**宇宙飞船**应用（如卫星）通常采用“北-东-地”体参照系定向，如图 25.11 **右**侧所示。北-东-地惯例相对于飞行器参照系**固定**，如下所示：

（1）北-东-地坐标系原点位于载具的重心（CG）或质心（COM）。

（2）正 $X_{局部}$纵轴从载具重心或质心指向行驶方向。

（3）正 $Y_{局部}$轴从载具重心指向载具右侧。

（4）正 $Z_{局部}$轴从载具重心**向下**指向地球质心。

科克斯（2006：4）提到，由于地球是“模拟成一个扁球体”，因此 $Z_{局部}$轴线与地球的质心相交的唯一时间发生在两极和赤道。

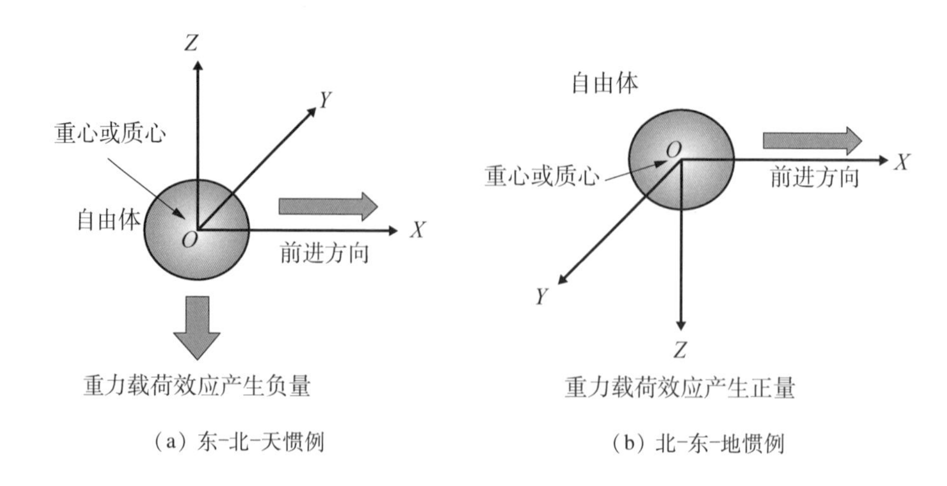

图 25.11　东-北-天和北-东-地体参照系惯例

注意 25.3　重心与质心位置

请注意，重心或质心是两个独立的概念。对于刚性体和自由体，质心是固定的，不会改变。然而，重心会变化——例如，因卫星重力的变化而变化。对于地球上的固定刚性体来说，重心和质心一致。

25.5.7.2　东-北-天（ENU）体参照系定向

地球表面陆地导航通常采用“东-北-天”体参照系定向，如图 25.11 左侧所示。东-北-天惯例的特点如下：

（1）原点可以在地球表面的任何位置。

（2）正 $X_{局部}$轴向东指向地球的大地东。

（3）正 $Y_{局部}$轴向北指向地球的大地北。

（4）$X_{局部}$-$Y_{局部}$平面在东-北-天坐标系原点与地球表面相切。

（5）正 $Z_{局部}$轴指的是从地球的质心通过地球表面的位置向上的局部垂直点。

25.5.8　导航坐标参照系和惯例

前面的讨论说明了标准笛卡尔右手坐标参照系的基本概念。对于许多系统或产品应用，这种惯例是可以接受的。然而，从工程力学的角度来看，自由体的正“东-北-天”定向的建立，其 $Z_{局部}$轴垂直指向上，意味着重力载荷效应

产生 $Z_{局部}$ 轴负分量。

现在考虑航天飞机进入如图 7.11 所示的轨道后，在执行以下任务的大部分时间里倒飞和向后飞所增加的复杂性：

（1）通过将飞行器的底面转向太阳，使防热瓦充当太阳能隔热罩，将太阳的热量和辐射影响降至最低。

（2）尽量减少轨道碎片和陨石的撞击面积，这些碎片和陨石可能会穿过轨道，损坏飞行器头部或机翼前缘的防热瓦，而防热瓦对于再入地球大气层和着陆至关重要。

（3）保护航天飞机货舱设备免受冲击，以免损坏危险或易碎仪器。

（4）在适用的情况下，尽量减少部署有效载荷所需的能量。

（5）点火位于飞行器后部的小喷嘴，减缓飞行器向前进方向的再入速度。

将图 25.11 中的北-东-地（NED）参照系与图 25.6 中的空间参照系进行比较，可以看出既定的系统设计可能使用相似的参照系和不同的定向和惯例，选用原则是满足利益相关方需求。图 25.11 便于系统建模的工程力学计算，图 25.6 为产品和制造工程师及设计师提供空间坐标参照系。

目标 25.1

我们已经介绍了基本的笛卡尔（X，Y，Z）、极坐标和球坐标参照系，通过地心地固和地心惯性模型说明了它们在地球上的应用；并描述了东-北-天和北-东-地参照系定向（见图 25.11）。通过这些观察者参照系，我们能够建立物理部件（见图 25.6）、地球物理位置（见图 25.10）和相对于地球表面的地理空间位置（见图 25.12）之间的关系。

空间参照系通常是静止的，而自由体系统，如舰船、飞机和宇宙飞船，是动态的。在它们绕地球从一个地方运行到另一个地方的过程中，其运行要求导航航向和高度的动态变化。我们需要通过位置和变化率相关动态变量，如航向、速度和加速度分量等，描述自由体在空间中轨迹的方法。

25.6 定义系统的自由体动力学

原理 25.8 状态向量原理

每一个在特定时刻在空间中运动的自由体都用一个状态向量来表示，这个

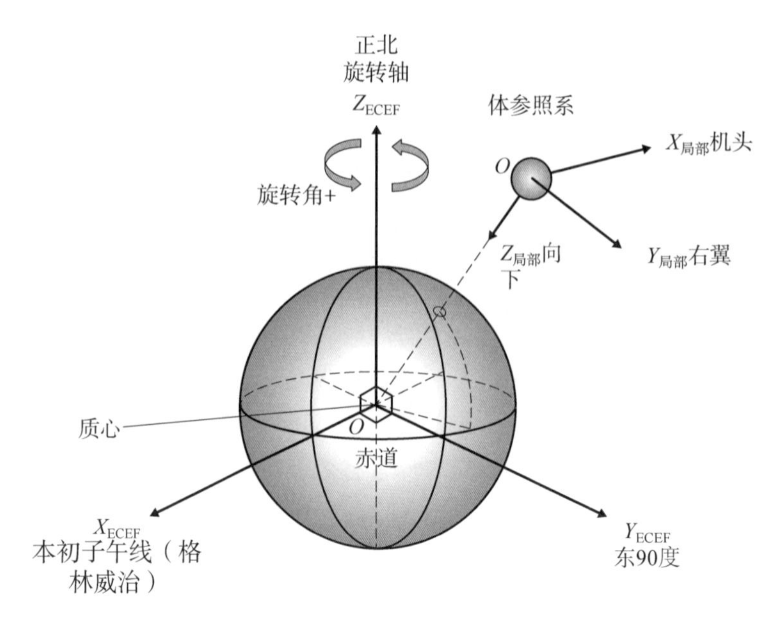

图 25. 12　空间参照系中相对于地心地固坐标系的自由体

状态向量表征了物体的地球物理或地理空间位置（位置向量）和变化率（速度向量）分量。

通过前面的讨论，我们确定需要将坐标系定义为观察者参照系，以便于工程协作，表征自由体运动、定向、校准和对准。地面车辆、舰船和水下航行器、飞机和宇宙飞船等系统展示了基于运动的动力学。这需要理解和模拟它们相对于参照系原点（如地球）的位置，它们的位置变化率（如速度、加速度和绕主轴的角旋转）。系统工程师必须与主题专家合作就如何表征运动建立惯例。

空间自由体的动力学特征由其状态向量来表征。状态向量是一种基于物理学的数学表达，它根据地球物理或地理空间位置及其六自由度（DoF）来描述自由体在空间中的轨迹。

为了恰当地描述物体的特征，如地球物理空间中的自由体，需要定义三个关键属性：

（1）相对于地球保持稳定的惯性参照系。

（2）位置向量——从参照系质心延伸到自由体质心的地球物理位置或地理空间位置。

（3）速度向量——代表自由体的六自由度：①平移运动——向前/向后、向上/向下和向左/向右方向；②围绕主轴的旋转角运动。

25.6.1 位置向量

地球物理或地理空间位置表征陆基、海基、空基或天基物体相对于参照系（如地球）的位置。例如，土地测量师、地面车辆、水面及水下航行器、飞机和宇宙飞船都使用全球定位系统（GPS）来确定它们相对于地球表面或其他天体的地球物理和地理空间位置。

复杂的系统（假设是固定的）通常需要一个自由体相对于另一个体（如地球）的动态特征，如图 25.12 所示。为便于说明，我们建立了：①位于地球质心的地心地固坐标系作为参照系；②空间自由体相对于地球的北-东-地局部坐标系。位置向量将从地球的地心地固坐标系原点延伸到地球表面自由体的质心——车辆或舰船的地球物理位置以及导弹、飞机或宇宙飞船的地理空间位置。

既然我们已经确定了自由体相对于参照系的位置，为了完成我们对它的状态向量的表征，我们需要表征它的六自由度。

25.6.2 六自由度平移运动

给定一个地球物理或地理空间位置，我们需要根据物体相对于参照系的方向来描述物体的平移运动。例如，下面我们将应用位于观察者眼点的笛卡尔右手（X，Y，Z）坐标系描述平移运动：

（1）X 轴、Y 轴和 Z 轴彼此正交。

（2）X 轴表示物体相对于观察者眼点（原点）的向前或向后运动。

（3）Z 轴表示物体相对于观察者眼点（原点）的向上或向下运动。

（4）Y 轴表示物体相对于观察者眼点（原点）的向左或向右运动。

平移运动使我们能够根据物体的速度、加速度和减速度来描述物体的定向航向和运动速度。不过，物体会偏离定向航向。问题是：观察者如何表达绕多轴的运动？这就引出下一个话题——旋转运动特征。

25.6.3 六自由度旋转运动

原理 25.9 旋转惯例原理

与观察者参照系 X 轴、Y 轴和 Z 轴相关的旋转惯例是由右手螺旋定则建立的。

旋转运动使我们能够根据多轴旋转来描述物体的动态运动。这要求我们建立所有主轴适用的统一旋转惯例。解决方案是图 25.2 所示的右手螺旋定则。当我们对三个主轴应用右手螺旋定则时，情况如图 25.13 所示。表 25.4 所示为自由体轴系统适用的滚、俯仰和偏航（RPY）惯例说明。

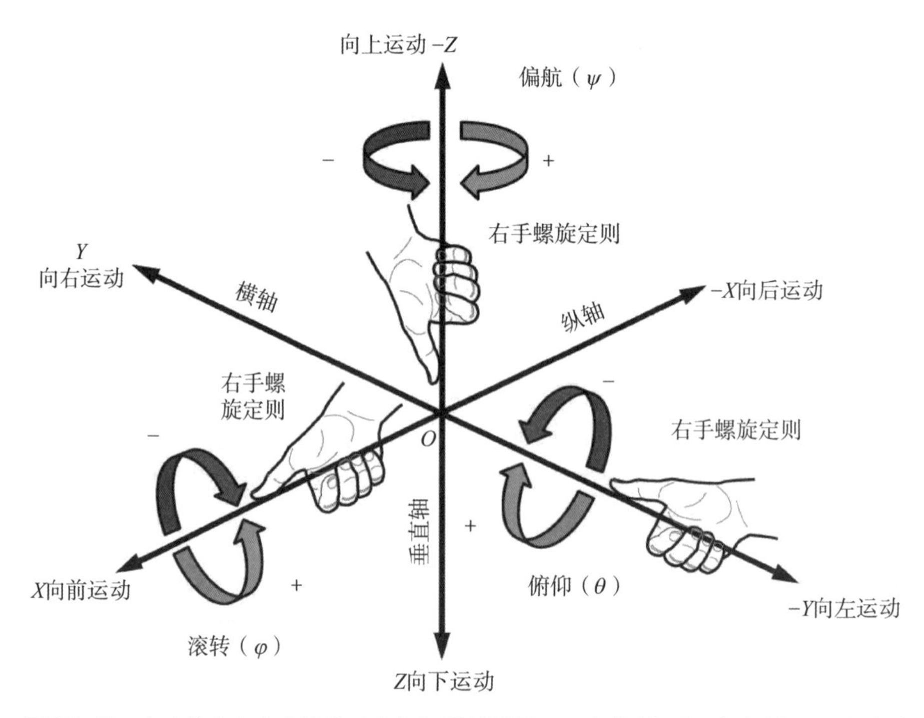

图 25.13 自由体六自由度平移（定向）运动图示——向前/向后、向上/向下、向左/向右和旋转（角）运动——滚转、俯仰和偏航

观察发现我们现在可以用角变化率描述旋转运动。这样我们就可以为三个主轴建立定义、顺时针/逆时针旋转惯例和角度变化率：沿纵轴滚转，沿 Y 横轴俯仰，沿垂直轴偏航。图 25.14 所示为在飞机或宇宙飞船上（如航天飞机）的应用。

表 25.4 局部北-东-地右手坐标参照系的俯仰、偏航和滚转惯例

参数	惯例	观察到的运动（北-东-地）定向
X 轴（北-东-地）	定义	体坐标系纵轴或机身中心线穿过重心，并向前进方向延伸
Y 轴（北-东-地）	定义	体坐标系横轴从重心原点延伸出右侧机翼
Z 轴（北-东-地）	定义	体坐标系垂直轴从重心原点向下延伸到地球质心
俯仰（θ）	俯仰（+）	绕体坐标系横向 Y 轴的右手螺旋顺时针角旋转
	俯仰（-）	绕体坐标系横向 Y 轴的右手螺旋逆时针角旋转
偏航（ψ）	偏航（+）	绕向下指向地球质心的体坐标系垂直 Z 轴的右手螺旋顺时针角旋转
	偏航（-）	绕向下指向地球质心的体坐标系垂直 Z 轴的右手螺旋逆时针角旋转
滚转（φ）	滚转（+）	绕体坐标系 X 纵轴的右手螺旋顺时针角旋转
	滚转（-）	绕体坐标系 X 纵轴的右手螺旋逆时针角旋转

25.6.4 惯性导航系统

前面定义了各种坐标参照系及其惯例、空间关系，如图 25.12～图 25.15 所示。陆基、海基、空基和天基载具等系统需要能够相对于地球或行星体等主要坐标参照系确定它们的位置、姿态、航向及速度。如何做到这一点呢?

为解决这个问题，舰船、飞机或宇宙飞船等自由体由一个惯性导航单元（INU）组成——惯性导航单元通过校准确定相对特定位置的正北初始条件。目标是在整个任务过程中以最小的漂移和误差保持该设置，作为确定载具系统姿态的参照系，如航向、速度及滚转、俯仰和偏航角。相关示例如图 25.15 所示。

当飞行器执行其任务并作为自由体导航时，其局部“北-东-地”体参照系相对于其机载惯性参照系发生变化，以提供关于其定向航向和飞行姿态的信息。将这些信息与全球定位系统相结合，可以计算地球物理或地理空间位置、高度、航向、速度、加速度及距离。滚转、俯仰和偏航角按欧拉角计算。关于欧拉角的说明，请参考 CH 机器人公司（2013）和维基百科（2013b）。

25.6.5 六自由度小结

总之，观察者的参照系可以是固定的、静止的，或者相对于另一个物体的

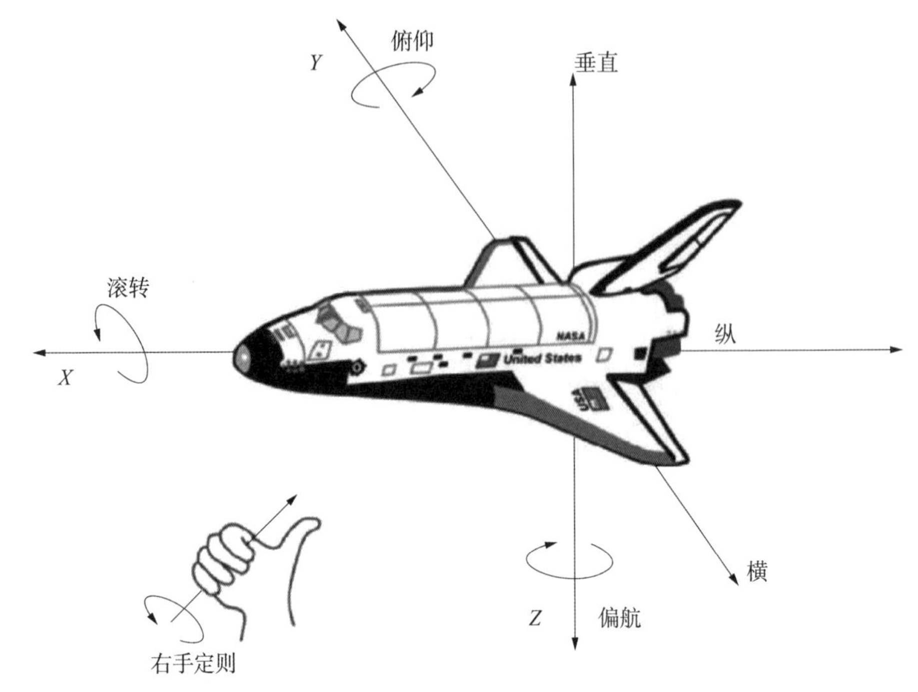

图 25.14　北-东-地坐标系在美国国家航空航天局空间运输系统航天飞机的应用
［资料来源：美国国家航空航天局（2010）］

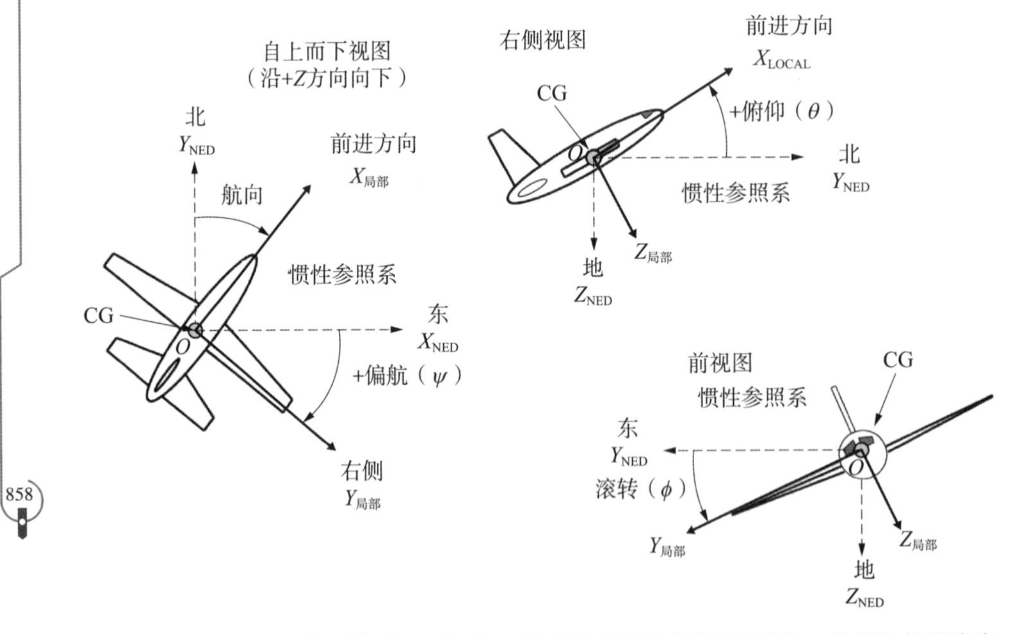

图 25.15　飞机“北-东-地”体参照系相对于其局部惯性参照系的滚转、俯仰和偏航姿态示例

参照系的六自由度平移和旋转运动。总之，自由体的平移和旋转运动特征被称为物体的六自由度。基于六自由度，我们可以应用工程静力学、动力学和科学原理来模拟对象的行为，评估假设问题和场景，并在其规定的运行环境中优化其性能。

系统的六自由度特征如下：

（1）平移运动。

a. 向前或向后方向——距离和变化率。

b. 向左或向右方向——距离和变化率。

c. 向上或向下方向——距离和变化率。

（2）旋转运动。

a. 滚转（φ）——围绕纵轴转动的角度和角变化率。

b. 俯仰（θ）——围绕横轴转动的角度和角变化率。

c. 偏航（ψ）——围绕垂直轴转动的角度和角变化率。

25.7 应用工程标准和惯例

作为合同开发工作的负责人，系统工程师必须确保适用于项目的所有标准和惯例都有良好的文档记录，并明确传达给所有项目人员，并被所有项目人员充分理解。那么，如何进行文档记录？

标准和惯例记录在工作成果中，如规范、计划、设计文件、接口需求规范（IRS）、接口控制文件（ICD）及接口设计说明（IDD）。要了解接口通信的信息类型确保兼容性和互操作性，请考虑以下示例。

示例 25.6 标准和惯例示例

标准和惯例示例如下：

（1）度量衡。

（2）坐标系参照系和惯例。

（3）计算精度及准确度。

（4）基数系统和惯例。

（5）换算单位。

（6）校准标准。

(7) 工程标准。

(8) 数据通信协议。

(9) 文件指南、标准和惯例。

最后，创建项目首字母缩写词和关键术语表的正式列表。有人把这称为项目“语言”。虽然这个简单的任务看起来微不足道，但可以避免人员混淆，从而节省大量时间，因为每个人对术语都有不同的看法。人们需要对术语的认识达成一致。

25.8 工程标准和惯例经验教训

工程标准和惯例涉及许多应用和实施经验教训。接下来一起了解一些常见的经验教训。

#1：定制组织标准

组织标准流程（OSP）建立标准指南为各类系统应用提供支持。由于系统各有不同，因此组织标准流程标准必须包括规范性和资料性专用说明以便将标准应用于具体项目。

#2：组织标准作为合同要求

如果购买者或用户对工程标准和惯例有需求，那么正式的投标邀请书或合同应明确说明这些需求。在通常情况下，购买者有义务通过网络或在正常营业期间、指定场所为报价人提供对副本的授权访问。

#3：工程标准和惯例文件

与标准实现相关的一个常见问题是未能定义在开发系统或实体接口、坐标转换和软件编码中使用的标准。因此，系统工程师应针对每个项目建立、记录、规范和发布工程标准和惯例文件，并正式控制对文件的更改。

#4：关于惯例的假设

当具体方面未知时，系统工程师面临的一项挑战是定义和记录关于系统/产品性能边界条件和惯例的假设。人们不可避免地认为每个人都知道如何使用ABC惯例（原理 24. 20）。

注意 25. 4　工程标准和惯例

始终通过项目备忘录记录单位、度量衡标准、坐标参照系惯例和构型决策工件——不留任何漏洞！每一次技术评审都应包括对惯例的技术说明，如图和表（如适用），以确保系统工程师设计活动的连续性、一致性和完整性。

#5：标准之间的冲突——优先顺序

偶尔，工程标准内部之间会存在冲突。标准组织负责确保避免冲突。如果作为系统购买者，你要求系统、产品或服务符合特定标准，那么请确保规范要求不冲突，并在发生冲突时指定优先顺序。

#6：要求的范围

从系统工程角度来看，标准通常是为更广泛地应用于各种业务领域而编写。作为系统工程师，职责是与主题专家合作，确保合同或系统开发工作适用标准的明确规定能够通过文件编号、标题、日期、版本和段落编号进行引用和识别。这样可以避免混淆和不必要的验证费用——找出哪些适用和哪些不适用。

#7：标准的应用

当提议或开发新系统时，购买者的系统工程师应确保采购包或规范中引用的所有标准都是该文件的最新、经批准和发布的版本。同样，系统开发商的系统工程师应通过合同协议要求购买者澄清各种参考，如“ANSI - STD - XXXX适用”。换言之，应写明具体要求，如“ANSI - STD - XXXX（版本）第X. X. X段（注明段落标题）适用。”

#8：坐标系转换

我们的讨论包括为飞行器等自由体指定一个坐标系。飞机（尤其是军用飞机）是传感器和导弹系统等其他有效载荷系统的平台。应用笛卡尔右手坐标系，其中北-东-地定向惯例按Z轴向下指向，并不一定意味着接口部件也会如此。请思考以下示例。

示例25. 7

各种类型的有效载荷，如导弹、弹药和传感器，经常用在各种飞机平台上。开发商可以为不同的用户开发搭载这些有效载荷的飞机平台；有效载荷可能由不同的系统开发商开发。如果你是飞机制造商，不要假设有效载荷与飞机使用相同的坐标系。否则，要么必须在交换数据时执行坐标转换——这会增加复杂性和风险，要么付钱让供应商转换数据按要求提供格式化输出。

当接口系统的坐标系不同时，务必创建简图来说明你所使用的坐标系和惯例，评审、批准、规范及发布文件，并在整个项目中及时传达相关文件。确定需要哪个接口系统执行各自规范中的坐标转换。

#9：标准术语

系统设计和开发要成功，需要参与项目的所有人员愿景和心态一致，并且用大家都一致理解的语言进行交流。这需要确定所有相关文件一致适用的术语、首字母缩写词和关键术语定义。

一些人员认为术语显而易见，为此建立标准术语的相关建议通常会遭到这类人员的蔑视。然后，当项目遇到术语应用失败引起的主要团队工作范围问题或解释时，每个人都会“突然”有这样的反应：“为什么我们没有早点想到这一点呢?”请问，你会如何避免这种情况?

系统开发团队，如系统工程和集成团队必须：

（1）建立项目标准术语、定义和首字母缩写词的所有权。

（2）通过在线网络驱动器或网站传达列表。

（3）向参与项目的每个人传达相关更新。

（4）确保所有文件的合规性，包括技术评审和审计。

25.9 本章小结

我们对工程标准、坐标系参照系和惯例的讨论强调需要建立项目、公司、国家和国际标准来指导系统开发工作。我们介绍了规范性条款和资料性条款的含义，以及它们如何实施。

我们还强调了需要建立接口标准和惯例为开发工作提供支持，如英制工程单位制（BES）和“米-千克-秒”（MKS）国际单位制指南。

有人可能会说，我们不开发自由体飞行器，我们为什么要费心考虑坐标系呢?前面讨论的示例是用来说明要确保坐标系正确比较复杂。类似概念还可以用于设计和使用数控机床、校准传感器和光学器件、土地测量等。

（1）各项目必须建立并传达一套针对系统构型和接口应用、工程设计流程和方法以及工作成果的惯例。

（2）各项目必须定期评估工程标准合规性，评审工程标准和惯例合规性，作为所有技术评审的关键要素。

25.10 本章练习

25.10.1 1级：本章知识练习

（1）什么是工程标准？

（2）什么是工程惯例？

（3）为什么需要工程标准？

（4）工程标准的主要主题类别是什么？

（5）有哪些类型的工程标准？

（6）有哪些类型的惯例？

（7）谁负责制定国际、国家、专业和企业工程标准？

（8）什么是企业标准和惯例？

（9）企业标准和惯例有哪些示例？

（10）如何验证符合工程标准？

（11）观察者参照系和坐标参照系有什么区别？

（12）对观察者参照系适用的两种惯例是什么？

（13）为什么观察者参照系惯例是定义坐标参照系的必要但非充分条件？

（14）笛卡尔坐标参照系的三种可能多轴构型是什么？

（15）坐标参照系如何应用于航空航天、医疗、制造和商业领域？用图表进行说明。

（16）什么是惯性导航系统，惯性导航系统如何应用于体参照系坐标系？

（17）什么是世界坐标系及其两个常用的地球模型？

（18）什么是地心地固（ECEF）模型，模型如何使用？

（19）什么是地心惯性（ECI）模型，模型如何使用？

（20）什么是东-北-天（ENU）坐标系和北-东-地（NED）坐标系？用图形解释它们的区别，以及如何使用它们。

（21）为什么对一些坐标参照系构型使用术语“垂直”是相对的，你如何处理它？

（22）什么是系统的六自由度？

（23）欧拉角的含义、定义和应用分别是什么？

（24）自由体的偏航、俯仰和滚转是什么意思？其旋转惯例和应用有哪些？

（25）为什么在项目开始时建立项目的单位、度量衡和坐标系标准很重要？

（26）六自由度的平移和旋转运动是什么意思？

25.10.2　2 级：知识应用练习

参考 www. wiley. com/go/systemengineeringanalysis2e。

25.11　参考文献

AerospaceWeb. org（2013），*Aircraft Station Coordinate System,*（City）：AerospaceWeb. org. Retrieved on 9/24/13 from http://www. aerospaceweb. org/question/design/q0289. shtml CH Robotics, LLC (2013), *Euler Angles,* Payson, UT. Retrieved on 9/24/13 from http://www. chrobotics. com/library/understanding-euler-angles.

DAU (2012), *Glossary: Defense Acquisition Acronyms and Terms*, 15th Edition. Ft. Belvoir, VA: Defense Acquisition University (DAU) Press. Retrieved on 3/27/13 from: http://www. dau. mil/publications/publicationsDocs/Glossary_ 15th_ ed. pdf.

DoD 5000. 59 – M (1998), *DoD Modeling and Simulation (M&S) Glossary*, Washington, DC: Department of Defense (DoD). Retrieved on 8/1/13 from http://www. dtic. mil/whs/directives/corres/pdf/500059m. pdf.

Eash, Matthew (2013), *Correspondence—MRI Coordinate System Standards*, Milwaukee, WI: GE Healthcare MR Engineering. Fleming, John Ambrose (1902). *Magnets and Electric Currents,* 2nd Edition. London: E. & F. N. Spon. pp. 173 – 174.

Groover, Mikell P. (2013), *Fundamentals of Modern Manufacturing,* 5th Edition, New York: John Wiley & Sons, Inc.

Intuitive Surgical (2014), *da Vinci Si System with Single-Site Instrumentation,* Sunnyvale, CA: Intuitive Surgical, Inc. Retrieved on 3/4/14 from http://www. intuitivesurgical. com/company/media/images/singlesite/SingleSite_ PC_ SC_ Surgeon_ head_ in_ console. jpg, http://www. intuitivesurgical. com/company/media/images/systems-si/000800_ si_ patient_ cart_ oblique. jpg.

Johanningmeier, Bruce A. (2013), *Cartesian Coordinate System Right-Hand Rule,* (City): CNCexpo. Retrieved on 9/18/13 from http://cncexpo. com/Cartesian. aspx.

Koks, Don (2006), *Using Rotations to Build Aerospace Coordinate Systems*, Department of Defence, Department of Science and Technology Organization (DSTO) Systems Science Laboratory, Retrieved on on 5/7/13 from http://www. dtic. mil/dtic/tr/fulltext/u2/a484864. pdf.

MCO (1999), *Mars Climate Orbiter Failure Board Releases Report,* Washington, DC: NASA

Headquaters. Retrieved on 9/24/13 from http://mars. jpl. nasa. gov/msp98/news/mco991110. html.

MCO (2000), *Report on Project Management in NASA by the Mars Climate Orbiter Mishap Investigation Board*, Washington, DC: NASA Headquarters. Retrieved on 9/24/13 from http://mars. jpl. nasa. gov/msp98/misc/MCO_ MIB_ Report. pdf.

NASA (1976), *The Standard Atmosphere Model*, Washington, DC: National Aeronautics and Space Administration (NASA). Retrieved on 5/6/13 from http://modelweb. gsfc. nasa. gov/atmos/us_ standard. html.

NASA (2008), *A Standardized Lunar Coordinate System for the Lunar Reconnaissance Orbiter*, LRO Project White Paper, Version 4, Greenbelt, MD: NASA Goddard Space Flight Center (GSFC). Retrieved on 9/17/13 from http://lunar. gsfc. nasa. gov/library/451-SCI-000958. pdf.

NASA (2010), *Space Shuttle Roll Maneuver*, Washington, DC: NASA, Office of Procurement. Retrieved on 1/20/14 from http://www. nasa. gov/pdf/519342main_ AP_ ED_ Phys_ RollManeuver. pdf.

NPG 5600. 2B (1997 Elapsed) *Statement of Work (SOW): Guidance for Writing Work Statements*, NASA Procedures and Guidelines. Washington, DC: NASA, Office of Procurement. Accessed 9/23/13 http://www. hq. nasa. gov/office/procurement/newreq1. htm.

Rogers Commission (1986), *Report of the PRESIDENTIAL COMMISSION on the Space Shuttle Challenger Accident*, Washington, DC. Retrieved on 9/23/13 from http://history. nasa. gov/rogersrep/genindex. htm.

Taylor, Barry N. and Thompson, Ambler, Editors (2008a), *Guide for the Use of the International System of Units,* Special Publication 811, Washington, DC: National Institute of Standards and Technology (NIST), Retrieved on 3/16/13 from http://physics. nist. gov/cuu/pdf/sp811. pdf.

Taylor, Barry N. and Thompson, Ambler-Editors (2008b), *The International System of Units (SI),* Special Publication 330, Washington, DC: National Institute of Standards and Technology (NIST), Accessed 3/16/13 http://physics. nist. gov/Pubs/SP330/sp330. pdf.

Wikipedia (2013a), *Cartesian Coordinate System,* San Francisco, CA: Wikimedia Foundation, Inc. Retrieved on 9/23/13 from: http://en. wikipedia. org/wiki/Cartesian_ coordinate_ system.

Wikipedia (2013b), *Euler Angles,* San Francisco, CA: Wikimedia Foundation, Inc. Retrieved on 9/23/13 from: http://en. wikipedia. org/wiki/Euler_ angles.

Wikipedia (2013c), *Flemings Left Hand Rule for Motors,* San Francisco, CA: Wikimedia Foundation, Inc. Retrieved on 9/23/13 from: http://en. wikipedia. org/wiki/Fleming%27s_ left-hand_ rule_ for_ motors.

Wikipedia (2013d), *Hans Christian Orsted,* San Francisco, CA: Wikimedia Foundation, Inc. Retrieved on 9/23/13 from: http://en. wikipedia. org/wiki/Hans_ Christian_ Orsted.

Wikimedia Commons (2013), *Human Body Planes,* US Government, San Francisco, CA: Wikimedia Foundation, Inc. Retrieved on 9/23/13 from: http://upload. wikimedia. org/wikipedia/commons/3/34/BodyPlanes. jpg.

World Geospatial-Intelligence Agency (2005), *World Geodetic System 1984,* Version WGS 84 (G1674), Springfield, VA.

26　系统和实体架构开发

根据定义，实际系统由相互交互的多个元素组成，而系统能够比单个元素完成更多的任务。每个元素都有自己独特的名称、能力和特性，被集成到用来完成系统任务的框架中。这个集成的、多层次的框架就是系统的架构构型（简称“架构”）。

本章的讨论内容为开发系统架构奠定了基础。第 8 章和第 9 章介绍了分析系统和如何将系统分解成架构的基本概念。第 26 章以这些概念为基础，说明系统或实体架构的构想、选择和开发。

26.1　关键术语定义

（1）架构师（系统）[architect（system）]——具体承担并负责创新和创建系统构型的个人、团队或组织，在技术、成本、进度、工艺和支持限制范围内为用户期望和一系列需求提供最佳解决方案。

（2）架构设计（architecting）——在系统整个生命周期中构思、定义、表达、记录、交流，验证架构的实现，维护和改进架构的过程（SEVO-CAB，2014：17）（资料来源：ISO/IEC/IEEE 24765：2011. © 2012 ISO/IEC/IEEE 版权所有，经许可使用）。

（3）架构描述（AD）——“记录架构的成果集合”（版权所有 2000，IEEE. 经许可使用，IEEE 1471－2000，2000 第 3 页）。

（4）架构（architecture）——图形模型或表示：①表示结构框架，表示组成系统或实体的部件之间的关系以及在内部相互之间、在外部与其运行环境的运行、行为和物理交互；②阐述利益相关方的视图和视点；③减少利益相关方的关切。

（5）架构框架（architecture framework）——“用于描述在特定应用领域和/或利益相关方群体内建立的架构的惯例、原理和实践”（SEVOCAB，2014：18）（资料来源：ISO/IEC/IEEE 24765：2011. © 2012 ISO/IEC/IEEE 版权所有，经许可使用）。

（6）架构视图（architecture view）——“从系统的特定关注点的角度表达系统架构的工作成果”（SEVOCAB，2014：18）（资料来源：ISO/IEC/IEEE 24765：2011. © 2012 ISO/IEC/IEEE 版权所有，经许可使用）。

（7）架构视点（architecture viewpoint）——“建立架构视图的构建、解读和使用的惯例的工作成果，用于表示系统的特定关注点”（SEVOCAB，2014：18）（资料来源：ISO/IEC/IEEE 24765：2011. © 2012 ISO/IEC/IEEE 版权所有，经许可使用）。

（8）设计（design）——实施以下工作过程：①分析系统或实体规范要求；②概念化、制定和开发物理解决方案；③从一组可行的备选部件中选择部件；④应用科学和工程原理，确保部件接口的兼容性和互操作性；⑤记录部件的设计要求——图纸、示意图、模型等，所记录的设计要求将用于部件的制作、装配、集成和测试，且对于将部件集成为符合规范要求的工作系统、产品或服务是必要且充分的。

（9）集中式架构（centralized architecture）——“在一个中心位置执行系统转换和控制功能”的架构（Buede，2009：476）。

（10）关注点（concerns）——与系统开发、运行以及任何其他方面相关，对一个或多个利益方很关键或者很重要的相关的利益。关注点包括系统考虑因素，如性能、可靠性、安全性、分发和可演化性（版权所有 2000，IEEE. 经许可使用，IEEE1471－2000，2000：4）。

“关注点涉及对系统环境的任何影响，包括开发、技术、商业、运行、组织、政治、经济、法律、监管、生态和社会影响”（SEVOCAB，2014：59）（资料来源：ISO/IEC/IEEE 24765：2011. © 2012 ISO/IEC/IEEE 版权所有，经许可使用）。

（11）分散式架构（decentralized architecture）——以“在多个特定位置执行相同或相似的转换或控制功能”为特征的架构（资料来源：Buede，2000：

476）。

（12）故障（fault）——潜在的缺陷、状态——不相容、性能下降或退化；或者在某些类型的运行场景和条件下，若未被发现，有可能导致故障的危险。

（13）开放标准——参考第25章“关键术语定义”中的定义。

（14）开放系统架构（open system architecture）——一种逻辑的、物理的结构，根据明确定义、得到广泛应用和公共维护、非专有的接口、服务和支持格式规范实现，完成系统功能，从而在改变最少的情况下，能在各种不同的系统上使用合理设计的部件［MIL－STD－499B 草案（1994）：37］。

（15）开放系统环境（OSE）——信息技术（IT）标准和构型文件规定的一系列全面的接口、服务和支持格式，以及应用程序互操作性的各个方面。开放系统环境使信息系统的开发、运行和维护独立于特殊用途的技术解决方案或供应商产品（DAU，2012：B－154）。

（16）面向服务的架构（SOA）——基于一组离散软件，将应用功能作为服务提供给其他应用程序的软件设计和软件架构设计模式（维基百科，2013）。

（17）视点（viewpoint）——构建和使用视图的惯例规范。通过确定视图的目标和用户及其创建和分析技术，可以用来建立独立视图的模式或模板（版权所有2000，IEEE．经许可使用，IEEE1471－2000，2000：3）。

26.2 引言

本章从小型案例研究入手。以小型案例研究为背景，说明由于缺乏系统工程课程教育，组织进行架构设计过程所面临的一些挑战。首先对系统架构开发进行初步探讨。话题如下：

（1）什么是架构，它的属性有哪些？

（2）什么是架构描述（AD）以及有哪些标准？

（3）架构的属性有哪些？

（4）什么是用户视图（user views）、视点（viewpoints）和关注点（concerns）？它们与架构有什么关系？

（5）架构设计过程—工程设计—设计。

在此基础上，我们将话题转向系统架构开发。讨论内容侧重于容易被忽视的架构内容，涉及监控、命令和控制任务、任务系统的能力以及使能系统的性能。在此基础上，介绍可以定制以适应大多数系统应用的概念性架构模型。

最后一节讨论高级系统架构主题。讨论内容涵盖：

（1）集中式架构与分散式架构。

（2）运行冗余、冷冗余或备用冗余，或“n 取 k”架构构型冗余。

（3）相同和不同部件构型冗余。

（4）架构构型冗余与部件布局设计冗余。

（5）其他考虑——开放标准，安全和保护，火灾探测和灭火，电源和断电，环境、安全和职业健康（ES&OH）以及系统之系统。

我们从系统架构开发简介开始。

26.3 系统架构开发简介

为了便于讨论和理解系统架构开发，我们从小型案例研究入手。

小型案例研究 26.1 根据演示图的系统架构设计过程

项目计划提交大型系统开发合同提案。项目工程师召集团队领导参加提案启动会议。讨论期间，团队讨论了开发系统架构的必要性。项目系统工程师宣称他们“回办公室 1 小时就能带着系统架构回来。”

后来，他们带着描绘系统架构的演示图回来了。在评审过程中，一名团队领导询问为什么这是一个物理系统架构的描述，还问到为什么在大型复杂系统的系统层架构框图（ABD）中会出现集成电路（IC），如模数转换器（ADC）、通信芯片等。在项目系统工程师进行了一些额外说明，如说明集成电路功能通常包含在 ABD 中之后，由于时间关系，小组勉强决定采纳这一框图，而不是继续讨论。

签订了项目合同，几周过去了。为筹备此次活动，系统开发商与系统购买者合作，发布邀请并制定系统设计评审议程……系统设计评审时刻到了，系统购买者和用户客户受邀参加评审。

首个议程主题是项目系统工程师演示系统架构。在整个演示过程中，系统购买者和用户工程师向项目系统工程师提出了关于系统架构内容的挑战性问

题——什么存在，什么不存在或不明显。系统购买者和用户显然对项目系统工程师的“陈述”感到困惑，他们继续问一些更尖锐的问题，例如“我们在你的架构中没有看到操作人员能够怎样做，维护人员能够怎样做，或者讲师能够教操作人员和维护者怎样做”。

其他的信息请求侧重于如运行概念（ConOps）文件以及架构的运行和行为方面的信息需求。毕竟，系统开发商是从用户处收集的用例信息。那是在浪费我们的时间和经验吗？并未作出有效的回应—项目系统工程师回应说系统架构应该是“明显且不言自明的”，至少从他们的角度来看应该是这样。

项目系统工程师同样感到困惑，回答道：这是我们第一次听到这种说法。从系统购买者和用户那里得到的响应是，系统需求文件（SRD）暗示了这些关注点。在核实系统需求文件没有规定此类要求后，支持系统工程的项目工程师询问为什么在系统需求文件中没有这些要求。系统购买者回应称：“我们认为这些要求这么明显，不需要形成文件。”

虚构？类似的场景每天都在发生，尤其是在使用自定义、无止境循环的定义-设计-构建-测试-修复（SDBTF）设计过程模型（DPM）范式的组织中。从这个小案例研究中可以得出几点结论。系统架构开发：

（1）需要的不仅是有人回到他们的办公室，在演示图中快速“拖放和连接”图形，并称该图形是架构框图（ABD）。

（2）从有经验的系统架构师开始，他/她与系统购买者、用户和系统开发人员——工程师，包括人为因素（HF）工程师、设计师、制造工程师、测试人员和其他人人员，在投标邀请发布之前就进行合作，以了解用户故事、用例、视图、视点和关注点。

（3）应反映、协调和整合利益相关方的视图和视点，缓解他们对关键运行问题/关键技术问题的担忧。

（4）确保规定某一级别抽象层次的能力或部件应用于架构，而不是不同层级的能力或部件，从子系统到螺钉螺母、模数转换器等零部件。

从小型案例研究 26.1 和前面的观点可以看出，真正的系统或实体架构远远不是在某人的办公室里也用 1 小时创建演示图就能完成从需求到物理实现的飞跃（见图 2.3）的。为了阐明系统架构设计的概念，我们首先探讨“什么是架构”。

26.3.1 什么是架构?

大多数人把建筑（和架构同一个词）和艺术效果图联系在一起，把精美的建筑和可以追溯到古希腊和古罗马时期的装饰性外墙联系在一起。就传统而言，你会听到人们提到架构的外形、匹配度和功能；就建筑而言，外形、匹配度和功能都可以作为艺术描述语言。然而，第 2 章强调了功能这一术语相对于能力这一更合适的术语的缺点。

在目前教育中是一个涵盖建筑结构、系统、产品和服务的通用定义。IEEE 标准 1471 - 2000（2000 第 3 页）将架构定义为“系统基本组织结构，体现了部件、部件彼此之间的关系、部件与环境的关系，以及指导部件设计和演变的原理”（版权所有 2000，IEEE. 经许可使用）。作者提出以下定义：

- 架构——图形模型或表示：①表示结构框架，表示组成系统或实体的部件之间的关系以及在内部部件之间、在外部与其运行环境的运行、行为和物理交互；②阐述利益相关方的视图和视点；③减少利益相关方的关切。

架构显示（exposes）系统、产品或服务的关键特征。它通过艺术效果图、图纸或图形表达这些特征，说明这些特征在系统集成框架及其运行环境内是如何相互关联的。请注意术语“显示”。尽管架构元素或物体通过图纸或艺术效果图形象化地显示出来，但通过显示并不能推断出使用的频率。一些实体可能是系统运行阶段的组成部分，并且一直在使用；其他实体可能只在 1% 的时间内使用。根据任务或系统应用的需要，系统、产品或服务架构可以抽象化，只显示任务所需的基本能力。

以上讨论提出了几个关于系统架构开发的问题：

（1）谁负责开发架构?

（2）架构设计过程、工程设计和设计之间有什么区别?

（3）架构和系统用户之间的关系是什么?

（4）在哪里描述架构?

接下来我们将进一步讨论这几个问题。

26.3.2 系统架构设计过程

在大多数专业领域，传统建筑架构师需要持有许可证书，最好是通过居住地所在州规定的某种形式的考试和注册。该流程的一部分是向监管决策机构证明：架构师具有艺术、数学和科学原理方面的经验、知识和理解力，能够在社会既有的行为标准、法律和法规的约束下，将用户的愿景转化为系统、产品或服务。

过去，在系统架构设计成为正式名称之前，大多数系统、产品或服务的架构都是由高级工程师根据系统思维（第 1 章）和系统设计经验创建的。这些高级工程师往往出身电气、机械、土木或化学工程学科。*

随着时间的推移，从高层次的项目工作流程角度来看的确如此。然而，系统工程需要所有这些步骤进行协作、分析性开发和决策，如图 11.2 所示。当谈到系统架构师的角色时，不要认为在架构师提出架构创新之前，所有项目工作都是搁置的。

随着系统变得越来越软件密集，对更专业知识的需求引起了对新型软件架构师的需求，尤其是在软件领域。目前，系统架构师的概念继续发展，人们认识到必须制定专业的认证标准来认证系统架构师在特定类型业务领域的能力。然而，难题在于：系统架构师"架构"什么？

答案就在第 1 章中关于"系统工程设计"和"（设备硬件和软件）盒子工程设计"的类比中。基于之前在第 24 章关于瑞森"瑞士奶酪模型"（1990）（见图 24.1）的讨论，答案应该是"构建系统架构"包括用户的人为因素（HF）考虑。然而，系统架构设计通常侧重于"（设备硬件/软件）盒子的架构构建"。

26.3.3 架构设计、工程设计和设计：有什么不同

人们经常会问的一个问题是：架构设计、工程设计和设计之间有什么区别？答案是，它们是由系统架构师、多学科系统工程师和工程师以及设计师执行的高度协作和相互依赖的过程。接下来对创建系统设计解决方案的背景下区

* **系统架构师的角色**

在系统工程研究 2.1 之后的讨论中，SDBTF－DPM 组织常常认为系统工程就是：

（1）第 1 步——编写规范。
（2）第 2 步——分析规范要求。
（3）第 3 步——构建系统架构。
（4）第 4 步——制定设计方案。
（5）……

分架构设计过程、工程设计和设计之间的相互关系的必要性做出回答。举例来说，这只是架构师、工程师和设计师在各自的角色中需要执行的一个方面。多学科系统工程师的角色是与用户合作，以捕获用户故事并开发用例和场景。然后领导多个学科制定规范要求，系统架构师执行角色需遵循这些规范要求。在各种规模的项目中，工程师可能会执行三个角色中的其中一个、部分或全部——架构师、工程师和设计师。图 26.1 提供了相互之间关系的示例来支持我们的讨论。

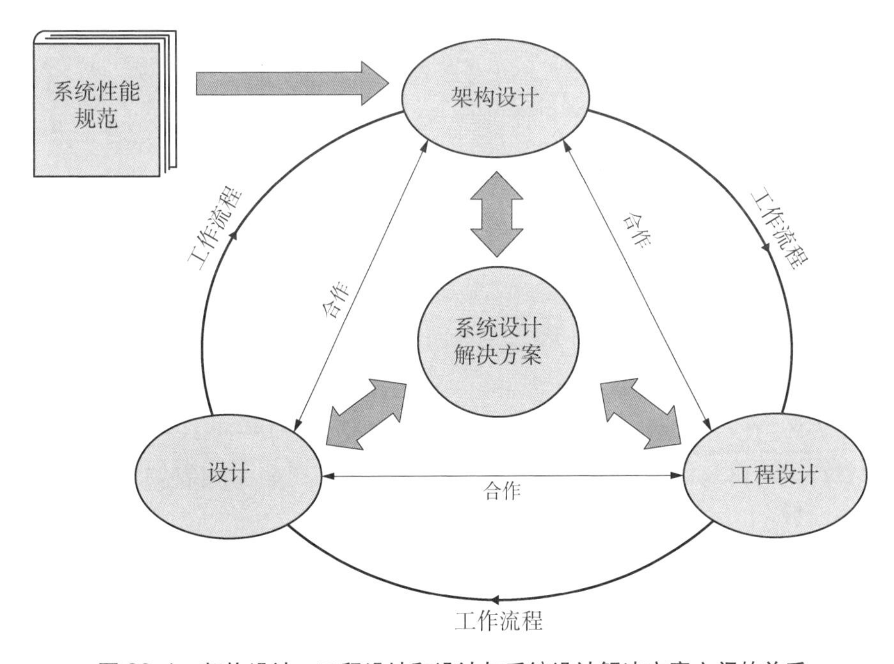

图 26.1　架构设计、工程设计和设计与系统设计解决方案之间的关系

架构设计是：①构想和概念化一组可行的候选结构——架构；②与工程设计相结合，从而选择最佳架构；③编写架构描述的过程。

工程设计是将数学和科学方法应用于以下方面的过程：

（1）与系统架构师合作，以：①使用模型和原型评估系统架构师提出的候选架构；②执行替代方案分析（第 32 章）；③选择最佳的系统架构。

（2）与设计人员合作选择兼容和可互操作的部件，从而创建系统设计解决方案和编写系统设计说明。

（3）为系统验证和确认编写测试用例和程序（第 13 章）。

系统设计将工程设计的系统设计解决方案转化为适用于采购或制作、装配、集成和测试的包含物理部件布置、连接、公差、零件清单等的图纸和模型。*

架构设计、工程设计和设计之间的相互关系何时开始和结束？

（1）对于小型项目，工程师可能会执行三个角色。随着项目规模变得越来越大、越来越复杂，这些角色会分配给不同的项目人员。

（2）你会希望系统架构师开始概念化工作，并与硬件、软件、测试等方面的多学科系统工程师合作。多学科系统工程活动可能包括建模和仿真（第33章）、比例模型原型等，以支持备选方案分析（第32章），从一系列可行备选架构中选择首选架构，设计师可能会参与评估。这里的目的是识别、研究和减少任何关键运行问题和关键技术问题。

关于架构设计、工程设计和设计提出的其中一个设问是：设计是架构的一部分还是架构是设计的一部分？

26.3.4 编写架构描述

系统架构起源于数百年前，需要它表达一个概念，比如建筑或船只值得获得项目资源，以及让开发项目的人员对结果负责。系统架构表达形式有略图、图画和图纸。

当人们开始认识到需要更详细的描述时，系统架构就成为设计文档的一部分，比如项目完成时交付的系统或实体设计描述文件。

在20世纪80年代，随着系统和产品变得越来越倾向于软件密集型、越来越复杂和昂贵，系统购买者、用户甚至系统开发商人员在系统开发的早期就“需要知道”软件是如何运行的，而不是在系统或产品交付结束时才知道。随着系统工程和软件开发变得更加紧密相关，软件架构师的概念演变为对系统架构师的需求。

软件架构开发产生的架构工作成果之一是称为架构描述的文档。图26.2说明了架构描述与相关系统的背景和实体关系（ER）、架构、利益相关方、利

---

* 基于前面的观点，很明显，架构设计、工程设计和设计包含高度协作和相互依赖的迭代、连续工作流程。遗憾的是，对这些过程的简单描述会让你认为首先需要创建系统架构，然后以类似于瀑布开发的方式设计系统或产品（见图15.1）。这是一个部分真理，像神话一样永久存在！

益相关方关注点、架构原理等问题。那么，什么是架构描述呢？

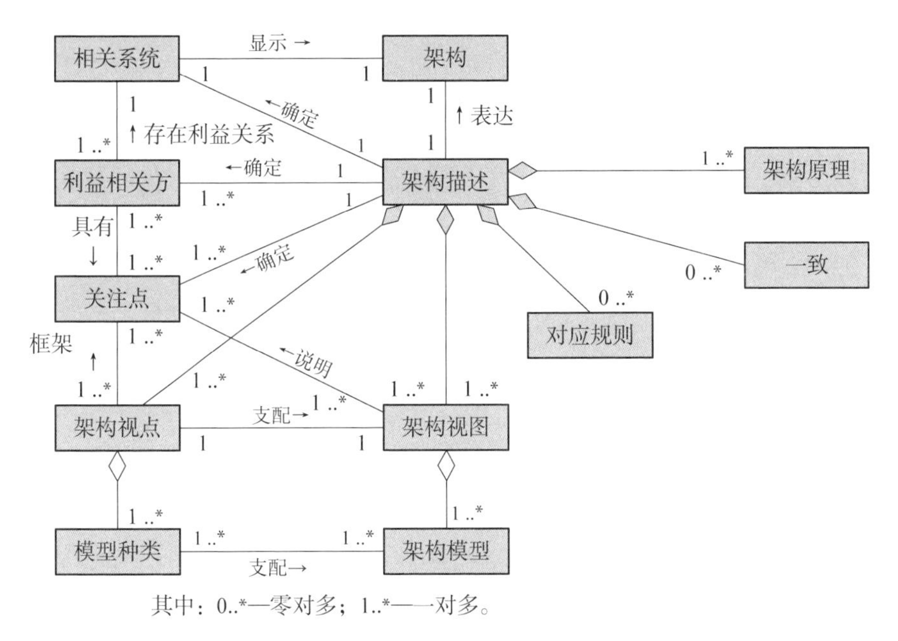

图 26.2 ISO/IEC/IEEE 42010：2011“架构描述的概念模型”

［资料来源：本节选自 ISO/IEC/IEEE 42010：2011 第 5 页图 2，经代表国际标准化组织的美国国家标准协会许可使用，（c）ISO 2014——版权所有］

（1）IEEE 标准 1471－2000（2000 第 3 页）《软件密集型系统的架构描述》［已被 ISO/IEC/IEEE 42010（2011）替代］通常将架构描述定义为简单的“记录架构的产品集合”（版权所有 2000，IEEE．经许可使用）。

（2）ISO/IEC/IEEE 42010（2011 第 17 页），现在的名称是《系统和软件工程——架构描述》，将架构描述定义为“记录架构的产品集合”（SEVOCAB，2014：17）（资料来源：ISO/IEC/IEEE 24765：2011．© 2012 ISO/IEC/IEEE 版权所有，经许可使用）。ISO/IEC/IEEE 42010：2011（11－16）说明了架构描述应包含的大纲和内容。在单独的 ISO 文件中，希利尔德（2012）提出了基于 ISO/IEC/IEEE 42010：2011 的带注解的架构描述模板。

架构描述应该包含什么内容？“记录架构的产品集合”（SEVOCAB，2014：17），如上所述？如何确定什么时候“产品集合”对于“工程”和“设计”产品是必要且充分的？

从系统工程的角度来看，人们希望架构描述至少包含如下工作成果：

（1）交付时拟定的物理系统或产品的概念视图。可能包括各种类型的工程视图，如平面图/前视图、侧视图和俯视图。

（2）0级用户系统架构框图（见图8.4）——描述可交付的相关系统（任务系统和使能系统）及其与用户系统内其他部件的接口（见图9.1和图9.2）。

（3）1级系统/实体架构框图——描述主要部件（见图8.13）、它们之间的内部接口（见图N2和图8.11）以及在它们的运行环境中与外部系统的接口（见图8.1、图9.3和图10.1）。

（4）文本描述，描述如何构想系统/产品架构，以说明和满足各系统/产品生命周期运行阶段（部署、运行、维护和维持、退役和处置）期间的用户故事、用例（UC）和场景，包括针对用户操作人员、维护人员、培训师和其他人员的人为因素（第24章）。

从软件的角度来看，通常将架构描述视为独立的文档。从系统工程的角度来看，架构描述是运行概念文件不可分割的一部分。在这种情况下，架构描述既可以出现在运行概念文件中，也可以作为其中引用的参考文件。

26.3.5 利益相关方视图、视角和关注点

原理 26.1 系统利益相关方关注点和视图原理

架构通过符合构建视图的视角惯例的视图说明系统利益相关方的关注点。

图26.2介绍了构建需要定义的系统、产品或服务架构时使用的ISO/IEC/IEEE 42010：2011术语。具体来说，这些术语包括视图、视角和关注点。为何这些术语非常重要？

回想一下小型案例研究26.1，会发现参与技术方案评审的系统购买者和用户是利益相关方角色的骨干力量。这些角色包括操作人员、维护人员、培训师以及可靠性、可维护性和可用性（RMA）、人为因素（HF）、系统安防、系统安全等方面的技术专家和技术人员。示例如图15.11所示的左侧。一些专家处理关键运行问题/关键技术问题，如整体系统层问题、子系统层问题或技术问题。每个角色和学科基于教育背景、知识和经验对系统或实体都有一定的看法或观点。

鉴于利益相关方——用户和最终用户对系统架构的见解，我们来定义视图、视角和关注点。

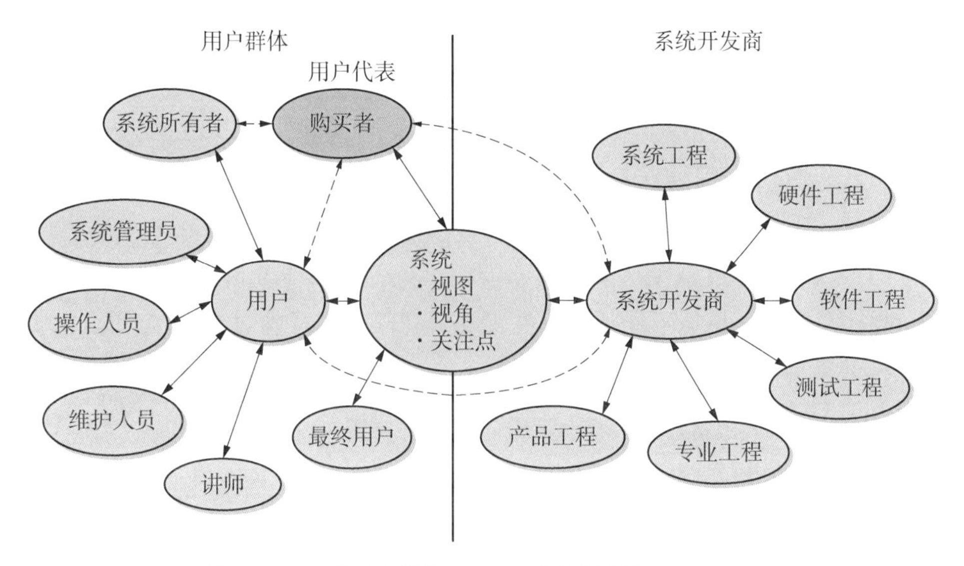

图 26.3　平衡系统的各个利益相关方的视图、视角和关注点面临的难题图解

（1）视图——“根据架构视点（或简称为“视角”）说明相关系统架构的架构视图”（ISO/IEC/IEEE 42010：2011 第 6 页第 4.2.4 节）* “视图受视角的支配”（ISO/IEC/IEEE 42010：2011 第 6 页）。**

（2）视角——“视角确立了构建、解读和分析视图的惯例，表达根据视角提出的关注点。视角惯例可包括语言、符号、模型种类、设计规则和/或建模方法、分析技术和对视图的其他操作”（ISO/IEC/IEEE 42010：2011 第 6 页）。***

（3）关注点——与一个或多个利益相关方相关的系统的“利益”。

注：“关注点涉及对系统环境的任何影响，包括开发、技术、商业、运行、组织、政治、经济、法律、监管、生态和社会影响”［SEVOCAB：59，版权所有 2012，IEEE. 经许可使用。参考文献：ISO/IEC/IEEE 42010：2011（2011 第 6 页）］。

ISO/IEC/IEEE 42010：2011（2011，第 V 页）说明了关注点示例，如

* 本节 ISO/IEC/IEEE 42010：2011 第 6 页第 4.2.4 节，经代表国际标准化组织的美国国家标准协会许可使用，(c) ISO 2014——版权所有。

** 同上。

*** 同上。

"系统的可行性、实用性和可维护性"。*

为了更好地理解视图、视角和关注点如何影响系统架构，图 26.3 进行了相关说明。注意，该图包含用户利益相关方——系统所有者、系统管理员和各种用户；左侧为系统最终用户，右侧为系统开发商利益相关方。每个利益相关方都有：

（1）基于任务角色和分配的任务的系统、产品或服务的视图或视角。例如，电子工程师、机械工程师、软件工程师和其他工程师对电气/电子、机械和软件"系统"有自己独特的视角。

（2）视角被表示成概念心理模型（Normal，2013：32，图 1.11）——视角模型——代表认为系统、产品或服务应该如何运行、维护等。例如，核磁共振成像医疗设备（见图 25.5）工程师对核磁共振成像设备（见图 25.4）的电磁铁如何校准和标定有自己的观点。具体来说，如何实现成像等中心点——所有三个梯度场—X、Y 和 Z 都为零的点（Eash，2013）。

（3）关注点是在视角模型中需要明确的解决方案的关键运行问题/关键技术问题。

下面举例列明了利益相关方的部分关注点：

（1）一次性应用、可重用和多用途。

（2）可重构性。

（3）有效性。

（4）效能。

（5）易用性。

（6）人类系统集成（HSI）。

（7）物理布局。

（8）接入端口。

（9）电气接地和屏蔽。

（10）电磁干扰（EMI）。

（11）电磁兼容性（EMC）。

---

* 本节 ISO/IEC/IEEE 42010：2011 第 5 页"简介"，经代表国际标准化组织的美国国家标准协会许可使用，(c) ISO 2014——版权所有。

(12) 生命支持。

(13) 环境。

(14) 舒适性。

(15) 通信。

(16) 照明。

(17) 入口和出口。

(18) 消耗品和耗材。

(19) 废物处理。

(20) 安全性。

(21) 兼容性和互操作性。

(22) 增长和发展。

(23) 可靠性。

(24) 可维护性。

(25) 可用性。

(26) 可生产性。

(27) 存储。

(28) 系统集成。

(29) 系统验证。

(30) 系统确认。

(31) 系统部署。

(32) 系统运行。

(33) 系统维持。

(34) 系统退役。

(35) 系统处置。

(36) 可运输性。

(37) 机动性。

(38) 可操作性。

(39) 便携性。

(40) 培训。

(41) 安全和保护。

（42）脆弱性。

（43）生存性。

（44）致命性。

26.3.6　架构属性

如果让你描述架构特征，那么你认为架构的属性是什么？许多人心目中的架构只是系统框图或架构框图。事实是，架构有一系列关键属性，并且人们希望在架构中看到这些属性。

26.3.6.1　属性1：分配的所有权

原理26.2　架构所有权和责任原理

为每个系统或实体架构的开发分配所有权和责任。

每个系统或实体架构被分配给负责其开发和维护的所有者。

26.3.6.2　属性2：唯一文档标识符

原理26.3　架构独特性原理

为每个系统或实体架构分配唯一的标识符。

每个系统或实体架构文档都应分配有唯一的文档标识符，以区别于其他所有文档。

26.3.6.3　属性3：架构情景

原理26.4　架构情景原理

每个系统或实体架构都从在用户的0级高阶系统中建立情景开始。

架构的第三个属性是在其利益相关方、用户和最终用户眼中的多层次系统环境中建立其情景。以被任命为新办公楼开发架构的建筑架构师为例进行说明。想象一下除了显示的建筑物什么都没有的白色背景。显然，建筑物是效果图最重要的方面，也是必要的。然而，如果这些信息（如用户进出、停车或公园式环境设置等特征）隐藏在图中，那么是否足以满足利益相关方的可视化诉求？答案是否定的！架构的一个重要方面是理解系统与其用户0级（见图8.4）运行环境相关的情景。举例说明如下。

示例26.1　房屋架构情景

房屋架构师受命为位于城市、山湖或干旱沙漠边缘的房屋制定计划。

因此，房屋架构师创建了想象中的房屋的艺术效果图，在艺术效果图中，房屋被优美的环境所环绕。这样是为了吸引客户，并展示房屋与环境浑然一体。

示例 26.2　军用飞机：战斗环境情景

新型军用飞机的系统开发商在空战环境中创建飞机的艺术效果图或架构框图来展示飞机的敏捷性和空中优势。在效果图中，作战装备被描绘出来，包括图形分层线，这些线说明飞机与卫星、舰艇、其他飞机、地面部队等的通信。

示例 26.3　医疗设备情景

发布新产品的医疗设备制造商可能会在病人或手术室环境中创建设备的艺术化视图或图形化视图，包括人员（各种医疗人员）、设备、任务资源、过程资料、系统响应和设施（见图 9.1 和图 9.2）。

这些示例只是通过艺术效果图说明架构的一个方面。从系统工程的角度来看，可以根据利益相关方的视图和视点创建情景和架构框图。

26.3.6.4　属性 4：架构框架

原理 26.5　架构框架原理

每个系统或实体架构都需要 1 级系统架构来说明：

(1) 系统元素的框架——人员、设备、任务资源、过程资料、系统响应和设施——它们的关系和交互。

(2) 外部接口以及与人类系统、自然环境和诱导环境系统（见图 9.1 和图 9.4）的交互，这些系统构成了其运行环境。

总之，架构显示：①系统或实体的系统元素（人员、设备、任务资源、过程资料、系统响应和设施）的 1 级框架的情景视图；②它们的相互关系；③在其各自的运行环境中与外部系统的交互。示例如图 9.1 所示。

26.3.6.5　属性 5：架构域视图

原理 26.6　架构域视图原理

每个系统或实体架构由一个或多个视角模型组成；这些视角模型：

(1) 代表一个或多个利益相关方共同的视图。

(2) 表示指导解决方案空间开发的概念。

(3) 减少关注点。

在系统工程流程中，系统或实体架构由四种类型的架构视图组成，每个解决方案域有一个视图（见图 14.1）。从系统工程的角度来看，你的角色是让系

统购买者、用户和系统开发商群体就系统层解决方案域视图达成共识，如图 26. 4 所示。图 26. 4 说明了小型案例研究 26. 1 中描述的自定义的“我会在 1 小时后带着系统架构回来”方法的不足之处。

系统工程的模糊性和组织培训的不足或缺失在开发系统架构时显现出来。提到小型案例研究 26. 1，你可能会听到系统或产品开发团队成员大胆宣称他们将“开发系统架构”。问题在于听众在思考一种类型的架构，而创建该架构的人有着不同的想法——单一的物理系统架构视图。因此，架构工作成果可能适合也可能不适合开发团队的需求。

当有人大胆宣称要开发系统架构时，你应该问：他们打算捕捉和表达哪些架构视图和视角？答案应该是系统工程流程产生（第 14 章）的运行、行为和物理架构工件的及时的序列，这些工件是随着时间的推移与用户和系统开发商利益相关方合作开发的。

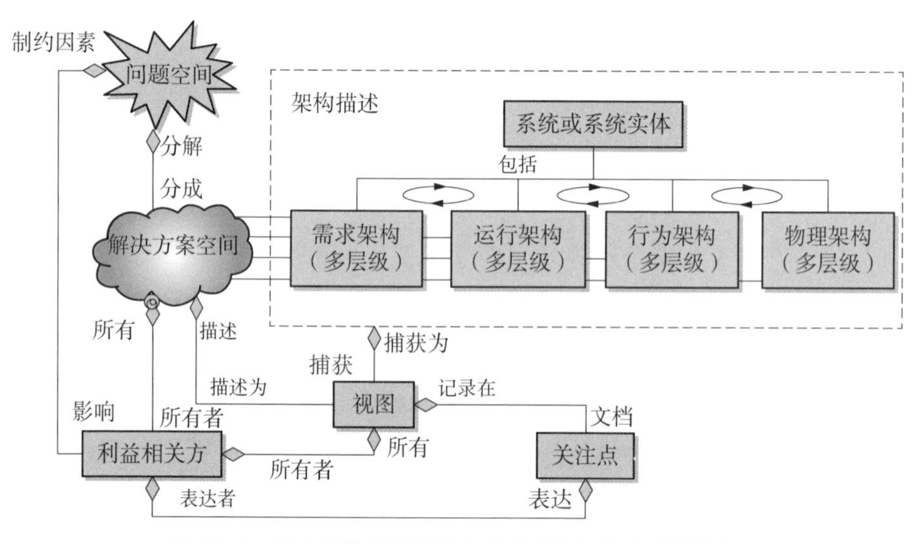

图 26. 4　建立系统四域解决方案的利益相关方视图共识

26. 3. 6. 6　属性 6：架构有效性

原理 26. 7　架构有效性原理

架构的有效性取决于其能够：

(1) 在系统/产品生命周期的部署、运行、维护和维持、退役/处置阶段，配置和控制其能力，以响应基于用例的用户命令和控制。

（2）为每种构型提供所需的结果和性能水平。

任何类型的架构都可以提供一组产生结果的能力。真正的难题在于：能否在系统/产品生命周期的每个运行阶段（见图 3.3）提供支持每种模式和状态（第 7 章）下的系统用例和场景所需的独特能力集？

26.3.6.7 属性 7：架构完整性

原理 26.8 架构完整性原理

系统或实体架构在以下情况下是完整的：

（1）符合利益相关方的规范需求。

（2）清楚表达解决方案；该解决方案可以减轻利益相关方的关注，并减轻运行、技术、科技、成本和进度风险。

（3）包含对设计而言必要且充分的基本信息。

（4）经过利益相关方的验证、确认和接受。

由于系统或实体架构是其设计不可或缺的一部分，因此完整性通过设计评审、系统集成、测试和评估（SITE）、系统验证和确认以及用户在运行域的体验不断发展成熟。

26.3.6.8 属性 8：架构设计一致性

原理 26.9 架构一致性原理

系统或实体架构和工程设计必须在命名、助记符和术语方面与系统内部和外部的所有其他架构保持一致。

多层级系统架构，尤其是对大型复杂系统而言，通常由不同的人员和承包商开发而成。系统设计集成的复杂性之一是确保架构的开发就像是由单一的来源创建的。这意味着视点模型要基于已建立的标准，如 SysML™，以确保：①对等级别模型之间和抽象层次之间在分层上的一致性；②命名、助记符和术语的一致性。在这种情况下，对于系统工程来说，创建术语和缩略词词汇表至关重要；该词汇表对于每个参与项目的人来说都是可访问的、可审查的、可批准的、可基线化的和可维护的。

26.3.6.9 属性 9：架构选择原理

原理 26.10 架构选择基本原理

每个系统/实体架构都应包括选择标准列表和最终选择的支持理由。

通常选择系统架构有多种理由。当问题显现出来时，就出现了关于选择标准的问题。因此，记录可用于支持选择的标准和理由。

26.3.6.10　属性 10：架构可追溯性

原理 26.11　架构可追溯性原理

每个系统或实体架构都必须通过系统性能规范（SPS）可追溯到高阶系统架构和用户需求。

系统/实体架构必须可通过系统性能规范（原理 19.13）相互追溯以及可追溯到用户源需求或原始需求。

26.3.6.11　属性 11：架构能力

我们在原理 26.7 中提到过，系统架构的有效性取决于其在生命周期的所有阶段、模式和状态中响应用户监控、命令和控制的能力。系统架构师面临的挑战是：如何评估符合原理 26.7 的架构的有效性和完整性？“足够好”到什么程度？从谁的视角看待完整性？架构师、工程师、设计师还是用户？显然，现场使用后可以得到答案。尽管这可能是必要的，但在开发系统或产品方面并不充分。

实际上，问题的答案在于三个支持性问题：

（1）问题 1：用户期望系统或实体提供哪些能力？

（2）问题 2：基于丰富的系统架构设计经验判断，是否存在用户尚未解决的基本能力？

（3）问题 3：架构描述回答了这个问题吗？

问题 1 的答案记录在系统性能规范中。问题 2 的答案是可变的，取决于系统架构师的经验和业务领域。然而，通过简单地应用一些系统思维（第 2 章），有一个更简单的方法可以回答这个问题。

如果分析运输、医疗、能源或通信等不同领域的系统或产品，会发现九种基本能力，每种能力都有特定的性能水平。即使实现形式可能是：①固定装置、移动装置或便携式装置；②利用电能、机械能、太阳能、风能或其他能源运行，它们都具有这些基本能力。一般来说，大多数工程系统能力如下：

（1）发送和接收消息和数据。

（2）接受、转化/转换、分配和/或储存能量。

（3）监控内部和外部环境条件。

（4）维护和报告情况评估状态。

(5) 对用户命令和控制输入做出响应。

(6) 维护任务标准时间。

(7) 装载和检索人员、工具、过程资料和任务资源——数据和辅助设备。

(8) 监控、命令和控制系统行为。

(9) 记录任务和系统性能数据。

(10) 存储和检索任务和系统数据。

(11) 感知运行状况和状态。

(12) 提供安全和保护。

(13) 产生基于行为的结果。

将这些功能作为通用检查表，评审者应该能够评审架构描述，并且能够清楚地识别和跟踪从输入到输出的能力是如何在运行、行为和物理方面完成的。

26.3.7 架构表示方法

对于大多数应用，系统架构可以通过三种机制展示：①建筑物的二维或三维艺术效果图；②结构图，如系统框图或架构框图；③层次树。大多数系统工程应用采用框图，如各种类型的 SysML™ 结构图——框图定义、内部框图和包图（附录 C 图 C.2）（OMG SysML™, 2012）；系统框图（SBD）或更具体地说，架构框图是展示系统或实体架构的主要机制：

(1) 框图，如系统框图和架构框图，通常描述给定抽象层次内的水平、同级和外部关系。到更高层次的父实体架构或更低层次的子实体架构的垂直链接（见图 21.2）通过符号引用，如图纸或文档之间的连接符。例如，工具可以用符号来标注图中的系统或实体，以表示存在较低抽象层次。

(2) 通过层次图，我们能够将垂直、层次关系描述为抽象层次。然而，它们并不展示在同等层次之间的直接关系和交互。

图 26.5 说明了这两种方法。

26.4 系统架构开发

基于对系统架构开发的介绍性理解，如何开发系统架构？

由于系统架构是系统设计解决方案的核心基础架构，因此在系统投入现场

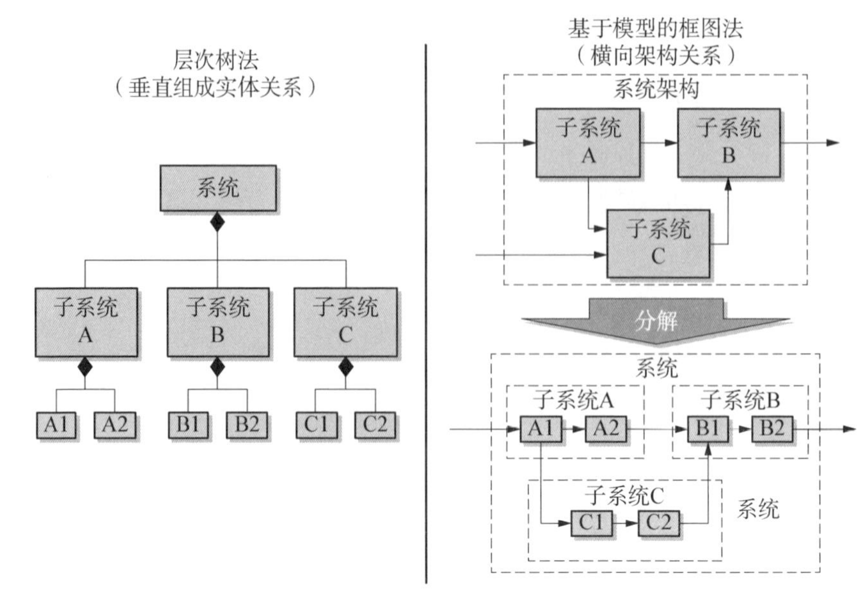

图 26.5　用于描述系统架构结构的表示方法——（左）层次树，（右上方）架构框图和（右下方）多层次分解

运行并证明其任务性能之前，系统架构成功与否至少在概念上是未知的。这是需要在项目早期解决的难题。如何降低架构风险？与任何类型的系统一样，对系统或产品的运行、行为和物理实现了解得越多，成功的机会就越大。因此，模型、仿真、原型和分析方法提供了一种规避架构设计风险的方法。

了解系统或产品的首要事情是，我们需要能够控制它们的结果和行为。反过来，控制行为需要关于实际行为和计划行为的反馈。

26.4.1　监控、命令和控制系统行为和结果

原理 26.12　衡量和控制原理

除非能衡量系统或过程的行为，否则就无法控制行为（改编自 Demarco，2009：96）。

构思系统、产品或服务的架构时，用户需要四个核心能力进行操作和维护：

（1）配置系统的能力，能在所有运行阶段、模式和状态下实现基于行为的结果。

（2）命令系统执行特定动作。

（3）控制系统行为。

（4）监控系统行为。

从分析来看，前三项代表命令和控制；第四项要求对系统或产品行为的情况感知——情况评估。

图 26.6 所示为系统的情况评估以及命令和控制与用户接口的高层级系统结构说明。每个方框强调了其范围内的关键内容。

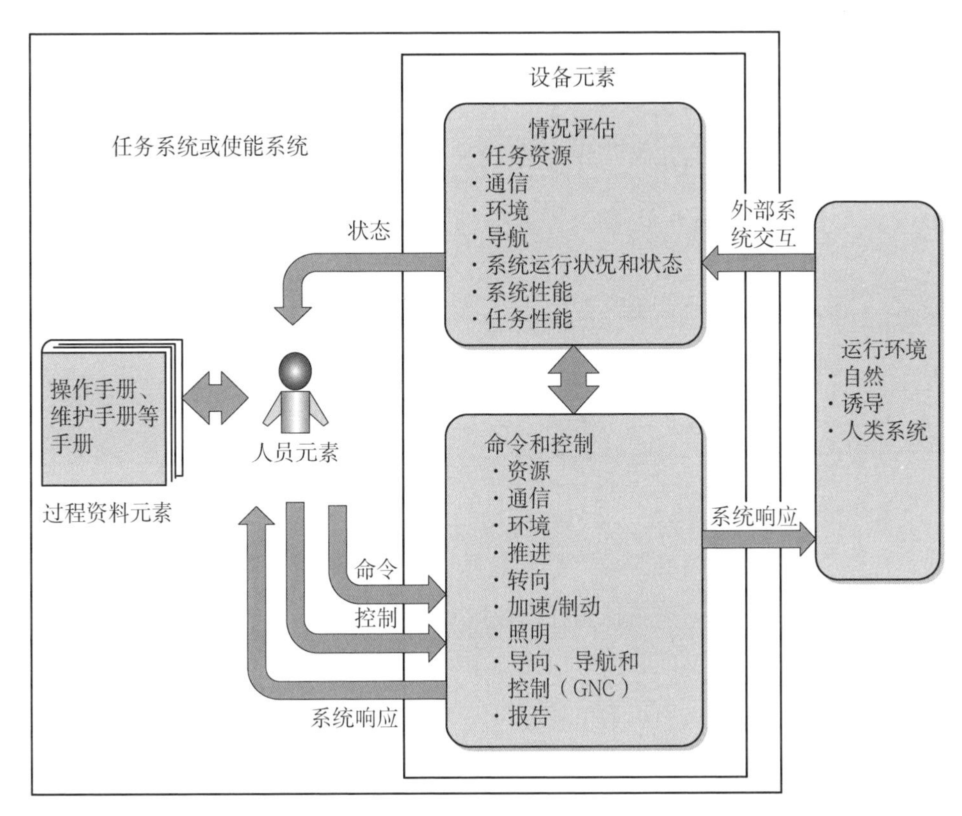

图 26.6　系统的情况评估以及命令和控制与用户接口的高层级系统结构说明

在执行情况评估以及命令和控制时，系统、产品或服务必须能够对其授权用户（操作人员、维护人员或讲师）做出响应。出现了如下三个问题：

（1）为了安全实现任务目标，用户需要进行什么层级的控制？

（2）用户如何得知期望的系统性能水平何时达到，何时达到最佳，或何时进入潜在的警告或告警（原理 24.16 和原理 24.17）安全区域（见图 30.1），

这可能对系统造成不必要的压力，危及任务，并可能导致伤害或死亡？

（3）如果由于未知的部件故障，系统性能没有达到预期的性能水平，用户如何知道这一点并确认其运行状况和状态，尤其是在不具备检查条件的情况下？以美国国家航空航天局的航天飞机为例，宇航员对后面在小型案例研究26.2说明的“挑战者号”（1986）或小型案例研究26.3说明的“哥伦比亚号”（2003）并不了解。

解答这些问题要求用户做出及时、明智的情况评估和纠正措施决策。要做出明智的决策，需要在用户界面上基于融合后的运行状况和状态数据来呈现当前的基本信息。因此，用户应能够运用培训所得的知识和经验，通过系统的命令和控制能力预先采取纠正措施。

这一点在德马科（2009）对有关的“如果希望控制行为，就需要能够衡量行为”（Demarco，2009：96）的引述（原理26.12）中得以体现。引述的情景是软件开发；然而，它与系统工程设计和开发相关，尤其是在系统架构制定方面。如何向用户提供所需的基本信息以便手动控制系统或让系统自动控制自身？这个问题的答案需要情景评估提供基本信息。

原理 26.13　衡量不可衡量项原理

避免要求“衡量不可衡量项”（Leveson 和 Turner，1993：39）。

莱韦森和特纳（1993：39页）在他们的论文《Thrac－25事故调查》中提到，管理层和其他人员经常向工程师施压，要求他们对风险量化。他们指出，工程师应该谨慎行事，坚持认为任何风险评估数字都是“有意义的”。因为这些数字是基于条件概率的，所以应该谨慎对待。

尽管莱韦森和特纳引用的情景与风险管理有关，但它也适用于情况评估数据收集。从人为因素的角度来看，人处于压力下时只需要对决策至关重要的特定信息，而不要出现信息过载。如果情况评估信息不重要，为什么要花费资源（时间、成本、精力和其他因素）来研究和衡量会带来额外技术风险、降低可靠性、增加重量且无附加值的数据？这就引出了系统架构开发的另一原理。

原理 26.14　情况评估信息原理

基本的实时情况评估信息应始终是最新的，并随时可供用户做出明智的决策。

对组织系统和工程系统的当前实时情况评估的小型案例研究26.2强调了

这一原理的重要性。*

小型案例研究 26.2　美国国家航空航天局“挑战者号”航天飞机事故

1986 年 1 月 28 日，美国国家航空航天局决定发射“挑战者号”航天飞机，执行 STS - 51 - L 任务。发射 73 秒后，外部油箱因固体火箭助推器相互作用而破裂，引起液体燃料爆炸，导致“挑战者号”解体。

委员会和参与调查的机构都认为，“挑战者号”航天飞机失事是由于右侧固体火箭助推器的两个较低部分之间的连接故障造成的。具体的故障是在火箭助推器推进剂燃烧过程中，用来防止热气通过接头泄漏的密封被破坏。委员会收集的证据表明，航天飞机系统的任何其他因素都没有造成这一故障（罗杰斯委员会，1986：40）。

发射“挑战者号”的决策存在缺陷。做出这一决策的人员不了解近期发生 O 型环密封圈和接头问题，也不知道承包商反对在 53℉以下发射的最初书面建议，以及在管理人员改变立场后，Thiokol 公司的工程师不断提出的反对意见。他们不清楚洛克威尔公司的担心，因为发射台上有冰，发射并不安全。如果决策者知道所有的事实，就根本不可能决定在 1986 年 1 月 28 日发射 51 - L（罗杰斯委员会，1986：82，第 5 章）。

小型案例研究 26.2 说明了组织系统中关于当前实时情况评估信息流向关键决策者的人类决策缺陷。福勒斯特（2013）将“挑战者号”事故描述为“决策支持系统和人为因素管理的失败”。这一不幸事故佐证了瑞森（1990）事故轨迹模型（见图 24.1）。

现在，想一下另一个与“哥伦比亚号”航天飞机事故有关的背景。

小型案例研究 26.3　“哥伦比亚号”航天飞机事故

2003 年 2 月 1 日早上，美国国家航空航天局“哥伦比亚号”航天飞机发生事故，是因为几天前起飞时破冰造成机翼前缘损坏导致的。“哥伦比亚号”事故调查委员会的报告（2003：11 - 12）指出：

为了让“哥伦比亚号”重返地球大气层而减速的离轨燃烧是正常的，整

* 在下文中的案例研究涉及美国国家航空航天局的“挑战者号”和“哥伦比亚号”航天飞机事故。作为工程案例研究，这里的重点不是强调问题。美国国家航空航天局为推进人类对太空的了解以及探索和发展改善人类生活的新技术做出了巨大贡献。纪念执行这些任务的勇敢的宇航员们的最好方法是从事故中吸取教训，并减少导致事故发生的条件。

个重返过程的飞行剖面是标准的。重返期间，时间是从“入口界面”以秒为单位测量的，入口界面是任意确定的40万英尺的高度，在这一高度，轨道飞行器开始受到地球大气层的影响。STS－107的入口界面发生在2月1日上午8:44:09。机组人员或地面人员不知道，因为数据记录并存储在轨道飞行器中，而不是传输到约翰逊航天中心的任务控制中心，第一个异常指示发生在入口界面后270秒。

不幸的是，在重返大气层的那一刻，我们无能为力。因为“哥伦比亚号”事故，美国国家航空航天局（2005：50）指出：除了改进地面和航天飞机上的摄像机，“发现号”的宇航员将利用摄像机、激光器和人眼在飞行中进行近距离检查。

这些例子说明了组织和工程系统在监控、命令和控制相关系统方面为用户提供足够手段的重要性。目标是为决策者提供及时的情况评估，以便采取纠正措施，减轻潜在危险，避免构成问题。如何创建架构来实现这一目标？

这一问题的答案在于，每个系统架构都应基于专业知识的业务领域和应用。创建各种类型的架构不切实际。例如，系统和产品包含各种消费品、办公室和公共建筑、交通——陆上、海上、空中和太空交通、医疗等。然而，基于模型的解决方案可以用来确定开发架构时需要考虑的关键事项。

如果分析各种系统或产品，就可以确定典型架构应该具备的一些高层级功能分类。这种分类是架构思维的起点，必须基于领域专业知识做出调整：

（1）在某些情况下，用户（如飞行员）是飞机行为和成功的重要组成部分，关系到最终用户的生命安全。

（2）在其他情况下，用户可能存在于系统或产品之外，如平板电脑。

用户如何集成到系统或产品的操作中，任务持续时间、系统安防或人为因素等驱动不同的架构框架和决策。分析所揭示的是对大多数系统或产品来说可能通用的一系列能力以及一些特定领域和应用程序相关的能力。出于对架构的一般考虑，列表至少包括以下分类：

（1）用户入口和出口。

（2）用户显示器。

（3）用户控制器。

（4）辅助设备和存储。

(5) 膳宿。

(6) 生命支持。

(7) 数据。

(8) 耗材。

(9) 消耗品。

(10) 监控。

(11) 命令和控制。

(12) 通信。

(13) 传感器。

(14) 离散输入/输出 (I/O)。

(15) 外部照明。

(16) 电气。

(17) 稳定性。

(18) 方向控制。

(19) 排放。

(20) 推进。

(21) 能量转换。

(22) 任务交付物。

(23) 货物储存。

(24) 维护门户。

观察列表是如何从架构属性#1 (第 26.3.6.11 节) 发展而来的。该列表的两个要点如下:

(1) 第一，由于高度复杂的系统是分析的一部分，因此生命支持等能力作为一些系统 (如医疗或天基系统) 的一种独特能力是很明显的。平板电脑不需要推进或生命支持。然而，它需要补充电池电量来支持生命。

(2) 第二，考虑包括复杂系统在内的各种系统和产品，并采用排除过程来排除不适用的系统和产品，要比“加入”缺失的能力容易得多。

26.4.2 概念架构模型

为了更好地理解列表的情景，我们可以创建概念架构模型，如图 26.7

所示。

有许多方法可以说明这一信息，图 26.7 只是一个例子。

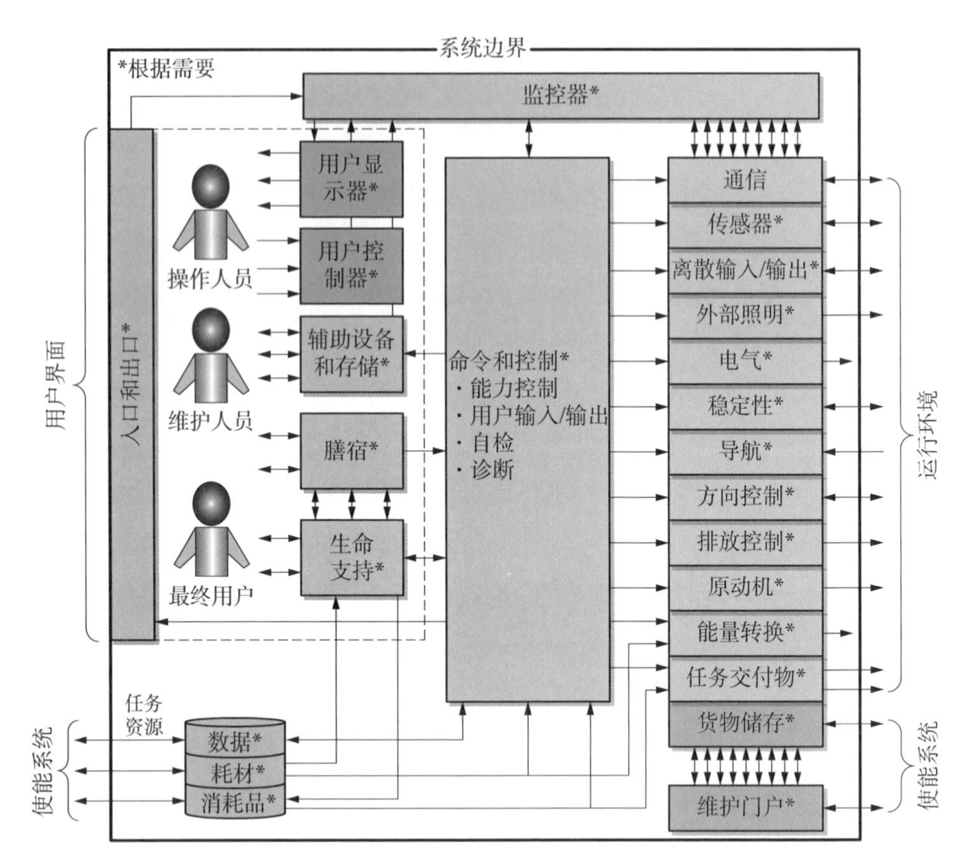

图 26.7　根据系统和应用调整的概念能力架构模型

关于模型的几个关键点如下：

(1) 系统边界由外部加粗的矩形描述。

(2) 请注意，用户和最终用户处于以虚线为界的“舱”中，进入和退出端口为入口和出口。例如，商业航空公司的航班或载有乘客的汽车。系统或应用如果不需要“用户舱”，就会调整并将用户移出系统边界（见图 8.1）。

(3) 在执行任务之前，任务资源（如数据、耗材和消耗品）通过使能系统加载到系统中。

(4) 在任务期间，用户操作人员使用监控功能，对系统或产品的当前运行和性能情况进行评估。基于这些信息和任务计划，可以命令和控制系统或产品的行为。

（5）右侧包括一组用于控制系统行为的垂直块。这是一个简化列表，为了便于图形化而创建，没有显示特定的顺序或关系连接。这是利用 $N \times N$（N2）图表能够创建的另一细节层次，如图 8.11 所示。

（6）在监控、命令和控制环境中，监控器不断收集信息，如运行状况和状态信息，以呈现给用户的操作人员或维护人员。监控器右下方伸出的垂直箭头就是一个例子。同样，命令和控制必须控制图右侧的每种能力。后文会对此展开讨论。

（7）从命令和控制到入口和出口的连接代表了单独的监控、命令和控制能力。例如，当车辆处于行驶状态或达到特定速度时，汽车的命令和控制功能可能会锁定车门（入口和出口）。假定监控器可向命令和控制装置报告门的开闭状态，作为锁门的前提条件。

总之，将图 26.7 所示的概念架构模型作为参考和考虑系统架构开发的初始起点。前面的讨论侧重于系统层。实际情况是，该模型与图 14.1 所示的系统工程过程模型相似。相似性在于递归特征，它可以应用于任何抽象层次的实体——产品、子系统、组件、子组件等。例如，它可以应用于大型复杂系统或系统中的单板计算机（SBC）。

注意 26.1

请记住，你和你所在的组织对为了满足你的系统或产品及其预期应用的业务领域和用户需求而调整该模型的决策负有全部责任。聘请具有资格和能力且知道如何“构建系统架构”的而不是如何“构建设备盒子架构”的系统架构师，来建议、审查或创建可能适合你的应用和情况的系统架构。

26.4.3 特殊考虑因素：概念架构模型

现在我们已经建立了概念架构模型，有一些细微差别需要特别注意。

26.4.3.1 监控、命令和控制（MC2）考虑因素

原理 26.15 监控、命令和控制能力原理

监控、命令和控制是一种能力，而不是物理实现。

到目前为止，我们讨论强调了 MC2 在系统或产品中的重要性。请记住，MC2 是一种能力，而不是物理实现。一些系统可能使用单个处理器在应用中

实现这两种能力。相比之下，复杂系统可能会专门使用处理器来执行其中一种能力，如后面根据班纳蒂尼（2009）提出的集中控制架构和分散控制架构为例的汽车网络。

26.4.3.2　乘客 vs 任务交付物 vs 货物考虑因素

关于概念架构模型中的任务交付物能力，这个标题可能与“用户舱”内的乘客冲突。任务交付物是抽象标签，代表货物、弹药、导弹或军用飞机的对抗设备或医用输液设备的处方药。我们提高乘客的重要性，他们有助于创造收入而不是把他们等同于无生命的物体，如任务交付物或货物。如果有更恰当描述你的业务领域情景的术语，请考虑使用这些术语。

26.4.3.3　监控 vs 命令和控制操作人员接口考虑因素

根据处理的任务工作量，判断监控器是否应该：①通过用户显示器和用户控制器能力直接与用户交互；②将此信息传递给命令和控制装置执行。从概念上讲，命令和控制装置执行重要的任务关键型能力的命令和控制，如推进、稳定、导航等。多任务处理和转移命令和控制来执行一些较低优先级的任务，比如显示，而不是对关键能力的实时、自动、闭环控制，就错置了优先顺序。决策取决于许多因素，如系统优化、成本、性能和风险。

26.4.3.4　自检和诊断责任考虑因素

关键问题在于监控或命令和控制是否负责自检和诊断，因系统或产品而异。例如，推进装置可能具有自己的内部自检和诊断；当自检和诊断启动或在后台持续运行时，对共用存储位置提供定期运行状况和状态更新，从而进行情况评估监控。定期更新减轻了命令和控制任务的工作量，即必须通过命令查询设备的状态。由于自检和诊断通常需要启动，而命令和控制负责命令和控制能力，因此这是合乎逻辑的选择。

26.4.3.5　方向控制考虑因素

像任务交付物一样，方向控制也是抽象名称。挑战在于：用户驾驶船只和地面车辆。飞行员通过滚转、俯仰和偏航（RPY）命令和控制飞机。平板电脑用户通过链接浏览万维网，而不是通过前向和后向链接“操纵”网络。此处适合用什么术语？归根结底，方向控制是系统的目标。

26.5 高级系统架构主题

系统架构开发需要的不仅仅是简单地选择最佳架构（见图 14.8）来提供支持用户运行阶段、模式和状态的能力。在高度先进和复杂的系统中，如太空飞行、军事装备、商业运输、医疗设备以及其他可能伤害或危及人们生命的系统，系统可靠性成为主要问题。

原理 26.16　故障隔离和遏制原理

适用时，每个系统/实体架构都应提供检测、隔离、抑制和遏制故障的能力，从而防止或最大程度上减小故障传播对内部部件或外部系统的影响。

系统可靠性与系统或实体架构开发有什么关系？系统或实体架构最终建立决定以下内容的框架：

（1）系统可靠性——在不中断的情况下完成任务并成功实现基于行为的目标的系统可靠性。

（2）故障检测和遏制——通过检测和遏制或纠正措施以及在任务期间从故障中恢复来防止故障传播，从而确保系统安全。防止故障影响（见图 34.17）传播到系统的其他部分或外部系统，如公众和环境（原理 26.16）。

系统可靠性和容错的几个关键点如下：

1）系统可靠性

（1）请注意，术语“故障”（failure）代表一种结果状况。记住，根据定义（第 34 章），故障是部件不符合其规定要求的情况。这并不意味着部件出现自毁灭故障或损坏故障。就满足规格要求而言，部件故障（如发动机）可以修复并恢复到完全符合的状态。

（2）故障指存在潜在危险或缺点，如潜在缺陷（设计错误、缺陷或不足）、部件完整性和工艺问题的状态，带来了性能下降或损坏等后果。瑞森（1990）事故轨迹模型（见图 24.1）说明了事件或事故后果。

2）故障检测、隔离和遏制

尽管是针对不同的环境，但作为“假设”练习，想象一下，如果图 9.6 中的粗体箭头——命令和控制以及响应——渗透到每个更高的抽象层次，则表示故障传播并扩散到系统的其他区域。

第 34 章将讨论系统架构冗余网络配置（见图 34. 13~图 34. 15）。

这就引出了下一个话题——系统架构开发中关于容错架构的关键概念。

26. 5. 1　容错架构

原理 26. 17　容错架构原理

容错架构旨在提高系统设计解决方案的稳健性，以处理意外的故障和场景，而不是替代系统开发规则在消除潜在缺陷方面的不足。

开发任何类型的系统面临的难题是创建足够健壮的系统架构来容忍和处理各种类型的内部和外部故障。当出现这些情况时，系统必须能够继续工作，而不会出现显著的性能下降或灾难性故障。

26. 5. 1. 1　理解故障和故障状态

为了说明容错概念，黑默丁格和温斯托克（1992）提出了图 26. 8 所示的例子。作者根据以下因素对故障进行分类：

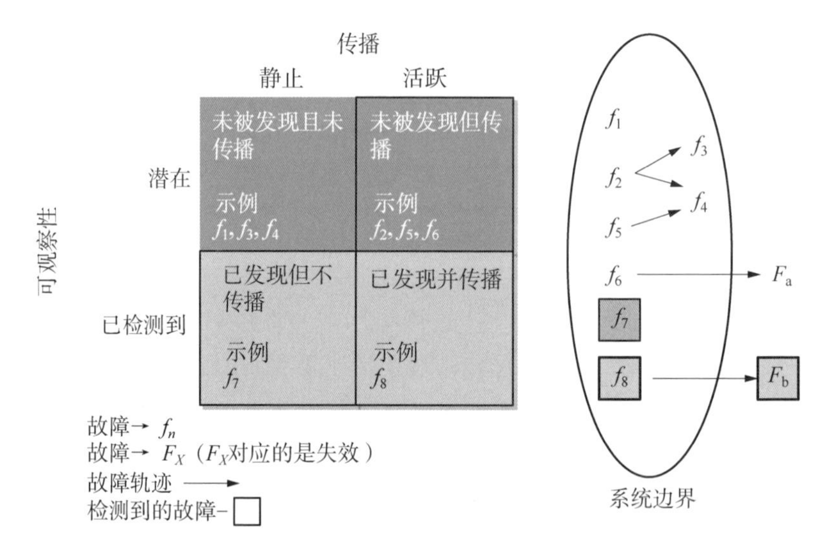

图 26. 8　故障遏制的重要性：系统内部和边界以外故障的可观察性和传播

［资料来源：黑默丁格和温斯托克（1992：20，图 3－2）故障属性。经许可使用］

（1）可观察性——故障是已知的（已发现）还是未知的（未发现）；

（2）传播——故障传播或不传播。

在其系统边界的背景中，假设故障 f_1 未被发现且不传播。相比之下，故

障 f_2 和 f_5 未被发现，其传播范围超出了其部件的边界。注意：

（1）故障 f_6 未被发现，并且已经传播到系统边界之外。

（2）故障 f_8 已被发现并传播到系统边界之外。

这些场景代表了容错架构和设计必须解决的状态和途径，以保持系统或实体任务的完整性，如果其成功对安全和任务完成至关重要的话。

根据系统设计目标，有许多开发容错架构的方法。无论采用何种方法，失效模式和影响分析（FMEA）（第 34 章）对于评估系统或实体架构的潜在失效模式和影响［包括单一故障点（SFP）］至关重要。

对 FMEA 概念进行更全面的扩展，使其包括失效模式、影响和危害性分析（FMECA），以识别和优先考虑需要密切关注的特定部件。FMEA 和 FMECA 评估并建议补偿措施，如设计修改和操作程序（见图 34.16），以减少故障状况（第 34 章）。

容错设计应该考虑哪些架构能力或部件？这个问题的答案取决于其他四个关键问题的答案：

（1）哪些部件是任务关键型的（第 34 章）？

（2）在两次维护之间，对于特定数量的任务，每个任务关键部件的可靠性（第 34 章）是什么？

（3）冗余部件的边际成本是多少？

（4）在为这些部件创建容错设计时，在成本、体积空间、功率、重量和性能方面有哪些权衡？

关于任务关键型部件的说明。汽车的发动机和轮胎被认为是任务关键型部件。但是，要使这些部件具有容错能力，成本、空间和质量都会变得难以承受。

现在，将汽车部件与将宇航员送向太空的火箭对比一下。虽然可能没有采用容错设计，但汽车可以靠边停车等待；固体燃料已点燃的火箭却没有这样的选择。结果就是航天器运载火箭架构由容错设计组成，包括多个发动机以提高其可靠性。

有几种方法可以实现容错架构框架。这些方法包括集中控制架构和分散控制架构以及架构冗余。我们首先讨论集中控制架构和分散控制架构。诸如此类的高级主题说明了为什么小型案例研究 26.1 中提到的“1 小时”系统架构往

往考虑不周和无效。

26.5.1.2 故障检测和遏制

经常出现的关键问题是：如果检测到故障，那么系统如何遏制它？答案取决于相关系统和故障类型。我们先根据工程系统来说明组织系统。

（1）在组织系统中的故障包括物理、运行和通信安全系统中的漏洞，以及对未授权进入和入侵的检测。

（2）地面工程系统——人员元素应能够通过情况评估对设备元素指示的故障做出响应，如视觉显示警告和警告性警报或通知以及声音报警。在这些情况下，操作人员关闭设备电源或靠边停车。

（3）对于机载工程系统，用户不能离开飞机，除非在特定类型的飞机和紧急情况下，如采用发动机灭火系统。

在我们讨论的这一点上，你应该认识到并理解情况评估监控能力和任务成功的关系！

• 第 1 步取决于设备元素检测到故障或用户观察到故障，如烟雾、火焰、泄漏、气味、蒸汽、烟雾或电线燃烧。

• 第 2 步要求遏制、抑制并最好消除故障，以防止其传播到系统的其他部分。

无论情况如何，组织系统都需要确保所有系统元素——人员、设备、任务资源、过程资料、系统响应和设施——具有坚固的屏障或安全措施，以防止故障——危险——变成事件或事故，如图 24.1 中的瑞森（1990）事故轨迹模型所示。

通常，设备元素中的故障可能包括过热、电线或电缆断裂、电气短路、燃油泄漏、推进器着火、计算错误等。故障可能由操作人员或维护人员的错误引起，如失误、过失和错误（Reason，1990）。后面关于其他架构考虑因素的部分将说明其中的一些问题。

一旦检测到故障，遏制机制包括隔离和消除计算机病毒、移除电源和燃料源、灭火和其他方法。对于计算错误和其他故障等情况，系统架构应包括用户启动或自动恢复操作的规定（见图 10.17），如重新启动或重启、软件重新加载、硬件重置和其他方法。

26.5.2 集中控制架构与分散控制架构构型

从人为因素的角度来看，人处于压力下时只需要决策至关重要的特定信息，而不要信息过载。构建、评估架构并通过备选方案分析（第 32 章）从一组可行的候选架构中选择最佳架构的关键决策之一是考虑如何完成处理工作负荷。参考小型案例研究 26.1，当设计和实现系统或产品时，实际情况是这些概念性决策——未经深入分析证实的演示图——经常演变成“希望有最好的结果”。备选方案分析应得到决策支持活动（第 30~34 章）的支持，如分析、建模与仿真、原型和其他提供定量数据的方法，从而做出客观而非主观决策。

该决策支持流程（第 30~34 章）的一个关键方面涉及系统优化、未来增长和扩展，以及其他架构目标和需求。一般需要多少台计算机来实现这些目标？从工作负荷和系统优化的角度来看，答案在于集中控制系统和分散控制系统的概念。请考虑示例 26.4。

示例 26.4 集中控制示例

想象一下，你走进一个机场售票区，那里有十几个售票站，而不是售票亭，用来接收乘客行李和发放登机牌。有一长队的乘客等待办理登机手续。请思考以下场景。

1）场景#1

• 情况评估——只有一个票务员可以为 12 个售票站提供服务，并确定下一个服务对象。

• 命令和控制响应——一个单独的票务员不得不拼命在售票站之间来回奔跑，努力为在每个售票站排队的乘客服务。

2）场景#2

• 情况评估——12 个售票站都配备了一名票务员，由一名监督员进行监督。

• 命令和控制响应——12 个票务员同时处理行李和发放登机牌；每个队伍都在快速移动。如果一名票务员无法执行工作，乘客队伍将受到影响，但只会受到 8.3%的减速影响。尽管每个售票站可能代表单一故障点，但总的来说，除了应该有备份的计算机系统网络之外，本身不存在 SysML™ 层级的单一故障点。

这两个场景中有几个关键点：

（1）场景#1 代表了计划不周的业务模式，在这种模式下，票务员试图处理不切实际的巨大工作量。乘客不高兴，票务员也不高兴。如果票务员因疲惫而崩溃或者计算机系统出现故障，那么会发生什么情况？集中控制完全取决于一名票务员（单一故障点）的成败。

（2）场景#2 代表了一种更好的业务模式，发挥了分散命令和控制处理的力量。票务员按合理的速度处理行李并发放登机牌。乘客对售票区的工作流程表现满意，票务员也很高兴。

重点是：成本、性能和其他因素之间的最佳权衡点（见图 14.8）在哪里？

（1）场景#1 代表高度集中控制，存在单一故障点，成本降低了，但是客户和工作人员都不高兴。

（2）场景#2 代表分散控制，不存在单一故障点，但劳动成本增加，客户和工作人员都高兴。

这一讨论引出下一主题——集中控制架构与分散控制架构。

26.5.2.1　集中控制架构构型

如图 26.9 左侧所示，集中控制架构由单个处理器组成。对于大多数应用，该机制通过从一个任务到另一个任务的重复循环来直接控制能力（见图 31.3）。举例说明如下。

示例 26.5　集中控制示例

视频监控系统将多通道实时摄像机视频传送到中央指挥中心；该中央指挥中心配有一名安全员，负责监控各种视频通道。在检测到入侵者时，安全员会离开岗位（系统的漏洞），以调查事件。

示例 26.5 说明了集中监控、命令和控制应用，该应用由一个安全员（单一故障点）负责“完成所有任务”。从安全角度来看，如果监控功能保持不变，并指派安全员来调查事件，集中化将会高效且有效。集中控制架构适用于许多应用，如前面引用的示例。然而，它们确实存在代表单一故障点的局限性。

作为单一故障点，一些应用可能需要很长的线路连接到远程传感器，增加了重量。对于单一故障点可能是关键风险的应用，如飞机，即使它可以容纳，额外的重量也会转化为燃料消耗增加，油箱容量增加，有效载荷重量减少。

有几种方法可以解决这一问题空间。空间解决方案示例如下：

（1）通过分散处理功能，避免性能下降并提供扩展和增长空间。

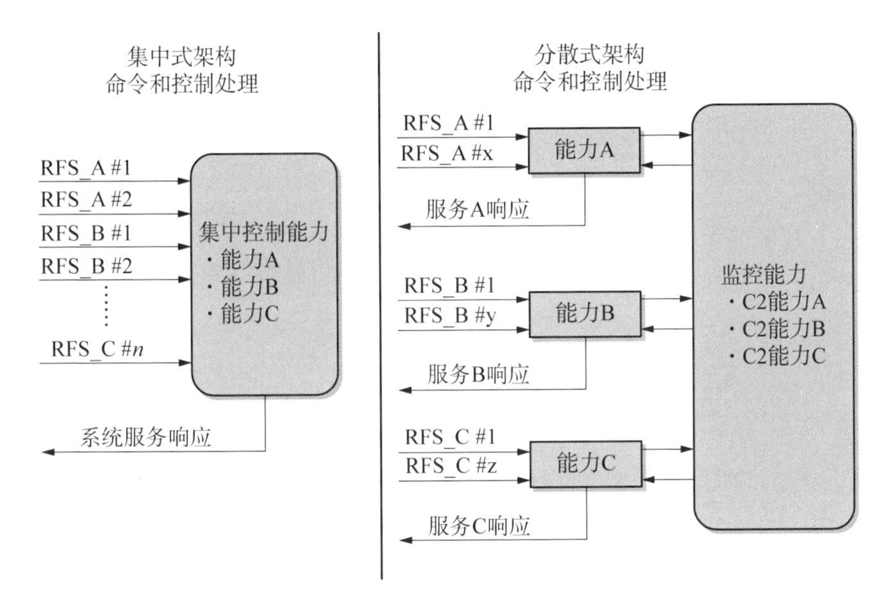

图 26.9　集中式架构和分散式架构的比较示例

（2）通过在关键位置部署决策机制并通过网络互连这些机制来减轻重量。

（3）通过实施适当类型的冗余来避免潜在单一故障点带来的风险。

26.5.2.2　分散控制架构构型

分散控制架构通过远程处理机制分配并部署关键控制能力；远程处理机制为输入/输出（I/O）请求提供服务，如图 26.9 右侧所示。部署可能需要：

（1）支持特定传感器或装置的远程专用处理。

（2）保留中央监控功能，以命令和控制每种分散计算能力。

根据任务和系统应用，分散能力可能：①在物理上位于整个建筑物或车辆中；②在地理上分布在全国各地或全球。

分散能力可以分配给设备——硬件或软件——硬件或软件实体，或者根据处理负荷动态分配。因此，整体系统性能得到提高，但代价是增加更多的处理器，这会增加成本和风险。下面以汽车为例。

示例 26.6　汽车中的微控制器

汽车开发商经常面临这样的难题：需要在符合燃油经济性法规的同时，满足控制各种类型部件的特殊能力的需求。例如，裴瑞兹（2013）指出，就部件成本和重量而言，汽车电缆和线束排在底盘和发动机之后，排在第三位。

为了应对这些难题，汽车的电气系统由微控制器单元（MCU）的分布式

架构组成，以控制车辆部件，如防抱死制动系统（ABS）、排放控制器、执行器等，然后通过网络将这些部件与中央计算机互连。裴瑞兹（2013）指出，如今的中档汽车包含大约 50 个微控制器单元，高端汽车包含大约 140 个微控制器单元。

以分散控制系统架构为例，班纳蒂尼（2009）就当前和未来汽车网络架构的关键特征提出了几点看法：

（1）车辆上运行多个通信网络。

（2）每个网络可能由连接到各种类型的输入/输出设备（如传感器和执行器）的“子总线”网络组成。

（3）建立网关是为了使所有网络能够通信和共享信息。

（4）关键能力，如“底盘控制”，是通过仅用于安全关键数据的冗余容错网络执行的。

（5）安全气囊等乘客安全关键能力需要拥有自己独立、高度可靠的网络。

（6）自主通信接口，最大限度地减少对中央计算机管理交互的需求。

26.5.3 架构配置冗余

解决系统可靠性问题的另一种方法是采用称为架构配置冗余的概念。不知情的系统购买者和用户通常会陈述以下规范要求：

部件 *X* 应至少有“*n*”个冗余备用系统。

为响应需求，系统开发商为部件 *X* 设置双倍或三倍冗余。他们认为：“这是客户的要求；这就是他们得到的……就是这个样子。”要求说明了三个关键点：

（1）首先，你应该勇于承认和赞赏规定了要完成什么，而不是如何物理实现系统部件的规范（原理 19.6）。

（2）其次，尽管在第 34 章之前没有提到可靠性、可维护性和可用性，但部件冗余是一种满足规范要求的设计行为。从学术工程设计的角度来看，除非分析表明系统或实体物理设计解决方案未能符合规范可靠性要求，或者最多处于边缘状态，否则不需要架构配置冗余。对于边缘解决方案，必须依靠丰富的工程知识、智慧和经验。

（3）最后，“冗余备用系统”是天真地将相似的术语——冗余和备份——

连接起来的例子，这些术语指两个不同的概念组成一个短语，意指冗余部件是备份。

冗余是宇航任务的关键部分。美国国家航空航天局（NASA）的喷气推进实验室（JPL）（2013）的《航天基本知识》指出，大多数航天器包含“冗余发射器、接收器、磁带录音机、回转仪和天线”。冗余也包括软件部件。例如，美国国家航空航天局的喷气推进实验室（2009）对“星尘号”飞船的描述是：

> 实际上，所有航天器子系统部件都是冗余的，关键项目交叉捆绑在一起。电池包括一对额外的电池。软件故障保护系统用于保护航天器免受合理、可靠故障的影响，但也具有内置的弹性，因此许多未预料到的故障可以在航天器不停机的情况下得到解决。

需要认识到，这些描述代表冗余部件的实现。冗余部件存在是因为需要架构构型冗余来实现一定程度的系统可靠性性能。

那么，什么是架构构型冗余，它如何解决规范可靠性需求问题？

架构构型冗余包括在所有或部分任务阶段或操作期间，将冗余部件配置为完全可操作的“在线”或“离线”设备。架构冗余主要分为三种类型：①运行冗余；②冷冗余或备用冗余；③n 取 k 系统。

26.5.3.1　运行冗余

运行冗余配置采用在系统或产品的整个运行周期内通电和/或启用的备份设备能力。对于这种类型的冗余，主元件和冗余元件同时工作，总共有“n”个元件。有些人将此称为热冗余或主动冗余。举例说明如下。

示例 26.7　飞机系统冗余

飞机在起飞、巡航或着陆时，可能需要最少数量的发动机在规定的性能极限内运行；需要继续执行任务所需的独立惯性导航系统（INS）或者用于特定地理和装载条件的多个串联列车机车。

在系统运行期间，冗余功能或物理部件也可以配置为同时运行，甚至共享负载。如果一个冗余组件失败（故障检测），那么另一组件项目承担由失败组件执行的工作负荷，并继续执行（原理 26.17）所需的能力。在大多数情况下，故障部件会留在原处，并停用、断电或禁用，假设在纠正性维护（第 34

章）可用并可以执行之前，故障部件不会产生干扰或带来安全风险（原理 26.16 和原理 26.17）。

26.5.3.2　冷冗余或备用冗余备用系统

冷冗余或备用冗余由除非主要项目故障否则不通电、不激活或不配置到系统中的项目组成。如果主要项目产生故障，备用项目将通过直接操作人员干预自动或手动连接，或者默认在一段时间内连接。实际上，冷冗余或备用冗余是有效的备用系统。例如，美国国家航空航天局的喷气推进实验室（2011）称其在 2007 年发射的“曙光号”飞船具有“自动机载故障保护软件，该软件能检测任何异常情况并试图切换到备用系统”。其他示例如下。

示例 26.8　冷冗余或备用冗余

冷冗余或备用冗余包括汽车上的紧急制动，启动额外公共交通工具（火车、公共汽车等）来支持激增的消费需求，在停电时打开应急备用照明，以及备用发电设备。

26.5.3.3　“n 取 k”系统冗余

“n 取 k”冗余是一种混合冗余方法；根据这种方法，系统共由“n”个元件组成，但在特定任务阶段，只需要“k”个元件（k/n）。例如，一辆汽车至少需要四个轮胎才能运行，备用轮胎供应急使用。

有人也许会问：运行冗余和 n 取 k 冗余之间有什么区别?

（1）运行冗余假设所有的物理部件都集成到系统中，均可运行——备用，但需要连接和结合。例如，零售企业可能会在营业高峰期为现场员工重新分配特定的客户服务角色。

（2）“n 取 k”冗余假设，作为发射、起飞或着陆的先决条件，在系统任务的特定运行阶段必须完全运行和执行任务的最低数量的标准或组件。例如，采用议会程序的管理机构可能要求其规章或章程规定的法定成员出席会议，以开展公务。

26.5.3.4　冗余小结

为了说明这些冗余类型的组合，小型案例研究 26.4 说明了前航天飞机的容错问题［美国国家航空航天局的喷气推进实验室《航天基本知识》（2013）］。

小型案例研究 26.4　航天飞机容错

航天飞机的容错能力是通过冗余和备份结合实现的。5 台通用计算机通过冗余具有可靠性，而不是阿波罗计划中采用的成本高昂的质量控制实现的可靠性。其中4台计算机装载了相同的软件，在关键任务阶段，如上升和下降，在所谓的“冗余装置”中运行。第5台计算机备用，因为它只装载实现“必要”上升和下降所需的软件。驱动每个空气动力面的液压系统的4个助推器也是冗余的，控制三个主发动机的计算机对也是冗余的。

26.5.4 部件冗余方法

选择采用架构配置冗余概念后，下一步就是确定如何在物理上实现该概念。部件配置冗余可以通过两种方法实现：①相同（identical）部件；②功能相似的不同（unlike）部件。

26.5.4.1 相同冗余（like redundancy）实现

相同冗余通过相同部件实现，如在运行或备用冗余配置中分别或同时配置的供应商产品型号。

26.5.4.2 不同冗余实现

不同冗余包括从不同供应商处获得的、由不同供应商设计和开发的部件，这些部件提供符合系统购买者规范要求的相同功能、接口和外形指标。

这两种实现方法都有优缺点。如果用于相同冗余的组件对某些运行环境特征敏感，那么采用相同项目可能不是一种解决方案。如果计算选择不同冗余，并且出现了上述相同的情况（对环境特征敏感），那么冗余可能只存在于有限的运行区间内，前提是一个组件具有较高的可靠性。如果仅在功能和性能上相同的项目在要求的运行范围内合格，那么不同冗余可能具有优势。

26.5.5 降低部件单点故障（SPF）风险

降低部件单点故障风险的一种方法是在几种配置中运行相同或冗余组件。电子系统的冗余类型示例如下：

（1）处理冗余。

（2）“n 取 k”表决冗余。

（3）数据链路冗余。

（4）服务请求冗余。

下面我们来进一步探讨这些主题。

26.5.5.1　处理冗余

检测到硬件处理器故障或软件故障可能需要将处理任务动态重新分配给另一处理器，以实现容错（原理 26.17）。例如，图 26.10 中的子系统 A 和 B 都包括冗余处理部件 A 和 A′以及部件 B 和 B′。当出现故障或失效时，处理会切换到备用 A′或 B′部件。

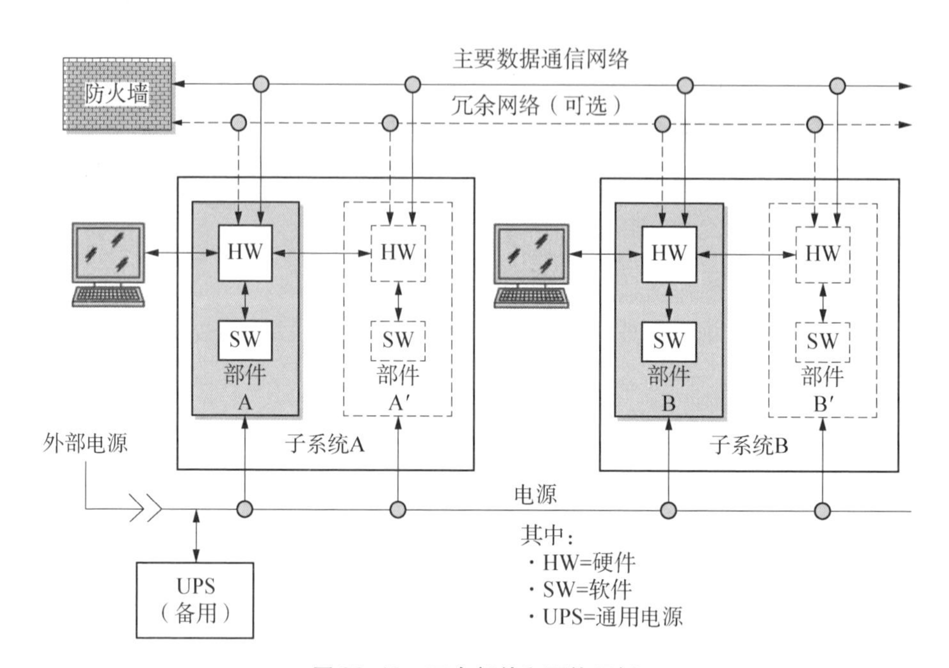

图 26.10　冗余部件和网络示例

26.5.5.2　“n 取 k”表决部件冗余

某些系统具有冗余的同级处理器，采用可运行的热冗余或主动冗余构型。

参考图 26.10，子系统 A 和子系统 B 的处理结果传送到中央决策机制（见图 26.9 右侧），如确定“n”个结果中是否有“k”个相同的软件。如果“n”个结果中有“k”个相同，则将结果发送到特定目的地。

26.5.5.3　数据链路冗余

古老的格言说：“系统在接口处崩溃。”从接口可靠性的角度来看，这句格言是正确的。系统开发人员通常以创建了使用冗余处理部件的优雅系统设计为荣。然后，他们将冗余部件连接到单个的外部接口（即单点故障）。避免这个问题的一种方法是使用冗余网络，如图 26.10 所示。显然，如果互连项目

（如电缆）处于稳定/静态位置，不受充满压力的运行环境条件的影响，并且正确连接，则很有可能不需要额外的独立连接，并且可以避免额外的独立连接。

对于采用可定期切换的卫星链路或传输线路的应用，可能有必要采用备用链路，如固定电话或其他电信媒体，作为应急措施。

26.5.5.4 服务请求冗余

某些系统可能设计成在收到请求时进行一次或多次的消息发送模式。以图 26.10 为例，子系统 A 和 B 自动向对方重新发送消息。其他系统可能发出服务请求来重复消息、确认或数据响应。如图 10.5 和图 10.6 所示，这个例子同样适用于外部系统。

26.5.5.5 物理连接冗余

当开发架构配置和部件冗余时，具有讽刺意味的事情之一是糟糕的物理设计违背冗余概念并使这一概念无效。

相关说明如图 26.11 所示。该图的上半部分显示了系统或实体，其部件#1 具有冗余部件#1 备用。注意独立的输入/输出线组。现在，观察该图的下半部分。这里有一个类似的场景。请注意，只有一个进出系统或实体的连接。该连接是单一故障点，使声称真正冗余的设计无效。

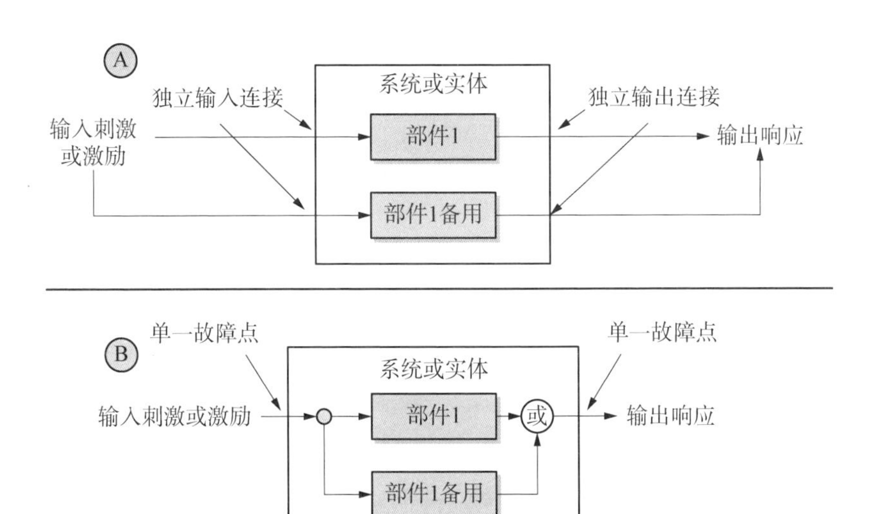

图 26.11 说明具有单点故障接口的冗余组件与冗余接口连接的谬误的比较示例

26.5.5.6 区分架构冗余和部件布局冗余

基于前面的讨论，冗余可能是一种理想的解决方案。然而，架构配置冗余和部件布局冗余之间是有区别的。你可以创建冗余系统。但是，如果在物理上将它们放在一起，并且出现了破坏备用系统的重大问题或灾难性事件，冗余就无意义了。例如，图 26.12 说明了当发生主要事件时，部件的物理设计布局如何使架构冗余失效。（NTSB/AAR - SO/06，1990：34）。这一点还说明了图 26.1 所示的跨系统架构设计、工程设计和设计的协作集成的重要性。

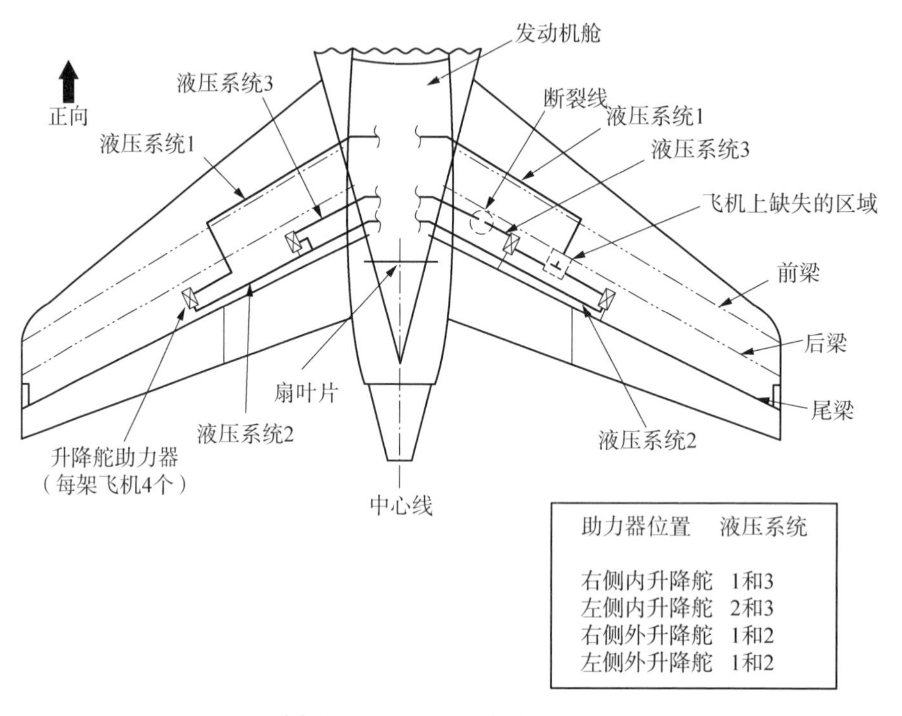

图 26.12 联合航空 232 号班机事故——架构冗余与设计

［资料来源：NTSB/AAR - SO/06（1990），国家运输安全委员会（NTSB）报告，图 14 N1819U，水平安定面液压系统损坏平面图］

26.5.6 网络架构

在技术不够发达时，汽车、飞机、轮船、办公大楼和其他类型的系统包含大捆铜线，这些铜线在车辆或设施中纵横交错。虽然认为这是最先进的技术，但重量、安装和维护费用、并行与串行通信的性能、与铜线布线相关的其他因素变得越来越令人望而却步。幸运的是，与串行、双绞线布线、光纤电缆和无线通信相关的新技术和标准进步克服了许多问题，特别是取消了广泛使用的非标准、专用、专门接口。

原理 26.18　网络架构原理

网络架构代表系统问题的可能解决方案，而不一定是唯一的解决方案！

如今，网络是实现系统架构的核心。采用 SDBTF－DPM 工程范式的组织屈服于这样一种文化思维定式：一切都需要网络。例如，我们需要：

（1）测量室外温度——需要使用网络！

（2）想知道是否阳光明媚——需要使用网络！

这里的重点是：在了解系统的预期目标是什么，以及网络是否合适之前，就实现了从需求到物理实现的飞跃，如图 2.3 所示。小型案例研究 26.5 说明了这种思维定式。

小型案例研究 26.5　网络作为电子产品问题的解决方案

XYZ 公司赢得了系统开发合同。与系统购买者和用户进行第一次技术评审时，工程师们在会议室里展示了一张墙壁大小的图表（见图 26.13），以给不了解情况的客户留下深刻印象。冗长的演示描述了计算机 C 如何分析由计算机 D 从传感器处收集的数据，将数据发送到计算机 A 进行处理和格式化。然后，计算机 A 将其结果发送给计算机“*n*”，以便向操作人员报告结果。

在令人感到沮丧的气氛中，一个用户打断了演示者，问道：你们谁能解释一下：

（1）为什么会有这么多台计算机？

（2）计算机 A、C、F 和其他 10 种设备之间是什么关系？

（3）它们为什么存在？

（4）它们分别提供了哪些功能？

（5）它们位于哪里？

由于缺乏合理的解释，因此系统开发商的参与者展开了往往令人感到困惑又相互矛盾的讨论。然后得出“涵盖所有情况”的解释，比如“如果你了解网络，你就会知道这些问题的答案。”想象一下，这是以对你的系统充满信息的构建者的身份，向你的客户做出的说明！

需要你和你所在的项目提供合乎逻辑的解决方案和解释并提供有意义的支

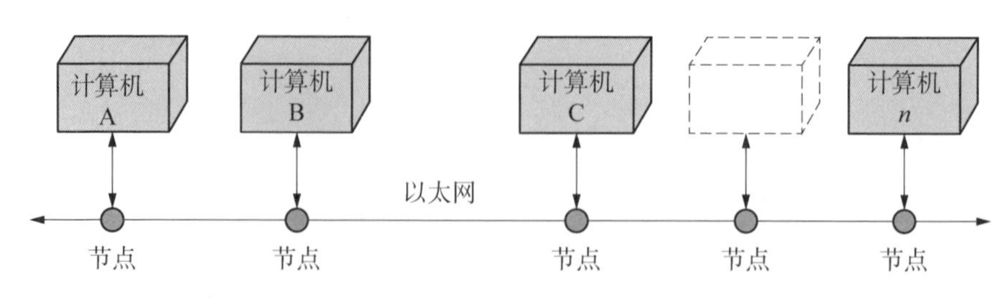

计算机A-D之间有什么关系和交互?

从/到	计算机A	计算机B	计算机C	计算机D
计算机A		? ?	? ?	? ?
计算机B	? ?		? ?	? ?
计算机C	? ?	? ?		? ?
计算机D	? ?	? ?	? ?	

图 26.13　在确定最佳解决方案之前，过早得出物理网络架构解决方案的谬误(图 2.3)

持材料！你的责任是有效地表达和沟通，这样你的客户才能充分理解！

这里的重点是：图 26.13 是说明部件网络的介绍性概述图。问题是该图是唯一考虑和呈现的架构，没有证明选择它的合理证明。这就是问题所在，正如客户所指出的那样。

26.5.6.1　客户端-服务器架构

对于需要对中央信息库进行桌面或基于网络的访问的系统应用，可采用客户端-服务器架构。在这种情况下，一台处理器专门用于处理用户输入或搜索数据的客户端请求，从中央资料库检索数据，并将数据发送到客户端。诸如此类的应用，包括企业内联网和基于网络的网站，对于需要向授权的购买者/用户、系统开发商、分包商和供应商提供项目和承包商数据访问权限的合同项目很有帮助。

26.5.6.2　面向服务的架构（SOA）

SOA 代表一种软件工程（SwE）架构方法，基于：①平台独立性；②可能来自不同供应商的可重用组件；③通过信息技术部件实现。由于软件工程的特殊性，请参考主题相关的文本。

26.5.7 其他架构考虑因素

开发系统架构来提供支持所有任务阶段的能力只是需求的一部分。架构还必须包括其他关键考虑因素：

(1) 开放标准。

(2) 电源架构考虑因素。

(3) 在断电情况下的运行和设备的维持。

(4) 断电期间的数据存储。

(5) 断电导致的操作和设备的维持。

(6) 电能质量考虑因素。

(7) 架构环境、安全和职业健康架构考虑因素。

(8) 火灾探测和灭火架构考虑因素。

(9) 系统安全架构考虑因素。

(10) 远程可视情况评估检查。

26.5.7.1 开放标准

系统架构开发中的关键决策之一是使用开放标准还是专用或专有标准，尤其是在开发和生命周期成本考虑方面。每个专有接口都需要专门的专业知识、工具和设备，而这些可能并不容易获得。尽量利用开放标准，如文件格式、硬件、协议和编程语言。

26.5.7.2 电源架构考虑因素

原理 26.19 架构的动力和备用原理

将正常、异常和紧急操作的能源和备用电源考虑因素（见图 19.5）和条件纳入每个系统架构。

前面的讨论强调了增强系统和产品容错能力的方法。如果是电动的，不管冗余解决方案有多考究，只有在通电的情况下才能工作。断电涉及几个问题：

(1) 问题#1——人员安全从设施撤离到距设施有一定距离的指定聚集点防止伤亡。

(2) 问题#2——事件发生后立即安全存储关键任务和系统数据防止数据丢失。

(3) 问题#3——维持必须完成处理的关键流程的电源，并将系统置于安全模式。

26.5.7.3 在断电情况下的运行和设备的维持

当发生断电事件时，系统需要有限的时间来存储任务和系统数据。为了确保在规定时间内持续供电，可充电电池或不间断电源是可靠的解决方案。根据任务和系统应用，替代能源解决方案包括外置燃料发电机、太阳能电池板、燃料电池和其他技术。

26.5.7.4 断电期间的数据存储

当正在执行关键操作且系统出现电源故障时，能够完成任何处理操作以及任务和系统性能数据存储非常重要。根据空间和重量余量，可能需要考虑采用不间断电源系统。

26.5.7.5 断电导致的操作和设备的维持

某些敏感设备可能有活动部件或附件，在恢复供电时，这些部件或附件可能容易受到与断电或通电相关的机械损坏。应考虑使用不间断电源作为电源，将设备置于安全模式，以防止间接损坏。

26.5.7.6 电能质量考虑因素

架构需要考虑的另一个因素是电能质量。电涌、降压、过压、噪声和稳定性条件会严重破坏一些需要电源调节的系统。因此，确保架构在可用资源限制内完美解决了这些问题。

26.5.7.7 架构环境、安全和职业健康考虑因素

原理 26.20 架构环境、安全和职业健康原理

每个系统架构需考虑到人员和公众环境、安全和职业健康（ES&OH）因素。

一般来说，系统架构设计倾向于关注设备元素架构，而不是设备元素对用户、公众和自然系统环境的影响。因此，在评估系统架构时，系统架构师和其他人员应该考虑到环境、安全和职业健康因素。

示例 26.9 环境、安全和职业健康考虑因素示例

设备元素副产品对用户、公众和环境的影响的考虑因素至少应包括以下因素：

（1）有毒有害物质。

（2）入口和出口通道。

(3) 热效应。

(4) 大气影响。

(5) 泄漏和补救。

26.5.7.8 火灾探测和灭火架构考虑因素

原理 26.21 火灾探测和灭火原理

在适当情况下，每个系统架构都应包含火灾探测和灭火的安全功能。

另一个关键的架构考虑因素是火灾探测器和灭火系统。由于人员元素、设备元素、设施元素的安全是最重要的，因此系统架构应该包括当探测到烟雾或火灾时能够快速响应的功能，包括在人员元素疏散后扑灭火源的灭火系统。举例说明如下。

示例 26.10 飞机灭火方法

SKYbrary（2013）指出了飞机灭火方面的考虑因素，举例如下：

(1) 机舱和驾驶舱内的手提式灭火器。

(2) 货舱灭火系统。

(3) 发动机舱内的灭火器。

(4) 自动厕所垃圾箱灭火器。

架构方面的考虑因素需要的不仅仅是记住这些。运行问题是每个任务运行阶段的考虑因素。

如原理 26.21 所述，系统架构考虑因素应包括安全考虑因素，如警告和告警通知、警报和报警（原理 24.16 和原理 24.17）。

26.5.7.9 系统安全架构考虑因素

原理 26.22 架构脆弱性原理

评估系统漏洞，并将系统安全和保护考虑因素纳入每个系统架构。

对于涉及敏感或机密数据的系统，系统安全性应该是关键的架构考虑因素。这包括针对物理安全、运行安全、通信安全、人员安全和数据安全的合理措施。

26.5.7.10 远程可视情况评估检查

原理 26.23 架构远程检查原理

每个系统架构都应包括通过远程检查进行正常和异常运行情况评估的考虑。

系统架构通常关注执行任务的理想环境，以及冗余架构配置对于确保任务完成的重要性。系统通常装有电子传感器和软件，以指示是否存在问题。但是，如果除了知道出现了问题并记录事件之外无法纠正问题，那么错误代码有什么价值？显然，在像飞机或火车这样的“黑框”中，通过它们可以研究导致事件或事故的关键参数。遗憾的是，这是一种“事后”分析，是在造成相关伤害之后进行的。往往忽视一个问题：如果系统遇到无法通过现场检查和维护解决的问题，那么会发生什么情况？例如，美国国家航空航天局的喷气推进实验室向火星发射探测器或探测车。

宇航系统，如美国国家航空航天局的航天飞机和国际空间站，通常配有摄像机。摄像机一般是为了便于宇航员进行太空行走和维修。遗憾的是，这是从“哥伦比亚号”航天飞机事故后得出的经验教训，就像小型案例研究26.3总结的那样。但是，假设火星探测器上没有宇航员进行维护检查和维修服务呢？

“好奇号”火星探测器值得关注的特点是喷气推进实验室认识到需要采用摄像机，以进行情况评估。例如，概念性架构和设计将通过摄像机“向前看”来穿越地形。然而，假设探测器的轮子遇到障碍物或出现机械磨损问题，你需要知道“为什么”，当然比“向前看”更重要。小型案例研究26.6简要说明了美国国家航空航天局的喷气推进实验室如何解决架构和设计问题。

小型案例研究26.6　火星探测器——远程运行状况和状态

看看图26.14——这张显示美国国家航空航天局的“好奇号”火星探测器三个左轮的照片结合了探测器搭载的火星手持透镜成像仪（MAHLI）拍摄的两幅图像……摄像机位于“好奇号”机械臂末端的工具工作台中。

“好奇号”的MAHLI摄像机主要是为了在盖尔陨坑现场拍摄岩石和土壤的特写高清图。该摄像机能够聚焦在0.8英寸（2.1厘米）到无限远的任何目标上，为其他用途提供了多功能性，如从不同角度拍摄探测器自身的视图。

总之，确保系统架构在恶劣环境条件下进行远程检查的措施（如适用）。

26.5.7.11　系统之系统架构

本文阐述了组织系统和工程系统的概念化、构建和开发，这些系统深深植根于多层次、分析性的系统分解策略中。目前，系统工程包括了将自主系统集成到更高层次的系统之系统中。几个关键点如下：

图 26.14 显示如何使用火星手持透镜成像仪（MAHLI）摄像机评估 NASA JPL 的火星科学实验室“好奇号”探测车车轮状况的照片（NASA JPL，2012）

（1）注意两个不同的概念——通过传统的自上而下、迭代、分析性分解从抽象到物理实现的系统开发与通过将现有的和新的系统集成到系统之系统中实现的系统开发。

（2）尽管本文讨论的组织系统和工程系统都有物理实现和构型，但系统之系统的范围可以涵盖从松散的业务实体联盟到社会、政治、经济、学术和其他类型的处于持续变化和发展状态的复杂组织。

（3）系统之系统由现有的自主系统构成，通过集成利用较低层次系统的能力，创建高阶系统来完成超出单个系统能力的任务，从而体现了“涌现”的概念（第 3 章）。

（4）如果更高层级的系统之系统或其自主系统之一不复存在，联盟将继续运行并执行其组织任务。

系统之系统是一个专门主题和不断发展的研究领域。要了解更多关于系统之系统的信息，请参考专门针对该主题的教科书。

26.6 本章小结

总之，我们介绍了系统和实体架构开发中的关键实践。讨论的要点如下：

（1）认识到系统架构开发需要：

a. 比简单创建 1 小时演示框图更多的信息（小型案例研究 26.1）。

b. 捕获和协调架构描述（AD）涉及的利益相关方视图、视点和关注点（见图 26.4）。

c. 构想和构建一组候选架构，通过备选方案分析，利用模型、仿真、原型进行评估，最终选择最佳架构（第 32 章）。

d. 与工程部门和设计部门的合作。

（2）理解：

a. 什么是系统或实体架构。

b. 系统或实体架构表示互连在一起的能力或组件的框架，而不考虑使用频率；该框架可以配置成对于特定阶段、模式和操作状态是唯一的并且支持特定运行阶段、模式和状态的组合。

（3）理解系统架构师的角色以及在小型、中型和大型项目中由谁来执行。

（4）理解并区分系统、产品或服务架构设计与工程设计以及设计之间的相互关系。

（5）架构描述需要不断演变四域解决方案架构——需求、运行、行为和物理（见图 26.4）。

（6）架构具有以下属性：

a. 分配的所有权。

b. 唯一文档 ID。

c. 情景。

d. 框架。

e. 域视图——需求、运行、行为和物理特性。

f. 有效性。

g. 完整性。

h. 一致性。

i. 可追溯性。

j. 能力。

（7）每个系统或实体架构（见图 26.6）应表达它将如何：

a. 监控任务和系统行为，为用户提供情况评估，以便进行决策。

b. 让用户能够命令和控制任务和系统性行为。

（8）概念架构模型（见图 26.7）是开发和评估系统或实体架构的通用模板。

（9）系统架构设计需要深入考虑以下因素：系统可靠性和故障检测、隔离、抑制和遏制（见图 26.8）以及可能的恢复（见图 10.17）。

（10）系统或实体架构建立了计算其可靠性的构型框架（第 34 章）。

（11）系统可靠性可以通过架构配置冗余方法来提高，例如：

a. 运行冗余。

b. 冷冗余或备用冗余。

c. “n 取 k” 冗余。

（12）两种类型的组件冗余实现方法：

a. 相同部件冗余。

b. 不同部件冗余。

（13）经常被忽略的关键系统或实体架构考虑因素如下：

a. 开放标准。

b. 电源架构考虑因素。

c. 在断电情况下的运行和设备的维持。

d. 断电期间的数据存储。

e. 断电导致的操作和设备的维持。

f. 电能质量考虑因素。

g. 架构环境、安全和职业健康架构考虑因素。

h. 火灾探测和灭火架构考虑因素。

i. 系统安全架构考虑因素。

j. 远程可视情况评估检查。

（14）架构冗余不同于物理实现冗余，尤其是当冗余部件在物理上彼此相邻时，两者都容易受到对方故障传播的影响（见图 26.8），从而事实上否定了冗余的概念（见图 26. 12）。

26.7 本章练习

26.7.1 1 级：本章知识练习

（1）什么是架构？

（2）什么是架构描述？

（3）用户视图、视点和关注点之间有什么区别？举例说明。

（4）系统架构师和系统工程师在用户视图、视点和关注点方面执行什么角色？

（5）架构设计与工程设计之间的区别和相互关系是什么？

（6）系统架构设计是 1 小时的框图运用吗？如果不是，请解释原因。

（7）什么是容错架构？它的目的是什么？

（8）谁在小型、中型和大型项目中执行系统架构师的角色？

（9）选择下列系统或产品之一。描述：①监控能力向用户提供什么信息进行情况评估；②用户可以使用什么能力来命令和控制？

a. 飞机。

b. 汽车。

c. 台式计算机、笔记本电脑或平板电脑。

d. 医用血压装置。

e. 家用供暖和制冷系统。

（10）列举下面列出的每种系统架构类型的三个示例：

a. 集中式架构。

b. 分散式架构。

（11）列举下面列出的每种冗余类型的示例：

a. 运行或热备用冗余。

b. 冷冗余或备用冗余。

c. “n 取 k” 冗余。

（12）列举下面列出的每种部件实现冗余类型的示例：

a. 相同冗余。

b. 不同冗余。

c. 数据链路冗余。

d. 物理连接冗余（见图 26.12）。

26.7.2 2级：知识应用练习

参考 www.wiley.com/go/systemengineeringanalysis2e。

26.8 参考文献

Bannatyne, Ross (2009), "Microcontrollers for the Automobile," Transportation Systems Group, Motorola Inc., City: *Micro Control Journal.*

Buede, Dennis M. (2009), *The Engineering Design of Systems: Models and Methods,* 2nd Edition, New York: Wiley & Sons, Inc.

Defense Acquisition University (DAU) (2012), *Glossary: Defense Acquisition Acronyms and Terms,* 15th ed. Ft. Belvoir, VA: Defense Acquisition University (DAU) Press. Retrieved on 3/27/13 from http://www.dau.mil/pubscats/PubsCats/Glossary%2014th%20edition%20July%202011.pdf.

Demarco, Tom (2009), "Software Engineering: An Idea Whose Time Has Come and Gone," *IEEE Software*, New York: IEEE Computer Society.

Forrest, Jeff (2013) *The Space Shuttle Challenger Disaster: A failure in decision support system and human factors management.* Denver, CO: Metropolitan State College of Denver. Retrieved on 11/5/13 from http://dssresources.com/cases/spaceshuttle challenger/index.html.

Heimerdinger, William L. and Weinstock, Charles B. (1992), *A Conceptual Framework for System Fault Tolerance*, Technical Report CMU/SEI-92-TR-033/ESC-TR-92-033, Software Engineering Institute (SEI), Pittsburgh: Carnegie-Mellon University (CMU).

Hilliard, Rich (2012), *Architectural description template for use with ISO/IEC/IEEE 42010: 2011,* Geneva: International Organization for Standardization (ISO). Retrieved on 10/30/13 from http://www.iso-architecture.org/ieee-1471/templates/42010-ad-template.pdf.

IEEE 1471-2000(2000), *IEEE Recommended Practice for Architectural Description of Software-Intensive Systems, New York: Institute of Electrical and Electronic Engineers (IEEE).*

ISO/IEC/IEEE 42010: 2011(2011), *Systems and Software Engineering-Architecture Description*, Geneva: International Organization for Standardization (ISO).

Leveson, Nancy and Turner, Clark S. (1993), "An Investigation of the Therac-25 Accidents," *IEEE Computer,* Vol. 26, No. 7, New York, NY: IEEE Computer Society.

MIL-STD-499B Draft (1994), Military Standard: *Systems Engineering*, Washington, *DC: Department of Defense (DoD).*

NASA (2003), *Columbia Accident Investigation Board (CAIB) Report*, Volume 1, Washington, DC: NASA. Retrieved on 11/2/13 from http://spaceflight. nasa. gov/shuttle/archives/sts107/investigation/CAIB_ medres_ full. pdf

NASA (2005), "In-Flight Inspection and Repair," *Identifying & Repairing Damage In-Flight*, Washington, DC: NASA. Retrieved on 11/2/13 from http://www. nasa. gov/pdf/186088main_ sts114_ excerpt_ inflight_ repair. pdf.

NASA (2013), *Computers in Spaceflight: The NASA Experience,* Chapter Four: Computers in the Space Shuttle Avionics System, Washington, DC: NASA. Retrieved on 11/8/13 from http://history. nasa. gov/computers/Ch4-4. html.

NASA JPL (2009), *Stardust Spacecraft* web page, Pasadena, CA: NASA Jet Propulsion Laboratory. Retrieved on 11/8/13 from http://stardust. jpl. nasa. gov/mission/spacecraft. html.

NASA JPL (2011), *Dawn Spacecraft-Mission Overview* web page, Pasadena, CA: NASA Jet Propulsion Laboratory. Retrieved on 11/8/13 from http://www. nasa. gov/mission_ pages/dawn/spacecraft/index. html.

NASA JPL (2012), Curiosity Rover "Wheels and a Destination (photo)," Mars Science Laboratory, Image Credit: NASA/JPL-Caltech/Malin Space Science Systems, Sept. 10, 2012, Pasadena, CA: Jet Propulsion Laboratory (JPL). Retrieved on 3/27/15 from http://mars. jpl. nasa. gov/msl/images/wheel_ image-br2. jpg.

NASA JPL (2013), *Basics of Space Flight,* Section II Flight Projects-Chapter 11 Typical On-Board Systems, Pasadena, CA: NASA Jet Propulsion Laboratory. Retrieved on 11/8/13 from http://www2. jpl. nasa. gov/basics/bsf11-4. php.

NTSB/AAR-SO/06(1990), Aircraft Accident Report: *United Airline Flight 232, McDonnell Douglas DC-1040, Sioux City Gateway Airport, Sioux City, IA,* November 1, 1990, Washington, DC: National Transportation Safety Board (NTSB).

OMG SysML™ (2012), *Systems Modeling Language (OMG SysML™) Specification,* Version 1. 3, Needham, MA: Object Management Group (OMG). Retrieved on 11/1/13 from http://www. omg. org/spec/SysML/1. 3/PDF.

Pretz, Kathy (2013), *Fewer Wires, Lighter Cars: IEEE 802. 3 Ethernet standard will reduce the weight of wires used in vehicles* web page, New York, NY: IEEE the Institute.

Reason, James (1990), *Human Error*, Cambridge, UK: Cambridge University Press.

Rogers Commission (1986), Report of the PRESIDENTIAL COMMISSION on the Space Shuttle Challenger Accident, Washington, DC. Retrieved on 9/23/13 from http://history. nasa. gov/rogersrep/genindex. htm.

SEVOCAB (2014), Software and Systems Engineering Vocabulary, New York, NY: IEEE Computer Society. Accessed on 5/19/14 from www. computer. org/sevocab.

SKYbrary (2013), *Aircraft Fire Extinguishing Systems* web page, Retrieved on 11/11/13 from http://www. skybrary. aero/index. php/Aircraft_ Fire_ Extinguishing_ Systems.

Wikipedia (2013), *Service-Oriented Architecture* web page, San Francisco, CA: Wikimedia Foundation, Inc. Retrieved on 11/11/13 from http://en. wikipedia. org/wiki/Service _ Oriented_ Architecture.

27 系统接口定义、分析、设计和控制

原理 27.1 接口作为系统部件原理

接口作为每一个工程系统或产品的部件，可使涌现行为得以显现。

原理 27.2 系统-接口设计优先顺序原理

在某些情况下，系统或实体的设计具有优先权，并驱动接口设计；在其他情况下，接口设计具有优先权，并驱动系统或实体设计。

在一些企业中，接口的定义、分析、设计和控制通常被视为系统或实体设计的次要活动。遗憾的是，这是一个将物理部件表示为“盒子”的工程范式。相比之下，接口通常被视为“只不过是图纸上的一条细线”；它们只是接口而已。事实上，连接实体的接口（如电缆、线路和机械联动装置）是工程系统的部件。如果我们对一个系统或产品进行建模与仿真，那么每个接口电缆或线路都将被建模为一个具有特征传递函数的实体。

由于接口设计是系统架构设计（第 26 章）不可或缺的一部分，因此第 27 章补充和探讨了接口定义、分析、设计和控制。工程师通常认为接口只是没有生命的电线和电缆、机械连接或约束、隔热或导电材料，它们没有任何实际作用。这是图 2.3 的另一个例子。从系统工程的角度来看，工程师忽略了这样一个事实：接口的特征是传递函数，这些传递函数具有运行、行为和物理属性，能够实现电气和机械连接、数据通信等。由于这种思维定式，工程师会在没有适当考虑连接的运行和行为属性的情况下，就从规范要求“飞跃”到物理接口解决方案。

为了克服这些缺点，我们的讨论引入了定义、分析和设计接口的方法。系统工程师通常认为系统工程流程（见图 14.1）和系统能力结构（见图 10.17）仅适用于系统或实体，但其实它们也适用于接口。每个系统或实体都有运行阶

段、模式和状态，以及行为和物理特征。通过继承派生的需求，接口支持运行、行为和物理特征的实现。

本章探讨了项目的一些方面，例如：谁拥有和控制接口？如何决定所有权和控制权？在接口所有权、控制权和责任定义不明确的情况下，进入系统集成、测试和评估（SITE）时，真相将以如下两种方式显现：

（1）由于缺乏兼容性和互操作性，组件、子系统和产品无法集成——接口设计和协调性差。

（2）电缆和线路缺失——工程侧重于系统、产品、子系统、组件（包括接口）的设计，却没有履行这些接口电缆的交付责任。

前面的段落模仿了传统的系统工程主题“每个人都定义你的接口”。换句话说，确保“将线连接到所有的架构框上”。

本章筛选出了一个关于我们如何看待、思考、设计和协调系统或产品接口开发的新范式。接口不仅仅是“连接方框的线”，接口实际上是系统或产品的“部件”。正如你将看到的，接口具有传递函数，这些传递函数展示了诸如汽车碰撞之类的事件的基于行为的结果。

传统的工程思维从正常运行（见图 19.5）的角度考虑接口，如考克伯恩的“主成功场景”（原理 5.21），其中完全满足了兼容性和互操作性。例如，承受张力或压力的支撑结构、数据通信、提供安全性、电气屏蔽等。然而，当外力造成接口失效，从而导致受伤或死亡时会发生什么？

以汽车为例，传统的工程思维倾向于将减震器和气囊等缓冲乘客车厢的“反应式”措施视为抵御冲击的一种手段。注意，我们说的是“反应式”措施。“如果”工程：

（1）应用系统思维（第 1 章）将问题解决和解决方案开发联系起来，并采取“主动”的方法来控制接口在以下过程中的动作：①正常运行和②紧急或灾难性运行故障情况（见图 19.5）。

（2）改变传统的工程“反应式”减震器方法，有针对性地设计接口，使其在特定的运行环境条件下①失效和②以特定的方式失效——故障转移。

这些都是令人兴奋和具有挑战性的话题，我们将在本章的后面进行探讨。

本章介绍大多数教科书中很少涉及的接口定义、分析、设计和控制概念和原理。

27.1 关键术语定义

（1）分析瘫痪（analysis paralysis）（优柔寡断）——分析师表现出的一种状态，在这种状态下，分析师全神贯注或沉浸在分析的细节中，却没有意识到反复研究的边际效用和收益递减。

（2）兼容性（compatibility）——两个或多个接口实体的物理特性在规定尺寸、参数和公差范围内的适应能力。

（3）耦合（coupling）——“软件模块之间相互依赖的方式和程度”（SEVOCAB，2014：72－73）（资料来源：ISO/IEC/IEEE 24765：2011。© 2012 ISO/IEC/IEEE 版权所有，经许可使用）。

（4）接口控制（interface control）——①识别与一个或多个组织提供的两个或多个组件的接口相关的所有功能和物理特性；②确保在实施前对这些特性的拟议变更进行评估和批准”的过程［MIL－STD－480B（1988）：10］。

（5）接口所有权（interface ownership）——在接口的识别、规范、开发、控制、运行和支持方面，将责任分配给个人、团队或组织。

（6）互操作性（interoperability）——“两个或多个系统、产品或部件可以交换信息和使用已交换信息的程度”（SEVOCAB，2014：162）（资料来源：ISO/IEC/IEEE 24765：2011。© 2012 ISO/IEC/IEEE 版权所有，经许可使用）。

（7）现场可更换单元（LRU）——参考第 16 章中的定义。

（8）冗余设计（redundant design）——冗余部件的选择以及部件的物理布局和空间分离，以确保生存能力。

27.2 引言

大多数人认为接口设计仅包括将两点连接在一起——点对点接口。从分析的角度来说，的确如此。根据定义，分析是将一个抽象的问题分解成可以解决的连续的更小的部分（原理 4.17）。

第 27 章的引言中，对从简单的点对点接口概念到更复杂接口进行了讨论。

讨论的主题如下：

（1）接口所有权、工作成果和控制。

（2）接口定义方法。

（3）接口设计——高级主题。

（4）接口定义和控制挑战及解决方案。

我们首先介绍接口所有权、工作成果和控制，它们是系统开发中接口定义成功的基础。

27.3 接口所有权、工作成果和控制概念

随着系统或产品环境图（见图 8.1）和系统架构（见图 20.5）的发展和成熟，接口以系统元素（人员、设备、任务资源、过程资料、系统响应和设施）（见图 8.13）及其各自的运行、行为和物理实体之间的实体关系（ER）的形式出现。随着每个接口的出现，必须建立责任制，监督和确保其演变的完整性。责任制要求如下：

（1）分配接口所有权、目标、资源和工作成果的章程。

（2）界定和定义接口和协议的工作成果文件——规范要求、设计。

（3）控制工作成果，确保其完整性并符合技术、成本和进度要求。

看到这些工作要求，你的初步反应可能是：这是项目管理，而不是系统工程。然而，作为领导者，系统工程师必须为将要执行的技术工作建立责任制。如果项目或技术领导能力薄弱，这一责任问题得不到解决，将导致混乱和冲突，从而分散应集中在接口定义工作上的注意力和精力。为了更好地理解这一点，接下来将一一详细说明。

27.3.1 接口所有权

原理 27.3 接口所有权和责任原理

根据标识接口的最高层次架构，为系统或产品中的每个接口分配所有权和责任。

正如原理 27.3 所述，系统、产品或服务中接口的所有权和责任必须分配给团队或个人。这包括接口的规范、设计和控制。注意，这里所说的是分配

“每个”接口的所有权和责任给个人或团队。

被分配接口的每个人都必须对其定义、设计、实现及其控制负责。但是，所有权、责任和接口的工作任务执行之间有很大的区别，这样做的目的是防止接口被随意更改，从而影响其他接口实体的能力和性能边界。除非接口规范的所有利益相关方都参与决策，否则不允许个人或团队单方面决定对接口进行更改。

一般来说，接口所有权和控制权有以下两种方法：

（1）特殊（自定义）工程方法（小型案例研究 26.1）。

（2）基于架构的方法（见图 20.5）。

27.3.1.1 特殊（自定义）工程接口所有权方法

技术总监和项目工程师将接口所有权视为行使其“授权”的管理职责。他们对接口所有权的“分配任务和遗忘”方法是期望两个或更多接口方“自行解决”。根据情况和个性需求，这种方法在某些情况下有效，而在其他情况下则非常无效。这种方法对于采用自定义的定义-构建-测试-修复-设计过程方法工程范式（第 2 章）的组织来说极为常见。

自定义的 SDBTF－DPM 方法可能会产生一些潜在问题。

（1）当接口方不能或不愿意就如何实现接口达成一致时，就会发生冲突。

（2）一种个性支配着另一种个性，从而产生了有利于有支配权一方的技术、成本或进度问题。

如果这种混乱或支配继续下去，支配的一方可能会对系统进行次优化（见图 14.8）。但是，有一种更好的接口所有权和控制权方法，可以解决自定义工程所有权方法所产生的问题，就是基于架构的所有权和控制权方法。

27.3.1.2 基于架构的所有权和控制权方法

为避免自定义 SDBTF－DPM 工程方法的问题，将接口所有权和控制权分配给负责系统性能规范或实体开发规范以及相关架构的个人或团队。接口也是架构中的实体。

这一点的讨论集中在系统内部的接口上。那么系统外部接口呢？外部接口需要组织之间的项目和技术解决方案。这将我们带到下一个主题：接口控制工作组（ICWG）。

27.3.1.3 接口控制工作组

系统或产品外部接口的定义和控制通常有以下两种形式：

（1）场景#1——新系统或升级的遗产系统集成到现有外部系统的之间的接口定义。

（2）场景#2——组织之间定义新接口的协议。

在场景#1 中，现有系统可能主导新系统或升级的接口需求。拥有外部系统的组织可能愿意也可能不愿意讨论由于成本和其他因素引起的变更。

在场景#2 中，双方组织可以相互协商成立一个接口控制工作组。接口控制工作组的任务是进行建设性地合作，确定接口需求，控制符合双方利益的变更。

一个关键问题是：应该由谁主持接口控制工作组？答案取决于系统的情况。

（1）如果系统 A 是一个现有系统，具有一个已建立的接口，正在开发的新系统 B 必须连接该接口，则系统 A 的项目可能没有兴趣参与接口控制工作组。除非系统 A 的项目同意更改，否则只需接受已建立的接口。当这种情况发生时，系统 A 指派接口控制工作组的主席。

（2）如果系统 A 和系统 B 都是新的，并且是同时开发的，那么项目 A 和项目 B 需要做出决定，每个项目需指派一个人担任接口控制工作组的联合主席。

27.3.2 接口定义工作成果

从系统工程的角度来看，接口定义需要几种类型的工作成果来指导接口的开发。

（1）规范要求——界定并指定接口要完成什么以及怎样完成。

（2）运行概念描述（OCD）——在运行概念文件（第 6 章）中，基于每个接口的部署愿景、用例和场景（第 5 章）以及运行限制，对每个接口的“谁、什么、何时、何地、如何”进行概念化。

（3）替代方案权衡研究分析（第 32 章）——从一组可行的候选方案中选择最佳接口方案。

（4）设计解决方案要求——定义架构、图纸、原理图、接线清单、布线和连接器引脚等接口的物理实现。

（5）设计说明——描述如何安装、运行和维护接口。

接下来讨论将接口需求文件（IRD）作为一个通用的分类标签。在这种情况下，接口需求文件由许多不同类型的接口文件组成。

（1）一般而言，接口需求规范（IRS）记录接口需求。有人认为接口需求规范是记录系统外部接口需求的文件。

（2）接口控制文件（ICD）将内部硬件接口细节记录为设计要求。

（3）接口设计说明（IDD）将内部软件设计细节记录为设计要求。

根据这一概述，接下来我们进一步探讨这些主题。

27.3.2.1　规定系统/实体接口需求

接口需求规范采用与第19~23章所述相同的方法。有三个关键方面：

（1）接口规范方法。

（2）接口规范。

（3）规范中接口需求的结构。

27.3.2.1.1　接口需求规范（IRS）方法

接口需求通常在系统性能规范或实体开发规范的第3.4节“接口”（见表20.1）中规定。除此之外，接口需求规范的格式因行业、企业和工程学科而异。

当我们指定接口需求时，通常有两种方法：

（1）方法#1——为每个系统或实体指定外部和内部接口需求。

（2）方法#2——仅指定系统或实体的外部接口需求。

注意，以上两种方法关注的是必须完成什么，而不是如何完成。没有提到“规范”这个词。

方法#1在一些企业规范大纲中很常见，它有两个导致需求和工作重复的主要谬误。

（1）谬误#1——如果我们从系统层架构开始，并将其分解为较低的抽象层次，则每个架构的内部接口将成为下一个较低层次的相同实体的外部接口。以图20.5为例，为什么要在系统层系统性能规范上指定内部接口（A2－B1、B1－D1、C2－D1、A4－C2），并且：

a. 使用假设系统或产品是一个具有待定架构“盒子”的性能规范方法（见图20.4）？

b. 在子系统A－D规范中，将它们重新定义为外部接口？

记住——规范需求的重复违反了原理 22.1。该原理规定在一个系统中应该有一个并且只有一个需求实例。

（2）谬误#2——如果我们采用基于行为的规范方法（见图 20.5）：①将每个实体视为具有输入、输出和能力的“盒子”；②指定必须完成什么，但不指定如何完成，则根据定义，“盒子”外部的任何接口都待定——未知。作为系统或实体的系统工程分析、设计和开发的一部分，这些接口的识别和定义将随着时间的推移而发展和成熟。

使用排除法，方法#2（仅指定外部接口需求）是指定外部接口需求的唯一逻辑方法。

27.3.2.1.2 定义接口需求

原理 27.4 单一信息源原理

用户“需要了解”的关于系统或实体的所有信息，例如其规范要求、用例和场景、运行概念、设计、接口、测试、验证或确认，都应包括在该项目特有的单一文件中。

由于以下原因将信息分成不同文件的情况除外：页数，或包含专有、知识产权、竞争敏感数据、隐私、政府安全和基于正当“须知”的数据的敏感信息保护（SIP）（警告 17.2）。

根据单一信息源原理（原理 27.4），系统或实体的要求参见系统性能规范或实体开发规范第 3.0 节（见表 20.1）。原理 27.4 指出，只要有书面的和经过批准且令人信服的理由不这样做，例外情况也是可以接受的。例外情况包括以下场景：

（1）场景#1——合同或任务要求开发和交付单独的接口需求规范。

（2）场景#2——两个或两个以上组织开发并定义未知接口的需求，该接口将在规范获得批准后随时间而变化。

（3）场景#3——对于出于知识产权、专有或安全分类原因而不用“须知”系统性能规范或实体开发规范内容的供应商，需要隔离和打破特定接口的独特需求。

（4）场景#4——定义系统或实体接口所需的页数非常庞大，需要创建一个单独的接口需求文件。

27.3.2.1.3 接口需求规范（IRS）

在前文提到的场景#2 中，接口必须用文字名称指定，并纳入单独的接口需求文件，如接口需求规范。请思考以下示例：

示例 27.1 通过引用纳入 IRS 3.3.X（XYZ）接口需求

假设我们有一个需求：

“系统/实体应提供与外部系统 XYZ 的双向数据通信接口。”

“系统/实体 XYZ 接口应符合接口需求规范修订版表格中规定的数据格式。”

为了保持需求陈述简洁明了，可以讨论在这个高级需求中是否需要“双向”和“数据通信”术语。然而，在父级需求（见图 21.2）中声明要完成什么（抽象的“通信接口”），而不是更明确的“双向通信接口”，这通常是有用的。你可以提出这些子级需求。此外，由于正在开发的系统/实体能力的潜在风险，接口需求规范“版本”信息对于交付之前更新为新版本的项目外的接口需求规范至关重要（原理 23.4）。

请注意，这里接口需求规范的背景是通用的。一些组织，如美国国防部，对接口需求规范有特殊要求。思考以下例子。

示例 27.2 接口需求规范说明

美国国防部数据项描述（DID）DI－IPSC－81434A（1999：1）对接口需求规范的描述如下：“接口需求规范规定了对一个或多个系统、子系统、硬件构型项（HWCI）、计算机软件构型项（CSCI）、手动操作或其他系统部件的需求，以实现这些实体之间的一个或多个接口。接口需求规范可以覆盖任何数量的接口……接口需求规范可用于补充系统/子系统规范（SSS）……和软件要求规范（SRS）……作为系统和 CSCI 设计和鉴定测试的依据。”

接口需求规范主题 在指定接口需求时，必须涉及一些关键主题。从字面上理解，工程师通常认为系统工程流程模型（见图 14.1）和系统能力模板（见图 10.17）所表达的方法适用于作为“盒子”的系统或实体的设计。重点转移到接口兼容性工程——机械零件、电力、信号线和电缆；接口互操作性是次要的。他们未能认识到系统工程流程模型和系统能力方法适用于通过机械零件、电线和电缆在接口上进行的能量、力和数据的互操作性交换。系统工程流程和系统能力方法如何应用于接口？

（1）系统工程流程方法灌输了定义需求、运行、行为和物理域解决方案的

要求。这适用于系统层和实体层架构部件和它们的接口。

（2）系统能力方法灌输了定义能力阶段（能力前、能力中和能力后）如何实现的要求。

这两点为确定接口需求规范要介绍的关键主题奠定了基础。以下大纲为系统性能规范或实体开发规范第 3.4 节（见表 20.1）“接口需求”框架内的示例。*

第 3.4 节：系统外部接口

第 3.4.1 节：接口#1 名称

第 3.4.1.1 节：（定向的源-目标接口名称）

第 3.4.1.1.1 节：运行特征和限制

第 3.4.1.1.2 节：行为特征和限制

第 3.4.1.1.3 节：物理特征和限制

第 3.4.1.1.3.1 节：机械特征和限制（AR）

第 3.4.1.1.3.2 节：热特征和限制（AR）

第 3.4.1.1.3.3 节：液压特征和限制（AR）

第 3.4.1.1.3.4 节：电气特征和限制（AR）

第 3.4.1.1.3.5 节：光学特征和限制（AR）

第 3.4.1.1.3.6 节：数据特征和限制（AR）

第 3.4.1.1.3.X 节：（标签）特征和限制（AR）

如果接口具有双向特征，请指定反向需求。

标准接口需求规范模板　为了确保系统开发的一致性，创建标准模板来记录接口需求和描述。例如，美国国防部 DID DI－IPSC－81434A 提供了一个标准模板，用于记录接口需求规范的接口需求，包括 HWCI 和 CSCI。

27.3.2.2　接口控制文件（ICD）

启示 27.1　接口控制文件

一般情况下，尤其是在航空航天和国防（A&D）应用中，接口控制文件

* 关于以下讨论的两个重要说明：

（1）下面列出的主题涵盖了一系列不同的通用接口，如机械、热力、液压、光学、电气和数据接口，还包括核、生物和化学接口。调整主题内容，以满足每个接口的特定属性，并相应地重新编号。

（2）AR 表示根据需要。

通常用于记录硬件接口详情，如图纸、接线清单和电缆图。一个接口控制文件：

（1）为单页或多页文件，如接口接线图、机械图纸、机械孔间距布局和物理连接器引脚布局。

（2）作为系统性能规范、实体开发规范或接口需求规范中需求的详细设计解决方案。

当所有接口利益相关方通过审查同意接口控制文件的内容时，每个接口控制文件都得到批准、基线化且置于构型控制之下，并发布用于正式决策（原理 20.8）。

一般来说，接口控制文件由项目的构型控制委员会（CCB）控制。必须由两个或两个以上组织就初始基线以及对基线的任何正式更改达成一致的外部接口的情况除外。在这种情况下，可以指定一个由所有组织代表组成的联合接口控制工作组作为成员。

除非你的合同或组织标准流程（OSP）要求特定的格式，否则接口控制文件通常以自由形式编制。

根据应用的不同，构建接口控制文件有多种方法。或许，大纲最重要的方面可以从传统的规范大纲（见表 20.1）中推导得出，例如：

第 1.0 节　简介

第 2.0 节　参考文件

第 3.0 节　需求——参考之前提供的大纲

由于接口控制文件包含关于系统、产品或服务物理实现的详细信息，因此它们的内容通常称为“设计要求”。这些设计要求包含在物理部件的工程图纸中。每个物理部件都由质量保证（QA）工程师进行符合性验证。

接口控制文件的编写应该关注用户（读者）是谁，以及他们想如何使用该文件。大多数接口控制文件仅用于记录设计参数，如布线和电缆清单、连接器功能引脚和极性约定。

请注意，我们提到的接口控制文件通常用于“记录设计参数”。如果一个接口控制文件传达了需求，人们会期望有第 3.0 节“需求”，至少包括一个或多个“应”声明，使符合成为强制性的。作为最佳实践，以和规范相同的方式采用基于“应”的接口能力要求（原理 22.7）。

27.3.2.3　接口设计说明

启示 27.2　接口设计说明

一般情况下，尤其是在航空航天和国防（A&D）应用中，接口设计说明用于记录软件接口说明。

接口设计说明的主题有许多背景和含义。

（1）背景#1——通过标题，人们希望文件描述关于人员和设备（硬件和软件）接口实现（其运行、行为反应和物理实现细节）需要知道什么。

（2）背景#2——软件界，尤其是美国国防部项目，将接口设计说明视为软件独有的文件。

软件接口通常记录在一个接口设计说明中。这种方法通常用于需要将CSCI 特定接口设计说明作为单独文件分离的 CSCI。然而，接口设计说明并不局限于软件。它们同样适用于硬件应用。DI－IPSC－81436A（2007）是制定接口设计说明的数据项描述。

27.3.2.4　有多少接口控制文件/接口设计说明？

识别接口的初级挑战之一是确定需要多少个接口控制文件/接口设计说明。工程师以设计接口为荣。然而，他们的弱点之一是在定义开发系统或产品将需要多少接口文件（接口控制文件或接口设计说明）方面缺乏信心。在许多此类情况下，通常是缺乏系统工程师或系统工程师的能力较差，无法提供技术决策指导。正如第 1 章（McCumber & Sloan，2002）所述，系统工程师负责系统设计解决方案的“智能控制”。这需要理解必须编制什么类型的特定文件。

这个问题的核心是两个方案，如图 27.1 所示：

（1）方案 A——我们是否创建了定义产品 A 所有硬件和软件接口的单一接口文件——接口控制文件和/或接口设计说明？

（2）方案 B——我们是否为每个产品 A 的内部接口创建了单独的接口文档——接口控制文件和/或接口设计说明？例如：A1－A2 接口控制文件、A2－A3 接口控制文件或 A1－A3 接口控制文件？

没有任何规则反对单个接口文件同时涵盖硬件接口控制文件和软件接口设计说明的详细信息。为了简单起见，读者可以按规则将关于接口的所有详细信息放在一个文件中（原理 27.4），避免研究多个硬件和软件接口文件。从系统的单一接口文件开始。如果不切实际，则证明需要在每个抽象层次（接口 A－

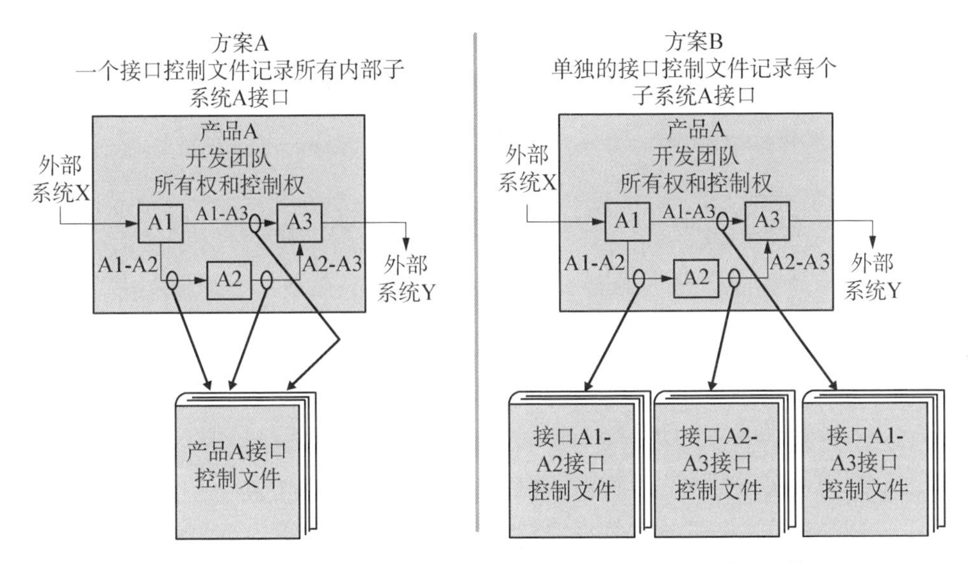

图 27.1　接口控制文件实施方案——单个或多个接口控制文件

B、接口 C－D）将其分解为每个实体外部接口的单独接口文件。在适当的情况下，创建单独的硬件接口控制文件和/或软件接口设计说明。那么，答案是什么？你是如何决定的？在回答这些问题时，有几点需要考虑。

原理 27.5　接口披露原理

为了防止知识产权或竞争敏感信息的泄露，将特定接口的需求分离到一个单独的文件中，以便其与有正当理由“须知”的外部组织进行协调。

（1）第一，要认识到你创建的每一个附加文件都会增加维护成本。在一般情况下，应避免创建单独的接口控制文件/接口设计说明，除非：

a. 由于页数的原因，信息量对读者来说难以处理。

b. 由于知识产权、专有数据和安全原因，需要分离细节，以基于“须知”的理由限制对特定接口的授权访问。

（2）第二，基于第一点：

a. 单一的系统接口控制文件可能适用于所有团队成员共享接口信息的小型项目。注意，我们说的是系统（针对整个项目），而不是系统层接口控制文件。

b. 对于较大的项目，分离并创建单独的接口控制文件/接口设计说明，以便由外部供应商为项目开发接口。为了减少对单独接口控制文件和接口设计说明

明的需求，尽量采购具有标准连接器或数据接口的外部部件，如 RS-232、以太网。

27.3.3 接口控制

接口定义作为系统/实体设计的一部分，要求系统工程师“保持对（不断变化和成熟接口）问题解决方案的理智的控制”［原理 1.3——McCumber 和 Sloan（2002）］（原理 1.3）。根据对接口设计解决方案成熟度和执行正式变更管理成本的权衡，接口设计控制包括两个阶段。

（1）第 1 阶段——半正式工程控制。

（2）第 2 阶段——正式构型管理（CM）控制。

使用半正式和正式构型管理控制阶段，使处理变更更加高效和有效。这种方法并不完美。它仍然依赖于产品开发团队（PDT）的集体经验、智慧和明智的判断，如综合产品团队（IPT）的利益相关方。

27.3.3.1 第 1 阶段——半正式工程控制

在接口开发的早期，灵活适应接口任何一侧的变更很重要。随着接口定义的发展和成熟，随意的变更会变得具有破坏性。尽管接口最好由团队（如系统开发团队或产品开发团队）拥有和管理，但团队的系统工程师应努力建立共识，即变更需要团队讨论批准，而不是正式请求。这一过程一直持续到第 2 阶段“正式构型管理控制”下批准、基线化和发布接口设计工作成果为止（原理 20.8）。

27.3.3.2 第 2 阶段——正式构型管理控制

当接口工作成果（如规范、运行概念描述、权衡研究和设计）达到需要正式控制的程度时，它们将由各自的利益相关方（用户和最终用户）进行正式审查、批准并提交给构型经理。构型经理通过建立一个基线并发布工作成果供决策制定使用，对每个工作成果进行正式的变更管理。

目标 27.1

基于对接口所有权、责任和控制的了解，我们下一个任务是定义每个接口。我们需要一个基于方法的策略用来定义每个接口。这就把我们带到了下一个主题：接口定义方法的需求。

27.4 接口定义方法

当我们识别、定义和设计接口时，有一些关键的技术问题必须考虑。例如：

(1) 谁是接口的利益相关方——操作人员、维护人员还是指挥员?

(2) 接口将在哪里和什么条件下使用?

(3) 通过接口交换或传输什么——数据、力、能量和方向流?

(4) 何时使用接口以及接口使用的频率是多少——同步或异步数据传输、门把手和开关的使用?

(5) 出于安全和隐私的原因，接口将如何控制——加密、解密?

(6) 如何保护接口免受其运行环境中的自然威胁——天气、啮齿动物?

(7) 如何确保接口兼容性和互操作性?

对于采用自定义“代入求出”SBTF范式（第2章）的组织，这些问题的答案通常是模糊和不完整的，并且经常以不正确的顺序解答或者根本没有解答。请注意，在图2.3中，这些组织从需求直接跳到物理解决方案，而忽略了运行和行为方面。

回答这些问题需要从逻辑上推导接口信息的方法。使用下面的接口定义方法可以定义接口。

(1) 第1步——识别每个系统或实体接口。

(2) 第2步——定义接口的目的和目标。

(3) 第3步——定义传输、交换或通信的内容。

(4) 第4步——确定每个接口的用户和最终用户。

(5) 第5步——定义接口的用例和场景。

(6) 第6步——确定接口的运行模式。

(7) 第7步——推导和模拟运行需求和限制。

(8) 第8步——制定运行概念描述。

(9) 第9步——指定和模拟行为交互和限制。

(10) 第10步——指定物理接口特征和限制。

(11) 第11步——跨其他接口进行标准化。

(12) 第12步——接口电缆和连接器贴标签和标色码。

下面我们将更详细地阐述每个步骤。

27.4.1 第1步——识别每个系统或实体接口

识别系统接口的第一步是简单地从外部识别并确认其存在，如系统性能规范中规定的那样。从系统环境图（见图8.1）和N2图（见图8.11）开始，在所有抽象层次应用这些方法，首先是相关系统，其次是任务系统和使能系统。在多层系统架构中，两种类型的图都是有用的；然而，N2图提供了关于系统或实体的接口输入/输出（I/O）交互方向的更明确的参考。

原理27.6 接口标识原理

为每个系统/实体接口分配一个唯一的源-目标助记符和标题。

一旦标识了一个接口，建立一个命名约定，分配一个唯一的标识符来区分该接口和系统中的所有其他接口。典型的命名约定包括源-目标命名约定，接口系统或实体名称由简称、首字母缩写或缩写表示。请思考以下示例。

示例27.3 自动取款机（ATM）示例

接口ID：用户——ATM接口。

（1）用户到ATM接口ID：用户——ATM（源-目标）。

（2）ATM到用户接口ID：ATM——用户（源-目标）。

关于上述例子的两个要点：

（1）请记住，接口ID应该是唯一的标签，并且在系统中仅出现一次。为了避免名称重复，创建一个工具，如数据库来跟踪当前的名称。

（2）源-目标命名约定（用户-ATM）可以扩展，以识别代表唯一交互的交易，如用户-ATM #1 RESP（响应）或ATM-用户#6请求（请求）。

为了避免从需求到物理解决方案的大幅度跨越（见图2.3），我们定义接口的方法是将系统工程流程（见图14.1）应用到每个物理接口，以识别一系列的运行、行为和物理特征。

27.4.2 第2步——定义接口的目的和目标

一旦确定了用户和最终用户，就可以定义接口的目的和预期实现的目标。例如：

（1）“按需”向远程设备（如电机或灯）提供电力。

(2) 向/从远程设备发送和接收异步/同步数据命令和消息。

(3) 以 10 Hz 的速率连续监控远程模拟或数字传感器。

(4) 改变输入/输出设备的当前运行模式。

(5) 根据命令发送和接收音频、视频或数据消息信号。

(6) 在条件允许的情况下，通过警报、报警显示或发出音频和/或视频警示或警告。

27.4.3 第3步——定义传输、交换或通信的内容

定义如下内容:

(1) 需要传输、交换或通信什么，如能量（电能、机械能、光能、热能)、机械（力、压力)、数据（命令和消息)。

(2) 传输、交换或通信的方向性——单向或双向。

27.4.4 第4步——确定每个接口的用户和最终用户

定义接口的用户和最终用户是谁，他们的“须知”访问权限，以及预计的使用频率。

(1) 接口的使用和时间有限制吗?

(2) 用户是否需要具有 ID 和密码的授权账户?

(3) 是否有用户或最终用户需要一个可能未在系统性能规范或实体开发规范中指定的接口?

接口的每一侧都由用户（参与者）和最终用户（参与者）角色组成（见图 5.10)。第 3 章曾介绍用户和最终用户角色的定义。

(4) 接口的用户监控、命令和控制（MC2）系统/实体及其能力——能量、原材料、力、数据命令和消息，确保接口的方向性。例如，用户传输数据命令和消息。

(5) 接口的最终用户作为接收者，受益于通过接口传输的源能量、原材料、力和数据。例如，最终用户接收数据命令和消息。

请思考以下示例。

示例 27.4　双向电话交谈

电话交谈作为双向接口，由作为执行实体的交替角色（用户和最终用户）

组成。用户角色将音频消息传递给受益于接收的最终用户角色，反之亦然。

示例 27.5　语音信箱用户和最终用户

呼叫者作为最终用户角色拨打电话号码，并将录制的语音邮件消息保存在语音信箱中。

稍后，语音信箱的所有者作为用户角色，监控、命令和控制录制消息的播放。在播放消息时，所有者是受益于消息内容的最终用户。

27.4.5　第 5 步——定义接口的用例和场景

对于每个用户或最终用户，确定并定义他们各自的用例和场景（第 5 章）。

27.4.6　第 6 步——确定接口的运行模式

根据接口的用例，确定其运行模式（第 7 章）。例如，数据通信设备可能具有以下运行模式：

（1）通信模式——发送和接收未加密的数据命令或消息。

（2）测试模式——发送和接收“回送”测试数据消息。

27.4.7　第 7 步——推导和模拟运行需求和限制

使用接口的目的和用例，定义和界定其运行能力和限制。运行限制可能包括天气条件、时间、地球物理位置和运行模式。然后根据需要，在时间限制内定义接口的运行时间，如需要在 10 毫秒内响应接口数据请求。

27.4.8　第 8 步——制定运行概念描述

根据接口的运行要求，为每个接口制定一个运行概念描述，描述参与者之间的接口交互是如何发生的——离散数据驱动、中断驱动等。

接口运行特征是通过识别和界定得出的：谁与谁互动，何时互动，多久互动一次，在什么限制和运行条件下互动，预期结果是什么。例如，机械、电气、光学、数据、响应和性能水平。思考以下示例中接口运行概念描述可能描述的内容。

示例 27.6　ATM 银行卡系统运行概念描述

ATM 银行卡系统由位于银行和商业场所的自助服务终端的远程多位置电子

出纳设备组成。这些设备每周 7 天、每天 24 小时都可用于银行卡交易，如获取现金、存款或支付账单。当用户的开户银行和其他银行机构同意用 ATM 银行卡处理信贷或借记交易时，大大扩展了对其他银行远程 ATM 的地理访问。

在 ATM 机上启动银行卡交易的执行过程如下：

步骤	参与者	执行操作
1.	ATM 机	显示“欢迎”问候语，并提示用户插入他们的银行卡
2.	用户	读取显示信息并将银行卡插入 ATM 机
3.	ATM 机	读取银行卡数据，验证账户，并要求用户输入密码来验证授权
4.	用户	输入密码
5.	ATM 机	验证密码，从中央计算机请求授权，接收授权号码，进行交易
6.	ATM 机	提示用户选择所需的交易类型
7.	用户	选择交易类型
8.	ATM 机	提示用户根据交易类型输入金额
9.	用户	输入交易金额
10.	ATM 机	读取用户交易金额，处理交易，出钞
11.	用户	从 ATM 机中取出现金
12.	ATM 机	询问用户是否需要进行其他交易
13.	用户	选择是否进行其他交易
14.	ATM 机	根据是/否回答，进行其他交易或用户循环
15.	ATM 机	显示感谢用户信息，并返回第 1 步

27.4.9　第 9 步——指定和模拟行为交互和限制

接口行为特征描述了系统或实体在其运行环境中对刺激、激励或提示的反应。图 10.12（鱼骨图）提供了一个总体说明。第 10 章提供了驱动行为接口特征的关键接口决策的图解（见图 10.13 ~ 图 10.16）。示例决策包括以下内容：

（1）当运行环境中的外部系统直接或间接与执行其任务的系统或实体交互时，是否需要响应？

（2）如果是，需要什么类型的系统响应？无响应？确认？仅最终响应？

（3）要求的响应格式是什么？

（4）根据接口的运行要求，对返回源的响应有什么时间限制？

定义这些交互的最好工具之一是 SysML™ 序列图（见图 5.11）。序列图交互和事件必须与任务事件时间线（MET）同步（见图 5.5）。该时间线提供了对接口实体预期如何交互的时间等相关方面的分析性见解。需要注意的是，示例 27.7 中的每一个交互都代表了一种接口能力，可以转化为系统性能规范或实体开发规范要求。

第 1 步“识别每个系统或实体接口”使我们能够为每个接口分配一个唯一的标签，如 ATM -用户、用户- ATM。由于在 ATM 机和用户之间存在脚本化的行为交换——消息和响应，你可以扩展 ID 纳入交换的内容，如请求和响应。思考下面的例子，其中 REQ 表示请求，RESP 表示响应。

示例 27.7　用户- ATM 交易交互

步骤	请求/响应助记符	待执行动作
1.	ATM -用户 REQ_ #1：	“插入用户卡”
2.	用户- ATM RESP_ #1：	用户将卡正确插入 ATM 机
3.	ATM -用户 REQ_ #2：	“输入密码”
4.	用户- ATM RESP_ #2：	用户输入密码

行为特征涉及的不仅仅是简单地定义交互的步骤顺序。问题是：系统或实体如何处理和回应外部交互？

系统或实体响应可能需要采取以下措施：

（1）回避行为——无响应、实测响应或改变位置。

（2）启动对策或反对策。

交互的类型和范围，如合作、良性、敌对、严酷、敌对交互，决定了适当的响应方式。第 10 章描述了如何使用系统或实体建模与仿真（M&S）来表示这些交互。接口交互行为方面的定义确定了必须完成什么动作和序列；然而，我们没有定义接口将如何物理实现，因此需要定义接口的物理特性。

27.4.10　第 10 步——指定物理接口特征和限制

根据要传输、交换或通信的内容，选择所需的传输介质。例如：铜电缆、射频——无线，光纤（FO）——通道，机械机构、连接，热导体、绝缘材料。进行替代方案权衡研究分析，评估实现和维护接口的最佳方法。

选择传输介质后，指定接口的物理特征，例如：

（1）机械特征——压缩/拉伸、热、压力。

（2）电气特征——模拟/数字信号，电压，电流，数字离散位（开/关、开启/关闭），协议（以太网、IEEE－488），模拟、数字和电源接地和屏蔽，连接器引脚。

（3）光学特征——亮度、光谱频率、强度、衰减。

（4）数据特征——数据命令和数据消息的格式化、打包、编码。

对相互作用做系统的分析需要对可能需要的各种类型的物理交互进行研究。对于大多数系统，接口的类型包括电气、机械、光学、声学、核、化学、生物、环境和人类。一般来说，系统的物理响应特征取决于系统或实体的机械设计和质量特性（第 3 章）、光学特征或设计控制的行为响应动作，如电气、机械或光学。例如：

（1）物理运动，如六自由度（见图 25. 13）。

（2）热膨胀或收缩。

（3）压力增加或降低。

（4）电信号、响应时间。

（5）能量转换和储存。

物理接口分析的挑战之一是，系统工程师和系统分析师陷入分析瘫痪，被特定的交互类别所吸引并沉浸其中。他们忽视或忽略了其他可能值得关注的类别。这一点说明了需要多学科团队（如系统开发团队或产品开发团队）参与他们各自接口级别的识别、定义和控制。

如果接口有任何物理限制，如质量、尺寸、技术、颜色编码、极性或键控惯例、运行环境条件，则应指定并界定这些要求。

最后，了解接口将如何在其运行环境中与外部系统交互。图 27. 2 所示为任务系统与自然环境、诱导环境和人类系统环境之间潜在交互类型的分析矩阵。

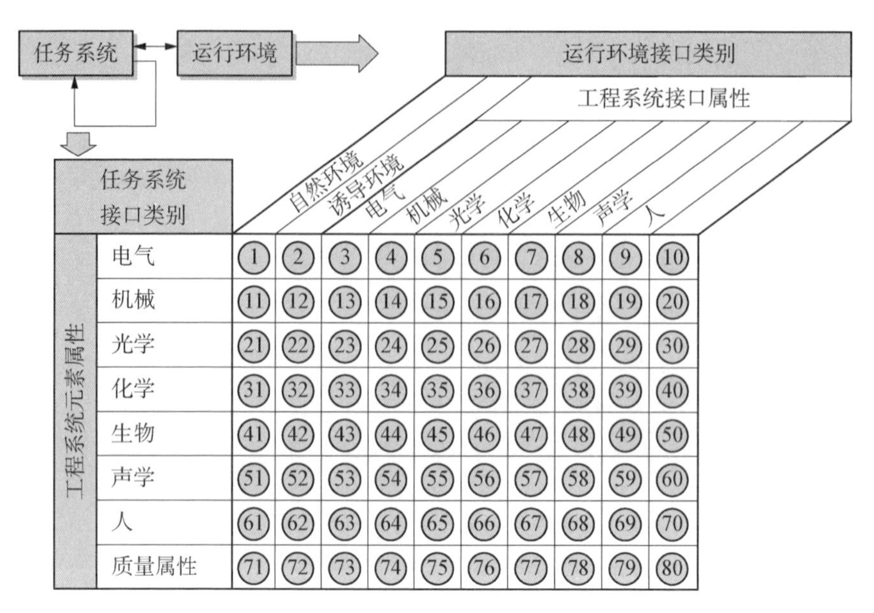

图 27.2　分析接口交互矩阵

27.4.11　第 11 步——跨其他接口进行标准化

与任何形式的系统设计一样，接口设计侧重于满足特定的需求，同时将成本、进度、技术、工艺和支持风险降至最低。每次设计新的接口解决方案（专用接口）时，你都必须准备好降低未经验证的接口的风险。此外，专业人员开发和维护非标准接口的成本大大增加了人工成本。

减少这些风险影响的一个方法是采用已经证明的设计解决方案。此外，你选择的任何技术解决方案都可能在短时间内过时。与此形成鲜明对比的是，市场上的消费产品，尤其是计算机，要求系统在设计上接受技术升级，以保持系统的性能，而不需要新系统作为替代。

行业解决这一市场需求的方法之一是使用标准接口，促进具有行业标准接口（如 RS－232、IEEE－488、以太网协议或 USB、SCSI、DB、RJ、BNC 同轴电缆、连接器）的现场可更换单元的开发和选择。

27.4.12　第 12 步——接口电缆和连接器贴标签和标色码

接口定义和设计活动几乎只关注系统或产品与外部系统的物理交互——力、数据、能量、能量交换。然而，接口不仅需要安装和检验（I&CO），还需要预防性和纠正性维护（第 34 章）。因此，研究确保能够轻松、适当和正确执行维护的方法。这包括授权访问的考虑——物理、安全，电缆和连接器的颜色编码和标签，注意事项和警告标签。

目标 27.2

前文对接口定义方法的讨论提供了一种技术策略，使我们能够定义和设计接口。虽然我们倾向于认为接口是以学科为中心的——机械、电子、软件，但它们通常是多方面的，并且有它们自己的复杂性和权衡考虑。这将我们带到下一个主题：接口设计——高级主题。

27.5 接口设计——高级主题

从教育的角度来说，为了让学习过程变得简单，我们会把重点放在工程学科特有的边界条件问题上。例如，找出如何将点 A 连接到点 B。在当今的技术世界，更快的计算设备和建模与仿真方法，如基于模型的系统工程（MBSE）使我们能够研究和设计更复杂的多学科接口等问题。

本节讨论介绍了一些接口定义和设计的高级主题。这些主题不仅仅是简单地将点 A 连接到点 B，它们需要通过系统思维（第 1 章）获得更强的洞察力。本节介绍了有目的地设计和利用接口特征来影响特定结果（如汽车碰撞）的概念。由于有大量的接口设计出现在数字计算、数据通信和机械设计中，接下来我们通过几个例子来探讨接口设计的应用。

27.5.1 数据通信案例研究

高速音频、视频和数据通信需要研究以下内容：

(1) 物理实现和介质——电缆、光纤或光纤电缆、无线、红外、射频——高频、超高频、微波。

(2) 数据传输和格式化方法——数据传输协议、消息格式和同步/异步传输。

光纤数据通信如今已很普遍，尤其是在写字楼、地面线路电信和军事应用中。其优点包括高带宽、更长的传输距离、更小的尺寸和更轻的质量、数据安全性、抗电磁干扰、消除接地环路和无火花等特性。图 27.3 所示为光纤收发

器的光纤应用示例。图中，每个收发器：

（1）由半导体激光器（发射器）和光电探测器（接收器）组成。

（2）在接口和光纤电缆的相应侧与电子设备的接口。

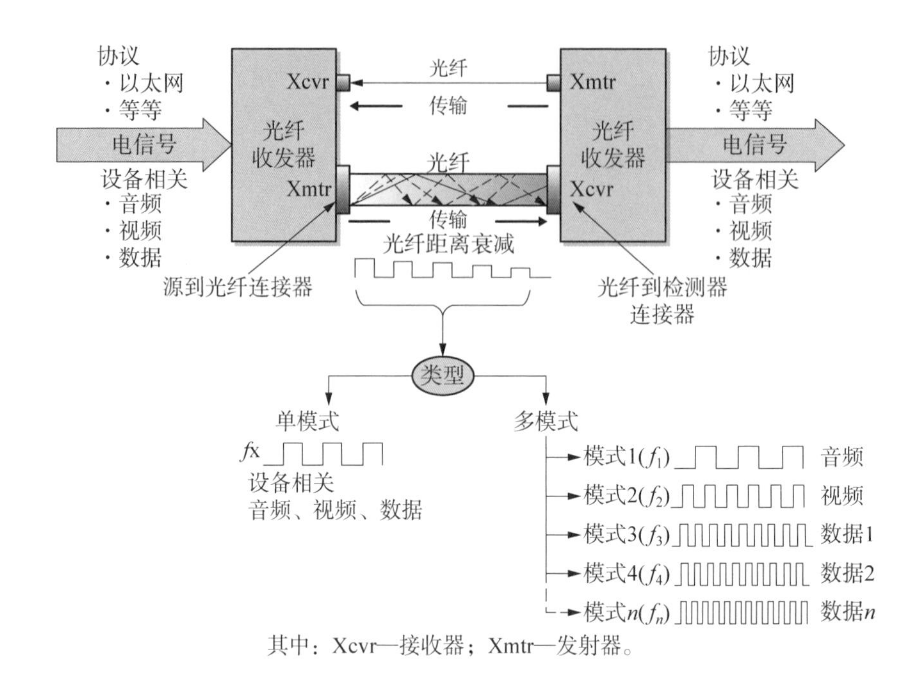

图 27.3 光纤接口数据通信示例

光纤通常支持两种类型的数据传输：单模式或多模式。光纤术语中的模式等同于通道。一种称为“波分复用”的方法能够在单根光纤上传输多种模式（通道）。如图 27.3 所示，为特定类型的传输保留了以下模式：模式 1—音频通道；模式 2—视频通道；模式 3~5—数据通道#1-n。

现在，假设我们需要监控和记录几个远程模拟传感器的测量结果。远程传感器系统的物理设计包括一个命令和控制（C2）处理器和一个遥测处理器，将数据信息传输回中央计算机系统，如图 27.3 所示。决定使用光纤电缆来遥测数据。

对于这种应用，命令和控制处理器从执行模拟-数字（A－D）转换的输入/输出设备读取传感器数据，并将数据存储在缓冲器中（指定的共享存储位置）。遥测处理器读取数据并将其格式化为数据包或帧结构，如图 27.4 所示。数据读取并格式化为包含以下内容的消息结构：

(1) 起始字段——协议定义的数据。

(2) 帧开始 (SOF) ——协议定义的数据。

(3) 头消息——消息_开始 (唯一的一组字母数字和控制字符)、唯一的记录_ID、数据_时间_戳、消息_类型 (如命令或数据) 和消息_长度 (字或字节)。

(4) 消息正文——数据项#1、#2 等具有预定义单位值的不同字长的有符号或无符号整数、数字离散值#1 ~ #n，表示二进制值的单个位，如开/关、开启/关闭。

(5) 消息结束——消息_结束 (唯一的一组字母数字和控制字符) 和校验_和，用于错误检查和纠正。

(6) 数据包或帧结束——协议定义的数据。

使用如图 27.5 所示的结构，根据软件接口设计说明对每个数据包进行数据格式化。

每个数据包或帧以 10 Hz 的速率通过单模光纤电缆 (见图 27.3) 作为串行数据消息流传输回中央计算机。

设计数据通信接口时，请考虑以下几点:

(1) 要传输或交换的数据量——格式化命令或数据消息所需的位、字节或字的数量、数据精度和准确度以及字的大小。

(2) 带宽、消息传递时间限制以及适应增长和扩展的灵活性。例如，设计目标是 50%的传输容量来满足当前需求。

该示例说明了以下几个要点:

(1) 选择传输介质——单模光纤电缆 (见图 27.3)。

(2) 选择数据通信协议，如以太网，用于传输信息包。

(3) 根据定义的数据表格式化每个协议包内的数据 (见图 27.4 和图 27.5)。

(4) 以 10 Hz 或 1 kHz 等同步速率传输数据包。

27.5.2 汽车案例研究

原理 27.7 工程的力量原理

工程的力量在于它的应用——“判断如何经济地利用自然物质和力量造

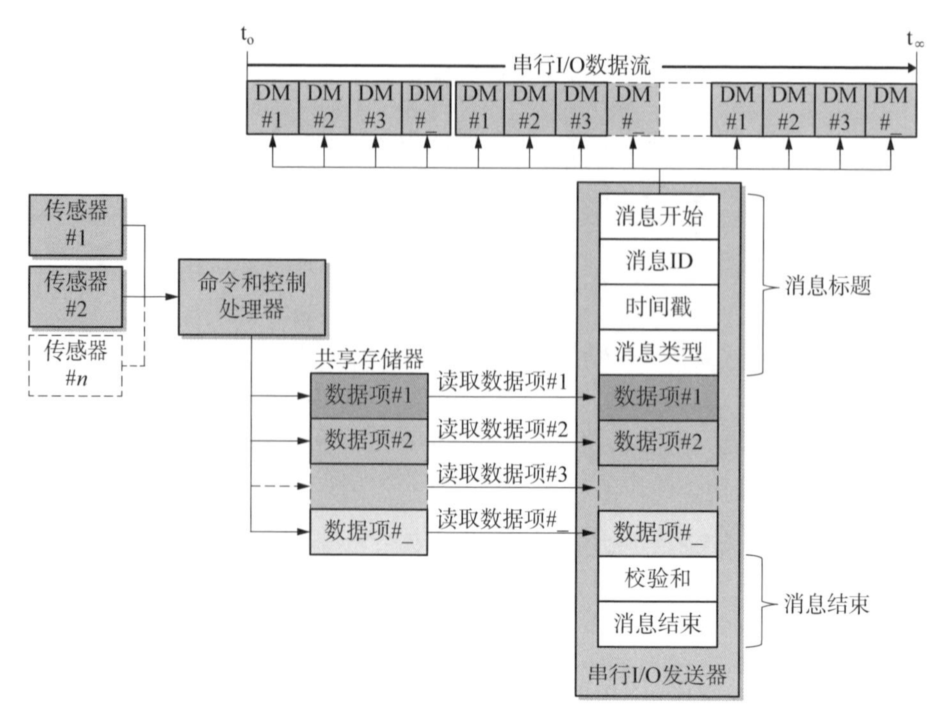

其中：DM—数据消息；I/O—输入/输出。

图 27.4　遥测数据流和数据命令/消息打包示例

福于人类。”

我们倾向于将接口设计视为两个实体之间的工程，如图 27.3 所示的收发器。根据定义，分析使我们能够将复杂的接口分解成连续层次的离散“段”，便于分段（接口）物理和数学分析和建模。基于网格模型的有限元分析就是一个很好的例子。

工程师倾向于认为工程的力量（原理 27.7）在于按照静态构型的方式根据“盒子设计”的思维模式来设计产品或子系统，而不在于“系统工程设计”（第 1 章）。汽车的收音机、车身等部件，在其无事故的使用寿命内，都保持目前的构型。这些部件（电缆、线路、机械联动装置）之间的传统接口设计发生在部件识别和定位之后。然而也有相反的情况，接口设计驱动部件的设计，尤其是在安全相关的情况下。举个例子：你可以被动地对能量做出反应——通过震动和振动来吸收能量——或者你可以通过接口设计来主动管理它。发生交通事故的汽车就是这种情况。

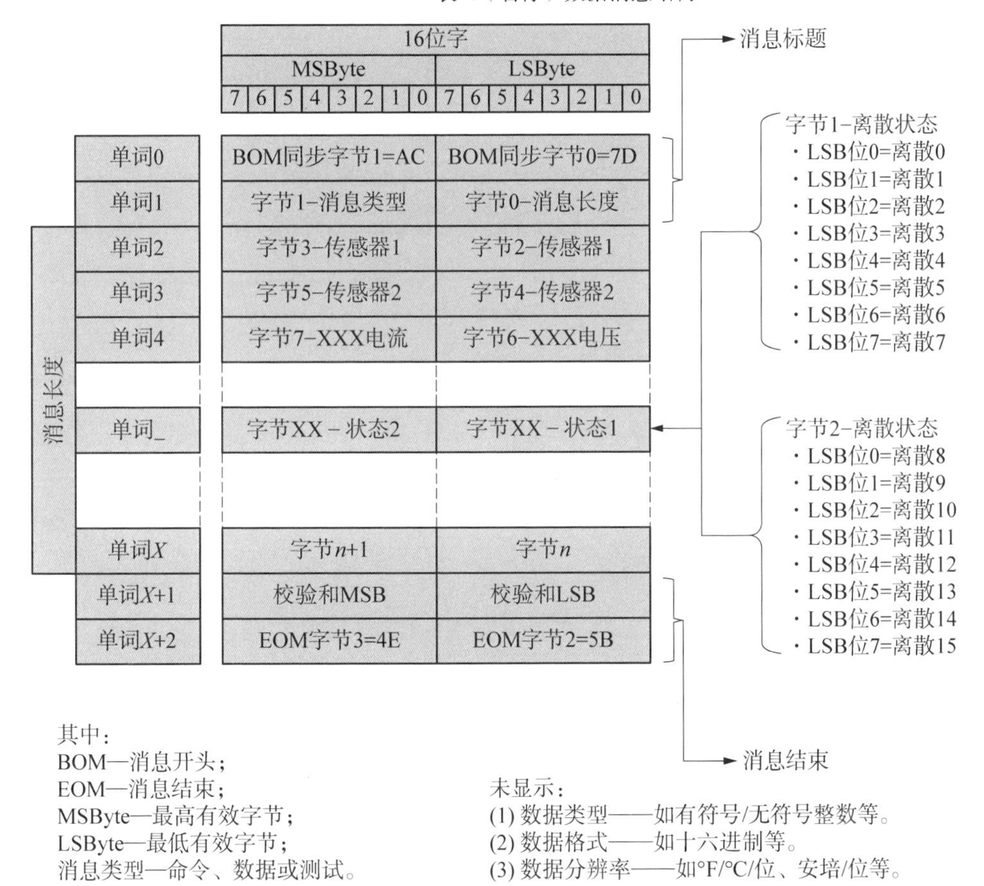

图 27.5　遥测数据命令/信息包格式结构

汽车设计的目标是通过应用各种类型的接口来减少对乘客的影响，从而减少对乘客的伤害。从工程的力量（原理 27.7）角度来看：驾驭（人类）自然的力量，吸收、消散和转移它们，减少对乘客的影响。

早在 20 世纪 50 年代，汽车开发商就创建了专门的接口，如前后撞击缓冲区和作为安全空间的乘客舱。这个集成接口链的设计目的是：①在碰撞时吸收和耗散尽可能多的动能（KE）；②从乘客舱转移和分配动能（Grabianowski，2013）。

图 27.6 是乘客厢周围的汽车撞击缓冲区的示意图。撞击缓冲区吸收了冲击力，作为一种控制和转移乘客区动能力的手段。如图 27.7 所示，这些力通过车顶、地板和发动机防火墙隔板导向并分布到乘客舱周围的结构中。

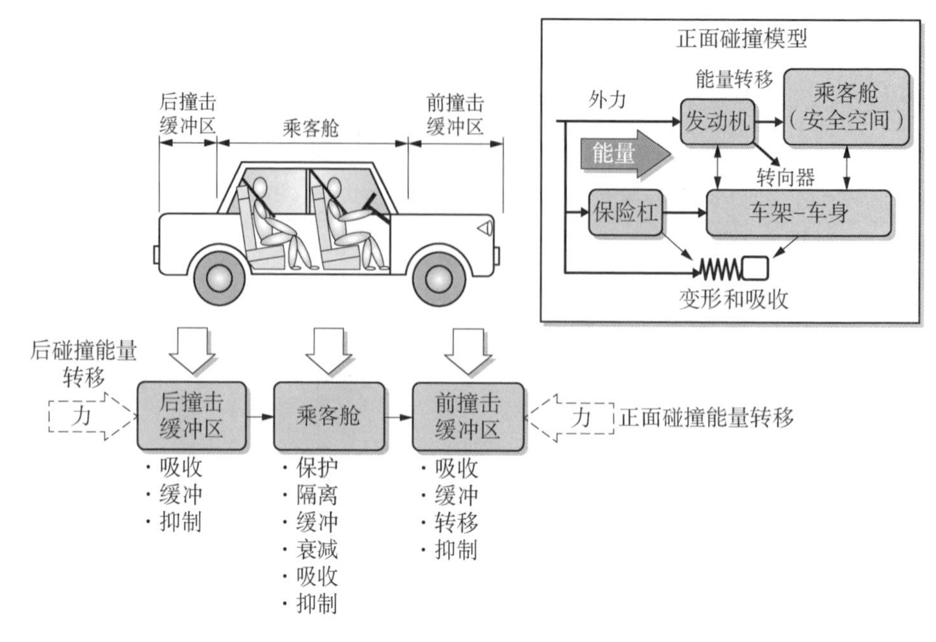

图 27.6　汽车撞击缓冲区和乘客舱建模示例

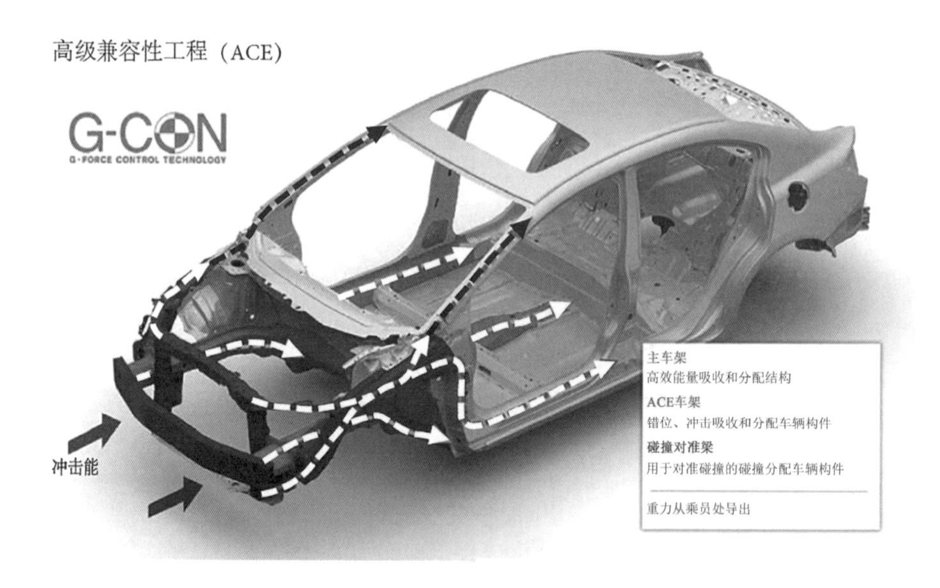

图 27.7　汽车乘客舱周围碰撞动能力分散以减少伤害的示例

（资料来源：本田汽车公司。经许可使用并改编）

经检查，这似乎是机械接口的工程设计，使它们在某些运行条件下压皱。事实的确如此。然而，还有另一个方面需要考虑——时间。

在碰撞过程中，牛顿第二运动定律以数学方式表达了碰撞时作用在车辆上的力的大小是其质量和加速度的函数。

$$力 = 质量 * 加速度 \tag{27.1}$$

用速度分量代替加速度：

$$力 = 质量\left[\frac{最终速度 - 初始速度}{T_{最终} - T_{初始}}\right] \tag{27.2}$$

其中：$T_{最终}-T_{初始}$表示事件停止前的持续时间——影响。

由于最终速度为零，加速度分量为负，因此反映了减速度。将公式 27.2 微分，得出力（F）的变化率，作为速度变化率的函数，结果如下：

$$\mathrm{d}F = \mathrm{mass} * \frac{\mathrm{d}v}{\mathrm{d}t} \tag{27.3}$$

在检查式（27.3）时，如果我们能够控制或降低减速率，则施加在乘客厢（安全空间）上的随时间变化的瞬时力将减小。

一般来说，以 55 英里/小时的速度行驶的车辆撞击静止物体需要大约 0.7s 才能完全停止。从数学上讲，将减速率降低十分之几秒可以显著降低乘客舱结构、安全气囊、座椅肩带所分配和抵消的瞬时力。通过变形来控制这个力的减速率的机制是汽车的撞击缓冲区。作为一种补偿措施，汽车设计师设计了一系列部件和接口，以便在给定条件下以可控的方式塌陷。

讨论的要点如下：

（1）接口不仅仅是通过电线、电缆和机械联动装置来连接部件的“图纸上的连接线”。它们代表执行某项功能的系统或产品的“部件”。从系统设计的角度来看，接口应该具有同等的重要性。

（2）作为系统或产品的“部件”，工程师设计接口结构和部件时要考虑到弱点设计，使其能够以受控的变形方式塌陷（AIP，2004）。格拉比安诺夫斯基（2013）指出，汽车设计创造了“会被损坏、弄皱、压碎或损坏”的特殊结构。

（3）根据工程的力量（原理 27.7），如果我们应用“……判断如何经济地利用自然物质和力量造福于人类”，我们可以设计一个接口来控制碰撞减速

率，从而减少伤害和挽救生命。

目标 27.3

前面几节为基于方法识别、分析和指定接口奠定了基础。高级主题介绍了实现接口的特殊考虑。我们的最后一个主题“接口定义和控制挑战”介绍了一系列系统工程师必须准备好应对的与接口的定义、设计和开发相关的挑战。

27.6 接口定义和控制挑战及解决方案

接口定义、设计、开发、运行和支持活动经常面临许多系统共有的挑战。本节中，我们确定并讨论了其中的一些关键挑战。

（1）挑战 1：缺乏外部接口承诺。

（2）挑战 2：未能分配接口所有权和控制权。

（3）挑战 3：威胁的识别和脆弱性。

（4）挑战 4：环境、安全和职业健康风险。

（5）挑战 5：按需可用性。

（6）挑战 6：接口可靠性。

（7）挑战 7：接口可维护性。

（8）挑战 8：接口兼容性和互操作性。

（9）挑战 9：缓解接口完整性问题。

（10）挑战 10：外部电源——可用性、质量和备用。

（11）挑战 11：电源、模拟、数字信号接地和屏蔽。

（12）挑战 12：射频和电磁干扰发射。

（13）挑战 13：部件故障模式和影响。

（14）挑战 14：故障遏制。

（15）挑战 15：减少接口总数。

27.6.1 挑战 1：缺乏外部接口承诺

每天都会有合同签署，购买者在合同的系统性能规范中表示：“系统应以 10 Hz 的速率向外部系统报告传感器#1 的状态。”

经了解情况，购买者应确保用户和外部系统的所有者之间就接口达成了协议备忘录（MOA）。这应发生在正式招标（如投标邀请书）发布之前。在这些情况下，用户将放弃责任，将风险转移给系统开发商。在某些情况下，这种方法是可以接受的，特别是如果系统开发商与接口方已经建立了融洽的关系。然而，在“公开”的采购中，购买者和系统开发商都不应假设这一点。思考以下小型案例研究。

小型案例研究 27.1　不合作的接口所有者

假设用户系统 ABC 是新的，需要连接到系统 XYZ。巧合的是，用户和系统 XYZ 的所有者都是同一个组织的成员。如果购买系统的用户和系统 XYZ 的所有者之间的关系不睦，那么为了避免直接与系统 XYZ 的所有者打交道，用户合同要求系统 ABC 直接与系统 XYZ 对接。但是，系统 XYZ 的所有者对支持该接口没有兴趣。系统开发商认为在提议阶段很容易完成的事情变成了一种不和谐和本可以避免的情况。

系统开发商永远不应处于用户组织双方协商协议的位置；然而，这种情况每天都会发生。很多时候，即使是作为用户技术代表的系统购买者也不知道（他们应该知道）这些情况。如果系统开发商主动尝试以“积极、专业的方式”处理问题，系统 ABC 和 XYZ 管理层可能会转而指责系统开发商“管好他们的企业”，这是另一种令人不愉快的情况。在合同签署之前，彻底调查购买者或用户与外部系统所有者就接口达成的协议和承诺。

27.6.2　挑战 2：未能分配接口所有权和控制权

每个系统或实体接口的责任必须分配给负责人，如个人、组织或接口控制工作组。负责人必须控制接口定义、设计、开发、系统集成、测试和评估、系统运行、维护和维持、逐步淘汰或者处置。作为负责人，个人或组织负责审查和批准接口设计基线的变更，还负责通过用户指南、手册和培训向系统用户传递接口运行和维护知识。

接口所有权和控制权问题有时表现在谁负责开发和提供接口电线和电缆。具体来说，如果两个或两个以上接口企业正在设计一个接口，那么谁提供互连电缆和电线？很多时候，每个企业都假设对方开发和提供电线和电缆。建立企业协议备忘录，明确规定谁负责建设和提供布线电缆，以及何时、何地和向谁交付。

27.6.3 挑战 3：威胁的识别和脆弱性

系统接口设计基于一组预定义的接口，这些接口必须具有互操作性。现实情况是，一些运行接口，如军事、金融、医疗、教育和运输系统，容易受到外部因素的威胁和攻击。这些系统必须应对所谓的未知事物和威胁。购买者和系统开发商必须与用户及其支持组织合作应：

（1）彻底了解和预测系统或实体的潜在威胁和威胁状况。

（2）定义系统或实体的接口将如何应对这些威胁。

交付系统或实体后，用户必须持续监控用于运行接口的系统机制和流程的执行（第 29 章）。此外，用户必须评估接口对系统运行环境中不断变化或潜在威胁的敏感性和脆弱性。

在适当的情况下，应要求并实施合理的措施，如专门的解决方案，包括加密/解密、安全、防火墙和防病毒软件。

27.6.4 挑战 4：环境、安全和职业健康风险

一些系统或实体会对任务系统和使能系统人员、公众、财产或环境构成环境、安全和职业健康的潜在威胁。在设计系统接口时，彻底分析潜在的环境、安全和职业健康情景，如废气排放、有毒化学品、危险材料和泄漏流体，这些可能会对环境、安全和职业健康造成风险，需要缓解到可接受的水平。*

27.6.5 挑战 5：按需可用性

执行任务的用户期望任务系统或使能系统在需要时执行——系统可用性（第 34 章）。接口可用性作为系统/实体行为的促成因素，在内部和外部都是一个关键问题。

（1）在内部，每个接口必须“按需”可用，并在配置和激活时处于就绪状态，以支持任务。

* 对于接下来的挑战 5~8，要认识到它们的排序是基于一系列的问题。
（1）需要时，接口是否“按需”可用？
（2）如可用，它是否与外部系统兼容并可互操作？
（3）如果是，那么可靠吗？
（4）如果是，那么易于维护吗？

（2）在外部，系统将如何响应或适应外部系统接口故障（原理 19.22）。

接口的可用性与其可靠性和可维护性相关（第 34 章）。

27.6.6 挑战 6：接口可靠性

如果接口能力在需要时可用，那么问题是：接口能否在规定的运行环境条件下可靠地执行其预期任务，达到系统或实体规范要求的性能水平？每个接口的设计必须达到一定的可靠性水平，以确保在整个任务过程中实现任务能力。有以下两种方案：

（1）方案#1——选择可靠性更高的部件。

（2）方案#2——考虑接口设计冗余（第 34 章）。

这两个方案中的任何一个都需要在系统开发和系统/产品生命周期成本考虑中进行替代方案分析权衡，如冗余部件的额外电力和重量、维护和冗余部件的热积累。

27.6.7 挑战 7：接口可维护性

为了最大限度地减少系统或产品的停机时间，必须确保接口可使用任务前、任务中和任务后运行阶段和运行任务相称的特定水平的技能和工具进行维护（第 34 章）。思考如何检查或监控和维护接口，如使用可锁定的入口板和端口；视频监控；过热的热成像和温度传感器；注意、警告和警报的需要，检测过压/欠压、过流；方法等。

27.6.8 挑战 8：接口兼容性和互操作性

当不同组织开发的两个或两个以上系统或产品需要集成到 0 级用户系统中时（见图 8.4），接口兼容性和互操作性成为潜在的风险项。如果性能不佳或根本没有，风险可能成为一个问题——一个导致组织之间互相指责的主要问题。降低风险的方法有两个方面：接口兼容性和互操作性。此外，如果接口由机械、电气和数据属性组成，那么问题会变得更多元。挑战问题变成了：

假设在不同国家或一个国家的不同地区开发的两个非常大的系统共享共同的机械、电气和电气/软件数据接口，这些接口可以是独立的，也可以是组合的。例如，数据通信接口具有机械、电气和数据特征。为了降低系统集成、测

试和评估（SITE）过程中的技术风险，在将一个或其他接口进行系统集成、测试和评估之前，你将如何建议验证和确认接口？

这里不提供解决方案，将这个问题推后到本章2级练习。

27.6.9 挑战9：缓解接口完整性问题

接口的完整性取决于其设计在特定运行环境条件下的表现。通常，安全系数（第31章）如2x或3x（第31章）可用于减轻可能危及系统或产品的接口部件故障，如隔板压力泄漏、过滤器堵塞、污染、缺少数据包或帧错误检查。

27.6.10 挑战10：外部电源——可用性、质量和备用

工程师通常专注于他们相关系统的内部设计——系统层、产品层、子系统层等。他们拖延了研究外部接口，如电源、属性和质量。一般来说，他们假设110 V交流或28 V直流电源将“永远可用，我们所要做的就是插入我们的设备”。

在这些电源类型的例子，工程师经常忽略细微之处，如50 Hz、60 Hz和400 Hz的差别，以及幅度和频率的容差。电源质量因素也是一个考虑因素。最后一个关键问题是：在高峰运行时间，电源是否可靠地持续运行，不定时运行，或经历周期性的运行或断电？这需要风险评估、规划、处理和控制。需要制定一个应急计划。

在彻底调查和分析接口之前，不要认为外部系统电源在你需要时总是可用。此外，建立一个书面协议，如协议备忘录，代表电源所有者分配和预算电力资源的承诺，确保你的系统在需要时运行。电源质量和过滤也是如此。

最后，评估以下需求：

（1）备用电源，减少任务期间的数据丢失。

（2）电力故障警报和显示。

（3）电源自动或手动关闭和启动程序，尽量减少数据丢失或设备损坏。

27.6.11 挑战11：电源、模拟、数字信号接地和屏蔽

模拟信号和数字接地以及接口屏蔽是必须预先解决的关键问题。最容易被

忽视的一个问题是未能研究和理解系统或产品集成在其中的用户更高层次的电源接地系统——0级系统（见图8.4）。工程师常常自鸣得意地推迟对电源接地的决定，并假定在连接器处有110 V交流、60 Hz或28 V直流电源接地。为什么？

实际情况是，你可能不知道其他系统直接通过接地回路、电涌或瞬变，或间接通过相邻导体的耦合（瞬变、噪声条件）将哪些杂散信号插入到电源接地导体中。在你研究和验证电源接地导体的电气清洁度之前，这些都是未知的威胁。

这些问题的根源包括高功率开关电路、开关部件或在同一束中混合高功率和低功率电缆的电磁干扰耦合。不幸的是，0级系统所有者或他们的系统集成商可能不知道这些问题。当你的产品系统需要收集传感器测量数据，尤其是低压数据时，这个问题更为突出。彻底调查以下内容：

（1）有哪些类型的外部模拟、数字和电源接地系统可用，如单点接地、星型点接地？

（2）外部系统如何实现电源和信号接地，包括限制、约束和可用性？

（3）当连接到这个电源时，其他外部系统开发商经历和发现了什么？

27.6.12　挑战12：射频和电磁干扰发射

电子电源和信号接口通常发射射频频谱和电磁干扰信号，这些信号可能耦合或中断数据敏感设备，或被外部安全监视系统跟踪。在当今世界，无线互联网和电磁干扰发射不仅会对安全，而且会对隐私造成重大风险。研究需要特殊安全考虑的数据消息的稳健编码。减少电子排放，以符合监管和安全要求。

27.6.13　挑战13：部件故障模式和影响

原理27.8　冗余与冗余设计原理

冗余是一种消除单一故障点，从而提高系统或实体可靠性的设计方法。冗余设计是指为确保生存而对部件进行选择、物理放置和分离。

根据接口的重要性，工程师通常认为设计冗余是一种解决方案。你可以设计冗余系统来避免单一故障点问题，但仍然会导致潜在的灾难性情况。规范中规定的部件冗余、作为可靠性解决方案的架构设计冗余（第34章）和冗余部件的物理放置（见图26.12）之间存在差异。为了更好地理解这一点，请参考1989年7月19日联合航空232号班机的事故调查（维基百科，2013）。

原理 27.9　失效模式和影响分析（FMEA）原理

失效模式和影响分析（FMEA）需要的不仅仅是简单地分析固定或连接的部件的失效和影响，还应分析对相邻实体的直接或间接影响。

有人也许会问：联合航空232号班机事件（见图26.12）与接口和故障遏制有什么关系？显然，当故障发生时，必须被遏制（见图26.8）。然而，故障不仅仅涉及部件过热或故障。传统工程范式假设接口是基于物理连接的固定接口。请思考以下情景：

- **场景#1**——当部件故障脱离其物理连接，成为影响冗余系统并与冗余系统接口的“射弹”，从而导致其故障？
- **场景#2**——当部件故障过热或着火，但没有断开其物理连接。它们的影响连接（波动或扩散）到冗余或其他部件，导致这些部件出现故障或产生错误的数据？

一般来说，需要认识到设计决策的含义及其后果，尤其是对冗余系统的影响。进行失效模式和影响分析（第34章）时，避免将分析局限于固定部件失效。研究它们的失效模式和影响对附近、上游和下游部件的影响（见图26.12）。例如，过热导致其他部件失效，电气短路导致系统着火并失效，加热器在寒冷或外太空环境中无法保持恒定的环境条件等等。利用失效模式和影响分析的结果，通过设计补偿措施减轻失效带来的影响。

27.6.14　挑战14：故障遏制

原理 27.10　接口故障遏制原理

当故障导致失效时，隔离并遏制故障，防止或尽量减少其对附近实体（设备）、人员（操作人员、维护人员）、公众和环境的影响。

由于故障或缺陷，系统不可避免地会失效。失效源于以潜在缺陷形式出现的故障。这些缺陷是由于部件组成或完整性退化问题、装配工艺实践不善、设计瑕疵和可能导致过热、短路的错误造成的。

第26章介绍了故障检测、隔离和遏制的概念（见图26.8）。一般来说，每个系统都应该有某种形式的故障检测，以检测故障即将发生的情况。如果发生故障，可能会中断任务和系统运行。更糟糕的是，故障会产生一连串的影响，导致灾难性的后果。例如，电缆松脱或高压电线断裂并对底盘接地短路，潜在的连锁反应包括火灾、电源损坏或对外部系统电源短路。

一旦出现故障，故障遏制将成为防止系统内部或外部系统通过接口扩散的第一道防线。一般来说，当一个部件出现故障时，它们缺乏有效手段来遏制其后果。那么，我们如何遏制错误呢?

故障遏制需要某种形式的接口边界，限制并随后消除或隔离问题源，防止影响的再次发生或扩散。系统工程师采用失效模式和影响分析，然后，确定并实施补偿措施（第 34 章），消除或最大限度地缓解影响。补偿措施包括可能涉及一个或多个系统元素（设备、人员、任务资源或程序数据）的设计考虑。请思考以下示例：

示例 27.8　故障遏制方法

例如断电、灭火和洒水系统、自动关闭的建筑物防火门、断路器和保险丝、防止洪水的沙袋墙或堤坝、防病毒软件隔离区。

如果有没有破坏性后果或结果的失效呢？假设某个通信部件失效或线路连接中断。显然，这将导致系统内部或外部系统的数据命令和消息中断。如果发生这种情况，就没有单一故障点。如何避免这种情况？解决方案是创建冗余的通信接口。

27.6.15　挑战 15：减少接口总数

原理 27.11　系统复杂性原理

系统或产品的复杂性和风险与其接口数量有关。

原理 27.12　接口简化原理

应用分析和风险降低方法，最大限度地减少系统或产品中的接口数量。

添加到系统或产品中的每一个接口都会增加其复杂性和潜在故障或潜在缺陷成为故障点的可能性（风险）。示例如图 27.8 的左侧所示。假设一个系统的执行子系统 A 执行的一系列计算操作。注意执行计算所需的外部接口的缺失。

现在，注意另一个设计团队是如何错误地处理实现的。他们在子系统 A

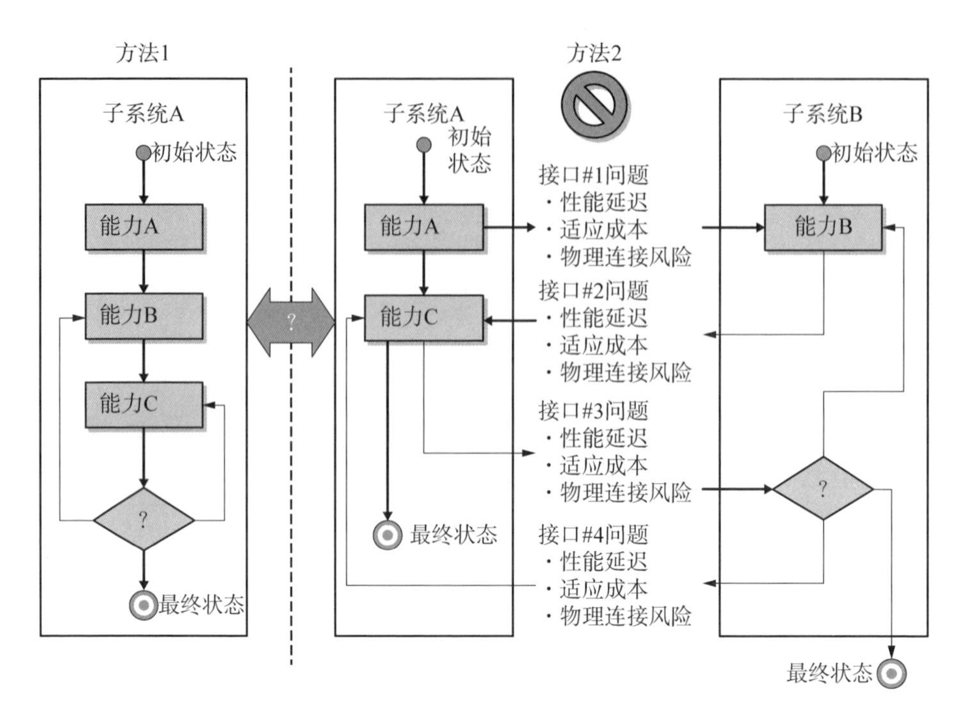

图 27.8　说明减少和控制实体内接口以降低接口故障风险的重要性示例

和 B 之间分配能力，物理接口通过四个接口交叉来回连接。能力 A 和 C 分配给子系统 A；能力 B 和决策分配给子系统 B。四个接口交叉中的每一个都代表一个潜在的故障点。分析如何在构型项（CI）的物理边界内整合能力，最大限度地减少可能断开或故障的连接电缆和布线。

27.7　本章小结

在讨论系统接口定义、设计和控制的过程中，本章：

（1）介绍并证明了接口是任何系统或产品的关键组成部分，不应视为次要的“事后考虑”设计活动。

（2）作为系统或产品的组成部分，系统工程方法和概念［如系统工程流程（见图 14.1）、运行阶段、模式和状态（第 7 章）、系统能力结构（见图 10.17）］适用于接口设计。

（3）描述了接口是如何在接口需求规范、接口控制文件和接口设计说明中

确定和记录的。

(4) 强调了分配接口所有权和控制权的重要性，包括需要为拥有不同系统或产品的组织之间的外部接口成立接口控制工作组。

(5) 提出了识别和定义系统接口的方法建议。

(6) 介绍了电子/数据和机械设计案例研究，说明如何设计复杂的系统接口。

(7) 确定了接口定义和控制中的常见挑战和问题。

27.8 本章练习

27.8.1 1级：本章知识练习

(1) 如何识别系统接口?

(2) 系统工程师如何分析接口交互?

(3) 系统工程流程（见图 14.1）如何应用于接口设计?

(4) 系统能力结构（见图 10.17）如何应用于接口设计?

(5) 定义接口的方法是什么?

(6) 谁拥有和控制不同抽象层次的系统或实体接口?

(7) 什么是接口需求规范? 它与接口定义有什么关系?

(8) 什么是接口控制文件? 它与接口设计有什么关系?

(9) 什么是接口设计说明? 它与接口设计有什么关系?

(10) 如何决定是否制定接口需求规范、接口控制文件和/或接口设计说明?

(11) 什么是接口控制工作组? 它与系统开发项目有什么关系?

(12) 从技术上讲，接口控制工作组的成员构成是如何确定的?

(13) 谁担任接口控制工作组主席?

(14) 分析、设计和控制系统或实体接口有哪些挑战?

27.8.2 2级：知识应用练习

参考 www. wiley. com/go/systemengineeringanalysis2e。

27.9 参考文献

AIP (2004), *Safer SUVs for Everyone: Automotive Engineers Design Bumpers That Absorb Impact Better,* College Park, MD: American Institute of Physics (AIP).

DI - IPSC - 81434A (1999), *Interface Requirements Specification (IRS), Data Item Description (DID)*, Washington, DC: Department of Defense (DoD).

DI - IPSC - 81436A (2007), *Interface Design Description (IDD),* Washington, DC: Department of Defense (DoD).

Grabianowski, Ed (2013), *How Crumple Zones Work,* Atlanta, GA: How Stuff Works. com. Retrieved on 9/2/13 from http://auto. howstuffworks. com/car-driving-safety/safety-regulatory-devices/crumple-zone. htm.

ISO/IEC/IEEE 24765 - 2010(2012), *IEEE Systems and Software Engineering-Vocabulary,* New York: IEEE Computer Society.

ISO/IEC 25010: 2011 (2011) *Systems and Software Engineering-Systems and Software Quality Requirements and Evaluation (SQuaRE)-System and Software Quality Models,* New York: IEEE Computer Society.

McCumber, William H. and Sloan, Crystal (2002), *Educating Systems Engineers: Encouraging Divergent Thinking*, Rockwood, TN: Eagle Ridge Technologies, Inc. Retrieved on 8/31/13 from http://www. ertin. com/papers/mccumber_ sloan_ 2002. pdf.

MIL - STD - 480B (1988), *Military Standard: Configuration Control-Engineering Changes, Deviations, and Waivers,* Washington, DC: Department of Defense (DoD).

SEVOCAB (2014), *Software and Systems Engineering Vocabulary,* New York, NY: IEEE Computer Society. Accessed on 5/19/14 from www. computer. org/sevocab.

Wikipedia (2013), *United Airlines Flight 232,* Retrieved on 8/19/13 from http://en. wikipedia. org/wiki/United_ Airlines_ Flight_ 232.

28 系统集成、测试和评估

每个系统部件或组件，在完成系统开发流程中的部件采购和开发流程（见图 12.2）后，就可以进行系统集成、测试和评估（SITE）。SITE 的工作始于系统工程设计，一直持续到系统交付和验收。

本章将介绍实现图 12.6 所示 V-模型（见图 15.2）右侧目标的系统集成、测试和评估实践，还将讨论系统集成、测试和评估的含义和方法：先探讨系统集成、测试和评估的基础，再探索系统集成、测试和评估的策划方法，并介绍测试机构。

为实现对系统集成、测试和评估的基本理解，我们将引入关键任务。这些关键任务会捕获开发人员如何根据行为或开发规范不断测试和验证多层级被测试组件的符合性。另外，还将探讨测试数据收集和管理方面的一些挑战。最后，将讨论常见的系统集成、测试和评估问题。

28.1 关键术语定义

（1）验收测试（acceptance testing）——“为使用户、客户或其他授权实体能够确定是否接受系统或部件而进行的正式测试”（SE-VOCAB，2014：3）（资料来源：IEEE 829-2008。© 2012 IEEE 版权所有，经许可使用）。

（2）验收测试程序（ATP）——介绍验证过程和方法的正式文件，用于将刺激、激励或提示作为系统或实体的输入，生成基于行为的结果响应，包括测试测量值、结果值或观测值。

（3）异常（Anomaly）——基于最初发生时的知识或事实，不容易复制，且无法解释的事件或现象。

（4）自动测试设备（ATE）——专门用于测试主要设备的任何自动化设备，通常是主要设备的外接设备，如保障设备（DAU，2012：B－18）。

（5）兼容性测试（compatibility testing）——“确定一种产品替代另一种在外形、匹配度或功能（3F）参数上没有重大差异的相似产品的能力”（FAA，2012：G－1）。

（6）符合性测试（compliance testing）——“确定系统、产品或服务符合特定性能特征的能力”（FAA，2012：G－1）。

（7）破坏性测试（destructive tests）——导致测试件出现无法修复故障的测试。破坏性测试通常会破坏、损坏或损害测试件的外形、结构、能力或性能，无法在经济可行的范围修复。

（8）首件（first article）——“首件包括预生产型号、初始生产样品、测试样品、首批产品、试验模型和试产样品；按合同规定，获得批准前，需要测试并评估首件在生产初始阶段以前或以内是否符合规定的合同要求”（DAU，2012：B－85）。

（9）正式测试（formal testing）——“按照客户、用户或指定管理层评审和批准的测试计划和程序进行的测试”（SEVOCAB，2014，第128页）（资料来源：ISO/IEC/IEEE 24765：2011. © 2012 ISO/IEC/IEEE 版权所有，经许可使用）。

（10）功能测试（functional testing）——“功能测试忽略系统或部件内部机制，仅关注响应选定输入和执行条件而生成的输出”（SEVOCAB，2014：134）（资料来源：ISO/IEC/IEEE 24765：2011. © 2012 ISO/IEC/IEEE 版权所有，经许可使用）。

（11）集成点（IP）——处于更高层级集成的节点，其中部件会集成在其他经验证符合相应规范要求部件上。

（12）非破坏性测试（non-destructive tests）——将测试件置于规定的输入条件和运行环境下，证明该测试件符合要求的测试。除了细微修理，非破坏性试验不会破坏、损坏或损害测试件的外观、形状、结构、性能或能力。

示例 28.1　非破坏性测试

非破坏性测试包括有关温度、湿度、冲击、振动等的鉴定测试（QT），不会破坏测试件。

（13）鉴定测试（QT）——“在预先确定的安全系数下来模拟规定的运行环境条件，通过结果表明给定设计是否能够在系统的模拟运行环境中执行其功能”（DAU，2012：B－184）。*

（14）回归测试（regression testing）——之前因某些测试事件而要求采取返工、维修、重新设计等纠正措施，为验证这些纠正措施的有效性而重复开展的测试，即**回归**测试。

（15）开关（switchology）——测试人员使用的一种口语表达，用来表示对测试件及其人员接口的理解，如命令和控制测试件所需的开关、按钮等。

（16）测试（test）——测试、测量和评估系统或实体对一组规定和受控运行环境条件、验证方法和激励的响应，并将结果与一组规定的能力和性能要求进行比较的过程。

（17）测试和评估（TE）——为了评估实体功能、消除缺陷，在规定的运行环境中评估系统实体对一组受控刺激的行为响应和反应时间表现的非正式或半正式过程。

测试和评估用于确定产品不存在任何潜在缺陷或缺点，只有些瑕疵、非关键部件问题等可接受缺点，可随时进行正式验证。在正式验证之前的测试和评估中，应按照正式验证的验收试验程序进行“试运行”。测试和评估活动通常属于非正式的承包商活动，购买者可到场也可不到场。

（18）测试与评估工作组（TEWG）——由用户、购买者、系统开发商、分包商和供应商或供方人员利益相关方组成的团队，旨在规划、协调、实现、监测、分析和评估测试结果。

（19）测试件（test article）——用于进行非破坏性测试或破坏性测试的系统或产品的样件或从生产批次中随机抽取的单元。

（20）测试案例（TC）——一系列基于用例（UC）场景的测试实例，组合测试输入和条件来验证项目接受或拒绝输入范围、执行增值处理的能力，以及仅生成可接受的基于行为的效果或结果并尽量降低或消除不可接受的输出的

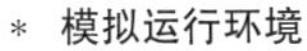

* **模拟运行环境**

请注意，虽然模拟运行环境可以使测试件经受离散的最差条件，如最差冲击和振动条件、最差电磁干扰（EMI）条件、最差环境条件等，但在最终的鉴定测试中，需要在一系列真实环境条件下由用户操作系统、产品或服务。

能力。

（21）测试配置（test configuration）——操作人员控制的架构框架：能够通过模拟、刺激或仿真来表示系统或实体的运行环境条件，包括自然条件、诱导条件或人类系统条件，验证测试件是否满足特定要求或一组要求。

（22）测试覆盖率（test coverage）——“给定测试或测试集满足给定系统或部件的所有规定要求的程度”（SEVOCAB，2014：323 页）（资料来源：ISO/IEC/IEEE 24765：2011. © 2012 ISO/IEC/IEEE 版权所有，经许可使用）。

（23）测试标准（test criteria）——判断测试结果和效果的标准（DAU，2012：B－229）。

（24）测试数据（test data）——作为测试结果的客观证据而记录的操作人员观测值、仪器生成读数或打印输出。

（25）测试差异（TD）——不符合规范能力要求的实际测试测量结果，即基于行为的结果。

（26）测试环境（test environment）——配置用于呈现测试件运行环境的一组系统元素，包括设备、人员、设施、过程资料、任务资源、模拟的自然和诱导环境等。

（27）测试和测量设备（test and measurement equipment）——“允许操作人员或维护功能在组织级、中间级或基地级设备保障下执行特定诊断、筛选或质量保证工作来评估系统或设备运行条件的专用或独特测试和测量设备”（MIL－HDBK－881C，2011：229）。

示例 28.2

测试测量和诊断设备、精密测量设备、自动测试设备、手动测试设备、自动测试系统、测试程序集、适当互联设备、自动负载模块、抽头以及相关软件、固件和保障硬件（电源设备等）（MIL－HDBK－881C，2011：229）。

（28）测试突发事件报告（test incident report）——“记录测试过程中发生的任何需要调查的突发事件的文件”（SEVOCAB，2014：324）（资料来源：ISO/IEC/IEEE 24765：2011. © 2012 ISO/IEC/IEEE 版权所有，经许可使用）。

（29）测试仪器（test instrumentation）——测试仪器是科学的、自动数据处理设备（ADPE），或在测试、评估、资料评审、培训概念评审或战术准则评审期间用于测量、感应、记录、传输、处理或显示数据的技术设备。在某些领域，测试仪器还包括视听设备……（改编自 DAU，2005：B－19）。

（30）测试场（test range）——为评估系统或实体在接近自然环境或模拟条件下的能力和性能而提供安全可靠区域的室内或室外设施。

（31）测试可重复性（test repeatability）——“测试的一个属性，表明每次进行测试都会产生相同的结果”（SEVOCAB，2014：325）（资料来源：ISO/IEC/IEEE 24765：2011. © 2012 ISO/IEC/IEEE 版权所有，经许可使用）。

（32）测试资源（test resources）——“集合术语，包含计划、执行和收集/分析测试事件或项目数据所必需的所有元素”（DAU，2012：B－19）。

（33）测试结果（test results）——所执行测试的基于行为的结果、正式测试脚本（如验收试验程序）等可作为评估规范要求合规性质量记录的客观证据。

（34）测试（testing）——在规定条件下运行系统或部件的活动，期间需要观察或记录结果，并对系统或部件的某些方面进行评估（SEVOCAB，2014：326）（资料来源：IEEE 829－2008。© 2012 IEEE. 版权所有，经许可使用）。

（35）瞬态错误（transient error）——“发生一次的错误或在不可预测间隔发生的错误”（SEVOCAB，2014：333）（资料来源：ISO/IEC/IEEE 24765：2011. © 2012 ISO/IEC/IEEE 版权所有，经许可使用）。

28.2　系统集成、测试和评估的基本原理

为了更好地理解本章将要讨论的系统集成、测试和评估任务，将介绍一些系统集成、测试和评估的基本原理。

28.2.1　系统集成、测试和评估是什么？

系统集成、测试和评估是连续的、自下而上的过程：

（1）通过一系列集成点（IP），逐步连接先前验证过的系统构型项（CI）和组件，并从零件层开始将系统配置项和组件集成到更高的抽象层次——按零

件层、子组件层、组件层、子系统层、产品层逐层集成。

（2）对集成测试件开展功能测试和鉴定测试，验证是否所有性能都符合规范和设计要求。

（3）评估测试结果的符合性并优化测试件的性能。

应采用正式验收测试程序（ATP）通过正式验证测试完成系统集成、测试和评估。完成验收试验程序后，根据规范第 4.0 节（见表 20.1）待验证实体的验证要求和方法进行符合性评估。每次测试都提供客观证据，证明测试件符合要求，可在规定的输入运行范围和环境条件下运行（原理 19.20）。

某些项目中，低层次系统集成、测试和评估的验证测试属于非正式或半正式测试，可见证，也可不见证。但这种方式存在关键技术完整性和符合性问题：缺乏书面客观证据，项目如何证明测试件：

（1）是否具备集成到更高层级系统中的条件？

（2）是否能够无缝集成，不会出现以前测试中浪费宝贵时间的符合性问题？

在其他情况下，测试：

（1）是正式测试。

（2）采用根据规范要求和验证方法制定的经批准的验收试验程序。

（3）需要所有利益相关方见证，包括购买者和用户。

根据合同规定，应购买者要求，将要求购买者和用户“见证”系统集成、测试和评估以及验证活动。系统开发商有责任根据合同条款和条件通知购买者关于系统集成、测试和评估的信息。除非购买者与系统开发商另行达成了其他特殊安排，根据正常合同协议的规定（原理 18.7），购买者将邀请用户群体参与多层级验收测试。但通常仅限于系统层。相反，当购买者和用户收到观察和见证系统集成、测试和评估活动的公开邀请时，作为对系统开发商的职业礼貌，购买者应提前通知系统开发商的项目经理，告知将参与见证的人员、人数以及具体企业。

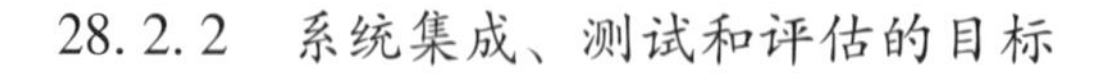

28.2.2 系统集成、测试和评估的目标

系统集成、测试和评估的目标如下：

（1）为系统、组件或构型项（CI）的测试件提供一系列测试案例（TC）、

输入刺激、激励和/或提示，并在能够代表规定运行环境的条件下运行测试件。

（2）收集客观证据，例如按照批准验收试验程序执行的正式测试的测试结果和观测结果。

（3）为验证流程提供客观证据，验证规范要求的符合性。

注意第三点“为验证流程提供客观证据……”对于如何实现这一点，还是存在细微差别。

（1）在大多数组织中，系统集成、测试和评估与验证流程是由参与验收试验程序的人员同时执行的。

（2）要记住，系统集成、测试和评估测试有时由经认证执行验收试验程序脚本和收集数据的测试人员执行，但可能缺乏评估符合性所需的工程专业知识。

（3）项目接近尾声时，要执行功能构型审核（FCA），正式审核和重新验证规范符合性结果。

工程师经常误解系统集成、测试和评估需须达成的目标，误认为系统或实体总是处于一组由最低和最高性能需求阈值限定的条件中。这种观点的谬误在于：在低于或高于这些限制的条件下，系统行为表现如何？很明显，可以在物理限值之外测试项目，如环境条件、电过载或短路，但是不正确的数据格式、低于/超过范围的量值呢？设计正确的系统/实体应该能够无故障适应这些运行环境条件。

系统集成、测试和评估的目标应该是实现和评估测试件应对可接受和不可接受输入条件（见图 3.2）和运行环境条件的能力。同样，对于这些输入条件，只生成可接受的系统响应（第 8 章），如行为、产品、副产品和服务。

系统集成、测试和评估属于开发测试与评估（第 12 章、第 13 章和第 16 章）阶段，应在系统开发阶段的部件采购和开发流程完成（见图 18.1）之后进行。在整个系统集成、测试和评估过程中，系统开发商在测试前进行测试就绪评审（TRR）（第 18 章）作为进入条件，确保如下方面：

（1）测试架构已正确配置和记录。

（2）测试环境可控。

（3）测试日志可随时用于记录测试。

（4）经批准的验收试验程序和应急程序已经准备就绪。

（5）测试可以安全地进行，不会对人员造成伤害，也不会损害测试件、测试环境或设施。

（6）系统设计文档可供参考。

系统集成、测试和评估活动在系统验收之前的正式系统验证评审（SVR）中结束。

28.2.3　系统集成、测试和评估活动会证明什么？

我们可以创建有关系统集成、测试和评估的一般用语，如验证是否符合规范要求，但是系统集成、测试和评估活动真正需要实现什么目的？简单来说，系统集成、测试和评估回答了以下五个关键问题：

（1）系统/实体的设计和物理部件能否按照规范接口要求，在其运行环境中与外部系统进行交互操作？

（2）系统/实体是否能按计划以可预测和响应的方式运行？

（3）系统/实体的设计和部件能否在规定的运行环境条件下，在任务/运行周期限制的持续时间内经受住压力，并按照规范要求和公差运行？

（4）工艺和结构的质量是否足以确保部件接口的完整性？

（5）在适用的情况下，是否能够简单地部署、操作、维护和维持系统/实体（见图6.4）？

系统集成、测试和评估活动涉及系统、产品或服务测试，使用的语义待具体说明。这就引出了下一个话题。

28.2.4　系统集成、测试和评估中测试件的语义

系统集成、测试和评估术语包括工程模型、首件、测试件和被测单元（UUT）等术语。下面，简单地探讨一下每个术语的含义。

工程模型通常指初始原型，可能是合同规定的交付物，也可能不是。工程模型用于收集数据，确认系统模型和模拟，或用于演示技术或概念。从螺旋开发（见图15.4）的角度来看，系统、子系统、组件或子组件的工程模型在迭代开发过程中可作为理解风险和缓解的手段，在一定时间内用作初始首件的设计前导。

术语“首件”是指根据合同条款和条件的规定，设计生产的可用于验证

测试和后续交付的经批准的开发构型的首件产品（第 12 章和第 16 章）。这个术语有时属于误用，开发构型可能会产生多个首件。但总的来说，首件是指一套或一批设备。所有初始首件组都要经过各种非破坏性测试和破坏性测试。

在成功完成首件的系统验证测试（SVT）后，将依据开发构型建立产品基线（第 18 章）。

首件系统在系统集成、测试和评估中被称为“测试件”（test article）。集成到验证测试的测试配置后，测试件称为被测单元。

开发构型表示首件符合系统性能规范（SPS）要求，但是并不意味着依据开发构型设计能够以较好的成本效益进行大规模生成。

决定发布生产合同时，开发构型可能必须经历一系列先行计划产品改进（P3I），实现具有成本效益的生产解决方案。在此期间，首件的生产版本可能要作为测试件和被测单元进行验证。生产设计经重新验证和基线化后，大规模生产的产品将仅进行功能测试，确保每个项目都能够运行，并且没有工艺和部件问题。

28.2.5 测试类型

组织在讨论开发配置的系统集成、测试和评估活动时，经常会出现功能测试、环境测试、鉴定测试、破坏性测试和非破坏性测试等术语。接下来将定义每个术语的意义。

一般来说，系统集成、测试和评估活动包括两类测试：功能测试和环境/鉴定测试。

（1）功能测试是指部件测试，包括系统、子系统、组件或子组件。根据环境/鉴定测试（E/QT）对设计完成验证后，就没必要再针对每个产品进行重复的设计验证。因此，可加电启动各个生产件，评估其在实验室等环境条件下按预计功能无错误运行的基本能力（产生规定的基于行为的结果和性能）和交互运行的能力。部分组织称这个过程为“功能测试”。

（2）环境/鉴定测试（E/QT）属于更高层级的测试，重点关注组件在规定运行环境条件下的行为表现。一般来说，鉴定测试包括部分在开发测试与评估（如适用）中完成的测试，还包括运行测试和评估中的确认活动。在环境/鉴定测试中，测试件需暴露在实际的现场运行条件下，包括实际温度、湿度、冲击、振动、电磁干扰等。

虽然系统集成、测试和评估中的关键词是测试，但实际涉及的不仅仅是测试活动，尤其是从系统验证的角度来看。系统集成、测试和评估可能需要技术演示，如概念验证、技术验证和原理验证等技术演示活动。

技术演示有时通过原型技术演示、概念证明技术演示在开发测试与评估程序中完成。技术验证活动提供了一个极好的机会来评估和评价系统性能，加强对系统要求及其改进需求的了解。此外，有时技术演示结果并不是实际测试件数据，而是从技术演示中得出的一组要求和数据。

28.2.5.1 非破坏性测试和破坏性测试

在功能和环境/鉴定测试（E/QT）过程中，测试件可能需要经受各种各样的测试，这些测试可能会破坏、损坏或改变测试件的外观、结构完整性、能力或性能。一般来说，假设合同和安全规程允许，非破坏性试验可不损坏可翻新交付的测试件。

相反，破坏性测试通常会导致测试件部分或全部破坏。通常对测试件进行非破坏性测试来收集验证数据。完成非破坏性测试后，再对测试件进行破坏性测试。破坏性测试一般包括人为跌落试验、试验塔跌落试验或飞机跌落试验、破碎测试、爆炸测试等。

示例 28.3 鉴定测试（QT）

鉴定测试是在自然环境或受控实验室或现场测试环境中对系统和部件测试件进行苛刻的环境测试，包括冲击、振动、电磁干扰、温度、湿度和盐雾等环境条件，使设计符合预期空间、航空、海洋陆地等应用。

环境/鉴定测试完成后，通常会进行正式合格评审（FQR）（第 18 章），评估环境/鉴定测试的验证结果。

在项目的系统生产阶段，可以为测试随机选择生产样品测试件，评估材料质量、工艺质量、系统能力和性能、贮藏寿命衰减情况等。

商业系统开发商还通过在市场上的现场测试展开系统、产品和服务验证测试，系统、产品和服务根据反馈并通过一系列设计迭代逐步改善。

最终，公众是否接受系统还是取决于市场供求关系。

所有经过验证的组件都集成到系统层后，再采用指定设施对系统和产品作验证测试，并由购买者和系统开发商质保人员正式见证。购买者通常会根据合同协议邀请用户代表参与见证（原理 18.2）。系统验证测试旨在证明系统或产品完全符合并满足系统性能规范要求。

根据合同要求，在准备系统验证测试时，系统开发商应制定正式的验收试验程序并提交购买者评审和批准。可在系统验证测试之前，完成测试就绪评审（第 18 章），确定测试件和保障测试环境的准备状态，包括设备、设施、人员、过程资料和任务资源元素、流程、方法和工具。

验收测试（AT）属于正式测试，由购买者执行，根据规范要求符合性，向用户证明系统或产品满足技术和法定验收标准。符合性结果是购买者正式接受系统的先决条件。

一般来说，验收测试需要一套由购买者、用户和系统开发商协商一致正式批准和发布的验收试验程序。系统层测试：

（1）根据系统性能规范第 3.0 节“要求”制定。

（2）采用系统性能规范第 4.0 节“合格规定”确定的验证方法（原理 22.4），验证第 3.0 节“要求”的实现情况。

对于部分项目来说，术语“验收测试”和“系统验证测试”含义相同。在其他情况下，可在用户现场完成系统安装后正式系统验收前，将验收测试纳入系统验证测试的验收试验程序，作为最终验证。验收测试作为一个通用术语，产品开发团队（PDT）通常用来向系统开发团队（SDT）等更高层团队证明实体符合性。

验收测试根据基于产品或基于场景的验收试验程序执行，而验收试验程序通常需要系统购买者正式批准。

28.3 系统集成、测试和评估的关键要素

在规划和实施系统集成、测试和评估时，需要了解人员、设备、设施、其他系统元素等关键元素（见图 8.13），还需要了解如何在测试期间精心安排这些元素。图 28.1 所示系统集成、测试和评估架构框图（ABD）呈现了这些系统元素。

测试件（被测单元）为系统集成、测试和评估的相关系统。测试件周边是使能系统测试环境，其中包括测试操作人员、测试程序、测试日志、测试设

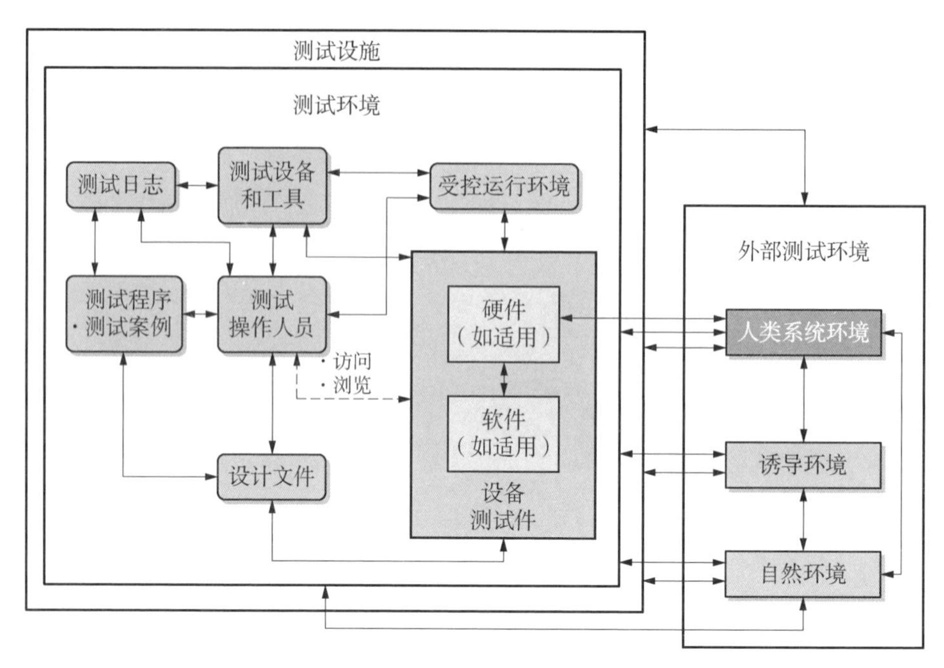

图 28.1　系统集成、测试和评估架构及元素示例

备和工具、受控测试环境和设计文档，所有这些都包含在测试设施中。*

28.3.1　系统集成、测试和评估指导思想

原理 28.1　系统集成、测试和评估增量验证原理

一次在经过验证的配置中集成一个且仅一个测试件，增量验证该测试件的能力。

系统集成、测试和评估的指导思想可以用几句话来概括：保持简单！即先验证实体是否符合规范要求，包括产品、子系统、组件、子组件或零件，再逐步将实体集成到其他项目，每次集成一个。小型案例分析如下。

小型案例研究 28.1　失败的系统集成、测试和评估——让问题变得更糟

工程师经常误认为系统实体，包括产品、子系统、组件等，可以同时捆绑

* **受控运行环境**

请注意，热真空设备、振动台和电磁干扰设备等受控运行环境作为单独的实体显示，而不会作为测试件的周围环境显示。从理论上来说，这两种方法都是可以接受的。将受控操作环境抽象为一个具有接口的“方框”，明确提醒你识别和定义接口。如果将测试件置于受控操作环境中（即框中之框），接口关系会变得模糊甚至不明确。

形成大规模测试产品配置进行测试。如果这样做，你可能会同时面临大量的问题，却不知道问题的根源在哪里。这可能相当危险和甚至是灾难性的。

如果试图同时引入一个以上未经证实的能力，那你太天真，这会破坏测试件，更糟的是，还可能伤害测试操作人员或损坏设施——意外后果定律（原理 3.5）。这需要通过系统思维（第 1 章）和测试就绪评审（TRR）来评估测试的风险和后果（原理 26.15）。

如果测试无法正常执行，那么如何找出并确定问题的根源？当出现问题时，工程师通常做的第一件事就是干扰测试件配置。特别是，工程师会断开电缆、移除部件或进行调整来干扰“事故现场”。然后，问题和挑战越来越大、越来越复杂。假设问题的根源是测试操作人员在执行测试程序时犯的一个错误，但现在测试配置和结果都已无效。问题只是变得越来越严重。

你很快就会发现，需要拆卸所有东西，再从简单的、经过验证的组件开始，将该组件集成到其他经过验证的组件，并逐步集成系统。请记住，根据系统集成、测试和评估的故障隔离智慧（原理 28.1），“一次集成一个且仅一个经验证的测试件和功能!”至少可以让你知道问题是在何时何处进入测试件配置，从而简化故障排除和故障隔离程序。对于该测试件，尽可能多地禁止、禁用或断开功能，再每次递增地测试和启用一个新功能，直到所有功能都得到验证。

28.3.2 故障隔离

原理 28.2 故障隔离原理

在隔离产品串行构型链中的故障时，请使用半分法迭代直到找到故障。

从第 3 章开始便反复说明，系统/实体是刺激-反应机构，会根据刺激、激励或提示等输入产生基于性能的行为和结果（原理 3.3）。数学上可以用传递函数来表达这种机制中输出和输入之间的关系（第 10 章）。为实现传递函数，则要求用户命令和控制（第 7 章）产品、子系统、组件等组成的串行链、并行链和串并行链（见图 34.12）的操作模式。在系统集成、测试和评估过程中，未产生预期输出时，如何隔离故障并确定故障在串行、并行和串并行链中的位置？

首先，在集成的测试件已经过验证作为被测单元时，故障排除的逻辑起点

可能是已经引入的接口，但需要假设接口的任何一侧都不存在内部部件故障。如果这是正确的，下一个问题是：接口哪一侧是问题的根源所在？这个问题蕴含系统集成、测试和评估中的一个关键概念，即故障隔离半分法（原理28.2）。

半分法基于分治法。具体来说，在一个部件链中，退回到部件链的中间点，作为测试点，并验证该测试点的结果是否正确，确定故障是发生在测试点的“上游”还是“下游”。确定测试点的一侧为问题区间后，重复操作直到隔离故障。

28.3.3 系统集成、测试和评估准备项目

在系统开发阶段系统设计流程（见图12.2）中，我们将系统架构划分和分解为连续的较低抽象层次和实体层次，直至零件层。在部件采购和开发流程中（见图12.2），每个组件都需经历采购/制造、编码、组装和测试过程。还将逐步验证每个部件，确保每个部件符合设计要求，包括图纸和原理图要求。再从子组件→组件→子系统→产品，依次验证集成部件级是否符合各自的规范要求（见图12.3和图15.2）。

系统集成实际上是一个验证活动，用于验证部件的外形、适合性和功能（第3章），评估：①部件的兼容性，即检查物理集成的“外形和适合度”；②部件的互操作性，即基于集成能力和接口集演示或测试和验证部件的“功能”。请思考以下示例。

示例28.4 兼容性和互操作性测试

假设集成两个经验证符合实体开发规范（EDS）的第2级子系统，则此次集成会形成第1级系统（见图28.2），需要验证是否符合系统性能规范要求。在物理集成子系统，并测试兼容性和互操作性时，验证的是集成能力和接口集。

在所有层级集成以及系统或产品在用户0级系统集成时，皆是如此。

在任何情况下，目标都是通过模拟、仿真或刺激（第33章）来创建一个代表或实现外部操作环境的接口，而测试件无法区分测试环境和现实环境。这就引出下一个话题。

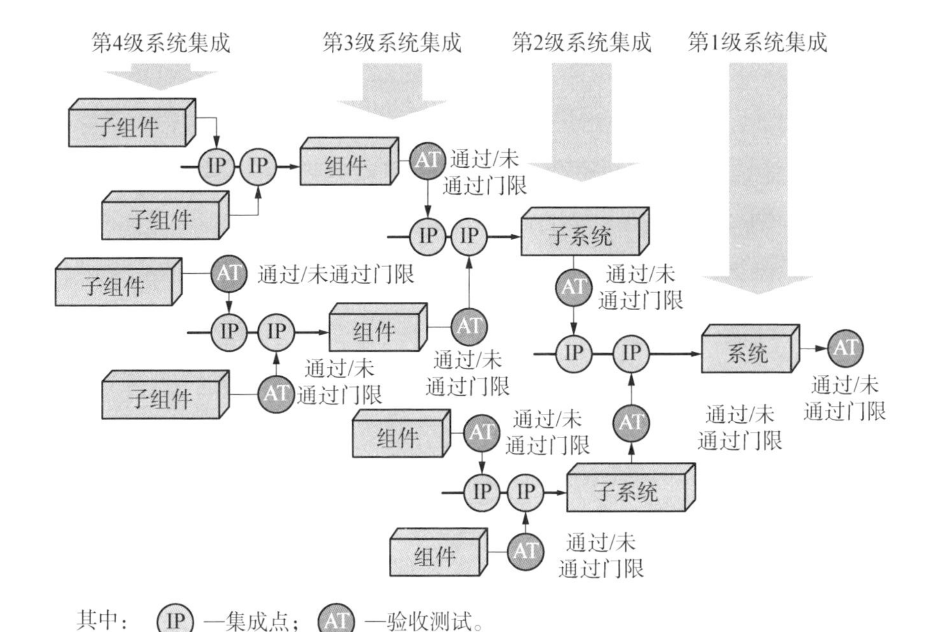

图 28.2　差异报告（DR）分析所用测试差异（TD）故障隔离树

28.3.4　创建测试件的运行环境

在执行系统集成、测试和评估时，需要将测试件置于运行环境条件和场景中。因此，需要创建高阶系统（见图 9.3）和物理环境元素（见图 9.4），包括人类系统、诱导环境和自然环境。应该怎么做?

创建操作环境有几种选择（见图 28.3）。可以在运行环境中模拟、刺激和/或仿真实体。

（1）模拟——创建虚拟模型接口，代表基于性能的行为响应和外部系统特征。

（2）刺激——使用实际设备或测试集创建接口，其物理性能特征与外部系统相同。

（3）仿真——创建完全模拟外部系统实际运行、处理顺序和性能特征的接口。

创建测试环境并准备好测试后，需要确立基本规则，确保测试操作的一致性和连续性。这就引出我们的下一个话题——系统集成、测试和评估的操作约束。

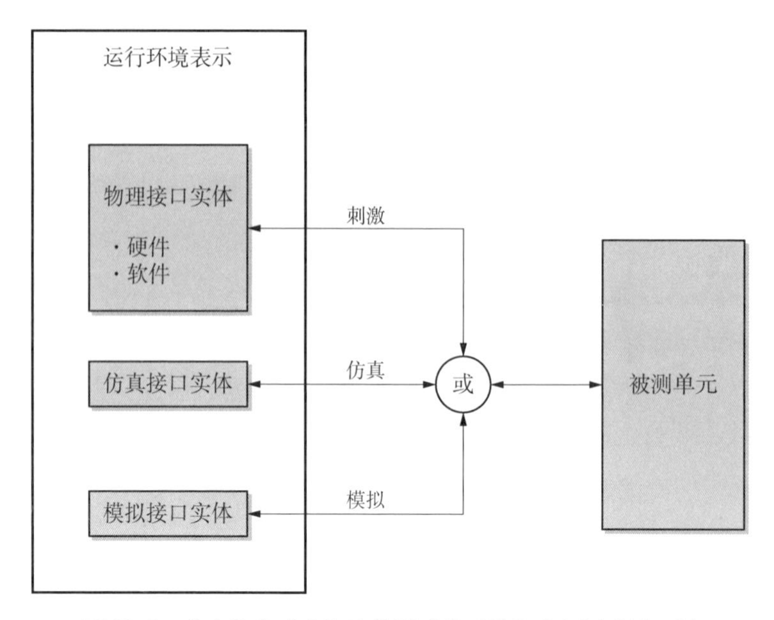

图 28.3　含实体集成点和验收测试的系统集成和测试树示例

28.3.5　系统集成、测试和评估的操作约束

系统集成、测试和评估存在两种操作约束：标准操作规程和程序（SOPP）和验收测试程序（ATP）。

28.3.5.1　标准操作规程和程序

标准操作规程和程序是适用于测试设施和测试场内测试行为的组织法规（政策和程序）。标准操作规程和程序侧重于测试件、被测单元、工具等设备的协议和安全正确处理、人类和环境安全、实验室设备/测试场程序、安全程序、应急程序以及危险预防。

28.3.5.2　验收试验程序

原理 28.3　单个测试多个需求原理

如合适，努力采用一个测试来验证尽可能多的规范要求。

验收试验程序采用系统性能规范或实体开发规范第 4.0 章“合格规定”的验证方法从第 3.0 章“需求”中推导得出。由于关键目标是尽量降低系统集成、测试和评估的成本和工作量（原理 22.4），因此，应通过一次测试同时验证部分系统性能规范或实体开发规范第 3.0 节“需求”。验收试验程序应反映这种方法，并参考正在验证的要求。

28.3.6 由谁执行正式测试?

人们经常会问，应该由谁执行零件层、子组件层、组件层、子系统层、产品层和系统层测试？这需要解决两个问题：测试人员工作成果和测试人员认证。

问题1：测试人员工作成果

原理28.4 测试利益冲突原理

个人工作成果的测试和验证，尤其是合同交付物的测试和验证，被视为存在利益冲突，应该由独立的测试人员和验证人员客观地执行。

测试活动从非正式到高度正式不等。在其他人有能力时，不应该由系统设计人员测试他们自己的设计。该原理的基本理念是，在客观测试和检查自己的工作中存在潜在的利益冲突。在大多数组织中，系统工程设计人员会对他们的工作成果开发并可能执行非正式测试，通常是同级评审、审查。部分组织会指派独立测试团队（ITT）执行各级集成的测试。部分合同还规定，由独立验证和确认（IV&V）（第13章）承包商团队来执行测试和验证，尤其是软件测试和验证。

问题2：认证测试人员

测试要求测试人员具有专业知识、专业技能、观察技能，并在测试过程中遵守安全规程，保持测试结果完整、准确和精确。一般来说，按照法律规定，正式验收试验程序规定的测试不能由业余人员执行，必须由经过训练，具有经验并通过认证的人员执行。因此，组织应该确立内部的法令法规，规定只有经过培训和认证的测试人员才能获得授权在规定的时间内执行测试。

28.3.7 多个需求同时测试策略

测试可能会在短时间内变得非常昂贵，并消耗宝贵的时间资源。

记住，在检验验证、分析验证和演示验证不足以（见图22.2）证明是否完全符合要求时，唯一的选择是测试验证。

有多种方法可以高效且有效地执行测试，降低成本和时间（原理22.4）。有些人误认为，每一个要求都需要进行一项独立测试。一般来说，需要分析系

统性能规范或实体规范需求，确定可以同时验证的要求依赖关系和需求集。*

28.3.8 什么是回归测试？

认识到尽量减少返工和重新测试的需求后，挑战是：如果发现潜在缺陷，包括设计缺陷、缺点、错误、工艺不良或部件缺陷，需要采取纠正措施，则在从故障发生点按测试顺序恢复测试之前，哪些可能受故障影响的结果必须重复测试呢？答案是利用回归测试确定。

在回归测试过程中，只需要重新验证实体设计受纠正措施影响的各个方面。对被测单元执行的正式测试，如已在此前成功完成且不受纠正措施影响，通常不会重新验证。

28.3.9 差异报告

原理 28.5 差异报告原理

差异报告（DR）记录在测试件验证过程中发现的差异，并不会记录问题根源所在。

原理 28.6 纠正措施原理

快速处理差异报告（DR），完成分析，确定根本原因和纠正措施，并根据重要性和优先级分配资源。

适当时，与购买者测试代表（ATR）协调。

不可避免的是，实际测试数据和系统性能规范、实体开发规范或设计需求（包括图纸、示意图和零件清单）中规定的预期结果之间会出现差异。我们把这种差异称之为测试突发事件或事件。

发生异常或故障等测试事件时，测试操作人员需要在差异报告中记录测试事件。测试主管应在系统集成和验证计划（SIVP）中确立测试事件的基本准则以及填写差异报告的事件标准。差异报告文件至少应包含：

* **多个需求验证战略**

图 21.7 给出了一个关键点，即需要利用一个测试来验证几个规范需求。可制定单个测试，即测试案例，验证一系列的规范需求（原理 28.3）。因此，采用了单个测试来验证子系统 A 的实体开发规范需求 A_111→A_112，以及单个测试来验证子系统 B 的实体开发规范需求 B_111→B_112→B_113。在系统层集成子系统 A 和系统 B 时，可使用单个测试来验证需求 A_11→B_11 线程是否实现了系统性能规范需求 SYS_11。

(1) 测试事件、日期、时间。

(2) 测试人员姓名和身份。

(3) 根据型号和序列号确定的测试件名称和标识。

(4) 验收试验程序文件标题、编号、版本和日期。

(5) 测试事件之前的条件和先前的步骤顺序。

(6) 测试件标识。

(7) 测试架构和环境配置。

(8) 参考文件和版本。

(9) 规范需求和预期结果。

(10) 观察和记录的结果。

(11) 差异报告编写人员和见证人员/观察人员。

(12) 需要采取紧急程度纠正措施的重要程度。

差异报告会在一定程度上影响测试进度，包括安全问题、数据完整性问题、不影响其他测试的隔离测试、测试件的外观瑕疵。标准做法是确立分类系统（见表 28.1），加强有关差异报告的实时决策。

表 28.1　测试事件差异报告分类系统示例

优先级	测试事件	事件描述
1	紧急状态	必须**立即终止**所有测试，防止将测试操作人员、测试件或测试设施置于**险境**
2	测试部件或配置故障	测试必须**暂停**，直到采取纠正措施。纠正措施包括重新设计部件或更换故障部件
3	测试故障	如果测试故障并没有降低剩余测试的完整性，则测试可以继续；但是，需要对测试件采取纠正措施并验证，然后才能集成到下一个更高层次
4	外观瑕疵	允许继续测试，但必须在系统验收前采取纠正措施

28.3.10　系统集成、测试和评估工作成果

无论处于哪个抽象层级，作为系统或实体的 ISO 9000 客观证据的系统集

成、测试和评估工作成果均应包括以下内容。

(1) 测试日志中定义和描述下述各项的组注明日期和签名的条目：

a. 测试团队——责任工程团队名称和领导者姓名。

b. 测试件——通过集成较低层级测试件的哪个版本来创建哪个级别的测试件（按型号和序列号标识）。

c. 执行的测试案例和程序。

d. 测试环境配置。

e. 测试结果，包括记录和存储的位置。

f. 遇到并确定的问题、条件或异常情况。

(2) 差异报告（DR）。

(3) 硬件故障报告（HTR）。

(4) 软件变更请求（SCR）。

(5) 测试件可用于正式验证的准备就绪状态。

总之，出现测试差异（TD）时，测试操作人员应记录测试事件并提交差异报告，但不需评估问题的根源。之后，对测试差异的分析会揭示问题的根源，如硬件原因、软件原因或两者都有。因此，需要提交硬件故障报告或软件变更请求，请求批准并采取后续纠正措施。这就是系统集成、测试和评估的基本原理概述。让我们将注意力转移到系统集成、测试和评估规划。

28.4 系统集成、测试和评估规划

成功执行系统集成、测试和评估需要精心的规划来确定测试目标，确定角色、职责和权限，分配任务、资源和设施，落实测试进度。开发新系统时，通常需要采用两种测试计划：

(1) 测试与评估主计划（TEMP）。

(2) 系统集成和验证计划（SIVP）。

28.4.1 测试与评估主计划

通常，测试与评估主计划为用户文档：

(1) 确定了有关采购系统集成到用户 0 级系统（见图 8.4）执行任务的关

键运行问题/关键技术问题。

（2）介绍了用户或代表用户的独立测试机构（ITA）确认系统、产品或服务的计划。

从用户的角度来看，新系统的开发会带来关键运行问题或关键技术问题，阻碍对企业运行需求满足程度的确认。因此，测试和评估主计划需要涵盖运行测试与评估期，并确立目标，验证关键运行问题/关键技术问题的解决方案。

测试和评估主计划需要回答以下基本问题：交付的系统、产品或服务在解决问题或问题空间方面是否满足经用户确认的操作需求（见图 4.3）？需要基于用例和场景制定一套场景驱动的测试目标和测试案例，才能回答这个问题。

28.4.2 系统集成和验证计划

系统集成和验证计划由系统开发商编写，介绍系统开发商的系统或产品集成、测试和验证方法。系统集成和验证计划范围由合同确定，涵盖了从合同授予到正式系统验证测试（见图 13.6）的开发测试与评估，其中系统正式验证测试通常在系统开发商设施中执行。

系统集成和验证计划需要确定连续测试活动的目标、企业角色和责任、任务、资源需求，并确定测试进度计划。根据合同要求，系统集成和验证计划可能包括用户指定工作现场的交付、安装和检验（I&CO）工作。

28.4.3 确定系统集成、测试和评估战略

系统集成、测试和评估要求“提前”使用系统思维（第 1 章），确保以适当的顺序准时实现垂直集成。因此，第一步是确定系统集成、测试和评估战略。

一种方法是在集成决策树（见图 28.4）中，通过一系列的集成点，以图形的形式构建系统集成和测试概念。测试概念应反映以下内容：

（1）哪些部件集成依赖关系（component integration dependencies）是关键的。

（2）集成责任人。

（3）集成时间和顺序。

（4）集成地点。

（5）经验证的组件集成到更高层级系统的方法。

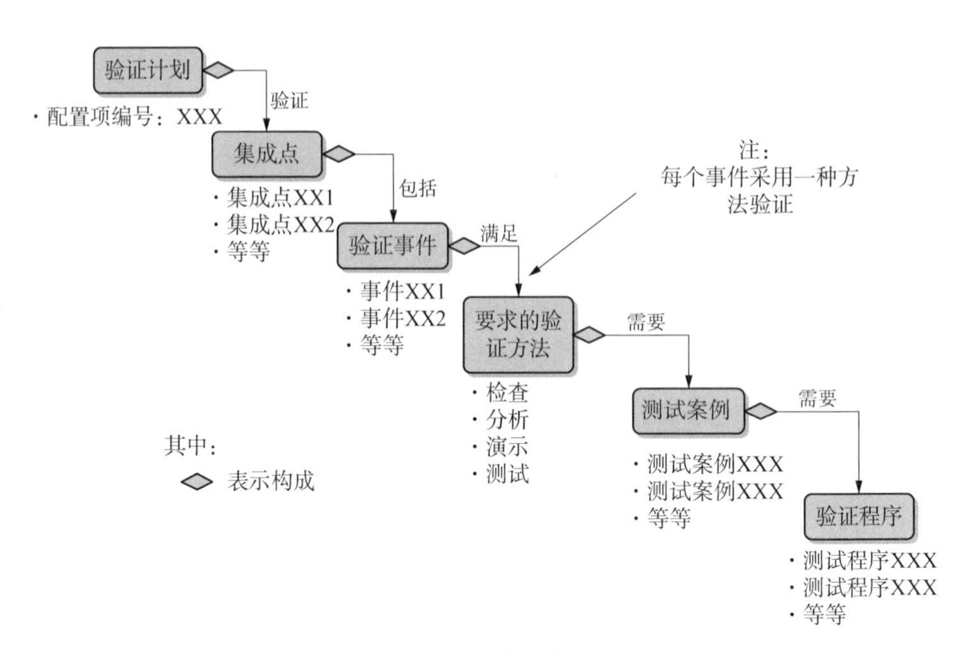

图 28.4　集成点实体关系

在系统集成、测试和评估流程中，可能需要使用诸如实验室等的单个设施，或同一地理区域的多个设施，或通过互联网或某种形式的安全内联网跨越不同地理位置进行集成。虽然工程师可以很好地设计系统并理解系统集成的基本概念，但通常其能力不足以制定多层次实体集成和测试的逻辑和步骤规划的战略（见图 28.2）。似乎是一边做测试，一边又害怕出错。作为工程师，要果断作出决策，再与同事一起确认，并采取必要的纠正措施。

如图 28.2 所示，观察从一个已验证的部件开始，子组件等低层级实体是如何在各个集成点集成到现有集成层级中。

需要对所集成的实体集合执行验收测试。在成功完成子组件、组件和子系统的一系列集成点和验收测试后，将执行系统层验收试验程序。

确立集成点和验收试验程序的系统集成、测试和评估战略后，下一步就是详细说明如何编排和记录后续步骤。其中一种方法是建立实体关系图（ERD）（见图 28.4）。

每个系统集成和验证计划都应根据实体关系确定 SITE 集成点和验收试验程序的方法，举例如下：

（1）每个集成点都可由一个或多个验证事件组成，如事件 1 和事件 2，表示待验证的特定规范需求或规范需求集。

（2）每个验证事件都可能需要采用一种或多种验证方法，如检查、分析、演示和测试。验证方法是针对各规范需求或规范需求集的验证需求。

（3）每种验证方法都可能需要一个或多个测试案例，表示如何根据图 3.2 所示的可接受和不可接受输入和输出范围来测试规范需求。

每个测试案例都可能需要一个或多个经批准用于验证各规范需求的验收试验程序。

28.4.4 破坏性测试顺序规划

在系统集成、测试和评估的开发测试和评估的最后阶段，可能需要多个测试件。系统工程师面临的挑战是：在进行可能破坏或损坏测试件的破坏性测试之前，如何以及以何种顺序进行非破坏性测试以收集数据来验证设计符合性？仔细思考测试顺序。系统集成、测试和评估计划准备就绪后，下一步是建立测试组织。

28.5 建立测试组织

系统集成和验证计划获得批准后，第一步是建立测试组织，分配测试角色、职责和权限。主要角色包括测试主管、实验室负责人、测试人员、测试安全员或靶场安全员（RSO）、质量保证（QA）代表、安全代表和购买者/用户测试代表。

28.5.1 测试主管角色

测试主管是系统开发商项目的成员，在计划和组织测试活动中具有关键决策权。系统集成、测试和评估活动将受到以下影响：①有多种解释（原理 19.9），可能导致与购买者或用户发生潜在冲突的不良规范需求；②无法适应测试端口和测试点，不能收集测试数据，尤其是在验证结束测试件密封之后，影响更严重。因此，测试主管应该尽早任命，并作为关键成员参与系统工程设计流程策略的制定（见图 12.3、图 12.6 和图 13.6）。

测试主管的主要职责至少包括：

（1）制定和实施系统集成和验证计划。

（2）适用时，领导测试与评估工作组。

（3）计划、协调和同步测试团队的任务分配、资源和沟通。

（4）对测试配置和环境执行权威控制。

（5）识别、评估和缓解测试风险。

（6）评审和批准测试行为准则、测试案例和测试程序。

（7）负责系统集成、测试和评估的职业、环境、安全和健康。

（8）培训和认证测试人员。

（9）在适当的情况下，与用户或购买者测试代表（ATR）合作，优先、快速处理差异报告和测试问题。

（10）验证差异报告的纠正措施。

（11）落实合同测试需求。

（12）测试数据和结果归档和保存。

（13）调查测试故障情况。

28.5.2 实验室负责人角色

实验室负责人为系统开发商项目的成员，为测试主管提供支持。实验室负责人的主要职责至少包括：

（1）参与制定系统性能规范和实体开发规范，确定须获得、校准和校验的系统集成、测试和评估的测试设备。

（2）实现测试配置和环境。

（3）获取测试工具和设备。

（4）针对项目确立实验室标准操作规程和程序（SOPP）。

（5）确保正确校准、校验测试工具和设备。

（6）创建、审查和维持测试日志。

（7）制定并执行测试操作人员培训和认证计划。

28.5.3 测试安全员或靶场安全员角色

由于测试通常涉及未经验证的设计和测试配置，因此安全性是一个关键问题，对测试人员、测试件和测试设施来说，都很关键。因此，每个项目都应该指定一名测试安全员（TSO）。

一般有两种类型的测试安全员（TSO）：系统集成、测试和评估的测试安全员与靶场安全员。

（1）测试安全员是系统开发商企业的成员，为测试主管和实验室负责人提供支持。

（2）当适用时，靶场安全员为测试场成员。

在某些情况下，如果火箭和导弹等测试件在试飞或任务期间变得不稳定和不可控制，并对人员、设施、设备和/或公众构成威胁，则靶场安全员有权销毁测试件。

28.5.4 测试操作人员角色

根据原理 28.4 的规定，因潜在利益冲突和客观性的关系，系统、产品或服务设计者不应测试他们自己的设计。但是，在较低的抽象层次上，项目通常缺乏足够的资源来训练测试操作人员。

因此，通常由系统开发商人员执行非正式测试。但某些合同规定，可由项目或企业内部或外部的独立验证和确认（IV&V）团队（第 13 章）执行测试。

测试操作人员无论由谁担任，都必须接受培训，了解如何安全执行测试、如何正式记录和记载测试结果以及如何处理异常。部分企业会正式培训测试操作人员，并称之为“认证测试操作员”（CTO）。

28.5.5 质量保证代表

系统开发商的质量保证（QA）代表至少应负责确保符合合同和规范要求、企业和项目法规、系统集成和验证计划、验收试验计划。对于软件密集型系统开发工作，还应指派一名项目软件质量保证（SQA）代表。

28.5.6 安全代表

系统开发商的安全代表（如适用）至少应负责确保符合合同安全要求、企业和项目法规、项目安全计划、验收试验计划。

28.5.7 购买者测试代表

原理 28.7 购买者测试代表原理

每个系统购买者都应指定一名测试代表，作为客户唯一的代言人，全权代表购买者-用户群体，作出有关系统集成、测试和评估的决策。

在整个系统集成、测试和评估过程中，测试问题将不断出现，需要购买者作出决定。此外，部分购买者代表几个企业，而不同企业的观点和议程会相互冲突。这对系统开发商来说是一个挑战。

为解决这个问题，购买者项目经理可任命一个人：①作为现场购买者测试代表，常驻系统开发商设施；②作为单一代言人，代表所有购买者观点和决策。购买者技术代表的主要职责如下：

（1）为所有购买者和用户技术和合同利益沟通的单一技术联络点。

（2）与测试主管合作，解决任何影响购买者-用户利益的，与系统集成、测试和评估有关的关键运行问题/关键技术问题。

（3）在合同允许的情况下，与测试主管合作，制定解决差异报告的优先顺序，并采取纠正措施。

（4）当合同要求时，评审并协调批准验收试验程序。

（5）在适当的情况下，提供代表购买者-用户企业共识的验收试验程序评论。

（6）见证并正式批准验收试验程序结果。

28.6 开发测试案例和验收测试程序

一般而言，验收测试程序描述了验证是否符合系统性能规范或实体开发规范需求的脚本化的策略。按照第 21 章（见图 21.6 和图 21.7）的讨论结果，系统性能规范或实体开发规范来源于系统或实体用例和基于场景任务的能力。这些都是基于用户对系统、产品或服务的部署、操作、维护、维持、淘汰和处置方面的设想。系统性能规范和实体开发规范的能力需求解决了使用范围问题。

验收测试程序应针对特定的规范需求或更合适的一组规范需求（原理 28.3）编写。虽然验收测试程序确实与规范需求有联系，但这种联系是通过测试案例间接实现的。了解系统工程方法的人会认识到，针对规定操作环境下的系统能力开发测试案例时，用例是基础。例如，一个用例可能识别出“1”到“n”个代表测试场景的测试案例，其中系统/实体的输入和输出在可接受和不可接受的范围内（见图 3.2 和图 20.4）。测试案例确定后，就可以作为基础，制定验收试验程序。

一般来说，验收试验程序描述了规定的步骤，能够用于证明系统、产品或服务具有系统性能规范或实体开发规范规定的能力。在确立测试战略时，从验证这些能力的测试用例开始（见表 28.2）。

表 28.2 测试案例推导

任务运行阶段	运行模式	用例	用例场景	所需运行能力（ROC）	测试案例
任务前阶段	模式 1	UC #1.0		ROC #1.0	TC #1.0
			场景#1.1	ROC #1.1	TC #1._
			场景#1.n	……	TC # 1._
				ROC #1.n	TC # 1._
				……	TC # 1._
	模式 2	UC #2.0		ROC #2.0	TC # 2.0
			场景#2.1	ROC #2.1	TC # 2._
			场景#2.n	……	TC # 2._
				ROC #2.n	TC # 2._
				……	TC # 2._
		UC #3.0		ROC #3.0	ROC #3.0
			场景#3.1	ROC #3.1	TC # 3._
			场景#3.n	……	TC # 3._
				ROC #3.n	TC # 3._
				……	TC # 3._
任务阶段	等等				
任务后阶段	等等				

注：表中所示测试案例象征性地表示测试案例变化范围。如前所述，采用多种测试案例在可接受和不可接受的范围内测试系统/实体输入/输出（见图 3.2 和图 20.4）。

验收测试程序通常有两种类型：基于程序和基于脚本化场景（验收试验）。

28.6.1 基于程序的验收测试程序

基于程序的验收测试程序提供详细的脚本化说明，介绍测试配置、环境控制、预期结果和行为以及其他详细情况。测试操作人员需要按照规定的多步骤脚本来建立特定的测试配置、设置开关位置、控制输入以激励输入系统，记录结果。

每个测试程序步骤都给出了需要根据规范要求进行验证的预期结果。参考表 28.3 中给出的由授权用户进行安全网站登录测试的例子。

表 28.3 基于程序的验收测试结果示例

测试步骤	须执行的测试操作人员操作	预期结果	测量结果、显示结果或观察结果	通过/未通过结果	操作人员姓名首字母和日期	质保代表
第 1 步	鼠标左键双击网站图标	在浏览器打开选中网站	Web site appears	Pass	JD 4/18/XX	QA 208 KW 4/18/XX
第 2 步	鼠标左键点击“登录”按钮	登录访问对话框打开	As expected	Pass	JD 4/18/XX	QA 208 KW 4/18/XX
第 3 步	将光标放在对话框的用户名字段中	字段中固定光标闪烁	As expected	Pass	JD 4/18/XX	QA 208 KW 4/18/XX
第 4 步	输入用户 ID（最多 10 个字母数字字符）	显示字段	User ID entered	Pass	JD 4/18/XX	QA 208 KW 4/18/XX

28.6.2 基于场景的验收测试程序

基于场景的验收测试程序以运行场景的形式提供在实际场地进行 DT&E 或 OT&E（第 12 章）的指导性说明。开关设置（开关）和运行系统所需软件配置等详细操作由系统测试操作人员负责。

在基于场景的验收测试程序中，目标或任务是测试或演示验证方法的关键驱动因素。因此，验收测试程序需要极高层陈述，介绍须实现的运行任务场景、目标、预计结果、性能。例如，基于场景的验收测试程序受测试操作人员对飞机等系统的了解程度的制约，他们作为系统替代用户，根据自己对测试件的操作熟悉程度来决定开关和按钮顺序（开关）。

基于场景的验收测试程序数据表格通常包括记录实际测量值和观察值的字段。系统开发商、购买者和用户企业的指定见证人以及系统开发商质保代表/软件质保代表将见证验收测试程序，并作为质量记录（QR）确定验收测试程序结果的真实性。

28.7 执行系统集成、测试和评估任务

系统集成、测试和评估活动不仅仅是进行测试。作为“系统集成、测试和评估系统”，是面向任务的，提供能力的，包含三个运行阶段：测前阶段、测试阶段和测后阶段（见图 10.17）。在每个阶段，都需要开展一系列的任务，集成、测试、评估和验证系统或实体的设计。每个阶段的任务是什么？记住，每个系统都是独一无二的。下文介绍的是适用于每个抽象层次的通用测试任务。这些任务高度交互，并且可能在任务运行阶段多次重复，尤其是在测试阶段。

1）任务 1.0：测前活动

（1）任务 1.1：制定测试案例和验收试验程序。

（2）任务 1.2：配置测试环境（见图 28.1）。

（3）任务 1.3：为系统集成、测试和评估准备测试件并安装仪器。

（4）任务 1.4：将测试件集成到测试环境中（见图 28.1）。

（5）任务 1.5：检查和评估测试准备就绪情况。

2）任务 2.0：测试和评估测试件性能

（1）任务 2.1：执行非正式测试。

（2）任务 2.2：评估非正式测试结果。

（3）任务 2.3：优化设计和测试件性能。

（4）任务 2.4：为正式验证测试准备测试件。

（5）任务 2.5：执行“试运行”测试，检查验收试验程序。

（6）任务 2.6：与购买者技术代表协作，邀请购买者和用户（原理 18.2）见证正式验收测试。

(7) 任务 2.7：与内部质保代表/软件质保代表协调见证测试。

3) 任务 3.0：验证测试件性能符合性

(1) 任务 3.1：进行测试就绪评审（TRR）(见图 18.1)。

(2) 任务 3.2：正式验证测试件。

(3) 任务 3.3：验证和测试结果和数据。

4) 任务 4.0：执行测后跟进措施

(1) 任务 4.1：制定项目验证测试报告。

(2) 任务 4.2：将测试结果和数据存档。

(3) 任务 4.3：处理差异报告（DR）分析，采取纠正措施。

(4) 任务 4.4：如允许，则翻新/修整测试件后交付。

正式测试使用经批准的验收试验程序编写工作脚本，其中验收试验程序确定了测试件，定义了测试环境配置、测试案例、测试程序等。测试中，经常会遇到布线问题、测试件故障、验收试验程序问题等。因此，鼓励进行非正式的"试运行"，确保在执行正式验收试验程序之前一切正常，特别是系统购买者、购买者测试代表或用户会参加的验收试验程序。

尽管计划周密，但受测试差异（TD）影响，在执行正式验收试验程序期间，还是会发生意外测试事件。当出现测试差异时，必须记录并提交差异报告，说明存在不符合问题。差异报告不需确定差异的根本原因（原理 28.5），只需要记录差异。

原理 28.8　根本原因原理

通过排除影响因素的过程，确定差异、突发事件、事故、事件的根本的、最可能或可能的原因。

发生测试异常或故障并填写了差异报告时，必须根据测试件和测试计划，确定问题的严重程度，并隔离问题源。虽然设计未经验证，一般更倾向于关注测试件本身，但问题源也可能是如图 28.1 所示的任一测试环境元素，例如测试操作人员或测试程序错误和/或测试配置或受控操作环境问题。可根据这些影响元素，构建测试差异故障隔离树（见图 28.5），通过故障消除过程排除故障，直到确定根本原因或可能原因。这种调查的目的是假设一切都可疑，通过消除过程从逻辑上排除潜在故障源。

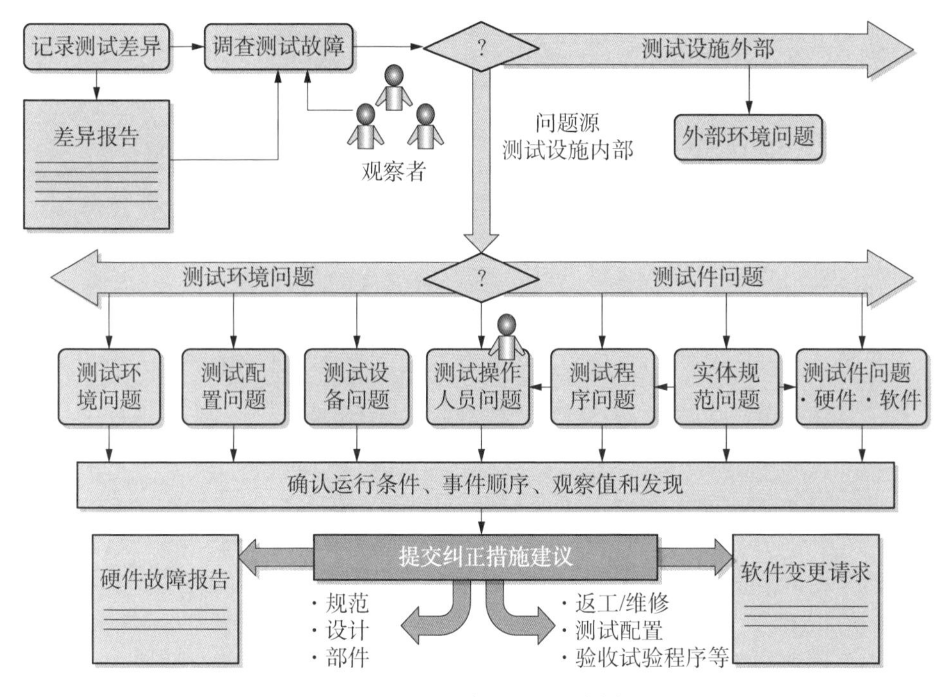

图 28.5　测试差异源隔离树

注意 28.1　差异、突发事件或事故根本原因

对于原理 28.8 中的“根本原因”主题，回顾第 24 章关于瑞森（1990）在“瑞士奶酪模型”中的讨论，大多数突发事件和事故通常是由潜在缺陷引起的多种促成原因造成的结果，而不是单一原因——事故肯定会发生（原理 24.4）。

理解了差异报告和故障周围的情况后，首先是确定问题是源于测试设施外部还是内部（如适用）。对于源于设施内部的问题（见图 28.1 和图 28.5），需要确定是测试操作人员、测试件、测试配置、测试环境问题还是测试设备问题。注意观察这种方法是如何利用半分法（原理 28.2）来确定根本原因的。

因为脚本化的验收试验程序是测试安排的文件，所以我们从验收测试程序和测试配置开始。测试差异调查问题示例如下：

（1）测试配置是否正确？

（2）测试环境是否一直处于控制之下？

(3) 操作人员是否正确执行了测试步骤?

(4) 是否按照正确顺序执行，没有绕过任何步骤?

(5) 测试程序是否存在缺陷? 测试程序是否存在错误?

(6) 是否使用测试程序进行了“试运行”以验证其逻辑和步骤?

如果进行了试运行，则测试件可能存在问题。

注意 28.2 测试差异现场保护

在正式验收测试程序中，如出现测试差异，工程师会本能地开始拆卸测试配置来隔离问题，这是一个缺陷。请勿触碰测试配置！正式测试差异事件类似于犯罪现场调查（CSI)，在调查组到达现场进行调查之前，必须封锁并保持原状。扰乱正式验收试验程序的测试配置是业余和不专业的做法。

在倾向于仓促作出判断并采取纠正措施时，通过重建“事件现场”来验证问题源，这包括测试配置、运行条件、事件顺序、测试程序、测试日志中记录的观测值、差异报告和测试人员面谈。

如果问题源于测试件，按照与正常系统开发流程相反的顺序追溯测试件的开发过程（见图 12.2)。组件是否按照设计要求正确制造? 组件是否经过了适当检查和验证? 如果经过了适当检查和验证，是否存在由部件、材料、流程或工艺缺陷或实体验证引起的问题? 如果存在这些原因引起的问题，确定测试件是否需要修理、报废、重新采购或重新测试。如果不存在这些问题，则可能是设计或规范问题。

审核设计。设计是否完全符合规范需求? 设计是否存在内在缺陷? 在将规范需求转化为设计文档时，是否有误? 是否误解了规范需求?

(1) 如果设计有误，则重新设计，纠正缺陷或错误。

(2) 如果设计无误，由于规范确立了验证测试的合规性阈值，可能需要考虑修订规范和重新分配性能预算和设计安全裕度。再根据发现情况，建议纠正措施、申请批准并实施。

注意 28.3 随意修订规范需求

规范或设计的修订应该是有据可查的决定，并得到基本原理的支持，而不是随意的决定。

之后，从不受差异影响的最后一个测试开始执行回归测试。

28.8 常见的集成和测试挑战和问题

系统集成、测试和评估实践通常涉及许多系统工程挑战和问题。接下来一起了解一些常见挑战和问题。

1）挑战1：系统集成、测试和评估数据完整性

测试环境确立中存在的缺陷、不合适的测试假设、训练和技能不足的测试操作人员以及不可控的测试环境等，都会损害工程测试结果的完整性。对于后续系统、产品或服务的正式验收、鉴定和认证的决策而言，确保测试数据和结果的完整性至关重要。

警告28.1 测试数据失真和失实陈述

故意扭曲或歪曲测试数据的行为违反了职业和商业道德以及相关法律。根据法律、法规、条例等的规定，这种行为将受到严重的刑事处罚。

2）挑战2：系统集成、测试和评估测量偏差或偏离

当测量设备等仪器连接到或“搭载”到“测试点”时，产生的影响可能会使测试数据产生偏差或偏离，和/或降低系统、产品或服务性能。测试数据测量不应使系统性能承受荷载或降低系统性能。在安装测试件仪器之前，彻底分析测试设备偏差或偏离对系统性能的潜在影响。如果存在偏差或偏离问题，请研究其他分析方法，以便从其他数据中导出数据。用以确定如下方面：

（1）数据的重要性。

（2）是否存在替代数据收集机制或方法。

（3）需获得的数据“价值”与技术、成本和进度风险是否相匹配。

3）挑战3：测试结果和数据保存和归档

系统集成、测试和评估和系统验证旨在证明系统、产品或服务完全符合系统性能规范或实体开发规范。符合性决策的有效性和完整性取决于作为测试客观证据记录的正式验收试验程序质量记录和符合性验证结果。因此，在正式的验收试验程序过程中记录的测试数据结果必须经过见证、验证，并保存在永久性的安全且访问受控的设施内归档。

可能需要此数据来支持：

（1）如要求，在系统交付和购买者为用户正式验收之前，进行功能构型审

核和物理构型审核（第12章和第13章）。

（2）现场分析系统故障或问题。

（3）合法索赔。

对于合同数据保存和保留，大多数合同都有要求，且组织也有具体的政策。通常需要在合同完成后几年内保存和保留合同数据。

注意 28.4　数据记录保留

关于数据记录的存储和保留要求，请务必参考合同。

4）挑战4：测试数据认证

记录了正式测试结果和数据后，应根据最终用途认证验证数据的有效性。测试数据认证有多种方式。通常，测试数据认证由独立测试机构或系统开发商企业的质量保证组织成员执行。质量保证组织成员应根据规定的政策和程序接受培训，并获得授权在正式测试结果和数据（见表28.3）上盖章。可能还需要更高级别的外部企业执行认证。认证标准至少包括以下内容的见证确认：

（1）测试件和测试环境配置。

（2）测试操作人员资格和方法。

（3）试验假设和运行条件。

（4）测试事件和发生情况。

（5）预期结果的符合性验证。

（6）每次测试的通过/未通过决定。

（7）测试差异。

5）挑战5：一个测试件——多个集成者和测试人员

受大型复杂系统开发费用的影响，可能需要多个集成者轮班工作，满足开发进度要求。在下一班次的集成者浪费时间将未记录的“补丁”从构型“构建”上卸载（见图15.5和图15.6）时，可能会造成问题，如软件和电缆/跳线在下一班次发生变化。因此，在系统集成、测试和评估工作交接班时，“交班人员”和“接班人员”应召开协调会议，确保传达和理解在上一班次中已确认的当前构型的“构建”。

6）挑战6：偏差和豁免

当系统、产品或服务不能满足其性能、开发和/或设计要求时，该项目将标记为不合格项。对于硬件，不合格报告（NCR）会记录差异，并提交材料审查委员会（MRB）处理，采取纠正措施。对于软件，软件开发人员向软件构型控制委员会（SCCB）提交软件变更请求（SCR）以获得批准。根据具体情况，不合规项有时会通过发布偏差或豁免（第 18 章）、返工或报废来解决，而不需要配置控制委员会采取行动。

7）挑战 7：设备和工具校准和认证

原理 28.9　认证工具和设备原理

为避免验证测试结果无效，在每次测试前，确保所有所需的测试工具和设备都经过校准、校验并符合源标准。

验证和确认（V&V）工作的可信度和完整性通常取决于使能系统。

（1）为系统建模、模拟和测试建立受控运行环境的测试设施和设备。

（2）用于精确调整系统/实体能力和输出的特殊工具。

（3）用于测量和记录系统环境、输入和输出的仪器。

（4）用于分析系统响应的工具。

所有这些因素：

（1）要求按照国家或国际有关重量、测量和换算系数的标准校准、校验或认证。

（2）必须可追溯到国家/国际标准。

确保验证和确认活动的技术可信性和完整性，避免返工。首先要有一个坚实的基础，确保测试设备和工具经过校准、认证，并在设备上标明的规定时间内可追溯到源标准。

8）挑战 8：未能提供测试数据访问点

原理 28.10　测试数据访问原理

预计在收集规范需求和设计验证所需测试数据时，各级集成的实体需要的访问端口的硬件测试点类型和软件数据类型。

在规范开发和系统/实体设计过程中，采用自定义的 SDBTF－DPM 工程范式企业的一个特征是：在获取 SITE 数据方面缺乏系统思维（第 1 章）。为了在不同的集成层级上保持系统设计验证（第 13 章）的完整性，质保代表通常会密封经验证的测试件，即被测单元，防止擅自打开、进入、篡改或入侵。但这有个很大的问题，尤其是在更高集成层级的测试需要利用密封被测单元内的硬件或软件测试点取得测试数据时，问题更严重。从规范制定开始，这一点说

明了这样做为什么会比仅把“应该”语句写入规范大纲更重要。测试主管是关键的合作决策者，应该质疑制定规范的系统开发团队（SDT）和产品开发团队（PDT）。对于每项规范要求，采用一两句话完成验证计划，说明如何验证要求，需要哪些数据、测试端口、测试点、测试仪器和设备，以及位于哪个集成点（见图 28.2）。

9）挑战 9：系统集成、测试和评估时间分配不足

也许最严重的挑战之一是由于不良项目规划和实施，导致无法为系统集成、测试和评估活动分配适当的时间。企业在竞标系统开发合同时，高管往往根据一些所谓的“聪明策略”，提交激进的进度安排，以赢得合同。尽管企业可能有长期不良执行合同的历史，如成本超支/进度不足，但还是会出现这种问题。

启示 28.1　系统集成、测试和评估的时间分配

根据经验法则，至少 40%的项目时间应用于系统集成、测试和评估。

理论上，测试越多，越能发现设计缺陷造成的潜在缺陷，包括不足、瑕疵或错误等。

每个系统都不一样，在“起点”分配至少 40%的项目时间作为执行系统集成、测试和评估的起点。大多数合同项目落后于进度计划，将 40%的时间压缩到了 10%。结果只得仓促完成系统集成、测试和评估活动，无法充分地测试系统，最终交付带有潜在缺陷的系统。但如果有更多的 SITE 时间，这些潜在缺陷是可以被发现的。如图 13.2 和表 13.1 所示，如果未能恰当地执行足够的测试来消除潜在的缺陷，只会导致更严重的问题，需要花费更高代价解决。

原因如下：

（1）投标过激，利用不切实际的进度安排赢得合同。

（2）对问题和解决方案空间理解不透彻（见图 4.3 和图 4.7）或外部企业的数据交付执行不佳，导致从合同授予开始，项目履行就偏离了计划。

（3）在部件采购和开发流程中，将不完整的设计仓促提交系统集成、测试和评估（见图 12.2），简单“勾选”后，大胆宣称“按时”进入系统集成、测试和评估，再试图在系统集成、测试和评估期间完成设计。

（4）指派的项目管理人员了解满足进度和利润，但不了解或不理解待解决技术问题的严重性，也不了解如何协调，导致无法成功实施和完成合同。

要更好地理解这一挑战的重要性，请参考结尾篇讨论，即喷气推进实验室（JPL）总工程师布莱恩·缪尔海德关于通过设计缓解测试和工作系统稳健测试计划，观测系统验证的重要性和关键性。

10）挑战10：系统集成、测试和评估的差异报告障碍

SITE中的一大挑战是，需要在处理测试差异的同时，保持进度。建立差异报告优先级系统来识别以下差异报告：

（1）不影响人员或设备系统元素安全。

（2）不危害更高层级测试结果，或导致这些结果无效。

建立执行/不执行差异报告标准，确定是否进入下一层级系统集成、测试和评估。

11）挑战11：差异报告实施优先级

人类天生喜欢做“有趣”的事情和简单的任务。因此，在必须实施差异报告纠正措施时，开发人员倾向于解决那些感觉能够“即时”完成的差异报告。

结果，具有挑战性的差异报告却被束之高阁。然后，按进度报告指标自豪地宣布大量差异报告纠正措施已经完成。

在挣值管理（EVM）环境中，在第一个月重新完成50%的差异报告，达成了其中一个条件。这些概念听起来不错！生产力很高！错！这就是问题所在。50%的差异报告量只有待执行工作量的10%。项目技术管理人员也在做决策时起了作用，因此此时需要完成以下工作：

（1）对差异报告优先排序，并安排实施。

（2）根据优先级分配资源。

（3）基于差异报告的相对重要性或价值来衡量EV进展。

以这种方式先解决具有挑战性的问题。管理层和购买者需要理解并承诺全力支持这种方法，将其视为“正确的做法！”作为利益相关方，他们需要参与优先排序过程。

12）挑战12：段落要求与单一要求

除了对系统工程设计过程的挑战外，在系统集成、测试和评估过程中，基于段落的规范需求也会带来不良后果。在现实中，使用一个测试来证明分散在整个规范段落中的多项依赖需求或相关要求也会产生许多问题。在编写规范

时，灵活地“提前”思考，并创建单一要求陈述，规定一个并且只有一个基于行为的结果（原理 22.9），方便在完成时检查。

13）挑战 13：要求验证完成度

在验证过程中，段落需求和单一需求问题也是个挑战。具体在于：基于段落的需求只有在段落中所有需求都得到验证后才能核对。否则，如果该段落含有 10 个需求，而你已经验证了 9 个，则在第 10 个需求得到验证之前，该段落需求仍被视为未验证需求。建议创建单一要求表述！

14）挑战 14：翻新/修整测试件

在规定的合同条件下，系统验证测试件，尤其是昂贵的测试件，经翻新和修补后，可用于交付。在签署合同确定在系统测试完成后如何处置系统验证测试件之前，确立验收标准。

注意 28.5　作为交付品翻新测试件

作为交付品翻新测试件时，请务必参考合同要求，咨询项目、法务和合同组织，寻求指导。

15）挑战 15：校准和校验测试设备

测试非常昂贵且耗时。在执行项目验证测试时，大多数项目已经落后于进度计划。在系统集成、测试和评估期间，如果测试用具未经校验，或根据设备项目上的日期戳确定测试设备未校准，则需要解决测试数据完整性问题。

在进行正式测试之前，要确保所有测试设备和工具都经过校准和校验。由于校准证书规定了到期日，请提前计划，并制定应急计划，在系统集成、测试和评估之前和期间，替换校准到期的测试设备。在校准到期设备醒目位置贴上校准过期通知；确保过期设备的安全，直到校准。

16）挑战 16：测试“挂钩”

测试挂钩是捕获测试点、软件等数据测量值的一种方法。在系统工程设计流程中规划“挂钩”（见图 12.3 和图 12.6），确保挂钩不会影响或损坏硬件测量的准确性或降低软件性能。识别并可视化标记每一个挂钩，便于提供测试报告并在后期删除。测试件验证完成时，确保删除所有测试挂钩，但更高层级集成测试所需挂钩除外。

17）挑战 17：异常

在正式系统集成、测试和评估期间，异常情况可能会发生，也确实会发生。在发生异常时，确保测试操作人员和设备正确记录异常发生情况、配置和事件顺序，作为启动调查的基础。

在大型复杂系统中出现的异常特别麻烦。有时候，可以幸运地隔离异常；但其他时候，异常难以捉摸，只能意外地发现。在任何情况下，异常发生时，应记录事件顺序和事件之前的情况。看似异常的单一事件可能会随着时间的推移而反复出现。随着时间的推移，异常记录可能会提供可追溯到特定根源或可能原因的线索。

18）挑战 18：技术冲突和问题解决

正式系统集成、测试和评估期间，购买者测试代表（ATR）和系统开发商之间可能会出现，也确实会出现技术冲突和问题，尤其是在仪器读数或数据解释方面。

（1）第一，确保采用一致的方式明确陈述验收试验程序，避免多重解释。如果测试区域可能存在问题，测试与评估工作组应在测试就绪评审（TRR）（第 18 章）之前或期间确定如何管理冲突。

（2）第二，在正式测试之前，确立购买者（角色）和系统开发商（角色）冲突和问题解决流程。在系统集成和验证计划中规定冲突和问题解决流程。

19）挑战 19：创建真实世界场景

在系统集成、测试和评估规划过程中，趋向于根据验证过程中的单项测试来“核对”单项要求。从要求符合性的角度来看，必须实现这一点。然而，将每个需求作为一个独立的测试进行验证可能并不可取，有两个原因：成本和真实世界。

（1）第一，规范有单独陈述的需求并不表示不能通过一个测试验证多项需求，以尽量降低成本（原理 22.4 和原理 28.4）。假设测试代表了系统的使用情况，而不是不相关功能的随机组合。

（2）第二，用户使用系统执行任务时，通常会有多种功能同时运行。在某些情况下，功能之间的交互可能会发生冲突。这是一个问题，尤其是在单项规范要求测试之后发现系统符合需求时。这一点强调了需要用例、基于场景的测试和测试案例，练习和执行系统/实体能力组合，从而在验证一项或多项规范要求时，暴露潜在交互冲突。

从概念上讲，工程师从系统性能规范或实体开发规范第 3.0 节开始，按顺

序测试一项或一组要求：先验证需求 3.1.1，然后验证需求 3.1.2，依此类推。测试完成之后，用户操作设备，当功能组合同时运行时，用户操作设备就会发生问题。示例包括机械间隙问题、电磁干扰（EMI）、辐射热源等，在系统运行时会与系统“组件”相互作用。

记住，用户不会按照系统性能规范或实体开发规范来操作系统或产品；用户操作和系统开发规范/实体开发规范要求符合性是两个不同的概念，但却相互关联。因此，有以下两个方面的挑战：①验证系统性能规范和实体开发规范要求的符合性；②使系统或产品多能力组合同时运行，了解其中的相互作用。引用迈克尔·格里芬博士（Warwick 和 Norris，2010）在第 2 章中的话：我们需要的是一种新的观点，即核心系统工程功能“并不主要关注于特征元素之间的相互作用，并验证它们是否符合预期。”他说，更重要的是理解这些相互作用的动态行为。挑战是如何在系统验证期间创建真实测试环境和条件：既代表外部运行环境，又代表被验证系统或产品内运行条件的组合。

系统验证不仅仅需要自动测试一项或一组要求来验证是否符合系统性能规范或实体开发规范。系统验证应确定所有最有可能的功能组合都能够完美、无缝地运行和交互，而不会受到机械、热、电或其他类型的干扰，从而降低性能。

28.9 本章小结

本章在作为验证和确认实践讨论系统集成、测试和评估的过程中，探索了在受控实验室条件下开发测试与评估的关键活动，工作成果和正式质量报告（如测试结果和数据），提供了客观的证据（原理 13.8、原理 19.1、启示 19.1），证明符合系统性能规范或实体开发规范。系统工程师可利用系统集成、测试和评估期间收集的数据：

（1）培养对开发构型完整性的信心。

（2）支持功能审核和物理构型审核。

（3）回答关键验证问题：是否按照系统性能规范或实体开发规范构建了系统或产品？

28.10 本章练习

28.10.1 1级：本章知识练习

（1）什么是系统集成、测试和评估？

（2）什么时候进行系统集成、测试和评估？

（3）系统集成、测试和评估的目标是什么？

（4）对于文中提及的系统/实体的“规定的运行环境”，包含在什么文件里？

（5）系统集成、测试和评估（SITE）与开发测试与评估（DT&E）/运行测试和评估（OT&&E）有什么关系？

（6）系统集成、测试和评估须实现的预期目标是什么？

（7）系统集成、测试和评估的质量记录和工作成果是什么？

（8）系统集成、测试和评估中的角色和责任有哪些？

（9）测试计划有哪些类型？

（10）什么是测试与评估主计划？

（11）谁拥有和制定测试与评估主计划？

（12）什么是系统集成和验证计划？

（13）谁拥有和制定系统集成和验证计划？

（14）测试与评估主计划和系统集成和验证计划的背景有什么区别？

（15）什么是测试与评估工作组？

（16）为什么需要测试日志？

（17）什么是回归测试？

（18）什么是差异报告？

（19）什么时候需要制定差异报告？

（20）如何对系统集成、测试和评估活动进行优先排序，并记录系统集成、测试和评估缺陷和问题？

（21）什么是测试就绪评审？什么时候需要执行测试就绪评审？

（22）项目的系统集成、测试和评估阶段和支持任务是什么？

（23）什么是系统集成、测试和评估观测值、缺陷、差异和异常？

（24）如何制定测试报告？

（25）正式批准和归档测试数据有何重要性？

（26）如何认证测试数据？

（27）系统集成、测试和评估过程中，有哪些常见挑战和问题？

（28）为什么需要记录导致测试故障的事件，并需要在差异报告中记录这些事件？

28.10.2 2级：知识应用练习

参考 www. wiley. com/go/systemengineeringanalysis2e。

28.11 参考文献

DAU (2005), *Test and Evaluation Management Guide,* 5th Edition, Ft. Belvoir, VA: Defense Acquisition University (DAU) Press. Retrieved on 1/16/14 from http: //www. dtic. mil/cgi-bin/GetTRDoc?AD=ADA436591.

DAU (2012), *Glossary: Defense Acquisition Acronyms and Terms*, 15th ed. , Ft. Belvoir, VA: Defense Acquisition University (DAU) Press. Retrieved on 6/1/15 from http: //www. dau. mil/publications/publicationsDocs/Glossary_ 15th_ ed. pdf.

FAA (2012), *COTS Risk Mitigation Guide,* Washington, DC: Federal Aviation Administration (FAA).

IEEE Std. 829 - 2008(2008), IEEE Standard for Software and System Test Documentation, New York: Institute of Electrical and Electronic Engineers (IEEE).

ISO/IEC/IEEE 24765: 2010 (2010), Systems and software engineering-Vocabulary, Geneva: International Organization for Standardization (ISO).

MIL - HDBK - 881C (2011), *Military Handbook: Work Break Down Structure,* Washington, DC: Department of Defense (DoD).

Reason, James (1990), *Human Error,* Cambridge, UK: Cambridge University Press.

SEVOCAB (2014), Software and Systems Engineering Vocabulary, New York, NY: IEEE Computer Society. Accessed on 5/19/14 from www. computer. org/sevocab.

Warwick, Graham and Norris, Guy (2010), “Designs for Success: Calls Escalate for Revamp of Systems Engineering Process”, Aviation Week, Nov. 1, 2010, Vol. 172, Issue 40, Washington, DC: McGraw-Hill.

29 系统部署，运行、维护和维持，退役及处置

系统购买者/用户完成最终验收后，下一步是将系统、产品或服务部署和交付到用户指定的工作现场或商业市场进行分销。部署和交付可以按照用户或按系统开发协议的一部分来完成。对大多数系统开发商工程师来说，系统或产品的“工程”视为完成并开始使用——“故事”结束。但这是不对的！

系统开发阶段已经完成，例如，系统或产品已经转到用户的企业或组织。然而，系统工程与开发（SE&D）继续由用户或其技术代表的系统工程师进行。这包括性能监控，确保系统、产品或服务：

（1）向用户提供执行任务所需的能力。

（2）确保运行实用性、适用性、可用性、易用性、有效性及效率（原理 3.11）。

（3）保持最新，且没有能力“缺口”。

系统的开发是基于用户、系统购买者和系统开发商建立的假设、目标和限制——技术、工艺、成本、进度及风险——关于系统、产品或服务如何在规定的运行环境中执行其任务。交付时，存在几个问题：

（1）系统、产品或服务在满足基于行为的结果和目标方面是否符合预期？

（2）用户是否对系统的性能满意？

（3）系统或产品是否涉及残留的潜在缺陷——设计缺陷、错误和不足，缺陷材料和部件或者工艺问题？

本章从系统工程角度讨论系统部署、运行、维护、维持、退役及处置。目的是回答上述三个问题，尤其是对用户系统工程师或其技术代表而言。也许有人会问：这样做有何价值？原因有如下四个：

（1）如果系统、产品或服务涉及潜在缺陷，但不加以纠正，则可能会有很

大的风险，特别是在任务完成影响因素方面，如安保、健康、安全和环境风险。

（2）系统和产品的使用寿命有限（见图 34.6），需要持续的预防性和纠正性维护措施，并且随着时间的推移性能会下降（见图 4.25），这要求我们充分了解可能趋势和重新校准、重新对准需求。

（3）系统或产品有效使用寿命的实现需要依据及时、严格的监督检查进行视情维修（CBM）（第 34 章）。

（4）对于依赖操作人员的系统要成功，需要持续了解和跟踪用户（操作人员和维护人员）的培训、技能、熟练程度、纪律和表现情况。

与普遍的看法相反，系统或产品的系统工程和分析在系统开发之后以及系统/产品生命周期的整个部署、运行、维护和维持阶段继续进行。这是第 29 章讨论的基础，特别是对用户系统工程师而言。*

29.1　关键术语定义

（1）分析瘫痪（analysis paralysis）——参考第 27 章“关键术语定义”。

（2）停用（deactivation）——做出的一项权威决定，旨在淘汰/停用系统或产品现役服务的特定系列、版本或实例，以进行存储或处置，从而将其从库存中移除。一些企业使用术语“退役”（decommission）。

（3）部署（deployment）——将系统、产品或服务分配、派到和搬移到新位置或暂存区存放或执行组织任务。

（4）部署设施（deployment facility）——为任务期间或任务之间的系统、产品或服务提供庇护、安保、保护或环境的物理设施——建筑、结构、综合体。

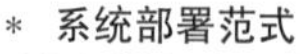

* **系统部署范式**

系统部署概念和术语有时被认为是为军事组织保留。实际上，用户通过他们的家庭、企业和社区部署系统、产品和服务。例如：

（1）消防车、紧急服务（EMS）和多用途车被调度（部署）到各地提供紧急援助。

（2）企业或公司的信息技术（IT）部门通过局域网（LAN）或广域网（WAN）将台式机、笔记本电脑等计算机和软件下载部署到办公室。

（3）医院在病房和手术间部署执行任务用的医疗设备。

部署一词不是军事组织独有的，它同样适用于所有组织。

（5）部署地点（deployment site）——代表系统、产品或服务部署并作为其运行地点的地理位置。

（6）处置（disposal）——“在适当授权情况下处理多余、过剩、废弃或回收财产的行为。处置可以通过但不限于转让、捐赠、出售、回收、废除、废弃或销毁实现”（DAU，2012：B－71）。

（7）处置（disposal）——“在适当授权情况下处理多余、过剩、废弃或回收财产的行为。处置可以通过但不限于转让、捐赠、出售、声明、废弃或销毁实现”（DAU，2012：B－80）。

（8）处置（生命周期角度）［disposal（lifecycle perspective）］——“与存储媒介的处置管理、拆除/拆卸/移除、恢复、消磁或销毁以及退役设备、系统或场地的回收相关的所有活动”（FAA，2006，第3卷：B－3）。

（9）处置（废物）［disposal（waste）］——“将任何固体废物或硬件（HW）排到、沉到、注入、倾倒、溢出、泄漏或放置到任何土地或水中的行为。这种行为的后果是，固体废物或硬件或其任何成分可能进入环境，或排放到空气中，或排放到任何水体中，包括地下水（40 CFR 260.10）”（AR 200－1，2007：102）。

（10）设施接口规范（FIS）——规定边界包络空间、环境条件、能力和性能要求的规范，目的是确保所有设施接口都能够与新系统兼容和互操作。

（11）失效报告、分析和纠正措施系统（FRACAS）——“一个数据收集、分析和分发的闭环系统，用于识别和改进设计和维护程序”（MIL－HDBK－470A，1997：1－3）。

（12）维护—基地级（maintenance—depot level）“包括在最终产品、组件、子组件和零件的检查、修理、大修或修改或重建过程中对材料或软件进行的任何操作。基地级维护通常需要大量的工业设施、专用工具和设备，或者是经验丰富、训练有素的人员，而这些在低级维护活动中是无法获得的”（DAU，2012：B－131）。

（13）维护—中继级（maintenance—intermediate level）“包括基层级维护能力之外的组装和拆卸”（DAU，2012：B－131）。

（14）维护—现场级（maintenance—field level）“由两部分组成：①基层级维护，包括检查、维修、搬运、预防性和纠正性维护；②中继级维护……”

（改编自 DAU，2012：B－131）。

（15）现场调查（on-site survey）——对潜在部署地点进行有计划、经授权和协调的参观，以了解物理环境和地形；自然、历史、政治和文化环境；以及与开发相关的问题，确保能适应系统。

（16）运行场地启用（operational site activation）——“不动产、建筑、转换、公用设施和设备，提供容纳、检修和投放基层级和中继级主要任务设备所需的所有设施”（MIL－HDBK－881C，2011：229）。

（17）包装（packaging）——“用于保护物资的工艺和程序，包括清洗、干燥、保存、包装和单元化”（DAU，2012：B－160）。

（18）包装、装卸、贮存和运输（PHS&T）——资源、流程、程序、设计、注意事项和方法的组合，目的是确保适当保存、包装、装卸和运输所有系统、设备和辅助物品，包括环境因素、设备短期和长期保存以及可运输性。一些物品需要特殊的环境控制、防震容器，以便通过各种运输方式（陆地、铁路、空中和海上）往返于维修和储存设施之间（产品支持经理指南）（DAU，2012：B－160）。

（19）问题报告（PR）——任务系统或使能系统硬件（如设备系统元素）出现问题或故障的正式文件。

（20）改装（retrofitting）—指通过性能或技术增强升级提高系统/产品能力的过程，或纠正交付后发现的潜在缺陷的过程。

（21）场地开发（site development）——准备场地（房地产）的过程，目的是部署系统或产品和/或其设施，用于相关系统任务系统和使能系统的运行、维护和维持。包括规划，执照和许可证，分级，安装公用设施、下水道、通信、景观、照明设施、安全边界，检查。

（22）现场安装和检验（I& CO）——将系统或产品拆包、安装、装配、对准、校准、安装、检验和激活达到任务服务就绪状态的过程。

（23）选址（site selection）——确定候选地点作为系统部署位置并进行最终选择的过程，最终选择要权衡考虑运行需求与环境、历史、文化、政治和宗教限制或习俗。

（24）暂存区（staging area）——为可能需要组装、集成、测试和验证的任务准备部署系统或产品的集结点、集合点、仓库。

（25）维持（sustainment）——参考第3章“关键术语定义”。

（26）系统退役（system retirement）——就以下产品退役和淘汰作出的决定：①企业库存中特定类型系统的所有实例；②由于老化、过时、维护成本等原因导致的系统/产品的具体实例。

29.2 引言

原理29.1 已部署系统性能原理

在系统/产品全生命周期的部署、运行、维护、维持、淘汰及处置阶段，持续监控和评估系统/产品性能。

由于在整个系统开发过程中的“前期”和过程中缺乏系统工程概念，人们普遍错误地认为，当工程系统或产品得到验证、确认和接受时，系统工程活动就结束了。然而，系统工程活动将持续到系统/产品生命周期的系统部署、运行、维护、维持、退役及处置阶段。区别在于，系统工程活动一般从系统或产品的系统开发转移到评估已验证的用户性能的实现。我们在本章中讨论的范围集中在系统部署、运行、维护、维持、退役及处置规划时要求的系统工程活动及注意事项。

由于从小型系统到大型系统的物理部署既具有挑战性又具有复杂性，例如，暖通空调（HVAC）系统、汽车、重型施工设备和军事系统，本章将重点解决这些挑战。消费产品和软件等较小的系统通常：①不需要大型使能系统工程来运输物品；②不包含必须承受运输过程的敏感测量设备；③对环境或道路没有影响；④不需要场地和设施来专门布置系统。不过，像软件这样的项目也面临一系列特有的挑战。例如，考虑部署新的软件载荷到：

（1）前往月球或其他星球并返回地球的宇宙飞船。

（2）家庭、办公室或车辆中的台式计算机或便携式设备，其中必须查询当前配置并验证下载或上传内容。

我们的讨论从系统部署开始，然后是系统运行、维护、维持。最后，我们简要讨论系统退役和处置。

29.3 系统部署运行

大多数系统、产品或服务都需要由系统开发商或系列提供商部署或分发到用户指定的现场站点或暂存区。在部署过程中，系统或产品可能会受到多种类型的运行环境状态和条件的影响，如表 7.4 所列。

系统部署不仅仅涉及系统或产品的物理部署。正在部署的系统，至少（如适用）可能还需要图 7.5 所示的关键活动：

（1）暂时、临时或永久仓库或支持设施中的存储和/或对接。

（2）设置、安装和检验以及集成到用户的高阶第 0 级或第 0 层系统中（见图 8.4）。

（3）使能系统操作人员和维护人员的培训。

（4）校准和对准。

（5）运输。

（6）拆卸。

（7）部署期间监控自然和诱导环境条件的仪器——温度、湿度、冲击和振动。

（8）自部署以来的改装升级。

（9）重新认证。

为了应对这些挑战，系统或产品的设计和部件必须足够稳健，以在这些条件下生存，无论是在运行状态还是非运行状态。为了使系统设计解决方案能够应对这些挑战，系统性能规范（SPS）必须定义和限定满足这些条件所需的运行能力和性能。

完成这项任务需要通过实地考察和与利益相关方合作，对运行环境有一个深入的认识。在这种情况下，利益相关方的范围超出了系统或产品的用户和最终用户。它包括部署路线沿线的使能系统（运输商）和利益相关方，包括公众，人类系统和自然环境以及地方、州和政府。

29.3.1 系统部署目标

系统部署的目标是安全可靠地将系统或产品从一个场所或暂存区搬移到或

重新定位到另一个场所或暂存区。这需要使用最高效、有效的方法来实现技术和作业性能最佳平衡，实现风险可接受以及对成本和进度的影响最小。

为了完成大多数移动系统的部署，我们将这个目标分解为几个支持目标：

（1）准备待装运的系统或产品，包括拆卸、库存、部件包装和装箱。

（2）协调陆基、海基、空基或天基运输模式。

（3）将系统运输到新的位置、工作地点或暂存区。

（4）将系统或产品存放在安全的区域或设施中。

（5）在部署现场安装、架设、装配、对准、校准、检验及验证能力和性能。

29.3.2 系统部署场景

系统部署场景有三种：

（1）首件部署——在系统开发阶段将首件系统重新布置到测试场地，以支持用户运行测试与评估（第12章）活动。

（2）生产分销部署——通过分销系统将生产系统转移到用户位置或消费者可访问位置。

（3）物理系统重新部署——在系统运行、维护、维持阶段，将已部署的系统重新布置到新的场所或暂存区。

接下来我们将进一步讨论这几种情况。

29.3.2.1 首件部署

首件部署，如大型复杂系统的开发构型工程型号的首件部署（第12章），可能具有较大风险。由于更换系统涉及的成本和时间原因，尤其涉及长准备期项目—零件时更是如此。时间和/或资源可能会有碍于构建另一个系统，尤其是在部署过程中被无意破坏或损坏到无法修复的情况下。

视系统而异，首件部署可能涉及将首件系统转移到测试设施或测试场，以完成开发测试与评估（第12章和第13章）或启动运行测试与评估。

商业系统的首件部署通常包括重要的宣传和公告。该活动被称为“首次展示”，这是最终交付系统、产品或服务的关键里程碑。商业系统、产品或服务部署的示例包括有限数量的开发构型试销市场（第12章和第16章），目的是评估客户满意度并获得反馈。

29.3.2.2　物理系统重新部署

在完成开发构型验证和确认（V&V）、翻新以及系统购买者或用户完成系统验收后，一些首件系统或产品可能会部署到市场上。需考虑的重新部署活动用例示例如表6.3所示。

对于起重机、重型施工设备等通过道路部署的大型系统，了解系统在任何时候的位置对于协调交通减速和交通改道非常重要。这可能需要考虑车辆护卫、全球定位系统（GPS）、手持无线电或其他设备的规范要求。对于商业产品的分销、包装、装卸、贮存和运输（PHS&T），应重点考虑如表20.1所示内容。

29.3.2.3　生产分销系统部署

小批量或大批量生产的商业系统或产品，通常会部分包装或全部组装并部署在箱子或容器中，以便装运到分销中心（暂存区）然后发运给零售商。其中的一个常见关键问题是跟踪交付情况——问题空间。解决方案空间需要通过关键取货点或转运点的条形码、包装中的射频识别（RFID）芯片，了解货物的地理位置。示例包括联合包裹（UPS）、联邦快递（FedEx）或敦豪速递（DHL）等包裹投递服务。这转化为部署系统的规范要求。

29.3.3　系统部署类型

系统部署需要考虑一系列与系统或产品相关的系统工程注意事项。例如：

（1）消费产品要求从制造商向零售点分销，供消费者购买，并由卖方或第三方自行交付。

（2）小型到大型商业或军事系统通常需要通过一种或多种运输方式（陆地、海洋、空中或空间）由开发商、用户或第三方从系统开发商的设施运输到用户指定的地点或暂存区。

下面我们将进一步讨论各种部署类型。

29.3.3.1　消费产品部署

表29.1所示为商业产品部署中系统工程注意事项示例。

表 29.1　系统部署——商业产品工程注意事项

系统部署注意事项	工程注意事项示例
消费产品	• 产品包装——防盗 • 产品组装、注意事项和警告 • 货运集装箱限制——长度、宽度和高度 • 货运集装箱吊点、系紧和重量限制 • 货运集装箱标记——此面朝上、堆叠、潮湿 • 条形码跟踪和销售点（POS） • 射频识别（RFID）跟踪设备 • 流体挥发性 • 电池拆卸和安装 • 等等

29.3.3.2　小型到大型商业或军事等系统部署

中型到大型系统或产品的部署通常涉及各种运输和规划模式。

注意 29.1　系统思维和部署限制

系统部署是系统思维（第 1 章）的一个重要示例。工程师和其他人的共同范式是开发系统或产品，然后在设计好之后，想办法将其运送给用户。现实情况是：运输方式和法律法规要求对系统、产品或服务要求存在限制。因此，在开始可能产生不利或负面后果的工程行动之前，要学会运用系统思维。

中型到大型物理系统的系统部署需要在两个方面考虑系统工程：

（1）系统或产品及其界面的设计。

（2）部署到用户现场的操作。

接下来我们一起探讨以上各个方面。

29.3.3.2.1　系统设计和界面注意事项

一般来说，这些系统的部署需要考虑以下内容：

（1）系统和接口限制。

（2）货运集装箱限制。

（3）运输车辆限制。

（4）环境限制。

表 29.2 所示为需要系统工程师考虑的相关方面示例。

表 29.2　系统部署工程注意事项

系统部署注意事项	工程注意事项示例
系统和接口限制	• 条形码跟踪 • 长度、宽度、高度和质量限制 • 收回或移除运输附件 • 拆卸和重新组装 • 系紧孔眼和尺寸 • 安全链 • 提升点和顶升点 • 重心标记 • 注意和警告、接触点（POC） • 辅助电源 • 辅助设备配载——通用保障设备和专用保障设备 • 加热/冷却 • 发动机进气口覆盖物 • 系统安全和保护 • 加压或减压 • 燃料和液体的轻松移除和补充 • 敏感部件的轻松拆卸和安装 • 等等
货运集装箱限制	• 集装箱的类型 • 系紧孔眼 • 提升点 • 体积——货物长度、宽度和高度限制 • 质量限制 • 辅助电源 • 加热/冷却 • 系统安全和保护 • 集装箱标记——注意和警告、内容标牌和代码以及 POC • 等等
运输车辆限制	• 陆地、海洋、铁路和太空运输要求 • 车辆认证 • 车辆标志 • 车辆尺寸限制——高度、宽度、长度和质量 • 货物尺寸限制——高度、宽度、长度和质量 • 系紧连接点 • 货物——流体、燃料和气压排除 • 载货清单 • 灭火器

(续表)

系统部署注意事项	工程注意事项示例
	• 紧急路边标志和闪光灯 • 等等
环境限制	• 国际（道路）平整度指标（IRI） • ASTM E1926－08（2008） • ASTM E1364－95（2012） • 冲击和振动 • 盐水和喷雾 • 沙和灰尘 • 温度和湿度控制 • 电场和放电 • 防雷保护 • 射频发射塔 • 飞行碎片、冰雹、雨和雪 • 海拔和大气压力变化 • 环境仪器 • 危险物品（HAZMAT） • 等等

由于道路条件从河床和小溪、未经改善道路到高速公路各有不同，因此冲击和振动成为主要考虑因素。集装箱的粗暴装卸也是如此。请思考以下示例。

示例 29.1　系统应用与部署环境

作为一名系统工程师，假设你指定一台商用台式计算机在一个良好的办公环境中使用，这并不意味着它不会因为在运送给消费者的过程中遇到粗暴装卸或崎岖道路而受到冲击和振动。运用系统思维预测部署环境，并相应地限定和规定运行环境要求。

29.3.3.2.2　系统部署操作注意事项

一旦装载到运输车辆上，中型到大型系统部署的第二个方面是操作注意事项。操作注意事项的范围包括如何将系统或产品及其货运集装箱运输到用户现场。这可能涉及不同运输方式相互结合，如陆运→空运→陆运→太空运输→陆运。表 29.3 所示为需要系统工程师考虑的相关方面示例。

表 29.3　系统部署操作注意事项

系统部署注意事项	操作注意事项示例
运输车辆驾驶员	• 驾驶员认证、执照、经验和技能 • 对系统部署目标的认识 • 货物意识和敏感性培训 • 等等
部署路线	• 陆地——公路、铁路、海上、天空和太空 • 斜坡和下坡 • 紧急停止 • 狭窄的桥梁和隧道 • 使用模拟设备的模拟试车 • 桥梁、公路和街道荷载宽度、高度、长度和质量限制 • 电力线高度限制 • 交通流改道和绕行 • 执法交通指挥 • HAZMAT 路线限制 • 等等
政府和监管	• 计划和路线批准 • 执照和许可证 • 路线协调 • 应急响应小组——医疗、消防、执法等 • 等等

一些系统或产品可能需要用专门的容器运输，这些容器要进行环境控制，包括温度、湿度和防盐雾保护。

目标 29.1

现在，我们已经选择部署地点，并了解需要部署或运输哪些系统或产品，下一阶段是开始运行场地选择和启用。

29.3.4　运行场地选择和启用

当系统、产品或服务准备好在特定运行场地或基地执行任务时，标志着系统/产品生命周期的系统开发阶段结束。从系统工程角度来看，这是系统思维的一个关键的基于行为的结果，具体来说，就是系统开发阶段要求的推导的结果。

这个思考过程会产生一连串的问题。

（1）系统要开始正常运行执行任务需要具备哪些条件？条件如下：

a. 正常运行的相关系统。

b. 设施（如适用）。

c. 部署场地。

d. 任务。

e. 任务资源。

f. 人员。

使用反向逻辑，扩展出另外三个系统工程问题。

（2）达到系统运行就绪状态需要满足哪些要求？条件如下：

a. 运输到部署地点。

b. 安装和检验。

c. 系统运行验证和确认。

d. 认证或重新认证以及操作人员许可，如适用。

（3）开发安装系统的设施需要什么？需要以下内容：

a. 设施所需的地理位置。

b. 设施开发计划、设施接口规范（FIS）、环境影响研究（EIS）设计、资金和已批准的许可。

c. 已开发并准备好进行设施建设的场地。

（4）开发设施场地需要什么？需要：

a. 选择部署地点。

b. 准备场地。

c. 检查设施开发场地。

这一连串的问题是我们讨论的基础。应该怎么做呢？

这就需要制定和批准运行场地启用计划。

运行场地启用计划要载明开发或修改和启用新设施或现有设施所需的机构、角色、职责和权限、任务、资源及时间表。该计划的关键目标之一是描述系统将如何组装和安装、对齐、校准，并在适用的情况下集成到用户的高阶组织第0级系统中（见图8.4）。如果系统被集成到现有设施中，关键目标是在不中断正常运行的情况下完成集成。随着越来越多的信息可用，会通过一系列更新不断优化该计划。

运行场地启用的另一关键注意事项是如何维护和维持系统或产品。这实际上是维护和维持概念的实施（见表 6.1）。具体来说，就是如何以及在哪里进行维护。

系统和产品的维护有多种不同的形式。例如，政府军事系统的维护分为两级：现场级和基地级——高度专业化的设施或原始设备制造商（OEM）。维护级别的决定可能会影响部署地点和/或设施的规划与设计，这取决于要执行的具体维护措施（第 34 章）。

基于这一概述性讨论，接下来我们进一步探讨作为运行场地启用计划输入内容的一些话题。

29.3.4.1 确定并规定**设施**要求

部署地点的选择可能需要开发新的土地和设施或暂存区，或修改现有设施。在任何一种情况下，新设施或改装设施的任何要求均需系统工程师纳入考虑。这包括考虑：安全区域、实验室等的物理尺寸和划分；装配区，包括装卸台、升降机、工具架、高架门和起重机；安全系统；网络；公用设施。

作为使能系统元素的设施旨在通过物理接口支持部署的系统或产品。在系统或产品的开发过程中，尤其是对于大型复杂系统，应编制设施接口规范。设施接口规范规定和限定边界包络条件、能力和性能要求，目的是确保所有设施接口都能够与新系统兼容和互操作。*

顾名思义，设施接口规范规定了系统或产品在非运行存储或运行使用期间的设施接口要求。包括设施布局——地脚螺栓、空间，公用设施——电力和接地、水、下水道，环境——暖通空调，数据、电话和无线电通信。虽然这些是设施的接口说明，但陆、海、空或太空运输限制导出的要求可以从运输车辆接口文件中获得，而不需要单独的文件。

29.3.4.2 选择部署地点

系统或产品部署到现场或暂存区的准备工作涉及选择、开发和启用部署地点。在交付系统时，部署地点必须具备系统运行条件，可以接受系统或产品进行系统安装和检验，并集成到高阶第 0 级系统中（第 9 章）。

---

* **设施接口规范当前使用情况**

设施接口规范——政府和军事组织之前曾使用过，它通过标题明确传达文件内容。从系统工程角度来看，文件标题仍然有效且有益。

支持该系统的部署地点的建设取决于任务本身。一些系统可能需要临时存储在暂存区，直到它们准备好移动到永久位置。其他则要求装配、安装和检验以及集成到高阶第 0 级系统中，而不中断现有设施的运行。一些设施提供带有起重机的高舱，以适应系统组装、安装和检验以及集成到高阶系统中。其他设施可能需要提供自己租赁的设备，如起重机和运输车辆。

无论设施计划是什么，系统工程师的任务是选择、开发和启用现场。这些活动包括现场考察、现场选择、推导现场要求、设施工程或现场规划、现场准备以及系统部署安全和安保。

请注意，本次讨论的重点是地面选址。现在，想象一下美国国家航空航天局等组织规划太空任务。在阿波罗太空计划期间，必须为一系列无人和载人任务选择月球着陆点。今天，在选择登陆火星的地点以及探测器探索远离母船的地点时亦是如此。

29.3.4.2.1 场地注意事项

大型或移动系统部署地点的选择可由系统购买者和用户指定，或可能需要在一个区域内进行“开放”选择。例如，使用替代方案分析（AoA）从一组可行的候选地点中选择一个州、城市/城镇的某个位置来部署新的制造厂（第 32 章）。

将系统部署到一个地理位置需要考虑两个物理因素：房地产或土地和设施。各因素的场景包括以下内容：

（1）未开发或未改良土地——包括工业园区无出入权限或出入权限受限的改良土地，现有地块有公用设施可供设施开发。

（2）新设施或设施开发需求包括翻新和升级到准备投入使用的设施。

请记住：系统部署不一定需要开发设施。例如，军事系统可能只需要稳定的、粗略分级的和水平的地块，供便携式或移动式掩体或拖车使用。

选址也不仅仅涉及土地或设施开发。一些限制因素会影响这些决定。在讨论运行环境架构时（见图 9.3），我们注意到外部的人类系统包括在部署系统时必须考虑和保护的历史、民族和文化系统。饮用水蓄水层、湿地、河流和栖息地等自然环境生态系统也是如此。其他示例包括保护历史和文化遗址、冷却塔所在河流附近核电站的位置、限制辐射的医院放射室、限制区域内的广播和电视信号塔。

对于某些系统，将系统、产品或服务部署到具有使能系统设施功能（电

力、电话、数据、水和下水道等公用设施）的场所并不意味着它可以执行任务。系统维持成为一项主要考虑因素，特别是对于那些需要任务资源的系统，如原材料、零件、燃料和自然资源——木材、木浆和岩石。系统在任务资源附近的位置是选址过程中的主要考虑因素。

这就引出了一个问题：如何为系统部署选择位置？选址需要通过各种渠道收集相关资料。例如，以前的用法、互联网、卫星照片和地形图。虽然这些信息有助于选址，但最终信息应通过现场考察候选地点获取。这就引出我们的下一个话题——选址决策因素和标准。

29.3.4.2.2　选址决策因素和标准

选址通常涉及研究各种选项，这就要求进行权衡研究，尤其是在用户未指定部署地点的情况下。为此，需要基于用户价值和优先级识别和权衡决策因素和标准。请思考以下示例。

示例 29.2　决策因素和标准（第 32 章）

关于选址：

(1) 决策因素示例可能包括客户、机场、水路、主要公路、平地、劳动力和技能的可用性、税收、运营成本、教育资源及气候条件。

(2) 决策因素标准示例包括对决策因素影响因素的进一步细化。

通过购买者合同协议与用户合作，建立选址决策因素和标准。每项标准都要求确定如何以及从谁（利益相关方）那里收集数据，无论是在现场还是通过系统购买者提出后续数据请求。

决策因素和标准包括两种类型的数据：定量和定性。

(1) 定量数量——如该设施以 220 V 交流电、三相、60 Hz 功率运行。

(2) 定性数据——如在安装、运行和支持新系统时，你在现有系统或传统系统中遇到了哪些用户希望避免的问题。

显然，我们更希望所有数据都是定量数据。然而，定性数据可以提供用户对现有或传统系统的真实感受，或者安装一个系统的痛苦。因此，构建开放式问题，鼓励用户公开表达他们对以前的系统或产品部署和体验的看法。这些内容可能包括他们认为的关键决策因素、标准和权重。将所有的响应汇总到一个草案列表中，由一组利益相关方进行协作评审，然后由用户对决策因素和标准进行加权衡量（见图 32.8）。

考虑到利益相关方对部署地点选择的期望，我们接下来讨论现场考察。

29.3.4.3 现场考察

现场考察是现场考察小组观察用户如何运行、维护、存储、维持系统或产品的重要机会。有些场地可能无法开发或调整以适应新的系统或产品。

现场考察不仅仅是勘测地貌。关键因素包括环境、历史和文化遗产文物等。现场考察活动包括制定一份关键运行或技术问题清单，以便在现场考察前研究解决。对于现有设施，通过现场考察还可以了解现有设施的物理状态，以及与修改建筑物或集成新系统相关的关键运行或技术问题，同时最大限度地减少对企业工作流程的干扰。

现场考察也是调查和评估环境和运行难题的一种有价值的手段。现场考察小组应研究各种安装方案，例如，星期几（DOW）、时间、假期和工厂停工期。一般来说，现场考察包括准备阶段。在准备阶段，可以收集和分析关于地理、地质和区域生命特征的自然环境信息，确保正确理解潜在的环境问题。

如果存在类似的现有或传统系统，那么这些系统可能为研究物理挑战提供宝贵的机会。这些挑战可能与限制动手空间、高度限制、爬行空间、照明、环境控制（暖通空调、数据、电话和卫星通信）有关。

通过现场考察（小型案例研究 4.1），可以了解、获得关于入口、通道和门道尺寸、堵塞入口、入口走廊（含发卡弯道）、60 Hz、50 Hz、400 Hz 电力、110 V 交流电与 230 V 交流电的重要信息，而这些信息有助于我们推导系统性能规范要求。研究或请求设施文件，并随身携带，以便在每次考察期间进行审查。如果需要，则可以目视观察设施并进行测量，通过与设施人员讨论确认文件的有效性和准确性，包括运行政策和程序。*

部署场地考察最好安排在彻底审查现场文件和访谈之后。如果不切实际，则可能需要重新评估这次商机。否则，需要一份创新的成本加固定费用（CPFF）合同，将财务、技术和进度风险转移给购买者或用户。

这里的背景是地面现场考察。现在考虑太空任务（登陆月球、火星或其他目的地）面临的一些系统部署挑战。

---

* **现场文件完整性和维护**

现场考察对确认用户文件，进行决策和识别意外障碍至关重要。已部署任务系统和使能系统的企业源文档往往比较松散；图纸经常过时，可能无法反映设备和设施的当前配置。

例如，在太空旅行的早期，美国国家航空航天局的现场考察依赖：

(1) 几个世纪以来通过天文学和物理学收集的远程、非现场观测资料。

(2) 现场考察从配备传感器和摄像系统的无人探测器月球着陆器开始，到阿波罗载人实验任务结束。

现场考察也适用于事件发生后的恶劣运行环境条件。例如，1986 年切尔诺贝利核电站灾难或 2011 年日本地震和海啸。在这种情况下，现场考察需要远程平台，例如，卫星和无人驾驶航空系统（UAS）、带有特殊传感器的机器人及其他类型的设备。

在这样的背景下，我们接下来探讨如何规划、实施现场考察。

29.3.4.3.1　确定现场考察数据收集要求

在确定现场数据要求时，优先考虑符合现场人员访谈时间限制要求的问题。一种常见的做法是编制现场调查表，将表发送给相关人员，等待相关人员返回，然后分析数据。虽然这种形式有时比较有帮助，但如今潜在受访者可能没有时间填写调查表。基于要获得的特定数据进行现场协作通常是获得真实信息的最佳方法。

另一种方法是在现场考察前，通过卫星或航空照片（假设现行有效）、与现场人员进行电话会议等其他渠道获取信息。举行电话会议时，问开放式问题，鼓励参与者自由回答，而不是问那些回答是或否的封闭式问题。阐明你对现场设施、其能力和局限性的理解。*

29.3.4.3.2　现场考察的协调

现场考察最基本的规则之一是通过合同协议提前与系统购买者协调。在准备现场考察时，提前几天或几周核实是否需要特殊或安全检查以及车辆出入和运行程序。如果允许使用相机和录音设备记录会议内容，则需事先获得相关书面批准。**

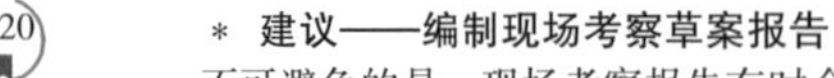

* **建议——编制现场考察草案报告**

不可避免的是，现场考察报告有时会忽略或未能涉及系统部署重要话题。最大限度地降低话题被忽视风险的一种方法是在现场考察之前使用模拟数据创建一份草案报告。然后，分发给同行进行评审和评论。通常，评审意见有助于我们在进行现场考察之前对要收集的数据或要解决的问题产生新看法。

** **现场考察限制**

在考察之前，务必与现场决策机构而非一般人员协商，了解现场允许用哪些媒介收集数据，以及在离开之前需要的任何数据批准。一些企业要求在考察结束时交出书面记录和数据，以便在考察后进行内部审查、批准和交付。有时只有一次考察机会——所以要确保在一次考察中获得你需要的现场数据。

29.3.4.3.3　进行现场考察

启示 29.1　现场考察——出入

务必在第一次考察时尽量收集你需要的所有信息——因为你可能没有再次考察的机会。

启示 29.2　现场考察——观察

现场考察不仅仅涉及数据收集活动，同样重要的是你没有看到你期望看到的。

在现场考察期间，观察并询问与系统或产品的部署、安装、集成、运行和维持相关的一切，包括流程和程序。不留任何漏洞!

离开之前，利用一些时间，让团队在会议区域集合，并核对笔记。想一想你观察到什么，你期望看到本期望看到但未看到的有哪些，以及为什么没看到。如有必要，可在离开前跟进这些问题。

每次现场考察所得的原始数据结果应在正式报告中进行总结和汇编，以供 AoA 参考，尤其是在需要进行现场权衡的情况下。由于团队成员在现场考察中的观察结果可能有所不同，如果合适，请负责人澄清或确认这些观点。记住——现场考察报告不仅仅是一份敷衍了事的文件。报告是进行技术和设计决策时可以参考的基础知识库。对于那些无法参与的人而言，图 4.1 所示供应链中信息的准确性和完整性至关重要!

29.3.4.4　选择部署地点（如适用）

根据现场考察报告中收集和记录的数据，与用户合作共同进行替代方案分析（第 32 章），选择部署地点。在用户选择或指定、批准部署地点后，系统部署流程是制定并批准场地开发计划。

29.3.4.5　创建和批准场地开发计划（如适用）

一般而言，场地开发计划应载明提供道路通道、土地测量和开发、公用设施（电力、水和下水道）、通信（安全、消防、停车、照明）所需的措施。调查并记录政府要求的许可、批文和检查的类型。

场地开发计划的批准可能需要几周、几个月或几年的时间。争论的焦点是法律和法规符合性、环境影响、历史文物的位置等问题。要成功通过审批，研究和作业要到位——这可能比你预期的要多很多。

注意 29.2　善用优质咨询服务

不要认为你所要做的就是简单地写下计划，并在几天内获得批准。在编制计划时，聘请具备相关资格的专业顾问或主题专家（SME），确保所有关键任务和活动正确识别，并符合相关法、法规和条例。

确定以下内容：

（1）决策链、决策者（按姓名）和机构。

（2）哪些类型的文件（包括计划、规范、设计图纸、许可）需要经过审批？

（3）什么时候文件（包括表格、许可、执照、偏差、豁免）必须提交审批。

（4）何时、何地以及向谁提交文件审批请求。

（5）典型的文件审批周期有多长。

29.3.4.6　准备和开发部署场地

选址和征地完成后，下一步是准备和开发部署场地。场地准备包括为接受部署系统准备场地或为容纳部署系统准备设施所需开展的各种活动。这可能包括测量和平整土地，建造临时桥梁；安装公用设施——电力、水、下水道；敷设管线；景观和排水。

场地准备工作完成后的下一步是进行现场检查。现场检查需要评估现场符合性：

（1）利益相关方确保场地和/或设施具备接受新系统的条件。

（2）由当地和购买者代表机构核实是否符合法律法规限制。*

29.3.4.7　建造和/或修改设施（如适用）

在场地开发完成期间或完成后，如果适用，下一步是建造新设施或修改现有设施（如适用）。此时，关键是准备系统的装配、安装和检验设施。在准备系统部署时，应根据设施接口规范对设施接口进行验证。设施完成时，需要额外进行检查和获得批准。

* **现场检查与现场能力**

请记住：地方、州和联邦机构进行现场检查的目的在于评估是否符合法定或监管要求。他们不评估现场是否具有安装、集成、运行、维护和维持系统或产品所需的必要任务资源。这属于系统购买者的责任——可以全部或部分转给系统开发商的系统工程师负责。

29.3.4.8　将系统部署到现场设施

系统或产品的部署应在设施完工时及时（JIT）进行，或部署到现场或附近的临时存储设施，直到永久设施具备系统安装和检验条件。*

29.3.4.9　组装或设置和/或安装和检验系统

现场准备好接受系统后，下一步是组装或设置、安装和检验以及验证系统，假设其任务在该设施或暂存区。在新部署的系统可以定位在特定工作地点之前，系统安装和检验涵盖一系列活动、组织角色和职责及任务。现场系统安装和检验特有的系统要求必须通过现场考察和分析确定，并在合同授予前纳入系统性能规范。

29.3.4.9.1　培训用户的操作人员和维护人员

当新系统准备部署时，关键任务是就系统部署、安装、检验、运行和维护（如适用）对相关人员进行培训。系统开发合同通常会要求系统开发商于拆卸前在系统开发商所在处，或在部署设施或暂存区就系统集成对用户的相关人员进行培训。

培训课程应能让用户做好准备，能够在系统开发最后阶段正确、安全地进行并支持运行测试与评估（第12章和第13章）。

29.3.4.9.2　确认系统性能

新系统的安装和检验常常要求集成到用户的高阶第0级系统。集成可能涉及引入新系统作为附加元素或用于替换现有或传统系统。不论是哪种情况，第0级系统集成通常涉及关键技术问题，尤其是从兼容性、互操作性和安全性的角度来看。为此，需要彻底研究这些问题并采取缓解措施。

根据将系统投入使用的紧急程度，一些购买者和用户可能要求新系统在“影子”模式下运行，以确认系统对外部刺激、激励或提示的响应，而现有系统仍作为运行主体。这一点非常重要，尤其是对于金融或医疗系统，在这些系统中，由于新设施中的系统未经验证，最终用户的健康、资源和生命可能会面临风险。

评价、评估和认证完成后，新系统可作为初始运行能力（IOC）投入使用（见图15.5和图15.6），以取代传统系统。增量能力可以通过升级增加，直到达

* 在此提醒，应根据与用户签订的合同，由系统开发商、用户或第三方负责将系统运输到部署场地。系统开发合同应规定谁负责部署。

到全面运行能力（FOC）。为了说明此类部署和集成的重要性，请思考以下示例。

示例 29.3　系统结果确认是系统集成的先决条件

银行等金融企业依赖高度集成、经过审核和认证的系统来确认整个系统的完整性。考虑新软件系统集成或软件系统更换相关决策的量级和重要性，确保互操作性，而不降低系统性能或影响用户和最终用户对其完整性或安全性的信心（如传输错误）。

最后，在系统部署中，用户操作人员和维护人员可能需要培训和认证。

29.3.4.9.3　认证/重新认证设施/系统；对操作人员颁发许可证（如适用）

一些类型的系统，如工业场所、飞机、发电厂，可能需要根据日历或运行指标进行认证以及定期进行重新认证。请注意，这里的背景与场地、设施和设备的认证/重新认证相关。同时，这涉及人员（操作人员和维护人员），这是一个单独的问题。相关系统的人员元素可能需要认证/重新认证和许可才能操作设备元素。透彻研究这些区域适用的当地、州和联邦要求。

目标 29.2

前面的讨论是部署系统需要完成的任务的高级概述。基于这些信息，我们可以为系统部署开发一种系统工程方法。

29.3.5　与部署相关的系统工程方法

从系统工程角度来看，系统部署需要一种支持“部署前、部署中和部署后”运行分析的战略方法（见图 6.4）。以下为一个方法示例：

（1）第 1 步——与部署利益相关方（用户和最终用户）协作。

（2）第 2 步——确定部署限制。

（3）第 3 步——评估和选择部署运输方式和顺序。

（4）第 4 步——模拟部署运行和交互。

（5）第 5 步——界定和定义系统部署交互和接口。

（6）第 6 步——确定部署路线和所需的修改。

（7）第 7 步——进行模拟部署（可选）。

（8）第 8 步——降低部署风险。

29.3.5.1　第 1 步——与部署利益相关方（用户和最终用户）协作

系统部署涉及的利益相关方常常位于不同的地理位置。因此，利益相关方应该从早期规划阶段就积极参与决策过程，但要受合同类型的限制。那么，如果没有包括这些利益相关方，那么会发生什么呢？

根据具体情况，利益相关方（用户或最终用户）可能会成为“项目障碍”，并对系统部署进度和成本产生重大影响。要了解部署、选址和开发、系统安装和检验及验收决策链——这是部署系统时确保成功的关键。避免仅仅因为你和你所在的企业在系统开发阶段选择忽略一些奇怪的建议和观点而出现“下游”障碍情况。

29.3.5.2 第2步——确定部署限制

环境限制会对系统分析、设计与开发的所有方面以及系统/产品生命周期的所有阶段产生重大影响，特别是地方、州和联邦法律法规要求。

29.3.5.2.1 环境、安全与职业健康

限制环境、安全与职业健康是系统开发和部署过程中的一个关键问题。目的是在不影响系统功能和性能或危及公众、自然环境或部署团队健康的情况下，安全可靠地重新定位系统。务必了解各项要求，确保在任务系统和使能系统设备以及运输方式（陆、海、空或太空）的设计中适当解决环境、安全与职业健康问题。例如，ISO 14000 是用于评估和认证企业环境管理流程和程序的国际标准。

29.3.5.2.2 法律法规限制

关于环境保护和危险物品（HAZ－MAT）运输的法律法规要求由地方、州、联邦和国际组织规定。这些法规旨在保护文化、历史、宗教和政治环境及公众。在确保新系统和产品正确定义、开发、部署、运行、维持并完全符合法律法规要求方面，系统工程师面临着巨大的挑战。请思考以下示例。

示例 29.4 环境限制

美国《国家环境政策法案》［NEPA，美国公法（1969）：91－190］和美国环境保护局（EPA）确定了系统部署、运行、维护、维持、退役和处置要求，以免影响自然环境。在许多情况下，系统开发商、购买者和用户需要提前提交环境影响研究（EIS）和其他类型的文件供审批，获批后方可实施。

美国职业安全与健康管理局 OSHA 29 CFR 1910（1971）确立了职业安全

与健康标准。*

29.3.5.2.3　部署环境限制

确定部署运输方式和顺序后，指定并限定陆、海、空或太空运输环境条件，如表29.2所示的示例。系统工程师应考虑的主要参数包括温度、湿度、冲击和振动、灰尘和沙子以及海拔。限定运行限制，如海况、道路条件——国际平整度指标（IRI）。参考ASTM E1926－08（2008）和ASTM E1364－95（2012）。

29.3.5.2.4　环境复原限制

环境资源极其脆弱。如今，为了造福子孙后代，人类正大力保护自然环境。因此，在将系统运输到新地点的过程中，应尽量减少泄漏到地面和排放到大气中的风险，并将其降低到法律允许的水平。在系统重新定位、退役或处置时，可能要求恢复环境，将自然环境恢复到其自然或原始状态。

29.3.5.3　第3步——评估和选择部署运输方式和顺序

原理29.2　系统交付方法兼容性原理

各系统、产品或服务的设计必须与其交付方法和限制条件物理兼容。

一般来说，大多数系统或产品都是通过以下任一种方法进行部署：

（1）方法#1：集装箱运输——商业产品、包裹、水果和蔬菜、船上的模块化集装箱。

（2）方法#2：陆运、铁路、海运、空运或太空运输的各种组合。

（3）方法#3：利用自身动力部署/重新定位系统，如飞机、舰船、宇宙飞船。

陆、海、空、太空运输或这些选项的组合是大多数系统、产品和服务从A点运到B点的常见方式。每种运输方式都应在权衡研究AoA中进行研究和评估，包括成本、进度、效率和时间考虑。**

---

*　**研究合同与组织**

务必查阅合同条款以及合同，并咨询法律、环境、安全与职业健康组织了解相关指南，确保合同内容符合相关法律法规环境要求。

**　**避免指定运输方式**

在此提醒，除非有令人信服的理由，否则系统性能规范不需要指定在交付时如何部署系统进行交付或在系统运行、维护和维持阶段如何运输。相反，应限定所需的操作界面能力和性能，允许系统开发商灵活选择部署方法和运输模式的最佳组合。请记住，系统性能规范或任何规范规定的是必须完成什么以及完成程度，而不是完成方式。如果购买者或用户不得不在系统性能规范中规定运输方式，这属于工作说明书话题，而不是规范要求。

如有必要，验证系统、产品或服务设计是否与将系统部署到其指定现场的运输车辆兼容并具有互操作性。在规划系统或产品的部署时，纳入利益相关方的考虑因素，如允许系统部署通过其管辖范围的市政当局和州。主要考虑因素包括道路上方的桥梁净空高度和最大荷载重量限制，驳船、卡车、飞机有效载荷限制，危险物品通过公共区域，以及飞机着陆限制。

运输方式需要考虑超过机电接口的其他因素。例如，由于海拔变化可能造成不安全的运行条件或灾难，飞机需要给轮胎减压，并抛掉部分燃料和液体。*

参考具体国家和运输方式适用的法规。

29.3.5.4 第 4 步——模拟部署运行和交互

第 1 部分系统工程和分析概念为系统工程在系统部署中的应用奠定了基础。关键分析方法包括基于模型的系统工程（MBSE）方法（第 10 章和第 33 章），并使用 SysML™ ** 工具，如用例和场景、序列和协作等交互图、活动图、状态图和其他图表。系统工程师利用这些工具对部署前、部署中和部署后阶段、模式和状态进行分析建模，如表 6.2 所示。这些图表中的信息为确定、推导任务系统和使能系统能力、接口、运行限制的规范要求提供了框架。

系统部署建模和分析包括前面在图 6.1 和图 6.2 中讨论的系统运行模型等方法。通过对系统从 A 点移到 B 点所需的事件链进行排序来进行操作和任务分析。这包括陆、海、空、太空运输方式以及卡车、飞机、船舶、火车、火箭等运输机制的成本、性能和风险权衡。

29.3.5.5 第 5 步——界定和定义系统部署交互和接口

部署模型应有助于确定正在部署的任务系统和运输它的使能系统之间的交互（见图 7.4）。这就需要从系统工程角度重点考虑运输设备和集装箱之间的机电接口和测量设备。这包括提升和系紧点、重心和质心标记，以及电子温度、湿度、冲击和振动传感器，以评估部署系统的健康和状态，并记录在最坏情况下的瞬态情况。其他特殊注意事项包括为保持或防止冷却、加热或潮湿而进行环境控制的运输容器。每种类型的接口都代表系统性能规范要求。

* **研究当地、州和联邦交通法规**

在研究运输方式时，参考当地、州和联邦有关运输要求的法规。示例如下：

(1) 政府文件——陆、海、空和太空。

(2) 公路法规，例如，美国交通部（DOT）联邦公路管理局 FHWA - HOP - 04 - 022（2004）。

** SysML™ 是对象管理组织在美国和/或其他国家的注册商标或商标。

29.3.5.6　第6步——确定部署路线和所需的修改

一些系统部署工作涉及道路、高速公路和桥梁临时修改，电线杆和电力线、信号和交通灯移位以及交通改道。请思考以下示例。

示例29.5　房屋搬迁

部署路线沿线一些居民需要从现在居住处搬迁到别处。在准备搬迁时，需要进行规划和协调，以临时移动公用线路和改变交通路线。除了必要的许可和执照外，执法人员需要引导改变交通方向，公用事业人员需要拉高和恢复公用线路，包括电话、电源、信号灯和标志。

29.3.5.7　第7步——进行模拟部署（可选）

对于需要特殊处理的大型复杂系统，如果可行且价格合理，则可视情况进行模拟部署练习。模拟部署需要一些备用系统，例如，原型或模型——这些原型或模型的物理属性和性质（尺寸、重量、重心和质心）要与待运输到部署地点的相关系统完全相同。通过模拟部署练习，可以对系统部署流程和作业进行调试，有助于识别部署流程、方法和任务的意外场景和事件。表29.2所示为系统部署工程注意事项相关示例。

系统部署运输不仅包括相关系统的部署，还包括其使能系统设备，例如，通用保障设备（CSE）和专用保障设备（PSE）（第8章）。这需要考虑如何装载和运输系统或产品。模拟部署可以为如何运输通用保障设备和专用保障设备提供有价值的参考信息。这包括以下项：

（1）大多数系统适用的通用保障设备，如锤子、螺丝刀等其他手动工具。

（2）特定系统适用的专用保障设备，如专用工具和设备。

29.3.5.8　第8步——降低部署风险

在部署系统、产品或服务时，自然倾向于假设你选择的是最佳部署方法。然而，不同州或国家的政治条件会扰乱系统部署，迫使你重新考虑备选方法。制定风险缓解计划，确保适应所有用例以及系统部署中最有可能或非常可能出现的场景（第5章），如关键运行问题和关键技术问题。主要考虑因素包括安全和安保风险、运输环境风险及自然环境风险。接下来我们进一步讨论上述问题。

29.3.5.8.1　调查和缓解路线安全和安保问题

新系统从一个地点部署到另一个地点应尽可能快速、高效和有效地进行。

目的是安全可靠地运输系统，同时将对系统、公众和环境的影响降至最低。安全和安保规划考虑因素包括待部署系统、部署人员以及使能系统设备的物理保护和接近。

在开发系统、产品或服务时，至少要考虑在部署操作和条件下保护系统的因素，以最大限度地减少外观、外形、适合性或稳定性等物理伤害的影响。示例包括喷气发动机进气口盖或美国国家航空航天局航天飞机后机身整流罩。

系统需求考虑因素应包括设备的模块化，以便在部署期间轻松移除、单独运输和重新安装敏感组件。这包括移除计算机硬盘，这些硬盘包含需要特殊处理和保护的敏感数据。易燃液体、有毒化学品、爆炸物、弹药、军火等危险物品项也是如此。在这种情况下，可能需要专用设备和工具——例如，通用保障设备和专用保障设备（第 8 章）——确保通过快递或安全小组进行安全运输。此外，部署时应有与环境、安全与职业健康相关的材料安全数据表（MSDS）。

出于形势敏感性与安全性考虑，一些系统需要使用“低调或低可见”方法最大限度地减少公开性。这包括清除车辆标志、时间、白天或夜晚部署。

29. 3. 5. 8. 2　监控和减轻运输环境风险

专业系统和产品（如精密仪器）对冲击和振动非常敏感。提前计划好这些关键的设计因素。确保在脱机模式下的系统设计足以缓冲运输途中和部署过程中出现的任何冲击或振动情况。这包括确定适当的设计安全裕度。在适当的情况下，系统性能规范应规定运输冲击和振动要求。

29. 3. 5. 8. 3　减轻自然环境风险

尽管进行了精心的规划，但在系统部署期间，有时确实会发生环境突发事件。制定风险缓解计划并协调运输路线沿线的资源，确保在出现任何泄漏或灾难时能够及时清理和补救。运输车辆、系统和集装箱应完全符合联邦和州有关标签和运输的所有适用法律法规要求。美国环境保护局（EPA）等组织可能要求提交某些类型项目的环境文件。弄清如何达到美国《国家环境政策法案》（如果适用）和其他法律法规有关系统部署、运行、维护、维持、退役及处置的要求。

在运输含有各种挥发、易燃、生化或有毒液体的设备系统和产品时，危险物品泄漏或爆炸始终是关注重点，尤其是对于野生动物河口、河流、溪流和地下水含水层而言。环境、安全与职业健康规划和协调要到位，确保使能系统

（人员、操作规程和设备）随时可用，从而对危险事件做出快速响应。

29.4 系统运行、维护和维持

人们通常认为，系统购买者正式接受交付的新系统或产品或其升级标志着系统工程完成。在他们看来，工程已经完成。就系统开发过程中系统工程投入水平（LOE）而言，这是正确的；然而，系统性能评估活动会在系统的整个有效使用寿命期间继续进行（见图 34.6），但系统工程投入水平较低，特别是对大型复杂系统。因此，在部署系统或产品时，系统运行、维护和维持阶段是从系统开发商的系统工程师移交用户的系统工程师开始。根据系统、产品或服务的类型，可能需要系统工程技术和分析专业知识，以便根据现场实际运行情况监控、跟踪和分析系统性能。

在系统或产品的运行、维护和维持期间，系统工程的责任在于用户组织。这可以通过组织的系统工程人员、企业内的其他组织或系统工程和技术援助（SETA）承包商来完成。

对相关系统性能的评估从如图 9.2 所示的系统元素架构模板开始。架构是描述系统、产品或服务如何在内部运行并对其运行环境中的刺激、激励或提示做出响应的基础。

由于相关系统可能由一个或多个使能系统支持的任务系统组成，因此我们将从这两个角度来进行讨论。包括以下内容：

（1）系统运行实用性、适用性、可用性、易用性、有效性及效率评估（原理 3.11）。

（2）消除潜在缺陷，如设计缺陷、错误和不足以及关键运行问题/关键技术问题。

（3）缺陷材料或部件的识别和移除。

（4）不良工艺实践的纠正措施。

（5）系统性能的优化。

这些活动也标志开始收集以下需求：

（1）新后续系统、产品或服务采购。

（2）现有或传统系统的功能升级或改造。

(3) 当前任务系统和使能系统性能的改进。

29.4.1 系统工程运行、维护和维持目标

相关系统完成部署后，系统工程仍然是项目的一个组成部分。具体而言，系统实用性、适用性、易用性、可用性、效率和有效性仍需持续监控与跟踪。与系统开发相比，实际项目的系统工程投入水平通常较低，并且倾向于由任务驱动。根据系统的规模和复杂性，这可能需要一名或多名全职系统工程师，或者要求具有系统工程能力的外部企业按要求（as requested）为特定任务提供支持。为此，需要系统工程师来实现以下目标：

(1) 监控和分析运行实用性、适用性、可用性、易用性、有效性及效率(原理 3.11)。这包括系统应用、能力、性能和新部署系统的有效使用寿命，包括产品和服务——相对于其在规定运行环境中的预期任务。

(2) 识别并纠正任何残留的潜在缺陷，如设计缺陷、错误和不足，以及有缺点或有缺陷的部件和工艺。

(3) 随时了解现有或传统系统、产品或服务与竞争者和对手同类功能之间不断变化的问题空间“差距”（见图 4.3）。

(4) 积累和发展新系统、产品或现有系统升级需求，从而填补解决方案空间，消除或缓解企业问题空间。

(5) 提出临时运行解决方案，如弥合差距的计划和战术，直到建立替代能力。

(6) 维护系统开发或生产配置基线（第 16 章）。

(7) 保持任务系统和使能系统兼容性和互操作性（原理 10.3）。

接下来我们将进一步探讨每个目标。

29.4.2 监控和分析系统/元素性能

系统、产品或服务交付给用户进入运行、维护和维持阶段后，无法避免的问题是：我们是否购买了完成特定企业任务的正确系统？答案从顾客满意度开始。顾客满意度受系统运行实用性、适用性、可用性、易用性、有效性及效率的影响（原理 3.11）。

从合同角度来看，系统验证和确认以及购买者—用户验收的正式完成通常

标志着“有关系统是否符合其例外（包括系统或产品保修）的争论”正式结束。交付时，利益相关方用户和最终用户将不得不接受系统并回答前面第3章第3.9节提出的六个利益相关方决策。

回答这些问题的责任在于系统工程师。这就引出了一个问题：如果希望系统工程师回答这些问题，你会监控哪些方面的系统性能，以便收集数据进行分析并得出结果？

答案从图9.2所示的系统元素架构模板开始。由于模型表征实现企业任务目标和系统用例所需的各种能力，我们将系统性能规范要求分配到各系统元素（设备、人员、设施）。在此分析框架下，系统工程和实体开发规范：

（1）系统元素架构模型的每个元素及其各自的物理部件相对于其当前的系统性能规范或实体开发规范要求而言表现如何？

（2）就其有效使用寿命而言，每个系统元素和物理部件的运行条件是什么（见图34.24）？

现在我们分别探讨各点。

29.4.2.1　监控系统层运行性能

在整个任务前、任务中和任务后运行阶段（见图6.4），应根据任务事件时间线（MET）（见图5.5）实时监控系统性能。根据任务和系统应用，企业任务和系统目标的实现与任务事件时间线相结合，为系统运行性能评估提供依据。

一般来说，回答系统性能如何取决于以下几点：

（1）回访的对象——用户和最终用户等利益相关方。

（2）利益相关方的角色、任务和目标。

从系统所有者和系统开发商的角度考虑以下示例。

示例29.6　系统层性能——系统所有者—用户角度

从系统所有者的角度来看，示例问题可能包括以下内容：

（1）我们是否实现了任务目标和性能要求？

（2）我们是否达到了预期的财务总拥有成本（TCO）目标？

（3）系统维护成本是否符合预期？

（4）是否有能通过先行计划产品改进（P3I）减少的预防性或纠正性维护措施？

从操作人员、维护人员或讲师等系统用户的角度来看，示例问题可能包括以下内容：

（1）系统是否达到了系统性能规范规定的性能贡献阈值？

（2）是否有能力和性能方面需要改进？

（3）系统升级或纠正措施是否增强系统功能或降低性能？

（4）系统是否能满足我们的任务需求？

（5）系统是否存在需要采取纠正措施的任何不稳定性、潜在缺陷或不足问题？*

请记住，除了因使用、误用、错用、滥用、缺乏适当维护和运行环境威胁而导致的正常性能下降之外，系统设计作为一个无生命的对象不会改变：人员——操作人员、维护人员、培训师——任务资源和操作程序会不断发展变化。因此，如果系统没有满足用户的期望，那么什么发生了变化：系统？操作人员？还是企业？

这些是系统工程师需要问到的系统层问题的几个示例。在了解系统关键运行问题/关键技术问题性能领域后，下一个问题是：哪些系统元素是驱动这些结果的主要和次要性能影响因素？图 5.8 以汽车里程有效性度量（MOE）为例进行说明。

29.4.2.2 监控系统元素的运行性能

根据系统运行性能结果，系统工程师需要回答的关键问题是：系统元素的作用是什么？系统元素性能区域（见图 10.12 和图 5.3）包括以下内容：

（1）设备元素。

（2）人员元素。

（3）任务资源元素。

（4）操作规程元素。

（5）系统响应元素——行为、产品、副产品或服务。

---

* 观察用户的第一项，系统性能规范“性能贡献阈值”。用户经常抱怨系统没有“达到他们的期望”。几个关键问题如下：

（1）这些“期望”是否作为明确要求纳入系统性能规范，作为系统开发依据？

（2）作为用户的合同和技术代表，系统购买者是否曾验证并从技术上接受系统满足系统性能规范要求？

（3）用系统验收作为参考点，用户的期望有没有改变？

（6）使能系统元素，如美国国防部综合后勤保障产品支持（ILPS）（DoD，2011：12－13）包括如下元素：

a. 计算机资源。

b. 设计界面。

c. 设施和基础设施。

d. 维护规划和管理。

e. 人力和人员。

f. 包装、装卸、贮存和运输。

g. 产品支持管理。

h. 供应支持。

i. 保障设备——如通用保障设备和专用保障设备（第8章）。

j. 维持工程。

k. 技术数据管理（第17章）。

l. 培训与支持。

此时，我们已经确立了系统工程运行、维护和维持目标，接下来将重点转移到如何实现系统性能监控。

29.4.2.3 为什么要分析任务和系统性能数据？

有人也许会问：为什么系统工程师需要分析系统性能数据？如果系统按要求运行，你希望从活动中获得什么？活动的投资回报率是多少？这些都是有效的问题。实际上，有几大目标促使我们需要分析任务系统和使能系统性能数据。我们将它们分为两种情况：当前系统性能和下一代系统。

1）情况#1：当前系统性能

（1）目标#1：建立标称系统性能基线。

（2）目标#2：识别和跟踪系统性能趋势。

（3）目标#3：提高操作人员培训、技能和熟练程度。

（4）目标#4：将任务事件与系统性能关联。

2）情况#2：下一代系统

（1）目标#5：支持任务和系统能力差距分析（见图4.2和图4.3）。

（2）目标#6：确认建模与仿真（第10章和第33章）。

（3）目标#7：评估和改善人员表现。

接下来我们将进一步探讨每个目标。

29.4.2.3.1　目标#1：建立标称系统性能基线

通过组成实际标称系统性能的基线（如适用）建立统计性能基准。例如，车主经常好奇在特定的行驶、燃料和路况下，汽车里程数如何与制造商的车窗贴公制单位（每加仑 30 英里）进行比较（见图 5.8）。因此，跟踪和比较车辆燃油效率，然后分析哪些因素可能降低性能。

29.4.2.3.2　目标#2：识别和跟踪系统性能趋势

使用标称性能基线作为整个有效使用寿命期间系统性能退化和趋势的比较基准（见图 34.25），确保适时采取并按规定实施预防性和纠正性维护措施。

请记住，最初的系统性能规范是根据人员分析、观察、建模与仿真、原型设计以及对实现所需性能的相关估计建立一系列要求。验证只是证明可交付系统或产品在规定的边界限制和条件下运行。所有人类系统都有自己的特质，需要监控和理解系统是否稳定或是否随着时间的推移偏离规范，包括偏离速度以及纠正措施的紧急程度。请思考以下示例。

示例 29.7　建立标称系统性能基线

如果假设性能要求是 100±10 个单位，你需要知道系统 X 的标称性能为 90，系统 Y 的标称性能为 100，并将其关联起来。这点有时很重要，有时又不怎么重要。由于部件在整个有效使用寿命期间会有变化，临界“90”系统可以保持在这一水平。相比之下，完美“100”系统可能超出规范变到“115”，因而需要持续维护。

回到目标#1 中的汽车示例，假设通勤车每天仅需在同一条道路上往返。2 万英里时，平均为 26 英里/加仑。现在，在 3 万英里时，平均只有 24 英里/加仑。如果这是一种趋势，是否应采取措施调查可能的原因？是什么导致了这一趋势？系统工程师、系统分析师和工程师应能够回答这些问题。

29.4.2.3.3　目标#3：提高操作人员培训、技能和熟练程度

调查确定操作人员或维护人员对系统施加的力是否过大，是否误用、滥用或错用系统。如果是，请描述进一步纠正措施分析的条件和顺序。另外，需确定是否有改进系统的方法，从而减少不必要操作产生的压力（见图 24.6）。

29.4.2.3.4　目标#4：将任务事件与系统性能关联

根据系统响应和性能数据，将系统事件与任务事件和操作人员观察结果联

系起来。问问你自己：我们是否有发现一个问题区域或问题症状，其根源可追溯到潜在缺陷、人为错误或效率（见图 24.1）？

29.4.2.3.5　目标#5：支持任务和系统能力差距分析

收集现有系统能力和性能的客观证据，为当前系统和预期竞争或对手系统性能之间的“差距”分析提供支持（见图 4.2 和图 4.3）。系统或产品是否因过时技术而变得过时？是时候进行技术升级了吗？

29.4.2.3.6　目标#6：确认建模与仿真

根据实际系统性能数据确认实验室系统建模与仿真，以支持未来任务规划或评估能力或性能升级需求（第 32 章）。

29.4.2.3.7　目标#7：评估和改善人员表现

步兵、飞行员和 NASA 宇航员等人员所处的工作环境对人员表现的影响非常大（见图 24.6）。因此，必须很好地理解操作人员在整个任务系统性能范围内的表现，确保操作人员和维护人员的培训能够纠正或提高他们在未来任务中的表现。此外，还要研究通过程序变更或系统升级来提高用户操作人员或维护人员熟练程度的方法。

29.4.2.4　性能监控方法

系统元素性能监控面临不少挑战。

（1）第一，用户——操作人员或维护人员——系统工程师对系统性能和趋势相关问题负责。如果他们的员工中没有系统工程师，则支持承包商可能需要负责收集数据并提出建议。

（2）第二，提议下一代系统或提议现有或遗产系统升级的系统开发商企业必须在很短的时间内将系统思维应用于系统性能领域以及关键运行问题和关键技术问题。一般来说，报价人在成为合格的供应商之前，应跟踪并证明其在这些领域的表现。除非用户决定改变，否则竞争优势仍在现任承包商。通常情况下，如果你等到投标邀请发布时才开始回答这些问题，那么你成功的机会就会减少；这简直不切实际。

那么，对于那些在系统采购之前就为成功做好准备的企业来说，他们是如何获得数据的呢？示例数据收集方法包括以下内容（如果经过授权且可访问）：

（1）对利益相关方（用户操作人员、维护人员和最终用户）进行的个人访谈。

（2）任务后系统问题报告数据分析、任务汇报和事后报告。

（3）目视检查，如现场考察和检查表。

（4）预防性和纠正性维护措施记录的分析，如失效报告、分析和纠正措施系统（如可用）（第 34 章）。

（5）观察活动中的系统设备和人员。

虽然这些方法在理论上看起来令人印象深刻，但它们确实与用户和维护人员所在企业的“企业记忆库”一样“好”。任务开始执行后，数据保持力会在几个小时和几天内显著下降。这就是为什么要在任务完成后立即提交事后报告的原因。随着时间的推移，现实往往会变得有所美化。因此，任务前、任务中和任务后运行阶段的所有事件（见图 6. 4）都成为事后报告和后续报告的关键阶段性点。为此，需要以下三步：

（1）创建记录保存系统，如任务日志、失效报告、分析和纠正措施系统。

（2）加强人员的专业记录意识，要求做好任务或维护事件数据记录。

（3）全面记录任务或系统维护事件之前、期间和之后的动作序列。

根据事件的后果，可能会召开故障调查委员会会议，调查紧急和灾难事件的人员、内容、时间、地点、原因及相关疑问（见图 24. 1）。

系统用户通常缺乏报告故障或事件的相关培训。人们一般不喜欢记录事件。所谓的事件报告工具可能对用户而言不易使用，且性能较差。出于这些原因，企业应该从系统部署的第一天开始就着手培训人员并评估他们的绩效：

（1）要留存哪些质量记录（QR）——数据——以及采用哪种形式或媒介。

（2）为什么需要质量记录。

（3）何时收集质量记录。

（4）用户——SysML™ 参与者是谁。

（5）用户如何使用数据来改进任务系统或使能系统性能。

29. 4. 2. 5 现状核实

前面的讨论说明了与系统性能监控相关的系统思维（第 1 章）。在现状核实过程中，系统工程师需要自问：如果我们简单地要求用户确定三到五个需要改进的系统领域并确定其优先顺序，那么我们会像分析满是数据的数据库一样收集到同样多的资料和数据吗？答案是：视情况而定。如果必须要有让决策合理化的客观证据，那么答案是肯定的。另外，也可以创建支持查询的数据库报告系统。如果你选择走捷径并且只确定三到五个需要改进的地方，则有可能会过滤掉那些看似微不足道，实则会成为日后“头条”的话题。所以，选择方法时务必要明智。

29.4.3 运行、维护和维持阶段系统工程重点领域

各系统、产品或服务都有特定的有效使用寿命。（第34章）从企业和项目的角度来看，有两种背景：

（1）背景#1：维持和改善当前系统性能。

（2）背景#2：规划下一代系统或升级。

上述两个背景促使系统工程师从以下几个重点领域评估系统性能：

（1）重点领域1：纠正潜在缺陷，如设计缺陷、错误和不足，不良工艺实践及材料。

（2）重点领域2：提高人类系统集成（HSI）（第24章）性能。

（3）重点领域3：保持任务系统-培训设备同步性，如图33.5所示。

（4）重点领域4：维护开发构型或产品基线（第16章）。

（5）重点领域5：执行并保持系统能力“差距”分析（见图4.2和图4.3）。

（6）重点领域6：界定和划分任务层与系统层，限定并将“差距”问题空间分成解决方案空间（见图4.7）。

（7）重点领域7：制定和编制新能力要求（见图4.5）。

29.4.3.1 系统工程重点领域1：纠正潜在缺陷

根据用户和系统开发商的观点，系统、产品和服务要达到一定的满意度。系统开发商会采用设计验证和确认实践尽早在系统开发阶段发现设计错误、缺陷或不足等潜在缺陷，因为在这一阶段纠正措施的成本相对较低（见图13.1）。尽管人们尽最大努力完善系统，但不可避免的是一些潜在缺陷直到在系统运行、维护和维持阶段出现问题后才被发现（见图13.2）——希望没有不利影响或灾难性后果。

新系统，尤其是大型复杂系统，不可避免地会有残留潜在缺陷。这些有时无关紧要，但有时关系重大。任何潜在缺陷都有可能影响用户（操作人员、

维护人员或培训师）以及公众的任务完成、生命或健康；或者环境可能成为主要风险项目。

从系统购买者、用户和系统开发商的角度来看，要解决的关键运行问题是确保交付的设备以及用户的操作人员和维护人员能够实现他们的任务目标。这必须在不使自己受到伤害、损害或不危及任务、公众或环境的情况下完成。软件密集型系统特别容易存在潜在缺陷，而这些缺陷在正式的系统验证和确认以及验收期间无法检测到。

在系统投入使用后，系统验证和确认过程中未发现的潜在缺陷可能一直存在，直到遇到特殊运行环境条件时才被发现（见图 24. 1）。潜在缺陷有时非常明显，有时只能在一段时间内被检测到（见图 13. 2）。在分析大量数据的过程中，可能会直接或间接发现潜在缺陷。因此，要密切监控和分析系统硬件问题报告，确定是否存在需要纠正的潜在缺陷，如果存在，则要确定纠正这些缺陷的紧急程度。

29. 4. 3. 2　系统工程重点领域 2：提高人类系统集成性能

到目前为止，我们的讨论一直集中在改善设备元素性能。然而，设备只是影响系统整体性能的多个系统元素性能影响因素之一，如图 10. 12 所示的石川图或鱼骨图。可测量的系统性能也可以通过改进人员元素性能方面（见图 24. 1）来实现，而无须采购新设备元素解决方案。那么应该怎么做呢?

设备元素性能通常受限于系统操作人员和维护人员的技能、熟练程度和表现。系统操作人员和维护人员（如飞行员）可能需要持续的培训和评估，应持续提高他们对设备局限性以及如何正确应用设备的知识、技能水平和熟练程度。

要提高人员的能力，需要在几个技能领域为相关人员安排教育和培训，包括基础培训、补训/复训及高级培训。

（1）基础培训——以基础指导为主，实践经验为辅，通过培训在基本系统能力和性能水平方面达到要求的能力水平。

（2）补训/复训——对技能水平、熟练程度及专业能力不足的操作人员再次进行培训。

（3）高级培训——在挑战人员和机器极限的任务场景环境中对人员进行专业培训，目的是确保其达到实现任务目标的熟练程度。

提高人员表现的机制包括操作人员和维护人员选择、课堂培训、系统现场操作经验，有时还包括运气。有经验的系统操作人员和维护人员担任讲师，通常还会负责培训新学员。不过，培训取决于培训辅助工具和设备是否可用，这些工具和设备可以为学生提供外观、感知和决策环境，有助于提高学生的熟练程度。

系统工程师面临的问题是：我们如何定义系统能力，让讲师能够培训学生并评估学生在操作设备方面的具体表现？培训课程需要使用特殊装备，这些装备要能让学生沉浸式体验和实际运行环境一样的各种运行和决策环境。

29.4.3.3　系统工程重点领域3：保持任务系统—培训设备同步性

模型、仿真和模拟器等培训设备必须与它们模拟的地面车辆、飞机、船舶、核反应堆、机器人、外科训练器等任务系统保持同步锁定。例如，为了避免负面培训，飞机和它的模拟器性能必须完全相同。否则，可能会得到负面培训结果。

凭借专业知识和能力，任务系统开发商通常不同于培训设备开发商。当模拟器及其模拟的系统的并发性为关键运行问题/关键技术问题时，用户和购买者必须确保合同同步，以支持模拟器设备的并发性需求，从而促进企业之间的沟通。

29.4.3.4　系统工程重点领域4：维护开发构型或产品基线

原理 29.3　部署系统基线原理

“维护”开发构型基线应始终保持与部署系统或产品的物理构型一致。

已部署系统面临的挑战之一是不能保持“维护”开发构型基线（见表16.2）的最新状态。预算减少或重点关注其他活动时常常会出现这种情况。遗憾的是，一些企业认为，如果像维护文档这样的活动无助于企业财务底线或无助于完成任务，就不值得投入资源。因此，任务系统用户和系统开发商会问：我们是否投资实际系统以获得更多功能，或者保持系统基线同步？一般来说，能力参数优于系统文档。因此，实际任务系统与其最新配置基线之间可能存在差异“差距”。

系统或产品开发、交付并通过验收后，一个关键问题是：谁负责维护已部署系统的产品基线？系统在其有效使用寿命期间通常会经历一系列重大升级或寿命延长活动（见图34.10）。每项改进或升级都可以内部完成，或按新系统开发商合同由外部开发商完成。用户和购买者最终面临的挑战是：我们如何向开发商保证基线构型文档与改进或升级的“维护”系统完全一致？一般来说，如果希望升级和改造现有系统，已批准且现行有效的文档是绝对必要的。作为用户服务工程师，你需要回答上述问题，并验证“维护”产品基准的完整性。

保持开发配置产品基线（第16章）现行有效不仅对已部署的现有系统很重要，而且对未来的生产运行也很重要。一些系统在初期只是少量部署用于测试市场，评估市场中消费者的反馈。在初步试验之后，可能会大量签订生产合同。有些市场可能会很快饱和，或如果你所在的企业有幸成为行业翘楚，并且拥有大量罗杰斯（2003：281）采纳曲线中的“早期采用者”和“早期多数”，就可以在几年内享受系统生产成功。这些生产运行可能涉及单个生产承包商或多个“按图生产”承包商；然而，基线维护和完整性挑战保持不变。

29.4.3.5　系统工程重点领域5：执行并保持系统能力“差距”分析

在收集和分析任务系统和使能系统性能数据的同时要建立知识库。那么，这些数据及其分析有何价值？尽管名称很复杂，但分析结果可能是提交给管理层的一页文件，其中包含描述当前差距和一段时间内扩张速度的简要理由。要解决的“能力差距”如图4.3所示。

大多数企业和系统的运行环境域通常竞争激烈——情况可能从良性到对抗，甚至恶性。根据企业的总体任务，竞争者和对手会不断改进和升级自己的系统能力。不管企业的运行域如何，市场、军事威胁环境和消费者市场环境都是动态的，并且会随着任务系统的变化而不断变化。

对于某些系统而言，生存就意味着要改变，或者是出于产品过时、维护成本的需要，或者是为了响应市场趋势和需求。因此，就会出现运行能力和性能差距（见图4.3）。这反过来又会推动投资升级或开发新系统、产品和服务来提高现有或传统系统的性能。

29.4.3.6　系统工程重点领域6：界定和划分任务层与系统层，限定并将“差距”问题空间分成解决方案空间

企业“差距分析”是相对于预计的组织需求以及竞争者和对手的能力预测对当前自身系统能力和性能的评估。分析“差距”可以揭示一个或多个潜在的问题空间（见图4.3），每个问题空间的紧急程度各有不同。反过来，每个问题空间必须被动态地划分成一个或多个解决方案空间。当承诺开发新的系

统、产品或服务时，相应的解决方案空间将成为限定和指定下一代系统采购的基础。

29.4.3.7 系统工程重点领域7：制定和编制新能力要求

随着时间的推移，现有的或传统系统和预计需求之间的能力“差距”会日益扩大，如图4.3所示。在某个时间点，会决定采取行动来改进或升级现有系统性能，或开发新系统或升级（见图4.5）。因此，必须根据所需的运行能力和成本来捕捉需求域（即系统性能规范）规定的不断变化的问题空间和解决方案空间边界。作为一名系统工程师，你可能被指派负责收集、推导和量化这些需求。

29.5 系统退役（淘汰）

系统、产品或服务不可避免地会达到其有效使用寿命中的某一时间点——此时它们会缺少：待执行的任务或支持预计组织任务所需的能力。同时用于能力升级或作为继续运行、维护和维持的企业资产成本过高而不适合继续使用。

当系统无法支持企业任务时，它们对用户的实用价值就会降低，也就没必要继续投入维护成本。因此，必须采购新系统（见图4.5）。这需要：①对现有系统进行合理的规划、协调和淘汰；②引入新系统（见图4.3和图4.5）。

决定启动这些活动标志着当前现役系统、产品或服务的系统/产品生命周期的系统退役阶段开始。阶段过渡见图4.5。

29.5.1 系统存储要求和设计注意事项

尽管系统存储（见图7.5）可能看起来像操作问题，但存储活动需要系统工程师考虑，尤其是从要求和设计角度来看。如果存储在各种环境条件下不进行维护，设备元素系统和产品会出现老化、生锈、腐蚀、剩余燃料过适用期、润滑剂和表面变干、密封开裂和泄漏、自燃、软管爆裂、轮胎漏气和裂纹等现象。因此，系统性能规范需求必须规定确保系统或产品在重新投用前始终处于可用状态。请思考以下示例。

示例29.8 辅助规范要求和设计注意事项

辅助规范要求和设计注意事项示例如下：

（1）易燃液体和燃料易于清除。

（2）千斤顶提升车辆以减轻轮胎承重。

（3）发动机缸体防冻塞和冷却液、机油加热器连接。

（4）保护和存储设施、环境控制。

（5）冷却液和液压管线的鼠害预防和检查。

（6）防止泄漏的保护罩。

（7）发动机进气/出气口覆盖物的覆盖物/连接点、螺旋桨运动限制和规定，如“飞行前移除”标志和轮挡。*

上述示例代表的是系统存储的技术方面。以最低的运行维护成本适应这些特性和能力同样重要。

29.6 系统处置

系统处置的情况有很多种，相关讨论见第3章。系统或产品的处置包括销售、拆卸、完全销毁、零件回收和部分销毁、焚烧、掩埋以及其他经批准的方法。从系统工程角度来看，规范需求和设计注意事项示例包括以下内容：

（1）高价值、敏感或有毒部件和技术（如重金属、流体危险品和材料）易于清除。

（2）用于回收设备以及危险和有毒材料的储存容器。

29.7 本章小结

第29章讨论了系统、产品或服务的关键部署、运行、维护、维持、退役及处置。讨论的要点如下：

（1）根据当地、州、延期以及国际法规和条例，通过使能系统运输方式部署系统（如陆、海、空或太空）对运输系统、产品或服务接口要求的。

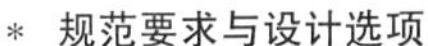

* **规范要求与设计选项**

在当今世界，复合材料强度高，可以替代易腐蚀的金属结构和零件。请记住：规范要规定完成什么、完成得怎么样，而不是如何设计系统。腐蚀，作为一个问题空间，应按系统性能规范或实体开发规范要求对待。相比之下，复合材料的使用是替代权衡研究方案的设计分析（第32章），而不是规范需求。

（2）认识到开发场地（房地产）和设施的潜在需求，以便新系统、产品或服务布置或暂存、场地选择、场地规划、运行场地启用规划、系统组装、安装和检验以及集成到高阶第0级用户系统（见图8.4）。

（3）系统、产品运输或升级到部署地点的系统工程注意事项，包括路线修改、协调、环境、执照和许可证。

（4）系统运行、维护和维持期间的系统工程目标包括：建立标称系统性能基线，监控和跟踪趋势作为维护或问题的需求。这包括跟踪和评估任务系统和使能系统元素，如人员、设备、任务资源、操作手册、系统响应及设施性能。

（5）性能监控获得的信息可以揭示代表任务资源或操作程序变更、潜在缺陷纠正措施升级或新系统开发需求的关键运行问题和关键技术问题。

（6）将系统、产品或服务部署到新地点的最佳实践示例。

（7）需求和设计的完整性，包括通过轻松移除部件、危险或有毒物品完成系统处置以及满足前述各项妥善处理和处置前所需相关容器需求。

29.8 本章练习

29.8.1 1级：本章知识练习

（1）系统部署的目标是什么？

（2）需要考虑哪些常见的系统部署问题？

（3）什么是场地开发？何时开始？何时结束？

（4）什么是现场考察？

（5）谁负责进行现场考察？应如何进行现场考察？

（6）选择和开发部署场地时需要考虑哪些因素？

（7）什么是运行场地启用？它的范围是什么？

（8）比较和对比系统部署和商业系统或产品分销。

（9）在指定系统部署能力时，需要考虑哪些因素？

（10）什么是系统安装和检验？

（11）将已完成安装和检验的系统或产品集成到高阶第0级用户系统时，有哪些注意事项？使用具体的示例系统或产品作为你回答的依据。

（12）在系统部署期间，可以采用哪些方法来降低风险？

（13）为什么环境、安全与职业健康是系统部署过程中的一个关键问题？

（14）系统运行、维护和维持的主要目标是什么？

（15）监控和分析系统层性能的关键领域是什么？

（16）评估系统性能的四个关键问题是什么？

（17）评估系统层和元素性能的常用方法有哪些？

（18）当前系统性能的系统工程重点领域是什么？

（19）规划下一代系统时，系统工程重点领域是什么？

29.8.2 2级：知识应用练习

参考 www. wiley. com/go/systemengineeringanalysis2e。

29.9 参考文献

AR 200－1(2007), Army Regulation: *Environmental Protection and Enhancement,* Washington, DC: Department of Defense (DoD).

ASTM E1926－08(2008), *Standard Practice for Computing International Roughness Index of Roads from Longitudinal Profile Measurements,* West Conshohocken, PA: ASTM International.

ASTM E1364－95(2012), *Standard Test Method for Measuring Road Roughness by Static Level Method*, West Conshohocken, PA: ASTM International.

DAU (2012), *Glossary: Defense Acquisition Acronyms and Terms*, 15th ed. Ft. Belvoir, VA: Defense Acquisition University (DAU) Press. Retrieved on 6/1/15 from: http://www. dau. mil/publications/publicationsDocs/Glossary_ 15th_ ed. pdf.

DoD (2011), *Logistics Assessment Guidebook,* Washington, DC: U. S. Department of Defense. Retrieved on 8/15/13 from http://www. dau. mil/publications/publicationsDocs/Logistics%20Assessment%20(LA)%20Guidebook%20(Final)%20July%202011. pdf.

FAA (2012), *COTS Risk Mitigation Guide,* Washington, DC: Federal Aviation Administration (FAA).

FHWA－HOP－04－022(2004), *Federal Size Regulations for Commercial Motor Vehicles*, U. S. Department of Transportation (DOT), Retrieved on 8/14/13 from http://ops. fhwa. dot. gov/freight/publications/size_ regs_ final_ rpt/size_ regs_ final_ rpt. pdf.

ISO 14000 Series, *Environmental Management*, Geneva: International Organization for Standardization (ISO).

MIL－HDBK－470A (1997), *DoD Handbook: Designing and Developing Maintainable Systems and Products*, Vol. 1, Washington, DC: Department of Defense (DoD).

MIL－HDBK－881C (2011), *Military Handbook: Work Breakdown Structure*, Washington, DC: Department of Defense (DoD).

OSHA 29 CFR 1910(1971), *Occupational Safety and Health Standards,* Occupational Safety and Health Administration (OSHA), Washington, DC: Government Printing Office.

Rogers, Everett M. (2003), *Diffusion of Innovation,* New York: Simon & Schuster-Free Press.

U. S. Public Law 91－190(1969) *National Environmental Policy Act (NEPA)*. Washington, DC: Government Printing Office.

第Ⅲ部分

分析决策和支持实践

30 分析决策支持简介

第1章介绍了工程与技术认证委员会（ABET）对“工程”的定义：“……数学和科学原理的应用……”然后，我们将系统工程定义的范围扩大到包括分析原理的应用。你可以质疑分析原理与传统工程数学和科学原理的隐含关系。现实情况是：在应用相互依赖的数学和科学原理之前，需要基于系统或产品生命周期概念——部署、运行、维护和维持、退役和处置，构建分析框架。系统工程师必须能够分析性地界定并定义：

（1）用户的运行环境，构成环境的机会、问题和解决方案空间，以及与特定系统任务和应用的相关性。

（2）相关系统，其用例、场景、能力和性能。

（3）相关系统与其规定的运行环境之间的相互作用，确保：①任务和系统与授权外部用户和系统的兼容性和互操作性；②安全和针对威胁源的保护。

本章介绍分析决策支持实践，就分析决策环境、影响决策流程的因素、分析结果的技术报告及其挑战和问题给出了见解。

30.1 关键术语定义

（1）分析（analysis）——“对系统的逻辑审查或研究，旨在确定系统各部分和环境的性质、关系和相互作用”（FAA SEM，2006：4.1）。

（2）分析瘫痪（analysis paralysis）——参考第27章“关键术语定义”。

（3）结论（conclusion）——从大量基于事实的发现和其他客观证据中得出的合理意见。

（4）圆概率误差（CEP）——以具有同心环的中心点为基准的高斯（正

态）分布概率密度函数（PDF），表示数据离散的标准偏差。

（5）累积误差（cumulative error）——在处理统计变量输入以产生标准输出或结果时，对系统或产品内部固有的以及系统或产品产生的与时间相关的总累积误差的度量。

（6）发现（finding）——由事实和其他客观数据的深入分析和提炼支撑的常识性观察结果。一个或多个发现最终形成一个结论。

（7）高斯（正态）分布［gaussian（normal）distribution］——以图表形式呈现，描绘围绕中心均值的对称离散和独立数据出现的频率（见图 34.2）。

（8）风险（hazard）——参考第 24 章“关键术语定义”。

（9）分析的完整性（integrity of analyses）——“在整个项目中应用的一个严谨的流程，旨在确保分析及时提供所需的逼真度、精度和经确认的结果”［FAA SEM（2006），第 3 卷：4.1－13］。

（10）建议（recommendation）——逻辑上合理的计划或行动方案，旨在根据一系列结论实现特定的结果。

（11）标准偏差（standard deviation）——“标准偏差是方差的平方根，是对围绕平均值的数据点分布的度量”［FAA SEM（2006），第 3 卷：4.1－13］。

（12）次优化（suboptimization）——以牺牲整体系统性能为代价，优先强调较低层次实体的性能（原理 14.3）。

（13）系统优化（system optimization）——在给定的边界条件和限制下，平衡单个系统元素的辅助性能以实现最高水平的集成系统性能的行为。优化决策因素可能包括技术性能、成本或技术等因素的组合。

（14）系统性能分析和评估（system performance analysis and evaluation）——根据系统性能规范（SPS）或实体开发规范（EDS）记录的预期性能或规定性能，对实际或预测的系统性能进行调查、研究和运行分析。

（15）方差（统计）［variance（statistical）］——“对一组数据离散程度的度量，度量个别值和平均值之间的偏离程度。方差（统计）的计算方法如下：从每个值中减去平均值，对得出的差进行平方，将这些平方结果相加，用相加之和除以这些值的个数，从而得到这些平方数的算术平均值”（DAU，2012：B－238）。

30.2 什么是分析决策支持?

决策支持是对合同或任务承诺的技术服务响应，旨在收集、分析、澄清、调查、推荐并呈现基于事实的评估和工作成果、发现、结论和建议的客观证据。这使决策者能够从一组受特定限制（如成本、进度、技术、工艺、支持和可接受的风险水平）约束的可行替代方案中选择适当的（最佳的）行动方案。

30.2.1 分析决策支持目标

分析决策支持的主要目标是响应任务或对技术分析、演示和数据采集建议的需求，以支持系统工程流程模型（见图 14.1）的明智决策。

30.2.2 分析决策支持的预期结果

决策支持结果应作为任务目标确定的工作成果记录在案。工作成果和质量记录（QR）包括分析、权衡研究报告和性能数据。为了支持工作成果，决策支持可以研究可运行的原型以及概念、技术与原理演示验证、模型、模拟以及实体模型，以提供数据来支持分析。

从技术决策的角度来看，决策是由提供给决策者的正式工作成果（如分析和权衡研究报告）的事实来决定的。现实情况是，决策者早在正式工作成果交付审批之前可能就已经下意识地做出决策。这就引出我们的下一个话题——技术决策的属性。

30.3 技术决策的属性

为了正确地响应任务，每个决策都有几个需要了解的属性。应了解以下属性：

（1）需要解决的核心问题是什么？

（2）要执行的任务范围是什么？

（3）解决方案集的边界约束是什么？灵活性有多大？

(4) 决策的时机至关重要吗?

(5) 在做出决策时将使用哪些决策因素和标准?

(6) 决策的准确性和精度需要达到什么水平?

(7) 如何记录并发布决策?

30.3.1　待解决的问题

决策代表对解决方案的批准，而这些解决方案旨在形成解决关键运行问题或关键技术问题的可执行任务。系统分析师首先要了解用户要解决的问题。因此，需要从决策者或决策者认可的问题/机会的清晰、简洁、简明的问题/机会陈述（第4章）开始。

如果你的任务是解决技术问题，但没有记录在案的任务陈述，请与决策机构探讨。主动倾听关于信息来源的口头反馈使分析师能够验证对任务的理解，并确认要解决的问题。根据讨论添加更正，并回复给决策者一份抄送件。在概述任务状态时，始终复述任务，使所有评审者都清楚地了解分配给你的分析任务。

30.3.2　要执行的任务范围和成功标准

解决问题需要有合理的时间和资源（如专业知识、技术、成本和进度），以便成功地完成任务。因此，需要适当地调整要执行的任务范围，包括基于结果的目标和性能。任务开始之前，记录任务和属性，包括决策者签署的协议，了解并理解解决问题与解决症状之间的区别（原理4.13）。

30.3.3　记录决策完成和成功标准

一旦问题陈述记录在案并且决策的边界约束建立起来，就需要确定用于评估决策结果成功与否的决策因素（第32章）。需要获得利益相关方对决策因素的赞同。

必要时进行更正，调整决策因素的定义，避免在将决策提交批准时出现误解。如果决策者未“提前”记录决策因素，可能会受到决策者在确定任务“何时”或“是否”完成方面不断变化的念头的困扰。

一些分析结果可能不切实际或不太理想。因此，需要确定什么是“成功”，避免被贴上“无所作为”的标签。

30.3.4 决策边界条件约束、假设和灵活性

技术决策受成本、进度、技术、工艺和支持约束的限制。通常需要一定的假设——这些假设应该作为约束记录下来。反过来，约束必须与可接受的风险水平相协调。约束有时也是灵活的。与决策者交谈并评估约束的灵活性。作为任务陈述的一部分，记录约束和可接受的风险水平。

30.3.5 决策时机的关键性*

及时（JIT）发布分析决策至关重要，尤其是从决策者的角度，以及从决策者理解或听取权衡研究报告（TSR）陈述的时间角度来看。在提出建议时，要对决策机构的进度保持敏感。

30.3.6 了解决策将如何使用以及由谁使用

决策通常需要多个层次的企业和客户利益相关方决策者的批准。要避免浪费精力去解决症状空间而不是实际问题空间（原理 4.13）。应巧妙地验证决策问题陈述。

30.3.7 确定分析的准确性和精度

原理 30.1 数据精度原理

需要乘法运算的两位数精度数据不会产生四位数精度。你所能达到的最高精度就是源数据的两位数精度。

每一项技术决策都涉及具有一定准确性和精度的数据。“提前”确定支持分析结果所需的准确性和精度，并确保所有参与人员都清楚地传达并理解这些信息。分析师可能会做得最糟糕的事情之一就是“事后”发现，当他们只测量并记录两位数数据时，他们需要的却是四位数的十进制数据精度。一些数据采集练习可能不可重复或不切实际。运用系统思维（第 1 章）并提前计划。

---

* **原理 17.1 “任务期望原理”提醒**

从专业层面来看，1 小时的分析代表高水平的发现，但细节有限。8 小时的分析应该会产生类似的结果，并且有更多的支持细节。

对于四舍五入的数据位数，也应建立类似的规则。

30.3.8 确定如何发布决策

决策需要一个截止点或交付点。需要确定以何种格式和媒介发布决策——文件、演示、硬拷贝或电子版、彩色或黑白（B&W）打印版。在任何情况下，请确保你的回复通过附信或电子邮件的方式并记录在案。

30.4 工程分析类型

工程分析涵盖一系列学科和专业技能。系统工程师面临的挑战是要了解以下内容：

（1）可能需要什么类型的分析？

（2）具体到什么程度？

（3）哪些工具最适合各种分析应用？

（4）记录结果需要什么样的正式程度？

为了说明可能会进行的许多分析中的一部分，下文给出了示例列表。标有“*”的分析在系统工程国际委员会（2011）《系统工程手册》的第314页和第331页中有所说明。

（1）任务操作和任务分析。

（2）互操作性分析。

（3）可用性分析*。

（4）人机集成分析*。

（5）环境影响分析*。

（6）故障树分析（FTA）。

（7）有限元分析（FEA）。

（8）质量特性工程（MPE）分析*。

（9）应力分析。

（10）电磁干扰（EMI）分析。

（11）电磁兼容性（EMC）分析*。

（12）光学分析。

(13) 热学分析。

(14) 时间分析。

(15) 系统延迟分析。

(16) 失效模式和影响分析（FMEA）。

(17) 失效模式、影响和危害性分析（FMECA）*。

(18) 修理级别分析（LoRA）*。

(19) 后勤保障分析（LSA）*。

(20) 可靠性、可维护性和可用性（RMA）分析。

(21) 以可靠性为中心的维修（RCM）分析*。

(22) 系统安防分析*。

(23) 系统危险分析*。

(24) 脆弱性分析。

(25) 系统安全性分析*。

(26) 生存能力分析*。

(27) 维持工程分析*。

(28) 培训需求分析*。

(29) 生命周期成本分析*。

(30) 成本效益分析。

(31) 制造和生产能力分析*。

目标 30.1

各类工程分析的应用应侧重于提供客观的、基于事实的数据，以支持明智技术决策。所有层次的结果将聚合成整体系统性能，为我们的下一个话题——系统性能分析和评估奠定基础。

30.5 系统性能分析和评估

系统性能分析和评估是根据系统性能规范或实体开发规范记录的预期性能或规定性能，对实际或预测的系统性能进行调查、研究和运行分析。为了充分了解系统性能，分析过程需要计划、方法、数据采集和原始数据分析。

30.5.1 系统性能分析工具和方法

系统性能分析和评估采用若干决策工具和方法来采集数据，支持分析，包括模型、模拟、原型、访谈、调查和试销。

30.5.2 优化系统性能

每个抽象层次的系统部件都有固有的统计误差，如物理特征、可靠性、性能、制造流程或工艺。涉及人类的系统牵涉知识和技能水平的统计差别，因此还涉及不确定性元素。系统工程师需要考虑的挑战性问题是：怎样的系统配置、条件、人员—设备任务（见图 24.14）以及相关性能水平组合能够优化整体系统性能？

系统优化受制于利益相关方观察者的参照系。优化决策因素和标准（见图 14.8）应反映利益相关方群体基于成本、进度、技术、工艺和支持性能或其组合的平衡达成的共识。

30.5.3 次优化

次优化是指以牺牲整体系统性能为代价，在产品、子系统、组件、子组件或零件层对系统的某个元素进行优化的情况。在系统集成、测试和评估（SITE）过程中，每个抽象层次的系统实体都可以得到优化。理论上，如果实体设计正确，那么最佳性能出现在任何调整范围的计划标称点或中点，这取决于材料特性或性能的变化。

这里的基本设计理念是，如果系统设计正确，并且在分析中考虑了部件的统计误差，那么只需要对输出进行微小的调整，就可以使输出集中在某个假设的标称值或平均值上（见图 30.1）。如果未考虑这些误差，或者对设计进行了修改，输出可能会偏离其中间设定值的平均值，但在“优化”后仍在运行范围内。因此，在更高的集成度下，这种非标称条件可能会影响系统整体性能，尤其是在需要超出部件调整范围的进一步控制情况下。底线是选择具有所需性能和公差的部件，然后在企业验收检验流程中对设备进行筛选。

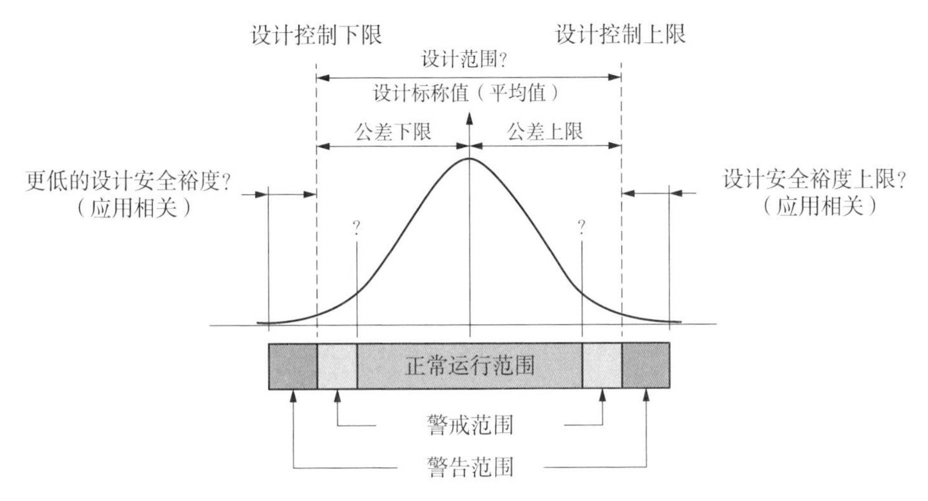

图 30.1　说明可接受的运行控制限度之概念的应用相关高斯（正态）分布

30.5.4　分析瘫痪的危险

分析是理解、预测和交流系统性能评估的有力工具。然而，分析会耗费金钱和宝贵的资源。系统工程师需要考虑的挑战性问题是：如何“好才够好”？分析在什么层次或时间点上符合最低裕度标准，才被认为对决策有效？由于工程师往往迷恋于分析的精确和简明，因此我们有时会遇到称为“分析瘫痪”的状况。那么，什么是分析瘫痪？

分析瘫痪是一种状态，在这种状态下，分析师全神贯注或沉浸在分析的细节中，而没有认识到持续调查的裕度效用和收益递减。那么，系统工程师应该如何应对这种状况？

（1）第一，系统工程师必须学会在自己和他人身上识别这种状况的迹象。虽然这种情况因人而异，但有些人比其他人更容易出现这种状况。

（2）第二，除了性格特征外，这种情况可能是对工作环境的一种反应机制，尤其是偏执、专横的管理者——这些管理者事无巨细地管理任务，而自己也会受到这种状况的困扰。

30.5.5 工程分析报告

作为一门需要完整的逻辑学、数学、科学数据和计算来支持下游或较低层次决策的学科，由于缺乏约束或不切实际的工作环境，因此工程学有时缺乏或者根本没有工程文件。专业学科的特征之一是期望记录由通过观察、经验教训或最佳实践经验得出的事实、客观证据支持的建议和决策。

促成明智系统工程决策的数据通常依赖于围绕数据采集的假设、边界条件和约束。虽然大多数工程师都能恰当地考虑影响决策的相关因素，但他们往往会回避记录结果。这些工程师认为文书工作是不必要的、官僚主义的，不能直接增加可交付产品的价值。结果，由于分析师缺乏主观能动性和自律性来正确地执行任务，因此专业、高价值的分析以碌碌无为而告终。

为了更好地理解正确记录分析所需的专业性，需要考虑假设性的就诊。

示例 30.1

你以在一年内每隔 3 个月预约几次治疗为前提进行了一次就诊。医生进行了高水平的诊断，并开出了治疗和/或处方药，但未记录每次治疗所使用的药物和采取的诊疗措施。在随后的每次就诊中，你和医生都必须根据各自的记忆重现假设、处方和剂量以及所采取的诊疗措施。撇开医学和法律层面的意义不谈，你能想象与这些互动有关的令人心烦的事、模糊的记忆和“猜测”吗？工程学作为一门专业学科也不例外。后续决策高度依赖记录的事实、条件、假设和先前决策的约束。

普通的和高质量的专业结果之间的差别可能只在简单记录产生分析结果和建议的关键考虑因素的几分钟。对于系统工程师而言，决策的质量记录（QR）应记录在个人工程记事本中，最好记录在网络日志中。

30.5.5.1 工程报告格式

在可行且适当的情况下，工程分析应记录在正式的技术报告中。合同或企业法规（政策和程序）有时会指定报告的格式。如果你希望正式报告分析结果，并且没有特定的格式要求，请考虑如表 30.1 所示的示例大纲。以下是关键章节的简要概述：

表 30.1 工程报告大纲示例 *

第 1.0 节	简介
1.1	范围
1.2	章程（含问题陈述）
1.3	目标
1.4	分析师/团队成员
1.5	缩略语（可选）
1.6	关键术语定义（可选）
第 2.0 节	参考文件
2.1	系统购买者/用户文件
2.2	项目文件
2.3	供应商文件
2.4	标准和规范
第 3.0 节	摘要
3.1	发现总结
3.2	观察结果总结
3.3	结论总结
3.4	建议总结
第 4.0 节	方法
4.1	背景
4.2	假设和约束
4.3	方法
4.4	数据收集
4.5	分析工具和方法——版本和配置
4.6	统计分析（如适用）
4.7	分析结果
第 5.0 节	发现、观察结果和结论
5.1	发现
5.2	观察结果
5.3	结论
5.4	异议
第 6.0 节	建议
6.1	优先级#1
6.2	优先级#2
6.n	优先级#*n*
附录	
A	供应商来源
B	支持分析和数据

* 有些企业和个人更喜欢将缩略语和定义放在附录中。有些更喜欢将定义放在“前面”，以便在接下来的章节中向读者介绍具有重要意义或语境意义的术语。这两种方法都可以。

第 1.0 节　简介

简介确立了分析的背景和依据。开篇陈述确定了文件、文件的背景、相关性和在项目中的使用，以及对授权分析的决策者任务的引用。

第 2.0 节　参考文件

本节仅列出文件其他章节引用的文件（原理 23.3）。请注意与“适用文件”相对的有效标题“参考文件”。后文会讨论这个话题。

第 3.0 节　摘要

总结分析的结果，如发现、观察结果、结论和建议，请“提前”告知底线。然后，如果读者选择理解有关如何得出这些结果的细节，则可以阅读后面的章节。

第 4.0 节　方法

明智决策在很大程度上依赖用于研究和分析的有效方法。因此，必须确定用来进行分析的方法，作为为结果提供可信度的一种手段。

第 5.0 节　发现、观察结果和结论

与任何科学研究一样，就以下信息进行交流对分析师而言至关重要：①分析师发现了什么；②观察到了什么；③从发现和观察结果中得出了什么结论。

第 6.0 节　建议

基于分析师的发现、观察结果和结论，第 6.0 节就表 30.1 第 1.3 节“目标”为决策者提供了优先建议。有人也许会问：为什么记录建议……结果是什么？决策者需要输入才能做出明智决策。决策者没有时间解释结果。毕竟，系统分析师本应是专家。这就是为什么系统分析师被赋予进行分析的任务。决策者希望你总结出有见地的技术内容，并提供按优先顺序排列的建议列表，以便决策者做出可能涉及成本、风险等其他考虑因素的明智决策。

附录

附录展示分析过程中收集的支持文件，或者支持作者的发现、结论和建议。分析的可信度和完整性通常取决于采集和分析数据的人。分析报告附录提供了一种组织和保存任何支持供应商、测试、模拟或分析师用于支持结果的其他数据的方法。如果作为初步分析任务依据的条件在以后发生变化，产生了重新进行原始分析的需要，那么这一点就尤为重要。由于条件的变化，因此一些数据可能需要重新生成，而另一些数据可能不需要。对于未被更改的数据，附

录通过避免重新采集或重新生成数据的需要，最大限度地减少了新任务分析的工作量。

30.5.5.2　决策记录正式性

有许多方法可以满足平衡文件决策与时间、资源和正式性约束的需要。记录关键决策的方法可以是一页非正式的手写笔记，也可以是非常正式的文件等。为自己和企业建立与记录决策相关的纪律标准，然后，根据任务限制来调整记录的正式性。不管使用哪种方法，记录都应充分体现决策的关键属性，以便后续环节理解导致决策的因素和标准。*

30.5.6　分析经验教训

一旦确立了行为分析任务和边界条件，下一步就是进行分析。让我们来探讨一些在准备进行分析时应考虑的经验教训。

30.5.6.1　建立决策制定方法

在决策制定过程中，决策路径往往会偏离路线。“提前”建立有效的决策方法，作为使工作保持在正轨上的路线图。当你“提前”建立方法时，你就有了清晰的、不带偏见的想法，而不会被决策过程中的随机活动所阻碍。如果你和你的团队确信你有一个可靠的、经过验证的方法，那么该方法将成为一个指南。这并不是说某些条件下可以改变方法——除非有令人信服的合理理由，否则请避免改变方法。

技术和科学方法应始终在专业和道德上受到不为适应政治决策而加以修改的客观评估的影响。请记住，当决策后来被证明是错误的，或者导致系统故障时，那些影响了原始方法和结果的政治家会“洗白”自己，并毫不犹豫地惩罚你“没有遵循已证明的最佳实践”并会采取适当的专业措施和纪律处分。

30.5.6.2　获取分析资源

与任何任务一样，成功在一定程度上是由需要时可用的适当资源和 LOE 所驱动的。包括如下方面：

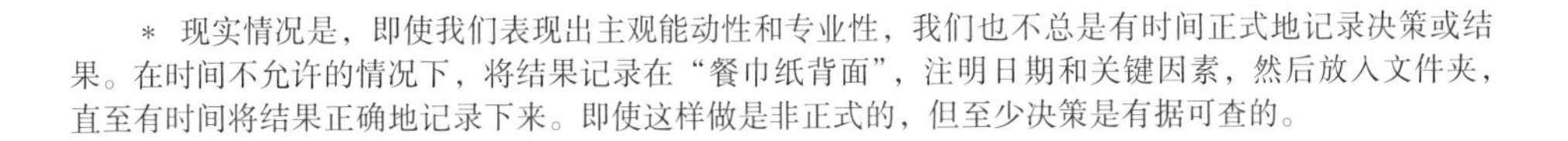
* 现实情况是，即使我们表现出主观能动性和专业性，我们也不总是有时间正式地记录决策或结果。在时间不允许的情况下，将结果记录在“餐巾纸背面”，注明日期和关键因素，然后放入文件夹，直至有时间将结果正确地记录下来。即使这样做是非正式的，但至少决策是有据可查的。

（1）主题专家（SME）。

（2）分析工具。

（3）接触可能掌握所分析领域相关信息的人员。

30.5.6.3　文件假设和说明

每项决策都涉及一定程度的假设和/或说明，请以清晰、简洁的方式记录假设。验证在决策的同一页上正确地记录了说明，包括假设、数据源和脚注。如果复制了决策建议，则说明其将始终显示在页面上。否则，人们可能会有意或无意地断章取义地应用决策或建议。

30.5.6.4　注明决策记录日期

每个决策文件的页首都应注明文件标题、修订级别、日期、页码和保密级别（如适用）。采用这种方法，读者永远可以了解所拥有的版本是否是最新的。此外，哪怕只复制一页，也可以很容易地识别源文件。大多数人无法完成这个简单的任务。在分发未注明日期的多个版本的报告或草案时，实际上的版本（可能正确，也可能不正确）是由最靠近某人桌子上的文件堆顶部的文件决定的。

30.5.6.5　陈述事实作为客观证据

技术报告必须以可信、可靠来源的最新事实信息为基础。应避免猜测、道听途说和个人观点。

30.5.6.6　仅引用可信、可靠的来源

技术决策通常会利用并扩展现有知识和研究，无论是已发表的还是口头的。如果你使用这些信息来支持自己发现和结论，请明确地引用来源并注明出处。请避免含糊不清的引用，如 10 年前出版的鲜为人知的出版物中记载的“请阅读（作者的）报告”，这种引用可能难以理解或者只有作者本人才能找到。如果这些来源无效，请联系所有者或出版社，获得引用许可。

30.5.6.7　参考文件与适用文件

由于缺乏适当的教育和培训，因此经验式工程教育建立在模仿他人过去所做的工作之上。遗憾的是，工程师在创建文件时使用了第 2.0 节的标题“适用文件”，而不是文件本身所代表的“参考文件”。适用文件只是一个人对可能相关或不相关的主题材料的整体看法，要认识到其与参考文件的差异（原理 23.3）！

30.5.6.8 引用参考文件

引用参考文件时，应包括文件标识、标题、来源、日期和版本，其中包含作为决策输入的数据。人们通常认为，如果按标题引用文件，就满足了分析标准。技术决策的好坏取决于客观、基于事实的信息来源的可信度和完整性。源文件可能会随着时间的推移而修改。帮助你和你的团队清晰、简明地记录源文件的关键属性。

如今的趋势是引用互联网文件，这些文件往往是不受控制的，可能是也可能不是由合格专家编制的有效源文件。如果你觉得有必要引用互联网文件，请从几个可靠的来源证实信息，并将以下信息包括在内：

(1) 网站网址，如 www. XXXX. com。

(2) 作者。

(3) 检索日期。

30.5.6.9 进行主题专家同行评议

技术决策有时会因错误的假设、有缺陷的决策标准、方法和不完整的研究而“见光死”。与值得信赖的同事（逐渐形成决策文件的主题专家）进行非正式的同行评议，为成功做好规划。倾听同事所面临的挑战以及顾虑，判断他们是否强调了有待解决的关键运行问题和关键技术问题或者被分析或研究所掩盖的、被忽视的变量和解决方案。

30.5.6.10 为发现、结论和建议做好准备

原理 30.2 分析有效性原理

分析结果只有在基本假设、模型和方法有效时才有效。验证并保持分析结果的完整性。

进行分析的原因有很多。技术决策者可能不具备通用的专业技术，或者不具备内化和吸收有关复杂问题的数据的能力。因此，决策者要寻找拥有相关能力的人，如有能力的、合格的顾问或企业。一般而言，决策者希望了解最接近问题和技术的公认主题专家对决策的建议。因此，分析应该包括发现、结论和建议。

根据分析结果，决策者可以选择：

(1) 思考、搁置、退回并进行更深入分析，或者从自己的角度出发驳回发现和结论。

（2）接受建议，作为做出明智决策的一种手段。

在任何情况下，决策者都需要知道主题专家能够就决策提供什么信息。

30.6　统计对系统设计的影响

对许多工程师而言，系统设计围绕着“绑定环境数据”“接收数据”等抽象词组发展。挑战在于如何量化并界定特定参数的条件？系统工程师如何确定性能度量，例如：

（1）可接受的信噪（S/N）比。

（2）处理数据时的计算误差。

（3）处理系统数据所需的时间变化。

现实情况是，工程师在大学里研究的假设性边界条件问题并不理想（见图2.4）。此外，开发系统或产品时，多个副本可能会对一组受控输入产生不同程度的响应。那么，系统工程师如何应对这些不确定性挑战？

系统和产品具有不同程度的稳定性、性能和不确定性，这些都受到其独特的外形、尺寸和功能等性能特征的影响。根据用户想要、需要、负担得起并且愿意支付费用（见图21.4），我们可以改进并匹配用于生产系统和产品的材料特性和工艺。如果在受控的输入和条件范围内分析系统或产品的性能特征，那么可以根据其标准偏差说明统计方差。

本节介绍如何将统计方法应用于系统设计以提高其性能。作为讨论的前提条件，你应该对统计方法及其应用有基本的了解。

30.6.1　了解工程数据的可变性

在理想化的理论世界中，工程数据与预测值完全一致，误差为零。然而，在现实世界中，质量特性和特征的变化、衰减、传播和传输延迟，以及人类反应是工程分析计算必须考虑的几个不确定因素。一般而言，数据分散在频数分布的平均值附近。

30.6.1.1　正态概率密度函数和对数概率密度函数

统计学上，我们用正态（高斯）频率分布和对数（泊松）频率分布来描述中心均值的范围离散，如图34.3所示。

正态频率分布和对数频率分布可以用来对统计过程控制（SPC）相关的工程性能数据、客户服务与信息流量排队论、生产线、可靠性和可维护性数据、压力控制、温度/湿度范围进行数学描述和界定。

30.6.1.2 将统计分布应用于系统

第3章将系统描述为具有可接受和不可接受的输入并且产生可接受的输出的系统（见图3.2）。系统或产品还可能产生不可接受的输出，如电磁、光学、化学、热能或机械输出，使系统易受敌方攻击，或产生自诱导反馈，降低系统性能。系统工程师面临的挑战如下：

（1）可接受的输入范围，以及非期望或不可接受的输入条件。

（2）可接受的输出范围，以及不可接受的输出条件。

30.6.1.2.1 系统输入/输出范围可接受性

统计学上，我们可以使用频率分布来界定并描述可接受的输入和输出的范围。图30.1所示为高斯（正态）分布示例，可以用该示例来描述输入/输出的可变性。

图中使用具有中心均值的高斯（正态）分布。根据系统应用施加的边界条件，系统工程师确定可接受的设计范围，包括相对于平均值的控制上限（UCL）和控制下限（LCL）。

30.6.1.2.2 可接受的系统性能范围

在系统正常运行期间，系统或产品性能在可接受的（正常）设计范围内运行。系统工程师面临的挑战是，当系统性能偏离标称值并开始构成风险或威胁时，需要确定用于警告用户的操作人员和维护人员的阈值。为了更好地理解这一点，请参考图30.1。

请注意，有一个关于中心均值的正态分布，该正态分布有以下四种运行范围：

（1）设计范围——特定能力和条件的可接受工程参数值范围，界定了图30.1介绍的可接受和不可接受的控制上限/控制下限。

（2）正常运行范围——特定能力的可接受工程参数值范围，清楚表明给定条件下不一定对人员、设备、公众或环境构成风险或威胁的标称性能。

（3）警戒范围——特定能力的工程参数值范围，清楚表明超出正常运行范围、有可能损害任务系统或使能系统人员、设备、公众或环境的合理性能度量。

(4) 警告范围——特定能力和条件的工程参数值范围，对人员、设备、公众或环境构成迫在眉睫的危机，具有灾难性后果。

如图 30.1 所示，运行范围对系统工程师提出了几个决策挑战：

(1) 包括上限和下限警戒范围的可接受设计范围是什么?

(2) 可接受的正常运行范围的上限和下限以及条件是什么?

(3) 警告范围的阈值条件是什么?

(4) 根据警戒范围和警告范围，必须为系统设定什么样的设计安全裕度上限和下限以及条件?

这些问题与应用相关，通常很难回答。此外，需要认识到，该图反映了特定抽象层次的系统或实体的单一性能度量（MOP）。由于需要将设计范围分配给同样具有可比较的性能分布、范围和安全裕度的较低层次的实体，这一决策的重要性更加突出。显然，这带来了许多风险。大型复杂系统应如何应对这一挑战?

有几种方法可以支持设计阈值和条件。

首先，可以对系统进行建模和模拟，并采用蒙特卡罗技术来评估给定用例和场景的最可能的结果。

其次，可以利用经过验证的建模和模拟结果开发系统原型，进行进一步分析和评估。

最后，可以采用螺旋开发（见图 15.4），在一组连续的原型上演进需求。

根据这一概述，让我们将重点转移到理解统计方法如何应用于系统工程与开发（SE&D）上。

30.6.2 统计方法在系统开发中的应用

统计方法在整个系统开发阶段（见图 12.2）为不同学科所用。对于系统工程师而言，统计工作的挑战主要体现在两个方面：

(1) 界定并具体说明规范需求和性能限制。

(2) 验证是否符合规范需求。

30.6.2.1 编写规范需求时的挑战

在规范需求制定过程中，购买者的系统工程师被要求就基于性能的规范

（见图 20.4）定义可接受和不可接受的输入和输出范围（见图 3.2）。请思考以下示例。

示例 30.2

当暴露于“规定的运行环境条件”时，传感器系统在“最小性能限制”到“最大性能限制”的范围内的检测概率为 0.*XX*。

授予合同时，系统开发商的系统工程师被要求确定、分配并向下传递源自更高层次要求的系统性能预算和安全裕度要求（第 31 章）。挑战在于分析示例 30.2，得出产品、子系统、组件和其他层次的要求。请考虑下面的示例。

示例 30.3

对于在 0.000 V 至 10.000 V 之间变化的输入参数 A 分布，XYZ 输出的最坏情况误差应为 0.*XX*±3σ V。

30.6.2.2　验证规范要求时统计上的挑战

假设系统工程师的任务是验证示例 30.3 所述的要求。为了简单起见，我们假设输入参数 A 数据的采样端点为 0.000 V 和+10.000 V，中间还有几个点。我们采集并绘制了随输入数据变化的数据测量值。图 30.2 的 A 部分可能代表了这一数据。

应用统计方法，根据要求确定中心均值趋势线和±3σ 边界条件。接下来，叠加中央均值趋势线和±3σ 边界限制，验证系统性能数据离散在系统达到的指定要求控制限制的范围内（C 部分）。

让我们来探讨系统工程师和系统分析师如何将统计测试数据应用于系统工程设计决策或验证是否达到了系统性能规范需求或实体开发规范需求所规定的需求。

30.6.3　了解测试数据离散

假设进行了一项测试，度量系统或实体在输入数据范围内的性能，如图 30.2 的 A 部分所示。如图 30.2 所示，有许多具有正斜率的数据点。该图有两个重要方面：

（1）数据的中心均值趋势线向上倾斜。

（2）数据沿趋势线离散。

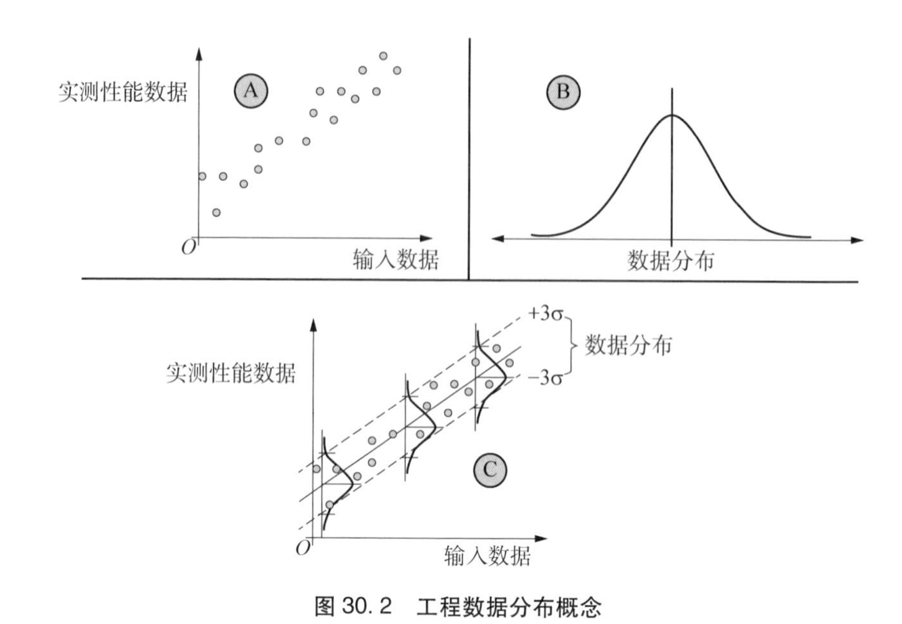

图 30.2　工程数据分布概念

在示例中，如果对数据进行最小二乘数学拟合，则可以使用一个简单的 $y = mx + b$ 构造来确定趋势线的斜率和截距。

使用随输入数据（X 轴）变化的数据集的中心均值趋势线，可以发现，相应的 Y 数据点围绕平均值离散，如 C 部分所示。基于数据集的标准偏差，我们可以说，给定数据点在围绕平均值的 $\pm 3\sigma$ 边界范围内的概率为 0.997 3。因此，C 部分描绘了沿趋势线作 $\pm 3\sigma$ 线的投影线的结果。

30.6.4　累积系统性能影响

截至目前我们的讨论集中在与特定能力参数相关的统计分布上。问题是：这些误差是如何在整个系统中传播的？造成误差传播的因素有如下几个：

（1）运行环境对零件特性的影响。

（2）时间变化。

（3）计算精度及准确度。

（4）随时间变化的漂移误差或混叠误差。

从整个系统的角度来看，我们把这个概念称为累积系统性能误差。示例如图 30.3 所示。

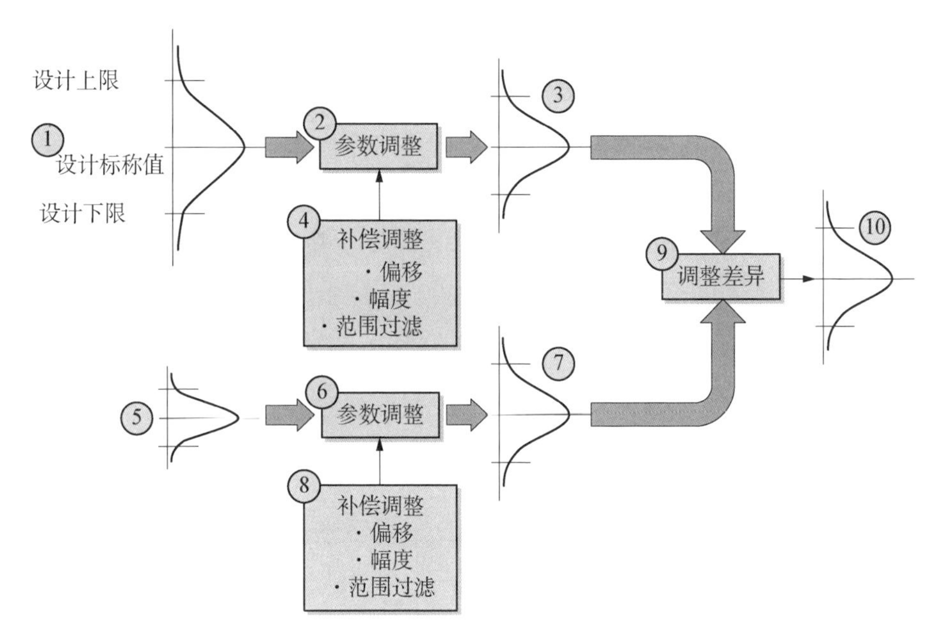

图 30.3　了解系统或产品性能中的累积误差统计

假设有一个简单的系统来计算参数 *A* 和参数 *B* 之间的差值。如果检查参数 *A* 和参数 *B* 的特征，我们会发现，每个参数都有围绕预测性能平均值和公差限度的不同数据离散。

最后，如果想要计算参数 *A* 和参数 *B* 之间的差值，那么必须按照某个标准化数值对这两个参数进行调整。否则，我们会得到“风马牛不相及”的比较。因此，需要调整每个输入，并进行任何校正调偏。这只是解决了计算的功能方面的问题。那么，因标称平均值和所有中间调整操作产生的源值误差呢？答案是：系统工程师必须考虑与误差和离散相关的累积误差分布。一旦系统完成开发、集成和测试，可能需要就系统层优化（见图 14.8）调整子系统、组件和子组件性能，校正正累积误差和离散。

30.6.5　圆概率误差

前面的讨论侧重于分析和分配系统范围内的系统性能。对系统工程决策的最终检验在于实际的现场结果。问题在于：累积误差概率如何影响整体运行和系统有效性？或许，回答这个问题的最好方法是一个“靶心”的类比。

我们对这一点的讨论集中在沿中心均值斜率的数据离散上。在有些系统应用中，数据围绕一个中心点分布，如图 30.4 所示的“靶心”。在这些情况下，±1σ、±2σ 和±3σ 点位于围绕靶心的中心均值排列的同心圆上。这类应用通常基于弹药、枪炮和财务计划等目标。请考虑示例 30.4。

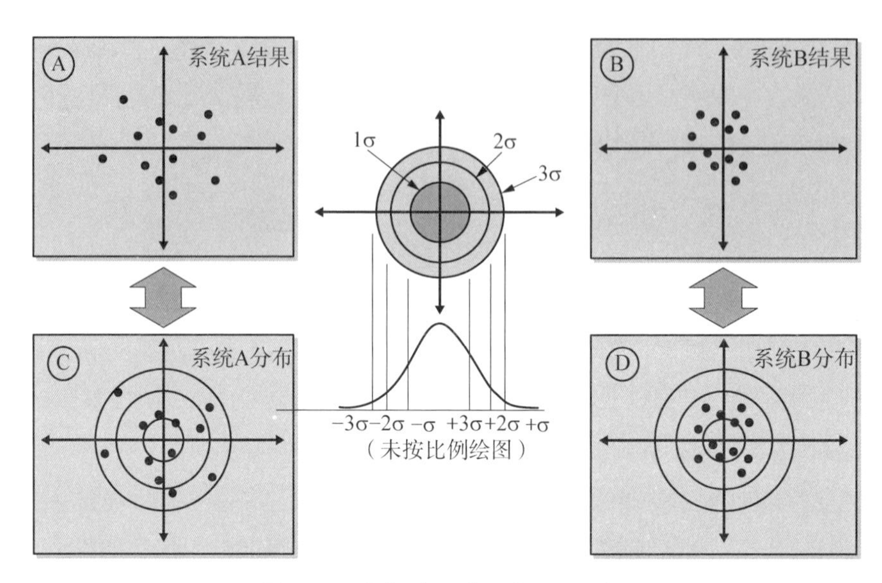

图 30.4　圆概率误差（CEP）示例

示例 30.4

假设你的任务是对两种相互竞争的步枪系统（步枪系统 A 和步枪系统 B）进行评估。假设使用采样法来确定统计上有效的样本量。规范需求规定，95%的射击必须在以靶心为中心的直径为 X 英寸的圆内。

步枪系统安装测试夹具上，瞄准一定的距离。在环境条件允许的情况下，专业射手用步枪“实弹”射击规定数量的子弹。射手不知道步枪的制造商。脱靶距离射击结果见 A 部分和 B 部分。

使用理论上的靶心作为原点，叠加代表±1σ、±2σ 和±3σ 限制的围绕靶心的同心线，如图 30.4 中间部分所示。C 部分和 D 部分描绘了以脱靶距离为决定因素的结果。系统 B 更胜一筹。

在这个简单、理想的示例中，我们只关注系统有效性，而不是包含系统有效性的成本有效性。挑战在于：事情并不总是理想的。步枪、弹药、可靠性和维护的成本并不相同。解决方案在于将成本作为独立变量（CAIV）（见

图 32.4）和稍后介绍的效用函数（见图 32.9）。根据测试结果，用户预先定义的效用函数品质因数（FOM）相对于成本和其他因素的准确性如何？

如果步枪系统 A 的成本是步枪系统 B 的一半，那么步枪系统 B 性能的提高是否证实了成本差异？你可以将$\pm3\sigma$点确定为系统可接受性的最低阈值要求。因此，从成本作为独立变量的角度来看，系统 A 符合规范阈值要求，成本仅为后者的一半，产生了最好的价值。

在给定的时间限制下，可以通过评估第一次射击命中目标的效用来进一步分析。

30.6.6 数据相关性

工程中通常需要开发数学算法，对现实世界数据集特征的最佳拟合近似值进行建模。采集数据是为了确认系统在可预测的数值范围内产生高质量数据。我们将实际数据与标准或近似值的“拟合”程度称为数据相关性。

数据相关性是对实际数据分布向预测值的中心均值回归的程度的度量。当实际值与预测值匹配时，数据相关性为 1.0。因此，当数据集方差偏离中心均值时，由相关系数 r 所代表的相关度就趋于零。为了说明数据相关性和数据收敛的概念，图 30.5 给出了一些示例。

30.6.6.1 正负相关性

数据相关性描述为正相关或负相关，取决于代表输入值范围内数据集中心均值的直线斜率。图 30.5 中的 A 部分代表正（斜率相关），B 部分代表负（斜率）相关。这就引出我们的下一个话题——向平均值的收敛或回归。

30.6.6.2 向中心均值回归

由于工程数据反映了物理特征的变化，因此实际数据并不总是与预测值完全匹配。在理想情况下，我们可以说，如果数据集的所有值都沿图 30.5 的 A 部分和 B 部分所示的中心平均线排列，则数据在一个有界范围内相关。

事实上，数据通常分散在中心均值趋势线上。因此，我们将向平均值的收敛或数据方差称为相关度。如图 30.5 的 D 部分和 E 部分所示，随着数据集向中心均值回归，数据方差或相关性向 $r=+1$ 或 -1 增加。向 $r=0$ 减小的数据方差表明，收敛减少或相关性降低。因此，我们将数据参数之间的关系描述为正/负数据方差收敛或相关。

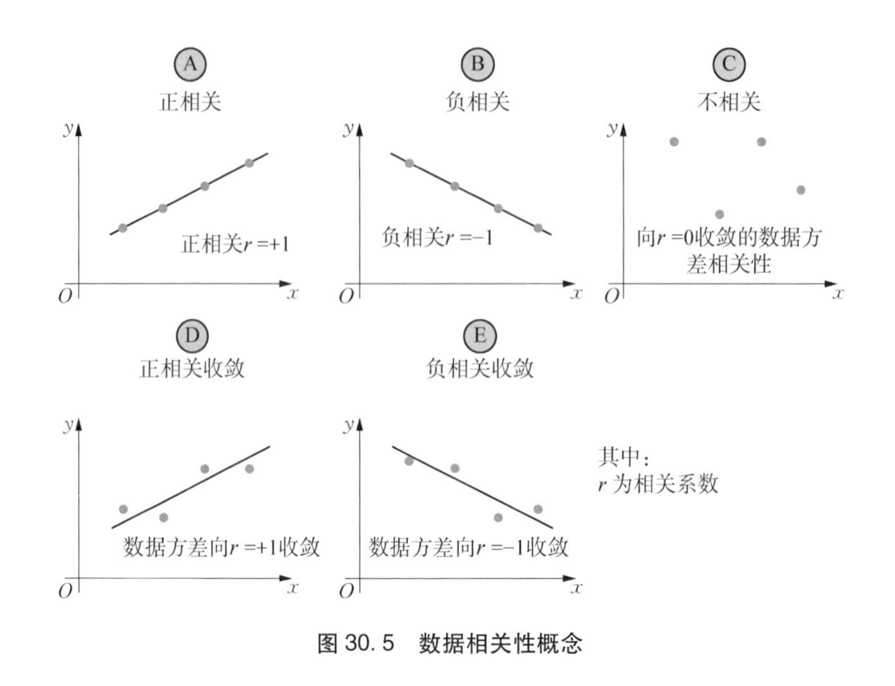

图 30.5　数据相关性概念

30.6.7　统计影响总结

我们就统计对系统设计实践影响的讨论是以对统计方法的基本理解为依据，给出了对影响系统工程设计决策的关键统计概念的高度概括。

我们强调了使用统计方法为输入和输出数据定义可接受或理想的设计范围的重要性。我们提出了为正常运行范围、警戒范围和警告范围建立边界条件以及建立安全裕度的重要性。以基本概念为基础，我们提出了累积误差、圆概率误差（CEP）和数据相关性的概念。我们还提出了限定可接受和不可接受的系统输入和输出（包括产品、副产品和服务）的需求。

统计数据方差对系统性能、预算、安全裕度以及运行和系统有效性等系统工程技术决策有重大影响。重要的是，系统工程师需要：

（1）学会认可并重视工程输入/输出数据方差。

（2）了解何时以及如何应用统计方法来了解系统与其运行环境的交互。

30.7　本章小结

我们对分析决策支持的讨论给出了支持所有抽象层次的沃森系统工程流程

模型（见图 14.1）决策的数据和建议。作为介绍性讨论，分析决策支持采用了以下章节提出的各种工具：

（1）第 31 章“系统性能分析、预算和安全裕度”。

（2）第 32 章“替代方案权衡研究分析”。

（3）第 33 章“系统建模与仿真”。

（4）第 34 章“系统可靠性、可维护性和可用性”。

请记住，作为专业人士，您对自己、组织和用户负有以下义务：

（1）运用最佳实践来确保体现你的声誉的结果的完整性。

（2）根据公正的、以事实为基础的、经得起专业审查和质疑的客观证据做出决策。

30.8 本章练习

30.8.1 1 级：本章知识练习

（1）什么是分析决策支持？

（2）技术决策的属性有哪些？

（3）系统工程师在技术决策中扮演什么角色？

（4）什么是系统性能分析和评估？

（5）进行了哪些类型的工程分析？请说明 10 种主要类型的分析。

（6）如何记录工程分析？

（7）应采用什么格式来记录工程分析？

（8）用于分析决策的系统工程设计和开发规则是什么？

（9）如何充分描述系统输入的随机误差，以便根据标准偏差的正态分布来限定可接受值的范围？

（10）系统工程师如何为可接受和不可接受的系统输入和输出确定标准？

（11）什么是设计范围？

（12）如何确定设计范围的公差上限和下限？

（13）系统工程师如何确定警戒指标和警告指标的标准？

（14）可以采用哪些开发方法来提高对工程输入数据可变性的理解？

（15）什么是圆概率误差？如何使用圆概率误差？

（16）什么是关联度？

（17）有哪两种类型相关性？

（18）请解释技术报告建议、发现和结论之间的差异，以及建议、发现和结论在文件中的呈现顺序。

（19）请解释拥有一份记录在案的问题陈述（第4章）对授权分析任务的决策者至关重要的原因。

（20）请解释为什么在分析技术报告中说明决策者的问题陈述很重要。

（21）为什么在分析开始之前建立一种方法很重要？

30.8.2 2级：知识应用练习

参考 www.wiley.com/go/systemengineeringanalysis2e。

30.9 参考文献

FAA SEM (2006), *System Engineering Manual,* Version 3.1, Vol. 3, Washington, DC: Federal Aviation Administration (FAA), National Airspace System (NAS).

DAU (2012), *Glossary: Defense Acquisition Acronyms and Terms,* 15th ed. Ft. Belvoir, VA: Defense Acquisition University (DAU) Press. Retrieved on 4/12/15 from: http://www.dau.mil/publications/publicationsDocs/Glossary_15th_ed.pdf.

INCOSE (2011), *System Engineering Handbook, TP-2003-00203.2.2,* Seattle, WA: International Council on System Engineering (INCOSE).

INCOSE (2015), *Systems Engineering Handbook: A Guide for System Life Cycle Process and Activities* (4th ed.). D. D. Walden, G. J. Roedler, K. J. Forsberg, R. D. Hamelin, and, T. M. Shortell (Eds.). San Diego, CA: International Council on Systems Engineering.

MIL-STD-882E (2012), *System Safety,* Washington, DC: Department of Defense (DoD).

31 系统性能分析、预算和安全裕度

系统性能是通过集成的系统元素集（见图 5.3 和图 10.12）在特定时间内的累积性能结果来实现的。这种性能最终决定了任务系统和使能系统目标（在某些情况下，目标是生存）的成功实现。

当系统工程师分配并向下传递系统性能需求时，往往会认为这些需求是静态参数，如“应为 12.3±0.10 V。”除了用户开关设置或配置参数外，参数很少是静态或稳态的。举例而言，从重量的角度来看，飞机上的燃油只有在特定的时刻才能测量。燃油质量是动态的，随着时间的推移，燃油质量会随着消耗量的变化而减少。

从系统工程的角度来看，我们通过系统架构的层次框架来分配并向下传递系统性能规范（SPS）需求。举例而言，可以考虑静态质量。系统工程师的预算为 100 磅，平均分配给三个部件。重量等不变静态参数使得系统工程师的需求分配任务变得很容易。然而，就许多系统性能规范（SPS）和实体开发规范（EDS）需求而言，情况并非如此。如何确定受环境条件、当日时间（TOD）、当年时间（TOY）、信号特性、人为误差和其他变量影响的可接受系统输入（见图 3.2）的数值？

系统需求参数通常用高斯（正态）分布、二项分布和对数正态（泊松）（见图 34.3）等频率分布围绕中心均值独立变化的统计值分布来描述。使用前面提到的静态需求示例，可以说，在规定的运行条件下，输入电压必须限制在 12.20（-3σ）~12.40（$+3\sigma$）V 的范围内，平均值为 12.30 V。

这听起来非常简单明了。挑战在于，系统工程如何确定：

（1）所需的中心均值为 12.30 V。

（2）变化不能超过±0.10 V。

这个简单的示例说明了系统工程设计中最具挑战性和最复杂的方面之一——分配性能要求的公差。该示例还说明了把重点放在比较容易的功能分析上的谬误，因为性能参数的推导和分配是难度较大的工作。这就是为什么功能分析是有意义的，但已经过时，而能力分析才是要执行的适当活动。

很多时候，系统工程师根本没有任何先例数据，如人类为建造桥梁、研制和驾驶飞机、发射火箭和导弹以及登陆月球和火星所做的尝试。要建立对这些参数的初步估计，可能需要许多由试错数据采集和观察支持的分析工作。

有许多方法可以确定这些值。示例如下：

（1）不科学的、根据知识所作的猜测或基于丰富经验的估计。

（2）理论和经验试错分析。

（3）具有更高准确度的、经确认的数据建模与仿真。

（4）原型设计演示，如“实弹”测试。

挑战在于如何确定一种可靠的、低风险的、确定统计变量参数值的可信方法。

本章说明了如何将系统性能规范或实体开发规范需求的性能值分配到较低的层次。让我们来探讨如何分析并分配能力（功能性和非功能性）性能。这需要建立在先前的实践基础上，如第 30 章介绍的统计对系统设计的影响。我们将基于划分—分解—周期时间性能的概念引入队列、进程和传输时间中。最后将讨论系统性能优化和系统分析报告。

31.1 关键术语定义

（1）设计目标（design-to）性能度量（MOP）——由系统性能参数的最小和/或最大阈值限定的目标平均值，旨在约束决策。

（2）设计安全裕度（design safety margin）——应用于能力的性能度量（MOP）或物理特征参数的附加或乘积因子，旨在适应部件材料、性能和环境条件的变化和不确定性。

（3）性能预算分配（performance budget allocation）——代表限制能力或性能特征的绝对阈值的最小、最大或最小—最大值。

(4) 处理时间（processing time）——统计上的平均时间和容差，表示输入刺激或提示事件与输入处理完成之间的时间间隔。

(5) 排队时间（queue time）——统计上的平均时间和容差，表示输入到达处理点和处理开始点之间的时间间隔。

(6) 系统延迟（system latency）——刺激、激励或提示事件与系统响应事件之间的时间间隔。有些人将延迟称为系统的输入/输出（I/O）产出或响应时间。

(7) 传输时间（transport time）——统计上的平均时间和容差，表示从一个实体传输到下一个实体接收进行处理之间的时间间隔。

31.2 性能预算和安全裕度

原理 31.1 性能预算和裕度原理

每个系统/实体设计都需要性能预算。性能预算限制能力并提供安全裕度，从而适应规定的运行环境条件下部件和运行性能的可变性和不确定性。

系统或实体的能力或物理特征都必须受到性能限制的约束。这在自上而下/自下而上/横向设计中非常重要。在这些设计中，系统能力的性能被划分、分配并向下传递至多个设计细节层次。因此，每个规范都应该有支持性能分配的预算和裕度，由负责实施规范的系统/产品开发团队（SDT/PDT）管理。

31.2.1 实现性能度量

原理 31.2 性能度量风险原理

每个性能度量都有开发风险的因素。通过建立一个或多个边界条件阈值来触发风险缓解措施，将风险降低到可接受的水平，从而缓解风险（见图 21.12）。

将系统性能划分并分配到后面的细节层次的机制称为性能预算和设计安全裕度。一般而言，性能预算和设计安全裕度允许系统工程师对包括安全裕度在内的能力施加性能限制。从哲学上讲，如果必须控制整个系统的性能，那么较低抽象层次上起作用的实体也应受到控制。

性能限制进一步分为："设计目标"性能度量和性能安全裕度。*

31.2.2 设计目标性能度量

设计目标性能度量是分配、向下传递并向较低层次实体传达性能限制的关键机制（见图 14.3）。实际的分配过程是通过多种方法完成的。例如，格雷迪（2006：59－60）确定了三种需求分配和向下传递的方法：①等价分配；②分摊分配；③综合分配。下面我们进一步探讨每一种方法。

31.2.2.1 等价需求分配

原理 31.3 等价分配原理

应用等价分配方法将非功能性需求限制分配并向下传递至产品、子系统和组件。

颜色或安全性等非功能性规范需求被分配并向下传递至具有相同单位的较低层次实体。请注意，非功能性需求代表规范第 3.6 节"设计和构造限制"（见表 20.1）记录的限制。为了说明等价分配，请思考以下示例。

示例 31.1 系统性能规范需求陈述

3.2.1 根据 ABC 标准第 XXX 节（标题），系统应涂上 XYZ（颜色）。将需求等价分配给子系统，得到如下结果：

(1) 根据 ABC 标准第 XXX 节（标题），子系统#1 应涂上 XYZ（颜色）。

(2) ……

(3) 根据 ABC 标准第 XXX 节（标题），子系统#*n* 应涂上 XYZ（颜色）。

请注意子系统（子）需求（见图 21.2）是如何从系统（父）需求直接向下传递的，除需求主体（系统与子系统）之外，无任何措辞上的变化。

你可能会注意到，其他非功能性限制（如尺寸和质量）不包括在等价分配的候选项中。原因在于，除非在相同的抽象层次进行复制，否则多层系统架构部件在尺寸和质量上是不同的。因此，由于驱动整体系统性能的许多因素，必须按比例进行分配。这就引出我们的下一个话题——按比例的需求分配。

* **性能度量推导背景**

此处的讨论有两个与性能度量推导相关的背景：

(1) 背景#1——提案阶段：推导系统层性能度量，制定作为提案响应一部分提交的系统性能规范。

(2) 背景#2——系统开发阶段：推导、分配系统性能规范需求并向下传递至作为设计目标性能度量的较低层次的实体开发规范。

31.2.2.2 按比例的需求分配

原理 31.4 比例分配原理

应用比例分配方法，根据明智的决策、部件或设计历史、边界条件、技术限制、可行性和专业经验，分配并向下传递可量化的性能度量，如电源、时间、重量或尺寸。

由于较高层次的系统能力需求必须产生基于性能的行为输出，因此从而实现任务结果，多学科产品开发团队必须将性能分配至较低层次的产品、子系统、组件和子组件（见图 8.4）。经过检查，似乎可以简单地采用任意方法，根据丰富的经验按比例分配性能值。在某些情况下，可能确实如此。但是，其他因素（如复杂性）可能导致需要按未知比例在子系统、组件或子组件之间分配性能值。一些性能分配可能需要根据测试数据确认的建模与仿真。

请注意，可量化的性能度量是原理 31.4 中的一个有效词组。我们知道：

(1) 性能是集成的性能贡献链（子组件→组件→子系统→产品→系统层输出和结果）的结果。

(2) 集成链的系统输入/输出（I/O）传递函数可以用数学方法表示。

因此，可以说，比例分配必须基于有效的数学推导和对实现整个系统层性能需求的贡献。为了说明比例分配，请思考以下示例。

示例 31.2 系统性能规范需求陈述

3.6.8.X 系统的平均功耗不超过 20.0 W。

将需求按比例分配给子系统，得到如下结果：

(1) 子系统#1 的平均功耗不超过 5.0 W。

(2) 子系统#2 的平均功耗不超过 12.0 W。

(3) 子系统#3 的平均功耗不超过 3.0 W。

31.2.2.3 综合需求分配（requirement allocations by synthesis）

原理 31.5 综合分配原理

应用综合分配方法，采用分析模型将有效性度量（MOE）或适用性度量（MOS）等复杂的、可量化的系统层性能需求值向下传递至产品、子系统和组件。

某些系统性能规范或实体开发规范能力需求需要分析或模拟模型来推导出可量化的标称性能和公差值。示例包括由于系统使用、运行环境条件的复杂性

而导致的与结果相关的参数，如范围和准确性。分析模型应基于物理系统经确认的数学模型。举例而言，可以将有效性度量（见图 5.8 中的车辆燃油经济性）分配给发动机效率、车辆空气动力阻力、燃油辛烷值和质量、电子计时、路面粗糙度和摩擦以及环境条件（温度、湿度）的复杂性。

31.2.3 性能安全裕度

仅将性能值分配给产品、子系统和组件并不意味着系统或产品将实现预期的结果。尽管可以测试部件的性能，但不可避免地会有潜在缺陷（如设计错误、缺陷等），以及组成属性的差异。因此，需要将性能安全裕度纳入分析，以适应这些因素。

性能安全裕度使我们能够实现两个目标。性能安全裕度给出：

（1）适应公差、准确性和系统响应延迟变化、人为判断疏忽、过失和错误（第 24 章）以及有效性和效率的方法。

（2）决策者的安全裕度“限度”，用于权衡先前分配给特定实体的性能值，以便优化整体系统或产品性能。

性能安全裕度可作为应急限度，抵偿部件变化或适应以下最坏情况，这些情况：

（1）可能被低估。

（2）可能构成安全风险和危害。

（3）由计算精度和准确性方面的人为错误（第 24 章）所致。

（4）由部件和材料质量特性的物理变化所致。

（5）由不良工艺所致。

（6）由“未知事物”所致。

每个工程学科都采用经验法则和指南来体现安全裕度。通常情况下，性能安全裕度可能是标称系统性能规范或实体开发规范值的 2 倍（200%）到 3 倍（300%），具体取决于应用。示例包括：①结构、拉伸和压缩载荷的机械工程设计；②电气工程功率载荷。

就成本效益出现的概率或可能性替代措施以及合理措施等而言，安全裕度的实用性存在局限性。在某些情况下，可以通过采取适当的系统或产品安全预防措施、保障措施、标记和程序来降低出现的可能性，从而抵消增加的安全裕度性能度量超出实际水平的隐性成本。

警告 31.1 安全裕度

始终从您的项目和技术管理部门、纪律标准和实践或当地企业工程法规寻求指导，建立对项目安全裕度的共识。在合同授予前确定安全裕度时，记录下选择的权威依据，或者纳入项目法规、项目备忘录或计划中，并分发给所有人员。

安全裕度，顾名思义，涉及防止潜在安全隐患发生的技术决策（见图 24.1）。任何潜在安全隐患都需要承担安全、经济和法律责任。确定安全裕度，保护系统及其操作人员、公众、财产和环境。

31.2.4 运用设计目标性能度量和性能安全裕度

图 31.1 说明了设计目标性能度量和性能安全裕度是如何建立的。如图 31.1 所示，系统能力和物理特征的性能度量以通用术语或单位给出。请注意，这些单位可以表示时间、电力或质量特性等性能度量。*

让我们假设系统性能规范或实体开发规范指定能力 A 具有不超过 100 个单位的性能限制（见图 31.1）。系统设计人员决定在所有设计层次建立 10%的安全裕度。因此，设计人员从 90 个单位的设计目标性能度量和 10 个单位的安全裕度开始。90 个单位的设计目标性能度量分配如下：能力 A_1 分配到 40 个单位的性能度量，能力 A_2 分配到 30 个单位的性能度量，能力 A_3 分配到 20 个单位的性能度量。

把注意力集中在能力 A_2 上，30 个单位的性能度量划分为 27 个单位（90%）的设计目标性能度量和 3 个单位（10%）的安全裕度性能度量。由此产生的 27 个单位的设计目标性能度量然后以类似的方式分配给能力 A_21 和能力 A_22。

一些系统工程师会理所当然地认为，一旦在能力 A 层次建立了最初 10（10%）个单位的安全裕度性能度量，就没有必要在能力的较低层次建立设计安全裕度（能力 A_3 安全裕度等）。请注意第二个层次是如何在能力 A 层次的 10 个单位之外为能力 A_1、能力 A_2 和能力 A_3 预算额外预留 10 个单位

* 图 31.1 所示的示例说明了分配性能预算和安全裕度的基本方法。事实上，这种高度迭代、耗时的流程通常需要分析、权衡研究、建模、仿真、原型设计和协商来平衡并优化整体系统性能。

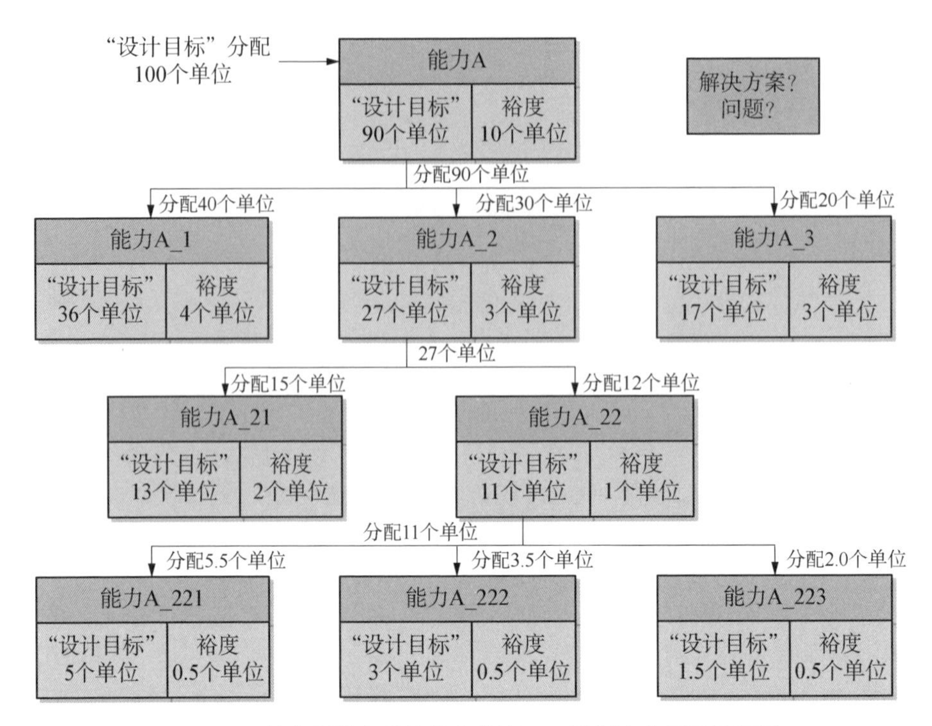

图 31.1　性能预算和设计裕度分配——是解决方案还是问题

的裕度的。一些系统工程师强调，只要所有从属层次能力都符合设计目标性能度量的性能预算，10 个单位的性能度量安全裕度就足以覆盖较低层次性能超出分配预算的情况。

图 31.1 所示的方法出现了一个关键问题。一些系统工程师认为，由于需要更高性能的设备，在较低层次上强加性能安全裕度会不必要地限制关键资源并增加系统成本。对于一些非安全关键、非实时性能应用，这可能是正确的。每个系统和应用都是独一无二的。

解决这种情况的一种方法是在除最低层次之外的所有抽象层次上建立性能安全裕度。请思考以下示例。

示例 31.3　性能安全裕度

以图 31.1 为参考，性能安全裕度将限制在能力 A_22，并且在能力 A_221、能力 A_222 或能力 A_223 分别分配的 5.5 个单位、3.5 个单位和 2.0 个单位的性能需要更大灵活性的情况下，保留 1 个单位。

如果采用示例 31.3 的方法，可能会不必要地将宝贵的安全裕度留在较低的层次，结果抬高了成本——只是为了在所有抽象层次保留10%的安全裕度。请考虑其中的含义：

（1）系统交付时，要求能力A具有90个单位的性能度量和10个单位的安全裕度。

（2）相反，由于所有能力都需要有10%的安全裕度，这90个单位在较低的层次上又减少了14.5个单位。

总之，要明智地考虑这些决策，避免可能增加技术、成本和进度风险的不必要的性能限制。保持简单！在较高的层次上保留一个限度，应对因较低层次的问题可能需要动用限度来解决性能问题的情况。

如果在满足较低层次性能分配限制上遇到不合理的难题，那么应权衡选项、收益、成本和风险。由于系统/实体性能不可避免地需要为系统优化而进行微调，因此应始终在更高的层次上建立设计性能裕度，确保在实现系统性能规范需求时集成性能的灵活性。一旦确定了所有设计层次，根据需要调整性能预算和设计安全裕度的层次结构。

为了说明如何实现基于时间的性能预算和安全裕度分配，让我们来探索另一个示例。

示例31.4　任务事件时间线分配

为了说明这一概念，请参考图31.2。图的左侧说明了能力A的分层划分—分解。系统性能规范或实体开发规范要求能力A在指定的时间段内（如200 ms）完成处理。系统设计人员将能力A的启动指定为事件1，其完成指定为事件2。系统设计人员将能力A时间间隔限制划分为：①设计目标性能度量；②安全裕度性能度量。设计目标性能度量限制被指定为事件1.4。*

参考图31.2，能力A_1和能力A_2源自能力A。让我们假设能力A_1和能力A_2是顺序流程。鉴于能力A有设计目标性能度量约束，面临的挑战是：如何在能力A_1和能力A_2之间分配性能限制？采用分析、模型和模

---

* **事件标识标签**

最初，任务事件时间线（MET）事件1.4可能没有事件标识标签。我们只是应用事件1.4标签来确保整个任务事件时间线上的顺序一致性（事件1.1、事件1.2、事件1.3等）。事件1.2和事件1.3是基于能力A1和能力A2的较低层次分配而建立的。

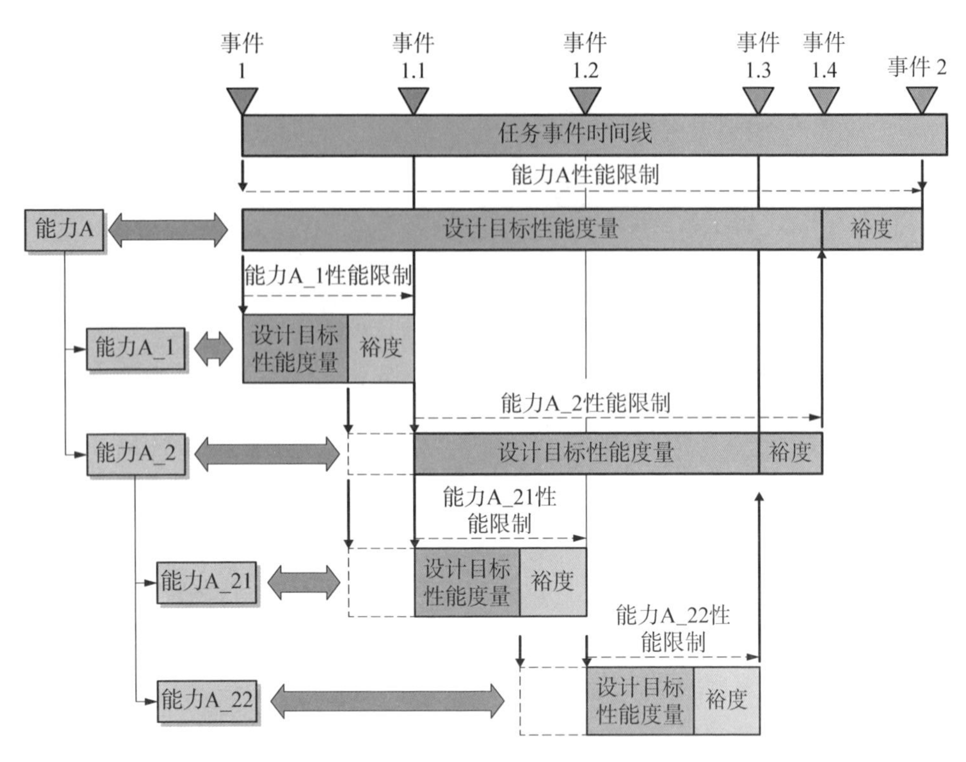

图 31.2　基于时间的性能预算和安全裕度应用

拟、原型等来确定如何恰当地分配性能。然后，将能力 A_1 和能力 A_2 各自的性能度量性能限制分解为设计目标性能度量和安全裕度。继续这个流程，不断降低抽象层次。

31.2.4.1　协调性能预算分配和安全裕度

系统开发团队和产品开发团队应用设计目标性能度量分配时，如果初始分配存在关键性能问题，会发生什么？让我们假设图 31.2 中的能力 A_22 最初分配了 12 个单位。对能力 A_22 的初步分析表明，至少需要 13 个单位。系统工程师应该做什么？

能力 A_22 所有者与更高层次的能力 A_2 和对等层次的能力 A_21 所有者交换意见。讨论过程中，能力 A_21 所有者表示，能力 A_21 被分配了 15 个单位，但只需要 14 个单位，其中包括安全裕度。讨论小组达成共识，将 14 个单位的性能度量重新分配给能力 A_21，将 13 个单位的性能度量重新分配给能力 A_22。

31.2.4.2 性能预算和裕度相关总结性见解

作为沃森系统工程流程模型（见图 14.1）的一部分，性能预算和安全裕度分配流程是高度迭代和递归的（自上而下/自下而上/自左向右/自右向左）协商过程。性能预算和安全裕度分配旨在协调不平衡，作为实现和优化整体系统性能的一种手段。如果未经协商、协调，您将得到一个称为单个项目次优化的状况，降低整体系统性能。

31.2.5 性能预算和安全裕度权属与控制

一个关键问题是谁拥有性能预算和安全裕度？一般而言，负责实现规范的多学科系统开发团队或产品开发团队控制实体范围内性能预算目标和安全裕度的推导和分配（见图 21.9）。请记住，性能度量源于控制包括指定实体在内的架构的系统开发团队/产品开发团队所拥有和控制的规范（见图 27.1）。除规范所有者要求做出改变的情况外，产品开发团队不能改变分配并向下传递性能度量。因此，在不影响接口性能需求的条件下，可以在实体边界内自由地为设计目标和安全裕度预算分配性能度量。

31.2.6 如何记录性能预算和裕度?

根据规模、资源和工具的不同，以多种方式记录性能预算和安全裕度。

(1) 第一，需求分配应记录在由首席系统工程师或系统开发团队控制的决策数据库或电子表格中。基于关系数据库的需求管理工具提供了一种记录分配情况的便利机制。

(2) 第二，由于具体需求向下传递至更低层次的规范，因此需要正式记录并控制性能分配。

关系数据库需求管理工具（TOOL）使你能够:

(1) 在可通过需求管理工具与系统性能规范或实体开发规范连接的性能分配文件中记录分配情况。

(2) 将分配向下传递至较低层次的产品、子系统和其他实体开发规范，并与较高层次的父性能限制建立可追溯性联系（见图 21.2）。

(3) 将分配的性能追溯至更高的层次。

31.3 分析系统性能

前面的讨论介绍了性能预算和设计安全裕度的基本概念。电子工程和机械工程等工程教科书中讨论了这些设计目标性能度量的实现。然而，从系统工程的角度来看，集成的电气、机械、光学或化学系统与大型结构系统中的类似设备和人员交互时，性能会发生变化。这些系统和抽象层次之间的交互需要深入的、多学科的系统工程分析来确定性能变化的可接受限度（见图 30.1）。

31.3.1 了解系统性能和任务

整体系统性能代表系统元素（第 8 章）的集成性能，如提供系统能力、运行和流程的设备、人员和任务资源。作为集成元素，如果这些关键任务项（如产品或子系统）中的任何一项的性能退化，那么整体系统性能也会下降（见图 10.12），这取决于系统设计解决方案的鲁棒性。鲁棒设计通常采用冗余设备（硬件和/或软件）设计实现，最小化系统性能退化对实现任务及其目标的影响（第 26 章和第 34 章）。

从系统工程的角度来看，系统能力、运行和可执行流程是对授权高阶系统指定并启动的“分配任务”的响应机制。因此，系统“任务分配”需要一组集成的顺序和并行能力来实现基于性能的预期结果。

为了说明能力任务分配，请思考如图 31.3 所示的简单图形。请注意顺序任务链——任务 A 到任务“*n*”。每个任务都有一个由任务事件时间线性能参数限定的有限持续时间。从一项任务开始到另一项任务开始的时间段称为产出或周期时间。周期时间参数引出一个有趣的观点，尤其是在建立决策惯例时。

31.3.2 建立周期时间惯例

建立周期时间时，需要确定在整个分析过程中一致使用的惯例。图 31.4 所示为几个惯例。惯例 A 将周期时间定义为从任务 A 的开始到任务 B 的开始。与此相反，惯例 B 将周期时间定义为从任务 A 的结束到任务 B 的结束。两种方法都可以接受。

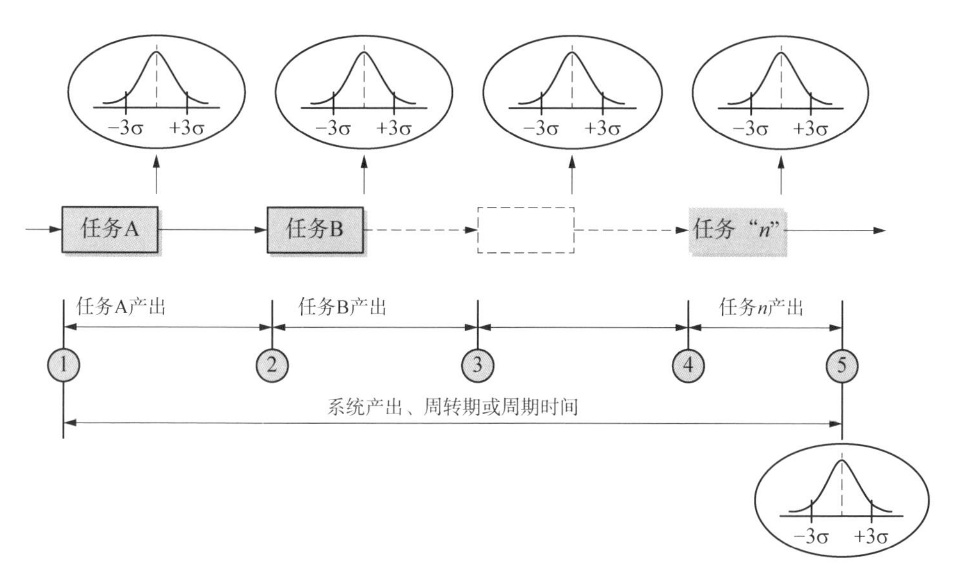

图 31.3　任务事件时间线分析

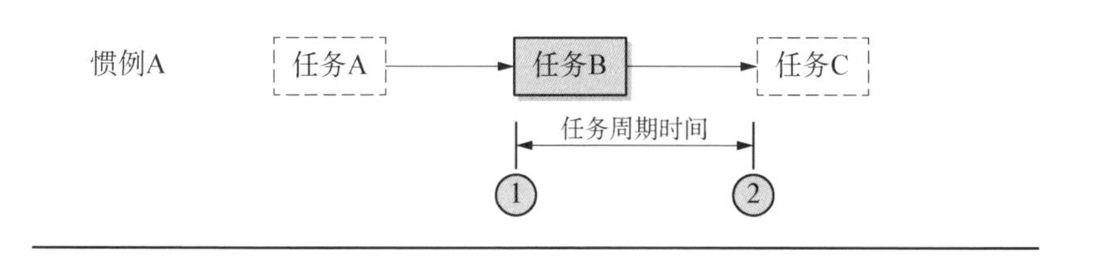

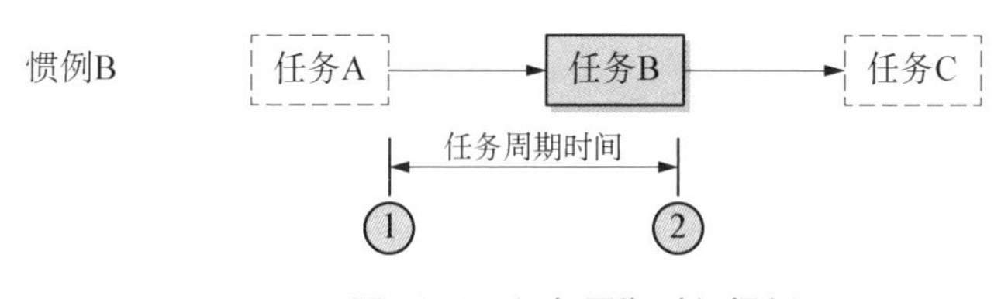

图 31.4　任务周期时间惯例

31.3.3　系统能力的操作任务分配

原理 31.6　处理分段原理

规划处理任务时，至少要考虑所有计算的排队时间、处理时间和传输时间。

大多数任务，无论是由人员执行还是由设备执行（见图 24.14），都涉及

以下三个阶段：

(1) 任务前阶段——准备、配置或重新配置。

(2) 任务阶段——任务执行。

(3) 任务后阶段——交付所需结果和任何剩余的功能后内务操作（见图 10.17），为下一个任务做准备。

人类和计算机等通信密集型系统具有通常包括排队论的类似模式。图 31.5 说明了这个模式。

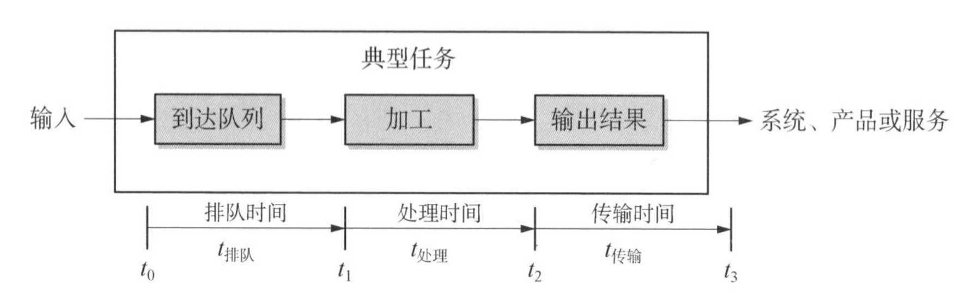

图 31.5 典型任务结构性能剖析

图中，典型的任务提供了三种功能：①使新到达项排队；②进行处理；③输出结果。由于新到达项可能会影响处理功能，因此新到达项会基于先进先出（FIFO）处理协议或一些其他优先级处理算法留在缓冲区或等候区。

每个功能都有自己的周期时间，其中：

(1) t_{Queue} 为排队时间。

(2) $t_{procesing}$ 为处理时间。

(3) $t_{Transport}$ 为传输时间。

图 31.6 说明了如何将功能划分（分解）为用于建立预算和性能安全裕度的更低层次的时间限制。

目标 31.1

此时，已经确定了任务执行并将其划分为三个阶段：排队时间、处理时间和传输时间。从哲学上讲，这种划分使我们能够将分配的任务执行时间划分成更小、更易管理的实体。然而，除此之外，由于时间的不确定性，因此任务分析变得更加复杂。这就引出我们的下一个话题——了解任务分配的统计特征。

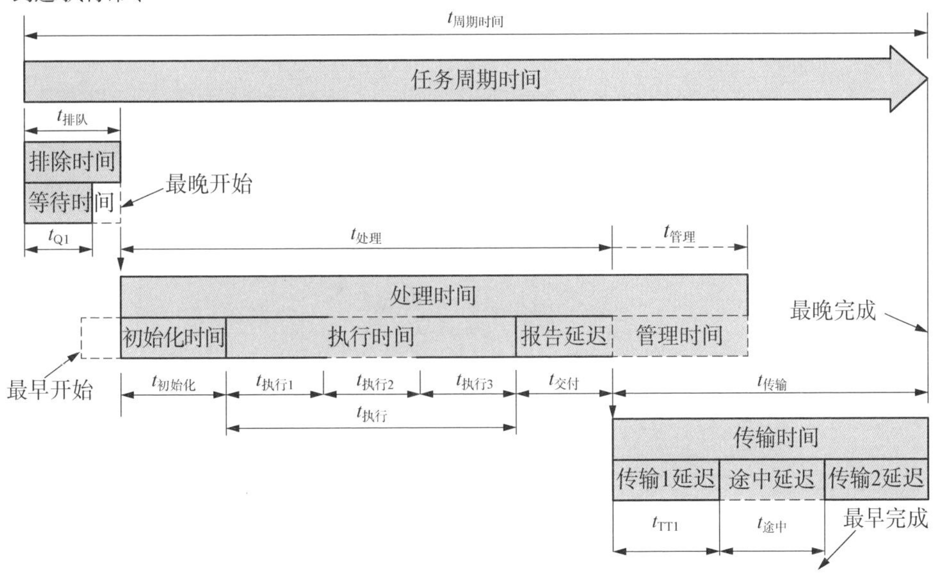

图 31.6　任务产出/周期时间分析

31.3.3.1　了解任务分配的统计特征

所有系统任务都涉及一定程度的执行可变性和不确定性。不确定性是由系统元素（人员、任务资源和设备）的固有可靠性（第 34 章）造成的。一般而言，任务执行及其不确定性可以通过使用正态分布、二项分布和对数正态（泊松）频率分布的统计来描述（见图 34.2）。基于大量样本的实测性能，可以对任务或能力性能在最有可能的最短时间内完成处理并且不超过指定时间的概率进行赋值。要了解其与系统性能以及分配的性能预算和裕度之间的关系，请参考图 31.7。

假设任务在事件 1 时启动，并且必须在事件 2 之前完成。我们将这段时间称为 $t_{分配}$。为了确保应急和增长所需的安全裕度，我们建立了性能安全裕度——$t_{裕度}$。将剩余时间 $t_{执行}$ 作为最大预算性能时间或延迟完成时间，即排队时间+处理时间+传输时间。

利用图中的下半部分，假设进行了分析并确定任务执行性能（由灰色矩形框表示）预计会有平均完成时间 $t_{平均}$。我们还以一定的概率确定，任务完成时间可能会在平均时间$\pm 3\sigma$ 点（提前完成和延迟完成）之间变化。因此，最

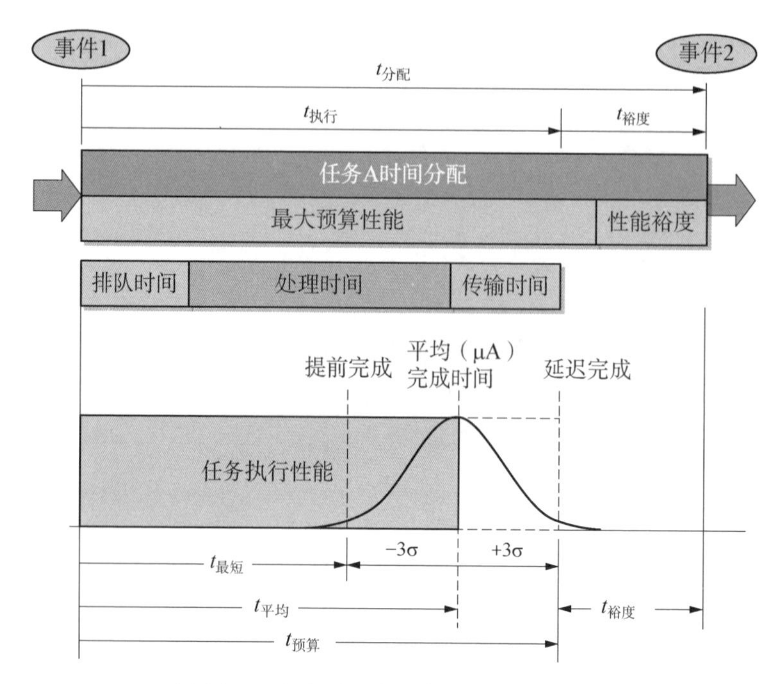

图 31.7　任务时间线元素及其统计可变性

晚完成时间等同于最大预算性能时间——$t_{预算}$。这意味着一旦在事件 1 时启动，任务必须完成，并在 $t_{预算}$ 之前将输出或结果交至下一个任务。

根据预测的分布，预计任务在-3σ 点（即最早完成时间）之前完成。

如果将分析转化为沃森系统工程流程模型（见图 14.1）需求域解决方案，就需要编制需求陈述来体现能力及其相关的性能分配。假设能力 B 要求能力 A 在事件 1 发生时在 250 ms 内完成处理并传输数据。举例说明如下。

示例 31.5

“一旦收到命令（事件 1），能力 A 应在 250 ms 内处理输入数据。”

现在假设能力 B 要求在 240～260 ms 的时间窗口内接收数据。要求可能如下：

示例 31.6

“一旦收到命令（事件 1），能力 A 应在（250±10）ms 内将结果传输给能力 B。”

目标 31.2

我们的讨论强调了整体系统任务执行是如何变化的。为了解这种变化是如何发生的，让我们再进一步，讨论变化与关键任务阶段的关系。

31.3.3.2 将统计应用于多任务系统性能

之前的讨论侧重于单项能力的性能。如果对多层系统的单项能力的统计变量进行汇总，可以很容易地了解统计变量是如何影响整体系统性能的。可以通过图 31.8 的示例来说明这一点。

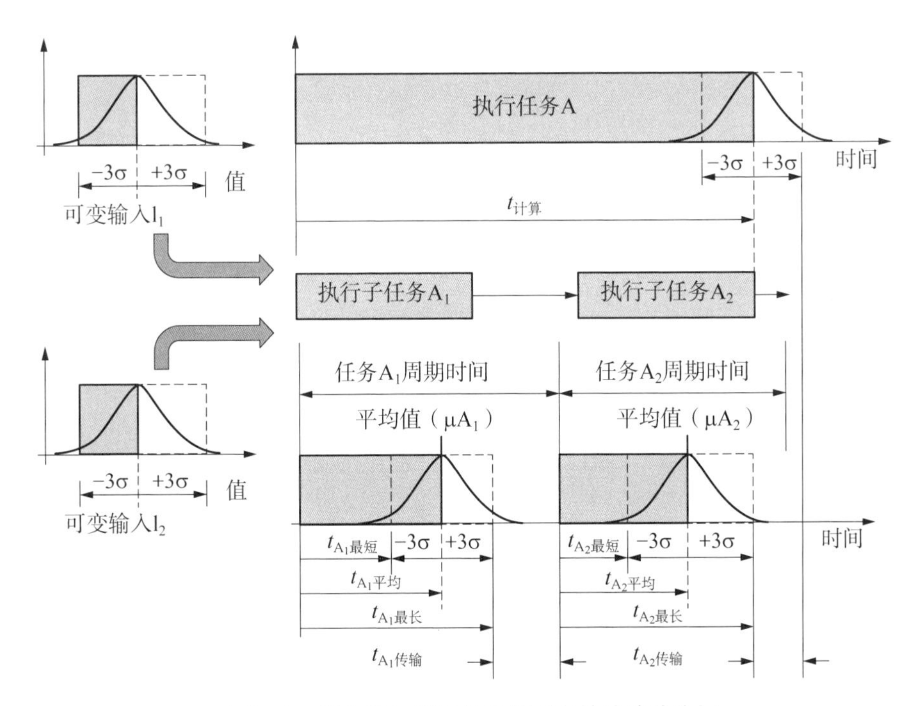

图 31.8 输入和系列任务性能可变性的统计分析

假设有一个标记为执行任务 A 的整体能力。任务 A 旨在使用独立变量输入 I_1 和输入 I_2 来执行计算，并产生计算结果作为输出。此处讨论的重点是说明完成处理所需的基于时间的统计方差。

假设执行任务 A 由子任务 A_1 和子任务 A_2 组成。子任务 A_1 录入输入 I_1 和输入 I_2。输入 I_1 和输入 I_2 都具有在高斯（正态）分布范围内围绕中心均值变化的值。

子任务 A_1 启动时，会在 $t_{A_1平均}$时间内产生 $t_{A_1最短}$时间到 $t_{A_1最长}$时间不等的响

应——子任务 A_1 的输出作为子任务 A_2 的输入。子任务 A_2 在 $t_{A_2平均}$ 时间内产生响应，该响应最早可能在 $t_{A_2平均}$ 时间内发生，最晚可能在 $t_{A_2最长}$ 时间内发生。

如果研究任务 A 的整体性能就会发现，任务 A 是在 $t_{计算}$ 时间内计算出来的，如中心均值所示。如图 31.8 所示，任务 A 的整体性能取决于子任务 A_1 和子任务 A_2 处理时间的和的统计方差。

目标 31.3

我们已经从时间的角度了解到输入和处理的统计变量是如何影响系统性能的。类似的方法也适用于输入 I_1 和输入 I_2 作为独立变量在一定数值范围内的统计变量。讨论旨在提高对变量的认识。在分配性能预算和设计安全裕度，以及分析系统产生的数据以确定是否符合要求时，请考虑统计上的可变性。

基于以上理解，让我们回到前面关于将统计变量应用到运行阶段任务的讨论。

31.3.3.3 将统计变量应用于任务内阶段

在之前对任务阶段的讨论中，任务阶段包括排队时间、处理时间和传输时间（见图 31.6），每个阶段的统计变量都会影响整体任务性能结果。图 31.9 为我们的讨论提供了指南。

该图的中间部分表示整体任务及其相应的排队时间、处理时间和传输时间阶段。每个阶段下面是执行时间的统计表述。图的顶部显示了整个任务执行的总体性能。

这与系统工程有什么关系呢？如果需要在分配的周期时间内履行给定的能力或任务，并且你正在设计具有队列、计算设备和传输线路的系统，则你需要将这些时间作为向下传递至更低层次的性能预算和安全裕度要求考虑在内。

31.3.4 将统计应用于整体系统性能

我们对这一点的讨论集中在任务和多任务分配层面上。系统工程师面临的最终挑战是：整个系统如何运行？图 31.10 说明了系统元素架构（第 8 章）及其运行环境对统计可变性的影响。

图 10.12 用石川图或鱼骨图从辅助性能的角度说明了结果。

31.3.4.1 数学近似法替代方案

对统计性能分析的概念性讨论旨在强调建立和分配性能预算和设计安全裕

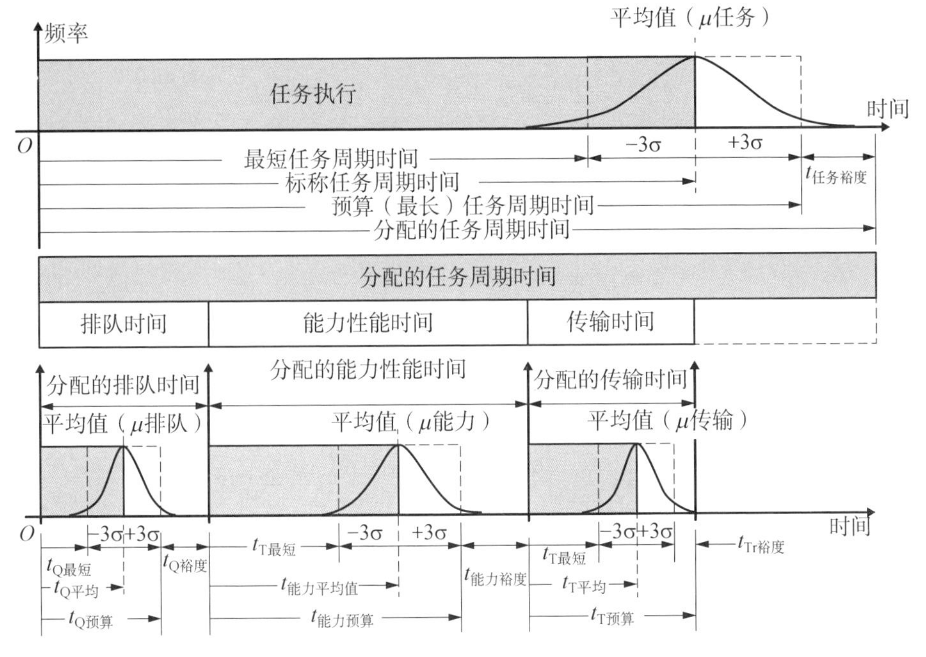

图 31. 9　说明排队时间、能力性能时间和传输时间可变性的统计分析

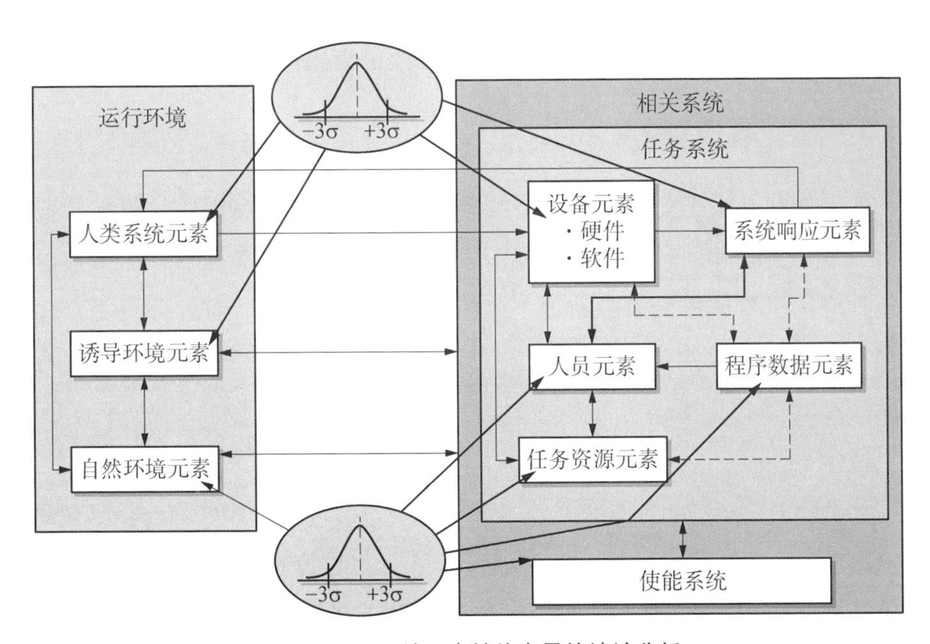

图 31. 10　系统元素性能变量的统计分析

度的关键考虑因素，并分析数据，平衡整体系统性能调整。大多数人没有时间或技能来进行统计分析。对于某些应用，这可能是可以接受的，你应该使用适合你的应用的方法。然而，可能需要考虑使用另一种方法。

计划评估和评审技术（PERT）等进度安排技术采用类似于高斯（正态）分布（见图 34.3）的近似值。使用如下公式：

$$\text{预期或平均时间} = \frac{t_A + 4t_B + t_c}{6} \tag{31.1}$$

式中：t_A 为乐观时间；t_B 为最可能的时间；t_C 为悲观时间。

注意 31.1

需要认识到，式（31.1）仅代表作为合理性或完整性检查的“速视”评估，而非设计实践。

31.3.4.2　系统工程师实际上进行这类分析吗？

此处讨论强调任务分析的理论观点。关键问题是：工程师和分析师实际上会达到这种详细程度吗？总的来说，答案是肯定的，尤其是在制造和进度安排的环境中。在这些环境中，将利用统计过程控制（SPC）来使零件在生产过程中流程和材料的变化减到最小，从而降低成本。示例如图 30.1 所示。

31.3.5　建模与仿真

如果你开发了一个系统或产品模型，其中每项能力、操作、流程和任务都由一系列连续和并行的元素以及依赖关系或反馈循环来表示，那么你可以将统计应用于与这些元素中的每一个相关联的处理时间。通过分析每个输入如何在由 $\pm3\sigma$ 点限定的数值范围内变化，可以根据中心均值确定整体系统性能。

目标 31.4

讨论强调了一些支持各种系统工程活动的面向任务的基本方法。这些方法可以应用于任务事件时间线、系统能力和性能，作为确定整体系统性能的一种手段（见图 10.12）。通过推导、分配和向下传递系统性能规范或实体开发规范要求，开发人员可以为较低层次实体建立适当的性能预算和设计安全裕度。

31.4 实时控制和框架系统

一些系统作为实时闭环反馈系统运行；另一些系统为多任务分配系统，必须优先用于多个处理任务。让我们分别探索每一种类型。

31.4.1 实时闭环反馈系统

电子、机械和机电系统包括实时闭环反馈控制系统，该系统调节或处理输入数据，产生被采样并作为负反馈与输入相加的输出。通用示例如图 10.1 所示。另外，在尝试重新控制时，系统可能会过度补偿并且变得不稳定。系统工程师面临的挑战是确定并分配最佳反馈响应的性能，确保整体系统稳定性(原理 3.9)。

31.4.2 基于帧的框架系统性能

电子系统通常使用软件，通过开环和闭环周期的组合来完成周期性数据处理任务。这类系统被称为框架系统。

框架系统通过基于时间的时间块（如 30 Hz 或 60 Hz）进行多任务处理。在每个时间块中，根据优先级将每个帧的一部分分配给特定任务，从而完成多个并行任务的处理。对于这些情况，应用性能分析来确定并行任务处理时间的适当组合。*

31.5 系统性能优化

系统性能分析是用于建模和预测系统与其运行环境的预期交互的宝贵工具。当系统或产品通电并运行时，关于系统优化的基本假设的有效性就会变为现实。系统工程师面临的挑战是优化整体系统性能（见图 14.8)，抵偿嵌入式产品、子系统、组件、子组件和零件及其工艺、材料组成和完整性的可变性。

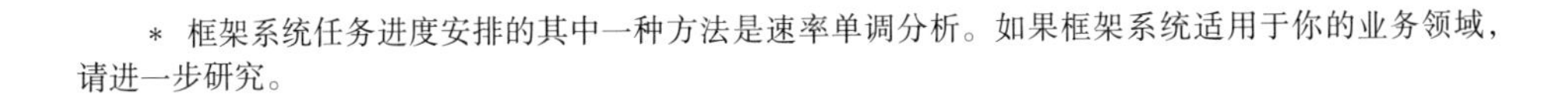
* 框架系统任务进度安排的其中一种方法是速率单调分析。如果框架系统适用于你的业务领域，请进一步研究。

31.5.1 系统优化的最低条件

原理 31.7 系统优化原理

从理论上讲，只有当大多数（如果不是全部的话）潜在缺陷（如能力缺陷、设计错误、设计缺陷和薄弱部件）被消除时，系统才能在规定的性能要求和边界条件内进行优化。

系统进入系统集成、测试和评估（SITE）阶段时，潜在缺陷（如系统缺陷、设计缺陷和设计错误）通常会占用系统工程师大量的时间。系统工程师面临的挑战在于使系统达到平衡且稳定的状态，这种状态最适合描述为符合系统性能规范。

一旦系统处于正常运行状态，并且没有未解决的潜在缺陷或不足，可能需要稍微调整性能，达到最佳。让我们重申最后一点：在尝试优化特定领域的系统性能之前，必须纠正所有重大缺陷。例外情况包括不是系统性能驱动因素的次要项。请思考以下示例。

示例 31.7

你被分配了一项研制一款省油的汽车的任务，并尝试利用试车跑道优化路用性能。如果燃油流量不足，你能否优化整体系统性能？绝对不能！尾灯熄灭会影响燃油效率吗？并不会，尾灯熄灭不是系统性能的辅助性能驱动因素。但是，尾灯熄灭可能会影响驾驶员和乘客的安全，尤其是在恶劣天气或光线不足的驾驶条件下，如黎明、黄昏或夜晚。

31.5.2 帕累托驱动的性能改进

原理 31.8 帕累托 80－20 原理

通常，80%的系统/实体性能问题是由20%的系统任务引起的。

有许多方法可以优化系统性能，其中一些可能非常耗时。然而，对于许多系统来说，在交付之前很少有时间来优化系统性能，这仅仅是因为系统开发进度已被纠正系统缺陷和潜在缺陷所占用。

当研究系统性能优化工作的重点时，有一种方法采用了最初由经济学家和科学社会学理论家维弗雷多·帕累托（1896）基于对人类、自然等的观察而构想的帕累托 80/20 定律。后来，约瑟夫·朱兰博士 1941 年的研究使人们重

新发现了帕累托的工作。朱兰进行了独立研究，并认可了帕累托的工作，这一概念后来被称为帕累托原理（维基百科，2015）。对于系统工程，示例变量包括以下内容：

（1）20%的系统缺陷导致80%的问题。

（2）20%的系统任务消耗80%的处理时间。

（3）20%的项目管理任务消耗80%的可用资源。

（4）依此类推。

如果你接受这个前提，那么接下来的关键就是确定哪些处理任务代表了这20%，并将性能分析工作重点放在最大化或最小化它们的影响上。因此，使用诊断工具来了解每个项目的执行情况，以及子系统、组件、硬件构型项和计算机软件构型项的接口延迟（第16章）。

如今，电子仪器设备和诊断软件可用于识别并跟踪消耗系统资源和性能的处理任务。从系统开发的一开始就计划如何使用这些设备和软件来确定系统处理任务的性能，并对其进行优先级排序和优化。

系统性能优化始于合同授予后（ACA）的第1天，通过以下方式完成：

（1）系统性能需求分配。

（2）系统完全集成后，规划“测试点”来监测性能。

（3）专注于减少系统潜在缺陷，如能力缺陷、设计缺陷和设计错误。*

31.6 系统分析报告

作为一名训练有素的专业人员，应记录每一项分析的结果。对于涉及简单评估的工程任务，始终将结果在线记录在电子工程记事本中或便携式设备中（即使是非正式的）。对于需要更正式、结构化方法的任务，可能需要提交一份正式报告。许多系统工程师的一个常见问题是：如何构建分析报告？对于分析或技术报告的具体要求，应参考合同或任务。

（1）如果合同不要求特定的结构，请查阅企业规程。

（2）如果企业规程未提供指南，请考虑使用工程报告大纲或遵循表30.1

* **按开发阶段增加的缺陷纠正成本**
请注意，从合同授予到系统开发，缺陷纠正成本几乎呈指数增长（见表13.1）。

给出的示例版本。

31.7 本章小结

我们对系统性能分析、预算和裕度实践的讨论概括了关键系统工程设计的考虑因素。我们描述了基本流程和方法，用于：

（1）将性能度量分配至较低层次。

（2）了解统计可变性对基于任务的处理的影响。

（3）使用推荐大纲在报告中公布分析结果。

我们还提供了一种用于估计任务处理持续时间的方法，并介绍了用于帧处理的系统可靠性、可维护性和可用性的概念。

最后，从系统工程的角度来看，我们讨论了系统元素的性能可变性（第8章），这是性能分配必须考虑的因素。

（1）每个系统性能规范或实体开发规范性能度量应划分为一个“设计目标”性能度量和一个安全裕度性能度量。

（2）每个项目必须为建立系统元素安全裕度提供指导。

31.8 本章练习

31.8.1 1级：本章知识练习

（1）什么是周期时间？

（2）什么是排队时间？

（3）什么是传输时间？

（4）什么是处理时间？

（5）什么是性能预算？

（6）如果你需要分析一系列处理任务的系统产出性能，那么你应该考虑的与每个任务相关联的以及任务之间的关键性能属性有哪些？

（7）如何建立并跟踪系统性能规范和实体开发规范层次的性能预算？

（8）什么是设计安全裕度？

(9) 建立性能预算和裕度有哪些挑战？该如何记录并控制？

(10) 假设你已经建立了系统性能预算和裕度。请说明你将如何将系统性能预算和裕度分配给产品、子系统、组件等，验证可追溯性，并保持技术项目的明智的控制（原理 1.3）和完整性以管理其状态？

31.8.2 2级：知识应用练习

参考 www.wiley.com/go/systemengineeringanalysis2e。

31.9 参考文献

Grady, Jeffrey O. (2006), *System Requirements Analysis,* Academic Press: Burlington, MA.

Pareto, Vilfredo (1896), *"Cours d' economie politique, "*, Lausanne, Switzerland: University of Lausanne.

Wikipedia (2015), *Joseph M. Juran webpage,* San Francisco, CA: Wikimedia Foundation, Inc. Retrieved on 6/20/15 from: https://en.wikipedia.org/wiki/Joseph_M._Juran.

32 替代方案权衡研究分析

系统的工程设计和开发需要系统工程师识别并处理一系列的关键运行问题或关键技术问题决策。这些问题小到微不足道，大到错综复杂，都需要由建模、仿真和原型支持的深入分析。更复杂的是，许多决策是相互依赖的。系统工程师该如何有效地解决这些问题并保证项目按计划进行呢?

下文通过讨论替代方案权衡研究分析（第 32 章）来回答这个问题。下文将:

（1）深入探讨什么是权衡研究，以及权衡研究与受限权衡空间的关系。定义如何授权权衡研究或权衡研究团队。

（2）提供执行权衡研究的方法。

（3）定义权衡研究报告（TSR）的参考格式。

（4）提出展示权衡研究结果的建议。

（5）探讨与实施权衡研究相关的技术挑战、问题和风险。

最后将以系统工程师需要准备解决的企业权衡研究问题的讨论作为结束。

32.1 关键术语定义

（1）结论（conclusion）——参考第 30 章“关键术语定义”。

（2）决策机构（decision authority）——有权发起活动、提供所需资源并实施决策的项目、职能或执行管理层的内部或外部人员或团队。

（3）决策标准（decision criteria）——决策因素的属性。举例而言，如果可维护性是一个关键决策因素，决策标准将包括部件模块化、可互换性、可访问性、测试点等等。

（4）决策因素（decision factor）——在利益相关方（用户和最终用户）看来，对被评估的需求、能力、关键运行或技术问题有重大影响或贡献的系统关键属性。决策因素示例包括技术性能、成本、进度、技术和支持等元素。

（5）发现（finding）——参考第 30 章“关键术语定义”。

（6）品质因数（FOM）——表示多变量评估结果的无单位量，多变量评估是基于主体特性相对于预先确定的一组加权决策因素的比较评分。

（7）建议（recommendation）——参考第 30 章“关键术语定义”。

（8）敏感性分析（sensitivity analysis）——一种数值确认方法，将离散决策因素的加权值减少任意数量（如 10%），测试权衡研究决策保持不变的健壮性。

（9）权衡（trade off）——“从替代方案中进行选择，获得最佳、可实现的系统构型。为了获得更好的整体系统效果，通常会针对不止一个参数优化系统”（DAU，2012：B－232）。

（10）权衡空间（trade space）——受规定的一组边界约束限制的评估领域或相关领域，用于确定可接受的替代方案、选项或选择的范围，以进行进一步的权衡研究和分析。

（11）权衡研究（trade study）——为系统地评估一系列设计替代方案并就提升整体系统和/或功能价值及性能的可行解决方案提出建议而进行的分析。每项评估都适当细化，可以区分不同的替代方案［FAA（2006），第3卷：B－13］。

（12）权衡研究章程（trade study charter）——由决策机构发布的进行权衡研究的文件。一个定义明确的章程应包括关键运行问题/关键技术问题陈述、权衡研究目标、交付物和进度、利益相关方（如适用）、权衡研究人员或团队，以及资源。

（13）权衡研究报告（TSR）——由个人或团队编制的文件，体现关键考虑因素（如目标、候选选项和方法），用于推荐解决关键运行问题或关键技术问题的优先选项或行动方案。

（14）效用函数（utility function）——线性或非线性特征曲线或价值标度，代表不同利益相关方对规范确定的约束相关的系统或实体属性或能力的重视程度。

（15）效用空间（utility space）——由规范或分析确定的最低和/或最高性

能标准以及性能范围内的效用程度所限定的相关领域。

（16）可行替代方案（viable alternative）——可行替代方案是基于技术、成本、进度、支持和风险等级等方面的可以考虑使用的候选方案，符合规范和边界条件要求。

32.2 多变量替代方案分析简介

原理 32.1 分析（analysis）vs 权衡研究（trade studies）原理

分析是调查、剖析并记录具体的条件、状态、情况或“因果”关系。权衡研究制定、分析并评估可行替代方案，并给出优先建议，以供选择。

市场营销人员在尝试获得业务时，往往会对购买者和用户使用各种各样的术语，表达所要实现的远大目标。术语包括最佳解决方案、最优解决方案、首选解决方案、可选解决方案、理想解决方案。这就引出了两个关键问题：

（1）如何定义一个行动过程来了解何时实现了“最佳解决方案”？

（2）什么是“首选”解决方案？是谁的首选？

这些问题强调了定义行动方案的重要性，行动方案使我们能够就上述术语对利益相关方（用户和最终用户）群体的意见达成共识。需要认识到，对于什么是“最佳”或“首选”解决方案，利益相关方会有不同的优先考量、动机和观点，最多只能达成最佳共识。由于预算、进度和技术的限制，因此只能实现一个解决方案，即使该解决方案可能不是最佳解决方案。*

产生权衡研究报告的替代方案分析或多变量分析是一种为选择最佳解决方案提供客观证据的低成本机制。权衡研究可能需要开发或使用工具，如用户调查、试销、模型和模拟、快速原型、实验板、演示、测试等。在预算允许的情况下，风险是驱动因素，进度是约束条件，组织可以决定：①将开发第一候选解决方案作为组织的主要战略；②同时在第一候选解决方案的风险得以解决之前开发仅次于第一候选解决方案的第二候选解决方案。

* **请了解共识代表什么**

共识代表所有人都认可并且支持的决策，但这并不意味着所有人都对此满意。然而，作为集体决策，所有人都会“接受”，并将积极支持决策的实施。最重要的是有机会通过“正当程序”公开客观地深入探讨、讨论并研究可行候选解决方案的优点。这样做的目的是筛选出两到三个候选方案，对它们进行优先排序，并推荐一个品质因数（FOM）得分最高的解决方案。

为了更好地理解权衡研究如何建立实现远大目标的行动方案，讨论从确定权衡研究的目标开始。

32.2.1 权衡研究目标

权衡研究的目标如下：

（1）研究关键运行问题或关键技术问题。

（2）为评估、评分和选择制定可行候选解决方案。

（3）通过合同、目标陈述（SOO）、规范要求、利益相关方（用户和最终用户）会谈、成本或进度，按照利益相关方需求衍生的决策因素和标准，以事实为基础深入探讨候选解决方案的优缺点。

（4）为决策机构确定推荐解决方案的优先顺序。

32.2.2 典型权衡研究决策领域

系统的层次分解（分解为多个抽象层次的实体）、性能要求的界定以及物理部件的选择需要大量的技术和工作决策。其中许多决策是由规范评估检查单（第23章第23.3节）和资源限制驱动的。

如果分析许多技术决策的工作顺序，不同的权衡研究就会遍及众多系统、产品或服务领域。尽管每个系统、产品或服务是独一无二的并且必须根据自身的优缺点进行评估，大多数系统决策可以用图32.1来描述。具体而言，图形中间的典型权衡决策垂直框描述了大多数实体共有的自上而下的决策链（系统抽象层次忽略不计）。

从中间框图的顶部开始，决策序列包括以下内容：

（1）架构权衡。

（2）接口权衡，包括人机接口权衡。

（3）设备——硬件/软件（HW/SW）权衡。

（4）商用现货（COTS）、非开发项（NDI）与新开发权衡。

（5）硬件/软件部件组合权衡。

（6）硬件/软件工艺和方法权衡——开发模式权衡。

（7）硬件/软件集成和验证权衡。

决策链适用于从系统到产品再到子系统等更高抽象层次的实体，如

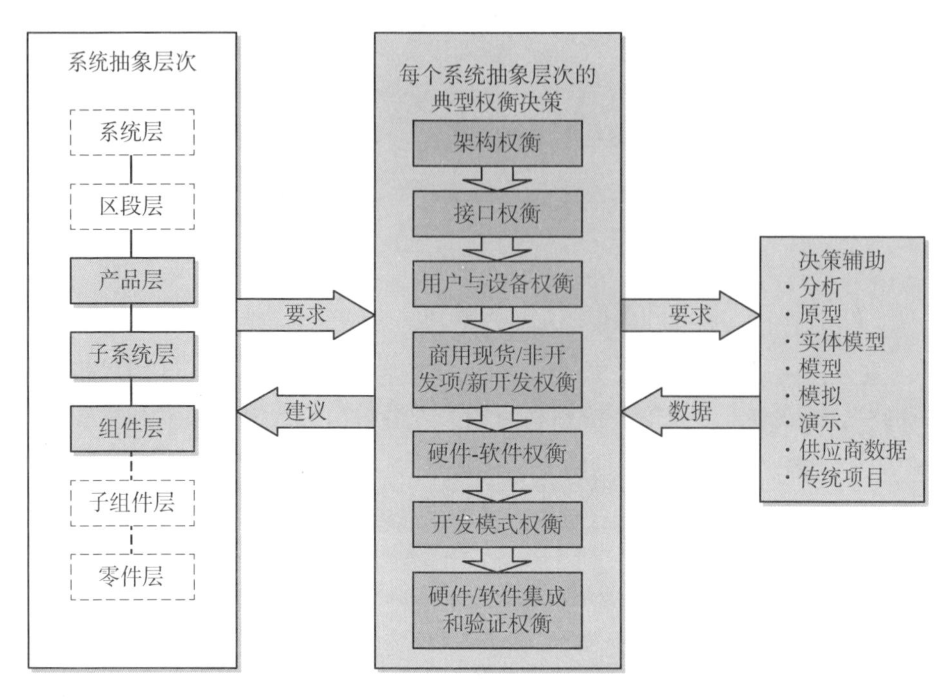

图 32.1　适用于每个系统抽象层次的典型权衡研究决策序列

图 32.1 所示。系统工程师采用分析、原型、实体模型、模型、模拟、技术演示、供应商数据及经验等决策辅助（如右侧框图所示）来支持决策。问题是：如何完成决策序列工作？

32.2.3　权衡研究旨在解决关键运行问题/关键技术问题

权衡研究决策序列代表基本的、推动各实体的系统工程设计解决方案的"一系列问题"。系统购买者希望了解并在技术方案中看到的是：系统开发商是否提出制定系统开发解决方案的有效的、最低成本的策略？下面将深入探讨这样一个技术决策策略示例。

图 32.2 所示为决策序列示例。可进行调整，以满足企业或组织的需求。

（1）什么类型的系统或实体架构能够使用户最大限度地利用所需的系统、产品或服务能力和性能？

（2）考虑架构决策，建立低风险、可互操作的接口或者最大程度降低对外部威胁的敏感性或脆弱性的接口的最佳方法是什么？

(3) 应该如何实现架构、接口、能力和性能水平？将其作为设备任务？或者作为人员任务？或是兼而有之（见图 10.15、图 10.16 和图 24.14)？

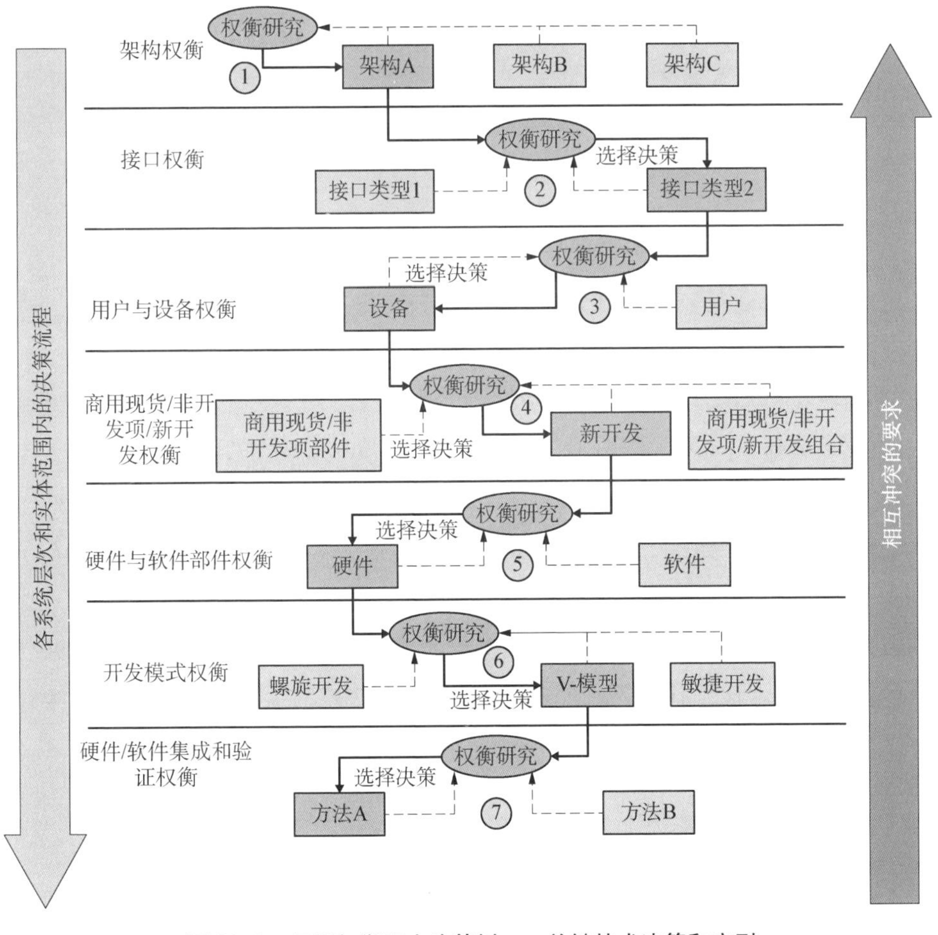

图 32.2　示例权衡研究决策树——关键技术决策和序列

(4) 哪种开发方法代表了将成本、进度和技术风险降至最低的解决方案？商用现货（COTS)？非开发项（NDI)？购买者提供设备（AFE)？新开发？还是兼而有之？

(5) 考虑开发方法，什么样的硬件和软件组合是合适的？

(6) 对于硬件和软件，应该采用什么开发模型（第 15 章）来设计并开发实体？

(7) 一旦开发了硬件和软件部件，应如何集成并验证软硬件完全符合要求？

下面通过一系列技术决策来回答这些问题。作为替代方案分析，权衡研究为基于预先确定的决策因素和标准对可行候选解决方案进行比较评估提供了依据，以便做出明智的决策。请注意，如果任何层次的权衡遇到相互冲突的需求——技术、成本、进度、技术或风险，则需要将决策提升到更高的层次来解决问题，如图 15.3 所示。

32.2.4 权衡研究决策依赖关系和序列

原理 32.2 关键决策树原理

始终构建、沟通并实现表示关键技术决策序列和选项的决策树，并将决策树与项目进度里程碑同步。

技术项目通常有许多为了推动决策链中的下一个决策而必须解决的关键运行问题/关键技术问题。分析问题的顺序就会发现，随着时间的推移，决策流程类似于一个树形结构。因此，结构的分支代表了决策依赖关系，如图 32.2 所示。

在项目的提案阶段，提案团队进行初步的权衡研究，草拟关键的设计决策和在合同授予后（ACA）需要进一步关注的问题。研究使我们能够了解在合同授予后需要解决的关键运行问题或关键技术问题。此外，对可行候选解决方案的深入研究在成本估算、进度和风险控制方面提供了一定程度的信心，有助于了解问题和解决方案空间。*

32.2.5 系统架构元素权衡研究

如前所述，系统购买者希望报价人确定需要做出的关键运行问题/关键技术问题决策、决策序列及其依赖关系。这需要深刻了解计划开发的系统、产品或服务。一种方法是为权衡研究构建决策领域框架。图 32.3 所示为通用车辆系统相关的权衡研究领域示例。

我们建立了一个简单的由车辆子系统构成的层次图。这使我们能够确定关键运行问题/关键技术问题关注领域。随着拟用系统架构开发的扩展，可以对更低的层次进行评估，在关注领域进行进一步细化。这些元素中的每一个都涉

---

* **权衡研究决策树**

根据项目/合同的类型，权衡研究树（见图 32.2）通常有助于向客户证明有能够得出及时的系统设计解决方案的逻辑决策途径。

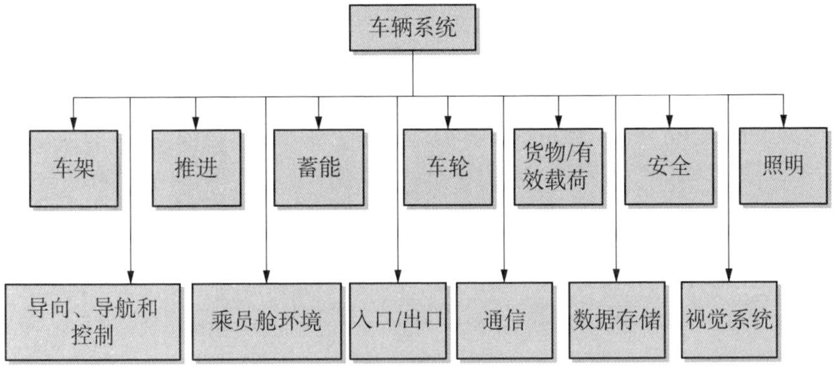

图 32.3　权衡研究领域示例——移动车辆

及一系列为后续的、较低层次的决策奠定基础的技术决策。此外，作为系统工程流程的一部分，在一个元素中所做的决策可能会对一个或多个其他元素产生影响。请思考以下示例。

示例 32.1　决策因素和标准的限制驱动因素

车辆货物/有效载荷限制影响以下部分所用的决策因素和标准：

（1）推进系统权衡，包括技术和动力。

（2）能量传递系统权衡，包括扭矩、热量、可靠性等。

（3）车架权衡，包括尺寸、强度、材料和耐用性。

（4）车轮系统权衡，包括类型和制动。

32.2.6　了解规定的权衡空间

尽管权衡研究工作似乎可以自由地深入探讨并评估各种选项，但往往存在一些限制。这些限制限定了研究、调查或感兴趣的领域。实际上，限定领域限制了所谓的权衡空间。

32.2.6.1　权衡空间

下面举例说明图 32.4 所示的基本权衡空间。让我们假设系统性能规范（SPS）确定了具体的性能度量（MOP），这些性能度量可以聚合成由品质因数表示的最低可接受性能水平，如最低可接受性能——垂直线所示。市场营销分析或购买者的投标要求表明，存在单位成本上限，如水平线所示。需要进一步研究的权衡空间由最低可接受性能、单位成本上限和成本—性能曲线的交集限定。

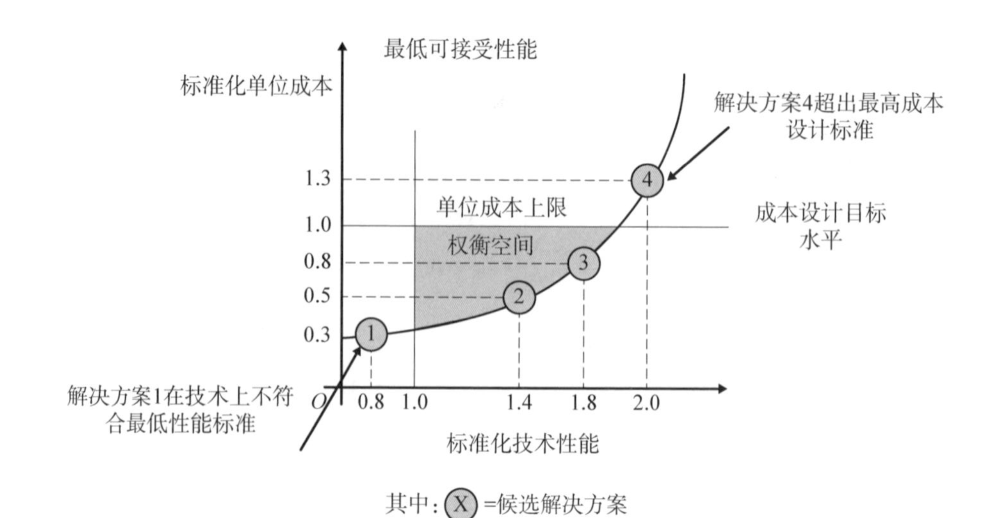

图 32.4　有可行候选方案和约束边界的权衡空间之说明性示例

现在，假设为权衡研究确定了可行候选解决方案 1、2、3 和 4。我们构建了成本—性能曲线。为了确保一定程度的客观性，按照购买者的最高要求使单位成本上限标准化。我们将候选解决方案 1、2、3 和 4 的成本和相对性能绘制在成本—性能曲线上。

通过检查绘制的成本和技术性能并将之与所需的性能进行比较，得出以下决断：

(1) 解决方案 1 符合成本要求（低于单位成本上限），但不符合技术要求（低于最低技术性能阈值）。

(2) 解决方案 4 符合技术要求（高于最低技术性能阈值），但不符合成本要求（超出单位成本上限）。

当出现这种情况时，将评估解决方案 1 和 4 的权衡研究报告文件，通过分析确定不符合权衡空间的决策标准，随后将其排除在考虑范围之外。

排除解决方案 1 和 4 后，对解决方案 2 和 3 做进一步分析，对组织风险等其他考虑因素进行完全评估和评分。

32.2.6.2　最优解决方案选择

上文的讨论说明了二维权衡空间的基本概念。然而，权衡空间是多变的，也就是多维的。因此，权衡空间被更恰当地描述为包含技术、工艺、生命周期成本、进度、支持和风险决策因素的多变量权衡立体空间。

可以用图 32.5 所示的图形来说明权衡立体空间。为了使图保持简洁，将讨论限制在一个代表技术、成本和进度因素卷积的三维模型上。让我们深入探讨一下权衡空间所代表的维度。

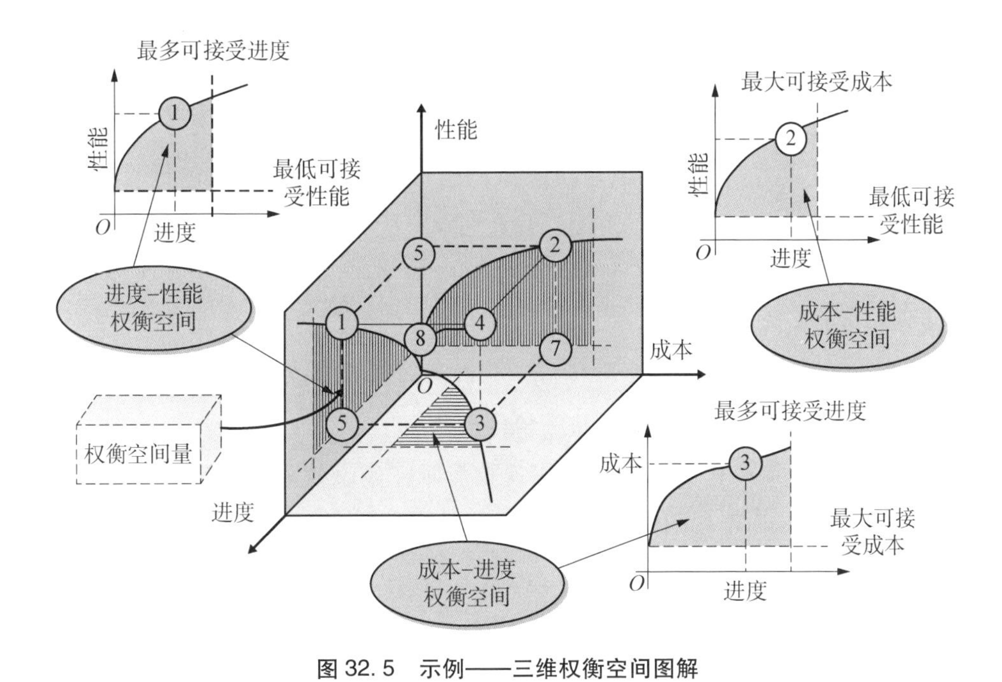

图 32.5 示例——三维权衡空间图解

(1) 性能-进度权衡空间：图左上角的图形表示性能与进度权衡空间。标识符①标记所选性能与进度解决方案的定位。

(2) 性能-成本权衡空间：右上角的图形表示性能与成本权衡空间。标识符②标记所选性能与成本解决方案的定位。

(3) 成本-进度权衡空间：图右下角的图形表示成本与进度权衡空间。标识符③标记所选成本与进度解决方案的定位。

如果将这些权衡空间和其边界约束卷积成三维模型，就会得到图中间的立方体。

最优解决方案（4）由正交线在各自平面上的交点来表示。从概念上讲，最佳解决方案取决于代表性能—进度、性能—成本和成本—进度曲线卷积的曲线。因为每个平面都受限于权衡空间，将这些平面整合到三维模型中会产生权衡立体空间。

目标 32.1

有了上文的介绍，现在可以着手进行权衡研究了。

32.3 授权权衡研究

权衡研究可以由关键利益相关方（如工程师和分析师）作为正常工作的一部分以非正式方式完成，或者由决策机构（如项目、职能或执行管理层）以正式授权完成。由于权衡研究对项目有影响，所有利益相关方都希望确保权衡研究的结果是有益的而不会浪费时间，因此应采用正式的授权方法来降低技术成本和进度风险。

权衡研究由高度迭代的步骤构成，分析关键运行问题/关键技术问题关注领域，提供一组优先的建议，供决策机构选择。

请注意，决策机构可以是拥有实现权衡研究建议权限和资源的个人或团队。图 32.6 所示为授权团队或个人发起权衡研究的示例流程。

请注意，一个定义明确的章程应记录关键运行问题/关键技术问题的陈述（第 4 章）、权衡研究目标、交付物和进度、利益相关方（如适用）、权衡研究人员或团队以及资源。

目标 32.2

上文的讨论定义了权衡研究的授权或发起过程。现在让我们把注意力集中在理解个人或团队如何建立用于指导和进行权衡研究的方法上。

32.4 建立权衡研究方法

原理 32.3 权衡研究团队原理

不具备被批准的章程和方法的权衡研究团队很容易无从下手。

客观的技术和科学研究需要一种决策方法。决策方法有助于制定策略、行动方案或计划的技术方法“路线图”，探讨、分析并评估可行候选解决方案方法或选项。这些方法（尤其是经过验证和确认的方法）使研究工作保持在正轨上，防止浪费资源且产生无用结果的不必要的偏离。

建立权衡研究的方法有很多种。图 32.7 所示为基于以下流程的说明性示

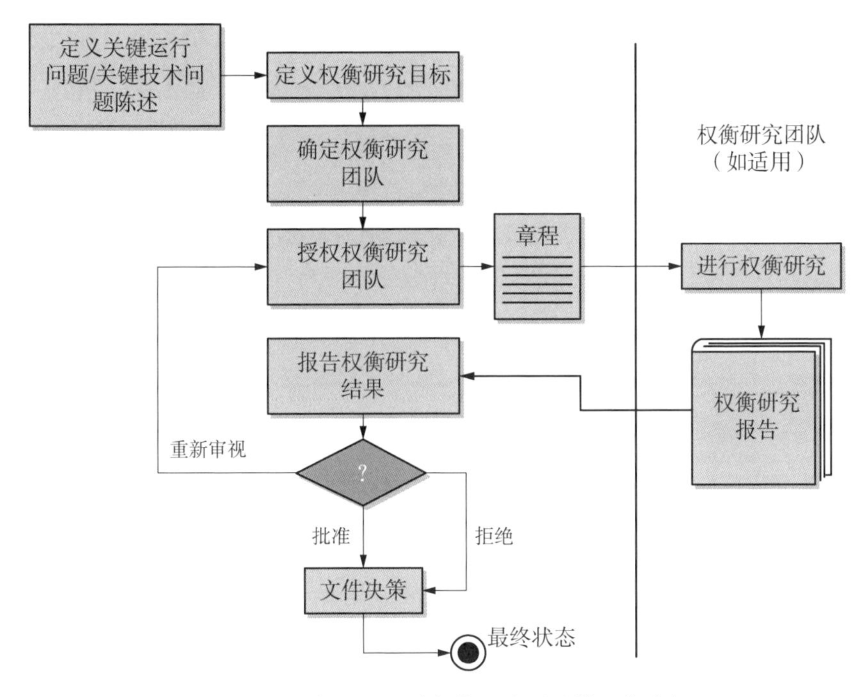

图 32.6　示例——组建权衡研究团队的工作流程

例。该流程包括一些术语，如加权决策因素和标准以及随后介绍的效用函数。

（1）第 1 步：了解问题陈述——其目标以及与待解决的关键运行问题/关键技术问题相关的限制。

（2）第 2 步：确定用户——确定关键利益相关方决策者——用户和最终用户（第 3 章）。

（3）第 3 步：确定并加权决策因素——与利益相关方（用户）合作，确定主要决策因素，并分配总计 100 分的相对权重。如果确定了六个决策因素，并且前四个决策因素促成 90%的选择，那么根据需要将较低的两个分数保留用于敏感性分析（第 9 步）。

（4）第 4 步：确定并加权决策标准——与利益相关方（用户）合作，确定每个决策因素的决策标准，将每个决策因素的权重分值分配给对应的决策标准。

（5）第 5 步：描述效用函数——如果合适，与利益相关方（用户）合作，制定并描述决策标准的效用函数曲线（见图 32.9）。

（6）第 6 步：确定可行候选解决方案——确定 2~6 个可行候选解决方案

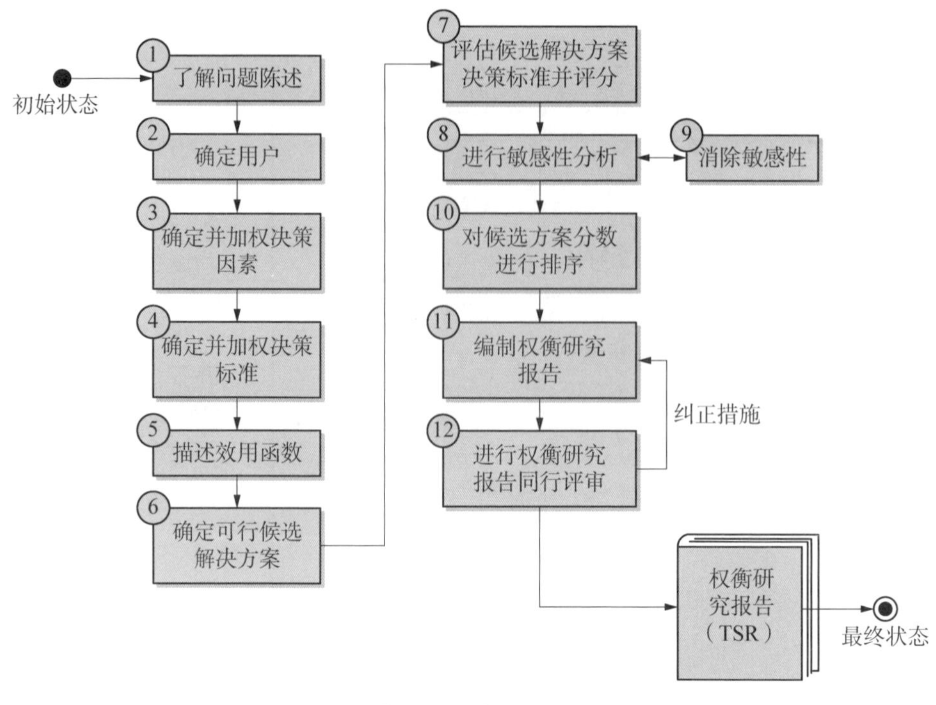

图 32.7　示例——权衡研究方法工作流程

或替代方案，以供评估。为了节约宝贵的资源，排除不符合要求的候选方案(见图 32.4)。选择 2~4 个候选方案进行深入评估。

（7）第 7 步：评估候选解决方案决策标准并评分——分析、评估每个候选方案的决策标准并分配品质因数（FOM）分值，将决策标准品质因数计入每个候选方案的最终得分。

（8）第 8 步：进行敏感性分析——评估每个决策因素对候选解决方案品质因数的影响程度。例如，单独降低每个决策因素的权重，评估决策因素如何影响每个候选方案的最终得分，尤其是分数相近时。

（9）第 9 步：如有必要，通过考虑其他决策因素来消除敏感性（第 3 步），重新评估每个新决策因素的分数。

（10）第 10 步：对候选方案分数进行排序，并确定得分最高的候选解决方案。

（11）第 11 步：使用表 32.1 编制权衡研究报告。如有必要确定异议和理由。

表 32.1　示例权衡研究大纲

章节	章节标题	子章节	子章节标题
1.0	简介	1.1	范围
		1.2	权威（团队章程）
		1.3	权衡研究团队成员
		1.4	缩略词和缩略语
		1.5	关键术语定义
2.0	参考文件	2.1	系统购买者文件
		2.2	用户文件
		2.3	系统开发商（角色）文件
		2.4	供应商文件
		2.5	规范和标准
		2.6	其他文件
3.0	内容摘要	3.1	权衡研究目标
		3.2	权衡空间边界
		3.3	发现
		3.4	结论
		3.5	建议
		3.6	其他观点
		3.7	选择风险和影响
4.0	权衡研究方法	4.1	第 1 步
		4.2	第 2 步
		4._	
		4.Z	第 z 步
5.0	决策因素、标准和权重	5.1	决策因素和标准的选择
		5.2	决策因素或标准的权重选择
		5.3	标准效用函数的选择
6.0	评估和替代方案分析	6.1	方案 A
		6.2	方案 B
		6.3	选项 x
7.0	建议		
附录	附录 A		数据项 1
	附录 B 等		附录 B 数据项 2

（12）第 12 步：与同行/主题专家（SME）进行权衡研究报告同行评审，必要时纠正缺陷。

总之，上述步骤都很简单。然而，决策因素、标准和权重的选择需要一些其他说明。

32.5 权衡研究量化方法

32.5.1 案例研究示例——标准化权衡研究方法

由于权衡研究旨在根据用户的运行需求和优先考量客观地评估可行候选解决方案，需要建立一种评分方法，使我们能够：

（1）使用一组共同的决策因素和标准来评估候选方案。

（2）独立评估每个候选方案。

（3）比较最终结果。

为了解决这一难题，系统工程师为候选方案确立决策因素、决策因素标准和权重。接下来我们进一步讨论上述问题。图 32.8 给出一个简单化的图形方法来支持讨论。给出的示例有利有弊，为更好地理解更合适的方法提供背景。

就这个案例研究而言，让我们假设目标是从一组可行的替代方案中评估并选择一种用于运载货物的地面车辆。权衡研究将作为替代方案分析的依据。让我们应用 10 步法。

32.5.2 确定关键决策因素

任何类型的技术决策、管理决策或其他决策都是由一组利益相关方（用户和最终用户）的优先事项驱动的，这些优先事项可能是外部驱动的，也可能是内部派生的，或者兼而有之。通过调研，可以最大限度地将这些优先事项归类为对利益相关方具有相对重要性的决策因素。

参考图 32.8，确定驱动决策的关键决策因素。客观地说，决策因素（运行、维护和维持成本、技术和性能）应根据与利益相关方（用户和最终用户）的协作会谈及其就每个决策因素确定的加权优先级得出。

就标准化方法而言，我们建立了最大权重（100 分），并根据用户的权重优先级为每个决策因素分配分数。示例中，利益相关方的共识揭示了如下关键决策因素和优先级：

（1）优先级#1——运行、维护和维持（运行、维护和维持）成本——40 分。

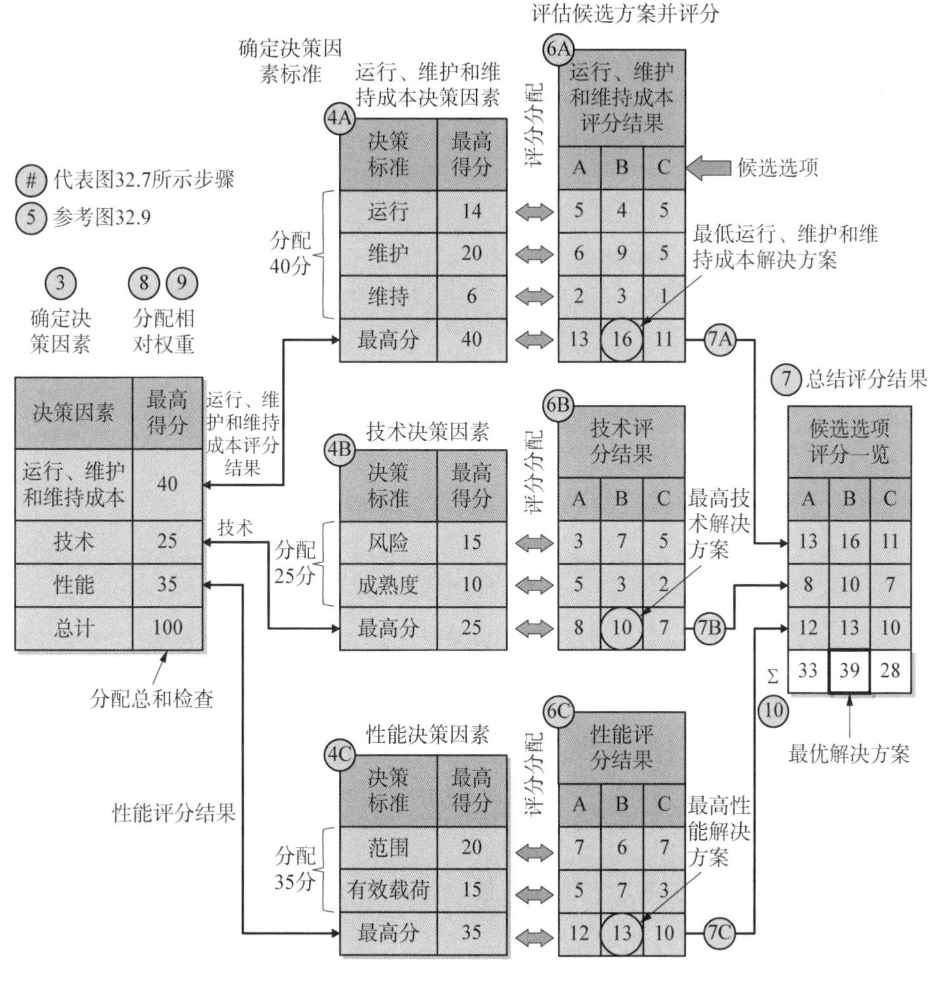

图 32.8 权衡研究示例——标准化决策因素和标准方法

（2）优先级#2——技术——25 分。

（3）优先级#3——性能——35 分。

32.5.2.1 成对测试比较法

系统工程师通常会要求利益相关方按照优先级或重要性对决策因素自上而下地进行排序。利益相关方有时很难对 4~6 个因素进行排序，尤其是这些因素重要性相同时。在此情况下，一种解决方案可能是用成对比较法将问题分解成更小的部分。

成对比较法仅要求评估人员将两个选项相互比较——A 与 B、A 与 C、B

与 C 等。每组比较选择一个，然后对结果进行排序。

32.5.2.2　头脑风暴法

另一种方法是头脑风暴法，召集利益相关方开会，使用两步法确定决策因素。

(1) 第一步——利益相关方在公开讨论会上就一系列因素进行头脑风暴，不加批判。

(2) 第二步——主持人帮助利益相关方按照主要因素和次要因素进行核对，并达成共识。

然后，使用名义群体技术（NGT)，要求每个利益相关方通过投票对决策因素或标准进行排序。对结果进行总结，并提交结果作为最终讨论，得出共识决策。

32.5.3　为决策因素分配权重

一旦确定了关键决策因素，就会根据关键决策因素对利益相关方的相对重要性为每个因素分配权重。按照标准化方法，我们与利益相关方合作，并根据相对重要性将 100 分分配到每个决策（见图 32.8)。

32.5.4　决策因素相对权重总和检查

随后通过对权重分配的总和检查来验证。

32.5.5　确定各决策因素的决策标准

一旦确定了决策因素，就会与利益相关方合作，确定对每个决策因素起关键作用的决策标准。举例而言，假设与利益相关方合作确定了以下决策因素和标准：

(1) 运行、维护和维持成本决策因素标准（40 分)：

a. 运行。

b. 维护。

c. 维持。

(2) 技术决策因素标准（25 分)：

a. 成熟度。

b. 风险。

(3) 性能决策因素标准(35 分):

a. 范围。

b. 能力。

32.5.6 为决策标准分配决策因素分值

决策因素通常有一个抽象的背景,需要进一步细化为更低层次的标准。在确定决策标准的基础上,与利益相关方合作,为每个标准建立相对权重。采用决策因素权重分配,为每个决策因素制定单独的表格。

32.5.7 评估候选方案并评分

根据每个候选方案的决策因素和标准对其进行评估和评分。*

32.5.7.1 运行、维护和维持成本候选方案评分

每个车辆候选方案都是根据其运行、维护和维持成本的高低进行评估和评分的,如图 32.8 所示。有以下几个关键点:

(1) 为每个候选方案确定的分数有时被称为原始分数(特别是在未标注或标准化的条件下),或者被称为品质因数。

(2) 请注意,候选方案 B 的运行成本得分为 4 分。候选方案 B 的成本比同行高。因此,该候选方案的得分较低。

(3) 另外,请注意,候选方案 C 的维持成本得分为 1 分。如果实际得分为 2 分呢?这代表了该方法的一个缺陷,后文介绍的"自动标准化权衡研究方法"将就此进行讨论。**

---

* **建立性能价值标度**

当我们讨论每个候选方案的评估和评分时,请注意评分降低的情况。举例而言,相比性能较低的车辆,人们自然会期望性能较高的车辆获得更高的分数。然而,成本或风险呢?成本或风险增加是否意味着会得到更高的分数?绝对不能!恰恰相反,得分会更低。

** **候选方案评估方法**

图 32.8 代表候选方案 A~C 在同一时间的评分。有些人选择评估候选方案 A 的所有决策因素和标准,然后继续评估候选方案 B,最后评估候选方案 C。这两种方法各有利弊。

优点——同时评估每个候选方案的决策因素和标准的优点是提供一个不受其他候选方案特征影响的客观评估。

缺点——该方法的缺点是,在不调整评估分数的情况下,候选方案分数可能会(也可能不会)达到分配的标准分数。在这一点上,评估已经从客观转为主观。

32.5.7.2 技术候选方案评分

完成运行、维护和维持成本评分后，继续进行技术评分，如图 32.8 所示。作为提醒，请注意风险的增加（可能不尽如人意）会导致分数较低。成熟度越高，分数越高。

32.5.7.3 性能候选方案评分

最后，根据性能决策因素对每个候选方案进行评估和评分。分数如图 32.8 所示。

32.5.8 累加所有评分结果

累加每个候选方案的所有评分结果。根据给定的决策因素（列），验证决策因素分数的和是否与分配的值相等。图 32.8 给出了本案例研究中每个候选方案的品质因数汇总。

32.5.9 计算每个候选方案的分数

将每个候选方案的所有决策因素的分数相加，进行验证。*

32.5.10 评估并选择最佳解决方案

尽管通过评分方法客观地区分候选选项 A、B 和 C 并选出优胜方案的意图是好的，但是结果可能会聚类。如图 32.8 所示，候选方案 A、候选方案 B 和候选方案 C 的得分为 33 分、39 分和 28 分。

32.5.11 总结——100 分权衡研究评分方法

上文的标准化权衡研究方法示例建立了权衡研究方法的基本概念。该方法的问题在于，迫使权衡研究人员或团队以及利益相关方花费宝贵的时间来分配并“调整”分数。例如：

（1）运行、维护和维持成本得分为 40 分、35 分、45 分？

---

* **权衡研究评分结果的验证和确认**

总结和验证分数似乎是一种说明显而易见的基本事实的情况。然而，团队在进行密集的权衡研究练习后，出现得分失误的情况并不罕见。例如，监察长发布的一份报告显示了美国国家航空航天局在航天飞机轨道器退役后安置的评分决策矩阵中存在的错误（NASA，2011：2，9，13，18）。毕竟，一个简单的数学错误可能会导致选择错误的解决方案，可以作为需要验证和确认的进一步证据。

（2）在运行、维护和维持成本决策因素中，维护决策标准得分在 40 分中应占 20 分还是 15 分或 25 分？

（3）候选方案的分数在 20 分中应占 6 分还是 5 分或 7 分？

这里的重点是标准化权衡研究方法分散了系统工程师对评估的注意力，使其将关注重点转移到边界范围内“增加的分数”，以确保增加的分数之和等于分配的分数之和。

另外，大多数权衡研究方法将得分标准化为 100 分，作为比较基准。为什么将得分标准化为 100 分？无论是追溯到教育系统还是编号系统，人们本能地将得分标准化为 1.0 分或 100 分以及对应的百分比。因此，如果运行、维护和维持成本分配分值为 40 分，而技术分配分值为 25 分，性能分配分值为 35 分，那么透过决策因素均按照 100 分进行了基准测试这一事实至少可以洞悉所有决策因素对系统应用及其利益相关方的重要性。

有一种更好的方法可以避免“玩分数游戏”，使系统工程师重新关注评估的客观性——自动标准化权衡研究方法，也就是我们的下一个话题。

32.5.12 自动标准化权衡研究方法

为了避免标准化权衡研究方法遇到的难题，我们利用了电子表格应用的功能。与“玩分数游戏”不同，我们只是通过简单地要求利益相关方关注特定的决策因素或决策标准来重新定位权衡研究。

（1）询问每个利益相关方：“从 1（最低）到 10（最高），作为利益相关方，你对该因素或标准的重视程度如何？”

（2）在每种情况下，确定分值相对于每个决策因素或标准的分值之和的分数比例。

（3）将分数部分乘以决策因素的分配分数。

我们将在本章的练习中详细阐述解决方案。

这种方法的优势在于利益相关方：

（1）一次只关注一个决策因素或标准。

（2）采用仅询问“对你而言什么是相对重要的”这种一致的方法（1～10），而不是给这个项目分配 X 分，给其他项目分配 Y 分。

目标 32.3

至此，我们已经建立了一套基本的权衡研究方法。看起来，该方法简单明了。然而，应如何评估对利益相关方具有线性和非线性效用的替代方案？这就引出了一个专题——权衡研究效用函数。

32.6 权衡研究效用或评分函数

对一些决策因素和标准进行评分时，自然倾向于以线性标度进行评分，如1~5或1~10。该方法假设用户具有线性价值标度。在多数情况下，它是非线性的。事实上，一些候选选项数据具有一定的效用度。解决这一问题的一种方法是使用效用函数或评分函数（也可以称为“效用曲线”）。在现实情况下，这些曲线代表了利益相关方价值标度的数学模型。虽然可以使用数学模型来计算价值分数，但是更好的表示方法可能是效用或评分函数曲线，如图32.9所示。图示曲线只是简单的示例。

请注意，效用价值标度被标准化为1.0，以0.1为增量，范围从0到1.0不等。另一种替代方案是以1.0为增量从0到10进行评估。

也许有人会问：这些曲线如何帮助评估候选方案？请思考以下示例。

示例 32.2 效用函数和价值标度

我们在之前的案例研究中注意到，有些分数与其大小成反比。考虑成本与风险权衡空间，增加的成本和风险等同于较低的分数。结果，系统工程师直观而主观地分配分数。然而，在科学的基础上，我们希望尽可能地消除主观性。

消除主观性的一个方法是建立效用函数曲线，使我们能够在规定的限度内确定一个标准的效用。我们将确定适当的效用函数曲线（见图32.9的1部分~6部分）。然后，建立决策边界约束，如总拥有成本（TCO）、单位成本、技术或范围在0.0到1.0的效用风险（见图32.4）。

假设在三个候选方案中，图32.8表6A中的候选方案C的运行、维护和维持运行标准成本最低（11分），候选方案B的成本最高（16分）。基于所选的效用曲线（1部分），三个候选方案的得分如下：

(1) 候选方案A——效用分数为0.8。

(2) 候选方案B——效用分数为0.4。

权衡空间阈值内效用的非线性增加

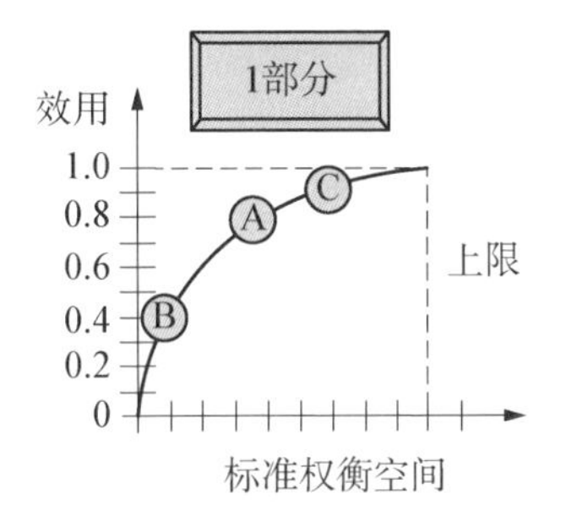

权衡空间阈值内效用的非线性增加

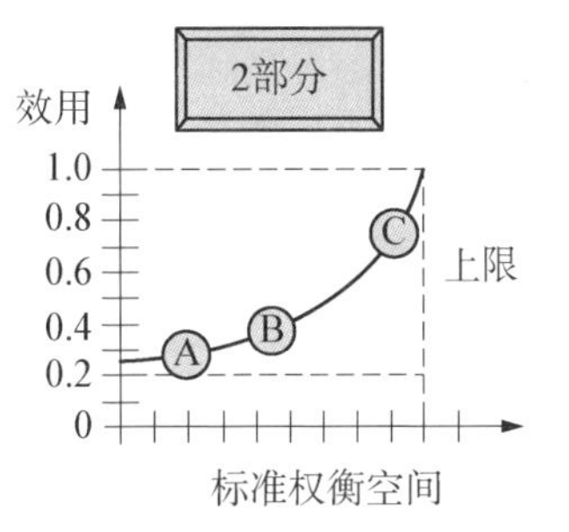

权衡空间阈值内效用的非线性递减

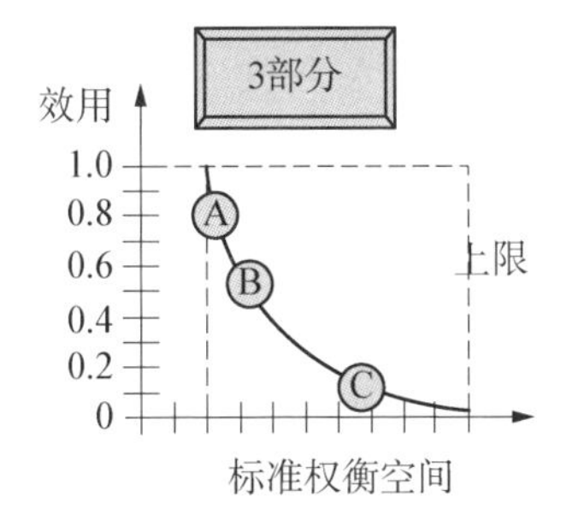

权衡空间阈值内效用的线性增加

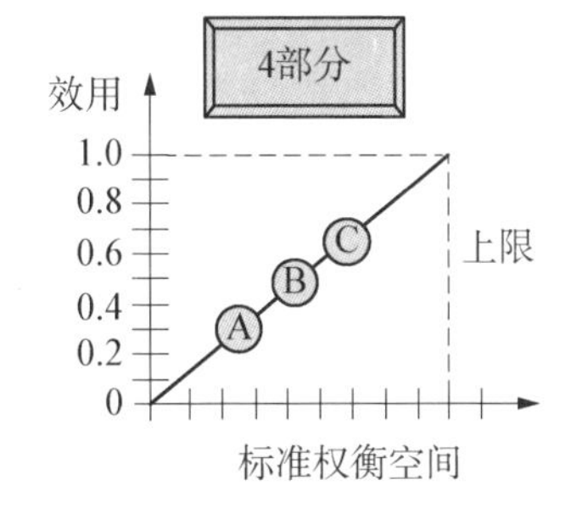

权衡空间阈值内效用的线性减少

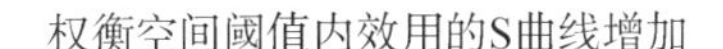

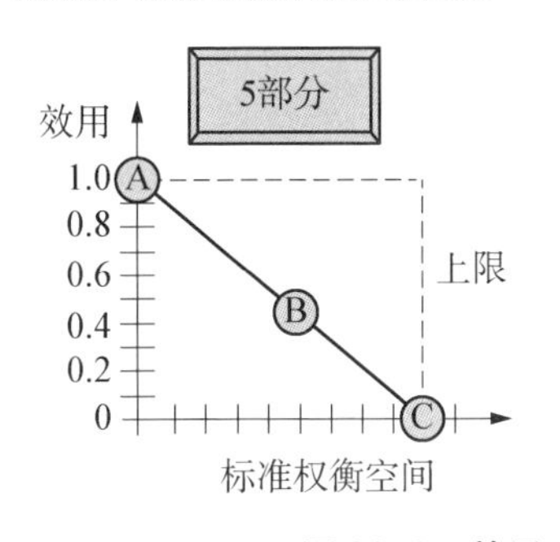

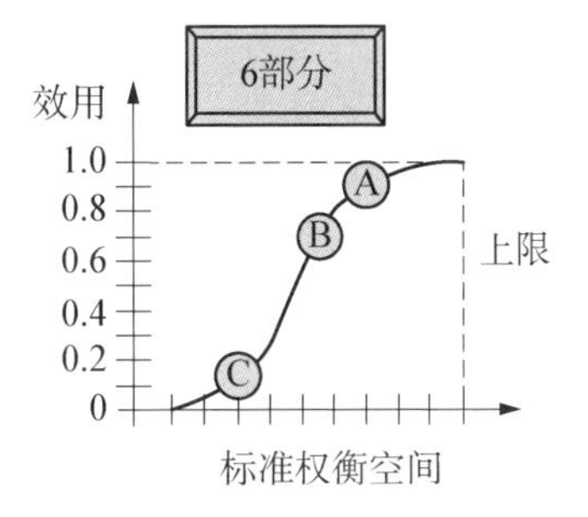

图 32.9　效用或评分函数曲线示例

（3）候选方案 C——效用分数为 0.9。

然后，将效用分数应用到图 32.8 里面的表 6A 的计算中。

目标 32.4

前面的讨论涉及开展并扩展权衡研究的各种方法。在理想情况下，数值结果将产生一个分数明显高于所有其他候选方案的优胜方案。

然而，情况并不总是如此，候选方案分数会集中。那么，系统工程师如何应对这些情况？这就引出我们的下一个话题——敏感性分析。

32.7 敏感性分析

原理 32.4 明智的工程判断原理

权衡研究提供了经过经验和事实证明合理的评估。因此，权衡研究可作为支持明智决策的输入，并应通过合理的工程判断进行评估。

如果回到标准化权衡研究方法（见图 32.8），就会注意到，候选方案 A、候选方案 B 和候选方案 C 的最终得分分别为 33、39 和 28。候选方案 B 的总得分最高（39 分），是最佳选择。请注意，候选方案 A 和候选方案 B 之间有 6 分的差距，候选方案 B 和候选方案 C 之间有 11 分的差距，而候选方案 A 和候选方案 C 之间有 5 分的差距。

是否根据分数确定优胜方案？系统工程师如何应对这些情况？在此情况下，候选方案 B 与最接近的竞争方案有 6 分的差距，是一个显而易见的选择。然而，情况并非总是如此。因此，为了回答这个问题，敏感性分析技术提供了一种解决方案。

一般而言，敏感性分析允许我们呈现“假设”游戏场景，即通过改变每个决策因素的分数分配（如 10%）来测试显而易见的优胜方案的稳健性，从而验证最终结果是否保持不变。举个简单的例子，假设将成本分数分配从 40 分减少到 36 分。然后，重新分配技术和性能决策因素分数，并对其进行标准化。然后，探讨评估最终候选方案 B 的“因果”关系（见图 32.8）。

如果最终结果发生改变，会出现什么情况？没有给出任何有关客观权衡研究的假设。我们要做的仅仅是暂停下来，确认原始选择并对结果进行反思。请记住，权衡研究类似于任何类型的人类工具（如计算器），仅为明智决策提供了输入。最后，应一直以合理的工程判断为准。

32.7.1 替代敏感性分析方法

区分集中的权衡研究数据的更好方法是选择决策因素和标准。最初与利益相关方确定决策因素或标准时，有可能存在一系列的因素。为了简单起见，假设我们从利益相关方提供的 10 个标准中任意选择 6 个标准，并对每个标准进行加权。结果是竞争解决方案品质因数聚类，消除了明确的优胜方案的可能性。

下一个合乎逻辑的步骤是考虑 $n+1$ 决策因素，并根据之前的排名使权重重新标准化。然后，继续考虑其他决策因素，直至数据不再聚类。但是，需要认识到，如果 $n+1$ 的相对权重为 1%，则可能不会显著影响结果。这就留下了两个选项：

（1）选项 A：做出判断决策，然后选择一个解决方案——这并不可取。

（2）选项 B：制定基本规则（即决策因素的初始选择不得超过总分的 90 分或 95 分），并以 100 分为基础调整分数。这实际上为未包括在主分数表中的、可能对结果有一定程度的影响的剩余决策因素或标准留下 5~10 分。如果聚类继续，基于决策因素的帕累托排序，逐步将下一个决策因素或标准分步包含进来，并在整个集合中根据初始权重重新调整权重。

我们可以认为由于分数较低，这种方法的效用将递减。因此，应运用常识。如果聚类继续，可能意味着候选解决方案有类似的品质因素，可能需要根据不属于决策的主观因素做出决策。在此之前，确保适当地考虑了诸如生命周期总体拥有成本（TCO）等利益相关方主要关心的因素，而不仅是权重、成本、功耗等。

目标 32.5

权衡研究完成后，下一步是用一种有意义的方式记录研究结果，明确提供确切的证据，证明研究是以客观的方式进行的，且具有完整性。记录权衡研究结果的机制是权衡研究报告，也就是我们的下一个话题。

32.8 权衡研究报告

完成权衡研究分析后，下一个挑战是在权衡研究报告中阐明要点和结果。权衡研究报告作为一份 ISO 9000 质量记录（QR），用来记录授权或分配的任务的完成情况。

32.8.1 为什么要记录权衡研究？

原理 32.5 无记录权衡研究原理

无记录权衡研究仅仅是个人观点。

一个常见的问题是：为什么要记录权衡研究？有几个原因：

(1) 首先，购买者的合同数据需求清单（CDRL）（第17章）或企业的法规可能要求记录权衡研究。

(2) 其次，权衡研究正式记录了权衡研究环境的关键决策标准/假设和约束，以供后人参考。由于系统工程是一个高度迭代的流程，需要根据规定的条件和约束做出决策，所以这些相同的条件和约束可能会快速变化或随时间而变化。因此，人们可能必须重新审视先前的权衡研究决策，探讨不断变化的条件或约束如何影响决策或选定的行动方案，从而采取纠正措施。

(3) 最后，作为专业人员，应将关键决策和理由作为纪律措施记录下来，保持决策的完整性。

32.8.2 权衡研究记录正规性

权衡研究以不同的正规程度记录在案。正规程度从简单地在工程记事本（最好是电子版）上记录考虑事项和审议意见到正式批准并发表的、拟广泛分发的报告等。

注意 32.1

始终检查合同、当地企业法规和/或项目的技术管理计划（TMP），获得关于所需正式程度的明确指示。至少在电子工程记事本上记录权衡研究的关键事实。

32.8.3 编制权衡研究报告

有多种方法来编制权衡研究报告。首先，坚持查阅合同或企业法规，获得指导。若无具体的大纲要求，考虑使用或遵循表32.1给出的大纲。

警告 32.1 专有和受版权保护的资料

大多数供应商的文献都有版权或被认为是专有的。除非获得所有者/供应商的书面许可，允许复制并分发资料，否则切勿复制及/或公布任何受版权保护的资料。在接受任何专有供应商数据之前，必须建立专有数据交换协议。

警告 32.2 出口受控资料

如前所述，一些供应商数据可能受到出口管制限制和美国国际武器贸易条例（ITAR）的约束。在发布可能受此限制的技术资料之前，始终咨询企业的项目、合同、法律和出口控制组织。

32.8.4 交付前对权衡研究报告进行验证检查

一些权衡研究团队形成了强大而引人注目的权衡研究，但由于写作和沟通能力差，研究工作进展缓慢。编制好权衡研究报告后，对其进行彻底校订，确保完整性和一致性。对文件进行拼写检查，然后进行同行评审，确保文件不言自明、一致且无误，确保可交付的权衡研究报告反映了促成权衡研究的工作的专业性、研究和质量。最后，有效的权衡研究报告结果经受住了时间和专业审查的考验。

32.9 权衡研究决策

权衡研究的交付启动了一系列将由授权研究的决策机构做出决策的步骤。这些步骤从简单的交付和结果的讨论，到与决策机构及其受邀者的正式会议（其中可能包括陈述和讨论）不等。

32.9.1 汇报权衡研究报告结果

原理 32.6 权衡研究报告建议原理

如果授权进行权衡研究，除非有令人信服的理由，否则请准备好实施报告的建议。

原理 32.7 权衡研究发布协议原理

决策机构发布或委托发布权衡研究报告副本。为了避免损害控制，请在讨论、发布或向任何人展示之前获得批准。请记住，是决策机构授权你工作，而非第三方。

权衡研究决策机构，如技术总监、项目工程师或系统开发团队，可要求利益相关方在权衡研究报告陈述和讨论之前对权衡研究报告进行预先审查。如果预计将在会上做出决策，对权衡研究报告的预先审查将使利益相关方准备好：

（1）处理任何未决问题或顾虑。

(2) 就建议做出决策。*

决策者一般不喜欢惊喜。一旦权衡研究报告完成，可能需要就结果和建议向决策机构做事前情况说明。这将避免决策者在公开会议上被有其他目标的人所蒙蔽。

32.9.2 提交权衡研究报告

原理 32.8 附信原理

每一项工作成果都应通过一封概述已完成内容、任何未决问题、风险或顾虑以及任务章程合规性声明的附信呈报决策机构。

为了审查、批准和实施，将权衡研究报告直接交给委托研究的授权决策机构。权衡研究报告应始终包括由权衡研究团队负责人编制并经团队审核同意的附信。此外，附信确定了记录的正式交付日期。

权衡研究报告可以通过邮件或根据个人联系方式发送。然而，建议权衡研究团队负责人或团队（如适用）亲自将权衡研究报告提交决策机构。这为讨论内容和建议提供了机会。

会议期间，决策机构可能会征求团队的建议，以便向其他利益相关方（如购买者、用户或最终用户）发布权衡研究报告。如果选择通过会议论坛来展示权衡研究报告简报，那么应与利益相关方和权衡研究团队成员协商好日期、时间和地点。

32.9.3 展示权衡研究结果

原理 32.9 权衡研究报告原理

权衡研究报告展现基于事实的结果和优先建议，而非决策。决策机构根据建议、其有效性以及对权衡研究报告客观性的信心做出决策。

有时，权衡研究团队无法达成共识。可以将专业上有建设性的不同意见及支持理由纳入报告。一旦团队成员批准了权衡研究报告，就会展示权衡研究结

* **初步权衡研究报告发现的预先审查**

请注意，此处旨在简要介绍进展和状态，并澄清任何问题或顾虑，如缺少专业知识、时间表和资源。决策机构有意将权衡研究的方向导向特定解决方案的任何企图都是不恰当的，并且会违反职业道德。相反，如果出现了新的要求或约束（假设有效），改变了需要处理的问题或约束，决策机构需要公布新的方向并更新团队章程。

果。有多种方法可以展示权衡研究报告结果。这些方法通常包括以文件、简报或二者组合的形式交付权衡研究报告。

32.9.4 权衡研究报告简报

对利益相关方而言，权衡研究报告简报可能会有所帮助也可能成为障碍。如果需要进一步澄清，那么权衡研究报告简报是有帮助的；相反，如果演示者的演示效果不佳，那么人们对权衡研究报告的信心程度可能会受到质疑。因此，需要准备并呈现高质量的简报演示，建立对权衡研究及其建议的信心。

图 32.6 流程第 9 步“做出决策”为权衡研究的批准提供了依据。授权决策机构有以下几个选项：

（1）选项 1——接受并采纳权衡研究报告建议。

（2）选项 2——暂时搁置权衡研究报告建议。

（3）选项 3——驳回权衡研究报告建议。

（4）选项 4——就权衡研究报告建议予以回复，采取其他措施。

（5）选项 5——什么都不做。

选项 5 是不可接受的，反映出决策机构的专业声誉不佳。如果决策机构决定授权进行权衡研究，并选择了有能力的个人或团队，那么个人或团队应根据权衡研究建议行事（原理 32.6）。如果不按权衡研究建议行事，那么何必浪费宝贵的时间和资源！

目标 32.6

前面的讨论提供了关于授权、实施和实现权衡研究结果的流程的见解。我们现在将注意力转移到了解权衡研究中可能出现的风险领域。

32.10 权衡研究风险领域

与大多数决策类似，权衡研究也有许多风险领域，让我们来深入探讨几个例子。

32.10.1 风险领域 1：权衡研究的依赖关系和时间安排

有时，权衡研究工作依赖其他正在进行的权衡研究的结果。更糟糕的是，

其中一项权衡研究可能依赖于当前的权衡研究，造成“循环参照”。此外，可能会出现一种尚未揭晓的新技术——该技术可能会影响权衡研究的结果。作为决策机构，在授权权衡研究之前，应把系统思维应用到相互依赖关系和时间安排上（原理 32.6）。

32.10.2 风险领域 2：未经验证或无效的方法

原理 32.10 权衡研究方法论原理

权衡研究的有效性取决于其任务限制、基本假设、方法和数据采集。记录并维持权衡研究的完整性。

权衡研究的成功始于经得起专业审查的强有力的策略和方法（原理 32.3）。方法上的缺陷会影响并降低权衡研究的完整性和有效性。请值得信赖的同事和主题专家进行同行评议，确保权衡研究走在正轨上，并产生经得起企业、购买者、用户和专业人士（如适用）专业审查的结果。

32.10.3 风险领域 3：决策因素和标准相关性

有时会挑选对决策因素或标准影响很小或没有影响的选择标准。仔细检查决策因素和标准的有效性。记录支持理由。

32.10.4 风险领域 4：被忽略的决策因素和标准

有时，关键运行问题或关键技术问题属性不在选择标准列表中。选择标准的检查和平衡应包括验证选择标准到待解决的关键运行问题/关键技术问题的可追溯性，以确定是否包括决策因素和标准。

32.10.5 风险领域 5：无效或不正确的假设

候选解决方案的制定通常需要一系列依赖关系和假设，如资金或技术的可用性。利益相关方经常质疑权衡研究的结果，尤其是当权衡研究团队做出无效或不正确的假设时。在适当和必要时，与决策机构和利益相关方讨论并验证假设，避免消耗资源来形成可能因无效或不正确的假设而有缺陷的决策。

32.10.6　风险领域6：数据有效性

警告 32.3

当今世界依赖基于互联网的研究。请注意，就沟通和决策而言，发布在互联网上的资料可能不是最新的或值得信赖的，需要持续验证、确证并确认其来源。

技术决策必须使用最新、最完整、最准确、最精确的可用数据来完成。验证所有数据的通用性、准确性和精确性，以及供应商支持数据完整性的承诺。

32.10.7　风险领域7：根据资源限制调整权衡研究任务活动

作为大多数系统工程任务的典型，可能并不总是有足够的时间来进行权衡研究。然而，期望以专业且适当的方式实现结果（原理 23.2）——沃森的任务重要性原理。

假设时间框架是合理的，一般而言，无论有 1 天还是 1 周的时间，关键结果和发现需要有可比性。如果有 1 天的时间，则决策机构会得到 1 天的权衡研究和数据。如果有 1 个月的时间，则决策机构会得到 1 个月的分析和数据。那么，如何应对时间限制？研究、分析和报告的深度必须根据可用时间进行调整。

32.10.8　风险领域8：测试件数据采集失败

测试件被“借用”进行技术评估时，可能会出现故障，并妨碍在允许的时间框架内完成数据采集。由于权衡研究的时间有限，更换测试件可能不切实际或不可行。为突发事件做好计划，降低风险！协议应明确规定负责支付修理费用的一方以及修理时间安排。

32.10.9　风险领域9：用户未“购买”

与流行观点相反，用户验收并不是从系统、产品或服务的交付开始的。用户验收是从合同授予开始的。让用户了解情况，并尽可能多地参与技术决策流程，为积极交付和满意验收奠定基础。进行对系统能力、接口和性能有影响的高层级权衡研究时，请利益相关方（用户和最终用户）验证决策因素和标准及其各自的权重。从合同授予或项目启动开始，给予利益相关方一定程度的系统/产品所有权。

32.10.10 风险领域10：未能获得最佳解决方案

对可供选择的明确选项的看法有时具有欺骗性。现实情况是，这些候选方案可能是不可接受的。甚至在某些情况下，权衡研究可能导致另一种选择，这种选择是基于所考虑的选项或未考虑的选项的组合。请记住，权衡研究流程并不是为了回答是A、B还是C的问题，权衡研究流程旨在评估一系列可行候选方案，从而根据一组规定的决策标准评估并确定最佳解决方案。这包括在权衡研究开始前可能尚未确定的其他选项。

32.10.11 风险领域11：替代方案分析决策就是承诺

原理32.11 资源承诺原理

系统设计解决方案决策代表早在资源实际被消耗之前就做出的资源承诺。提防那些天真地认为这些决策在投入资金之前变化无常的人。

图32.1和图32.2有一个微妙之处，可能不太明显，代表了高层决策者思维模式的一个缺陷——当做出接受权衡研究建议等技术决策时，决策代表对具有“下游”资源、成本和进度影响的设计解决方案的承诺。

技术决策，包括图32.3所示的权衡研究报告决策，不是琐碎、敷衍了事的工作，它对生命周期成本（LCC）有重大影响。

（1）对于军事系统，美国国防采办大学（2015）基于法布莱基早期的工作（1994：2，图3）以及布兰查德和法布莱基近期的工作（2011：49，图2.12）估计，大约90%的生命周期成本是在工程与制造开发——系统开发阶段（见图12.2）完成时承付的。然而，实际上只有大约10%的生命周期成本支出。

（2）法布莱基（1994）还注意到，当做出成本承诺决策时，做出决策所需的“系统专用知识”直到晚些时候才成熟。

因此，技术决策风险成为系统开发的关键因素。加剧风险有时是高管和项目经理的一种误解：“如果资金尚未用完，随时可以改变系统设计解决方案来适应特殊用户需求的变化，而无须相应地修改合同（技术、成本和进度）。”

实际上，这并不正确！早在项目资源实际被消耗之前，工程决策就对项目资源做出承诺。认识并理解其中的差异！

在接受权衡研究作为技术设计解决方案承诺、将决策纳入设计解决方案和就投入财务资源来采购部件做出实际承诺之间可能会有相当长的一段时间，比如几周、几个月或几年。在这期间，由于其他的决策或条件，因此项目可能会超出成本或进度。

从技术角度来看，项目经理和高管常常有一种误解，认为可以任意抢去最初的权衡研究决策的风头，仅仅是因为他们未在计划时适当分配并保留资源用于采购最终部件。依赖项目下游范围可能会导致大量的重新设计工作。需要认识到，接受权衡研究建议意味着早在实际支出之前就要对项目资源做出直接承诺。项目经理在做决策时有时无法理解这种承诺。

32.11 权衡研究经验教训

尽管权衡研究旨在解决关键运行问题/关键技术问题，但具有讽刺意味的是，权衡研究有时会产生一系列与范围、背景、实施和报告相关的问题。以下是根据许多权衡研究的共同问题得出的一些经验教训：

（1）建议 1：选择正确的方法。

（2）建议 2：除非方法有缺陷，否则坚持方法而不偏离。

（3）建议 3：选择正确的决策因素和标准及其各自的权重。

（4）建议 4：避免预先确定的权衡研究决策。

（5）建议 5：建立可接受的数据采集方法。

（6）建议 6：确保数据源的完整性和可信度，尤其是互联网资源。

（7）建议 7：协调关键运行问题/关键技术问题之间的相互依赖关系。

（8）建议 8：接受/拒绝权衡研究报告建议。

（9）建议 9：记录权衡研究决策。

（10）建议 10：构建权衡研究报告可信性和完整性。

（11）建议 11：尊重权衡研究的不同意见。

（12）建议 12：随着条件的变化维护权衡研究报告。

博尔曼和巴希尔（2010）就亚利桑那大学的学生和实践工程师在过去 20

年间提交的110份权衡研究报告的分析给出了其他见解。

32.12 本章小结

在讨论权衡研究实践的过程中，我们定义了什么是权衡研究，讨论了为何权衡研究如此重要并且应记录在案，并概述了基本的权衡研究流程、方法和替代方法。我们还提出了记录和展示权衡研究报告结果的方法，作为建立对权衡研究结果的信心的一种手段。

32.13 本章练习

32.13.1 1级：本章知识练习

（1）什么是权衡研究？

（2）权衡研究的工作成果是什么？

（3）权衡研究的属性有哪些？

（4）权衡研究是如何进行的？

（5）谁负责进行权衡研究？

（6）何时进行权衡研究？

（7）为什么需要进行权衡研究？

（8）什么是权衡空间？

（9）用什么方法进行权衡研究？

（10）如何选择权衡研究决策因素、标准和权重？

（11）什么是效用函数？

（12）什么是敏感性分析？

（13）如何记录、报告并展示权衡研究结果？

（14）在进行权衡研究时，有哪些企业问题、技术问题和风险？

32.13.2 2级：知识应用练习

参考www.wiley.com/go/systemengineeringanalysis2e。

32.14 参考文献

Blanchard, Benjamin S, and Fabrycky, Wolter J. (2011), *Systems Engineering and Analysis,* 5th ed. Upper Saddle River, NJ: Pearson Education, Inc.

Bohlman, James, and Bahill, A. Terry (2010), "Mental Mistakes Made by Systems Engineers While Creating Tradeoff Studies", University of Arizona, *Proceedings of the 20th Annual International Symposium of the International Council of Systems Engineering,* San Diego, CA: INCOSE. Accessed on 5/16/13 https://www. incose. org/ipub/10/0722. PDF.

DAU (2012), *Glossary: Defense Acquisition Acronyms and Terms*, 15th ed. Ft. Belvoir, VA: Defense Acquisition University (DAU) Press. Retrieved on 6/1/15 from http://www. dau. mil/publications/publicationsDocs/Glossary_ 15th_ ed. pdf.

DAU (2015), *Lesson6. 2 "Cost Estimating", LOG200Intermediate Acquisition Logistics, Slide 7 of 21,* Ft. Belvoir, VA: Defense Acquisition University (DAU).

Fabrycky, Wolter J. (1994), *"Modeling and Indirect Experimentation in System Design Evaluation," The Journal of INCOSE, Vol. 1, Number 1, July-September, 1994*, San Diego, CA: The International Council on Systems Engineering.

NASA (2011), R*eview of NASA's Selection of Display Locations for Space Shuttle Orbiters,* Office of the Inspector General, Washington, DC: NASA Accessed On 01/20/14 from http: oig. nasa. gov/audits/reports/FY11/Review_ NASAs_ Selection_ Display_ Locations. pdf.

33　系统建模与仿真

从分析的角度看，系统工程需要几种类型的技术决策活动：

（1）问题—解决方案空间分析——了解用户和最终用户的问题空间，确定和界定一个或多个解决方案空间，在完成组织任务和目标时提供运行实用性、适用性、可用性、易用性、有效性及效率（原理 3.11）。

（2）任务分析——了解用户期望执行的任务类型、目标和基于性能的结果。

（3）用例和场景分析——了解用户打算如何部署、运行、维护、维持、退役和处置系统。

（4）架构开发——将运行问题空间的复杂性分层组织、分解和界定为可管理的低风险解决方案空间（原理 4.17），每个解决方案空间都有一组有限的需求。

（5）系统性能分析——对物理系统建模，了解“假设”因果关系，预测给定条件下的系统性能，支持规范分析和制定。

（6）替代方案分析——从一系列可行的替代方案中制定、评估和选择最佳解决方案，解决一个或多个关键运行问题/关键技术问题。

（7）需求分配——将能力和可量化性能明智地分配给每个低风险解决方案空间。

（8）系统优化——参考第 30 章“关键术语定义”。

（9）系统故障复现——对于给定的一组条件，复现一个系统故障，了解其根本原因并制定缓解运行或设计措施（见图 24.1）。

（10）失效模式和影响分析（FMEA）——模拟物理系统，评价和评估潜在的 FMEA（见图 34.17）。

（11）测试数据分析——分析系统性能测试数据，评估是否符合规范需求、观察趋势和预测故障。

根据相关系统的规模和复杂性，上述大多数要点需要工具和决策辅助工具来辅助决策。由于相关系统及其运行环境交互的复杂性，通常无法在个人层面自行解决，并且需要辅助。出于这个原因，作为一个群队，工程师倾向于采用和利用诸如建模与仿真之类的决策辅助工具，深入了解系统在规定的一组操作场景和条件下的交互行为。通过建模与仿真吸收和综合这些知识和相互依存关系，使系统工程师能够集体做出这些决定。

本章介绍性地概述系统工程师如何利用建模与仿真来支持系统工程流程模型中的决策（见图 14.1）。我们的讨论不是为了指导你如何进行建模或仿真，关于这个话题有许多教科书。相反，我们关注的是，作为辅助决策工具，建模与仿真如何支持系统工程决策。

本章首先介绍建模与仿真的基本原理，然后确定了各种类型的模型，定义了模型保真度，解释验证模型的必要性，并描述了如何将模型集成到模拟中。之后，我们探讨了系统工程师如何利用建模与仿真来支持技术决策，包括架构评估、性能需求分配、“假设”练习、冲突解决，从而解决关键运行问题/关键技术问题。

33.1 关键术语定义

（1）认证（accreditation）——“模型或模拟可用于特定目的的官方认证。认证是由最有能力判断所讨论的模型或模拟是否可接受的组织授予的。根据预期目的，该组织可以是运行用户、项目办公室或承包商”（DAU，2001：120）。

认证（accreditation）——“模型或模拟可用于特定目的的官方认证……”（DoD 5000.59－M，1998：187）。

（2）认证模型（certified model）——官方认可的决策机构对模型可以用于确认产品和性能的正式认定。

（3）确定性（deterministic）——“指过程、模型、模拟或变量的属性，表示其结果、后果或价值不取决于偶然性。与之相对的是随机性”（DoD

5000. 59 - M，1998：108）。

（4）确定性模型（deterministic model）——“是一种通过状态和事件之间的已知关系来确定结果的模型，其中给定的输入总是产生相同的输出，例如描述已知化学反应的模型。与之相对的是随机性模型”（DoD 5000. 59 - M，1998：108）。

（5）离散模型（discrete model）——一种数学或计算模型，其输出变量仅取离散值；也就是说，在从一个值变成另一个值时，它们不采用中间值；例如，根据不同的装运和接收预测组织库存水平的模型（DoD 5000. 59 - M，1998：108）。

（6）仿真（emulate）——“通过一个模型来表示一个系统，该模型接受与所表示的系统相同的输入并产生相同的输出，如用 32 位计算机仿真 8 位计算机”（DoD 5000. 59 - M，1998：108）。

（7）事件（event）——“对象属性值的改变、对象之间的交互、新对象的实例化或与联合时间轴上特定点相关联的现有对象的删除。每个事件都包含一个时间戳，指示事件发生的时间”（DoD 5000. 59 - M，1998：113 - 114）。

（8）保真度（fidelity）——“表示与真实世界相比的准确性”（DoD 5000. 59 - M，1998：119）。例如，在飞机飞行模拟中，是否需要实际工作的开关、旋钮或显示器，或者是否可以使用覆盖实际驾驶舱照片或图形的触摸屏显示器？

（9）能力（功能模型）［capability（functional model）］——由功能组成的模型，这些功能被配置为将一组或多组输入转换为一组或多组输出，作为对给定的一组运行条件和约束的行为刺激响应，而不考虑物理实现。

（10）初始条件（initial condition）——“在某一特定持续时间开始时，系统、模型或模拟中的变量所假定的值。与之相对的是边界条件、最终条件”（DoD 5000. 59 - M，1998：128）。

（11）初始状态（initial state）——“在某一特定持续时间开始时，系统、部件或模拟的状态变量假定的值。与之相对的是最终状态”（DoD 5000. 59 - M，1998：128）。

（12）模型（model）——“系统、实体、现象或过程的物理、数学或其他逻辑表示”（DoD 5000. 59 - M，1998：138）。

（13）模型—测试—模型（MTM）："使用模型和模拟为测试前分析和规划提供支持，进行实际测试并收集数据以及在测试后分析测试结果并采用测试数据进一步确认模型的一种综合方法"（DoD 5000. 59 – M，1998：139）。

（14）建模（modeling）——"应用标准、严格、结构化的方法来创建和确认系统、实体、现象或过程的物理、数学或其他逻辑表示"（DoD 5000. 59 – M，1998：138）。

（15）建模与仿真（M&S）——模型的使用，包括仿真器、原型、模拟器和刺激器，无论是静态的还是动态的，用于开发数据作为做出管理或技术决策的依据。术语"建模"和"仿真"经常交叉使用（DoD 5000. 59 – M，1998：138）。

（16）蒙特卡罗算法（Monte Carlo algorithm）——"确定确定性模型的概率事件或概率变量值的统计过程，如随机抽取"（DoD 5000. 59 – M，1998：140）。

（17）蒙特卡罗方法（Monte Carlo method）——"在建模与仿真中，使用蒙特卡罗仿真来测算确定性问题中未知值的估计值的任何方法"（DoD 5000. 59 – M，1998：140）。

（18）模拟时间（simulation time）——"模拟的内部时间表示。模拟时间可能积累得比根据恒星测定的时间更快或更慢，或者与之速度相同"（DoD 5000. 59 – M，1998：159）。

（19）刺激（stimulate）——"向系统提供输入，以便观察或评估系统的反应"（DoD 5000. 59 – M，1998：161）。

（20）模拟（simulation）——一种实现模型的方法。这是用一个模型进行实验的过程，该模型用于理解在选定条件下建模的系统的行为，或评估在开发或运行标准所限定的范围内系统运行的各种策略。模拟可能包括使用模拟或数字设备、实验室模型或"试验台"场地（DAU，2012：B – 203）。

（21）刺激（stimulation）——"使用仿真为系统或子系统提供外部刺激"（DoD 5000. 59 – M，1998：161）。

（22）随机性（stochastic）——"过程、模型或变量，其结果、后果或价值取决于机会。与之相对的是确定性"（DoD 5000. 59 – M，1998：162）。

（23）随机过程（stochastic process）——"处理随时间发展或无法精确描

述的事件的任何过程，概率论除外”（DoD 5000. 59 - M，1998：162）。

（24）随机模型（stochastic model）——“通过使用一个或多个随机变量来表示过程的不确定性或给定输入将根据某种统计分布产生输出的模型；例如，根据可能的顾客数量和每个顾客可能的购买量，估算超市每个收银台收费总金额（美元）的模型。它的同义词是概率模型。另请参见马尔可夫链模型。与之相对的是确定性模型”（DoD 5000. 59 - M，1998：162）。

（25）确定性模型（validated model）——一种分析模型，其输出和性能特征与物理系统或部件的产品和性能相同或相近。

（26）确认（建模与仿真）［validation（M&S）］——“从模型或仿真的预期用途的角度，确定模型或仿真在多大程度上是现实世界的准确表示的过程”（DoD 5000. 59 - M，1998：170）。

（27）虚拟现实（virtual reality）——“通过生成现实世界中不存在的环境而产生的效果。通常，立体显示器和计算机生成的三维环境可产生沉浸式效果。其环境是交互式的，允许参与者在环境中观察和导航，增强沉浸效果。虚拟环境和虚拟世界是虚拟现实的同义词”（DoD 5000. 59 - M，1998：171）。

33.2 技术决策辅助工具

与系统性能分配、性能预算和设计安全裕度相关的系统工程决策需要决策支持工具，以确保能够提出基于事实的明智建议。理想情况下，更希望对正在分析的系统、产品或服务有一个精确的描述。实际上，在系统或产品设计、开发、验证和确认之前，并不存在精确的描述。

然而，有一些决策辅助工具，系统工程师可以用来提供系统或产品的不同程度的描述，以协助技术决策，包括模型、原型和实物模型。使用决策辅助工具的目的是在一个小的、低成本的规模上创建一个系统的模型，通过提供经验数据来支持更大规模的设计决策。

33.3 基于仿真的模型

模型通常有两种类型：确定性模型和随机模型。

33.3.1 确定性模型

确定性模型基于精确的关系，如传递函数的数学模型，产生可预测、可重复的结果。请思考以下示例。

示例 33.1 确定性模型示例

每个工作周期，员工都会收到一份基于计算其总工资公式的工资，即工作时间乘以小时工资减去保险、纳税和慈善捐款等任何供款。由于会计准则和联邦/州/市税收法规建立了精确的数学关系，因此算法是确定性的。

33.3.2 随机模型

确定性模型是基于精确的关系，而随机模型是使用概率论来处理物理组件或工艺过程或实践中的一组随机事件发生或变化的。一般来说，随机模型是使用统计上有效的种群样本数据构建的，使我们能够推断或估计整个种群的结果。如环境条件和事件、人类对宣传的反应以及药物治疗。思考以下小型案例研究。

小型案例研究 33.1 零售店轮班调度随机模型

一家零售连锁店决定构建一个客户活动分析业务模型，用于根据历史业绩、业务预测和其他因素预测历年中任何日期或某个日期范围内的劳动力需求。其目的是根据一天中的时间（TOD）、一周中的一天（DOW）、一个月中的一天（DOM）、一年中的一天（DOY）、推广期、假期和特殊天气状况下，预测或估计支持零售业务所需的人员数量和组合，如理货员、保安、收银员、保管服务员、客户服务员。

随机、独立的输入包括变量，例如：①TOD 客户数量、店内平均购物时间、TOD 采购数量和结账等待时间；②天气；③库存商品、库存和计划交付；④销售；⑤地理区域；⑥客户满意度。由于天气、消费能力和地理位置的不同，历史业绩数据反映了不同年份相同属性的广泛不确定性。

由于输入的随机可变性和其他因素的不确定性，企业决定构建一个业务运营的随机模型。业绩模型是为季节性天气、库存、顾客流量和排队人数构建的，并集成到可在商店、地区、国家和国际层面使用的整体模拟中。蒙特卡罗方法用于模拟每个基础模型的输入和条件的方差和不确定性，驱动研究对整体业务运营和预测的影响。

小型案例研究 33.1 从理论上说明了如何使用随机模型。工程师经常使用最坏情况分析来代替模型开发。对于某些应用，这可能是可以接受的。但是，假设最坏情况分析导致严重的人员过剩或库存过剩，从而导致劳动力和库存成本增加，最终导致盈利能力下降。从系统优化的角度来看，为实现客户满意度目标和盈利能力，系统元素（人员、设备、任务资源、作业规程、系统响应和设施）的最佳组合是什么？

此外，随着消费者购买习惯和市场环境的发展，必须就历史业绩数据（一年前的数据？两年前的数据？五年前的数据？或者更久）与未来预测的相关性和有效性做出决策。

总之，随机模型使我们能够在高度复杂的情况和条件下估计或推断系统性能。这些情况涉及在规定条件下具有一定发生频率的随机、独立、不可控制的事件或输入。基于采样数据的频率分布（见图 34.3），我们可以应用统计方法来推断一组特定条件下最有可能的结果。

33.3.3 模型开发

分析模型需要一个参照系来表示系统或实体的特征。对于大多数系统来说，模型是使用观察者的参照系创建的，如右手笛卡尔坐标系（见图 25.1）。

模型开发类似于系统开发。系统工程师中的模型开发人员应充分理解模型想要满足的问题空间和解决方案空间，基于这种理解，我们首先要调查或研究市场，看看我们需要的模型是否已经开发出来并可用。如果可用，我们需要确定模型是否具有支持我们的系统或实体应用的必要且足够的能力和技术细节。传统的设计思想（原理 16.7）认为，只有在你用尽所有其他方法都未能找到一个满足需求的现有模型之后，才应该把开发新模型作为最后的手段。

33.3.4 模型确认

原理 33.1 模型保真度原理

使用既定的行业标准明确定义和描述保真度水平。模型保真度取决于用户的判定。

对一个人的高保真度可能是对另一个人的中等保真度，对第三个人的低保真度。

模型的有效性仅与其用于表示现实世界系统或实体的行为和物理性能特征的质量相同。我们根据模型的保真度来衡量模型的质量——这意味着模型的真实性。因此，系统工程师面临的挑战是：如果我们开发了一个系统或产品的模型，我们如何确信该模型是有效的、准确且精确地表示了一个实体的物理实例及其与模拟现实运行环境的交互？

一般来说，在开发模型时，我们试图用模拟或按比例缩放的现实来表示物理现实。我们的目标是在实用性或资源限制的范围内，尝试实现物理现实和模拟现实的性能结果之间的趋同性。那么，如何实现趋同性呢？我们通过收集实际物理系统、原型、现场试验或制造商数据的经验数据（最好是经过认证的数据）来实现这一点。然后，通过将实际现场数据与模拟行为和物理性能特征进行比较确认该模型。最后，持续改进和确认模型，直到它的结果与实际系统的结果相同或接近。这就引出了一个问题：我们如何获取现场数据来确认正在开发的系统或产品的模型？

有许多方法可以获得现场数据：

(1) 在代表该部署系统可能经历的受控运行环境条件和场景下进行受控实验室试验，收集数据。

(2) 在现有系统上安装类似部件，并收集运行环境条件和场景的测量数据。

(3) 测量现场平台，如带有传感器的飞机，收集运行环境数据。

无论使用何种方法，模型都会校准、调整和细化，直到确认为物理系统或设备的准确和精确表示。然后将模型置于正式的构型管理（CM）控制之下（第 16 章）。我们也可以决定让独立的决策机构或主题专家（SME）来认证模型，这就引出了我们的下一个主题：模型认证。

33.3.5 模型认证

创建模型是第一步；创建一个经过确认的 ED 模型并获得认证需要的额外步骤。请记住，系统工程师的技术决策必须建立在客观、基于事实的数据之上，这些数据准确无误地代表了真实世界的运行环境情况和条件。这同样适用于模型。那么，什么是模型认证？

SEVOCAB（2014：41）将认证定义为：

“系统或部件符合其规定要求并可供运行使用的书面保证”（SEVOCAB，2014：41）（资料来源：ISO/IEC/IEEE 24765：2011。© 2012 ISO/IEC/IEEE 版权所有，经许可使用）。

对于许多应用，独立决策机构通过验证模型结果是否与在规定的运行环境条件下运行的实际系统的测量结果完全一致来确认模型。

一般来说，系统工程师可以向同事、经理或质量保证（QA）代表证明数据匹配。当行业或政府组织内部认可的独立决策机构审查数据确认结果并正式发布认证书，宣布该模型被认证用于特定应用和条件时，认证就结束了。

你需要认证模型吗？这取决于你的项目需求。认证：

（1）建立和维护成本高昂。

（2）对创造者和市场具有内在价值。

有些模型只使用一次，而另一些模型则反复使用并经过几年的改进。由于工程决策必须基于数据的完整性，因此模型通常在内部进行确认，但不一定经过认证。

33.3.6 了解模型特性

模型通常是为了满足系统工程师、工程师或系统分析师的特定需求而开发的。尽管模型看起来能满足两种不同的分析需求，但它们可能不能同时满足两种需求。请思考以下示例。

示例 33.2 功能模型与物理模型

分析师 A 需要一个传感器模型来研究关键技术问题。为了满足这一需求，分析师开发了传感器 XYZ 的功能模型，帮助他们理解对外部刺激的行为反应。

后来，另一家企业的分析师 B 研究了一种类似传感器的物理模型的市场。在他们的研究中，他们发现分析师 A 已经开发了一种可能可用的传感器模型。然而，分析师 B 很快了解到该模型描述的是传感器 XYZ 的功能行为，而不是传感器 XYZ 的物理模型。因此，分析师 B 必须做出选择：要么开发他们自己的传感器 XYZ 物理模型，要么将分析师 A 的功能模型表示转化为物理模型表示（假设该模型可用）。

33.3.7 了解模型保真度

建模与仿真的挑战之一是确定你需要的模型类型。例如功能和物理模型。理想情况下，模型应准确、精确地展示刺激—反应行为特征，使用户能够模拟系统性能，以及使用统计随机的输入和运行条件进行“假设”练习。

由于建模的复杂性和可行性，包括成本和进度限制，模型作为现实的表示、估计或近似是根据其保真度水平来描述的。例如，一阶近似是否足够？二阶和三阶呢？我们必须回答的问题是：对于特定的研究领域，我们需要的最低保真度水平是多少？请思考以下示例。

示例 33.3 物理部件的数学模型

假设，机械齿轮系的输入—输出（I/O）传递函数的数学描述如下：

$$y = 0.1x，其中 x = 输入，y = 输出。$$

你可能认为一个简单的分析数学模型对某些应用来说就足够了。在其他应用中，分析研究领域可能需要齿轮系中每个齿轮的物理模型，包括由于特定类型、质量和润滑等级的轴承的摩擦和载荷效应而产生的热膨胀特性。

示例 33.4 飞机模拟器保真度示例

假设你正在开发一个飞机模拟器。关键问题如下：

(1) 计算机生成的带有模拟移动针仪表和触摸屏开关的驾驶舱仪表的图形显示是否充分，或者你是否需要真实驾驶舱中使用的实际工作硬件来进行培训？

(2) 你需要怎样的仪器保真度才能给飞行员学员提供驾驶真实飞机的观感？

(3) 静态驾驶舱平台是否足以进行训练，或者你是否需要一个三轴运动模拟器来确保真实训练的保真度？

这些例子的关键点是：系统工程师与系统分析师、购买者和用户合作，必须能够确定所需的保真度水平，然后能够定义保真度水平。

若为模拟器训练系统，根据训练任务的不同，可以接受不同的保真度水平。在这种情况下，创建一个矩阵来指定每个物理部件所需的保真度水平，并包括每个保真度水平的范围定义。举例说明如下。

示例 33.5

某些开关所需的保真度水平可能表明计算机生成的图形图像或摄影图像足以作为背景。通过触摸激活开关的触摸屏显示器可以通过简单地改变开关位置图像以图形方式模拟从上到下翻转开关位置，反之亦然。

飞机模拟器驾驶舱可能需要真实世界的保真度和实际工作的开关，这是非常昂贵的。一种成本和保真度较低的方法可能是使用触摸屏面板，显示开关位置的独立但已注册的二维照片，如具有三维（3D）照明效果的开关按钮。

示例 33.6

在其他情况下，手动控制器、制动踏板和其他机构可能需要实际工作的设备，来提供实际系统设备的触觉“外观和感觉”。

33.3.8 定义模型保真度

理解模型保真度通常是能够真实模拟真实世界的一个挑战。如果训练模拟器需要对模拟车辆内外的环境进行可视化表示，那么窗外（OTW）显示的陆地（地形和树木）以及文化特征（如道路、桥梁和建筑物）需要达到什么样的保真度水平对培训来说才是必要和充分的?

（1）具有合成纹理的计算机生成的图像是否足以用于景观?

（2）你需要带有计算机生成纹理的摄影图像吗?

这些问题的答案取决于现有资源与培训的积极或消极影响之间的权衡。提高保真度水平通常需要更多的资源，如数据存储或计算机处理性能。成本作为独立变量（CAIV）等概念使买方的决策者能够评估以怎样的成本可以达到怎样的能力水平（见图 32.4）。

33.3.9 系统运行和性能模拟

模型是表示或近似物理现实的“构件”。当我们将这些模型集成到一个可执行的框架中，使其能够在受控条件下模拟交互和行为反应时，我们就创建了一个相关系统的模拟。

作为分析模型，模拟使我们能够对每个模型或系统进行假设练习。这样做的目的是让系统工程师了解功能或物理行为。

目标 33.1

前面的讨论为理解建模与仿真奠定了基础。我们现在将重点转移到了解系统工程师如何利用建模与仿真来支持分析决策以及为用户创建可交付产品。

33.4 建模与仿真的应用示例

系统工程师以各种方式运用建模与仿真来支持技术决策。系统工程师将建模与仿真用于多种类型的应用：

（1）应用 1：基于仿真的架构选择。

（2）应用 2：基于仿真的架构性能分配。

（3）应用 3：基于仿真的采办（SBA）。

（4）应用 4：测试环境刺激。

（5）应用 5：基于仿真的故障调查。

（6）应用 6：基于仿真的训练。

（7）应用 7：技术决策支持的试验台环境。

（8）应用 8：了解系统性能特征。

为了更好地了解系统工程师如何使用建模与仿真，接下来将描述每种应用。

33.4.1 应用 1：基于仿真的架构选择

当你设计系统时，你应该有一系列可行的替代方案来支持明智选择最佳候选方案，以满足一系列规定的运行环境场景和条件。实际上，你无法只为了选择最佳架构而对每个候选架构进行开发和建模。然而，我们可以构建代表能力或物理架构构型的模型和模拟。举例说明如下。

示例 33.7

假设我们已经确定了几个有希望的候选架构 1～n，如图 33.1 左侧所示。我们进行了一项权衡研究（第 32 章），确定为给定系统应用选择正确架构的复杂性需要使用建模与仿真。因此，我们创建了模拟 1～模拟 n，为评估和选择首选的架构构型提供分析依据。

我们在各种运行环境场景和条件下进行模拟。在架构权衡研究中分析、汇

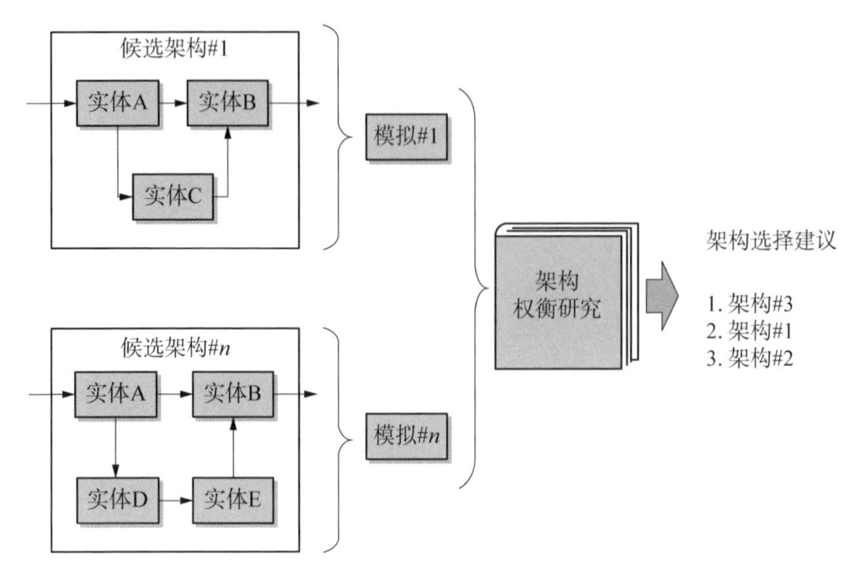

图 33.1　基于仿真的架构评估和选择

编和记录了结果，将结果排序，作为建议的一部分。在架构权衡研究审查的基础上，系统工程师选择了一个最佳架构。当选择架构时，模拟可以作为在较低抽象层次评估和改进每个模拟架构实体的框架。

33.4.2　应用 2：基于仿真的架构性能分配

建模与仿真还用于为规范需求执行基于仿真的性能分配，如图 33.2 所示。请思考以下示例。

示例 33.8　使用建模与仿真支持规范性能需求分配

假设规范需求 A 指定了“父级”能力 A。我们的初步分析得出了三个较低级别的“子级”能力（见图 21.2）。A_1 至 A_3 转换为系统性能规范（SPS）要求 A_1 至 A_3。挑战在于：建模和仿真如何按照系统工程要求，支持将能力 A 的性能分配到能力 A_1 到 A_3？

我们假设基本分析为我们提供了一组“大致”的初始性能分配。然而，实体间的交互是复杂的，需要建模与仿真来支持性能分配决策。我们构建了一个能力 A 的架构模型来研究实体 A1 到实体 A3 的性能关系和交互。

接下来，我们构建了由模型 A_1 至模型 A_3 组成的能力 A 模拟，将从属

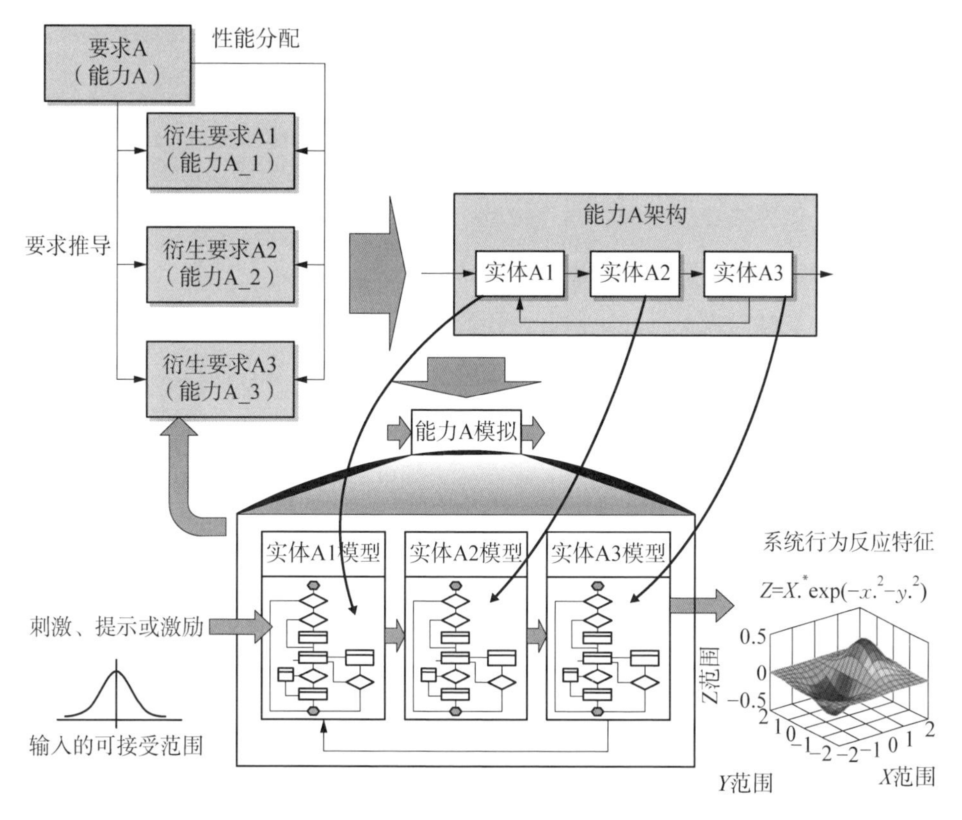

图 33.2　基于仿真的性能要求分配

能力 A_1 至 A_3 表示为输入—输出（I/O）刺激—响应模型。每个支持能力，A_1 到 A_3，都是用图 10.17 所示的系统/实体能力结构来建模的。使用蒙特卡罗方法对各种刺激、提示或激励进行模拟，以了解在一系列运行环境场景和条件下的交互行为。交互作用的结果被捕获在系统行为响应特征中。

在多次迭代以优化交互之后，系统工程师得出了最终的性能分配集，成为指定系统性能规范能力 A 要求的依据。这一过程完美吗？并不！请记住，这是人们的近似或估计，可能还需要独立的佐证。由于物理部件和运行环境的差异，最终模拟可能仍需根据实际现场数据进行校正、校准和调整，以便进行现场运行。但是，我们启动此过程是为了将解决方案空间的复杂性降低到可管理的、低风险的解决方案中。因此，我们得到了一个非常接近支持需求分配的结果，节省了开发实际硬件和软件的费用。

33.4.3 应用3：基于仿真的采办

传统上，当购买者购买一个系统或产品时，他们必须等到开发商交付最终的系统进行运行测试与评估（第12章和第13章）或最终验收。在运行测试与评估期间，用户或独立测试机构（ITA）进行了现场模拟，评估系统或产品在实际运行环境条件下的性能。理论上应该不会有什么意外，因为：

（1）系统性能规范描述、限制并指定了定义明确的解决方案空间。

（2）系统开发商创建了完美符合系统性能规范的理想物理解决方案。

实际上，由于所施加的约束，每个系统设计解决方案都有折中方案。系统购买者和用户需要对系统的预期表现有一定程度的信心。这是为什么？因为例如开发大型复杂系统以及确保它们满足用户经确认的运行需求的成本是具有挑战性的。

提高交付成功率的一个方法是基于仿真的采办。什么是基于仿真的采办？一般而言，当购买者发布系统或产品的正式投标邀请书时，要求每个报价方交付基于仿真的模型及其技术建议书的工作。投标邀请书规定了满足一组规定功能、接口和性能要求的标准。基于仿真的采办的应用过程，如图33.3所示。

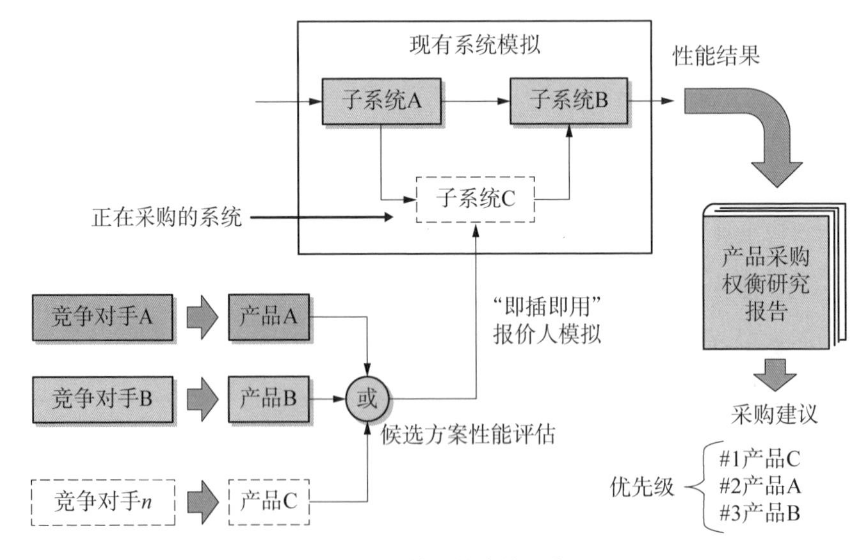

图33.3 基于仿真的采办

示例 33.9　基于仿真的采办示例

假设系统开发商有一个现有的飞机系统，并决定需要升级推进子系统。此外，用户有一个现有的飞机系统模拟，目前用于研究系统性能问题。

用户选择一个购买者来购买推进子系统的替代系统。购买者向一组合格的报价方（竞争对手 A 至 n）发布一份投标邀请书。作为对投标邀请书要求的回应，每个报价方提供其提议的推进子系统的“即插即用”模拟，支持对其技术方案的评估。

交付后，购买者的来源选择评估小组（SSET）使用预定义的方案评估标准去评估每个技术方案。来源选择评估小组还将每个推进子系统模拟集成到现有系统模拟中，进行更深入的技术评估。

在来源选择期间，来源选择评估小组评估报价人的技术方案和模拟。评估结果记录在产品采购权衡研究报告中。权衡研究报告向来源选择评估小组提供一套采购建议，然后来源选择评估小组又向来源选择决策机构（SSDA）提供采购建议。

33.4.4　应用 4：测试环境刺激

系统集成、测试和评估在系统开发中可能是一项非常昂贵的活动，不仅因为它的劳动强度，还因为它需要创建受控测试环境接口（见图 28.1）到被测单元（UUT）等。系统工程师可以使用几种方法来测试被测单元。常用的系统集成、测试和评估方案包括：①刺激；②仿真；③模拟（见图 28.3）。本文中的测试环境模拟旨在将外部系统接口复制到被测单元。

33.4.5　应用 5：基于仿真的故障调查

大型复杂系统通常需要模拟，使决策者能够调查在规定的运行环境中使用系统或产品的不同方面的性能。偶尔，这些系统会遇到需要深入调查的意外故障模式或异常情况。系统工程师面临的问题是：怎样的系统用户（操作人员或维护人员）行为或条件以及用例场景会导致故障？根本原因是否是：①潜在缺陷、设计瑕疵或错误；②部件的工艺和可靠性；③运行疲劳；④缺乏适当的维护；⑤误用或滥用系统的预期或非预期应用；⑥其他异常情况？

出于安全和其他考虑，使用现有模拟来调查故障的根本原因和促成原因

（见图 10.12 和图 24.1）可能是有利的。系统工程师面临的挑战是能够：

（1）重建导致故障的事件链。

（2）在可预测的基础上可靠地复现问题，以确认根本原因、促成原因或可能原因（第 24 章）。

可以决定使用模拟来探究故障模式最可能的根本原因。图 33.4 说明了如何调查故障的原因。

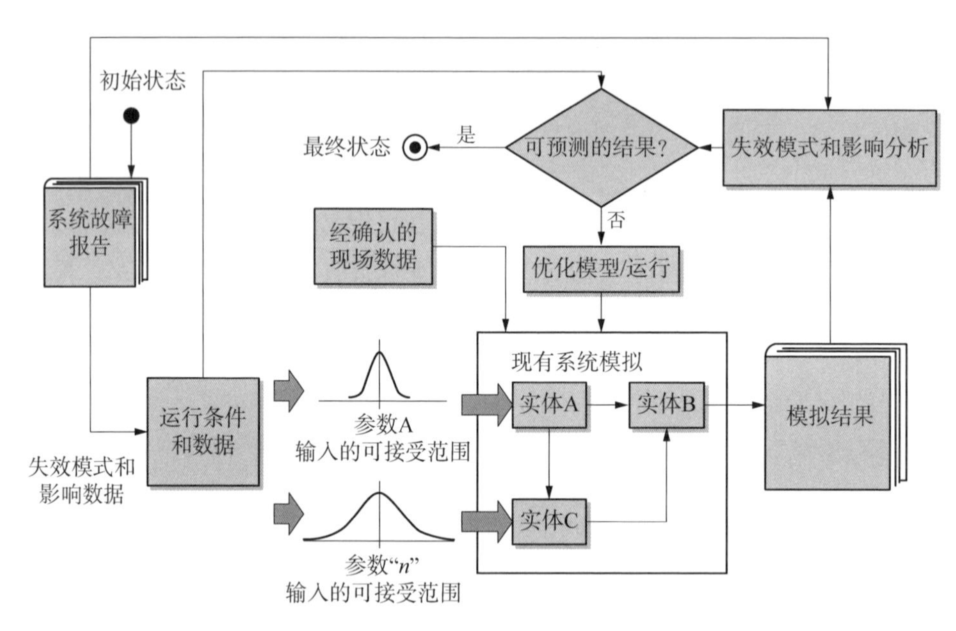

图 33.4 基于仿真的失效模式研究

假设系统故障报告记录了导致故障事件的运行环境场景和条件。系统故障报告应在证明文件中纳入维护历史记录。故障分析小组成员从报告中提取运行环境条件和数据，并将实际数据纳入现有系统模拟。系统工程师使用来自记录仪器数据的经确认的现场数据进行分析，如遥测和成分/残留物的冶金分析。然后推导出额外的输入，并根据需要做出有效假设。

原理 33.2 根本原因或可能原因调查方法原理

根本原因、促成原因或可能原因调查可以采用排除法，根据对事实的客观评估排除故障原因。

故障分析小组使用蒙特卡罗模拟和其他方法研究所有可能的行动并排除可能的原因。与任何故障模式调查一样，该方法基于这样一个前提：即在采用基于事实的排除法排除之前，所有场景和条件都是“可疑的”。模拟结果作为失效模式和影响分析的输入，将结果与系统故障报告中确定的场景和条件进行比较。如果结果不可预测，系统工程师将继续改进模型/运行，直到他们在可预测的基础上成功复现根本原因。

33.4.6 应用6：基于仿真的训练

尽管仿真一般用作技术决策的分析工具，但也用于培训系统操作人员。模拟器通常用于空中和地面车辆训练。图33.5所示为飞机模拟器系统示例。

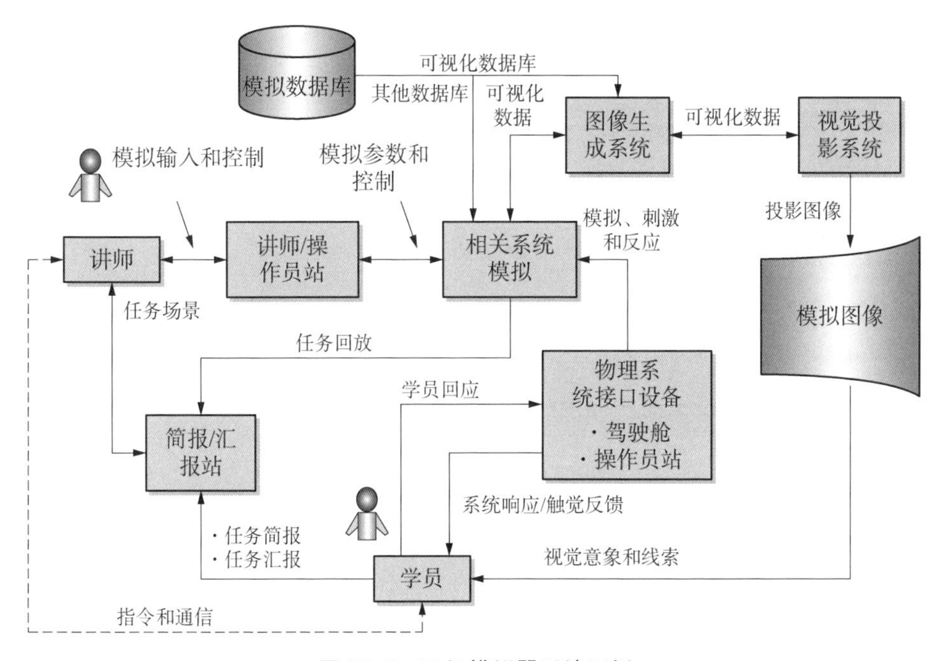

图33.5 飞机模拟器系统示例

对于这些应用，模拟器作为可交付的教学训练设备开发，提供了实际系统（如飞机）的“外观和感觉”。作为教学训练设备，这些系统支持任务训练的所有阶段，包括：①介绍；②任务训练；③任务后汇报。从系统工程的角度来看，这些系统提供了“人在回路”（HITL）训练环境，包括以下内容：

（1）简报/汇报站支持关于计划任务和任务场景的学员简报，并汇报模拟训练飞行演习的结果。

（2）讲师/操作员站（IOS）控制训练场景和环境。

(3) 相关系统模拟旨在模拟学员操作的物理系统。

(4) 图像生成系统（IGS）生成并显示模拟运行环境。

(5) 陆地和文化特征等模拟数据库支持视觉系统环境。

(6) 汇报站提供训练任务和结果的教学回放。

原理 33.3　不利训练原理

在模拟和训练（S&T）中，向用户提供的模拟能力必须与实际系统及其物理部件的运行条件（正常、降级或故障）完全匹配，且不存在差异。否则，就会发生不利训练。

人员训练的挑战之一是避免称为“不利训练”的情况。请记住——模拟训练的目标是让学员具备必要的技能，能够操作系统或产品，从而获得正面经验。物理上偏离真实世界的模拟视为不利训练。思考以下示例。

示例 33.10

飞机模拟器应该在尺寸、功能、视觉和听觉上完全模仿特定尾翼号飞机的能力、显示和程序。如果实际的飞机具有不可操作的能力，如灯、显示器和开关，那么模拟器的能力也应如此。否则，继续训练将视为不利训练。

一般来说，训练模拟器有几种类型：

(1) 固定平台模拟器：提供静态实现，仅使用视觉系统运动和提示来代表学员的动态运动。

(2) 运动系统模拟器：采用一轴、两轴或三轴六自由度（6-DOF）运动平台（第 25 章），增强模拟训练课程的真实感。

训练模拟开发的挑战之一是与设备（硬件和软件）相关的成本。技术进步有时会超过开发和交付新系统所需的时间。例如，复杂的建模与仿真可能需要 2~4 年才能开发出来。在系统开发过程中，最初用于开发系统的计算机在准备好进行验证、验收和交付时可能会过时——摩尔定律。如果系统要以实际技术的当前状态交付，这尤其具有挑战性。

人类试图创造一个超越合成和物理世界的沉浸式训练环境，这既具有挑战性，代价又高昂。挑战在于能够将学员对现实的感知转变为相信他们身处一个充满视觉、声音和动作等物理感觉的现实环境中。应对这些挑战的一种方法是开发虚拟现实模拟。

(3) 虚拟现实模拟：使用物理元素，如头盔护目镜和感官手套，使学员在心理上沉浸在音频、视频和触觉反馈环境中，从而产生对物理现实的感知和感觉。

有人也许会问：为什么我们需要这种级别的训练和模拟？现实是，当人类面临压力和潜在的生命威胁时，会表现出不稳定和不可预测的行为。然而，我们也知道，当在不同类型的模拟场景中对他们进行重复训练时，人类会本能地默认在这种情况下接受训练的过程印记。例如，飞行员和宇航员的训练，正如一句名言所说“训练像你飞一样，飞行像你训练一样”。例如，美国国家航空航天局的程序要求航天飞机指挥官完成 1 000 次航天飞机训练机（STA）的着陆，或在改装用于模拟航天飞机着陆的 Gulfstream II 型商务喷气机中“俯冲”（NASA，2005）。

33.4.7 应用 7：技术决策支持的试验台环境

当我们开发系统时，我们需要关于技术决策（如技术更新和构型更改）对下游潜在影响的早期反馈。尽管实验板、模拟板、快速原型和技术演示等方法使我们能够降低技术和设计风险，但现实情况是，这些决策的影响可能直到系统集成、测试和评估阶段才为人所知。更糟糕的是，在这些决策或实际实施中，构建实际硬件和软件的成本加上纠正任何潜在缺陷（设计错误、瑕疵、不足）的成本（见表 13.1 和图 13.2）会在合同授予后（ACA）随着时间的推移而显著增加。

从工程的角度来看，最好将实验室“工作系统”的模型或原型直接发展和不断成熟为可交付系统。这种方法确保了以下方面的连续性：

（1）不断发展和成熟的系统设计解决方案及其内部和外部接口。

（2）这些元素的验证。

问题是：我们如何实施这种方法？

一种方法是创建一个试验台。那么，什么是试验台？为什么需要？

33.4.7.1 试验台开发环境

试验台是一个基于实验室的架构框架和环境，允许被模拟、仿真或刺激的物理部件集成为物理系统或实体的“工作”表示，并在实际部件可用时由实际部件（见图 28.3）代替。SEVOCAB（2014：323）将试验台定义为：包含进行试验所需的硬件、仪器、模拟器、软件工具和其他支持元素的环境

（SEVOCAB，2014：323）（资料来源：ISO/IEC/IEEE 24765：2011。© 2012 ISO/IEC/IEEE 版权所有，经许可可使用）。

试验台可以设在具有环境控制的实验室和设施中，也可以在飞机、船舶和地面车辆等移动平台上实施。一般来说，试验台是一个基于框架的模型，使建模与仿真的虚拟世界能够随着时间的推移而过渡到物理世界。

试验台由一个集成了系统元素（见图 9.2）并控制交互的中心框架实现，如图 33.6 所示。图中，有一个试验台执行主干框架，由接口适配器 A-C 组成，作为模拟或实际物理元素（产品 A 到产品 C）的接口。

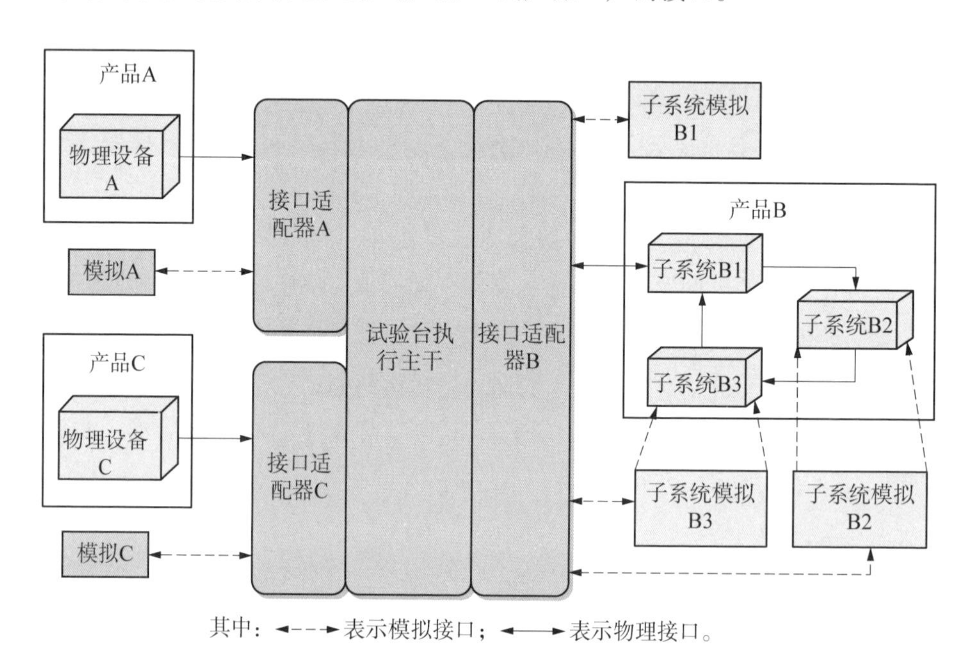

图 33.6　系统开发的模拟试验台方法

在系统开发的早期阶段，将产品 A、B 和 C 建模并集成为模拟 A、模拟 B1、模拟 B2、模拟 B3 和模拟 C 到试验台。目标是研究关键运行问题/关键技术问题，并促进技术决策。这些初始模拟可能具有低到中等保真度。随着系统开发构型（第 12 章和第 16 章）的发展，根据具体需求，可以开发高保真度模型来代替低保真度模型。

当产品 A、B 和 C 或它们的子系统成为原型、实验板或模拟板时，模拟 A 到 C 替换为实际的“即插即用”物理实体。请思考以下示例。

示例 33.11　“即插即用”模拟

在产品B的开发过程中，子系统B1到B3可以实现为模拟B1、B2和B3。在某个时间点，B2子系统在实验室里制成原型。一旦子系统B2物理原型达到可接受的成熟水平，模拟B2就移除，由子系统B2原型代替。之后，当子系统B2开发人员交付经过验证的物理项时，子系统B2原型将被替换为实际子系统B。

总之，试验台提供了一个受控运行环境框架（见图28.1），带有接口“存根”，使开发人员能够集成即插即用功能模型、模拟或仿真。随着硬件构型项（HWCI）和计算机软件构型项（CSCI）（第16章）的验证，它们将取代模型、模拟或仿真。因此，随着时间的推移，试验台从最初的一套功能和物理模型以及模拟表示发展成为一个完全集成和经过验证的系统。

33.4.7.2　需要试验台的原因

原理 33.4　模拟有效性

只有在人类试图根据实际现场数据用算法表示和确认系统及其与运行环境的交互时，模型和模拟才会有效。

在系统开发和系统/产品生命周期的运行、维护和维持阶段，系统工程师面临着一些挑战，推动了使用试验台的需求。在整个决策过程中，需要一种机制，使系统工程师能够逐步建立对不断发展和成熟的系统架构和系统设计解决方案的信心，并在部署后支持现场升级。

从需求到设计的人工转变过程往往易出现潜在缺陷，然而，集成工具环境将转变错误降到最低，但往往会遇到格式兼容性和互操作性问题。由于设计和部件开发工作流程的不连续性，因此这些决策和实现的成功可能要等到实际实体物理集成的系统集成、测试和评估阶段才能实现。

在传统的系统开发中，实验板、模拟板、快速原型和技术演示用来研究关键运行问题/关键技术问题。从这些决策辅助工具中收集的数据被人类转化为设计需求，如机械图、电气装配图和示意图以及软件设计，并且本质上包含缺陷。

那么，试验台如何克服这些问题呢？试验台能够促进系统开发有几个原因。

(1) 原因1：基于性能分配的决策。当我们设计和开发系统时，系统工程流程模型（见图 14.1）的迭代和递归应用需要在每一个抽象层次使用最新的数据做出明智的、基于事实的决策。建模与仿真提供了一种方法来调查和分析给定“假设”集下运行环境场景的性能和系统响应。挑战在于，建模与仿真的有效性取决于根据实际现场数据测量使用和验证的算法。

（2）原因 2：原型开发费用。工作原型原理验证、概念验证和技术验证演示提供了研究系统行为和性能的机制。然而，由于所涉及的技术成熟度以及费用、时间和安全问题，因此某些系统的完整原型可能风险太大。问题是：是否应为了研究整个系统的一部分而花费创建一个原型的费用？例如，要研究一个空气动力学问题，你不需要建造一架完整的飞机。仅为给定的一组边界条件对问题“部分”进行建模。对于传感器，这可能包括安装在类似飞机的机翼上，执行飞行性能和测试数据收集。

（3）原因 3：系统部件交付问题。尽管进行了周密计划，但是项目经常会遇到供应商延迟交付的情况。当这种情况发生时，系统集成、测试和评估活动可能会严重影响合同进度，除非你有一个良好的风险缓解计划。在关键部件交付之前，系统集成、测试和评估活动可能会成为“瓶颈”。作为一种变通办法，建模与仿真风险缓解活动可能采用某种形式的表示，如缺失部件的模拟、仿真和刺激，使系统集成、测试和评估能够继续，避免中断整个计划进度。

（4）原因 4：新技术。技术推动许多决策。系统工程师必须应对的挑战如下：

a. 技术是否像其供应商文献所说的那样成熟？

b. 这是适合用户应用和长期需求的技术吗？

c. 该技术能否与其他系统部件无缝集成，且对进度的影响最小？

因此，试验台能够集成、分析和评估新技术，而不会使现有系统面临不必要的风险，如飞机的新发动机。

（5）原因 5：部署后现场支持。在系统运行、维护和维持阶段，一些合同要求在系统、产品或服务交付后的特定时间内提供现场支持。如果用户计划通过构建进行一系列升级，那么他们可以选择：

a. 承担运行和维护已部署在系统物理实验室测试的费用，用于评估已部署构型的增量升级。

b. 维护试验台，对构型升级进行评估。根据系统类型及其复杂性，试验台可以提供更低成本的解决方案。

33.4.7.3 综合（synthesis）中的挑战

一般来说，试验台支持对构型项或实际实现的物理部件的“即插即用”模拟。试验台对于解决问题也很有用，因为它们有助于最大限度地减少系统集成、测试和评估进度问题。它们可用于：

（1）集成用构型项用模拟模型表示（功能、物理）填充的构型的早期版本。

（2）在开发整个系统之前，用原型系统部件建立一个“即插即用”的工作测试环境。

（3）评估由模拟或仿真模型表示的系统或实体，这些模型可由高保真度模型替代，并最终由实际构型项替代。

（4）为构型项应用各种技术和替代的架构和设计解决方案。

（5）评估系统现场构型的增量能力和性能升级。

33.4.7.4 试验台的演变

试验台以多种不同的方式演变。在最终可交付系统或产品完成系统集成、测试和评估前，可对试验台进行操作和维护。在这一点上，实际系统成为增量或演进开发的基础。每个系统都是不同的。因此，评估继续维护试验台的成本效益。根据开发需要以及维护的实用性和费用，试验台的全部或部分可以拆卸。

对于一些大型复杂系统，在封闭设施中对实际系统进行“假设”实验可能不切实际，原因如下：

（1）物理空间要求。

（2）环境因素。

（3）地理上分散的开发组织。

（4）安全因素。

在这些情况下，保持试验台完好无损是可行的。与高速互联网接入的能力相结合，可以允许地理上分散的开发企业使用试验台进行工作，而不必与实际系统位于同一位置。例如，飞机制造商可以通过互联网或其他高速接口将外部开发人员对发动机的模拟集成到飞机的模拟中。

33.4.8　应用 8：了解系统性能特征

工程师通常认为系统集成、测试和评估是在系统或产品的部件设计、制造、装配和编码之后进行的活动。问题是：未能认识到需要在整个系统设计阶段进行系统集成、测试和评估。

幸运的是，有了如今的高性能计算机和模型，我们可以在运行环境中对集成系统进行建模与仿真。这使我们不仅能了解其性能特征，还能了解其对动态条件的“因果”反应。示例如图 33.7 所示。

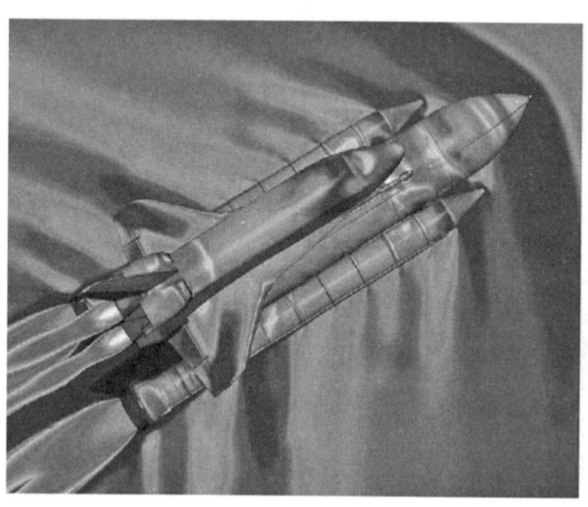
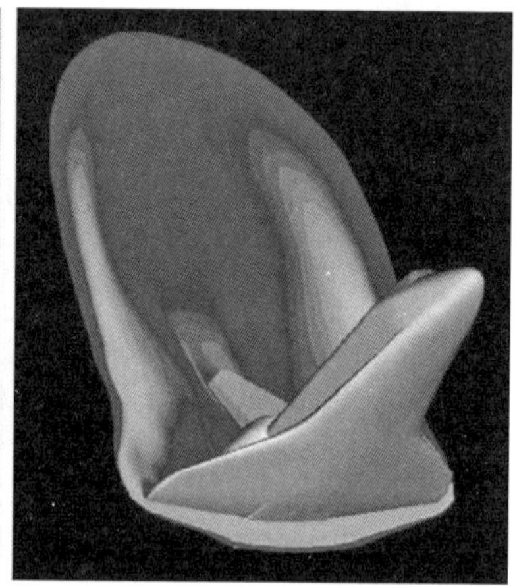

图 33.7　航天飞机建模与仿真示例

［资料来源：（左图）NASAFacts（2014）；（右图）NASA（2014）］

（1）左图：该图显示了马赫数为 1.25 时航天飞机运载火箭流场的溢流解决方案。飞行器表面根据压力系数着色，流场和羽流中的彩色轮廓代表局部马赫数（NASAFacts，2014：2）。

（2）右图显示了航天飞机重返大气层时高速气流的计算流体动力学（CFD）模拟。计算机和 CFD 的进步使得工程师能够在某些情况下替换风洞试验的末端（NASA，2014）。

33.5　建模与仿真挑战和问题

尽管建模与仿真为系统工程师利用技术来理解问题和解决方案空间提供了

巨大的机会，但也存在许多挑战和问题。接下来我们进一步探讨这些挑战和问题。

33.5.1 挑战1：未能记录假设和场景

建模与仿真要求建立一套基本的建模与仿真构型、假设、场景和运行条件。不在技术报告和简报中记录和提示这些信息，报告建模与仿真结果就会降低结果的完整性和可信度。此外，应记录执行模拟的版本、日期和个人。

33.5.2 挑战2：模型应用不当

在将模型应用于特定类型的决策支持任务之前，应该验证模型的预期应用。可能存在应用程序不存在模型的情况。你甚至可能会遇到一个与应用只有一定程度相关性的模型。如果发生这种情况，你应该考虑相关性，谨慎地应用结果。如果可行的话，最好的方法可能是根据你的应用调整当前的模型。

33.5.3 挑战3：缺乏对模型缺陷和瑕疵的理解

原理 33.5 模型有效性原理

“所有的模型都是错误的，但有些是有用的”（Box，1979：202）。

建模与仿真的发展通常是因为企业需要满足运行需求或解决问题。

当解决关键运行问题/关键技术问题的需求迫在眉睫时，研究人员可能只对应用的一部分或“问题的一部分”建模。具有不同需求的其他用户可能想要修改模型以满足他们的个性需求。很快，该模型将通过一系列由不同接收者提供的未记录的补丁来发展，然后文档的准确性和构型控制成为关键问题。

对于潜在用户来说，由于与用户应用相关的潜在缺陷或不足，这种模型可能存在风险。此外，由于模型的某些部分未使用，可能存在未发现的潜在缺陷，如设计缺陷、错误和不足。注意这个问题。在选择使用之前，要彻底研究模型。若可找到模型创建者，请找到模型创建者。询问开发人员你应该了解模型的性能、缺陷、瑕疵和文档同时询问该模型的测试情况、用户群体和规范。

33.5.4 挑战4：模型可移植性

模型往往会被传播、修补和改编。因此，构型和版本控制成为一个关键问题。建模与仿真及其相关文件的维护和构型管理非常昂贵。除非企业需要长期使用模型，否则可能会将其搁置。虽然模型的物理和逻辑可能会随着时间的推移而保持不变，但模型在较新的计算机平台上的执行可能会有问题。这通常需要付额外的费用将模型迁移到新的计算机平台。因此，模型可移植性可能是一个需要考虑的关键因素。

33.5.5 挑战5：建模与仿真文件不足

模型往往是为特定的而不是一般的应用开发的。由于建模与仿真经常是非交付的项目，因此文件的优先级往往较低，而且往往不充分。管理决策通常遵循“我们是投入1.00美元改进建模与仿真，还是投入1.00美元记录模型”。除非模拟是需要交付的，否则人们默认它只供内部使用，因此策略是最少的文件。基于不同的知识背景，模型开发人员可以接受的文件对其他用户来说可能是不适用的。

33.5.6 挑战6：未能理解模型保真度

每一个模型和模拟都有一定程度的保真度来表征其性能和质量。了解你需要的模型保真度水平，调查每个候选模型的保真度水平，并确定模型的实用性以满足你的需要。

33.5.7 挑战7：未记录的特征

作为实验室工具开发的建模与仿真通常没有正式交付物文档的编写规程和审查级别。因此，建模或仿真可能包括开发人员由于可用时间、预算削减等原因而忘记记录的未记录的“特征”。因此，你可能认为可以很容易地重用模型，但却发现它包含各种问题。最坏的情况是：计划重用一个模型，但当你“过于落后”而无法执行其他操作时，却发现了不足之处。

33.6 本章小结

本章我们对建模与仿真实践的讨论确定、定义和介绍了各种类型的建模与仿真。我们还将试验台的实现作为进化的“桥梁”，使建模与仿真的虚拟世界能够进化到物理世界。需要记住：

（1）建模与仿真的有效性取决于开发人员构建经确认的系统表示的努力程度。

（2）模型有不同的保真度水平，每个水平的成本都在增加。确定模拟你的系统所需的特定部件的最低成本保真度水平。

（3）试验台提供了一种机制，用于从分析模拟发展开发构型（第 12 章和第 16 章），以便用实际工作产品、子系统、组件或子组件进行替换。

（4）确定性模型由精确的数学关系表示；随机性模型使用随机变量作为独立的输入，可能表现出不同程度的不确定性。

（5）在搜索现有模型时，根据你系统的要求，彻底调查模型的类型、来源、历史、当前缺陷和有效性。

（6）当采购现有系统的新部件时，基于仿真的采办（SBA）可以提供一种机制，用于分析和评估报价人提议的已经集成到该系统经确认模拟中的部件的性能。

（7）为了避免不利训练结果，用于训练的模拟器应完全模仿它们所代表的系统，包括可能无法运行的能力。

（8）经确认的模拟提供了复现故障的机制，作为改进多级系统设计的一种手段。

33.7 本章练习

33.7.1 1 级：本章知识练习

（1）什么是分析模型？

（2）分析模型有哪些类型？

（3）模型是如何用于系统工程师决策的？

（4）模型如何确认？

（5）博克斯（1979：202）指出："所有的模型都是错误的，但有些是有用的。"

a. 解释这个论点。

b. 如何提高模型的“有用性”？

（6）什么是模拟？

（7）建模与仿真中表示运行环境的三种方法分别是什么？

（8）什么是实物模型？

（9）系统工程师如何使用实物模型？举例说明，并解释系统工程师期望从中获得什么类型的知识？

（10）什么是试验台？说出三个可能成为试验台候选系统的示例系统。

（11）试验台是如何用于系统工程师决策的？

（12）试验台的“即插即用”功能是什么意思？

（13）试验台可用于缓解系统集成、测试和评估进度问题。找出本章中提到的五个可以帮助缓解问题的原因。

（14）建模与仿真面临许多系统工程师必须做好应对准备的挑战和问题。找出本章中提到的 7 个挑战。

33.7.2 2 级：知识应用练习

参考 www. wiley. com/go/systemengineeringanalysis2e。

33.8 参考文献

Box, George E. P. (1979), “Robustness is the Strategy of Scientific Model Building” in *Robustness in Statistics.* eds. R. L. Launer and G. N. Wilkinson, New York, NY: Academic Press.

DAU (2001), *Systems Engineering Fundamentals,* Ft Belvoir, VA: Defense Acquisition University Press. Retrieved on 1/16/14 from http://www. dau. mil/publications/publicationsDocs/SEF Guide%2001-01. pdf.

DoD 5000. 59 - M (1998), *DoD Modeling and Simulation (M&S) Glossary,* Washington, DC: Department of Defense (DoD). Retrieved on 8/1/13 from http://www. dtic. mil/whs/directives/corres/pdf/500059m. pdf.

ISO/IEC/IEEE 24765: 2010 (2010), Systems and software engineering—Vocabulary, International Organization for Standardization (ISO), Geneva: ISO Central Secretariat.

NASA (2005), *Test Drive: Shuttle Training Aircraft Preps Astronauts for Landing.* Accessed on 5/27/13 from http://www. nasa. gov/vision/space/preparingtravel/rtf_ week5_ sta. html.

NASA (2014), *Space Shuttle CFD Computer Simulation,* Washington, DC: NASA. Retrieved on 1/20/14 from http://www. nasa. gov/images/content/136479main _ image _ feature _

431_ ys_ full. jpg.

NASAFacts (2014), *The Impact of High-End Computing on the Space Shuttle Program*, Mountain View, CA: NASA Ames Research Center. Retrieved on 01/20/14 from http://www. nasa. gov/centers/ames/pdf/153087main_ fs_ shuttle_ nas. pdf.

SEVOCAB (2014), *Systems and software engineering—Vocabulary*, New York: Institute of Electrical and Electronic Engineers (IEEE). Retrieved on 4/14/15 from http://pascal. computer. org/sev_ display/index. action.

34 系统可靠性、可维护性和可用性

第 1 章到第 33 章介绍了系统工程概念、原理、定义、边界和定义、架构、监控、命令和控制（MC2）实践、面向用户的设计以及模拟与仿真、测试、验证和确认系统、产品和服务。你和你的团队可以建立满足原理 3.11 所述的六个用户利益的最精妙的系统设计解决方案：

（1）运行效用（utility）。

（2）运行适用性（suitability）。

（3）运行可用性（availability）。

（4）运行易用性（usability）。

（5）运行有效性（effectiveness）。

（6）运行效率（efficiency）。

然而，任务和系统的成功最终取决于：

（1）能够“随时按要求”执行任务的运行可用性。

（2）运行有效性——随系统有效性的变化而变化，而系统有效性随系统、产品或服务的可靠性和可维护性（R&M）的变化而变化。

系统可靠性、可维护性和可用性（RMA）这三个主题领域被定义为专业工程领域，并且是本章讨论的焦点。

这就引出了一个关键问题：系统工程师在识别、开发和实现可靠性、可维护性和可用性需求方面的角色是什么？有什么关联？

作为系统工程师，你应该：

（1）领导并协调为系统性能规范（SPS）和实体开发规范（EDS）定义（购买者角色），分析并分配（系统开发商）可靠性、可维护性和可用性需求。

（2）从合同授予开始，将专业工程学科（第1章）整合到系统性能规范/实体开发规范的可靠性、可维护性和可用性需求规范和分析决策流程中。

（3）确保工程专业完全整合并融入多层系统和实体系统工程设计解决方案和开发活动中。

可靠性、可维护性和可用性是最重要的系统工程决策支持活动之一。然而，它往往被贬低为仅仅是一种“数字运算练习”。巴纳德（2008）认为，许多公司认为他们正在进行可靠性工程，而实际上他们正在进行可靠性计算。这些公司甚至没有遵守可靠性工程的一个基本方面，即“关注细节”［MIL－HDBK－338B（1998）第7－1页，巴纳德（2008：4）］。

巴纳德（2008：9）提到，比灵顿和艾伦（1996）也指出：区分可靠性计划的有效实施和无效实施的唯一且最重要的因素是可靠性工作的时间安排。可靠性活动必须作为开发项目的一个组成部分进行。如若不然，可靠性活动要么成为一个纯粹的学术功能，要么成为一个历史记录过程。可靠性工程往往在真正的游戏结束后就变成了一场数字游戏。在系统或产品被构思、设计、制造和投入运行之后，可靠性是无法经济地增加的（Billinton 和 Allan：1996）。

教科书通常将可靠性、可维护性和可用性作为独立的主题，并使用引人注意的标题，如可靠性设计、可维护性设计和可用性设计。这种处理方式意味着可靠性、可维护性和可用性是独立的“烟囱式”概念。现实情况是，你必须为了可靠性、可维护性和可用性而设计系统。一个常见典型范式是：“一旦设计以及可靠性和可维护性工程师完成工作，剩下的工作就该由维护人员来完成了。”现实情况是，可靠性、可维护性和可用性不是独立的主题。相反，它们是联系在一起的整体，并形成所谓的以可靠性为中心的维修（RCM）和视情维修（CBM）策略。

如果询问大多数工程师、经理和高管“可靠性和可维护性的目的是什么”，那么他们通常会回答“防止设备故障”。这并不是可靠性和可维护性的目的，而是一个被误传的典型案例。实际情况是可靠性和可维护性应确保能力的连续性，从而保证系统、产品或服务的任务能够顺利完成（原理34.2）。这并不意味着可靠性和可维护性是在设计不会失败的实体或零件。因此，可靠性和可维护性应成为基于可靠性和可维护性原理以及实体或零件物理特征的系统架构过程（第26章）构型的组成部分，确保系统或产品完

成其使命。

遗憾的是，许多企业事后才考虑可靠性。巴纳德（2008：5）对企业逻辑及其错误推理的阐述如下：

（1）可靠性是一门关于“失效”的学科……

（2）运行部门负责处理故障。

（3）可靠性委托给了维护或后勤部门！

第 34 章为理解可靠性、可维护性和可用性以及如何应用可靠性、可维护性和可用性来克服这些典型做法提供了依据。

34.1 关键术语定义

前 33 章的每章开头都有关键术语定义。可靠性、可维护性和可用性由许多术语组成，这些术语具有需要解释的语境相关的用法和含义。因此，这里给出的许多术语可在第 34 章中找到。

（1）视情维修（CBM）——参考第 34. 7. 2 节给出的定义。

（2）纠正性维护（corrective maintenance）——参考第 34. 4. 6. 2 节给出的定义。

（3）最终效果（end effect）——“故障模式对最高组合层次的运行、功能或状态的影响”（MIL－STD－1629A：第 4 页）。

（4）故障安全系统（fail-safe system）——在发生故障时，以不会对机器或人员造成伤害或至少最小伤害的方式做出响应的设备或功能［MIL－STD－3034（2011）：3］。

（5）失效（failure）——参考第 24 章“关键术语定义”。

（6）失效原因（failure cause）——“物理或化学过程、设计缺陷、质量缺陷、零件误用或作为故障根源的其他过程或引发劣化直至失效的物理过程”［MIL－STD－1629A（1980）：4］。

（7）疲劳（fatigue）——“由于老化、应力或振动造成的材料物理弱化”（DAU，2012：B－83）。

（8）故障（fault）——参考第 26 章“关键术语定义”。

（9）高斯（正态）分布［gaussian（normal）distribution］——参考第 30

章“关键术语定义”。

（10）潜在缺陷（latent defects）——参考第 3 章“关键术语定义”。

（11）寿命单位（life units）——“对组件适用的使用持续时间的度量（如操作小时数、周期、距离、射击回合和尝试操作次数）”（DAU，2012：B - 126）。

（12）现场可更换单元（LRU）——参考第 16 章“关键术语定义”。

（13）对数（对数正态）分布［logarithmic（lognormal）distribution］——泊松概率密度函数的非对称图形，描述了围绕数据分布平均值的独立数据的离散度和频率（见图 34.2）。

（14）可维护性（maintainability）——参考第 34.4.1 节给出的定义。

（15）平均修复时间（MTTR）——参考第 4.4.6.2.2 节给出的定义。

（16）任务可维护性（mission maintainability）——“对组件在特定任务剖面中进行维护时保持或恢复到特定状态的能力的度量”（MIL - HDBK - 470A 第 G - 12 页）。

（17）任务关键型系统（mission critical system）——参考第 5 章“关键术语定义”。

（18）预防性维护（preventive maintenance）——参考第 6 章“关键术语定义”。

（19）可靠性（reliability）——参考第 34.3.1 节给出的定义。

（20）使用寿命（service life）——参考第 34.3.3 节给出的定义。

（21）单一故障点（SFP）——“将导致整个系统故障的组件故障。单一故障点通常通过冗余或替代运行程序进行补偿”（DAU，2012：B - 203）。有些人使用术语“单点故障”（SPF）。

（22）储存期限（storage life）——“项目在特定条件下储存并仍满足特定运行要求的时间长度”（MIL - HDBK - 470A：第 G - 15 页）。

（23）非计划性维护（unscheduled maintenance）——“针对疑似故障进行的纠正性维护”（MIL - HDBK - 470A：第 G - 17 页）。

（24）有效使用寿命（useful service life）——参考第 34.3.3 节给出的定义。

34.2 引言

本章引言基于系统工程师围绕可靠性、可维护性和可用性需要了解并理解的内容，而不是让你成为主题专家（SME）。基于以上所述，你应该对主题专家的期望和需求有必要的了解，以便你能够领导系统开发团队/产品开发团队做出明智的技术决策。

本章旨在确立可靠性、可维护性和可用性的基本原理和细微差别，使系统工程师能够：

（1）与可靠性、可维护性和可用性工程师合作，了解他们的专业术语。

（2）确定用户和最终用户所需的系统可靠性、可维护性和可用性能力。

（3）根据必要性、充分性和可负担性权衡可靠性、可维护性和可用性能力的优先顺序。

（4）将可靠性、可维护性和可用性的能力需求转化为系统性能规范和实体开发规范需求。

（5）学会识别 RMA 工作剪裁的捷径，并以专业的方式确认其应用和有效性。

对于军事系统，70%左右的系统总拥有成本（TCO）是在运行、维护和维持阶段消耗的（DAU，1997：13－6）。这里的成本可以从数千美元到数十亿美元或其他等值货币不等。切勿天真地认为可靠性、可维护性和可用性只是一个冗长的学术练习。系统或产品的成功取决于可靠性、可维护性和可用性概念、原理和实践的应用知识。

可靠性、可维护性和可用性要求对寿命数据分析方法、概率理论、网络结构和代表所分析的系统或实体的曲线拟合特征的数学模型的选择有基本的了解。这类知识的应用有四种形式：

（1）对提案和系统设计活动的分析决策支持。

（2）通过可靠性、可维护性和可用性对物理系统或实体寿命数据进行分析评估。

（3）基于实际系统或实体性能数据的可靠性、可维护性和可用性模型确认。

(4) 对现场数据和故障报告进行分析评估，支持预防性维护和纠正性维护决策以及潜在的系统或实体设计更新和现场改造。

专业工程学科包括可靠性、可维护性和可用性，是以非专业人员应用或误用可靠性、可维护性和可用性所导致的安全、法律、经济和政治影响的显著性和严重性为依据的。取而代之的是雇佣合格、胜任、专业的可靠性和可维护性工程师来实现系统的可靠性、可维护性和可用性。拥有证书的主题专家（SME）应能够：

(1) 了解于何时、何地应用可靠性、可维护性和可用性方法。

(2) 解读结果及其微妙之处，以便做出正确决策。

(3) 阐明结果和基本假设，使技术决策者能够做出正确决策。

作为系统工程师，你的工作是形成基本可靠性、可维护性和可用性概念、原理和实践的应用知识，以使你能够：

(1) 了解何时使用可靠性、可维护性和可用性服务。

(2) 对实现可靠性、可维护性和可用性的人员有一定的信心。

(3) 了解如何解读并监督主题专家提供的结果的应用。

注意 34.1 聘用合格、胜任的可靠性、可维护性和可用性专业人员

由于需要具备可靠性、可维护性和可用性能力和经验，才能了解哪些公式适用于架构构型以及误用的风险，因此建议你自行选择经过证实的跟踪记录的、经认证的专业可靠性、可维护性和可用性主题专家，使其加入你的团队或作为顾问提供服务。除非你经过适当的培训、认证并了解你所做的，否则切勿试图开展可靠性、可维护性和可用性实践。

因此，除非你是受过培训的、合格的可靠性和可维护性主题专家，否则作为项目的系统工程师，你不应该花时间计算方程——这可能是优先事项错误的现象。把这项工作留给合格的可靠性和可维护性工程师。作为一名系统工程师，你的职责是审查他人的工作，了解需要提出、讨论并解决的挑战性问题！

讨论包括系统或实体层部件等术语。请记住，实体是产品、子系统、组件、子组件或零件的统称。零件层部件示例包括电气——电阻器、电容器，机械——活塞、阀门、轴、软件，化学——实体内的流体、润滑剂。

本章按照两个层次来组织可靠性、可维护性和可用性知识：①总体主题；②理解主题所需的寿命数据函数。总体主题侧重于以可靠性为中心的维修和视

情维修。这两个主题相互依存：①代表系统可靠性和可维护性概念相互交织；②两者不可分割地联系在一起；③最终成为确定按需执行任务的系统可用性的主要驱动因素。

鉴于大多数企业和工程范式被误导，认为系统可靠性的目标是保护设备，而事实则是以可靠性为中心的维修目标是维持系统或产品的能力（功能），以便通过有深度的系统架构构型、部件选择或开发、消除潜在缺陷以及预防性和纠正性维护措施来完成任务。彻底消除设备故障的成本高昂，而且不是真正的目标。由于以可靠性为中心的维修和视情维修需要以可靠性和可维护性概念为基础，讨论将从系统可靠性开始，然后是系统可维护性、系统可用性，最后讨论以可靠性为中心的维修（RCM）——视情维修（CBM）。

34.2.1 系统可靠性部分概述

我们从开发可靠的系统和产品（系统可靠性）开始。作为介绍，我们定义了可靠性、任务可靠性和设备可靠性。由于系统或实体的可靠性是由其失效特征决定的，因此我们定义了何为失效，并根据任务关键和安全关键的背景来处理失效。

系统可靠性的基础在于对统计寿命数据分布的理解。对于一些人而言，这可能是对统计学课程的复习。由于系统、产品和服务的可靠性是有条件的，而且可以用统计失效分布来描述，因此我们可以用数学方法进行建模。指数分布、高斯正态分布、对数正态分布和威布尔曲线拟合等寿命数据分布使我们能够对系统或产品的寿命特性进行建模。

在理解寿命数据分布的基础上，我们转向根据寿命数据函数了解寿命数据分析，描述系统或产品的可靠性。主要函数包括概率分布函数（PDF）、累积分布函数（CDF）、可靠性函数、失效率函数、平均寿命函数、中值寿命函数和众数寿命函数。

接下来我们将介绍浴缸概念——一个关于寿命数据曲线应用的有争议的指导性解释。首先讨论曲线的下降、稳定和上升失效期、有效性以及与可靠性工程的相关性，然后讨论对浴缸概念有效性的挑战。

系统或实体可靠性评估需要对系统架构有深刻的了解，这也是用于评估系统可靠性的三种可靠性构型（串联网络结构、并联网络结构和串/并联网络结构）的依据。

系统可靠性的范围需要的不仅仅是对可靠性、可维护性和可用性寿命数据分析和等式的认识和应用。问题是：你了解以下内容吗？

（1）你了解系统或产品的失效模式和影响吗？

（2）你了解如何缓解失效模式和影响以达到系统性能规范的可靠性要求吗？

在系统可靠性部分的最后，我们介绍并讨论了失效模式和影响分析（FMEA）以及失效模式、影响和危害性分析（FMECA）。

34.2.2 系统可维护性部分概述

你可以开发可靠的系统和产品。然而，如果你不维护这些系统和产品，可靠性将变得毫无用处。我们对系统可维护性的讨论从表 6.1 阐述的运行概念（ConOps）——可维护性概念开始。

在分析上，我们引入并定义了系统或产品正常运行时间和停机时间的高层次概念。然后，我们讨论了预防性维护及其三种类型，之后讨论了纠正性维护。由于预防性和纠正性维护措施需要不同层次的专业知识和资源，我们介绍了两个主要的维护级别：①现场级维护——基层级和中继级维护；②基地级或原始设备制造商（OEM）级维护，需要失效报告、分析和纠正措施系统（FRACAS）。

根据对企业背景下系统可维护性的理解，我们引入对度量维护措施性能所用的指标或可维护性度量的讨论。然后总结了可维护性数据的来源，接着简要讨论了后勤保障分析（LSA）和满足系统可持续性需要的备件供应。

34.2.3 以可靠性为中心的维修/视情维修部分概述

在对可靠性和可维护性有基本了解的前提下，这些讨论是第 34 章的总体主题——“以可靠性为中心的维修（RCM）和视情维修（CBM）”的依据。我们定义并探讨了以可靠性为中心的维修和视情维修的概念。

34.2.4 系统可用性部分概述

系统、产品和服务可以设计成可靠且可维护的系统、产品或服务。然而，

最终问题在于：当用户需要时，系统、产品和服务会按需运行吗？这就引出对系统可用性的讨论。由于系统开发商和用户分别负责系统或产品的设计和现场维护，这将影响系统或产品的可用性，因此我们引入并定义了三种可用性：固有可用性、运行可用性和可达可用性。

让我们从系统可靠性开始。

34.3 系统可靠性

原理 34.1 有条件的可靠性原理

可靠性是具有给定物理运行条件的系统、产品或服务在规定的运行环境中无中断地成功完成指定持续时间的任务的条件概率。

系统架构为取得系统成功提供了基础框架。成功最终取决于：①最佳系统架构框架的选择；②实现框架的部件的正确选择；③提供在规定的运行环境中完成任务所需的耐用性的部件可靠性。各个多层实体可靠性均会影响系统可维护性（易于维护）和系统可用性（按需执行任务的能力）。在任务系统和使能系统层上，各个设备元素性能和可靠性与人员、操作规程和任务资源相结合，影响企业相关系统任务可靠性和任务的成功。

为了更好地理解何为可靠性，让我们从工程定义开始。

34.3.1 何为可靠性？

巴佐夫斯基（1961）对可靠性的定义如下：

可靠性——“在给定的置信水平下，当设备在特定的应用和运行环境及其相关的应力水平下运行时，在给定寿命、规定的时间长度、功能周期或任务时间内，以预定的方式和目的使用时，设备按要求或无故障地（即在规定的性能极限内）执行预期功能的条件概率”（Bazovsky，1961：19）。

一般而言，人们能够读懂可靠性定义中的字词。然而，在从阅读到理解的转变过程中，内部范式过滤并扭曲了含义，形成了不同的解释。在巴佐夫斯基的可靠性定义中，如果缺乏正式的可靠性教育，有几个范式就说明了这一点。

（1）范式#1——可靠性就是失效概率（reliability is a probability of failure）（错误）。请注意巴佐夫斯基的可靠性定义措辞“……概率，在给定的置信水平下，设备执行……”工程师经常错误地认为可靠性代表了系统、产品或服务失败（fail）的可能性。将“失败”（fail）或“失效”（failure）嵌入到可靠性定义中会自动地使一个人的思维过程产生偏差，并植入一个很难转换的范式，尤其是在项目和企业层。

（2）范式#2——失效意味着完全失效（failure means total）（错误）。请注意巴佐夫斯基的可靠性定义措辞“……无故障（without failure），在规定的性能极限内……”作为范式#1 的结果，人们经常错误地认为失效代表系统或实体完全失效——自毁灭或者不可运行。失效仅仅意味着系统或实体的性能超出了规定的系统性能规范或实体开发规范需求限制。正如我们将在下一节中看到的，失效包括因应力、摩擦、疲劳、未对准或校准不当、过热、退化、老化等造成的磨损所导致的任何性能退化，即使系统或实体仍然“可运行”。

（3）范式#3——可靠性是一种“预测”（prediction）（错误）。可靠性充其量是基于一组特定的系统、任务和运行环境条件的估计（estimate）。讽刺的是：企业和项目依据超出其控制能力的风险——外部组织和事件，来“估计”成本。

然而，可靠性工程师“预测”系统、产品或服务的可靠性，就好像他们可以控制与系统和运行环境交互的外部企业和工程系统，比如天气现象。

（4）范式#4——可靠性是一个概率（部分正确）。请注意巴佐夫斯基的可靠性定义措辞“……在特定的应用和运行环境及其相关的应力水平下运行时，在给定寿命、规定的时间长度、功能周期或任务时间内，以预定的方式和目的使用”。可靠性不仅仅是一个抽象的概率百分比，原因有二：

a. 可靠性是一个条件概率，其依据是由系统性能规范或实体开发规范规定的限制，如初始条件——运行条件、任务开始、任务持续时间和规定的运行环境。

b. 作为条件概率，在没有限定运行条件、任务持续时间和运行环境的情况下，“可靠性评估沟通失败”是不完全信息导致的，实际上会使评估无效。

（5）范式#5——可靠性、可维护性和可用性都与方程有关（错误）。作为条件概率，数学方程是可靠性不可或缺的一部分，但只是作为一种支持工具，为做出并验证明智决策提供数据。可靠性、可维护性和可用性要求掌握并实施第 3 章~第 33 章的所有概念、原理和实践。示例包括系统或产品：用例、概念定义与形成，运行的阶段、模式和状态，架构和接口，以用户为中心的系统设计（UCSD）等。概念和决策是逐步形成的，只有在这个过程中方程才具有相关性，作为一个独立的分析工具来支持可靠性、可维护性和可用性评估以及建模与仿真。除非你有数据来选择正确的方程、部件特征等，否则方程无用。这些数据来自第 3 章~第 33 章，反之则不成立。

（6）范式#6——可靠性是不会失灵的部件（错误）。大多数人，尤其是工程师和经理，错误地认为可靠性是设计不会失灵的部件。每个企业或工程系统或产品不可避免地会因退化、磨损、变质、薄弱材料或缺乏使用和维护而失灵，具体取决于其使用频率、误用、滥用和运行环境条件。可靠性与部件的保护无关。这反映了一种“盒子工程设计”（第 1 章）思维。相反，可靠性与确保任务运行的连续性而不中断（“系统工程设计”）有关。这需要多学科系统工程、系统架构过程和专业工程（如可靠性、可维护性和可用性、人为因素和安全）之间的深度协作。目标是从一组可行替代方案中选择最佳的系统或产品架构，选择部件，并就用户操作和培训做规定。总的来说，当正确且安全地运行系统或产品时，系统或产品在将系统/产品寿命周期内的总拥有成本（TCO）降至最低的同时，在技术、工艺、成本和进度限制范围内以可接受的风险实现用户任务目标的可能性更高。

虽然定义中未明确说明，但这意味着交付时，在给定的系统性能规范或实体开发规范性能、有效使用寿命和运行环境条件要求下，系统或实体在 $t=0$ 时的可靠性应为“X”。一旦系统或实体离开系统开发商或制造商所在处，并且已经：①被系统购买者或用户接受；②投入现场服务运行，由于使用和部件物理特征的退化，系统或实体的可靠性会在其有效使用寿命期内降低。

34.3.1.1　可靠性是一个条件概率

巴佐夫斯基（1961：19）定义中，第一个短语从条件概率的角度明确地建立了可靠性的背景。这是什么意思呢？基于以下假设：①系统或实体完全可运行；②系统或实体符合系统性能规范或实体开发规范；③系统或实体在规定的运行环境中正常且安全地运行，可靠性是“有条件的”。

34.3.1.2　任务可靠性与设备可靠性

巴佐夫斯基（1961：19）的可靠性定义侧重于“设备”。然而，可靠性在背景上与系统如何被界定（见图 8.1）和定义相关。一般而言，企业系统负责执行并成功完成任务——任务保证。这就需要企业资产——相关系统（任务系统和使能系统），都具有规定的任务可靠性（定义如下）：

（1）任务可靠性——由人员、设备、操作规程、任务资源、系统响应和设施（见图 9.2）组成的任务系统或使能系统在指定的持续时间和运行环境内无中断地完成指定的任务的条件概率。

由于设备通常是从系统开发商处获得的，系统购买者在系统性能规范中将设备可靠性指定为实现企业级任务可靠性的辅助措施（见图 5.3）。那么，何为设备可靠性？

（2）设备可靠性——为支持任务系统或使能系统在规定的持续时间内无中断地执行任务，设备元素（硬件和软件）在规定的运行环境条件下无故障或无中断地交付能力的条件概率。

为了从设备可靠性与任务可靠性的角度说明系统思维（第 1 章），请思考以下示例。

示例 34.1　行车时设备可靠性与任务可靠性

一辆汽车在理想的道路上行驶而不出现故障（设备可靠性）对比不可避免地从一块钉子朝上的板子上碾过并且轮胎爆裂的随机概率。这就涉及由驾驶员（人员元素）命令和控制设备元素组成的系统的任务可靠性。汽车能识别道路危险吗？一般情况下汽车并不能识别道路危险，除非汽车有专门的功能来检测物体，比如从后方接近另一辆车，或者在倒车时检测物体。驾驶员能识别道路危险吗？这取决于许多因素，如时间、障碍物的大小、驾驶员反应时间等。在这种背景下，汽车系统［由设备和人员（驾驶员）元素组成］的任务可靠性是一个条件概率，具体取决于驾驶员看到、检测并避免道路危险的能力以及设备元素的设计——重心（CG）、操纵、牵引控制和物体检测子系统（如已安装）。

在特定的运行环境条件下，某些系统或产品使用具有 *xx* 英里有效使用寿命或 *n* 个月保质期的资源，如燃油。然而，这就涉及资源规划和消耗以及失效。请思考以下示例：

示例 34.2　资源消耗——任务失效与设备失效

汽车油箱设计用于储存 *X* 加仑或 *X* 升的燃油。平均而言，储存在油箱中的燃油的有效使用寿命为 *XXX* 英里或公里，时间（按周或按月）由消耗率或

保质期决定。如果在执行任务期间燃油供应不足，则可能会因人员元素（驾驶员）而导致任务失效，需要妥善规划并认识到补充燃油的需求。除非油箱或管路泄漏、堵塞或传感器测量出现故障，否则这并不能归为设备元素失效。作为设备元素设计的补充，大多数汽车都设计有仪表板用来显示储备油量、确保任务连续性的可行驶里程以及储备油量减少至规定阈值以下时的警告指示。

尽管设备可靠性和任务可靠性的概念有不同的背景，但它们有一个共同点——失效是由什么构成的？

34.3.1.3　可靠性和可维护性工程*

原理 34.2　可靠性和可维护性工程原理

可靠性和可维护性工程旨在确保任务系统运行和能力的连续性，从而顺利完成任务而不中断，并实现其基于性能的目标，而不是防止设备元素部件出现故障。

可靠性和可维护性工程被认为是一个专业工程学科。根据企业的规模及其生产的系统、产品和服务的复杂程度，可靠性和可维护性可能由一名专家、一个团队或外部咨询企业来实现。

可靠性和可维护性工程的目的不是保护设备或防止设备故障。可靠性和可维护性工程旨在避免失效的影响，确保完成任务的能力的连续性。这是包括本章后面介绍的以可靠性为中心的维修和视情维修概念在内的可靠性和可维护性工程的重要基石。

企业和工程师经常错误地认为可靠性和可维护性的目的是事后“评估并评价”系统设计解决方案。然后，建议设计变更（但不得变更过多），防止或尽量减少设备失效。简单地观察项目中可靠性和可维护性工程师的任务分配以及工作成果，就能看到这种范式的客观证据。这种范式范围狭窄，几十年来一直被项目管理、工程、职能管理和行政管理所困扰。

现实情况是，在系统或产品的提案阶段以及整个系统开发阶段，可靠性和可维护性工程应该是明智技术决策的一个组成部分（见图 12.2）。示例活动如下：

---

* 关于可靠性工程的早期历史和发展的信息，请参考 Kececioglu（2002：43－52）。

（1）参与可靠性和可维护性规范需求的开发和分析。

（2）与系统架构师合作，制定、选择并开发满足需求的系统架构。

（3）与设计人员合作选择部件。

（4）分析并评估正在形成并不断成熟的物理系统设计解决方案的可靠性和可维护性，从而满足系统性能规范可靠性、可维护性和可用性的要求。

（5）优化可靠性、可维护性和可用性，实现具有用户可接受的风险水平的最低总拥有成本解决方案（见图 34. 24）。

基于这一范式，工程师倾向于从“设计盒子（设备）”的角度来看待原理 34. 2。原理 34. 2 的背景和范围是包括“盒子设计”在内的“系统工程设计”，原因如下：

（1）第一，原理 34. 2 阐述了用户的任务可靠性，包括图 5. 3 中的所有相关系统——任务系统和使能系统元素（设备、人员、任务资源、操作规程、系统响应和设施）。基于该评估，出现一个问题：任务可靠性实际上负担得起吗？如果负担不起，那么什么层次的任务可靠性是可负担的（见图 5. 3）？

（2）第二，用户的任务可靠性决策是推导相关系统（任务系统或使能系统）可靠性、可维护性和可用性以及系统性能规范中规定的设备可靠性、可维护性和可用性要求的基线。请记住系统开发商的观点，系统性能规范可靠性、可维护性和可用性要求是系统优化和系统性能规范合规性的基线。

基于以上观点，系统工程师的工作是确保从提案开始的整个系统开发阶段（见图 12. 2）中，可靠性和可维护性工程是每个项目不可分割的一部分。可靠性和可维护性工程师应该是作为最高级别的技术团队的系统工程和集成团队（SEIT）的项目系统开发团队（SDT）的核心成员。

基于对任务和设备可靠性的讨论，让我们把焦点转移到一个共同的话题——失效。

34. 3. 1. 4　什么构成失效？失效的定义通常与上下文相关：

（1）失效（情况）——系统或实体的性能降级或退化到不再符合规范需求的情况。

（2）失效（事件）——任何系统或实体未能或不会按照系统性能规范或实体开发规范的需求运行的事件或不可运行状态。失效事件以两种形式出现：

a. **相关失效：**由外部系统故障（见图 26. 8）或失效引起的、比预期早的

系统或实体失效。例如，由于用户未能遵循正确的润滑维护程序，发动机部件过早出现故障。

b. **独立失效**：由于内部故障（如疲劳、腐蚀或断裂）而导致的失效（见图 26.8）。

请注意第一个定义中的术语条件。失效条件是与时间相关的，并且是已经发生的故障的结果。根据图 24.1 所示的瑞森事故轨迹模型，一个故障表示一种危险，如果允许这种危险在各种情况下发生，这种危险就会成为可能导致事件或事故发生的失效条件。

故障具体化为失效条件可能是由以下原因引起的：

(1) 设计缺陷——规范误解；潜在缺陷，如设计缺陷、错误或缺陷；不相容、漂移。

(2) 部件缺陷——材料性能缺陷、降级或退化。

(3) 制造缺陷——工艺不良、装配不当、质量控制和质量保证（QA）不充分。

(4) 运行缺陷——系统或实体的误用、滥用或不当应用；压力条件，如过热、电过载、冲击、振动。

(5) 维护缺陷——未对准、蠕变、校准偏差、寿命终止故障。

(6) 异常——可能无法观察、明确识别或重现的问题。

最后，失效可能是暂时的、间歇性的（异常）或永久性的，具体取决于系统或实体、运行环境、应用或基于场景的条件。请思考以下示例。

示例 34.3　间歇性接线故障

假设汽车或飞机等交通工具在特定条件下因电线绝缘层与金属摩擦而出现接线问题。如果任其继续不受控制和缓解，绝缘层可能会破裂，从而引起短路和/或火灾。在冲击和振动条件下，电线只能与金属间歇接触。因此，由于维修人员无法重现行车时出现的问题，会出现间歇性的状况，表现出异常现象。这就是定期目视检查至关重要的原因。

此时的关键点是：失效会以不同的形式呈现在有各自观点的人们面前。对失效的理解、观点或个人认识并不意味着项目中的每个人都同意你的定义。系统工程师的工作是在项目内部，最好是在企业内部，就“什么构成失效”建立共识（原理 1.3）。这就引出了记录失效定义的重要性。

34.3.1.5 记录失效定义的重要性

原理 34.3 失效定义原理

明确定义“什么构成失效”，确定范围，在利益相关方（企业、项目、系统购买者和用户）之间建立共识，并记录在案。然后，沟通并确保所有人都理解。

为什么记录失效定义很重要？Weibull.com（2004）非常明确地阐述了为什么你、你的项目和企业需要建立共识并记录失效定义。

“具备普遍认可的失效定义的另一个好处是，最大限度地减少某些测试中将失效合理化的趋势。”

系统工程师如何确保每个人对“失效是什么构成的”都有共同的看法（原理 1.3）？需要：

（1）建立在项目的企业组织标准流程（OSP）中达成共识的失效定义。

（2）就失效的定义与系统购买者和用户建立共识并正式达成协议。

（3）在所有项目团队中宣传定义。

34.3.1.6 失效迹象

从学术上来说，可以将失效定义为不符合系统性能规范或实体开发规范的需求。然而，在执行任务前、执行任务时和执行任务后，大多数系统并没有魔法般地显示系统内每个实体的规范符合性。结果将不切实际并且成本高昂。最好的办法如下：

（1）给系统或实体装测量仪器，监视、命令和控制（MC2）（见图 26.6）少量与规范要求限制相关的基本能力、任务关键型能力和安全关键型能力的性能状况。

（2）以预定的保养周期进行预防性维护。

（3）培训操作人员和维护人员进行任务前、任务中和任务后的实时独立检查，如异常噪声、异味、过热、泄漏、电线擦损、疲劳裂纹等可能预示着需要进行纠正性维护的可能的失效前迹象。

34.3.1.7 任务关键型和安全关键型项目

原理 34.4 任务可靠性原理

任务的可靠性就像一条链条，取决于系统架构构型中最薄弱的环节。

原理 34.5 任务-安全关键型部件原理

识别、分析并标记任务关键型和安全关键型实体或零件层部件，并确保其易于更换。

根据定义，部件不符合规范需求就是失效。现实情况是，有些部件对于实现和维持设备元素、任务系统和使能系统的可靠性和性能至关重要，有些则不然。请思考以下示例。

示例 34.4 汽车任务关键型-安全关键型示例

在出发前，汽车的四个轮胎和备用轮胎应处于可接受的状态，以便在规定的任务距离和运行环境内行驶。在行车中，如果爆胎，任务可以继续进行，但由于使用了备用轮胎，在故障轮胎修复之前，风险会有所增加。安装在汽车上的轮胎是不可否认的任务关键型组件，确保实现行车任务目标。问题是：轮胎是何时成为任务关键型组件的？是在长途行车之前还是在用备用轮胎替换爆裂的轮胎时？这里的假设是，在这条路线上没有现成的轮胎。

如果汽车的前照灯不能操控怎么办？它是任务关键型部件吗？这要视情况而定。如果汽车的前照灯在白天失效，它可能不是任务关键型部件，除非照明条件需要或法律规定需要启用。

那么在夜间或在雾天（白天和夜间）呢？在这种情况下，它是任务关键型项目还是安全关键型组件？

如果汽车的尾灯不能操作怎么办？它是任务关键型组件吗？也要视情况而定。间接地说，如果停车时发生追尾事故，汽车尾灯就是任务关键型组件。那么，这项任务可能会有危险。如果汽车的尾灯在白天熄灭，它可能不是任务关键型组件。然而，按照法律规定，汽车尾灯是安全关键型组件。那在夜间或在雾天（白天和夜间）呢？在这种情况下，它是任务关键型项目还是安全关键型组件？

基于这些基本原理，让我们通过介绍系统可靠性——战略实施规则来推进讨论（梅特勒-沃森，2006）。

34.3.1.8 系统可靠性——战略实施规则

虽然在大多数文献中没有明确阐述，但系统可靠性是建立在多方面的哲学基础上的，包括以下几个规则：

（1）规则#1——每个系统或实体都有一个成功概率（$P_{成功}$），由任务前运行健康和状态、任务持续时间、用例和场景，以及规定的任务运行环境条件决定。

（2）规则#2——由于设计错误和瑕疵等潜在缺陷、部件/材料特性以及工艺流程和方法等原因，系统、实体或零件在交付时具有固有的失效率。

（3）规则#3——系统或实体层部件的可靠性、可维护性和可用性可以用各种数学分布和模型来粗略估计并描述。

（4）规则#4——通过适当的关注，特定系统或实体内的潜在缺陷会随着时间的推移通过被发现时采取视情维修和纠正性维护措施来消除。

（5）规则#5——假设系统是根据系统开发商的要求部署、运行、维护和维持的，通过消除潜在故障点（如薄弱或故障部件），可以降低系统或实体失效概率，从而提高可靠性。

（6）规则#6——在系统或实体的任务或有效使用寿命期间的某个时间点，由于物理交互、疲劳和磨损以及由于运行环境压力和条件导致的部件退化所造成的部件失效率的组合和累积效应，失效概率将开始增加。

（7）规则#7——通过系统培训、正确使用、处理以及在规定的运行时间间隔内及时采取预防和纠正性维护措施，可以使以上影响最小化，延长系统、实体、零件的有效使用寿命。

34.3.1.9　故障排除在战略和战术上的重要性

原理 34.6　故障排除原理

系统设计解决方案或其实施中每一个未被发现的潜在缺陷都是潜在的风险，可能会危及任务的完成，造成用户和公众伤亡，损坏系统或产品或破坏环境。

系统或产品出现故障时，它们没有任何用处，也不会为用户提供任何价值。在更大、更复杂的系统中，如果系统或产品不运行，就不会产生收益。相反，系统或产品会消耗收益用于维修，降低盈利能力。

表 13.1 说明了通常所说的 100 倍规则，该规则阐明了错误纠正成本的指数性增加（见图 13.1）。当故障出现时，收益-利润流就会减少。因此，消除可能成为失效条件的故障（危险）（见图 24.1）的战略必须在系统/产品寿命周期的系统开发阶段早期开始。图 13.2 说明了在系统开发阶段早期减少潜在缺陷（故障）的重要性（见图 12.2）。最后一点将在稍后探讨浴缸概念递减失效区［Bathtub concept（DFR）］时讨论。在系统开发阶段早期消除故障（见图 12.2）有战术和战略上的好处（见图 13.2）。

(1) 战术上——消除故障减少了返工、报废的实体和零件，降低了技术风险，为测试和实现符合规范的交付计划和系统、产品或服务留出了更多时间。

(2) 战略上——在获得新系统时，客户会高度重视并且会记住没有潜在缺陷且满足规范要求的系统、产品或服务交付。

34.3.1.10　复杂性如何影响系统可靠性

组织和个人可以讨论可靠性设计等主题的重要性。然而，直到事件、事故或灾难发生时，才理解系统可靠性评估的重要性和意义。在这一点上，争论为时已晚。通常，工程师、物理学家、医生等具有实际经验的专业人员的关键特征之一是了解且理解他们所做决策的重要性和影响。在系统可靠性方面，Kececioglu（2002）非常有效地解决了这个问题，如表 34.1 所示。请注意单个部件可靠性是如何随系统复杂性（关键部件数量）的变化而影响系统整体可靠性的。

表 34.1　复杂性如何影响系统可靠性*

关键部件数量	单个部件可靠性/%			
	99.999	99.99	99.9	99.0
	系统可靠性/%			
10	99.99	99.90	99.00	90.44
100	99.90	99.01	90.48	36.60
250	99.75	97.53	77.87	8.11
500	99.50	95.12	60.64	0.66
1 000	99.01	90.48	36.77	<0.1
1 000	90.48	36.79	<0.1	<0.1
100 000	36.79	<0.1	<0.1	<0.1

资料来源：Kececioglu，2002，表 1.4，第 12 页，经许可使用。
注：假设所有关键部件串联可靠。

目标 34.1

参与系统工程课程学习的工程师经常错误地将可靠性、可维护性和可用性视为堵漏用的方程。可靠性、可维护性和可用性方程只是计算估计值的工具。现实情况是，可靠性和可维护性是称为生命或寿命数据分析的更大领域的一部分。因此，为了改变这种狭隘的范式，让我们为寿命数据分析概念建立一个适当的基础。

34.3.2　寿命数据分析概念和分布

理解系统可靠性的挑战之一是只关注这个主题，而不理解其在更高层次领域（寿命数据分析）中的背景。可靠性是关键的寿命数据函数之一。为了更好地理解寿命数据概念，让我们用一个简单的示例来说明。图 34.1 给出了一个图形视图。

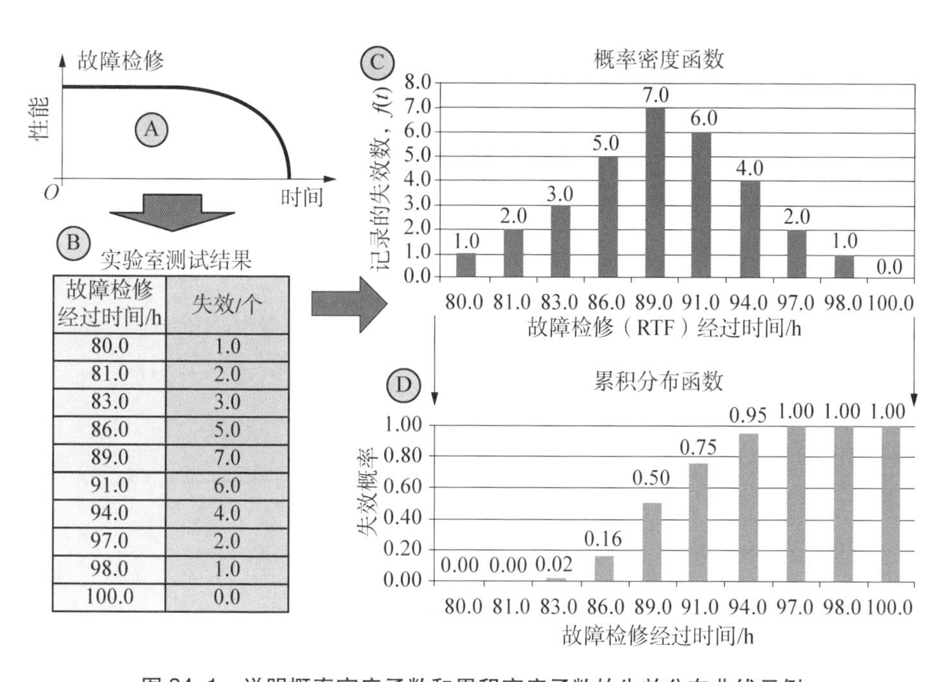

故障检修经过时间/h	失效/个
80.0	1.0
81.0	2.0
83.0	3.0
86.0	5.0
89.0	7.0
91.0	6.0
94.0	4.0
97.0	2.0
98.0	1.0
100.0	0.0

图 34.1　说明概率密度函数和累积密度函数的失效分布曲线示例

示例 34.5　基本寿命数据概念

假设用系统或实体统计上有效的样本量进行测试，并允许所有测试进行到所有被测单元（UUT）故障检修（RTF）（见图 34.1 的 A 部分）。我们取样 31 个单元，将其放在测试夹具和受控运行环境中，同时激活所有单元，等待所有单元失效，并记录其故障检修经过时间，如图 34.1B 部分所示。然后，标绘离散测试结果，如图 34.1C 部分所示。请注意，C 部分代表离散测试值的失效频率或密度。作为剖面图，故障密度图表示随时间的变化而变化的离散、瞬时失效率 $\lambda(t)$。

分析 C 部分，我们观察到，第一个故障发生在 $t=80.0\,\text{h}$ 时，最后一个故障发生在 $t=98.0\,\text{h}$ 时。请注意，在 $t=89.0\,\text{h}$ 时，7 个单元失效。此外，我们看到，失效分布近似于钟形高斯（正态）分布，中心均值为 $t=89.0\,\text{h}$。总的来说，我们可以说 20 个单元的 MTTF 是 89.0 h。根据每个被测单元的运行条件，瞬时失效率 $\lambda(t)$ 的分布是有条件的，统计上我们称之为概率密度函数（PDF）。概率密度函数给出可以计算特定时刻（t）失效的可能性或概率的信息。

至于离散失效率（t），假设被问及：从 $t=80.0\,\text{h}$ 到 $t<98.0\,\text{h}$，预计在特定的时刻有多少个单元会失效？在 $t=80.0\,\text{h}$ 到 $t=98.0\,\text{h}$ 的范围内，我们可以说，在任何时刻，31 个单元中有一部分失效（失效单元），其他部分幸存（幸存单元）。最终结果：失效单元+生存单元=31。C 部分说明，还可以人工计算 $80.0\,\text{h}<t<98.0\,\text{h}$ 间隔内的随时间的变化而变化的累积失效数——累积分布函数（CDF），$f(t)$。

某些应用中，人工计算是可以接受的。然而，当任务可靠性、系统可靠性和成本是关键运行问题或关键技术问题时，人工计算是不够的。例如，如果过早地执行计算，大量生产单元的维护成本可能非常昂贵。相反，如果在出现失效状况之前不进行维护（见图 34.25），任务可靠性和系统可靠性将成为高风险，可能危及任务，并可能对用户、设备、公众或环境造成灾难性后果。

那么，最佳解决方案是什么？我们知道失效率 $\lambda(t)$ 曲线有类似于数学曲线的特征。因此，答案是利用数学工具。这些工具使我们能够科学地完善及时最佳可靠性和维护（R&M）解决方案（见图 34.24）。

如何做到这一点呢？答案在于寿命数据函数及其分布。这些分布使我们能够通过由实际测试样本结果确认的“曲线拟合”传递函数来从数学上描述失效率 $\lambda(t)$ 分布。数学传递函数提供了一个失效率 $\lambda(t)$ 闭联集（continuum），避免通过外推法进行高成本的粗略估计。因此，寿命数据函数和分布为本节讨论的主题。

首先，让我们探讨一下失效率——$\lambda(t)$。

34.3.2.1　了解失效率 $\lambda(t)$

从分析的角度来看，我们对失效的讨论需要的不仅仅是对事件的随意关注。我们需要量化（界定并定义）失效的出现概率 $P_x(t)$。但是，由于制造

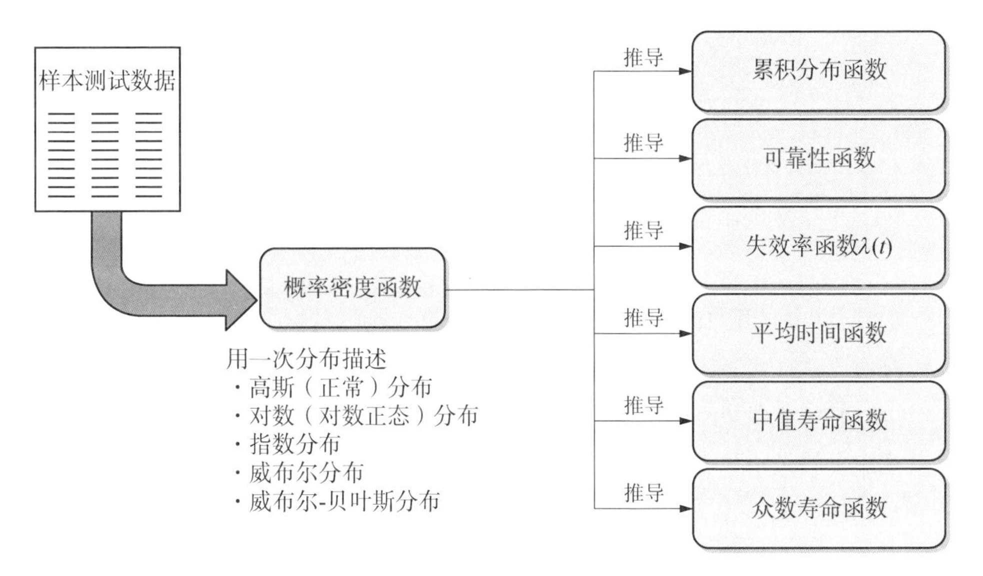

图 34.2　寿命数据函数及其可追溯性

的零件层部件会表现出固有的材料特性和特征变化，随后会受到运行环境条件、载荷效应、运行周期的影响（见图 34.11），因此预计在一段时间内会出现随机失效，如图 34.1 的 C 部分所示。因此，使用一个零件的样本不足以得出有关大量相同零件的推论。结果，我们将相同部件统计上有效的样本置于相同的运行条件下，观察并描述失效率曲线，从而使我们能够对失效特征进行数学建模。我们用数学方法将失效率的分布表示为：

$$t \geqslant 0 \text{ 时，失效率} = \lambda(t) \tag{34.1}$$

式中：λ（t）表示随以下条件的变化而变化的失效频率或失效密度——①特定的运行环境条件；②连续随机变量时间 t。*

34.3.2.2　寿命数据分析和分布

原理 34.7　寿命数据函数原理

每个系统、产品或服务都可以用七个寿命数据函数描述：

（1）概率密度函数（PDF）。

* **失效率**

在稍后对概率密度函数的讨论中，我们将把失效率细化为两种主要类型：瞬时失效率 λ（t）$_{瞬时}$和平均失效率 λ（t）$_{平均}$。

（2）累积分布函数（CDF）$F(t)$。

（3）可靠性函数（reliability function）。

（4）失效率函数（failure rate function）$\lambda(t)$。

（5）平均时间函数（mean time function）。

（6）中值寿命函数（median life function）。

（7）众数寿命函数（mode life function）。

原理 34.8　寿命数据分布原理

每个系统或实体都有一个独特的寿命数据分布曲线，该曲线描述了随连续变量（时间）的变化而变化的失效频率或密度。

如果分析单个机械、电气、流体部件和材料的寿命曲线，那么你会发现各种特征曲线，如图 34.3 所示。由于每条曲线都描述了特定类型的系统或实体的寿命曲线，我们称之为寿命数据分布。当将这些零件→子组件→组件→子系统→产品集成到更高层次的系统可靠性中时，就会出现一个整体的系统层输入/输出（I/O）传递函数。每个传递函数都有通常采用稍后讨论的威布尔分布进行建模的独特的特性曲线。

根据图 34.3 的特性曲线范围，寿命数据分析应用并定制了数学模型，以获得系统或实体物理失效分布特征的“最佳拟合”近似值。最常用的寿命数据分布包括：①高斯（正态）分布（见图 34.3 的 A 部分）；②对数正态分布（见图 34.3 的 B 部分）；③累积分布函数 CDF（见图 34.3 的 C 部分）；④指数分布（见图 34.3 的 D 部分）；⑤威布尔分布（见图 34.4）。还采用了第六种分布——贝叶斯-威布尔分布。现实情况是：大多数 RTF 型的可靠性测试并不完全符合这些分布。这些分布旨在合理地粗略估计被测单元故障数据的统计特征。

注意 34.2　正确选择系统或实体的失效分布曲线

寿命数据分析中的一个挑战是选择准确表示部件特征曲线“最佳拟合”的数据分布曲线。

有时为了方便起见，可靠性和可维护性工程师和其他人会采用指数分布等分布来得到临时“速视”估计。遗憾的是，这变成了被合理化为“足够好”的分析结果。再说，谁来挑战它！

从工程最佳实践的角度来看，要对寿命数据分布估计保持谨慎，确保估计

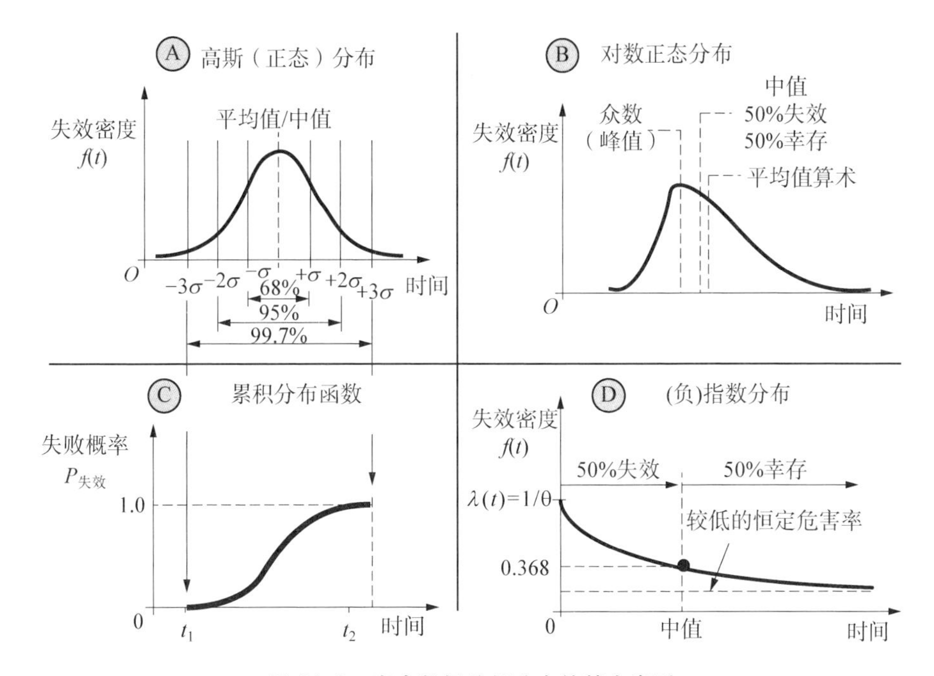

图 34.3　寿命数据分析分布的基本类型

是合理且记录在案的，以供将来参考。如果可靠性和可维护性工程师不愿这样做，那么应该立即发出关注的信号。

在介绍了寿命数据函数之后，接下来介绍概率密度函数。

34.3.2.3　概率密度函数

原理 34.9　概率密度函数原理

概率密度函数是推导累积分布函数、可靠性函数［$R(t)$］、失效率函数［$\lambda(t)$］、平均时间函数、中值寿命函数和众数寿命函数等所有其他寿命数据分布的依据。

原理 34.10　概率密度函数曲线原理

概率密度函数用五个主要寿命数据分布描述：

（1）指数分布。

（2）高斯（正态）分布。

（3）对数正态分布。

（4）威布尔分布。

（5）贝叶斯-威布尔分布。

寿命数据分布用失效概率密度函数 $f(t)$ 来表示。事实上，概率密度函数是推导如图 34.2 所示的累积分布函数、可靠性函数、失效率函数、平均时间函数、中值寿命函数和众数寿命函数的基础。请注意如何用高斯（正态）分布、对数正态分布、指数分布、威布尔分布和威布尔-贝叶斯分布等各种常用的分布来描述概率密度函数。为了更好地了解寿命分布，我们先介绍概率密度函数。

概率密度函数，顾名思义，是用来表示某个时间（t）的失效概率的。把概率密度函数曲线想象成一个具有一系列的 Δt 垂直时间增量的直方图，如图 34.1 的 C 部分所示。每一个 Δt 时间增量的大小代表了预计在某个特定时刻出现的失效数。从概率的角度来看，概率密度函数下面的区域代表系统或实体随连续变量时间 t 的变化而变化的失效概率（见图 34.1 的 B 部分）。

概率密度函数表示基于观察和客观证据（实测数据以及实际系统或实体样本或现场数据确认）的事件概率估计。一般而言，概率密度函数使可靠性和可维护性工程师能够回答以下问题：在特定的时刻，$t=t_x$，系统或实体 X 失效的概率是多少？例如，在图 34.2 的 C 部分中，在以下情况下应考虑在执行任务前采取预防性或纠正性维护措施：①实验室或现场数据表明，在 $t=89.0\,h$ 的条件下，特定部件的失效率 $\lambda(t)$ 为 7 个单元；②在系统任务期间，经过时间 $t=89.0\,h$。

34.3.2.3.1　指数分布概率密度函数

最简单、最常用的分布之一是图 34.3 的 D 部分所示的指数分布。遗憾的是，由于比较简单，指数分布是最常被误用的分布之一，并且经常被误用于具有不同分布特征的系统或实体，如正态分布或对数正态分布。

指数分布有两种形式：单参数分布和双参数分布。双参数分布是单参数分布的改进，适应沿时间轴偏离原点的分布。

1）双参数指数分布

从数学上讲，可以将指数分布表示为双参数函数：

$$f(t) \geqslant 0,\ t \geqslant 0,\ \lambda > 0 \text{ 时}，f(t)=\lambda e^{-(t-\gamma)} \tag{34.2}$$

式中：

$f(t)$ 表示特定时间间隔内的指数概率密度函数；

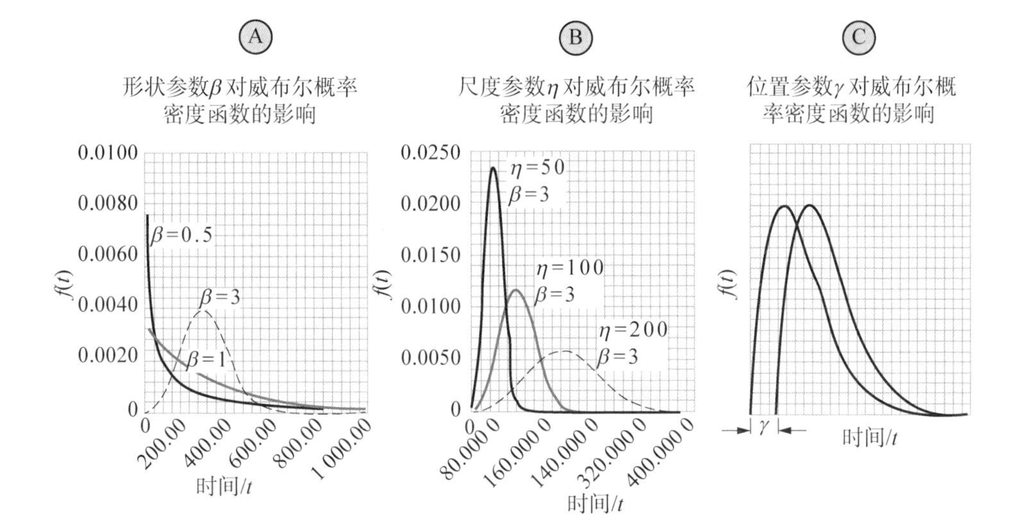

图 34.4　说明形状、尺度和位置参数影响的威布尔分布示例

[资料来源：Weibull. com（http：//www. weibull. com/basics/parameters. htm），2014；经许可使用]

λ 表示 t 时刻的故障密度；

λ 表示从曲线起点到原点右侧的位置偏移参数；

t 表示以运行小时、周期等表示的经过时间。

2）单参数指数概率密度函数

如果式（34.2）中的位置偏移参数为0，那么结果是一个单参数指数概率密度函数：

$$f(t) \geqslant 0,\ t \geqslant 0,\ \lambda > 0\text{时},\ f(t) = \lambda e^{-\lambda t} \tag{34.3}$$

3）可修复、不可修复和替换系统

原理 34.11　MTBF－MTTF 原理

MTBF 表示可修复项群体统计上有效的样本的平均寿命（θ），MTTF 表示不可修复项群体统计上有效的样本的平均寿命（μ）。

失效率 λ（t）表示每单位测量的失效数，如失效/小时、失效/周期等。我们知道，MTTF（μ）表示系统或实体指数概率密度函数曲线中所有失效平均时间。然而，失效密度的值 λ（t）取决于系统或实体是可修复还是不可修复的。让我们定义什么是可修复系统或实体：

可修复项——“根据工程、经济和其他因素的应用，确定可通过定期修理程序恢复到可用状态的耐用性项目”（DAU，2012：B－190）。

请注意可修复项定义中术语“恢复”的使用。基于抽象层次和集成的原因，这些术语与上下文相关，如较高层次的系统或实体可能由于较低层次的零件失效而失灵。可以这样说，更高层次的系统或实体是可以恢复的可修复项。

相比之下，可能无法恢复的故障零件可以用来自同一制造商的相同零件号或替换项进行纠正，替换项可能与出现故障的实体不同，但符合机电接口和空间边界条件。例如，商业市场上的替换零件可能只能从“售后市场”供应商处获得，让我们定义术语：

替换项——“可以有另一个组件替换的组件，但该组件可能与原始组件在构成上有所不同。在原始组件中，安装替换件需要进行钻孔、铰孔、切割、锉削、填隙等操作，此外还需要正常的应用程序和连接方法”（MIL－STD－480B：第11页）。

在了解可修复和替换系统或实体之后，让我们区分可修复系统和不可修复系统的MTBF和MTTF。

图34.1的C部分说明了故障时间（TTF）或故障检修（RTF）概念，该概念适用于可修复和不可修复系统，但也仅限于可修复和不可修复系统。不可修复系统是一次性使用、可拆卸和更换并处置的系统。所以，MTTF恰当地描述了失效时间。

可重复使用的可修复系统有不同的使用环境。在这些情况下，我们关注：①系统或实体在预计失效之前的平均运行时间——MTTF；②预计将系统或实体恢复到可运行状态以恢复服务（RTS）所需的维修的平均时间——MTTR。从数学上来说，我们可以将MTBF表示为：

$$\text{MTBF} = \text{MTTF} + \text{MTTR} \tag{34.4}$$

因此，对于可修复系统或实体，MTBF大于MTTF。尽管如此，一些工程师错误地将可修复项的MTBF等同于不可修复项的MTTF。那么，这对指数概率密度函数有什么影响呢?

我们知道，故障检修或失效时间和失效率 $\lambda(t)$ 成反比。因此，对于可修复系统，$\lambda(t)$ 是平均失效间隔时间（MTBF）的倒数，用希腊字母 θ 表示。我们用数学方法表示为：

$$(t)_{\text{可修复}} = \frac{1}{\text{MTBF}} = \frac{1}{\theta} \tag{34.5}$$

对于不可修复系统，λ（t）是用希腊字母 μ 表示的 MTTF 的倒数。我们用数学方法表示为：

$$(t)_{\text{不可修复}} = \frac{1}{\text{MTTF}} = \frac{1}{\mu} \tag{34.6}$$

对于可修复系统，将式（34.5）代入式（34.3），得到以下结果：

$$f(t)_{\text{可修复}} = \frac{1}{\theta}e^{-t/\theta} \quad [f(t) \geqslant 0, \ t \geqslant 0, \ \theta \geqslant 0] \tag{34.7}$$

对于不可修复系统，将式（34.6）代入式（34.3），得到以下结果：

$$f(t)_{\text{不可修复}} = \frac{1}{\mu}e^{-t/\mu} \quad [f(t) \geqslant 0, \ t \geqslant 0, \ \mu \geqslant 0] \tag{34.8}$$

由于 MTBF 大于 MTTF［式（34.4）］，因此 $f(t)_{\text{可修复}} \neq f(t)_{\text{不可修复}}$。

4）指数概率密度函数尺度参数（γ）

我们讨论的失效率 λ（t）作为一个量值也有值得注意的图形含义。具体而言，在 $t=0$ 时，f（t）在式（34.7）中的 y 截距值为 $1/\theta$，在式（34.8）中的 y 截距值为 $1/\mu$。因此，λ（t）$=0$ 作为指数概率密度函数分布的尺度参数。

5）指数概率密度函数应用

指数分布概率密度函数通常用于用负指数分布描述的系统或实体。尼尔森（1990）注意到，根据经验，指数分布：

“……描述了绝缘油和绝缘液（电介质）以及某些材料和产品的寿命”（Nelson，1990：53）。

“……仅描述分布下端尾部 10%～15%的产品”（Nelson，1990：54）。

尼尔森（1990）建议，威布尔分布（见图 34.4）或另一种分布可能更合适。

34.3.2.3.2　高斯（正态）寿命分布

某些系统、实体或部件零件表现出类似于高斯（正态）分布的失效特征曲线，如图 34. 3 的 A 部分所示。从图可以看出，钟形对称曲线由一个中心均值组成，该中心均值具有向-∞ 和+∞ 扩展的递减值。

高斯（正态）分布用于绘制系统或实体的失效频率分布，这些系统或实体具有与灯泡等的曲线相匹配的特征。从寿命数据的角度来看，随连续随机变量时间 t 和特定类型部件的变化而变化的失效频率具有概率密度函数曲线的特征。

在数学上，高斯（正态）分布概率密度函数可以表示为：

$$f(t) \equiv \frac{1}{\sigma\sqrt{2\pi}} e^{1/2\left(\frac{t-\mu}{\sigma}\right)^2} \quad (t \geqslant 0) \qquad (34.9)$$

式中：

$f(t)$ 表示指数概率密度函数。

σ 表示标准偏差。

μ 表示分布的中心均值。

t 表示表示经过时间的连续变量。

由于高斯（正态）寿命分布是对称的，其中值和模式都与平均值一致，如图 34. 3 的 A 部分所示。

34. 3. 2. 3. 3　对数正态寿命分布

失效并不总是以对称概率密度函数的形式出现。尽管失效概率密度函数显示了平均值、众数和中值，但如图 34. 3 中的 B 部分所示，一侧可能倾斜，留下不对称的表象。由于失效频率的出现类似于高斯（正态）分布，但离散为随连续随机变量时间 t 的对数函数，该曲线称为对数正态分布。

对数正态分布常用于疲劳破坏循环、材料强度、可变载荷载效应和纠正性维护措施等应用。在数学上，对数正态分布的概率密度函数定义为：

$$f(t) \frac{1}{\sigma t\sqrt{2\pi}} \exp\left[-\frac{1}{2}\left(\frac{\ln t-\mu}{\sigma}\right)^2\right]$$

$$(-\infty < \mu < \infty,\ t > 0,\ \sigma > o) \qquad (34.10)$$

式中：

t' 表示失效时间（TTF）值的自然对数 t；

μ' 表示失效时间自然对数的中心均值；

σ'表示失效时间自然对数的标准偏差。

34.3.2.3.4　威布尔寿命分布

请注意对数正态分布的平均值、中值和众数的位置。寿命数据并不总是适合指数分布、高斯（正态）分布或对数正态等分布。曲线拟合或成形成为确保基于采样数据的“最佳拟合”分布的规定方法。

使分布成形以实现抽样数据的最佳拟合匹配的一种方法是瑞典工程师、科学家和数学家 E. H. 瓦洛迪·威布尔博士构建的威布尔分布（维基百科，2013a）。尽管大多数分布具有独特的曲线，但是三个控制参数（尺度、形状和位置）提供了强大的组合和灵活性来重构大多数寿命数据分布，如图 34.4 所示。

1）三参数威布尔分布

作为三参数威布尔分布，可以用数学方法来表示概率密度函数（ReliaWiki. org，2013a）：

$$f(t)=\frac{\beta}{\eta}\left(\frac{t-\gamma}{\eta}\right)^{\beta-1}\mathrm{e}^{-\left(\frac{t-\gamma}{\eta}\right)}\quad(t\geqslant 0)\tag{34.11}$$

式中：

β 表示形状参数；

η 表示尺度参数；

γ 表示位置偏移参数。

为了更好地理解这些参数，让我们用图 34.4 来说明。

（1）形状参数（β）——控制分布形状的无单位量。对于高斯（正态）分布等应用，形状对称，类似于钟形曲线。图 34.4 的 A 部分说明了形状参数（β）被赋予不同值时的一些效果。形状参数非常有用，尤其是在描述失效率 λ（t）以及后文介绍的可靠性函数 R（t）时。斯皮克斯（2013：5）就威布尔形状参数提出了几点：

a. 当 $\beta<1$ 时，威布尔分布模型的形状近似于早期的失效曲线——后文介绍的浴缸概念递减失效区（DFR）。

b. 当 $\beta=1$ 时，威布尔分布模型的形状近似于指数概率密度函数——后文介绍的浴缸概念稳定失效区（SFR）。

c. 当$\beta=3$时，威布尔分布模型的形状近似于高斯（正态）概率密度函数。

d. 当$\beta=10$时，威布尔分布模型的形状近似于命末期磨损——后文介绍的浴缸概念递增失效区（IFR）。

（2）尺度参数（η）——无单位量，根据宽度（标准偏差）控制威布尔分布的尺度。如果用式（34.9）构造高斯（正态）分布，尺度参数（η）将由分布的标准偏差决定。图 34.4 的 B 部分说明η被赋予不同的值（如 50、100 和 200）时的一些效果。请注意模式$1/\eta$。你应该将该识别模式作为可修复和不可修复系统的式（34.7）和式（34.8）表示的失效率$\lambda(t)$。

（3）位置参数（γ）——无单位量，用于控制图的横坐标相对于原点（$t=0$）的分布位置。如果构建了高斯（正态）分布，那么位置参数（γ）表示曲线起点沿水平时间轴的偏移位置。图 34.4 的 C 部分说明了γ被赋值时的一个偏移效果。

如何确定尺度（β）、形状（η）和位置（γ）参数？一般而言，答案取决于所选的数据和分布曲线。系统分析师可以在试错法的基础上完成任务。Reliawiki. org（2013c）建议考虑以下方法：概率标绘、X轴秩回归、Y轴秩回归和最大似然估计（MLE）。

2）双参数威布尔分布

对于没有基于时间的位置偏移（$\gamma=0$）的应用，概率密度函数变为双参数威布尔分布。可以将随形状参数（β）、尺度参数（γ）以及连续变量时间t的变化而变化的概率密度函数表示为（ReliaWiki. org，2013a）：

$$f(t)=\frac{\beta}{\eta}\left(\frac{t}{\eta}\right)^{\beta-1}e^{-\left(\frac{1}{\eta}\right)^{\beta}}\quad(t\geqslant 0)\qquad(34.12)$$

3）单参数威布尔分布

对于保持一致的系统或实体概率密度函数，β可以是基于系统或实体特有的采样数据的已知常数。在数学上，式（34.11）可以表示为随尺度参数（γ）以及连续变量时间t的变化而变化的单参数威布尔概率密度函数（ReliaWiki. org，2013a）：

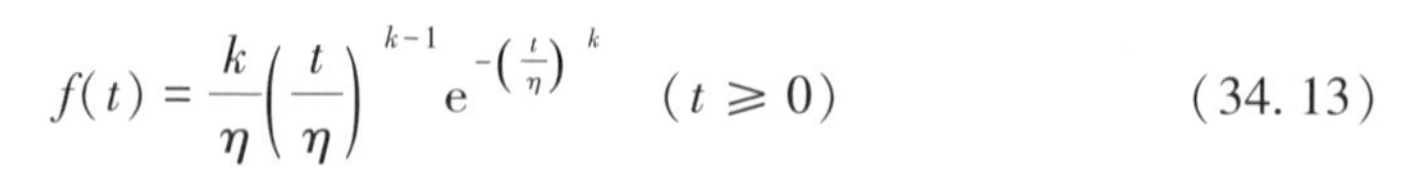

$$f(t)=\frac{k}{\eta}\left(\frac{t}{\eta}\right)^{k-1}e^{-\left(\frac{t}{\eta}\right)^{k}}\quad(t\geqslant 0)\qquad(34.13)$$

式中：k 表示已知常数。

34.3.2.3.5　贝叶斯-威布尔寿命分布

使用的另一种概率分布是贝叶斯-威布尔分布。该分布的背景建立在系统分析师对特定实体的概率密度函数形状的先验知识的基础上。具体来说，就是形状参数 β。分布的构造包括考虑形状参数 β 可能存在的“变化和不确定性”（Reliawiki. org，2013b）。

34.3.2.3.6　寿命数据分布总结

总之，寿命数据分析和数理统计为各种类型的失效分布建模提供了强有力的工具。这些分布包括指数分布、高斯（正态）分布、对数正态分布、威布尔分布和贝叶斯-威布尔分布。有关各种寿命数据分布的更多信息，请参考美国国家标准技术研究院（2013，第 1.3.6.6 节）。

34.3.2.3.7　累积分布函数

假设企业系统或产品的 X 个单元在现场运行。一个问题可能是：$t=t_x$ 时预计会有多少个单元失效？这个问题的背景与特定的时刻无关，而是与从 $t=0$ 到 $t=t_x$ 的时间间隔内的累积失效有关。这就引出对累积分布函数 $F(t)$ 的讨论。*

为了更好地理解累积分布函数的概念，让我们使用图 34.3 的 A 部分所示的高斯（正态）分布作为数学讨论的前提。因为我们讨论的是概率，所以我们知道寿命数据分布曲线以下的面积等于 1。为了理解预计在时间间隔 $0 \geqslant t \geqslant t_x$ 内失效的概率，我们将求出指数失效概率密度函数 $f(t)$ 的积分。

图 34.1 的 D 部分所示为从 $t=0$ 到 $t=t_x$ 的时间间隔内的累积失效数。这使得我们能够建立高斯（正态）分布、对数正态分布和指数分布 $F(t)$ 在指定时间间隔内的关系。用数学方法描述这种关系：

$$F(t_a \leqslant t \leqslant t_b) = \int_{t_a}^{t_b} f(t)\,dt$$

$0 \leqslant t_a \leqslant t \leqslant t_b$ 时，在 0 到 $+\infty$ 的范围内

（34.14）

* $F(t)$ 与 $f(t)$、$Q(t)$ 与 $F(t)$

请注意，概率密度函数用小写 $f(t)$ 表示，而累积分布函数用大写 $F(t)$ 表示。有些教科书用参数 $Q(t)$ 代替 $F(t)$。

式中：

$f(t)$ 表示随时间 t 的变化而变化的失效概率密度函数；

t 表示连续随机变量。

请注意图 34.5 的 A 部分所示的概率密度函数分布中由时间 t_1 表示的线左侧的失效数。概率密度函数这一部分以下的区域表示系统或实体的不可靠性。我们将在下一个话题“可靠性函数”中详细讨论这一点。

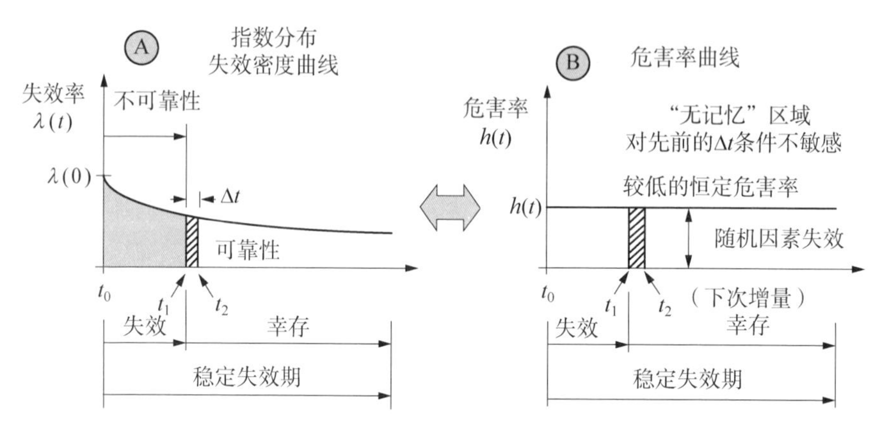

图 34.5　失效概率密度曲线 $f(t)$ 和危害率 $h(t)$ 曲线之间的差异

对于指数概率密度函数，将式（34.3）代入式（34.14），可以将累积分布函数表示为：

$$F(t) = \int_0^t \lambda e^{-\lambda t} dt \quad (t \geqslant 0) \tag{34.15}$$

总之，我们：

（1）介绍了累积分布函数与概率密度函数——高斯（正态）分布、对数正态分布、指数分布、威布尔分布和威布尔-贝叶斯分布的关系。

（2）定义累积分布函数 $F(t)$，作为对随连续变量时间 t 的变化而变化的系统或实体失效概率（$P_{失效}$）或不可靠性的度量。

最后一点非常重要，因为我们将继续讨论下一个话题——可靠性函数。

34.3.2.4　可靠性函数

尽管工程师、经理和高管过早地开始计算系统或实体的可靠性，但你应该认识并理解可靠性只是了解和实现可靠性和可维护性所需的七个寿命数据函数

之一（原理 34.7）。

为了更好地理解可靠性函数的概念和计算，让我们以前面讨论中介绍的系统或实体的不可靠性为基础。为了理解可靠性，需要定义与之互补的不可靠性。

利用概率论，我们可以说成功概率（$P_{成功}$）和随经过时间的变化而变化的失效概率（$P_{失效}$）是互补的。由于概率密度函数分布以下的面积被标准化为 1.0，我们可以用数学方法表示这种随连续变量时间 t 的变化而变化的关系：

$$t \geqslant 0 \text{ 时}，P_{成功}(t) = 1.0 - P_{失效}(t) \tag{34.16}$$

如果成功程度代表系统或实体在规定的运行环境条件下在特定时刻的可靠性，我们使：

$$t \geqslant 0 \text{ 时}，P_{成功}(t) = \text{可靠性}，R(t) \tag{34.17}$$

失效随着随机时间和条件的变化而变化，可能在整个任务过程中出现。系统或部件在特定时刻的失效概率（$P_{失效}$）率或任务不可靠性用累积分布函数 F（t）来表示。因此，将式（34.17）代入式（34.16），可以将可靠性 R（t）表示为：

$$t \geqslant 0 \text{ 时}，R(t) = 1 - P_{失效}(t) \tag{34.18}$$

我们可以说，R（t）代表系统或实体在规定的运行环境条件下，在一个规定的持续时间内，在计划的任务中幸存的概率。我们将这个有界条件称为“系统可靠性”，也称为“生存函数”。

将式（34.14）代入式（34.18），我们可以将从安装时间 t_0 到当前时间 t_1 的时间间隔内的可靠性 R（t）表示为：

$$R(t) = 1 - F(t) = 1 - \int_{t0}^{\infty} f(t)\,dt \tag{34.19}$$

式中：f（t）表示指数失效概率密度函数。

由于概率密度函数曲线以下的总面积是 1.0，在时间间隔为 $t_0 \rightarrow t_\infty$ 的条件下，因此我们可以将式（34.3）代入式（34.19）：

$$R(t) = 1 - \int_{t0}^{\infty} \lambda e^{-\lambda t} dt \tag{34.20}$$

工程师通常假设可修复系统或实体的平均寿命（θ）表示 50%的部件失效、50%幸存的瞬间。这是错误的！事实上，它反映了两种不同概念的卷积——平均寿命（θ）和在后面介绍的寿命数据中值寿命函数。指数分布函数证明了这一点。应该问的问题是：对于具有指数分特征的系统或实体，其可靠性（单元“幸存”概率）超出平均寿命（θ）的概率是多少？

让我们假设系统或实体有恒定的失效率，如图 34.3 的 D 部分所示。

如果我们将代入 $1/\theta$［式（34.5）］中的 θ 代入式（34.20），令 $t=\theta$（平均寿命），然后在 $t_0 \to t$ 的时间间隔内求出积分。

$$\begin{aligned} R(t) &= 1 - \int_0^t \frac{1}{\theta} e^{-\frac{1}{\theta}} dt \\ R(t) &= 1 - [1 - e^{-1}] \\ R(t) &= 1 - 0.632 = 0.368 \end{aligned} \tag{34.21}$$

因此，对于具有指数分布概率密度函数特征的系统或实体，当 50%的单元失效（中值）而 50%幸存时，其可靠性 $R(t)$ 仅为 36.8%。这意味着：

（1）概率密度曲线下 63.2%的面积在代表失效单元的中值寿命函数的左侧。

（2）概率密度曲线下 36.8%的面积在代表幸存单元的中值寿命函数的右侧。

前面的示例清楚地说明了指数概率密度函数分布的可靠性 $R(t)$，超过平均寿命（θ）——0.368。这与中值寿命函数有所不同，中值寿命函数中，平均寿命（θ）函数两侧各有 50%的单元幸存。

34.3.2.4.1　可靠性预测或估计？

原理 34.12　可靠性、可维护性和可用性估计原理

由于系统或实体的物理运行条件和任务运行环境条件的不确定性，可靠性、可维护性和可用性（RMA）是时间变换的评估，产生的是估计，而不是预测。

可靠性采用统计方法和技术。这些方法和技术是建立在对所有抽象层次物

理实体（系统、产品、子系统、组件、子组件和零件）的粗略估计和假设的基础上的。因此，你将听到人们就预测系统或实体可靠性发表的意见。

根据观察，预测是预言家和巫师的象征。这里的背景是根据数学建模和仿真所用的和给出的观察和测量的事实证据通过假设做出明智决策。因此，如果可靠性理论是建立在假设、观察结果、近似值、不确定性和概率的基础上的，您会预测或估计系统或实体的可靠性吗？我们估计系统开发成本。那么，做可靠性预测呢？Weibull. com（2013）充分阐述了这一点。

> “因为寿命数据分析结果是基于单位抽样的观察寿命的估计，所以由于样本量有限，结果存在不确定性。”

本书将系统或实体的可靠性、可维护性和可用性的计算称作估计。然而，在缺乏丰富的知识、经验和智慧的情况下，计算会受制于以往的陈词滥调：有工具的傻瓜仍然是个傻瓜（匿名）。当有能力、合格的可靠性和可维护性工程师正确地应用时，估计可以像深入分析一样具有成本效益和准确性，而深入分析需要假设并消耗大量资源，还不一定能提高产品的可靠性。可靠性估计加上“最坏情况”分析可能非常有效。

可靠性函数总结前面的讨论引出一个关键的结论：

始终用五个关键标准来限制、表示可靠性估计：

（1）标准#1——规定的运行环境条件。

（2）标准#2——有限的任务持续时间或剩余任务时间。

（3）标准#3——任务系统元素的运行条件（人员、设备、任务资源、操作规程和系统响应）（加上使能系统的附加设施）。

（4）标准#4——自任务开始以来经过的运行时间。

（5）标准#5——成功完成既定任务而不中断的概率。

在不限制条件的情况下，避免使用 MTTF 或 MTBF 作为可靠性要求。*

总之，我们已经举例说明了可靠性函数是如何基于系统或实体的概率密度

* **可靠性估计无效并违反原理 34.6 的情况**

作为原理 30.2 的续篇，在任何技术文件中陈述可靠性时，请确保上述可靠性估计标准与可靠性估计在同一页上。将信息分散到多个页面实际上会使估计无效，并违反原理 30.2。

函数推导出来的。这就引出五个寿命数据函数中的另一个函数——瞬时失效率函数。

34.3.2.5　失效率函数 $\lambda(t)$

对失效率 $\lambda(t)$ 的一般讨论需要细化术语，获得更明确的背景细化。需求是由两个关键问题驱动的：

（1）预计在任务过程中的某个特定时刻有多少个单元会失效？

（2）预计在一段时间内有多少个单元会失效？

这些问题要求我们进一步将失效率 $\lambda(t)$ 细化为更具体的术语。这些术语包括瞬时失效率 $\lambda(t)_{瞬时}$ 和平均失效率 $\lambda(t)_{平均}$。

大多数教科书提及失效率 $\lambda(t)$ 时一般不考虑背景，如瞬时失效率 $\lambda(t)_{瞬时}$ 和平均失效率 $\lambda(t)_{平均}$ 有显著差异。首先定义每个术语：

（1）瞬时失效率——表示在特定时刻随连续随机变量时间 t 的变化而变化的失效频率或失效密度。

（2）平均失效率——“在规定的条件下，在特定的测量周期内，一个项目群体内的总失效数除以该项目群体消耗的寿命单位总数”（MIL－HDBK－338B：第3－7页）。

美国国家标准技术研究院（2013，8.1.2.3）指出：失效率是指在任何给定的时刻，幸存项“跌落悬崖”的比率。例如，汽车车速表［英里每小时（mph）或公里每小时（km/h）］所表示的车速的连续变化类似于某一特定时刻的瞬时失效率 $\lambda(t)_{瞬时}$。

大多数人考虑的是每单位时间（如小时、周、月或周期）的平均失效率 $\lambda(t)_{平均}$。例如，根据系统或实体中所有单元的总运行小时数（每个运行小时的平均失效数）来考虑已经失效了多少次。请思考以下示例。

示例34.6　平均失效率 $\lambda(t)_{平均}$

假设一家货车运输公司有100辆卡车（单元）组成的车队，每天工作8小时。在30天内，三辆卡车失效，需要停止服务并采取纠正措施。因此，该月的平均失效率为：

（1）每个卡车每月3/100或0.03次失效。

（2）每辆卡车每天失效0.001次。

（3）每小时每辆卡车失效0.000125次。

请注意限定并界定背景（如每辆卡车、每月、每天或每小时的平均失效率）的重要性。

作为另一个示例，假设图 34.1 的 C 部分代表系统或产品的故障检修。平均失效率 $\lambda(t)_{平均}$ 为：

$$\lambda(t)_{平均} = \frac{31\ \text{failures}(100\%\ \text{of units})}{(98.0 - 80.0)\ \text{hours}}$$

$$= 每小时\ 0.316\ 次失效$$

现在，对比 $\lambda(t)_{平均}$ 和在 $f = 89.0$ h 的条件下 7.0 个单元的瞬时失效率 $\lambda(t)_{瞬时}$。此外，需要认识到，失效在 $70.0\ \text{h} \leqslant \lambda(t)_{平均} \leqslant 98.0\ \text{h}$ 之间“聚集”，在 $0.0 \leqslant \lambda(t)_{平均} \leqslant 80.0\ \text{h}$ 之间留下空隙。因此，$\lambda(t)_{平均}$ 没有任何用处。相比之下，平均失效率 $\lambda(t)_{平均}$ 的值为每小时 1.722 次失效时，在 $80.0\ \text{h} \leqslant \lambda(t)_{平均} \leqslant 98.0\ \text{h}$ 的范围内有一些相对值。

寿命数据分布的目标之一是定义系统或实体失效的特征概率密度函数分布。然后，能够在足够的时间内检测系统或实体失效，采取预防或纠正措施。尽管看起来很简单，但随着时间的变化而变化的失效密度（概率密度函数）、平均失效率［$\lambda(t)_{平均}$］以及瞬时失效或危害率的概念通常是许多工程师在寿命数据分析方面最困惑的一个方面。理解这些术语的背景及其应用是寿命数据分析的关键基础。

总之，如果系统或产品有连续运行 6 小时的严格任务要求，并且在此期间有可能失效，那么 h 应考虑在执行任务之前更换任何可疑实体或部件，尤其是当部件是任务关键型或安全关键型部件时。任务关键型或安全关键型项目的示例包括医疗设备、烘烤炉和飞机。

我们对这一点的讨论包括对应用于可靠性和可维护性的统计分布的回顾。我们的下一个话题——危害函数，侧重于有效使用寿命或具有指数概率密度函数特征的浴缸曲线（见图 34.6）的稳定失效区（SFR）。

34.3.2.6　危害函数 $h(t)$

原理 34.13　危害率原理

具有负指数概率密度函数分布特征的系统或部件在基于随机、偶然失效的有效使用寿命期间，在数学上表现出恒定的危害率 $h(t)$。

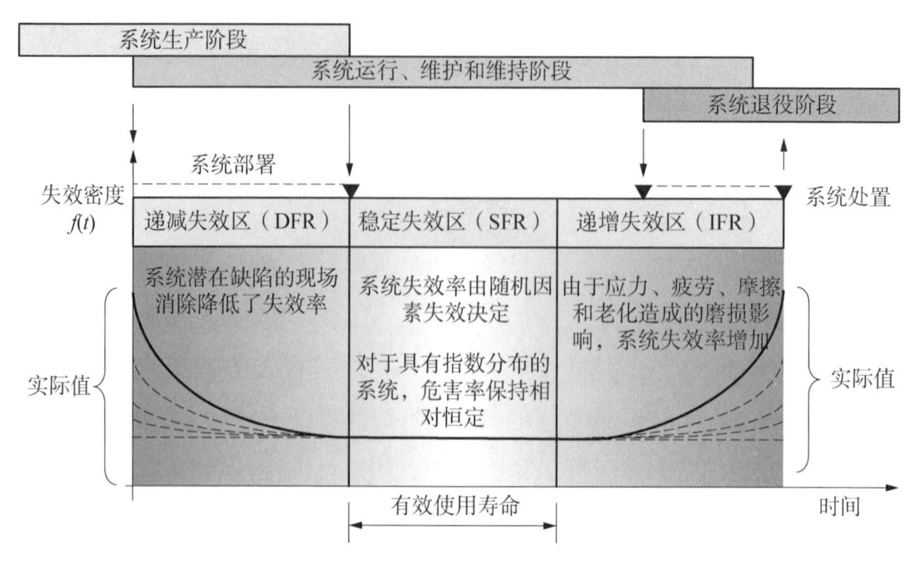

图 34.6　说明递减失效区、稳定失效区和递增失效区的浴缸曲线概念

可靠性的一个挑战是系统或实体能否成功地完成下一个任务而不失效。如果根据当前条件，系统或实体的可靠性 $R(t)$ 为0.9，那么系统或实体当前的可靠性（在给定的运行环境条件下成功完成持续时间为 Δt 的任务而不失效的概率）是多少？

这个问题给可靠性函数设置了一个条件。因此，可靠性函数有时被称为有条件的可靠性函数，也有人称之为危害函数。更令人困惑的是，有些人将危害函数称为失效率函数。图 34.5 的 A 部分和 B 部分说明了这两个术语的差异。

危害函数 $h(t)$ 定义为系统或实体的失效率 $\lambda(t)$ 与随连续变量时间 t 的变化而变化的可靠性 $R(t)$ 之比。危害函数的一般公式如下：

$$h(t)=\frac{f(t)}{R(t)}=\frac{f(t)}{1-F(t)}\quad(t\geqslant 0)\tag{34.22}$$

式中：$h(t)$ 表示危害率。

美国国家标准技术研究院（2013，8.1.2.3）指出：由于分母 $1-F(t)$（即群体幸存项）在给定生存时间 t 的条件下，将表达式转换为有条件的比率，失效率有时被称为“有条件的失效率”。

注意 34.3

美国国家标准技术研究院（2013，8.1.2.3）提到了“失效（或危害）

率”，并指出，“对于不可修复群体，失效率定义为幸存项在下一时刻故障时间 t 的（瞬时）失效率”。尽管标题中的术语“失效（或危害）率”是卷积的，但描述提到了具有指数分布特征的系统或产品的危害率。不同于描述其他类型的非指数分布系统或产品的失效率 $\lambda(t)$，危害率 $h(t)$ 是一个基于比率的指标。

对于指数分布，将式（34.3）代入式（34.22）：

$$h(t)=\frac{f(t)}{1-F(t)}=\frac{\lambda e^{-\lambda t}}{1-(1-\lambda e^{-\lambda t})}$$

$$h(t)=\frac{\lambda e^{-\lambda t}}{e^{-\lambda t}}\quad(t\geqslant 0)\tag{34.23}$$

结果：

$$h(t)=\lambda\quad(t\geqslant 0)\tag{34.24}$$

式（34.24）表明，对于指数分布，尽管存在稳定失效区（SFR），但危害率是恒定的（见图 34.7）。由于恒定失效率的原因，因此统计学家将这种情况描述为“无记忆”，并且直到当前时间段才会受到失效的影响。这与过去的人类状态形成对比。过去，我们的身体依赖于前一时期（“记忆”）的状态并受其影响。

了解危害率有什么意义？Reli-awiki. org（2012）指出，指标“……在描述部件的失效行为、确定维护人员分配、规划备件供应等方面非常有用”。

在 t 到 $t+\Delta t$ 的区间内，随可靠性 $R(t, t+\Delta t)$ 的变化而变化的 $\lambda(t)$ 的关系式表示为：

$$\lambda(t)=\frac{R(t_1)-R(t2)}{(t_2-t_1)\cdot R(t_1)}\qquad(t\geqslant 0)\tag{34.25}$$

或

$$\lambda(t)=\frac{R(t)-R(t+\Delta t)}{(\Delta t)R(t)}\quad(t\geqslant 0)\tag{34.26}$$ *

* **使用寿命注释**

由于关键问题涉及危害率（即从当前时间 t_1 到任务完成时间 t_2 的可靠性），一些作者提到：①当前时间 t_1 作为代表以小时为单位的使用寿命 T；② t_2 作为下一个 Δt 增量。

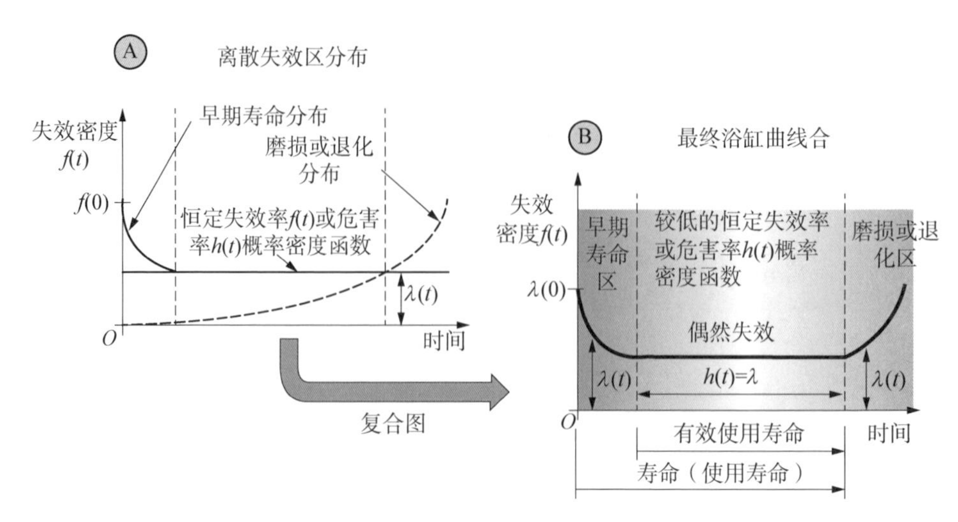

图 34.7　说明不同失效分布曲线的浴缸曲线图示

请记住，失效率单位由以下测量值组成：①每百万小时失效；②每月失效；③每个周期失效。具有概率密度函数特征的失效率 $\lambda(t)$ 表示随连续变量时间 t 的变化而变化的失效密度，累积分布函数表示系统或实体在一段时间内的累积失效概率。

34.3.2.7　平均时间函数——MTBF 和 MTTF

对于任何具有单元群体特征的寿命数据分布，我们需要知道故障时间所代表的预期平均寿命。寿命数据分析通过平均寿命函数满足了这一需求，使我们能够对系统或实体的 MTTF（μ）进行建模和估计。然而，MTTF 不能让我们区分该项目是可修复的还是不可修复的。这意味着必须在部件选择（第 16 章）期间做出预设决策，指定可修复实体和不可修复实体。

34.3.2.7.1　MTBF 可修复项

由于可修复系统或实体根据定义可以修复，因此表示平均值的指标是 MTBF（θ），它是失效率 $\lambda(t)$ 的倒数。请注意 MTBF 中的有效词组“失效间隔”。需要认识到，可修复实体失效有两种情况：①系统或实体 MTBF；②系统或实体内特定零件层失效的 MTBF。MIL－HDBK－470A 对 MTBF 的定义如下：

- 平均故障间隔时间（MTBF）“是可修复项可靠性的基本度量。在规定的条件下，在特定的测量间隔期间，项目所有部分在其规定的极限内运行的平均寿命单位数”（MIL－HDBK－470A：第 G－11 页）。

34. 3. 2. 7. 2　可修复和可替换项 MTTF

根据定义，不可修复项是不可修复的。它们可拆卸和更换，并根据联邦、州和地方法规进行处置。由于不可修复系统或实体只失效一次，所以有效指标是 MTTF。

34. 3. 2. 7. 3　MTBF 和 MTTF 的计算

原理 34. 14　预期寿命原理

系统或实体的预期寿命是当前现场使用的单元的实际寿命的算术平均数。

从数学上讲，我们可以将预期寿命 $E(\bar{T})$ 或 MTTF 表示为基于失效概率密度函数 $f(t)$ 和连续随机变量时间 t 的指标：

$$E(\bar{T}) = \int_0^\infty t \cdot f(t)\,dt \quad (t \geqslant 0) \tag{34.27}$$

式中：$E(\bar{T})$ 表示可修复和不可修复项的共有 MTTF。

请注意，积分在 $t=0\sim+\infty$ 的范围内运行。在这种背景下，$E(\bar{T})$ 代表在部署的运行单元群体的算术平均数。

对于指数分布：

$$E(\bar{T}) = \mathrm{MTTF}(\lambda) = \int_0^\infty t \cdot \lambda e^{-\lambda t}\,dt \quad (t \geqslant 0) \tag{34.28}$$

$$E(\bar{T}) = \frac{1}{\lambda} \quad (t \geqslant 0) \tag{34.29}$$

类似地，对于可修复系统或实体，MTBF（θ）［式（34. 5）］表示为：

$$E(\bar{T}) = \frac{1}{\theta} \quad (t \geqslant 0) \tag{34.30}$$

注意 34. 4

请注意，作为一个量值，MTTF 没有提供关于系统或实体的寿命数据分布的信息。有两点需要注意：

（1）Reliawiki. org（2012）指出：由于不同的分布可能具有相同的平均值，因此使用 MTTF 作为部件可靠性的唯一度量是不明智的。

(2) 尼尔森（1990：56）强调“预期寿命”（原理 34.16）在统计学上与“预计寿命”不同。

经检查，MTBF 和 MTTF 似乎是一样的。然而，二者也有不同之处。回想一下式（34.4）之后的讨论（MTBF>MTTF）。

我们可以用数学方法将可修复项的 MTBF 表示为：

$$\text{MTBF}(\mu) = \frac{T}{\text{Qty. of Failures}}(T \geqslant 0) \tag{34.31}$$

式中：T 表示部署的单元群体的总运行小时数。

需要认识到，这里的假设是所有被测单元均失效。情况并非总是如此。斯皮克斯（2005）提到了“暂停”。暂停代表一种试验条件，其中“破坏性试验或观察已完成，但未观察到故障”（Speaks，2005：7）。

不可修复系统或实体的 MTTF（μ）的计算在数学上表示为：

$$\text{MTTF}(\mu) = \frac{T}{\text{Qty. of UUTs}} \quad (T \geqslant 0) \tag{34.32}$$

式中：T 表示失效和更换前被测单元群体的总运行小时数。

统计概率密度函数分布的平均值（μ）是通过将 x 的每个离散值的乘积与其出现概率 P（x）相加得来的。

$$\mu = \sum x \cdot P(x) \tag{34.33}$$

为了说明如何计算平均值，请考虑以下示例。

示例 34.7

假设需要确定采集的一组测试数据的平均值。结果数据值为 8、11、12、15、18、39、54。为了计算数据集的平均值，我们采用如下方法：

$$\text{平均值} = \frac{8 + 11 + 12 + 15 + 18 + 38 + 54}{7} = 22.4$$

34.3.2.8　中值寿命函数

原理 34.15　中值寿命原理

系统或实体的概率密度函数的中值代表一个特定的时刻。在该时刻，50%的相同单元估计已失效，而另外 50%幸存并运行。

对于系统或实体而言，如果失效曲线表现出对称性，如高斯（正态）分布，则平均值和中值是一致的（见图 34. 3 的 A 部分）。然而，现实世界并不总是表现出对称性，这就产生了失效曲线，如对数正态分布（见图 34. 3 的 B 部分）。由于当前时间 t 左侧任意一个概率密度函数以下的面积代表了 X 个单元失效的概率 $F（t）$ 或 $Q（t）$ ——不可靠性（见图 34. 5 的 A 部分），一个关键问题是：$F（t）$ 和 $R（t）$ 何时会同时达到 50%？

当曲线以下的区域平均分割时，分割线称为中值或形心。中值指定为中值寿命。对于寿命分布，连续随机变量 t 达到一个点。在该点，有 50%的概率一半的单元失效，一半幸存。与示例 34. 7 中的平均寿命函数相比，考虑使用示例 34. 8 来计算数据集的中值。

示例 34. 8　数据集中值

示例 34. 7 中，数据集的值为：8，11，12，15，18，39，54。由于有七个数值，数值 15 代表中值，中值以上和中值以下的数据项数量相同。

从数学上来说，中值寿命函数的计算方法是，在 $t=0$ 与系统或实体的平均寿命 $\bar{T}$（以小时、周期或动作为单位）的区间内，使概率密度函数 $f（t）$ 的积分等于 0. 5：

$$\int_{-\infty}^{\bar{T}} f(t)\,dt = 0.5 \quad (-\infty \leqslant t) \tag{34.34}$$

34. 3. 2. 9　众数寿命函数

原理 34. 16　众数寿命原理

系统或实体的概率密度函数众数出现在峰值失效密度（拐点）处。在该处，预计在特定时刻会出现最大失效数。

对于给定的概率密度函数，另一个问题是：随连续随机变量时间 t 的变化而变化的预期寿命数据分布在什么时间点达到峰值？我们将之称为寿命数据分布的众数（见图 34. 3 的 B 部分）。基于连续随机变量时间 t 的统计分布，众数定义为概率密度函数处于峰值的时间。

由于该众数代表概率密度函数分布的峰值，假设概率密度函数分布只有一个峰值，我们确定了失效概率密度 $f（t）$ 达到最大值的拐点。因此，对于连续随机变量时间 t，我们将众数表示为失效概率密度函数 $f（t）$ 的微分：

$$\frac{d[f(t)]}{dt}=0 \quad (-\infty \leqslant t) \tag{34.35}$$

然后，求解特定寿命数据分布 $f(t)$ 的时间 t。

34.3.2.10 总结—寿命数据函数

总之，我们已经介绍了基本的寿命数据函数。关于指数分布、对数正态分布、高斯（正态）分布和威布尔分布等各类寿命数据函数的附加图解式摘要，请参考 MIL-HDBK-338B 图 5.3-1 第 5-9 页。

接下来讨论使用寿命概念。

34.3.3 使用寿命概念

人类系统（企业系统和工程系统）使用寿命曲线的特点是，过早失效，随后增长并稳定，最后老化。这就引出了一个关键问题：系统或实体的使用寿命是多久？美国国防采办大学（DAU，2012：B-201）对使用寿命的定义如下：

使用寿命——“组件量化的平均寿命。没有通用的计算公式。通常是指大修平均寿命、强制更换时间，或项目相对于其所支持的（系统或产品）的总效用，也就是从（系统或产品）启用到最终淘汰”（改编自 DAU，2012：B-201）。

相比之下，MIL-HDBK-470A 使用“有效寿命”一词：

“有效寿命”指从制造到组件出现不可修复故障或不可接受的失效率时的寿命单位数。此外，失效率出现之前的时间由于磨损而增加（MIL-HDBK-470A：第 G-17 页）。

为了更好地理解寿命数据分布在使用寿命或有效寿命中的应用，教科书经常使用一个称为“浴缸”的概念——这是我们的下一个话题。

34.3.4 有争议的浴缸曲线概念

通常，人们往往认为系统或实体的使用寿命或有效寿命具有 100% 的“开箱即用”可靠性。总的来说，这种说法是正确的，至少对大多数实体或零件是如此。然而，基于“失效是什么构成的”中讨论的因素，系统或产品在其寿命期内经常会经历早期失效。基于可靠性规则#1～规则#7，假设我们消除了故障，系统的可靠性就会提高。从概念上讲，这是正确的。然而，这也取决于其他零件的状况以及连续变量——时间。现实情况是，系统、实体和零件，尤其是机械实体或零件，总是处于磨损状态，并且最终由于使用、应力、退化、疲劳而失效，除非通过预防性和纠正性维护措施进行维护。

作为解释这些依赖关系的一种方式，教科书中关于可靠性的讨论经常通过一个称为“浴缸曲线”的模型引入使用寿命曲线的概念。该名称源自图 34.6 所示的特征浴缸曲线。从概念上讲，浴缸曲线代表了任务系统或使能系统设备在有效使用寿命期内的失效率。

34.3.4.1　浴缸曲线简介

请注意，本节标题为“有争议的浴缸曲线概念”。根据大量分散的事实证据，有些人对浴缸曲线的有效性（尤其是在电子和机械零件中）提出质疑。论证以事实证据的形式存在于企业专有数据中，假设企业跟踪这些数据，别人是无法获得这些数据的。因此，浴缸曲线引发了争议。

真相在哪里？真相可能存在于争论的各个方面。现实情况是浴缸曲线具有真实性和教学价值。如果浴缸曲线有争议，我们为什么要在这里介绍浴缸曲线？有两个原因：

（1）第一，从教育的角度来看，你需要理解关键概念及其有效性面临的挑战。

（2）第二，从教学的角度来看，作为可靠性的一个基本概念，浴缸曲线有其优点——利大于弊。

重要的是理解浴缸概念、其用途和问题，然后得出自己的结论，并针对自己所在的企业生产的系统、产品或服务进行确认。

基于以上理解，继续说明浴缸曲线。

34.3.4.2　浴缸曲线概述

如果你分析任何类型的新的、批量生产的系统或产品的样本，你会发现大多数都是“开箱即用”或“不需要停车场”的。对于那些失效的系统或产品，零售商和经销商采取纠正措施来消除故障或失效。通常，在纠正后，如果所有者实施系统开发商或制造商规定的预防性和纠正性维护，则所有者享有系统或产品相对无事件的有效使用寿命。在长达几年的使用寿命期内，零件开始磨损并失效，除非进行维护。分析师在大量的系统或产品中得出推论，并开始构建

典型系统或产品的寿命数据分布模型。这个模型被称为浴缸曲线。

图 34.6 所示的浴缸曲线代表了一种概念范式、一种思维模式。遗憾的是，像大多数范式一样，“浴缸曲线”被错误地认为是一种“放之四海而皆准”的思维模式，普遍适用于所有的系统和产品。这是错误的！大多数专家认为，尽管现场数据有限，但还是能表明市场上不同类型的系统或产品的失效率差异很大。

我们对浴缸曲线的处理是将其作为一个教学模型，仅供讨论之用。最后，浴缸曲线适用于任何由多层集成零件组成的系统或实体，不用作零件层说明。威尔金斯（2002）告诫“该曲线没有描述单个项目的失效率。相反，该曲线描述了一段时间内整个产品群体的相对失效率”。

34.3.4.3 浴缸曲线结构

原理 34.17 浴缸曲线原理

浴缸概念是基于分段复合、端到端结构的抽象概念，由三种不同的寿命数据分布组成：①递减失效区（DFR）；②稳定失效区（SFR）——有效使用寿命；③递增失效区（IFR）。

浴缸曲线实际上是三种不同的寿命数据分布的分段组合，如图 34.7 的 A 部分所示。最终结果是一个复合特征曲线，如图 34.7 的 C 部分所示。

请记住，图 34.6 是适用于系统或产品的通用结论，涉及：①曲线；②随时间的变化而变化的持续时间。总之，请注意图 34.6 的几个关键点：

（1）递减失效区（DFR）周期——表示因设计错误、缺陷和不足等固有的潜在缺陷、工艺问题以及部件和材料完整性导致的失效率 $\lambda(t)_{DFR}$ 有条件的递减周期，可以用随连续变量时间 t 变化的负指数失效概率密度函数表示。

（2）稳定失效区（SFR）周期——表示具有随连续变量时间 t 的变化而变化的负指数概率密度函数的系统或产品相对恒定的随机因素失效率 $\lambda(t)$ 或危害率 $h(t)$ 的周期。

（3）递增失效区（IFR）周期——表示因部件磨损导致的失效率 $\lambda(t)_{IFR}$ 有条件的递增，可以用随连续变量时间 t 的变化而变化的递增指数失效概率密度函数表示。

根据对浴缸曲线的概述，让我们来简要介绍一下浴缸曲线的起源。

34.3.4.4 浴缸曲线起源简史

浴缸曲线的起源深深植根于几个世纪以来的寿命数据分析，而不是工程。

克鲁克等（2003：125）引用了：①E. 哈雷 1693 年与使用了类似曲线的精算寿命表分析相关的工作；②20 世纪 70 年代的教科书。Machol 等（1965：33－3）提出了概念。

20 世纪，随着军事系统变得越来越复杂，特别是在第二次世界大战前后，负责处理电子真空管故障的可靠性工程师出于预测故障的需要，开始对浴缸曲线在系统中的应用感兴趣。史密斯（1992）指出，浴缸曲线的起源可以追溯到 20 世纪 40 年代~50 年代，当时可靠性工程处于萌芽阶段。早期描述电子元件失效率的尝试促成了浴缸曲线的形成。部件示例包括表现出高失效率的真空管和早期半导体技术。

虽然浴缸曲线为讨论提供了一个概念框架，但可靠性主题专家质疑浴缸曲线在当今世界的有效性。由于目前可用的部件可靠性较高，大多数系统和产品在其有效使用寿命达到递增失效区域（IFR）之前就已经过时、可拆卸和更换或退役/处置了。大多数计算机硬件将使用几年或几十年。然而，正如摩尔定律（Moore，1965）假设的那样，计算机技术的进步推动了每 2~3 年升级或更换计算机的需求。卡普兰（2011）指出，英特尔公司在 45 年后遇到了产出问题，使摩尔定律的出色表现黯然失色。

克鲁克（2003：125－129）和其他人质疑浴缸曲线的有效性，并给出了客观的评论。从理论和概念上讲，由于计算机等设备在电子部件失效之前很久就已经在技术上过时了，这可能与机械系统有关，坊间电子系统领域数据驳斥了这种说法。关于评论的详细信息，请参考克鲁克等（2003：125－129）。

史密斯（1992）指出，浴缸曲线可以为少数部件提供一个合适的曲线。然而，浴缸曲线被认为适用于比实际现场数据测量的部件数量更多的部件。确定部件寿命可靠性特征需要大的、统计上有效的样本量。通常，如果系统开发商对大量数据进行了跟踪和分析，那么由于这些数据是系统开发商的专有数据，将很难获得这些数据。公司对目前部署的产品的保证往往会促进针对当前设计和未来设计的寿命数据记录跟踪。利奇（1988：24）指出，浴缸曲线是汽车寿命数据分布的代表。

尼尔森（1990：70）质疑浴缸曲线的有效性。他指出，根据经验，浴缸曲线只描述了 10%~15%的应用。通常，这些应用由“具有竞争性失效模式的产品”组成。

坊间证据表明，大多数可靠性工作是建立在稳定失效区（SFR）的基础上的，这主要是处理负指数分布的恒定危害率的简单性造成的。尽管任何递减或递增指数分布都可以用来模拟三个失效率区，但威布尔分布（见图 34.4）通常在精确地形成特征曲线方面提供了更大的灵活性。

浴缸曲线的挑战之一是它的形状。大多数主题专家普遍认为，电子系统或产品（如消费产品）在设备磨损或失效之前很久就已经过时，然后被丢弃、送至垃圾填埋场或回收获取异金属。除了潜在的工艺缺陷外，电子系统或产品通常没有活动部件。图 34.8 的 A 部分说明了这一点。

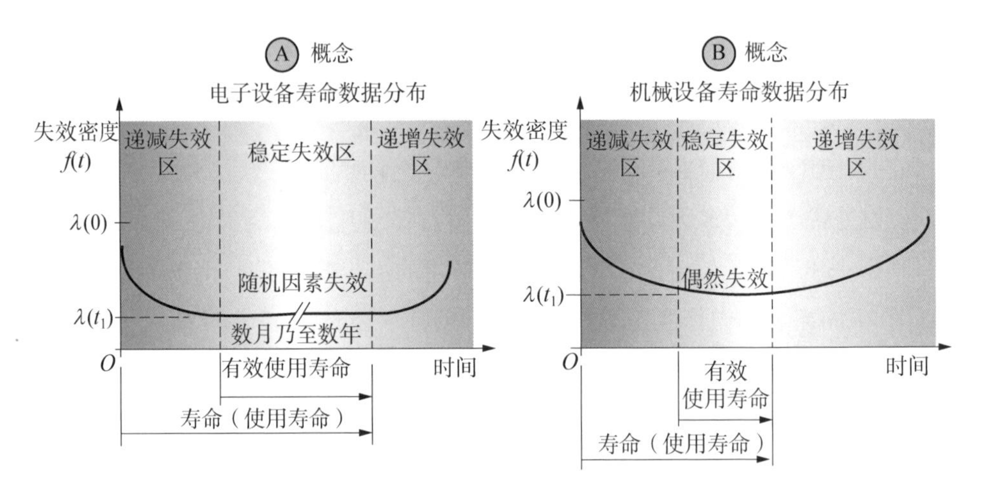

图 34.8　电子设备和机械设备失效率浴缸曲线形状的概念对比

机械系统是另一回事。这些系统从被激活的那一刻就开始磨损。根据运行环境条件和维护（如润滑、过滤器更换、除锈、疲劳和裂纹检查）的不同，磨损速度也不同。这些系统的失效特征曲线可能类似于图 34.8 的 B 部分。现在，对比电子系统（见图 34.8 的 A 部分）和机械系统（见图 34.8 的 B 部分）的使用寿命。有关各种环境下机械设计对环境的影响、主要影响、纠正措施和说明的更多表格式信息，请参考科学研究委员会（2001）。

基于以上观察，浴缸曲线的有效性可以更好地作为一个指导工具，用于描述具有三个不同寿命数据分布区的广义系统，而不是作为适用于每种类型的系统或产品的“通用”范式。

基于浴缸曲线的历史，让我们探讨浴缸曲线的三个失效区。

34.3.4.5 浴缸曲线——递减失效区

原理 34.18 早期失效原理

制造后，投入使用的每个系统、产品或服务都具有随残留的潜在设计缺陷、薄弱部件和材料特性、工艺质量、用户学习曲线和运行环境的变化而变化的失效率。

原理 34.19 早期失效消除原理

主动检测并消除潜在缺陷会使在失效率一定程度上下降，变为由于使用、应力（见图 34.11）和运行环境条件所致的偶然失效。

递减失效区通常被称为早期寿命区，从系统或产品发布、部署、安装和检验开始。通电时，由于设计错误、缺陷、不足等潜在缺陷、工艺不良以及薄弱部件或材料的原因，可能会失效。雷德尔和巴迪西什（2013）指出，失效也可能是“运输、储存和安装过程中”发生的损坏所致。基于这一点，关于“为什么系统性能规范和其他大纲将包装、装卸、贮存和运输要求包括在内”有任何疑问吗？

在此期间，系统开发商可能正在调试系统设计和维护问题，识别潜在缺陷并采取纠正措施。系统集成、测试和评估（第 28 章）的关键目标之一是发现并消除潜在缺陷、薄弱部件和失效。一些企业加速每个可交付产品的测试周期，排除通常被概括为或方便地归咎于“早期失效”的过早失效。

请注意上文提到的背景。在开发设计验证期间（第 13 章），测试人员同时处理几个技术问题。例如：

（1）系统或实体设计是否符合其系统性能规范或实体开发规范？挑战在于：潜在缺陷，如对规范要求的解读、设计错误、缺陷和不足。

（2）与制造相关的潜在缺陷，如工艺不良、部件薄弱。

当开发设计验证完成并得到证实后，剩下的问题就集中在产品验证上，即单个产品（系统或实体的序列号）的潜在缺陷。如上所述，在制造过程中的加速测试是排除稍弱部件的一种方法。

浴缸概念的讽刺之一是自定义的 SDBTF－DPM 范式企业（第 2 章）所表现出的震惊和惊讶。当用户在交付时发现系统、产品或服务有大量异常的初期失效时（见图 13.2）：

“这怎么可能发生？您在提案中表示‘如果我们选择您的企业，我们可以放心，我们选择的是最好的、具备系统工程能力的企业’？”

大多数教科书和机构都开始对浴缸曲线进行学术描述，并专门关注“工程在分析现场数据和纠正设计问题中的作用”。这就是问题所在。请注意图 34.9 中概率密度函数与垂直失效率$\lambda(t)$轴的交点。你认为可靠性、可维护性和可用性决策是如何影响 $\lambda(t=0)$ 失效率的大小？回答：从左到右三个流程：系统设计、部件采购和开发、系统集成、测试和评估（见图 12.2）……会震惊、惊讶吗？幸运的是，大多数用户都能看穿这些花言巧语。

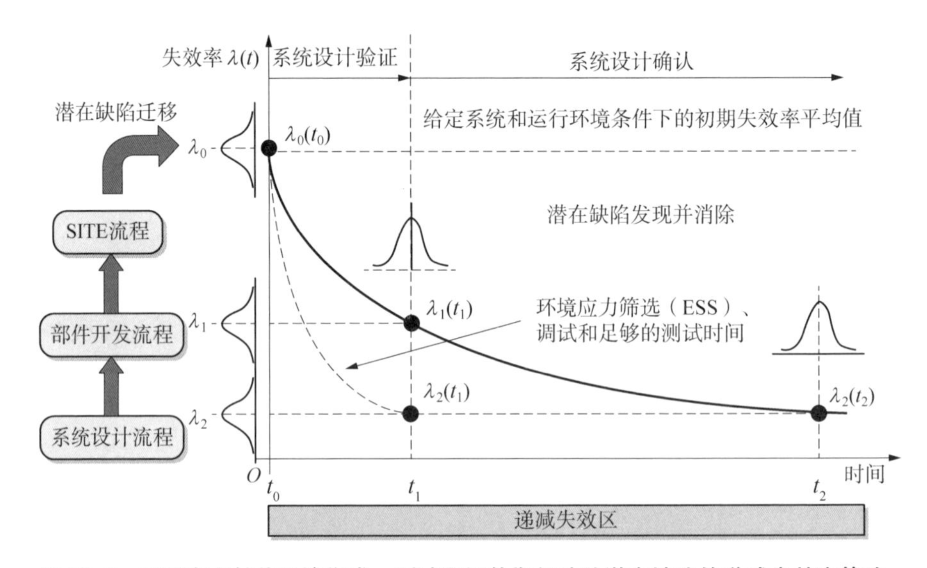

图 34.9　用于在交付前系统集成、测试和评估期间消除潜在缺陷的递减失效率策略

假设工程已经履行了职责，有效地设计系统或产品，就会留下剩余的部件选择、质量和制造缺陷。实体和零件的环境应力筛选（ESS）等策略用于“老化”和消除薄弱部件。

消除潜在缺陷的另一个策略是初始小批量生产（LRIP）。初始小批量生产将生产有限数量的测试件供用户现场使用。这不仅提供了验证系统或实体的机会，还提供了在投入生产之前识别任何残余的潜在开发设计缺陷（见图 13.2）并采取纠正措施的机会。目的是在交付给用户之前，将指数分布失效率 $\lambda(t)$ 向下移动，如虚线所示。图 34.9 说明了这一点。

假设在系统设计验证期间，系统或产品的早期失效率为 $\lambda_0(t_0)$。采取了纠正措施来完成设计验证的初始阶段有关规范符合性的验证工作。

系统设计验证结束时，随着系统设计确认准备就绪，失效率已降至 $\lambda_1(t_1)$。因此，初始小批量生产用于生产少量的 XX 件产品，以供系统确认使用。在系统确认期间，记录失效并采取纠正措施。完成系统设计确认后，失效率降至 $\lambda_2(t_2)$。由于失效率已从 $\lambda_0(t_0)$ 降至 $\lambda_2(t_2)$，因此做出决策，发布系统或产品。相比之下，在系统设计和部件采购与开发流程中采用诸如提前消除潜在缺陷、环境应力筛选（ESS）和充足的系统集成、测试和评估时间等策略，再加上有能力的员工，可以将失效率从 $\lambda_0(t_0)$ 显著降低至 $\lambda_2(t_1)$（虚线），同时降低潜在缺陷纠正成本（见表 13.1）。

总之，这种策略是规划初始小批量生产，采集并分析现场数据，了解失效概况，采取纠正措施（如更换或返工有故障的部件或不良设计），然后进行全面开发（FSD）并发布系统或产品。

34.3.4.6　浴缸曲线——稳定失效区

当瞬时失效率 $\lambda(t)_{瞬时}$ 保持相对稳定但不一定恒定时，稳定失效区（有时称为恒定失效区）开始出现。美国国家标准技术研究院（2013，8.1.2.4）将该区域称作“固有失效期”。从寿命数据的角度来看，这一时期被称为系统或产品的有效使用寿命。

注意 34.5　恒定失效区（constant failure region）用词不当

在将这一时期称为恒定失效区时请小心谨慎。从技术上讲，它是稳定失效区（SFR）$h(t)$，而不是恒定失效率区 $\lambda(t)$。稳定危害率仅适用于具有指数分布概率密度函数 $f(t)$ 的系统或实体，如图 34.3 的 D 部分所示。

对于具有指数失效概率密度函数的系统或实体，稳定失效区具有以下特征：

（1）瞬时失效率 $\lambda(t)_{瞬时}$，即：

a. 随连续变量时间的变化而变化的随机变量。

b. 随着时间的推移，逐渐降低，如图 34.5 的 A 部分所示。

（2）危害率 $h(t)$，为常数，如式（34.24）所示。

因此，将浴缸曲线的 HRR 中间部分作为“恒定失效区”的一般特征仅在数学上适用于具有指数分布概率密度函数的系统或实体。

注意 34.6

威尔金斯（2002）告诫“切勿假设产品具有恒定的失效率。使用寿命测试和/或现场数据和寿命分布分析来确定你的产品在其预期寿命内的表现”。

稳定失效区（SFR）内的失效是随机的，并且往往在有限的时间内（可能长达数年）相对稳定。因此，大多数系统或实体的可靠性估计都是建立在这一时期以及简单的数学函数的基础上的。相比之下，递减失效区（DFR）以及后面的递增失效区（IFR）的数学函数往往更为复杂（Wilkins，2002）（注意 34.4）。

注意 34.7 概率密度函数的不当应用

指数分布和相关的平均失效间隔时间（MTBF）指标适用于分析产品在具有恒定的失效率的“正常寿命”期内的数据。但是要注意，许多人给具有递增或递减失效率的产品“强加”了一个恒定的失效率模型，仅仅因为指数分布是一个易于使用的模型（Wilkins，2002）。

在单一故障点，采取定期预防性和纠正性维护措施，从而：

（1）消除任何基于时间的随机失效。

（2）延长系统或实体的使用寿命（见图 34.10）。

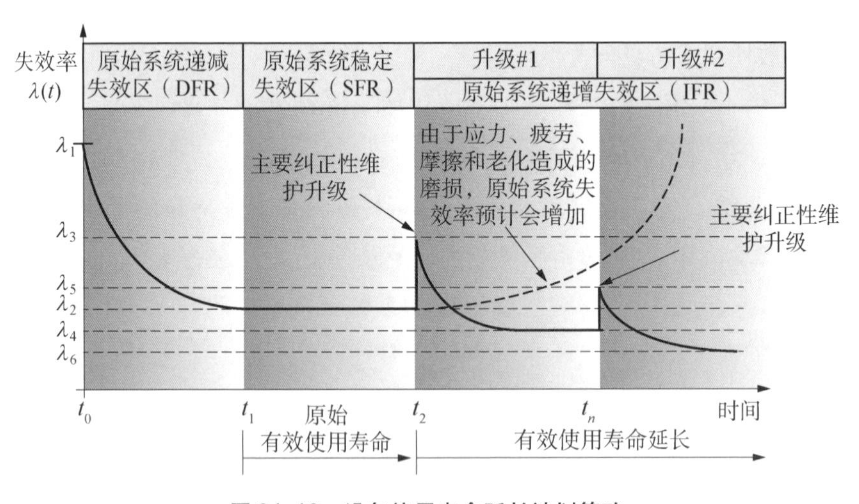

图 34.10 设备使用寿命延长计划策略

尽管进行了严格的维护，但随着时间的推移，系统或产品失效增多，这表明递增失效区开始出现。

34.3.4.7 浴缸曲线——递增失效区

原理 34.20 磨损原理

每一个在役系统、产品或服务的失效率都随着老化、部件及其质量特性的退化以及用户在其运行环境中的使用、误用和滥用而增加。

当失效率 $\lambda(t)$ 开始增加时，递增失效区（IFR）（有时称为磨损或命末期区）开始出现。导致这种增加的原因在于，随着时间的推移，由于环境、摩擦和应力载荷条件造成材料退化、疲劳和损耗，进而导致零件磨损。

请记住，浴缸曲线反映的是系统或产品层的失效，而不是单个零件本身的失效（注意 34.4）。但是，单个零件层部件可能失效，进而导致一连串的失效影响反应，引发整体事故或事件（见图 24.1）。因此，一个系统或产品的可靠性取决于其最弱的任务关键型系统元素和部件（原理 34.4）。威尔金斯（2002）给出以下观察结果：

> 寿命最短的部件将决定给定产品的磨损时间的定位。在设计产品时，工程师必须确保寿命最短的部件持续足够长的时间，保证有效使用寿命。如果部件（如轮胎）易于更换，预计可以进行更换，而不会降低产品的可靠性。如果部件不易于更换且预计会失效，将导致客户不满意（见图 5.2）。

磨损失效的本质是“磨损”应力对零件运转和承受应力的剩余强度的影响。表 34.2 给出了运行环境条件和应力效应影响示例。*

表 34.2 运行环境条件和应力效应影响示例

环境条件	环境应力效应
• 加速 • 海拔 • 灰尘/沙 • EMI	• 磨耗 • 吸收 • 老化（氧化） • 拱作用

* 有关环境因素的更详细清单，请参考美国国家航空航天局 PD-EC-1101，1995。

（续表）

环境条件	环境应力效应
• 真菌微生物 • 湿度 • 不当组装 • 冰雹/雨夹雪 • 冰/雪 • 噪声——声学 • 过载 • 辐射——太阳 • 雨/雾 • 冲击——载荷 • 冲击——爆破效果 • 盐/雾 • 极端温度 • 温度——温变循环 • 温度——海拔 • 振动——随机 • 振动——正弦 • 风	• 弯曲 • 擦损 • 堵塞 • 压缩 • 污染 • 电晕 • 腐蚀 • 裂缝/断裂 • 变形 • 降级 • 退化 • 异金属相互作用 • 蚀刻 • 蒸发 • 热膨胀/收缩 • 疲劳 • 侵蚀 • 干扰 • 抑制 • 渗漏 • 错位/蠕变 • 释气 • 穿孔 • 共振 • 破裂 • 拉伸 • 磨损

示例 34.9　磨损失效

磨损失效的示例包括：由于载荷和摩擦效应而失效的机械轴承，由于载荷和摩擦而磨损的机械衬套，开裂的焊点，由于载荷、热膨胀和热收缩以及腐蚀而开裂的公路桥梁，由于不断的来回运动而断裂的电缆导线，由于持续使用而失效的电气开关和继电器。

可靠性信息分析中心（RIAC）（2004）给出了应力与强度关系的影响的示例（见图 34. 11）。奥康纳（1991：5）将其称为载荷与强度的关系。

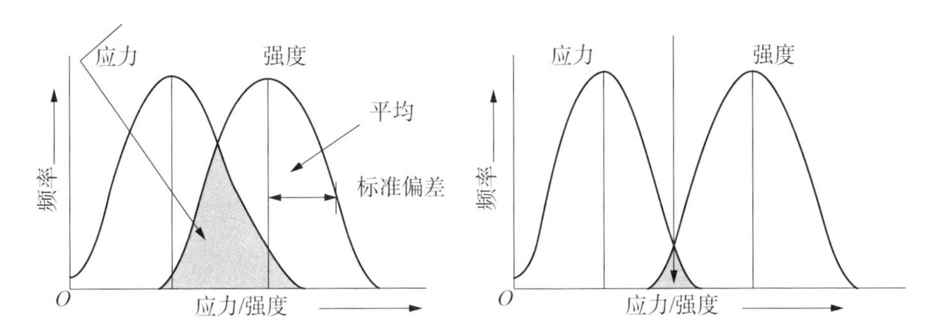

（a）可能出现失效的大的应力/强度干扰区　（b）可能出现失效的小的应力/强度干扰区

图 34. 11　零件应力与强度的关系

［资料来源：可靠性信息分析中心（RIAC），2004，经许可使用］

由于本章侧重于寿命数据分布，因此图 34. 11 的总体外观可能只是两个相交分布的另一个失效曲线。传达的观点可能并不明显。再看一遍，以这种方式考虑一下。

原理 34. 21　强度-应力原理

每个系统或实体的强度设计裕度应超过其规定的运行环境条件和应力。

人类、企业和工程系统都有固有的执行能力水平——强度。当外力（应力）超出强度时，能力下降，不可避免地会失效。这就是图 34. 11 的中心主题。系统或实体的工程设计和其他设计是为了在执行任务前、任务中和任务后能够承受其运行环境中的各种力和条件。当这些力和条件（应力）超出其固有的能力（强度）时，无论是瞬间还是随着时间的推移，系统或实体都会退化、磨损、崩溃或干脆失效。

图 34. 11 的 A 部分说明了应力或条件分布的范围如何与强度分布重叠。请注意应力-强度分布之间重叠阴影区域的大小。阴影区域清楚地显示了一个区域，在该区域，项目应力超出强度的概率更高。

现在，请思考，使用安全系数（第 31 章）对系统或实体进行工程设计确保强度公差超出运行环境应力条件的最坏情况会发生什么。图 34. 11 的 C 部分提供了一个示例。请注意，观察阴影区域缩小多少表明运行环境应力超出部件强度的概率较低。

除了显而易见的观点之外，此处的重点是系统或实体：①由后面将讨论的稳健的架构网络构型组成（串联、并联、串/并联）（见图 34.13）；②用决定零件选择的安全系数（第 31 章）进行工程设计；③经历了强有力的验证和确认活动和零件“老化”，结果应类似于图 34.11 的 B 部分。

让我们回到递增失效区（见图 34.6）。由于实体拆卸和更换的驱动，因此纠正性维护成本开始大幅上升。最终，系统所有者面临着涉及两个权衡的决策：①翻新或升级现有系统或产品；②购买新系统或产品并停用/处置现有系统或产品。

34.3.4.7.1 MTBF 和浴缸曲线注意事项

大多数人往往认为 MTBF 普遍适用于浴缸曲线的所有区域。但是，请注意：

注意 34.8

雷德尔和巴迪西什（2013）指出，MTBF 的范围仅适用于磨损前在使用寿命（稳定失效区）内发生的随机因素失效。MTBF 不考虑早期失效或磨损失效。

雷德尔和巴迪西什还告诫，MTBF 不可应用于计算系统或其实体的使用寿命持续时间。

34.3.4.8 使用寿命延长计划

原理 34.22 使用寿命延长原理

系统、产品或服务的使用寿命可以通过主动、及时的预防性和纠正性维护措施和升级来延长。

如图 34.10 所示，如果系统所有者决定进行翻新或升级，通常可以通过使用寿命延长计划（SLEP）延长使用寿命。否则，系统或产品将进入虚线所示的递增失效区（IFR），失效开始增多。关键点：确定预计何时出现地递增失效区，并在该时间点之前进行翻新或升级。

美国国防采办大学对使用寿命延长计划（SLEP）的定义如下：

使用寿命延长计划——“对已部署的系统进行修整，延长系统的寿命，使其超出原来的预期寿命”（DAU，2012：B－202）。

参考图 34. 10，让假设在时间间隔内，稳定失效区具有随机失效率——$\lambda(t_1 - t_2) = \lambda_2$。在 t_2 安装新的技术升级，导致失效率增加 $\lambda_2(t_2)$ ——最初是由于新安装的部件造成的。采取纠正措施，消除任何残留的潜在缺陷，使间隔失效率 $\lambda(t_2 - t_n)$ 降至 λ_4。在 t_n+安装另一个升级，并重复该过程。

认识到这是一个理想的场景，我们如何知道整体系统可靠性瞬时失效率将逐渐降至 λ_4 和 λ_6？我们并不知道。这里的假设是，如果你现有的系统或产品仍有显著的稳定失效区（SFR），那么新技术升级应该会提高可靠性，从而减少维护。相反的情况也可能发生，特别是当系统开发商不熟悉技术、技术不成熟或应用不当时。

34. 3. 4. 9　系统或产品保质期

原理 34. 23　保质期原理

每个系统或实体都有固有的“使用或丢失”的保质期，该保质期会由于材料质量特性随时间的推移而退化以及暴露于极端环境条件（温度、湿度和其他因素）而缩短。

对浴缸曲线的描述假设系统或产品：①完全可运行；②自发布之时起由用户使用。但是，某些系统或产品可能被存放在可能受/不受环境控制的地方。在某些情况下，零件层部件（如油封、垫圈和材料）具有“保质期”，并且会随着时间的推移而自然退化。从存放地点取出时，“新的和未使用的”系统或产品可能会因无法正确分类为“磨损”的情况而失效——应力与强度（见图 34. 11）。

34. 3. 4. 10　浴缸曲线注意事项

浴缸曲线讨论的关键主题如下：

（1）浴缸曲线的每个区域都有不同的寿命数据分布（见图 34. 6），这些分布因系统或实体电子和机械设备而异。

（2）大多数可靠性估计基于由恒定危害率 $h(t)$ 组成的稳定失效区，仅适用于具有指数分布的系统或实体。

为了说明危害率 $h(t)$ 在计算系统可靠性估计值时是如何被误用的（注意 34. 5），请思考以下示例。

示例 34. 10　恒定危害率 $h(t)$ 的误用

为了说明恒定危害率是如何被“浴缸曲线的三个失效区域用恒定危害率

$h(t)$ 表示”这一假设所误用的，请考虑图 34.12 中关于人类死亡率的部分。

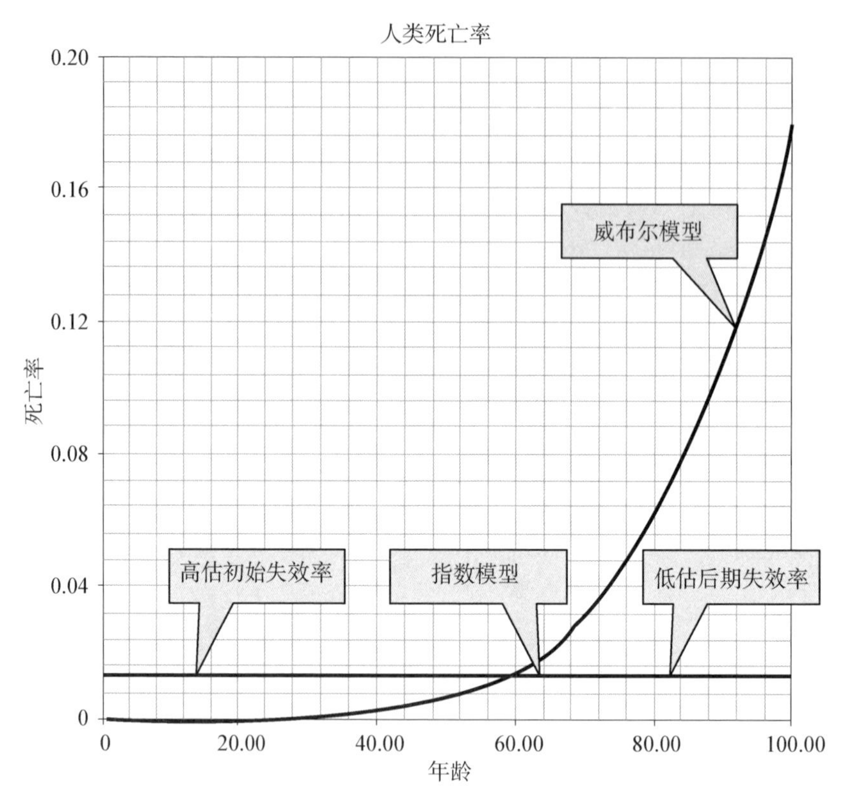

图 34.12　恒定危害率 $h(t)$ 在人类死亡率中的误用

（资料来源：ReliaSoft，2001，经许可使用）

使用威布尔模型作为描述人类死亡率真实情况的参考，注意恒定危害率 $h(t)$ 的不当应用将：

（1）高估 T（年龄）≤60 岁的人群的真实死亡率。

（2）低估 60<T（年龄）<100 及以上的人群的真实死亡率。

总之，在对要使用的寿命数据分布做出假设之前，请确保你了解系统或实体的寿命数据特征（注意 34.6）。然后，确认寿命数据分布是否准确反映了数据。

目标 34.2

此时，我们已经为在选择系统或实体来集成到更高层级的系统的过程中理解寿命数据分布奠定了基础（第 9 章）。我们可以将实体安排在不同的构型中

（系统架构过程），实现系统或产品的效果和性能。这些构型如何与实体或零件失效特征相结合决定了系统或产品的可靠性。这就引出下一个话题——系统架构过程（第 26 章）可靠性网络构型。

34.3.5　建立可靠的系统和产品架构

普遍存在于大多数工程企业中的一种模式是这样的概念：我们定义一个系统或产品架构，然后开始系统设计。可以获得零件清单时，我们将进行零件计数估计（见下文），确定系统或实体设计是否符合系统性能规范中规定的系统可靠性、可维护性和可用性需求。请注意以下两点：

（1）被授予“系统架构师”头衔的人构建了一个雅致的架构愿景，但却没有花时间确定系统或实体是否符合系统性能规范或实体开发规范的可靠性、可维护性和可用性需求（小型案例研究 26.1）。

（2）设计人员花费数小时来构建多层次的设计。然后，拿出零件清单，看看结果是否可靠。

这个情景有什么问题？

系统架构不是在真空中构建的。系统架构不仅需要对所提供的能力有深刻的认识，而且还需要了解如何保持连续性并避免系统能力中断，以确保任务的完成。这并不意味着子系统、组件、子组件或零件不会出现故障。这意味着，如果子系统、组件、子组件或零件出现故障，系统或产品将继续提供能力而不会中断。举例说明如下。

示例 34.11　以最低程度中断交付可靠的任务性能

笔记本电脑设计成在 110 V、60 Hz 等主电源下工作。

当 110 V 电源不可用时，内置可充电电池可作为远程操作的备用电源。对于采用通用电源作为外部备用电源的台式计算机，情况也是如此。

从系统可靠性的角度来看，如果笔记本电脑或台式计算机失去主电源，系统会关闭，导致潜在数据损失，并使用户失望。也就是说，用户的任务被打乱了，显然没有完成。

因此，笔记本电脑和台式计算机设计成可以切换到备用电源（如有）。虽然用户的任务可能会因电源故障而中断和造成不便，但基于性能的任务结果旨在利用充分的时间来存储数据并关闭任何打开的文件，从而保存数据。由于非

Ⓐ串联网络可靠性结构

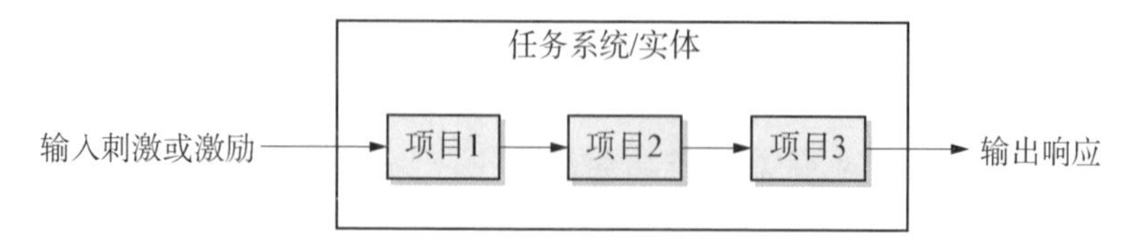

Ⓑ并联网络可靠性结构

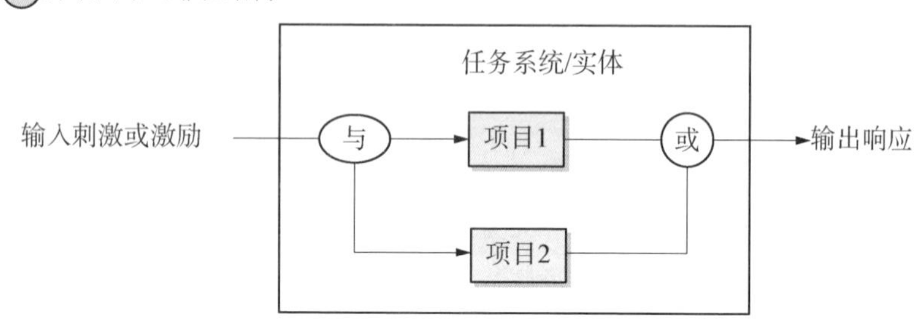

图 34.13　串联和并联网络构型结构示例

紧急电源故障通常持续几分钟到几个小时，可以想象，如果备用电源有足够的电量，则可以在电池失去电量之前恢复供电，从而避免对用户任务的影响。

构建可靠的系统或产品需要深入了解各种架构构型（网络）如何影响系统可靠性。从系统开发的角度来看，我们通常从“系统性能规范的系统可靠性、可维护性和可用性需求分配到人员、设备等系统元素架构（见图 8.13）”开始。然后，在设备元素中将系统性能规范可靠性、可维护性和可用性需求分配给产品→子系统等。然而，这种方法依赖于对如何根据架构网络构型计算系统可靠性的理解。鉴于这种依赖性，让我们颠覆常规方法，从一些基本的构件开始。

在架构上，系统可靠性估计值是基于三种类型的架构网络构型来计算的：①串联；②并联；③串并联。如果这些名称听起来很熟悉，那么计算方法就类似于电气工程网络构型。

34.3.5.1　串联网络构型可靠性

原理 34.24　串联网络可靠性估计

由 n 个部件组成的串联网络构型（$R_{串联}$）的可靠性计算为可靠性的乘积，其一般形式为 $R_{串联}(t)=[R_1(t)R_2(t)R_3(t)\cdots R_n(t)]$。

串联网络构型由两个或更多串联的实体组成，如图 34.13 的 A 部分所示。在数学上，我们将这种关系表示为

$$R_{串联}(t)=[R_1(t)\cdot R_2(t)\cdot R_3(t)\cdots R_n(t)]。\quad (34.36)$$

式中：

$R_{串联}(t)$ 表示串联网络构型的整体可靠性；

$R_n(t)$ 表示部件#n 的可靠性。

将式（34.3）代入式（34.36）：

$$R_{串联}(t)=e^{-(\lambda_1+\lambda_2\lambda_3\cdots\lambda_n)(t)}\quad (34.37)$$

式中：

λ_n 表示第 n 个部件的瞬时失效率 $\lambda(t)$，随时间 t 的变化而变化；

t 表示连续变量。

请思考以下示例。

示例 34.12　串联网络构型示例

设想一个简单的系统，其中三个子系统以串联网络构型连接，如图 34.13 的 A 部分所示。子系统#1 $R(t)=0.985$，子系统#1 $R(t)=0.995$，子系统#1 $R(t)=0.99$。串联系统的可靠性是多少？

应用式（34.36）：

$$\begin{aligned}串联系统\ R(t)&=R_1(t)\cdot R_2(t)\cdot R_3(t)\\&=0.985\times0.995\times0.99\end{aligned}$$

因此，串联系统 $R(t)\approx0.97$ 取决于设备和运行环境条件。

34.3.5.2　并联网络构型可靠性

原理 34.25　并联网络可靠性原理

并联网络构型可靠性（$R_{并联}$）是作为部件可靠性 $R(t)$ 的数学级数计算的，其一般形式为 $1-\{[1-R_1(t)][1-R_2(t)]\cdots[1-R_n(t)]\}$。

第二种类型的可靠性网络构型由两个或多个并联的实体组成，如图 34.13 的 B 部分所示。我们将这种结构称为并联可靠性网络，并将这种关系表示为

$$R_{并联}=[R_1(t)+R_2(t)]-R_1(t)R_2(t)$$

适用于二取一冗余 (34.38)

式中：

$R_{并联}$表示有界并联网络构型整体可靠性；

R_1 表示部件#1 的可靠性；

R_2 表示部件#2 的可靠性。

式（34.38）会变得不灵便，特别是对于大量部件应用。然而，我们可以通过以下列形式重构来简化等式：

$$R_{并联}=1-\{[1-R_1(t)][1-R_2(t)]\cdots[1-R_n(t)]\} \quad (34.39)$$

式中：每个［$1-R(t)$］项代表各并联部件的不可靠性。

式（34.39）假设 $1/n$ 个部件完全可运行。

请注意词组“$1/n$ 个部件完全可运行”。对于任务和安全关键型系统，如飞机、航天飞机、医疗设备或备用发电机，可交付系统程序可能会规定至少有 k/n 个单元在系统性能规范可靠性、可维护性和可用性需求范围内完全可运行，以便继续正确地执行任务。冗余部件的总量和同时工作的数量取决于系统。式（34.39）代表 $1/n$。示例包括 2/4 和 2/5 组合。每组等式都是不同的。*

在式（34.39）的并联网络构型中，每增加一个部件，替代故障和维护的部件时，都将提高整体系统可靠性。为了进一步说明这一点，考虑图 34.14 的 A 部分~C 部分的图示。请注意具有相同可靠性的冗余实体的添加是如何提高整体可靠性的。

示例 34.13　并联网络构型示例

设想一个简单的系统，其中三个冗余子系统以并联网络构型连接，如图 34.14 的 C 部分所示。子系统#1 $R(t)=0.985$，子系统#2 $R(t)=0.995$，子系统#3 $R(t)=0.99$。并联网络构型的可靠性是多少？

应用式（34.39）：

并联系统 $R(t)=1-[(1-R_1)(1-R_2)(1-R_3)]$

---

* R 关于可应用于各种需求组合的 k/n 等式列表，参考 RAC（2001）。

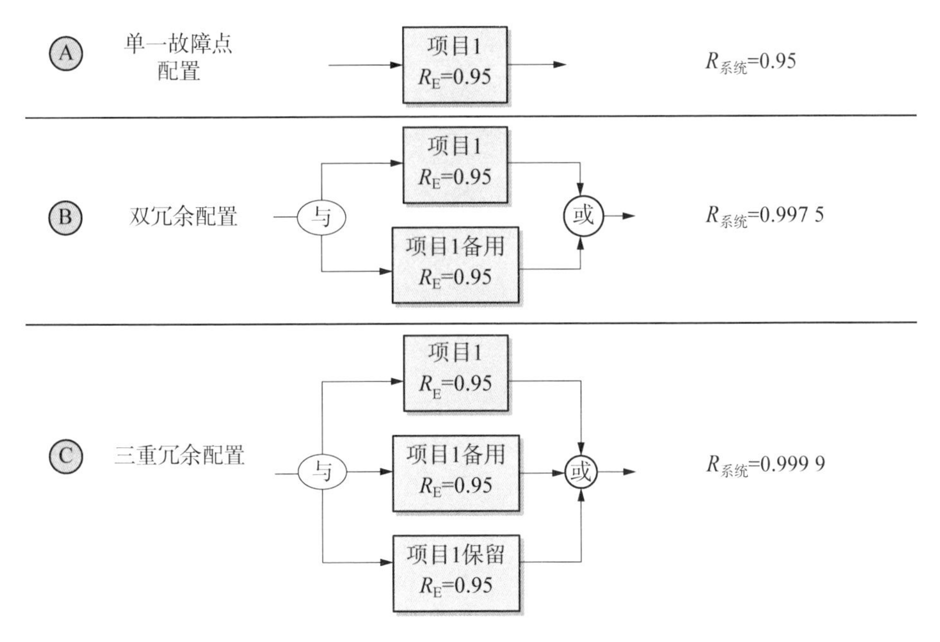

图 34.14　描述并联网络构型冗余如何提高系统可靠性的图示

$$= 1 - [(1 - 0.985)(1 - 0.995)(1 - 0.99)]$$

$$= 1 - [(0.015)(0.005)(0.010)]$$

并联系统 $R(t) = 0.99999\cdots$取决于设备和运行环境条件。

我们特意在并联网络构型示例中使用了与之前的串联网络构型示例 34.12 相同的子系统。请注意与并联网络构型可靠性 $[R(t)_{并联}]$ 相比，串联网络构型的乘法倍增效应是如何降低可靠性 $[R(t)_{串联}]$ 的。由于网络构型通常很复杂，可靠性和可维护性工程师经常使用零件计数估计，假设所有零件层部件都串联在一起，这导致“速视”估计的可靠性较低。如果“速视”可靠性超出系统性能规范或实体开发规范的可靠性需求，那么工程师会假设实际的系统或产品可靠性会更好。*

34.3.5.3　串并联网络构型

第三个可靠性网络结构由串并联分支的组合构成，如图 34.15 所示。我们称这种结构为串并联网络结构。可靠性计算是一个多步骤流程。举例说明如下。

* 至于其他信息，RAC（2001）给出了“计算可靠性的冗余等式”摘要，适用于在任何给定时刻必须起作用的 $1/n$、$2/n$ 和 $3/n$。

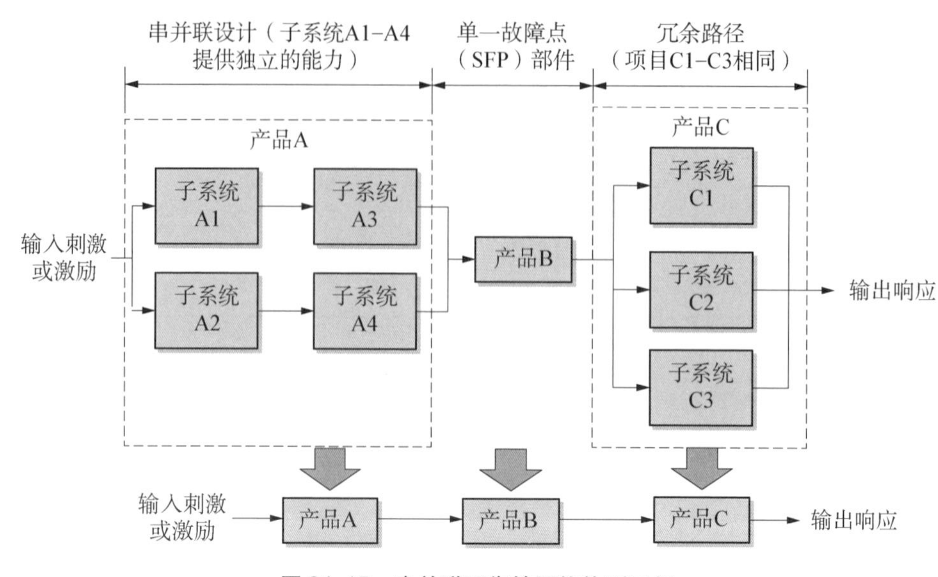

图 34.15　串并联可靠性网络构型示例

示例 34.14　串并联网络构型问题

设想一个简单的系统，其中三个冗余子系统以并联网络构型连接，如图 34.15 所示。系统#A1 $R(t)=0.99$，子系统#A2 $R(t)=0.975$，子系统#A3 $R(t)=0.995$，子系统#A4 $R(t)=0.965$，子系统#B $R(t)=0.98$，子系统#C1 $R(t)=0.985$，子系统#C2 $R(t)=0.995$，子系统#C3 $R(t)=0.99$。串并联系统的可靠性是多少？

第 1 步——计算由子系统 A1 和 A3 组成的**产品 A 串联网络**可靠性［式（34.36）］：

产品 A 串联网络（A1～A3）可靠性

$R(t)=[R_{A1}(t)\cdot R_{A3}(t)]$

产品 A 串联网络（A1～A3）可靠性

$R(t)=0.99\times 0.995\approx 0.985$

第 2 步——计算由子系统 A2 和 A4 组成的**产品 A 串联网络**可靠性［式（34.36）］：

产品 A 串联网络（A2～A4）可靠性

$R(t)=[R_{A2}(t)\cdot R_{A4}(t)]$

产品 A 串联网络（A2～A4）可靠性

$R(t)=0.975\times0.965\approx0.941$

第 3 步——计算由子系统（A1～A3）‖（A2～A4）组成的**产品 A** 并联网络可靠性［式（34.39）］：

产品 A 可靠性

$R(t)=1-[(1-R_{A1\parallel A3})(1-R_{A2\parallel A4})]$

产品 A 可靠性

$R(t)=1-[(1-0.985)(1-0.941)]$

产品 A 可靠性

$R(t)\approx0.999$

第 4 步——计算由子系统 C1～C3 组成的**产品 C** 并联网络可靠性［式（34.39）］：

产品 C 可靠性

$R(t)=1-[(1-R_{C_1})(1-R_{C_2})(1-R_{C_3})]$

产品 C 可靠性

$R(t)=1-[(1-0.985)(1-0.995)(1-0.99)]$

产品 C 可靠性

$R(t)\approx0.99999$

第 5 步——计算**系统**可靠性［式（34.36）］——串联网络产品 A→产品 B→产品 C：

系统可靠性 $R(t)=[R_A(t)\cdot R_B(t)\cdot R_C(t)]$

系统可靠性 $R(t)=0.999\times0.98\times0.99999$

系统可靠性 $R(t)\approx0.979$ *

34.3.5.4 可靠性网络建模的应用

原理 34.26 设计修改原理

系统设计解决方案在没有重大成本、进度和风险后果的情况下，直到系统

* 在此提醒：根据串联网络构型数学（示例 34.12），观察到添加到系统或产品中的每个部件都使系统或产品的失效概率（与失效率成比例）增加。添加冗余（并联）部件会增加维护纠正措施和成本，但也同样提高了任务成功的可能性。虽然系统可靠性提高了，但由于增加了硬件和/或软件，系统维护成本也相应增加了。

或产品被接受交付的那一天，都不接受随机修改。

教科书通常将系统可靠性建模作为对串联、并联和串并联网络结构的介绍，并给人留下这样的印象：网络建模应该在所有抽象层次进行。从理论上和理想上来说，这是正确的。然而，这可能不切实际。原因如下：

（1）原因#1——可靠性工程师正经历"快速周转"周期，提供即时的系统设计决策支持反馈。这是由于设计人员提供的设计不断发展和成熟，这些设计可能处于不断变化的状态，特别是在自定义的 SDBTF－DPM 范式企业中。这种情况是一个单独的问题，需要由认识到范式谬误的管理人员来处理。系统工程师的角色是"维持对问题解决方案的理智控制"（原理 1.3），并保证临时决策的稳定性（原理 14.2）。与管理人员行使其权力和权威的观点相反，系统设计解决方案在没有重大成本、进度和风险后果的情况下，直到系统或产品被接受交付的那一天，都不接受随机修改。

（2）原因#2——一个系统就是一个很大的零件层部件的集合，这些部件在物理上集成到抽象层次中，实现更高层次的目的——如自下而上出现（第 3 章）。一般而言，随时间的变化而变化的系统设计流程（见图 14.9）在成熟度上是自上而下的。其目的是保证高层决策稳定性，从而使低层能够做出明智决策，并保持稳定。正如第 8 章中所讨论的，系统或产品只是在不同集成层次上聚合为实体的零件。零件层部件是提供支持计算可靠性的物理数据的部件。因此，网络建模的理论基础始于：①零件层——这是在许多情况下需要定义的最后一层；②更高层次的实体的集成特性。这给建立大型、复杂、多层次的网络模型留出的时间不多。我们所能期望的最好结果是可靠性的估计值或近似值。*

了解串并联网络构型模型后，我们可以更好地将系统性能规范的可靠性需求自上而下地分配给采用这些模型的系统或产品的架构框架。

34.3.6 系统可靠性需求和性能分配

原理 34.27 可靠性和可维护性（R&M）分配原理

系统性能规范（SPS）可靠性和可维护性需求向更低层次实体开发规范（EDS）的分配和向下传递应：

---

* 关于可靠性建模的其他信息，参考尼科尔斯（2007）。

（1）基于可靠性分配框图。

（2）由记录在案的可靠性和可维护性网络构型分析（包括假设）支持。

系统可靠性前面部分的讨论集中在如何利用系统可靠性来评估拟定的或现有系统设计的可靠性是否符合系统性能规范或实体开发规范的要求。实际上，随着设计的发展和成熟，这是一种“事后”评估。挑战在于：系统工程师如何“提前”分配并向下传递系统性能规范可靠性要求，以降低产品、子系统、组件、子组件和零件的成本？答案是：尝试基于成本、性能和风险来平衡分配的高度迭代的过程。可靠性和可维护性工具以及架构网络构型的建模与仿真可以帮助完成该过程。分配系统可靠性需求的机制是如图 34.16 所示的可靠性分配框图。

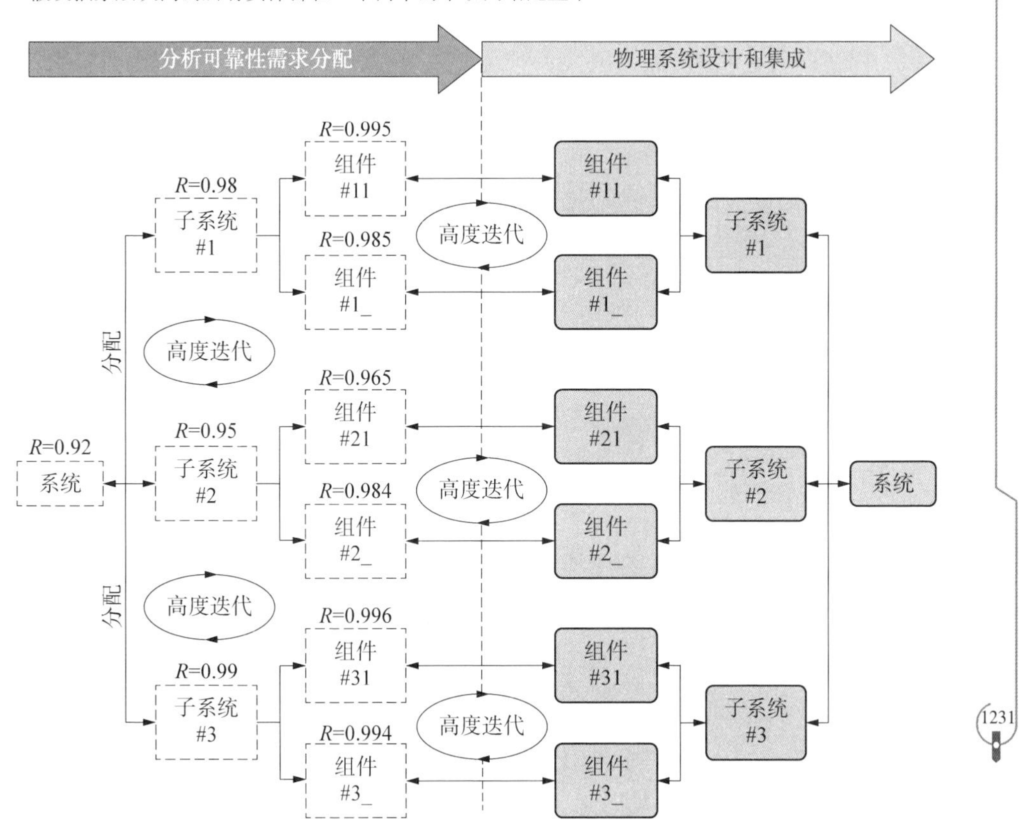

图中 R 表示可靠性。

图 34.16　可靠性分配框图和实现的示例说明

为了简单起见，假设子系统#1～子系统#3在串联网络构型中运行。这可能是真的，也可能是假的。无论如何，在最坏的情况下，我们假设子系统是串联的。请记住，作为式（34.36）的乘积，串联网络构型的系统可靠性会迅速降低。如果最坏情况下的串联网络构型可靠性估计代表实体可实现的可靠性目标，则将其作为初始系统架构构型的起点。否则，你必须重新分配可靠性性能或为实体创新架构，满足初始可靠性性能目标。

34.3.7 零件计数可靠性估计

原理 34.28 零件计数可靠性估计原理

基于对以串联网络构型中运行的部件类型类别、失效率、数量和质量因素的一般假设，采用零件计数可靠性估计作为系统或实体可靠性的“速视”评估。

在提案过程中，作为报价人，系统开发商需要估计系统可靠性是否符合系统性能规范的可靠性需求。对于较低层次的系统设计，要符合分配给相应规范的实体开发规范可靠性需求，也是如此。显然，在这两种情况下，系统或产品还没有设计出来；但是，可能存在初步零件清单。如何评估系统或实体的可靠性？答案在于一种被称为零件计数可靠性估计的方法。MIL－HDBK－0217F对该术语的定义如下：

总的来说，MIL－HDBK－0217F提供了关于特定类型电子部件（如电容器、电阻器和半导体）失效率的详细信息。**零件计数可靠性估计**——“在提案和早期设计阶段，当没有足够的信息来使用本手册正文所示的零件应力分析模型时，这种预测方法适用……”MIL－HDBK－0217F（1991）（A－1）。

零件计数可靠性估计基于通用的：

（1）零件类别——电阻器、电容器、集成电路（IC）、继电器、电动机等。

（2）零件失效率类型。

（3）每个类别中给定零件类型的数量。

（4）每种零件类型的质量因素。

参考 关于系统内可能具有不同运行环境条件的分布式实体（产品、子系统）的计算和指令的详细信息，参考MIL－HDBK－0217F附录A第A1页“零件计数可靠性预测”。附录包括以下内容的表格式摘要：①微电路、分立半导体、电感和机电设备等各类产品的一般失效率；②质量因素。

有关电子可靠性设计估计的更多信息，参考 MIL－HDBK－338B。

34.3.8 失效模式和影响分析

原理 34.29 系统可靠性和基于 FMEA 的架构过程原理

系统或实体架构的稳健性（原理 26.17）取决于（原理 26.16）通过严格的失效模式和影响分析（FMEA）以及采取纠正措施（借助补偿和缓解措施）而产生的检测、容忍和遏制故障的能力。

简单地构建系统架构和系统元素的可靠性网络构型模型为系统可靠性提供了一些思路。然而，部件失效的影响范围从良性和非威胁性到灾难性不等。因此，系统工程师需要了解：①系统或产品如何以及以何种方式失效；②在任务完成的情况下，失效传播的潜在后果是什么（见图 26.8）。

工程系统也应经过安全分析，评估对系统、公众和环境的风险以及潜在不利影响。安全分析包括进行 FMEA。什么是 FMEA？美国联邦航空局 SEM（2006）和 MIL－HDBK－470A 对 FMEA 的定义如下：

FMEA（FAA）——“分析并评估系统潜在失效的评估过程，即，识别系统、构件或功能的失效模式并确定对下一个更高层次设计的影响的系统方法”［FAA SEM（2006），第 3 卷：第 B－4 页］。

FMEA（DoD）——“分析产品（系统）中每个潜在失效模式的程序，旨在确定结果或对产品的影响，并根据严重性或风险概率数对每个潜在失效模式进行分类”（MIL－HDBK－470A：第 G－5 页）。

这些定义引出一个问题：什么是失效模式？MIL－HDBK－470A 第 G－5 页对失效模式的定义如下：

失效模式——失效机制的结果，即短路、开路、断裂、过度磨损。

失效模式会产生失效影响，导致后续的损害或损坏。MIL－HDBK－470A 对失效影响的定义如下：

失效影响——“故障模式对组件的运行、功能或状态的影响。失效影响通常分为局部影响、上一层影响和最终影响”（MIL－HDBK－470A：第 G－5 页）。

根据这些定义，FMEA 的目的是什么？

34.3.8.1 FMEA 目的

FMEA 旨在：

（1）了解系统或产品及其部件如何因用户（操作人员、维护人员）不当应用、误用或滥用以及不良设计或一个或多个单一故障点而失效。

（2）识别、评估失效模式和影响风险，并进行优先级排序。

（3）制定补偿或缓解措施，将失效模式影响降至最低。*

MIL-HDBK-470A 第 4~34 页还指出：

FMEA 的结果用于确定测试点的位置和性质，制定故障排除方案，确定易维护性相关的设计特征，制定故障检测和隔离策略（参考原理 26.16）。

系统可靠性不仅包括评估物理系统设计解决方案，还包括计算寿命数据分布指标以验证符合性。尽管这是系统可靠性的一个必要条件，但就良好的系统工程实践而言，这不足以确保系统或产品的能力在任务持续期间存续。系统可靠性估计的真正价值取决于如何将估计作为纠正措施纳入不断发展并成熟的系统设计解决方案。

FMEA 评估整个系统设计解决方案，而不仅仅是子系统、组件、子组件或零件。它包括物理域解决方案架构（见图 14.1），外部和内部接口——人、外部系统，部件可靠性和性能降级假设，单一故障点以及零件与潜在失效源或条件的接近程度（见图 26.12）。这些条件或失效模式中的每一种都可能是独立存在于实体内部的，甚至可能会传播到实体边界之外（见图 26.8），从而导致失效影响的连锁反应，如图 24.1 所示的瑞森（1990）事故轨迹模型应用所述。

另一个关键点是：FMEA 说明了为什么系统架构过程需要的不仅仅是将实体捆绑在一起并称之为架构。FMEA 应把重点放在消除和遏制系统架构故障上，正如前面在原理 26.16 和图 26.8 中所讨论的那样。

为了更好地理解什么是 FMEA，让我们探讨 FMEA 方法。

34.3.8.2 FMEA 方法

FMEA 方法基于一个分析过程，该过程识别系统或产品的潜在失效模式及

---

* **补偿或缓解措施**

可以通过设备元素设计或通过任何人员（培训）、任务资源（威胁避免）或操作规程（说明书或操作手册）等其他系统元素来缓解和补偿。作为示例，可参考小型案例研究 24.1。

其对性能的影响，并确定补偿或缓解设计措施，以纠正或减少影响。

以图 34.16 作为参考，系统或产品的任务执行由以下因素驱动：①运行环境（威胁）、人类系统、自然系统和诱导系统；②影响所有抽象层次的运行场景。分析：①固有的多层次系统设计解决方案；②运行环境应力对部件剩余强度的影响（见图 34.17）可能产生各种类型的失效模式。每种失效模式都可能产生失败影响，危及任务的完成或成功。

识别出失效模式时，为每个模式分配一个唯一标识符，用于跟踪和风险评估。作为典型风险评估的一部分，将每个失效模式的出现概率或可能性与其失效影响相结合进行评估，确定风险水平。根据风险水平和严重程度分类，制定缓解措施并作为纠正措施呈报，以便更新：①标准操作规程和程序（SOPP）；②对系统或产品的适用实体的设计修改。根据 FMEA 的结果：

（1）系统工程师可以协调能以经济有效的方式缓解失效模式影响的风险的设计缓解措施，如重新设计和程序变更（见图 24.1）。

（2）系统操作人员和维护人员可以采取补偿措施（小型案例研究 24.1），通过应用系统思维和纠正措施从潜在失效模式中恢复。

请注意系统操作人员和维护人员的补偿措施。也许补偿措施的最佳例证之一是小型案例研究 24.1。试飞员查克·叶格对一架 F-86“佩刀”飞机实施了补偿措施，以从潜在的致命坠机事故中恢复过来。查克·叶格敏捷的系统思维（第 1 章）最终使他解决了一个难解的飞机潜在缺陷——故障。这一故障在飞机的制造过程中未被发现迁移，并牺牲了数名试飞员的生命才得到设计缓解措施。

这就引出一个问题：如何识别失效模式？物理系统的建模与仿真通过因果分析提供了一种方法。另一种方法是故障树分析（FTA）——我们的下一个话题。

34.3.8.3　故障树分析

了解系统或实体如何出现故障的一种方法是创建故障树。图 34.18 给出了一个关于电视手持遥控器的简单示例。采用“与”和“或”门等布尔电路符号来表示依赖关系的顺序，以及依赖关系对结果的影响（电视打开）。

有时，由于潜在的时间冲突和运行环境条件，即使是故障树分析法和建模与仿真法也不能充分识别潜在的失效模式。因此，测试成为检测和隔离随后会

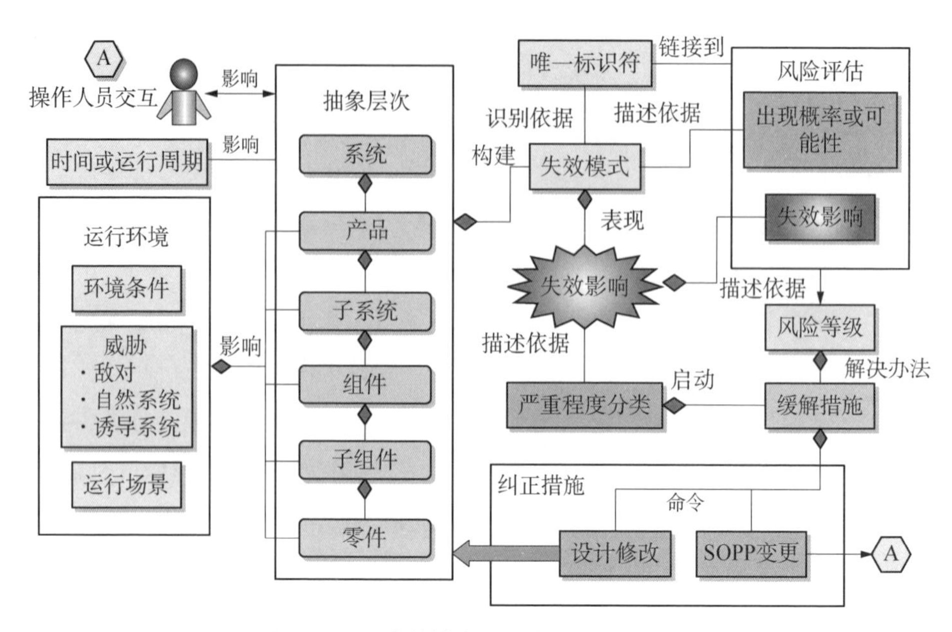

图 34.17　失效模式和影响分析实体关系

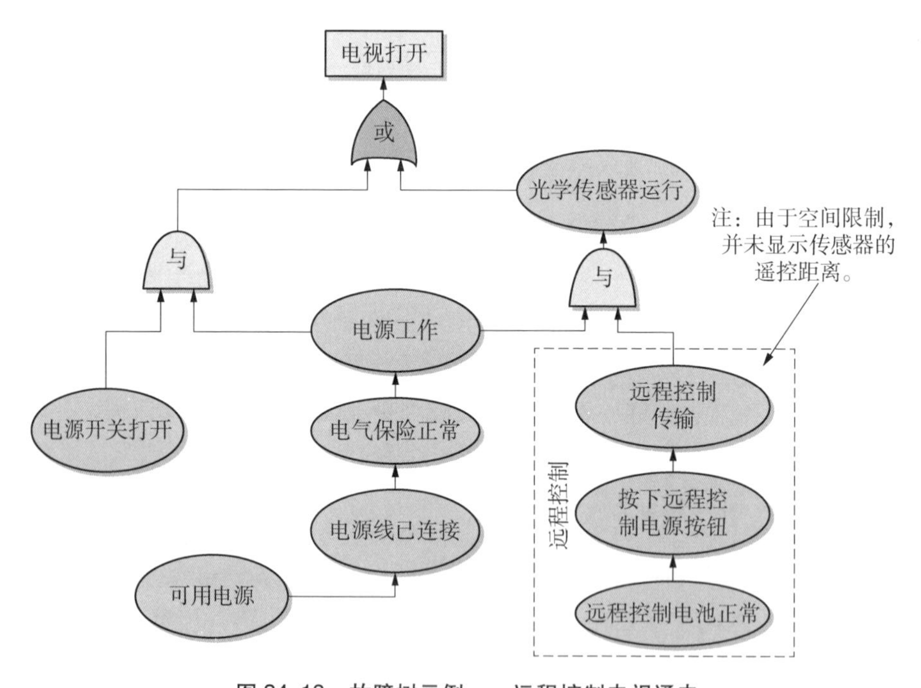

图 34.18　故障树示例——远程控制电视通电

在系统运行、维护和维持阶段以失效模式呈现的潜在缺陷（故障）的最后一道防线。

注意 34.9

请记住，故障树分析可以为逻辑和物理依赖关系链（如电子、机械和软件交互）提供非常有价值的见解。如图 34.18 所示，故障树分析不会提供关于物理布局以及邻近性可能导致其他部件故障的信息，除非你考虑这方面的问题。

这一点说明了为系统集成、测试和评估（SITE）分配尽可能多的时间——40%或以上的重要性（启示 28.1）。与之相反的是企业和项目，尤其是那些展示出自定义的 SDBTF－DPM 范式的企业和项目。这些企业允许设计团队拖延，延迟交付设计，只为系统集成、测试和评估留下项目进度 10%~20%或更少的时间。

实际上，不可能在“受控测试环境中”中找到所有可能的失效模式。你必须将系统或实体投入实际运行环境中使用，发现未知的失效模式。

34.3.8.4 FEMA 风险评估矩阵

FMEA 还要求对失效模式的出现概率和严重程度（失效影响）进行深入的风险评估。例如，MIL－STD－882E 使用图 34.19 所示的风险评估矩阵来评估潜在失效模式的出现概率和严重程度。

（1）**出现概率类别**——代表出现概率的定性度量——频繁、可能、偶然、微乎其微、不可能和已消除。

（2）**严重程度类别**——代表潜在失效模式影响的定性度量——灾难、至关紧要、无足轻重和微不足道。

以前的 MIL－STD－1629A 对严重程度的定义如下：

严重程度——“失效模式的影响。严重程度是指失效最严重的潜在影响，取决于最终可能发生的损害、财产损失或系统损坏程度”（MIL－STD－1629A：第 3 页）。

FMECA 的独特功能之一是分配风险优先级编号（RPN），这些编号可以划分为风险级别（低风险、中风险或高风险）。MIL－STD－882E 风险优先级编号的计算如下：

$$风险优先级编号(RPN) = 严重程度发生(S) \cdot 出现概率(O) \quad (34.40)$$

请注意，风险级别是在图 34.19 出现概率（行）与严重程度（列）的交叉单元格中根据风险优先级编号确定的。*

迪隆（1999：54）扩展了式（34.40），纳入一个额外的乘积因子——检测率（DeR），如下文及评级标准所示（Dhillon：54，表 4.3）。

$$\begin{aligned}&风险优先级编号(RPN)\\&= 严重程度(SR) \cdot 出现概率(O) \cdot 检测率(DeR)\end{aligned} \quad (34.41)$$

概率	严重程度			
	灾难（1）	至关紧要（2）	无足轻重（3）	微不足道（4）
频繁（A）	高	高	严重	中
可能（B）	高	高	严重	中
偶然（C）	高	严重	中	低
微乎其微（D）	严重	中	中	低
不太可能（E）	中	中	中	低
已消除（F）	已消除			

图 34.19　国防部 FMEA 风险评估矩阵示例

（资料来源：MIL－STD－882E 第 12 页表Ⅲ）

请记住，FMEA 风险评估矩阵只是让我们能够确定：①风险的存在；②风险的重要程度。这并不一定意味着已经采取了主动的纠正措施来减少系统设计解决方案中的风险。为了解决这一点，企业和项目创建了 FMEA 工作表，给出用于跟踪失效模式的详细信息。虽然类似于一个纸质工作表，但 FMEA 数据应通过在线数据库进行跟踪，项目人员可以按需访问。

前面的 FMEA 概述讨论引出我们的下一个话题——FMEA 工作表与其数据采集。

34.3.8.5　FMEA 工作表与数据采集

有多种方法可以创建 FMEA 表格来记录分析结果。尽管 MIL－STD－

* 有关这些话题的更多信息，请参考 MIL－STD－882E 第 10－13 页和美国陆军部 TM 5－698－2（2006）。

1629A 许多年前就被取消了，并且没有被替换，但它仍然可以通过互联网搜索到。

图 34. 20 显示了作为工作表的 FMEA 输出——传统纸质工作表。但是，FMEA 信息应作为基于失效模式的记录在在线数据库中进行跟踪。数据库应可供具有特定的创建、读取、修改或删除功能，项目人员按需访问。工作表只是一个在线表格，可用于收集 FMEA 数据并将其录入数据库。

失效模式和影响分析

系统：________　　　　日期：________

零件名称________　　　　页码：第____页，共____页

参考图纸：________　　　　编制：________

任务：________　　　　批准：________

项目号	项目/功能标识	潜在失效模式	失败影响			检测方法	补偿措施	严重等级	备注
			局部影响	上一层影响	最终影响				

图 34. 20　失效模式和影响分析工作表示例

（资料来源：美国陆军 TM 5－698－4 DA 表 7610，FMEA 工作表流，2006 年 8 月）

34. 3. 8. 6　FMEA 重点领域

如 FMEA 风险评估矩阵（见图 34. 19）所示，一些失效模式很重要，出现概率很高，并具有不同的严重程度。由于 FMEA 资源有限，面临的挑战之一是过度识别失效模式和影响。如何确定 FMEA 应该包括什么？美国国防部 4151. 22－M（2011：8）提供了以下指导。

如果失效模式符合一个或多个标准（如下所列），则失效模式应包含在分析中：

（1）以前发生过的情况。

（2）尚未发生但真正可能发生的情况。

（3）尚未发生和不太可能发生但具有严重影响的情况。

（4）由失效处理策略控制的情况。

请注意上面最后一项提到的“失效处理策略”。FMEA 流程贯穿于整个系

统开发流程。识别出失效模式时，通过 FMEA 数据库对其进行评估和跟踪，缓解风险，最好是消除风险。

34. 3. 8. 7　FMEA 输出

FMEA 的结果包括对系统或产品采取**补偿或缓解措施**的建议。从系统可维护性的角度来看，MIL－HDBK－470A 建议 FMEA 的主要输出如下：

（1）单点故障的识别。

（2）故障安全设计缺陷。

（3）误报事件。

（4）操作人员/维护人员安全考虑。

（5）潜在失效检测方法，包括：

a. 保护和报警装置。

b. 故障搁置功能。

c. 内置测试（BIT）规定（MIL－HBDK－470A：第 4－34 页）。

避免认为 FMEA 只是临时的“去做”的任务（图 2. 12）。MIL－HDBK－470A 明确声明：

“FMEA 应描述操作人员或维护人员检测和定位特定功能失效（失效模式）出现的方式”（MIL－HBDK－470A：第 4－34 页）。

现在，重读上面引用的 MIL－HBDK－470A。请注意，上面没有说“识别失败”；上面写着“……描述……操作人员或维护人员如何检测和定位每次失效的出现。”这是传统工程的一个重大范式转变。需要认识并理解这种差异！

34. 3. 9　失效模式、影响和危害性分析

对于要求高可靠性水平的系统或产品，如航天器、医疗、军事或金融系统或产品，FMEA 可以扩展到包括特定部件可靠性及其影响的危害性分析。我们称之为 FMECA。美国联邦航空局对 FMECA 的定义如下：

FMECA（FAA）——“一种通过系统分析方法识别潜在设计缺陷的分析方法，考虑了部件失效的所有可能方式（失效模式）、每次失效的可能原因、出现概率、失败的危害、每次失效对系统运行（以及各种系统部件）的影响，以及为防止未来发生潜在问题（或降低可能性）而可能采取的任何纠正措施”［FAA SEM（2006），第 3 卷：B－4，5］。

FMECA 应分析性地识别需要定义、选择和监督的可靠性危害项（RCI）。请思考以下示例。

示例 34.15 静电放电器（ESD）和保质期考虑因素

飞机飞行控制系统（FCS）传感器（如陀螺仪和加速度计）的失效会导致严重的准确性和安全性问题。因此，这些部件应被指定为可靠性危害项。

可靠性危害项的解决方案包括：隔离可靠性危害项部件，指定可靠性更高的部件，或者用可靠性较低的部件实现冗余。无论如何，冗余提高了系统的可靠性，但是零件数量的增加也导致了设备硬件和软件维护成本的增加。

一些系统或产品还需要在制造和测试过程中做特殊考虑，如静电放电器（ESD），防止因制造处理程序不良而导致的先期失效。此外，在使用前长时间储存的系统可能具有保质期有限的部件。因此，需要在系统可靠性估计和设计要求中考虑静电放电器和保质期因素。

FMECA 使用基于失效模式危害度编号和项目危害度编号等多个因素的危害度矩阵来评估实体和零件的危害度。

参考 有关 FMECA 的更多信息，请参考：

（1）有关 FMECA 发展的详细说明，参考 MIL－STD－1629A 第 102－1 页～第 102－7 页。

（2）有关 MEA 和 FMECA 的详细说明，参考美国陆军 TM 5－698－4（2006）。

34.3.10 系统可靠性总结

最后一点，具有讽刺意味的是，系统开发商企业迫切需要了解系统的可靠性。高管们不断施加压力，要求企业完善可靠性估计，确保符合系统性能规范——这在工程上非常合理。然后，随着物理子组件、组件、子系统和产品的开发并且实际数据变得可用，在下一个项目开始之前，每个人都对确认原始系统可靠性估计失去了兴趣。在这一点上，可以归结为：

（1）个人定期记录最基本的可靠性数据（以供目前和未来的项目参考）的专业性和主动性或者……

（2）开发可靠性模型作为传统设计，用于下一个系统或产品应用。

然而，即使是这些任务也需要资金。如果没有资金支持，那么这些任务就无法执行。

当下一个项目开始时，混乱会重现。客观地说，如果你所在的企业的产品线是定期更新的，或者采用实际现场数据来确认传统设计和模型并加以利用，那么你就没有理由不拥有这些设计的合理准确的可靠性模型。否则，你的业务可能不会做太久!

34.4 了解系统可维护性

从商业角度来看，如果系统或产品失效，会产生内部连锁反应。当系统或实体需要维护时，收益中断并且资金被用于恢复运行，这将影响企业盈利能力。类似的情形也见于用户和最终用户，例如：①消费者——从电视、智能手机和设备等商业产品中获得乐趣的人；②需要手术、核磁共振成像、肾透析和服务的医疗患者；③运输车辆服务——飞机、火车；④电信电缆网络。

维持系统或实体运行并产生收入的维护措施的效率和有效性取决于系统或实体的可维护性。更具体地说，系统或实体的可维护性是对其在指定时间标准内从降级或失效状态恢复到指定性能水平的能力的度量。因此，与许多其他学科一样，在提案阶段以及合同授予开始时，可维护性工程就必须是系统工程决策流程中不可或缺的一部分。让我们首先从表 6.1 介绍的维护概念的形成着手。

大多数教科书都把可维护性（就像可靠性一样）与方程联系起来。方程是机械性的、必要的，但不足以说明系统工程师需要了解才能应用的基本概念。为了解决这个问题，让我们从几个可维护性的基本概念开始。图 34.21 可作为指南。

(1) 图 A——说明了被称为设备失效状态轨迹（equipment failure condition trajectory）[势函数区间（potential-function interval）]（P－F）曲线的概念，该曲线将在图 34.25 中进行说明。如果我们允许系统或实体运行至故障后再修理，润滑剂会降级或损坏，需要更换。当缺乏维护时，润滑剂就会出现故障（见图 26.8）或危险（见图 24.1），造成摩擦，导致机械系统发热。由于不必要的磨损或断裂，失效会传播（见图 26.8）到周围的任务关键型或安全关键型部件。

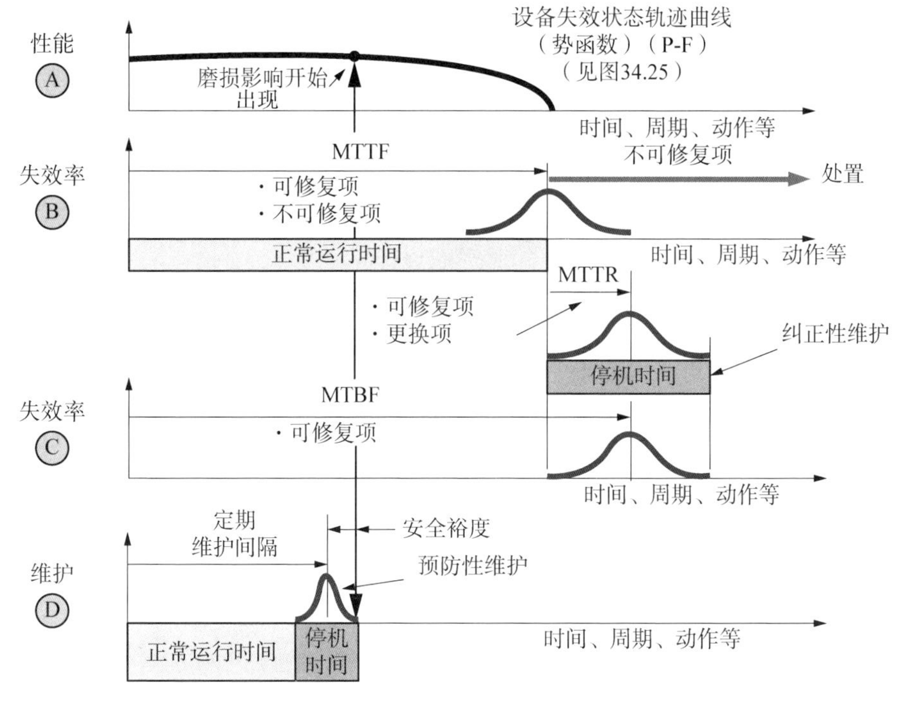

图 34.21　可维护性的基本概念

（2）图 B——说明可修复或不可修复系统或实体的 MTTF。让我们假设：①假设 P－F 曲线（见图 34.21 的 A 部分）与指示失效的水平轴相交；②P－F 曲线代表系统或实体统计上有效的样本。因此，MTTF（见图 34.21 的 B 部分）表示失效。不可修复系统或实体：①通过处置流程拆卸和丢弃；②替换为可能与原始设备制造商（OEM）部件相同或不同的部件，且具备与原始设备制造商系统或实体相同的外形、匹配和功能。

（3）图 C——说明将系统或实体恢复到指定可用状态的平均恢复时间（MTTR）。系统或实体无法执行任务时，我们将称之为“停机时间”（DT）。其中 DT 代表一组不同系统或实体的平均值，平均停机时间（MDT）作指标使用。平均停机时间内，采取纠正性维护措施，修复系统或实体，并将其恢复到可用状态。这就引出可修复系统或实体的一个关键点：MTBF 代表 MTTF 加上 MTTR。

显然，在上面的假设性讨论中，我们不允许系统或实体运行到故障，如图 34.1 的灯泡示例。这就是可维护性成为可靠性、可维护性和可用性关键基

石的原因。从风险和机会管理（R&OM）的角度来看，可维护性如何降低：①失效风险——风险规避；②MDT？答案是：定期维护措施（见图 34.21 的 D 部分）。

（4）图 D——说明如何在磨损开始前根据安全裕度制定定期或周期性维护措施（见图 34.21 的 A 部分）。我们将该活动称为预防性维护。如果及时正确地维护，那么系统或实体的使用寿命会延长。*

在这样的背景下，让我们从讨论可维护性和维护开始——二者有什么区别？

34.4.1　可维护性与维护——二者有什么区别？

原理 34.30　可维护性与维护原理

可维护性是系统、产品或服务质量因素的属性。维护是一种预防或纠正措施活动。

工程师经常在没有意识到的情况下轻率地将“可维护性”和“维护”混淆。注意，可维护性是系统性能规范第 3.2 节规定的运行性能特征（见表 20.1），而维护是一项活动。让我们从美国联邦航空局和美国国防部的两个角度来审视这个术语的定义：

（1）可维护性（FAA）——“组件经具有适当技能水平的人员使用规定的程序和资源，按规定的维护和修理级别进行维护后，保持或恢复到特定状态的能力的度量”（FAA-HDBK-006A：第 12 页）。

（2）可维护性（MIL-HDBK-470A）——“组件经具有特定技能水平的人员使用规定的程序和资源，按规定的维护和修理级别进行维护后，保持或恢复到特定状态的相对容易性和经济性。在这种情况下，它是设计的一个功能”（MIL-HDBK-470A：第 2-1 页）。

两种定义实际上是相同的。然而，请注意美国联邦航空局和国防部观点的微妙之处。

---

* **MTTF——可修复与不可修复系统**

传统上，可靠性和可维护性将 MTTF 用于不可修复产品，而 MTBF 用于可修复产品。现实情况是：可修复和不可修复产品都有一个 RTF 概率密度函数，其中心均值用 MTTF 表示。除此之外，每个产品都被区别对待。不可修复产品将进行处置，可修复产品将恢复到可用状态。

相比之下，维护是用户企业的工作，重点是维修或保养设备元素。MIL－HDBK－1908B 对维护的定义如下：

维护——“将材料保持在（或恢复到）可用状态所需的所有措施。维护包括维修、修理、改造、现代化、大修、检查、诊断、腐蚀控制和提供备件”（MIL－HDBK－1908B：第 21 页）。

你可以开发高度可靠的系统或产品。但是，如果维护不当，系统可靠性会迅速降低。如何建立一个系统维护方法来确保维护妥当？答案是，从可维护性概念开始。

34.4.2 维护概念的重要性

规划系统可维护性的基础是系统运行概念文件中所述的系统维护概念（见表 6.1）。运行概念文件为记录维护概念提供了初始起点内容，除非迫切需要一份独立的文件记录维护概念，如作为可交付成果的文件。请记住，运行概念记录了定义系统、产品或服务的维护人员、维护内容、维护时间、维护地点和维护方式的关键策略。例如，复杂系统的维护可以由以下各方完成：①用户；②内部支持组织；③外部承包商；④兼而有之。

随后，可能需要或编制系统运行、维护和支持计划或综合支持计划（ISP），记录运行概念维护概念的实现。细节取决于我们的下一个话题——组织维护观点（organizational maintenance perspectives）。

34.4.3 组织维护观点

从组织上来说，系统可维护性经常收到象征性的“口头承诺”，通常排在系统可靠性之后。这种管理模式天真而错误地认为，如果系统的可靠性“足够好”，可以满足系统性能规范的要求，那么可维护性工程就被最小化了。这与伯纳德（2008：5）在章节简介中提出的错误推理类似。

一般而言，军事系统的系统运行、维护和支持成本约占系统或实体总拥有成本的 60%～70%（DAU，1997：13－6），特别是复杂系统。由于软件是当今系统和产品中不可或缺的一部分，在合同授予或任务启动之初，部署后软件支持（PDSS）成本及其辅助因素就应该是一个主要关注点。对运行支持成本起作用的主要系统质量因素（见表 20.1）如下：

(1) 系统可靠性——旨在实现任务目标并减少维护频率的开发成本。

(2) 系统可维护性——与执行预防性和纠正性维护所需时间相关的成本。

(3) 系统可用性——由系统或实体的可靠性和可维护性决定的成本。

(4) 系统可持续性——在不中断的情况下维持系统、产品或服务运行所需的成本。

一旦系统购买者接受并部署系统，用户就会受到系统开发决策以及责任或可靠性和可维护性因素缺乏的影响。此外，这些考虑推动了另一个因素，即系统可用性。

系统可用性表示系统、产品或服务在给定的运行条件下按需执行任务的运行准备水平。当系统或实体在商业企业环境中不可用时，系统可用性：①不会产生收入；②更糟糕的是，企业正在为维修进行成本核算，影响了底线盈利能力。

工程教科书经常把可靠性和可维护性与方程联系起来。就像分析瘫痪一样，方程瘫痪是一种由于专注于方程而没有完全理解运行挑战（问题空间）的人的状况，而挑战是用户必须建立基本假设（必须通过方程才能建立）。

可维护性是一个经典的示例。为了说明为什么需要理解用户挑战，让我们简单地探讨一下使能系统的场景。

系统、产品或服务：①运行——执行任务或支持培训；②储存；③等待维护；④处于维护中；⑤等待返回投入使用。在维护上花费的每一个小时都等同于收入损失，就像生产机械、航空公司等商业系统一样。为了确保企业系统能够维持进度，可以采购、租赁或租用额外的系统（备件），在维护系统或实体时保持运行连续性。

系统或实体失效时，你需要：

(1) 现场备件供应以及能够以最短的维护停机时间进行维修的熟练的维修技术人员。

(2) 用于确保库存备件充足的维持供应链（见图 4.1）。

因此，你需要对以下方面有一定的见解：①给定失效类型所需的备件数量；②需要“全职”和“兼职”的维护技术人员数量；③维护工作站的数量（如适用）；④测试设备的类型和数量；⑤系统、产品和零件储存空间分配；⑥采购订单系统；⑦后勤保障系统。某些系统的季节性使用因素加剧了这一挑

战。所有这些都转化为总拥有成本。为了最大限度地降低维护备件库存的成本，许多企业与各层级供应商签订战略合作协议或分包合同，以便在需要时及时提供零件。汽车行业是一个典型的示例。

鉴于这一挑战，如何将不断发展并成熟的系统设计解决方案的维护成本降至最低？我们可以：

（1）将自测或内置测试（BIT）或 BIT 设备（BITE）能力纳入主要组件，以检测、隔离和遏制现场可更换单元（LRU）失效（原理 26.16）。

（2）在预防性维护和纠正性维护周期中，在任务关键型项目和安全关键型系统失效之前，对其进行纠正性维护。

（3）指定现场可更换单元并设计系统设计解决方案，方便现场可更换单元拆卸和更换（R&R）。

（4）提供检修便利、快速拆卸和安装现场可更换单元等。

（5）纳入后文将介绍的以可靠性为中心的维修（RCM）和视情维修（CBM）能力，持续监控和评估系统的运行健康和状态：

a. 告知用户操作人员或维护人员系统或实体在任务之间的当前状态维护措施。

b. 在任务结束前和任务结束后，传达对纠正性维护措施和备件的需求。

企业有时认为维护任务只不过是机械的、保守的纠正措施。请思考以下示例。

示例 34.16　部分企业维护文化对系统性能的影响

维护模式：只需遵循维护手册。你甚至不用去想它。拆下两个螺栓，拆卸和更换（R&R）有缺陷的部件，重新安装两个螺栓，就完成维护。如果仍然不起作用，将根据需要用另一个部件替换已安装的部件，直到它起作用。

示例 34.16 忽略了这样一个事实，即可能需要多花几分钟来确保新安装的部件有垫圈等辅助部件，按正确的顺序组装和对齐，螺栓拧紧，或者只是在运行条件下进行验证（见图 24.2）。所有这些因素都会影响系统或实体的性能和早期失效，有时会产生连锁反应失效模式和影响，如图 24.1 所示。

然而，维护任务不仅仅是保守的纠正措施。美国国防部 4151.22 – M（2011）提出了定义维护任务的两个关键点：

（1）维护任务将失效风险降至可接受的水平时，就认为是有效的；

（2）必须用失效影响来确定任务的有效性（DoD 4151.22－M，2011：9）。

基于这一概述，让我们从维护级别开始讨论系统可维护性。

34.4.3.1　维护级别

原理 34.31　维护级别原理

根据用户群体的规模、维修的复杂性、响应时间和成本效益，确定在某地理位置的维护级别。

企业决定预防和纠正措施在何地实施。例如，美国国防部采用两级维护模式（DAU，2012：B－131）：

（1）基地级维护（最高级别）。

（2）现场级维护。

a. 组织级维护。

b. 中继级维护（最低级别）。

让我们探讨一下这些维护级别的范围。

34.4.3.1.1　现场级或组织级维护

现场级或组织级维护包括由用户或其支持组织在现场采取的预防性和纠正性维护措施。这些措施需要在失效部件的有效使用寿命结束时，用新的、修理过的、重新制造的或翻新过的部件进行拆卸和更换（R&R）。在某些情况下，部件在本级别可以使用通用保障设备（CSE）工具（第 8 章）修复。实施现场或组织级维护的企业可能是用户的企业或称之为合同后勤支持（CLS）的承包商支持。

34.4.3.1.2　中继级维护

中继级维护包括纠正性维护措施，要求用户或合同后勤支持人员拆除并维修或更换故障系统或实体，并返回中央或地区维修工厂。维修工厂可能有用于完成维护措施的专用保障设备（PSE）（第 8 章）。当维修后的项目返回现场投入使用时，用户或合同后勤支持公司的人员实施现场级或组织级维护，重新安装、检查并检验运行水平是否适当。

34.4.3.1.3　基地级或工厂级维护

工厂级维护措施由基地、原始设备制造商（OEM）或系统开发商执行。用户或合同后勤支持人员可能会将故障产品升至现场级维护（组织级或中继级）或直接转至拥有确定失效原因所需的专用保障设备（第 8 章）和专业知识的基地或原始设备制造商。这可能包括对用户的现场访问，以便采访相关人员、审查记录并检查其他可以佐证导致所需维护措施的促成原因、可能原因或根本原因（见图 24.1）的情况和运行条件的项目。

34.4.3.1.4 失效报告、分析和纠正措施系统

原理 34.32 失效报告、分析和纠正措施系统原理

建立失效报告、分析和纠正措施系统（FRACAS）来跟踪纠正性维护措施，并提供数据以进行分析、缺陷消除和性能改进。

开发系统或实体时，可靠性和可维护性工程师采用多学科系统工程设计、工程材料清单（EBOM）或供应商/制造商数据表来构建可靠性和可维护性数学模型，评估系统或实体的可靠性。这些基于系统工程物理域（设计）解决方案（见图 14.1）的模型提供了与过早磨损、热应力、定期检查的充分性和性能指标跟踪相关的见解。

失效报告、分析和纠正措施系统数据记录给出了可能导致先期失效的潜在磨损的早期迹象（见图 34.7 的 B 部分）。同时，采取缓解或补偿措施来改进系统设计或选择替代部件，满足系统性能规范或实体开发规范要求。

一旦系统投入使用，实际的现场数据将被用于进一步完善和确认建模与仿真物理模型。那么，如何获得并跟踪这些数据呢？解决方案是失效报告、分析和纠正措施系统。MIL-HDBK-470A 和美国联邦航空局 SEM（2006：4.8-30/31）对失效报告、分析和纠正措施系统的定义如下：

（1）**失效报告、分析和纠正措施系统**（MIL-HDBK-470A）——“用于系统记录、分析和解决设备可靠性和可维护性问题和故障的闭环数据报告系统”（MIL-HDBK-470A：第 4-58 页）。

（2）**失效报告、分析和纠正措施系统**（FAA SEM，2006）——“跟踪、分析和纠正问题是可靠性、可维护性和可用性计划的关键活动。活动范围应基于系统复杂性和成熟度、环境限制、测试方案、可报告失效的定义以及失效报告、分析和纠正措施系统中的组织角色……”（FAA SEM，2006：4.8-30-31）。

根据企业对系统或实体的计划，失效报告、分析和纠正措施系统为每个部件的维护措施和新部件更换提供了历史记录。现场数据可以使企业有信心、有

成本效益地延长资产的有效使用寿命和使用（见图 34.10）。*

此外，失效报告、分析和纠正措施系统可能不包括维护时间记录。

34.4.4 可维护性中的人体测量学和生物力学

教科书通常通过基于方程的计算来探讨可维护性。然而，第 24 章中提到的人体测量学和生物力学也是成功的可维护性结果和性能指标的主要贡献因素。

系统和子系统不仅必须设计用于任务系统用户，还必须设计用于操作和执行维护的使能系统维护人员。人员（维护人员）通过检修门、入口以及拆卸和更换实体（子系统、组件、子组件和零件）的空间轻松触及、扭绞、转动、打开/关闭、校准/对准、调整部件的能力是成功的关键。执行维护任务的有效性会影响维护时间以及后续的人工成本等。

原理 34.33 可维护性估计原理

可维护性估计应记录在案，并由假设和/或实际性能测量数据支持，以证实结果。否则，可维护性估计只不过是个人意见。

需要认识到，系统可维护性公式的计算假设已经建立了维护人员的人体测量学和生物力学（见图 24.8）的基线集作为先决条件。事实上，大多数可维护性指标只是普通的数字。可能可用的知识、技能组合、工具或设备是基于从实际任务执行中获得的经验领域数据而假设的。这与玻姆的算法构造成本模型（COCOMO）（Boehm，1981）形成了鲜明的对比，后者用于评估软件开发工作，并考虑了这些因素。因此，可维护性估计应明确记录产品的所有假设和/或性能数据测量值。

由于认识到所有维修人员的熟练程度并不相同，因此制订了培训计划，确保知识和工作表现的一致性和统一性。**

* **了解失效报告、分析和纠正措施系统数据的背景**

当你查看失效报告、分析和纠正措施系统数据时，需要了解每一种失效的背景。根据向维护人员灌输的纪律和严格性，订购和安装不正确的零件等错误有时可能会被记录为故障，从而引发另一项维护措施。参见示例 34.16“部分企业维护文化”。

** **常用系统可维护性术语和等式**

系统可维护性的特色是有多少个企业就有多少个术语。每个业务领域都有自己的术语版本并存在细微差别。我们的讨论将介绍一些最常用的术语。我们鼓励工程师针对自己所在行业特有的术语进行额外的学习。

34.4.5 系统正常运行时间（system uptime UT）和停机时间（downtime DT）

从失效的角度来看，系统、产品或服务可能处于以下几种状态：①执行任务；②执行任务的运行准备状态（第7章）；③性能降级；④不可运行。在这种背景下，用户需要知道系统是在“正常运行”还是需要“停机”维护。“正常运行时间”和“停机时间”是经常使用的术语，特别是对于部署系统来执行任务的企业，如计算机中心、网站和运输工具。

为了更好地理解“正常运行时间”和“停机时间”的含义，首先对其进行定义。

34.4.5.1 平均正常运行时间（MUT）或 $\overline{\mathrm{UT}}$

如果系统、产品或服务完全可运行且无维护问题，则视为“正常运行”。自上次维护以来经过的时间称为正常运行时间，定义为：

正常运行时间（UT）——“一个产品处于可以执行其所需功能的状态的有效时间的要素……”（MIL－HDBK－470A：第G－17页）。

图34.22所示为正常运行时间和停机时间。正常运行时间作为一个抽象的标签，不能从数学或统计学上推断系统或实体的寿命。更合适的指标是平均正常运行时间（MUT）或平均停机时间（MDT）。

34.4.5.2 MDT或 $\overline{\mathrm{DT}}$

当系统或实体出现故障或需要维护时，用户希望知道系统将停用多长时间——停机时间。在商业领域，系统停机意味着收入流的中断。在军事和医疗领域，停机可能意味着生死存亡。MIL－HDBK－470A提供了几个关于停机时间、系统停机时间和平均停机时间的定义，如下：

（1）停机时间（DT）——“产品处于可操作库存状态但不具备执行所需功能的时间元素。”（MIL－HDBK－470A：第G－4页）

（2）系统停机时间——“从系统（产品）故障开始到系统已由维护人员修复和/或检查，并且不再执行任何维护活动之间的时间间隔”（MIL－HDBK－470A：第G－16页）。

（3）平均停机时间（MDT）——“系统由于失效而无法使用的平均时间。时间包括实际维修时间加上维修人员带着适当的替换零件到达现场的所有延迟

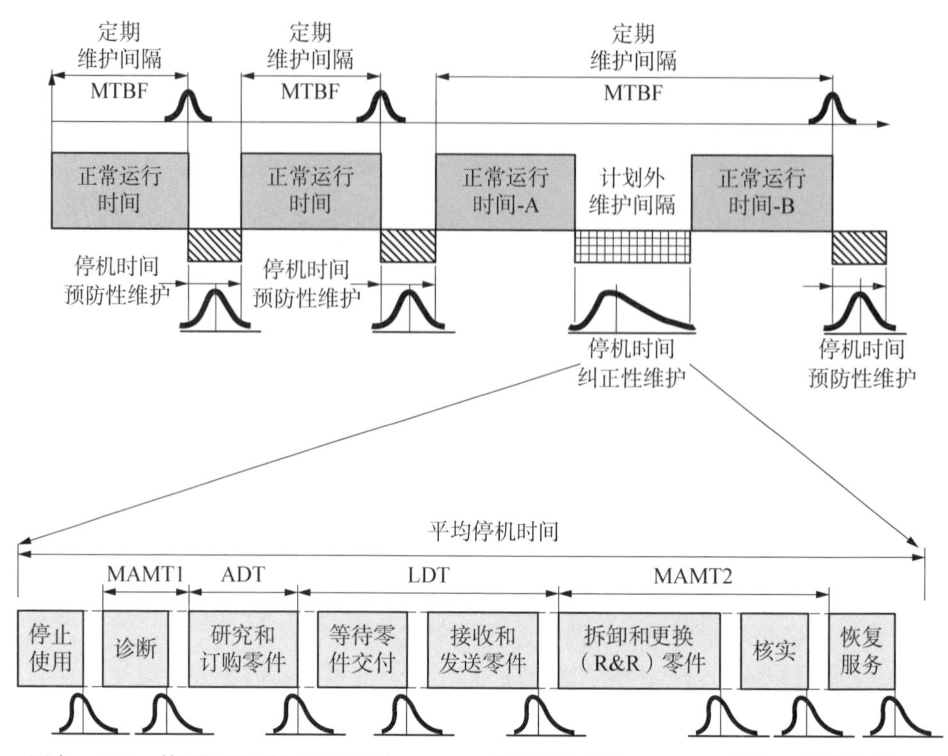

图中：ADT—管理延误时间（未显示）；LDT—后勤延误时间；MAMT—平均有效维护时间；MAMT—MAMT1+MAMT2。

图 34.22　表示系统维护周期的综合概述

时间”（MIL－HDBK－470A：第 G－10 页）。

平均停机时间的概念适用于概述。然而，平均停机时间过于抽象，需要进一步的澄清来帮助我们解释将要执行的活动。每当系统或实体需要维护时，无论是否正在进行主动维护，通常都会将其状态称为“停机维护”。因此，我们需要澄清在维护期间发生了什么，以便我们预测系统或实体何时将在运行准备状态下恢复使用，执行任务。

平均停机时间由三个基于时间的活动组成：①平均有效维护时间（MAMT）；②平均管理延误时间（MADT 或 $\overline{ADT}$）；③平均后勤延误时间（MLDT 或 $\overline{LDT}$）。在数学上，我们将平均停机时间（$\overline{DT}$）表示为

$$MDT(\overline{DT}) = \overline{MAMT} + \overline{LDT} + \overline{ADT} \tag{34.42}$$

式中：

MDT 表示平均停机时间；

MAMT 表示平均有效维护时间［式（34.43）］；

MADT 表示平均管理延误时间；

MLDT 表示平均后勤延误时间。

注意 34.10

$\overline{\text{ADT}}$ 和 $\overline{\text{LDT}}$ 的平均值适合回答关于订购和接收维修零件需要多长时间的一般问题。一些常用零件可能在当地或经销商处有库存，而其他的可能只能从原始设备制造商（OEM）处获得，这可能需要相当长的时间。

如果各种零件的交付用图 34.3 的 B 部分所示的对数正态分布表示，就会出现情况。需要认识到差异，并使用 $\overline{\text{LDT}}$ 或 LDT 以及 $\overline{\text{ADT}}$ 或 ADT 的平均值或离散值（以适合你的项目为准）。假设，如果 $\overline{\text{ADT}}=1.6$ h（订购零件），ADT = 2.1 h（订购专用零件），这有区别吗？这取决于应用和订购频率。时间就是金钱！

请注意，式（34.42）中，用户或系统购买者：①通过系统性能规范控制 $\overline{\text{M}}$；②对 $\overline{\text{ADT}}$ 和 $\overline{\text{LDT}}$ 负有企业责任。系统开发商对用户自己的维护和维持系统没有控制权——零控制权。我们将在关于后勤保障工作组（LSWG）的系统可用性中进一步讨论这个话题。

现在，让我们将焦点转移到定义和界定平均停机时间的三个元素——MAMT、LDT 和 ADT。

34.4.5.3　平均有效维护时间（$\overline{\text{M}}$）

随着多层系统设计解决方案的发展和成熟，系统工程师需要了解完成预防性或纠正性维护措施的平均时间是多久？这个答案存在于被称为平均有效维护时间（$\overline{\text{M}}$）的指标中。

在数学上，平均有效维护时间的计算如下：

$$\text{MAMT}=\frac{f_{\text{PMT}}(\overline{\text{M}}_{\text{PMT}})+\lambda(\overline{\text{M}}_{\text{CMT}})}{f_{\text{PM}}+\lambda} \tag{34.43}$$

式中：

f_{PM} 表示预防性维护的频率；

λ 表示失效密度或纠正性维护的频率［式（34.47）］；

$\overline{\text{M}}_{\text{PMT}}$ 表示平均预防性维护时间［式（34.46）］；

$\overline{M}_{CMT}$ 表示平均纠正性维护时间［式（34.48）］。

MIL－HDBK－470A 对另一个术语“实际纠正性维护时间”（ACMT）的定义如下：

实际纠正性维护时间——“对一个产品实施纠正性维护的那部分实际维护时间不包括后勤和管理延误（如等待零件、换班等）”（MIL－HDBK－470A：第 G－1 页）。

34.4.5.3.1　后勤延误时间（LDT）

后勤延误时间是执行主要支持纠正性维护的措施所需的实际时间，但适用于备件库存耗尽的预防性维护。后勤延误时间示例包括：①更换或等效零件的研究；②零件订单的采购和跟踪；③从供应商处交付零件；④接收零件检验；⑤发送给维修技术人员；⑥错误零件重排。

美国国防采办大学（2012）提到平均后勤延误时间（$\overline{\text{LDT}}$）并将其定义为：

平均后勤延误时间——“系统等待维护的平均时间指标，通常包括以下时间：定位零件和工具；定位、设置或校准测试设备；派遣人员；审查技术手册；遵守供应程序；等待运输。平均后勤延误时间在很大程度上依赖（用户的）后勤保障（LS）结构和环境”（DAU，2012：B－139）。

34.4.5.3.2　管理延误时间（ADT）

管理延误时间是花费在维护组织人员配置、培训人员、假期、假日和病假等活动上的实际时间。管理延误时间有时用平均管理延误时间（$\overline{\text{ADT}}$）来表示。举例而言，MIL－HDBK－470A 对管理时间的定义如下：

管理时间——“延误时间的元素，不包括在供应延误时间中”（MIL－HDBK－470A，第 G－1 页）。

34.4.5.3.3　正常运行时间比

由于系统用于执行在系统停机时受到影响的任务，所以用户对所谓的正常运行时间比非常感兴趣。MIL－HDBK－470A 第 G－17 页对正常运行时间比的定义如下：

正常运行时间比——“运行可用性和可靠性的综合度量，包括项目设计、安装、质量、环境、运行、维护、维修和后勤保障的综合影响。正常运行时间比是正常运行时间除以正常运行时间和停机时间之和的商”。

这一定义使我们能够用数学方法将正常运行时间比确定为

$$R_{\mathrm{UT}} = \frac{\mathrm{UT}}{\mathrm{DT} + \mathrm{UT}} \tag{34.44}$$

同样，正常运行时间和停机时间只是离散数据的标签。就其平均值而言，正常运行时间比的一个更合适的表示是式（34.44）。在这里，这两个术语更能说明它们的数学和统计分布。

$$R_{\mathrm{UT}} = \frac{\text{Mean UT}(\overline{\mathrm{UT}})}{\text{Mean DT}(\overline{\mathrm{DT}}) + \text{Mean UT}(\overline{\mathrm{UT}})} \tag{34.45}$$

我们已经确定了平均停机时间的定义和计算，接下来讨论扩展到维护措施的类型。

34.4.6 维护措施类型

原理 34.34 维护类型原理

维护包括两种类型的措施：预防性和纠正性维护。

让我们更详细地探讨这些主题。

34.4.6.1 预防性维护

原理 34.35 预防性维护原理

预防性维护包括定期维护措施，旨在检查、补充和更换（斜体）润滑剂、过滤器和部件等消耗品和耗材，使系统或实体恢复，按规定运转并投入使用。

预防性维护代表根据系统开发商或供应商的要求对系统、产品、子系统等实施的周期性的或定期的维护措施。请注意术语“定期”的使用。其目的是在风险区域开始产生影响并导致系统或实体性能下降或失效之前，启动主动维护措施（见图 34.25）。

什么是预防性维护或定期维护？MIL－HDBK－470A 的定义如下：

（1）预防性维护——“通过系统检查、检测和早期故障预防，试图将项目保持在特定条件下的所有措施”（MIL－HDBK－470A：第 G－14 页）。

（2）定期维护——“根据日历、里程或运行时间对产品或项目进行定期、规定的检查和/或维修……”（MIL－HDBK－470A：第 G－15 页）。

请注意，预防性维护是使用的标准术语。周期或定期维护是一些企业使用

的替代术语。然而，这并不是预防性维护所独有的。定期维护既适用于预防性维护，也适用于纠正性维护，尤其是在未发生故障且提前计划了升级的情况下。

示例 34.17　汽车预防性（计划）维护

汽车制造商建议车主在特定的运行环境条件下，在使用不超过 3000 英里、5000 英里或 *Y* 个月的时间间隔内更换机油。详情请查阅车辆的车主手册。

34.4.6.1.1　预防性维护措施类型

预防性维护措施有三种类型：定期维护、预见性维护和计划维护。

（1）定期维护：

a. 根据经过的运行时间（小时）、日历时间（星期或月）或者运行周期（如降落和起飞次数），按预定的短期计划执行。

b. 一般包括检查和执行设备的短期间歇维修、更换过滤器和轮胎等消耗性产品、更换/补充冷却液和润滑剂等消耗性液体、校准和调整，必要时进行运行健康和状态检查和后续诊断测试。

（2）预见性维护：采用了后面将提到的预测与健康管理（PHM）等概念，以便：

a. 持续监测设备的当前运行状况，如流体、润滑剂、金属状况、里程、经过时间。

b. 根据系统或实体的当前状况，在足够的时间内预测系统能力表现，以安排预防性或纠正性维护措施。

（3）计划维护包括：

a. 以与下一个周期维护一致的较长运行间隔进行的定期维护。

b. 大检查和纠正性维护，如主要项目或现场可更换单元的升级、改造、大修、翻新或更换，前提是没有先期失效。

34.4.6.1.2　预防性维护时间

系统工程师通常必须回答为系统或实体实施预防性维护措施需要多长时间这个问题。从维护指标方面来说，解决方案在于预防性维护时间。预防性维护时间表示执行例行维护（如检查和更换流体、过滤器、皮带等）所需的实际时间。

特定类型维护措施的预防性维护时间用 $\overline{\mathrm{M}}_{\mathrm{PMT}}$ 表示，代表项目（系统或实体）的所有预防性维护措施的平均时间，表示为

$$\overline{M}_{PMT}=\frac{\sum_{i=1}^{n}[f_{PMT(i)}][M_{PMT(i)}]}{\sum f_{PMT(i)}} \tag{34.46}$$

式中：

$M_{PMT(i)}$ 表示执行第一次预防性维护措施所需的时间；

i 表示特定类型预防性维护措施的序列标识符；

$f_{PMT(i)}$ 表示第 i 次预防性维护措施的频率。

34.4.6.2 纠正性维护

原理 34.36 纠正性维护原理

纠正性维护包括将系统、产品或服务恢复或翻新到特定状态并使其恢复使用所需的定期或不定期维护措施。

纠正性维护被称为不定期维护。它包括在故障后将系统或实体性能恢复到制造商的性能规范标准所需的维护措施。一般而言，纠正性维护包括诸如拆卸和更换（R&R）现场可更换单元、补液、再校准、重新校准和翻新等维护措施。MIL－STD－470A 和 MIL－STD－3034 给出了纠正性维护的以下定义：

（1）**纠正性维护**——“由于无法将项目还原到指定状态而执行的所有操作。纠正性维护可以包括以下所有步骤：定位、隔离、拆卸、互换、重新组装、对准和检验”（MIL－HDBK－470A：第 G－3 页）。

（2）**纠正性维护**——“为识别、隔离和纠正故障而执行的维护任务，旨在使故障设备、机器或系统能够在为使用操作而建立的公差或限制范围内恢复到正常运行状态”［MIL－STD－3034，2011：4］。

纠正性维护措施包括在发生需要采取纠正措施的故障事件或条件后的定期和不定期维护措施。对于可修复项，纠正措施包括对实体进行修复，使其恢复到符合规范需求的状态，或者在紧急情况下（见图 19.5）恢复到失效保护状态。那么，修理是什么构成的？美国国防采办大学（2012）对修理的定义如下：

修理——“因磨损、损坏、零件故障等原因而必须对不动产或设备的零件或部件进行的修复或更换，旨在使零件或部件维持有效运行状态”（DAU，2012：B－190）。

先前的 MIL－STD－480B 就维修的解释提出一个非常重要的观点：“维修的目的是减少不合规的影响；维修与返工的区别在于维修后的特性仍然不完全

符合适用的规范、图纸或合同要求”（MIL－STD－480B：第 13 页）。

由于时间是将系统恢复到使用状态的关键因素，因此出现了一个新术语“维修时间”。MIL－HDBK－470A 对维修时间的定义如下：

维修时间——“替换、修理或调整所有可能导致故障的项目所花费的时间，不包括随后通过系统临时测试表明不是导致故障的项目”（MIL－HDBK－470A：第 G－15 页）。

维修时间取决于能够隔离并确定失效的根本原因、促成原因或可能原因（第 24 章）的能力（知识、经验和专业知识）、工具和系统资源。失效是由潜在缺陷、薄弱部件、工艺或部件问题等故障造成的一种状况。系统工程师以及可靠性和可维护性工程师面临的挑战是创新并开发有成本效益且稳健的系统设计解决方案，这些解决方案能够：

（1）检测潜在的故障状况。

（2）在故障成为问题之前，快速诊断并隔离故障。

（3）出现故障时加以控制，防止对其他部件造成影响（原理 26.16）。

（4）容忍故障——稳健、容错系统架构设计（原理 26.17）——完成任务并取得成功。

前面四点中的每一点都对借助上面讨论的系统可维护性指标进行的系统设计解决方案开发有影响。

了解了预防性维护之后，让我们将重点转移到了解对等部分——由失效引发的纠正性维护。这就引出系统可靠性和系统可维护性之间的一个共同关联参数——失效率 $\lambda(t)$。

34.4.6.2.1　失效率 $\lambda(t)$ 或纠正性维护频率

纠正性维护频率随系统或实体失效率 $\lambda(t)$ 的变化而变化。失效率用数学公式表示为

$$\lambda(t)=\frac{1}{\text{MTTF}} \tag{34.47}$$

式中：MTTF 表示可修复和不可修复项的平均失效时间。

34.4.6.2.2　平均修复时间

用户通常需要了解比 MMT 提供的更详细的信息。这就引出一个新的指

标——平均修复时间（MTTR）。MIL－HDBK－470A 对平均修复时间的定义如下：

平均修复时间——“可维护性的基本度量。计算方法如下：在规定的条件下，在一段特定的时间间隔内，任何特定修复级别的纠正性维护时间之和，除以在该级别修复的项目的总失效数”（MIL－HDBK－470A，第 G－11 页）。

平均修复时间指标的一个谬误是侧重于修复时间，而不是恢复服务（RTS）（见图 34.22 右下）。FAA－HDBK－006A（2008）用平均服务恢复时间（MTTRS）指标填补了这一空白。

平均服务恢复时间（MTTRS）——“代表在需要手动干预的不定期服务失效后手动恢复服务所需的时间”（FAA－HDBK－006A，2008：13）。

FAA－HDBK－006A（2008）也指出，平均服务恢复时间：

（1）……仅包括不定期停机时间，并假设有理想的支持环境。

（2）……包括硬件更换时间，还包括软件重新加载时间和系统重启时间。

（3）不包括作为系统设计一部分的自动故障检测和恢复机制的有效运行时间”（FAA－HDBK－006A，2008：13）。

34.4.6.2.3　平均纠正性维护时间或 $\overline{M}_{CMT}$

平均纠正性维护时间（MCMT）或 $\overline{M}_{CMT}$（相当于 MTTR）表示对系统或实体采取维修措施以更换故障或损坏的现场可更换单元所需的实际时间。MIL－HDBK－470A 使用了术语“平均实际纠正性维护时间”（MACMT）并给出了如下定义：

平均实际纠正性维护时间——“与主动纠正性维护措施相关的平均时间。时间仅包括与维修人员执行纠正性维护步骤（即定位、隔离、拆卸、互换、重新组装、对准和检验）相关的实际维修时间”（MIL－HDBK－470A：第 G－10 页）。

$\overline{M}_{CMT}$ 表示系统或实体中所有纠正性维护措施的维修次数之加权算术平均值。在数学上，我们将 $\overline{M}_{CMT}$ 表示为

$$\overline{M}_{CMT}=\frac{\sum_{i=1}^{n}[\lambda_{(i)}][M_{CMT(i)}]}{\sum\lambda_{(i)}} \tag{34.48}$$

式中：

$M_{CMT(i)}$ 表示执行第 i 次纠正性维护措施所需的时间；

i 表示特定类型纠正性维护措施的序列标识符；

$\lambda_{(i)}$ 表示第 i 次纠正性维护措施的频率。

根据系统或实体的寿命数据，$\overline{M}_{CMT}$ 可能具有指数、高斯（正态）或对数正态分布的特征。$\overline{M}_{CMT}$ 分布的示例如下：

（1）**指数 $\overline{M}_{CMT}$ 分布**——在具有恒定失效（危害）率的系统或实体上执行的维护任务（见图 34.5）。

（2）**高斯（正态）$\overline{M}_{CMT}$ 分布**——具有标准维修时间的维护任务，例如更换车辆中的润滑剂、过滤器或车灯。

（3）**对数正态 $\overline{M}_{CMT}$ 分布**——针对各种系统或实体的纠正性措施执行的维护任务，只需几分钟到几个小时即可完成。

如图 34.3 的 B 部分所示，纠正性维护措施的频率分布图通常假设符合对数正态分布。也就是说，一些故障可以很快被隔离和修复。大多数纠正措施需要更长的时间，并接近平均水平。其余的纠正措施可能数量上较少，但需要相当长的时间才能纠正。

34.4.6.2.4　修复率 $\mu(t)$

一些企业跟踪作为 MCMT（$\overline{M}_{CMT}$）的倒数计算的修复率 $\mu(t)$。

$$\mu(t) = \frac{1}{\overline{M}_{CMT}} \tag{34.49}$$

34.4.6.2.5　平均维护间隔时间

平均维护间隔时间是自上次维护（预防性或纠正性）措施以来的平均运行间隔时间。MIL－HDBK－470A 对平均维护间隔时间的定义如下：

平均维护间隔时间（MTBM）——“一种可靠性度量，代表所有纠正性和预防性维护措施之间的平均时间”（DAU，2012：B－139）。

基于所有预防性（$\overline{M}_{PMT}$）和纠正性（$\overline{M}_{CMT}$）维护措施的平均值，**平均维护间隔时间**用特定运行条件下系统或实体的经过运行时间表示。在数学上，平均维护间隔时间表示为

$$\text{MTBM} = \frac{1}{\frac{1}{\overline{M}_{PMT}} + \frac{1}{\overline{M}_{CMT}}} = \frac{1}{f_{PMT} + \frac{1}{\lambda(t)}} \tag{34.50}$$

式中：

$\overline{M}_{PMT}$ 表示平均预防性维护时间［式（34.46）］；

$\overline{M}_{CMT}$ 表示平均纠正性维护时间［式（34.48）］；

$\lambda(t)$ 表示失效频率或失效率［式（34.47）］。

34.4.7 可维护性数据来源

维护计算的有效性取决于从实际设计和现场数据记录中获得的有效数据集。可维护性数据的潜在来源如下：

（1）类似部件的历史数据。

（2）部件设计和/或制造数据。

（3）系统或实体演示期间记录的数据。

（4）现场维护维修报告或失效报告、分析和纠正措施系统数据。

34.4.8 供应

我们对这一点的讨论集中在系统可靠性和可维护性上。尽管有大量的理论和公式，但是系统或实体任务的维持最终仍取决于用户保持系统或实体的能力。这包括制定维持策略，确保零件在合理的时间内随时可用于支持预防性和纠正性维护活动。最终要回答的问题是基于：①系统或实体的估计失效率；②最长可接受的平均维修时间；③实体或零件的保质期；④库存常用实体或零件的成本。实体或零件（特别是本地库存中要维护的可靠性危害项）的最佳级别是什么？

这让我们想到了供应。美国国防采办大学（2012：B－215）对供应的定义如下：

供应——“确定并获取备件和配件以及在使用初期运行和维护所需的材料和测试设备的范围和数量（深度）的过程。通常指船舶、装置或系统的首次供应。”

对于许多合同，系统开发商经常被要求提供修理级别分析（LORA）。美国国防采办大学（2012：B－125）对修理级别分析的定义如下：

修理级别分析——“一种分析方法，用于帮助形成维护概念，并根据经济/非经济限制和运行准备要求，确定更换、维修或废弃部件的维护级别，也称为最佳修理级别分析（ORLA）。”

目标 34.3

此时，我们已经讨论了可靠性和可维护性的基本原理。关键问题是：系统是否可以按照用户的要求执行任务？尽管系统、产品或服务可能是可靠的，并且得到了很好的维护，但在需要执行任务时，系统、产品或服务是否会不可用？这就引出我们的下一个话题——系统可用性。

34.5 系统可用性

原理 34.37 可用性原理

可用性是系统、产品或服务在执行任务时按需可用的概率。

可用性侧重于系统的“运行准备”状态（第7章），以便在派以任务或执行额外任务时“按需”执行任务。我们将“运行准备”定义为：

（1）在规定时间内完成预防性和纠正性维护措施。

（2）具备可靠地启动和“按需”运行的能力。

美国国防部《可靠性、可用性和可维护性指南》（2006）和FAA－HDBK－006A（2008）对可用性的定义如下：

（1）可用性——“在未知（随机）时间点调用任务时，产品处于可运行状态并在任务开始时可调用的程度的度量”（DoD《可靠性、可用性和可维护性指南》，2006：1－1）。

（2）可用性——“系统或构件在任意随机选择的时间内可运行的概率，或者系统或构件的总可用运行时间的分率”（FAA－HDBK－006A：第11页）。

系统或实体的可用性随系统架构和系统设计解决方案确定的可靠性和可维护性的变化而变化。由于可用性是基于系统或实体的可靠性和可维护性的数学估计，它可以促使系统开发商尝试在决策圈中实现特定的结果，同时平衡可靠性和可维护性目标。考虑以下两种极端的情况：

（1）案例#1——系统 A 是一个高度可靠的系统。在开发过程中，系统购买者可以选择提高可靠性还是提高可维护性。购买者选择将设计资源集中在可靠性上。理由是："如果系统高度可靠，我们就不需要大量维修，因此也不需要大型维护组织。"最终结果：当系统确实需要维护时，由于等待维护维修的延迟时间，纠正性维护措施需要数周的时间。显然，当需要维护时，高度可靠的系统无法长时间用于任务。

（2）案例#2——系统 B 的可靠性较低，因为购买者不得不做出类似于系统 A 的选择。购买者降低了可靠性要求，并专注于提高可维护性。理由是："我们有一个优秀的维修组织，可以维修任何东西。"因此，系统 B 持续出现故障，并且可能需要采取许多纠正性维护措施，因此无法执行大多数任务。

讨论的要点是：系统工程与开发必须包括一个实际可用性需求，该需求能够在系统的可靠性和可维护性之间取得最佳平衡，并且仍然满足任务和企业目标。在系统采购阶段系统购买者和用户之间的密切合作，以及在整个系统开发阶段合同授予后系统购买者和用户与系统开发商之间的密切合作中都至关重要（见图 12.2）。

34.5.1 可用性类型

原理 34.38 可用性指标原理

可用性有三项指标：

（1）运行可用性（A_o）。

（2）可达可用性（A_a）。

（3）固有可用性（A_i）。

让我们简单探讨一下这些概念。

34.5.2 运行可用性

以符号 A_o 表示的运行可用性代表一个产品（系统或实体）在执行任务时按照其规定的性能要求和规定的运行环境条件运行的概率。A_o 包括管理延误时间和后勤延误时间等维护延迟以及其他独立于其设计的因素。

在数学上，系统或实体的运行可用性 A_o 表示为

$$A_o = \frac{MTBM}{MTBM + MDT} \tag{34.51}$$

式中：

MDT 表示维护停机时间［式（34.42）］；

MTBM 表示平均维护间隔时间（可修复项）［式（34.50）］。

请注意，平均停机时间参数包括：①预防性（定期）和纠正性（不定期）维护时间；②平均有效维护时间、平均管理延误时间和平均后勤延误时间。

34.5.3 可达可用性

系统开发商通常无法控制用户的使能系统因素，如后勤延误时间和管理延误时间。因此，可达可用性（A_a）代表系统开发商控制下的可用性水平，受系统性能规范的约束。

从数学上讲，一个项目的可达可用性 A_a 是平均维护间隔时间（MTBM）与平均维护间隔时间和平均有效维护时间（MAMT）之和的比值（M）：

$$A_a = \frac{MTBM}{MTBM + MAMT} \tag{34.52}$$

式中：

MAMT 表示平均有效维护时间［式（34.43）］；

MTBM 表示平均维护间隔时间（可修复项）［式（34.50）］。

运行可用性 A_o 包括平均有效维护时间（MAMT）、平均管理延误时间（管理延误时间）和平均后勤延误时间（后勤延误时间），可达可用性 A_a 不包括管理延误时间和后勤延误时间。

34.5.4 固有可用性

第三种可用性是固有可用性 A_i。MIL－HDBK－470A 对固有可用性的定义如下：

（1）固有可用性（MIL－HDBK－470A）——“仅包括项目设计及其应用效果的可用性度量，不考虑运行和支持环境的影响”［MIL－HDBK－470A，

1997：第 G－7 页]。

（2）固有可用性（A_i）（FAA）——“理论上系统或构件能力范围内的最大可用性”（FAA－HDBK－006A：第 11 页）。

关于 FAA－HDBK－006A 的定义，美国联邦航空局指出：

（1）这种结构的计算只考虑硬件元素，设想完美的失效覆盖率、理想的支持环境，并且没有软件或电源故障。

（2）计划停机时间不包括在固有可用性度量中。

（3）A_i 是系统固有的设计特征，不依赖于系统在现实环境中的实际运行和维护方式（FAA－HDBK－006A：第 11 页）。

美国联邦航空局 SEM（2006）就固有可用性提出两个关键点。

（1）第一，“这种（固有）可用性完全基于系统或构件的平均失效间隔时间和平均维修时间特征以及所提供的冗余水平（如有）。对于采用冗余元素的系统或构件，假设完全恢复。只有在一个共同时间范围内的多次失效导致系统或其一个或多个构件停机，并且对冗余资源的需求超出所提供的冗余水平时，才会发生停机。固有可用性表示系统或构件理论上能够实现的最大可用性……前提是自动恢复（见图 10.17）100%有效。”

（2）第二，固有可用性“不包括计划停机、备件短缺、无服务人员或服务人员缺乏培训的影响”（FAA SEM，2006：4.8－28）。

固有可用性 A_i 在数学上表示为平均失效间隔时间与平均失效间隔时间和平均纠正性维护时间之和的比值（$\overline{M}_{CMT}$）。在数学上，A_i 的定义如下：

$$A_i = \frac{MTBF}{MTBF + \overline{M}_{CMT}} \tag{34.53}$$

式中：

$\overline{M}_{CMT}$ 表示平均纠正性维护时间或平均维修时间［式（34.48）］；

MTBF 表示平均失效间隔时间（可修复项）。

A_i 不包括预防性维护措施、后勤延误时间和管理延误时间。请注意从用于计算 A_o 和 A_a 的平均维护间隔时间到用于计算 A_i 的平均失效间隔时间的切换。图 34.23 提供了随平均失效间隔时间和 $\overline{M}_{CMT}$ 或平均维修时间的变化而变化的固有可用性（A_i）值的图形。例如：

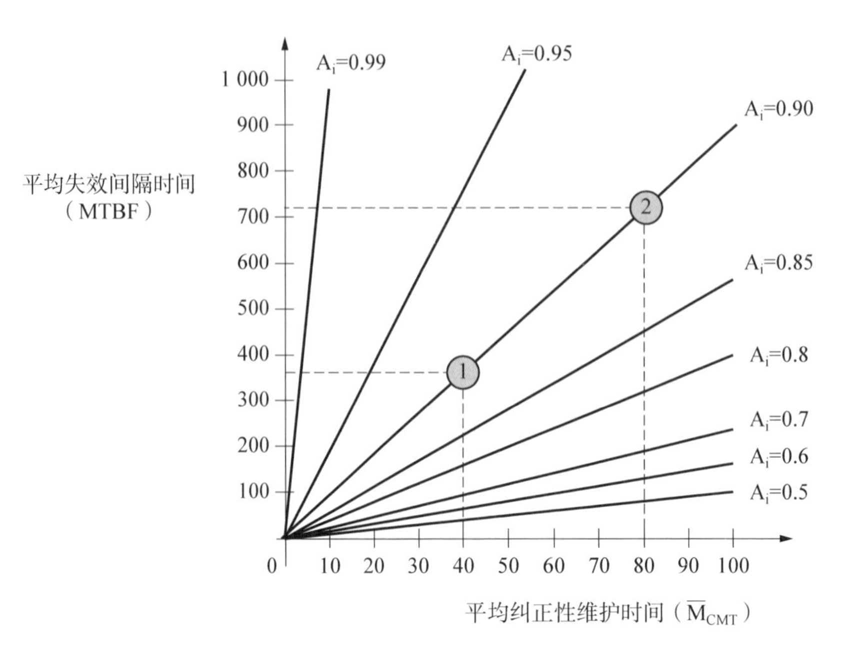

图 34.23 随平均失效间隔时间和平均维修时间的变化而变化的固有可用性

如果要求系统或实体的 A_i 为 0.90，并且设计的平均失效间隔时间估计为 700 h，则得出的平均维修时间要求为 77.8 h。

最后，平均失效间隔时间、平均维护间隔时间、平均停机时间和 $\overline{M}_{CMT}$ 之间各种系统运行可用性、固有可用性和可达可用性的权衡可以通过构建渐近系统可用性曲线来促进。具体示例参见 MIL－HDBK－470A 图 1 第 2－3 页。

34.6 优化可靠性、可维护性和可用性权衡

此时，你应该认识到系统可靠性和可维护性及其对系统可用性的贡献之间的相互依赖关系。面临的挑战是根据用户或系统购买者通过系统性能规范要求而施加的限制，为可靠性、可维护性和可用性选择最佳值。让我们来研究一下系统工程师如何靠近最佳选择的过程。

34.6.1 创建初始可靠性和可用性起点

首先必须确定一个现实的系统可靠性数字，该数字：①是可以实现的；

②表示项目所需的任务成功概率。还需要根据系统的重要性选择系统可用性数字，支持企业任务。最后需要描述维护原理的维护概念和系统可维护性指标。

34.6.2 建立开发目标和限制

原理 34.39 可靠性、可维护性和可用性优化原理

优化可靠性、可维护性和可用性以实现系统设计解决方案，该解决方案：

（1）符合系统性能规范要求。

（2）将总拥有成本降至最低。

（3）将风险降低至用户可接受的水平。

用户的关键目标之一是将系统或实体的总体拥有成本降至最低。系统开发成本和运行、维护和维持成本之间不可避免地存在着高层级权衡。根据系统的类型，许多系统 60%~70%（DAU，1997：13－6）的循环寿命成本发生在系统运行、维护和维持阶段。这些成本大部分是由纠正性维护措施和预防性维护措施引起的。因此，你可能不得不为你在系统设计可靠性上花费的每一美元做出权衡决策。维护和支持成本的成本规避是什么？下面来进一步探讨这一点。

使用图 34.24 的示例，让我们提高系统设计解决方案的可靠性——这将增加系统开发成本。然后，预计系统维护成本会相应降低。如果我们将可靠性范围内的非经常性系统开发成本和系统维护成本相加，会得到一个碗形曲线，代表总寿命周期成本，或者更恰当地说，总拥有成本（TCO）。从概念上讲，有一个目标可靠性 R_A 和一个目标最低成本 TCO_A（代表用户的最低 TCO_A）。这些目标应与识别可靠性水平的核心可靠性、可维护性和可用性标准相结合，构成规定可靠性、可维护性和可用性要求的依据。

从哲学角度讲，TCO 最小化方法假设用户凭借资源具备选择最佳可靠性水平的灵活性。然而，通常情况下，用户在系统开发成本内可以“提前”提供的可靠性资源有限。假设，根据运行需要和系统采购的紧急程度，出于系统开发成本的限制，用户可能面临选择一个更可承受的可靠性 R_B，从而导致高于计划的系统维护成本（$MAINT_B$）和更高的 TCO_B。

对于创新型企业，这既是机遇也是挑战。对于那些不从替代方案分析（AoA）解决方案的角度完成系统工程并直接跳转至点设计解决方案的企业来

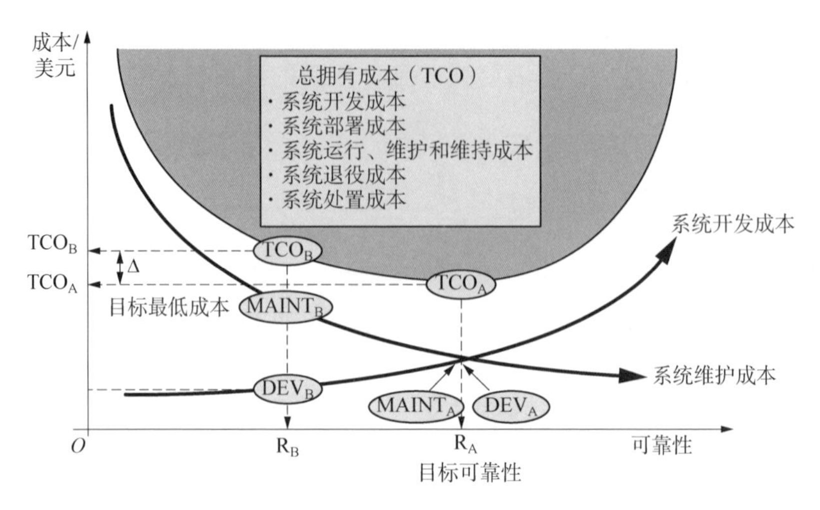

图 34.24　以最低成本实现系统可靠性和可维护性之间的最佳成本效益平衡

说（见图 2.3），这可能会错失商机。在替代方案分析活动中，可能会发现新的方法，* 能够使用户在系统开发成本的限制下将总拥有成本降至最低。**

现在，将前面的可重用系统示例与一次性系统（如导弹）的示例进行比较。系统可用性是一个关键问题。系统可靠性同等重要或更加重要。发射导弹是一个方面。然而，最终目的是导弹必须找到、追踪并摧毁目标。

34.6.3　系统可用性——总结性见解

总之，我们已经简要定义了三种类型的系统可用性。从合同系统性能规范的角度来看，相较于可达可用性 A_a 和固有可用性 A_i，运行可用性 A_o 显然对用户意义更重大。那么，系统开发商如何处理无法控制的用户使能系统后勤延误时间和管理延误时间因素呢？

（1）第一，系统购买者应在合同中规定，根据权属，用户对提供后勤延误

---

* **选择可用性目标数字**

对于这第一步，大多数工程师和用户因为担心无法达到性能需求而不愿选择一个合理的数字。从工程角度来看，你需要一个系统可用性性能目标作为初始起点，仅此而已。遗憾的是，有些人批判这些工作，却没有认识到获得“最终”可靠性数字可能是不现实的。这只是一个起点……不多也不少。

** **仅指定可用性需求**

我们从产品可靠性开始讨论，接着是可维护性和可用性。这些主题的排序不仅仅是为了计算可用性。关键是，对于可重复使用的系统，某些系统购买者投标邀请书系统需求文件（SRD）可能只指定可用性的性能需求，而不指定可靠性和可维护性的性能需求。期望系统开发商进行一次替代方案分析，选择可靠性和可维护性价值和成本的最佳组合，降低最佳总拥有成本。这可能是一个困难的挑战，尤其是如果你不了解用户及其偏好和优先顺序考虑。

时间和管理延误时间数据和/或假设负全部责任。

(2) 第二，系统购买者和系统开发商应考虑成立包括用户后勤延误时间和管理延误时间利益相关方在内的后勤保障工作组（LSWG），提供数据并通过正式协议参与提出建议。

假设后勤保障工作组按照预期进行工作，用户利益相关方必须对其为实现系统的整体成功和验证适当的系统性能规范要求所做的贡献承担责任。如果利益相关方：①就控制项指定包括后勤延误时间和管理延误时间的运行可用性需求［式（34.42）］；②要求系统开发商遵守要求，利益相关方应负责“提前”提供信息或假设，作为投标邀请书和合同数据的一部分。布兰查德（1998：121）注意到，如果使能系统平均需要 3 个月的时间（包括后勤延误时间和管理延误时间）来响应零件，那么限制设备的设计来实现 30 分钟的 $\overline{M}_{CT}$ 价值有限。A_o 肯定不是以这种方式实现的。

目标 34.4

前面讨论了可靠性、可维护性和可用性的基本原理。在此基础上，我们将这些概念整合到本章的总体主题——以可靠性为中心的维修（RCM）和视情维修（CBM）。

34.7 以可靠性为中心的维修

原理 34.40 以可靠性为中心的维修原理

以可靠性为中心的维修（RCM）的目标不是保护设备元素或防止其失效。这是为了避免或减少失效的影响，确保不间断地完成任务所需的能力的连续性。

由于维修费用和不必要的预防性维护，一些复杂系统将视情维修（CBM）功能嵌入其系统中。这些系统持续监测并分析发动机润滑剂（如机油）的运行健康和状态，以确定金属颗粒和其他可能暗示先期磨损或潜在故障的状况。

视情维修系统对于飞机发动机应用等系统至关重要，是用户企业整体以可靠性为中心的维修活动的一部分。什么是以可靠性为中心的维修？MIL-HDBK-470A、国防部《可靠性、可维护性和可用性指南》（2006）、海军航空系统司令部（2013）和 Weibull. com（2013）提供了各种各样的以可靠性为中心的维修定义：

（1）以可靠性为中心的维修［MIL－STD－3034，2011：4］——“一种根据对安全、运行和寿命周期成本有重大影响的系统/设备的可能功能故障的分析来确定维护需求的方法。基于其固有可靠性和运行环境，以可靠性为中心的维修支持任何系统的失效处理策略。”

（2）以可靠性为中心的维修（MIL－HDBK－470A：第G－15页）——“一种用于识别预防性和纠正性维护任务的有纪律的逻辑或方法，以最小的资源消耗实现设备的固有可靠性。”

（3）以可靠性为中心的维修（DoD《可靠性、可维护性和可用性指南》2006：4－49）——“一个逻辑的、结构化的框架，用于确定适用、有效的维护活动的最佳组合，以维持系统和设备的运行可靠性，同时确保安全、经济运行和支持。以可靠性为中心的维修侧重于通过有效、经济的维护来优化并维持准备状态和可用性。”

（4）以可靠性为中心的维修（NavAir，2013：5）——“一种分析过程，用于确定适用的失效管理策略，确保实物资产在特定运行环境中安全、有成本效益的运行。”

（5）以可靠性为中心的维修（Weibull. com，2007）——“……用于分析实物资产（如飞机、制造生产线等）的功能和潜在故障的结构化框架，侧重于维护系统功能，而不是维护设备。”

如果你询问为什么要维护设备，大多数人的回答是“确保设备不会发生故障”。而实际情况是：设备的存在不是为了设备本身。设备的存在是为了提供一种能力，使用户能够可靠地执行任务并完成基于性能的任务目标，底线是维护旨在确保设备能力支持用户目标，而不是保护设备。这是如何实现的？通过一个称为以可靠性为中心的维修分析的过程实现。以可靠性为中心的维修分析的目的是什么？

海军航空系统司令部（2013）就以可靠性为中心的维修目标提出了两个关键点：

（1）避免或减少失效的影响。

（2）不一定是为了避免失败［海军航空系统司令部（2013：5）］。

34.7.1 以可靠性为中心的维修的起源

JA1012（2002：1）指出，以可靠性为中心的维修的起源可以追溯到由美国联合航空公司的 F. 斯坦利·诺兰和霍华德·F. 希普首次记录的一份报告。该报告后来由美国国防部于 1978 年发表［Weibull. com（2007）］。

报告中提到了“波音 747 面世后的飞机维护”的转变。

诺兰和希普（DoD，1978）提前说明：

（1）本书讨论的一个中心问题是，如何确定哪些类型的定期维护任务（如有）应该应用于某个组件，以及应该以何种频率完成分配的任务［诺兰和希普（DoD，1978：ii）］。

（2）最终结果是经验、判断和运行数据/信息的结构化、系统化混合，以识别并分析哪种维护类型对每个与特定类型设备相关的重要项适用、有效［诺兰和希普（DoD，1978：ii）］。

多年来，已发布并合并了各种以可靠性为中心的维修流程和文件。SAE JA1012（2002：1）就其他以可靠性为中心的维修文件提出两个关键点：

（1）“……以可靠性为中心的维修流程的关键元素被忽略或被误解为”基本上偏离了诺兰和希普的基本原理。

（2）虽然这些流程中的大部分可能会实现以可靠性为中心的维修的一些目标，但也有一些会适得其反，有些甚至是危险的。

那么，作为参考，诺兰和希普（1978）最初的规则是什么？

以可靠性为中心的维修基于以下规则（作者强调）：

（1）失效是不尽人意的情况。有两种类型的失效：通常由操作人员报告的功能失效和通常由维护人员发现的潜在失效。

（2）功能失效的影响决定了维护工作的优先顺序。影响分为四类：

a. 安全影响，包括设备及其使用者的可能损失。

b. 运行影响，包括间接经济损失以及直接维修费用。

c. 非运行影响，仅包括维修的直接成本。

d. 隐性失效影响，包括由于隐性功能未检测到的失效而暴露于可能的多重失效的状况。

（3）任何功能丧失或失效模式可能造成安全影响的产品都需要定期维护。

如果预防性任务不能将此类失效的风险降至可接受的水平，则必须重新设计产品，改变其失效影响。

(4) 任何对操作人员来说功能失效不明显的产品都需要定期维护，并报告纠正措施。

(5) 在所有其他情况下，失效影响都是经济影响，为了防止这种失效而执行的维护任务必须有经济依据。

(6) 所有失效影响（包括经济影响）都是由设备的设计特征决定的，并且只能通过设计的基本变化来改变：

a. 几乎在所有情况下，安全影响都可以通过使用冗余转化为经济影响。

b. 隐性功能通常可以利用仪器或其他设计特征变得明显。

c. 定期维护的可行性和成本效益取决于产品的可检验性，而纠正性维护的成本取决于其失效模式和固有可靠性。

(7) 设备的固有可靠性是通过有效的维护计划实现的可靠性水平。这一水平是由每个项目的设计和制造流程决定的。定期维护可以确保实现每个项目的固有可靠性，但是任何形式的维护都不能产生超出设计固有可靠性的可靠性水平［诺兰和希普（DoD，1978：xvi－xviii）］。

以可靠性为中心的维修文献通常会涉及功能失效。MIL－STD－3034（2011）对功能失效的定义如下：

功能失效——“当系统或子系统停止提供所需功能时，就会出现功能失效，无论功能是主动的、被动的、明显的还是隐性的”［MIL－STD－3034，2011：14］。

34.7.2 视情维修

以可靠性为中心的维修和 FMEA 以及诺兰和希普的以可靠性为中心的维修（1978）原理的核心是需要：

(1) 检测系统或实体中实体和零件的实际状况。

(2) 检测何时需要维护。

结果是形成了视情维修。什么是视情维修？

举例而言，海军航空系统司令部（2013）对视情维修的定义如下：

(1) **视情维修**（NavAir）——一种基于所测量设备状况的设备维护策略，

旨在评估设备在未来是否会出现故障，然后采取适当的措施避免失效的影响（NavAir，2013，单元 1 模块 3：26）。

（2）**状态监控**（NavAir）——使用专用设备测量设备状态（NavAir，2013，单元 1 模块 3：25）。

传统维护的挑战之一是在规定的时间间隔（如里程、周期或动作）对设备采取规定的维护措施。无论是否需要，这些措施都是基于寿命数据分布模型机械执行的。假设条件是所有设备每天都处于相同的运行环境条件下。由于维护费用的原因，尤其是飞机、重型施工设备和工厂机械的维护费用高昂，一些人会的认为这些措施不合时宜，没有必要，应该只在需要的时候执行。这进而导致：

（1）你如何检测系统或实体的当前状况？

（2）在了解状况之后，你如何估算何时需要进行即时维护以进行包括零件订购在内的进度安排？

对这些问题的回答需要两种相辅相成的方法：①传统检查；②先进的技术监控和测试设备。为什么有两种方法？回想一下我们在第 24 章的讨论，有些任务最好由人来完成，而在其他情况下，由设备来完成效果更好（见图 24.14）。

可通过内置测试（BIT）或 BIT 设备（BITE）来检测设备的当前状况。BIT/BITE 持续监控当前状况，如飞行中的飞机。当飞机在地面上时，维护人员可以进行目视检查，采集样本，并使用各种类型的传感设备来评估当前状况。基于这些条件，下一步是估计何时需要安排维护。那么，用于开发能在适当的时候轻松维护并缓解失效的可靠系统或实体的系统设计策略（第 12 章）是什么样的？

一种方法是加入预测与健康管理（PHM）系统，该系统包括在系统或实体内的嵌入式视情维修系统，并结合主动的“使能系统”维护检查和纠正性措施流程。对这些信息的评估需要一种更先进的技术——预测性维护（PdM），或者更高级的预测与健康管理（PHM）系统。什么是预测？

预测——分析过去的使用情况和趋势，评估系统或实体的当前状态和状况以及预测其未来状况以确定实施预防性和纠正性维护措施的最佳时间的科学研究。

根据这一定义，关键问题是在哪里实施预测？预测与健康管理的核心知识来源于任务系统。但是，就企业快速实施预防性或纠正性维护的有效性和效率而言，需要：

(1) 持续任务系统对其当前状况和趋势的态势感知。

(2) 使能系统对任务系统当前或预计状况的态势感知，以便在系统（如飞机）到达时，部署正确的资源［人员、通用保障设备和专用保障设备（第8章）］、任务资源［零件、操作规程、维护手册和及时（JIT）设施］来实施维护措施。

在任务期间，任务系统通过人员和设备元素监控、命令和控制（MC2）相应的能力（见图24.12和图26.6）直接使用使能系统来执行预测与健康管理和遥测数据，通常是基于地面的、实时的或接近实时的数据。历史上，飞机、火车、医疗起搏器和其他类型的系统上的“黑匣子”可能会记录任务数据。但是，在系统到达目的地并由授权使能系统用户下载之前，原始数据可能不会减少、汇总或可检查，这将影响任务系统的周转性能。

在增加营收至关重要的情况下，当任务系统满足以下条件时，使能系统必须能够进行预防性和纠正性维护：①到达维护工厂或位置；②在远程位置向任务系统发出服务请求——重型施工或农场设备，特别是如果任务系统是移动的。因此，任务系统预测与健康管理必须及时（JIT）将维护需求传达给使能系统。因此，预测与健康管理系统需要任务系统和使能系统的集成（见图9.2）。

新概念？实际上不是。举例而言，军用飞机加油系统包括一架需要燃油的任务系统飞机和一架使能系统加油机，它们通过预先规划和“无线电先行”通信说明了基本情况。另一个示例是将医疗起搏器的患者事件日志转发给中心医院，由心脏病专家进行分析，并可能进行后续随访。

请注意，由于任务系统（飞机或病人）需要发起与使能系统（加油机或心脏病专家）的通信，因此这两个示例在时间上都有中断的可能。本节的主要内容是任务系统和使能系统之间的直接实时通信。在飞机加油和患者起搏器监测时，一般不需要实时通信，只在必要时通信。

在前面的可维护性讨论中，式（34.42）说明了平均有效维护时间、后勤延误时间和管理延误时间是如何影响平均停机时间的。时间就是金钱。由于平均停机时间影响收入流，使能系统必须按照地球物理定位（原理 34.31），提供“正确”的备件，消除后勤延误时间和管理延误时间，并及时实施预防性或纠正性维护措施。

在各种维护术语的组合中，海军航空系统司令部（2013，模块 3：25）指出“预测性维护（PdM）和预测与健康管理（PHM）通常可与状态监控互换”。国防部 4151.22－M（2011）使用了术语“条件任务”（on-condition task），并定义如下：

条件任务——“条件任务的目的是根据需求证据确定何时需要采取措施。一项条件任务的执行频率取决于潜在的功能失效（P－F）区间”（DoD 4151.22－M，2011：9）。

该定义的背景并不仅限于设备能力，也适用于使能系统维护检查和纠正措施流程。请注意“……潜在的功能失效（P－F）区间”。那么，何为 P－F 区间？

P－F 区间是指基于条件的轨迹，称为“P－F 曲线”。为了更好地理解 P－F 区间与视情维修的关系，让我们探讨这个话题。

注意 34.11

尽管被广泛使用，但“潜在功能失效（P－F）”标签是与实际完成的任务不匹配的标题。如第 3 章所定义的，一个功能只是表示要执行的无单位动作，而不是性能。更恰当地说，功能代表在特定性能层级（即失效阈值定义）执行的动作。因此，系统或实体必须做的不仅仅是“执行功能”。因此，请注意 P-F 措辞的正确性！

几乎无剩余材料的汽车制动闸片执行功能——这是使行驶中的车辆停下的必要但不充分条件。安全停止车辆需要一种必要并且有保留地提供足够的制动作用的能力。

34.7.3 P－F 曲线概念

国防部 4151.22－M 对“条件”的定义引用了通常被称为 P－F 曲线的“潜在功能失效（P－F）区间”。同浴缸曲线一样，P－F 曲线是一个适用于设备的概念。

P－F 曲线表示随着时间的推移，设备随运行环境应力和维护或缺失的变

化而劣化。现实情况是，设备运行条件是有条件的，除非得到维护，否则会随着时间的推移而减弱。将设备的运行状态描述为潜在失效（正确），忽略了这样一个事实：这种状态可能是潜在缺陷（危害或故障）的一种征候，随着时间的推移，随着正常的“磨损”带来的与应力相关的退化，这些潜在缺陷可能并将成为现实。

从系统工程的角度来看，重要的是确定适当的维护计划，避免系统或实体发生灾难性故障，如图 24. 1 所示的瑞森事故轨迹模型。图 34. 25 给出了设备失效状态轨迹（潜在功能）曲线的示例。

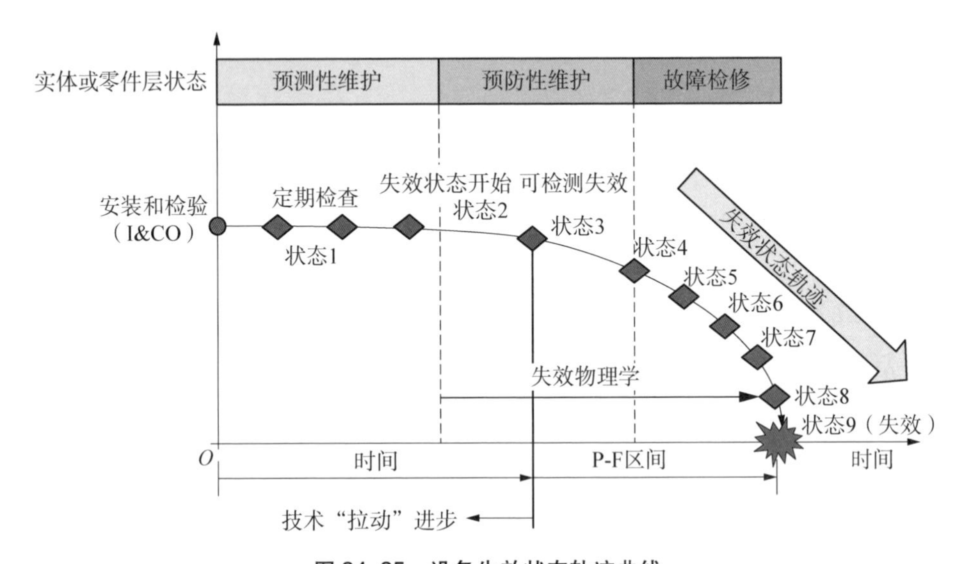

图 34. 25　设备失效状态轨迹曲线

安装实体或零件时，实体或零件有一个固有的运行状态——状态 1：①依赖于通过设计验证消除潜在缺陷；②通过产品验证解决工艺和部件问题。随着时间的推移，机械零件层部件的状态会恶化。这种状态（状态 2）的出现引发了所谓的失效物理学，一系列设备运行状态开始显现。例如，下面是图 34. 25 所示的事件链的假设故障检修（RTF）场景，假设没有进行维护。

（1）事件 3——失效状态（状态 3）通过人工检查或支持技术变得可检测。例如，实体和零件可能开始显示可见或可听的证据，如疲劳产生的裂纹，轻微的振动，润滑剂黏度、颜色或气味变化，润滑剂中出现金属碎片等微粒，轮胎或制动闸片磨损，泄漏。

（2）事件 4——操作人员报告连续或间歇振动（状态 4）。

（3）事件 5——金属碎片开始作为微粒出现在润滑剂中（状态 5）。

（4）事件 6——非特异性可听噪声变得明显（状态 6）

（5）事件 7——零件显示过热（状态 7），可通过触摸和热成像检测到。

（6）事件 8——由于振动和缺乏维护，零件开始松动（状态 8）。

（7）事件 9——系统或实体经历灾难性故障或“硬”故障（状态 9）。

事件 1~9 举例说明了允许故障检修的系统或实体的示例，如图 34.1 所示。利用这些信息，可以制定一个适当的预防性维护计划，确保检测到失效，从而确保在整个任务过程中保持系统能力。为了助力人工检查，已开发了诸如声学传感器和振动分析、润滑剂分析、红外热成像、X 射线照相和振动分析等技术。

依靠今天的技术水平，我们可以使用很多分析工具和设备来支持预测与健康管理和视情维修，如振动分析、声学分析（超声波监测和声波监测）、红外监测和分析以及油液分析。*

34.8 系统可靠性、可维护性和可用性挑战

系统可靠性、可维护性和可用性实践的实施提出了一系列挑战。接下来我们将探讨一些关键的挑战。

34.8.1 挑战 1：失效定义与分类

尽管通过曲线拟合和建立数学公式来模拟可靠性、可维护性和可用性非常复杂，但最敏感的问题之一是——失效是什么构成的。这是否意味着关键任务功能的丧失？系统工程师的任务是“维持对问题解决方案的理智控制”（原理 1.3）。这就需要建立由购买者和系统开发商团队共享对失效的共识定义。

34.8.2 挑战 2：未记录假设和数据源

工程数据的有效性通常要求：

* 有关这些工具的更多信息，请参考维基百科（2013b）。

（1）确定可信的数据源。

（2）就任务系统或使能系统的用户故事、用例、场景（第5章）和运行环境条件作假设。

（3）记录假设和观察结果。

然而，很少有企业向工程师灌输记录决策所需的专业性。然后，当需要做出关键的明智决策时，决策过程就陷入这样一个难题：可靠性和可维护性工程师是否考虑了所有相关因素。时间加剧了问题。因此，需要培训企业工程师，将假设和数据源作为可靠性、可维护性和可用性分析的一部分记录下来。

34.8.3 挑战3：确认可靠性、可维护性和可用性模型

如果正确执行可靠性、可维护性和可用性分析，则其效果取决于生成分析数据的模型。参考原理33.5，回想一下博克斯（1979：202）关于模型有效性的引用。从项目开始时，利用实际供应商或现场数据确认用于生成决策数据的模型。

34.8.4 挑战4：系统可用性范围的重要性

如今，政府和私营企业普遍采用承包服务的方式，即承包商在按服务收费的基础上开发并提供系统和服务。例如，合同通常会规定设备和服务必须在周一至周五的上午8点至下午5点以及特定条件下的其他时间可运行。系统购买者在这些时间范围内为系统使用支付任务时间费用。*

34.8.5 挑战5：量化软件可靠性、可维护性和可用性

我们生活在信息时代，似乎所有的系统，尤其是复杂的系统，都是软件密集型的。除了硬件可靠性、可维护性和可用性曲线拟合和讨论的数学公式外，如何测量软件的可靠性、可维护性和可用性并建模？与可以在受控实验室条件下进行测试并通过维修进行维护的硬件部件不同，如何建模并评估软件的可靠

* **理解合同**

制定合同的挑战是要彻底了解所有可能成为合同执行中进度付款的主要障碍的用例和场景，并阐明各方如何适应这些用例和场景。在将系统可用性要求写入建议书和合同的系统采购要求之前，请考虑这些要求的影响。

性、可维护性和可用性？

这也许是工程学中最令人困惑的领域之一。相对于国际空间站（ISS）、美国国家航空航天局航天飞机、客机和医疗设备的任务关键型软件而言，消费品中使用的软件的可靠性、可维护性和可用性如何？这并没有简单易行的答案。

一个解决方案可能是使用独立验证和确认（IV&V）（第13章）承包商的服务。独立验证和确认承包商提供服务来审查并测试软件设计，从而识别、消除设计缺陷、编码错误和产品缺陷。独立验证和确认承包商的服务成本非常高，尤其是从系统开发的角度来看。根据系统或实体滥用、错用或误用的法律及财务影响，独立验证和确认活动的投资回报（ROI）可能具有成本效益。向你所在行业的软件主题专家咨询，深入了解如何确定软件可靠性、可维护性和可用性。

34.9 本章小结

我们对可靠性、可维护性和可用性实践的讨论旨在提供一个基本的了解，使你能够与可靠性工程师、后勤专家和其他人交流。本章的讨论旨在向你介绍系统可靠性、可维护性和可用性的概念、原理和实践，使你能够与可靠性、可维护性和可用性方面的专业人员互动或聘用这类专业人员，了解他们的计算和假设，并了解要提出的问题的类型。总的来说，应该记住几个关键点：

（1）可靠性、可维护性和可用性实践应用基于模型的数学和科学原理来估计可靠性、可用性和可维护性，支持系统工程设计决策。

（2）可靠性、可维护性和可用性估计与模型的假设、输入和确认水平一样有效。

（3）为了提供对系统或实体成功的概率估计，可靠性、可维护性和可用性模型需要最佳拟合选择。

（4）可靠性、可维护性和可用性实践涉及艺术、科学和合理判断：

a. 从经验主义的角度来看，艺术是在整个职业生涯中积累起来的知识、智慧和经验。

b. 科学来源于数学和科学原理的应用。

c. 通过合理判断来认识并协调艺术和科学之间的差异。

(5) 无论是作为员工还是作为诚信可靠的顾问，始终雇佣一名合格的、称职的、被公认为主题专家的可靠性和可维护性工程师。请记住，可靠性、可维护性和可用性涉及与道德、法律和安全问题及其关联影响相关的关键领域。

34.10 本章练习

34.10.1 1级：本章知识练习

(1) 缩略词“RMA”代表什么?

(2) 应该在项目中的什么时候讨论 RMA?

(3) 为什么 RMA 是作为一个集合来处理的?

(4) 谁对 RMA 负责?

(5) 系统可靠性和任务可靠性的范围是什么?

(6) 你是否预测或估计系统或实体的可靠性?

(7) 表达系统或实体的可靠性时，应该包括什么标准? 这些标准应该记录在哪里? 为什么?

(8) 系统可靠性适用于哪个抽象层次——系统、产品、子系统、组件、子组件或零件?

(9) 如果系统或实体的失效率 $\lambda(t)$ 和瞬时失效率 $\lambda(t)_{瞬时}$ 是已知的，如何计算系统或实体的可靠性?

(10) 系统或实体的平均失效率 $\lambda(t)_{平均}$ 和瞬时失效率 $\lambda(t)_{瞬时}$ 有什么区别?

(11) 如果 MTTF 表示平均失效时间，那么用哪个希腊字母表示平均失效时间的频率?

(12) 平均失效时间适用于什么类型的系统或实体?

(13) 如果 MTBF 表示平均失效间隔时间，那么用哪个希腊字母表示平均失效间隔时间的频率?

(14) 平均失效间隔时间适用于什么类型的系统或实体?

(15) 什么是寿命数据分布? 寿命数据分布如何应用于可靠性、可维护性和可用性?

（16）寿命数据函数有哪七个？

（17）什么是正态（高斯）分布？形状是什么？特征是什么？

（18）什么是对数正态分布？形状是什么？特征是什么？

（19）什么是指数数据分布？形状是什么？特征是什么？

（20）什么是累积分布函数（CDF）？如何得到？传递什么信息？

（21）什么是威布尔分布？形状是什么？关键参数有哪些？参数控制什么？

（22）在对系统或实体的失效特征建模时，哪种寿命数据分布提供了最大的灵活性？

（23）什么是失效率函数？

（24）什么是浴缸曲线？它起源于何处？形状是什么？请定义每个区域并探讨区域特征，并说明浴缸曲线的构成的。

（25）浴缸曲线稳定失效区（SFR）中指数分布特有的失效率的特征是什么？

（26）什么是零件计数估计？它的目的是什么？相关性是什么？

（27）浴缸曲线有效吗？它适用于所有系统或产品吗？如果回答“否”，那么原因是什么？

（28）可靠性、可维护性和可用性与系统架构有什么相关性？对系统架构有什么重要性？

（29）如何从系统性能规范分配规范可靠性需求？

（30）什么类型的网络构型用于计算系统或实体架构的可靠性？

（31）什么是 FMEA？它的目的是什么？期望达到什么样的结果？

（32）什么是系统可维护性？

（33）可维护性和维护有什么区别？

（34）MTBF 由另外两个指标的总和组成、计算，分别是什么？

（35）系统性能规范或实体开发规范大纲的哪些部分规定了可靠性、可维护性和可用性要求？

（36）特定系统或产品具有指数分布概率密度函数 $f(t)$ 的特征。到达平均寿命点时，群体中幸存项的百分比是多少？

（37）哪些参数用于描述系统或实体的可维护性？

（38）什么是系统可用性？

（39）可用性的三种类型是什么？请解释每种类型包括什么或不包括什么，并以一句话表述每种类型的可用性的计算。

（40）如何提高系统可靠性？

（41）如何提高系统的可维护性？

（42）如何提高系统可用性？

（43）浴缸曲线有效吗？这是为什么？请陈述其有效性的利弊。

（44）作为一名系统工程师，为什么你需要理解本章的内容？

34. 10. 2　2 级：知识应用练习

参考 www. wiley. com/go/systemengineeringanalysis2e。

34. 11　参考文献

Bazovsky, Igor (1961), *Reliability Theory and Practice,* Englewood Cliffs, NJ: Prentice-Hall.

Barnard, R. W. A (2008), "What is Wrong with Reliability Engineering?", *Proceedings of the 18th Annual International Symposium of the International Council on Systems Engineering (INCOSE),* Hatfield, South Africa: Lambda Consulting.

Billinton, Roy, and Allan, Ronald N. (1996), *Reliability Evaluation of Power Systems,* 2nd Edition, New York, NY: Springer.

Blanchard, Benjamin S. (1998), *System Engineering Management,* 2nd ed. New York: John Wiley.

Boehm, Barry W. (1981), *Software Engineering Economics,* Upper Saddle River, NJ: Prentice Hall PTR.

Box, George E. P. (1979), *Robustness is the Strategy of Scientific Model Building in Robustness in Statistics,* eds. R. L. Launer and G. N. Wilkinson, New York, NY: Academic Press.

Defense Acquisition University (DAU) (2012), *Glossary: Defense Acquisition Acronyms and Terms,* 15th ed, Ft Belvoir, VA: Defense Acquisition University (DAU) Press. July 2011. Accessed on 3/27/13 http://www. dau. mil/pubscats/PubsCats/Glossary% 2014th%20edition%20July%202011. pdf.

Dhillon, B. S. (1999), *Engineering Maintainability: How to Design for Reliability and Easy Maintenance*, Houston, TX: Gulf Publishing Company.

DoD RMA Guide (2006), *Guide for Achieving Reliability, Availability, and Maintainability*, Washington, DC: Department of Defense (DoD). Retrieved on 11/18/13 from https://acc. dau. mil/adl/en-US/142103/file/27585/DoD-RAMGuide-April06%5B1%5D. pdf.

DoD 4151. 22 - M (2011), *Reliability Centered Maintenance (RCM) Manual*, Washington, DC: Department of Defense (DoD). Retrieved on 12/8/13 from http://www. dtic. mil/whs/

directives/corres/pdf/415122m. pdf.

FAA SEM (2006), *National Air Space System-Systems Engineering Manual*, FAA Systems Engineering Council, Washington. DC: FAA, Retrieved on 3/11/13 from http://fast. faa. gov/SystemEngineering. cfm.

FAA - HDBK - 006A (2008) *Reliability, Maintainability, and Availability (RAM) Handbook*, Washington, DC: Federal Aviation Administration (FAA).

Kaplan, Jeremy A. (2011), *45 Years Later, Does Moore's Law Still Hold True?*, New York: NY: Fox News, Inc. Retrieved on 12/7/13 from http://www. foxnews. com/tech/2011/01/04/years-later-does-moores-law-hold-true/.

Klutke, Georgia-Ann; Kiessler, Peter C.; and Wortman, M. A. (2003), "A Critical Look at the Bathtub Curve," *IEEE Transactions on Reliability*, Vol. 52, No. 1, New York, NY: IEEE.

Leitch, R. D. (1988), *BASIC Reliability Engineering Analysis*, London: Butterworth & Co, Ltd.

Machol, Robert E.; Tanner, Jr., Wilson P.; and Alexander, Samuel N. (1965), *System Engineering Handbook,* New York: McGraw-Hill.

MIL - HDBK - 0217F (1991), *Reliability Prediction of Electronic Equipment*. Washington, DC: Department of Defense (DoD).

MIL - HDBK - 338B (1998), *Electronic Reliability Handbook*, Washington, DC: Department of Defense (DoD).

MIL - HDBK - 470A (1997), DoD Handbook: *Designing and Developing Maintainable Systems and Products,* Vol. I. Washington, DC: Department of Defense (DoD).

MIL - STD - 480B (1988), Military Standard: *Configuration Control-Engineering Changes, Deviations, and Waivers*, Washington, DC: Department of Defense (DoD).

MIL - STD - 882E (2012), *System Safety,* Washington DC: Department of Defense (DoD).

MIL - STD - 1629A (1980), Military Standard *Procedures for Performing a Failure Mode, Effects, and Criticality Analysis (FMECA)*, Washington, DC: Department of Defense (DoD).

MIL - STD - 3034 (2011), *Reliability-Centered Maintenance (RCM) Process*, DoD Standard Practice, Washington, DC: Department of Defense (DoD).

Moore, Gordon E. (1965), "Cramming More Components onto Integrated Circuits," *Electronics*, Vol. 38, No. 8, pp. 114 - 117, April 19, 1965, (City): Publisher.

NASA PD - EC - 1101 (1995), *Best Reliability Practices-Environmental Factors*, Washington, DC: NASA. Retrieved on 5/30/14 from http://engineer. jpl. nasa. gov/practices/1101. pdf.

NavAir (2013), *Fundamentals of RCM Analysis Course*, Patuxent River, MD: Naval Air Systems Command. Retrieved on 12/4/13 from http://www. navair. navy. mil/logistics/rcm/.

NIST (2013) *Engineering Statistics Handbook,* Washington, DC: National Institute of Science and Technology (NIST). Retrieved on 11/23/13 from http://itl. nist. gov/div898/handbook/index. htm.

Nelson, Wayne (1990), *Accelerated Testing: Statistical Models, Test Plans, and Data Analyses.* New York: Wiley.

Nicholls, David (2007), "An Introduction to the RIAC 217PLUS™ Component Failure Rate Models," *The Journal of the Reliability Information Analysis Center, 1st Qtr.* 2007, Belcamp,

MD: The Reliability Information Analysis Center (RIAC).

Nowlan, F. Stanley and Heap, Howard F. (1978), *Reliability-Centered Maintenance (RCM)*, DoD Report Number A066 - 579 Distribution of United Airlines Report, Washington, DC: Department of Defense (DoD). Retrieved on 12/8/13 from http://oai. dtic. mil/oai/oai?&verb=getRecord&metadataPrefix=html&identifier=ADA066579.

O'Connor, Patrick D. T. (1991), *Practical Reliability Engineering*, 3rd Edition, West Susses, UK: John Wiley, & Sons, Ltd.

RAC (2001), *Reliability Desk Reference:* "Redundancy Equations for Calculating Reliability" web page, Reliability Analysis Center (RAC) Rome, NY: Alion Science Corporation. Retrieved on 12/15/13 from http://src. alionscience. com/pdf/RedundancyEquations. pdf.

Radle, Byron, and Bradicich, Tom Eds. (2013), White Paper: *What is Reliability*? Austin, TV: National Instruments Corporation. Retrieved on 12/22/13 from http://www. ni. com/white-paper/14412/en/.

Reason, James (1990), Human Error, Cambridge, UK: Cambridge University Press.

ReliaSoft (2001), *"Limitations of the Exponential Distribution"* web page, Qtr 4 2001, Vol. 2-Issue 3, Tucson, AZ: ReliaSoft Corporation. Retrieved on 12/4/13 from http://www. reliasoft. com/newsletter/4q2001/exponential. htm.

Reliawiki. org (2012), *Basic Statistics Background* web page, Tucson, AZ: ReliaSoft, Inc. Retrieved on 12/10/13 from http://reliawiki. org/index. php/Basic_ Statistical_ Background.

Reliawiki. org (2013a), *Chapter 8: The Weibull Distribution* web page, Tucson, AZ: ReliaSoft, Inc. Retrieved on 12/10/13 from http://reliawiki. org/index. php/The _ Weibull _ Distribution.

Reliawiki. org (2013b), *Life Distributions* web *page,* Tucson, AZ: ReliaSoft, Inc. Retrieved on 12/10/13 from http://reliawiki. org/index. php/Life_ Distributions.

Reliawiki. org (2013c), *The Normal Distribution* web page, Tucson, AZ: ReliaSoft, Inc. Retrieved on 12/10/13 from http://reliawiki. org/index. php/The_ Normal_ Distribution.

RIAC (2004), *Reliability Desk Reference*: *"Derating" web page*, Rome, NY: Alion Science Corporation.

SAE JA 1012 (2002), *A Guide to the Reliability-Centered Maintenance (RCM) Standard,* Warrendale, PA: Society of Automotive Engineers (SAE) (International), Inc.

Smith, Anthony M. (1992), *Reliability-Centered Maintenance,* New York: McGraw-Hill.

Speaks, Scott (2005), *Reliability and MTBF Overview*, Andover, MA: Vicor Corporation. Retrieved on 12/12/13 from http://www. vicorpower. com/documents/quality/Rel _ MTBF. pdf.

TM 5 - 698 - 4 (2006), *Technical Manual: Failure Modes & Effects Criticality Analysis (FMECA) for Command, Control, Communications, Computer, Intelligence, Surveillance, and Reconnaissance (C4ISR) Facilities*, Washington, DC: HQ Department of the Army. Retrieved on 12/8/13 from http://armypubs. army. mil/eng/DR_ pubs/DR_ a/pdf/tm5_ 698_ 4. pdf.

Weibull. com (2004), *"Specifications and Product Failure Definitions"* web page, Reliability Hotwire, Issue 35 January 2004, Tucson, AZ: ReliaSoft. Retrieved on 11/19/13 from http://

www. weibull. com/hotwire/issue35/relbasics35. htm#footnote1.

Weibull. com (2007), *“The RCM Perspective on Maintenance”*web page, Reliability Hotwire, Issue 71, January 2007, Tucson, AZ: ReliaSoft Corporation. Retrieved on 12/4/13 from http: //www. weibull. com/hotwire/issue71/hottopics71. htm.

Weibull. com (2013), *Life Data Analysis (Weibull Analysis): An Overview of Basic Concepts* web page, Tucson, AZ: ReliaSoft Corporation. Retrieved on 11/19/13 from http: //www. weibull. com/basics/lifedata. htm.

Weibull. com (2014), *Life Data Analysis (Weibull Analysis) Visual Demonstration of the Effect of Parameters on the Distribution,* Tucson, AZ: ReliaSoft Corporation. Retrieved on 5/30/14 from http: //www. weibull. com/basics/parameters. htm.

Wikipedia (2013a), *Ernst Hjalmar Waloddi Weibull,* San Francisco, CA: Wikipedia. Retrieved on 12/4/13 from http: //en. wikipedia. org/wiki/Waloddi_ Weibull.

Wikipedia (2013b), *Predictive Maintenance,* San Francisco, CA: Wikipedia. Retrieved on 12/9/13 from http: //en. wikipedia. org/wiki/Predictive_ maintenance.

Wilkins, Dennis J. (2002), *“The Bathtub Curve and Product Failure Behavior Part Two-Normal Life and Wear-Out,” Reliability Hotwire,* Issue 22, December 2002, Tucson, AZ: ReliaSoftCorporation. Retrieved on 11/19/13 from http: //www. weibull. com/hotwire/issue22/hottopics22. htm.

结尾篇

第 1~34 章介绍了系统工程分析、设计与开发的关键概念、原理和实践。我们的目的是帮助弥合用户对系统、产品或服务的抽象愿景与其满足组织任务或个人需求和目标的物理实现之间的差距。有了对系统的这种新认识，你应该准备好开始应用你所学的知识，而不需要通过“飞跃”来弥补差距（见图 2.3）。

第 1 章介绍了系统的定义，在此我们再回顾一下。

系统：一组集成的可互操作的元素或实体，每个元素或实体都具有特定的和有限的能力，以各种组合进行配置，使得能够针对用户的命令和控制出现特定的行为，从而在规定的运行环境中成功实现基于性能的任务结果。

经常反复读一读上述定义。当你阅读其他通用定义时，例如“系统是事物的集合”，希望第 1~34 章能帮助你更好地理解为什么定义需要其措辞的稳健性。

系统工程的定义也是如此：

系统工程（SE）：分析、数学和科学原理的多学科应用，进而从一组风险可接受、满足用户运行需求并能在平衡利益相关方利益的同时最大限度地降低开发和生命周期成本的可行备选方案中制定、选择、开发一个最佳解决方案并使其成熟化。

我们认识到，21 世纪系统工程与开发（SE&D）不仅仅包含传统的“盒子工程设计”思维（第 1 章）。作为一名系统工程师，如果你对系统工程的理解还停留在“代入求出”公式，则需要重新审视你作为一名系统工程师的传统工程观，以及你在实现任务成功中的价值观和优先事项！当工程师和企业声称自己在执行系统工程时，要学会识别并谨慎行事，事实上，这不过是一种自定义、无限循环的定义-设计-构建-测试-修复（SDBTF）工程范式，其中嵌入了阿彻（1965）的设计过程模型（DPM）。

第 2 章从作者的组织开发（OD）角度阐述了系统工程实践的发展状况——面临的挑战和机遇。在讨论中，我们强调了限制系统工程（SE）企业层和项目层应用实现的一些看法、误解、范式及问题。通过学习第 1~34 章，你应该对这些问题有了新认识和新见解，这些均有助于你转换到新的范式来思考、分析、组织和协调系统、产品和服务的开发。建议定期重读第 2 章，并将其作为提高企业系统工程能力和项目绩效的参照系。

第 3~34 章强调了“工程系统”所需的关键多学科主题和方法。作为一种结构化的问题解决/解决方案开发方法，这些概念、原理和实践使我们能够开发从简单到高度复杂的各种系统、产品和服务。方法既可扩展又灵活，有助于应用于任何类型的系统、产品或服务，而不受业务领域限制。系统范围极广，包括机构/企业系统［如交通、能源、航空航天和国防（A&D）、金融、教育、医疗、医疗保健和军事］以及组织系统工程及其工程系统、产品或服务。

在第一版的写作过程中，作者寻找到一个非常成功的项目——这个项目可以展示多学科系统工程的所有挑战。当时，美国国家航空航天局的喷气推进实验室（JPL）早在几年前的 1997 年成功完成了火星探路者项目。喷气推进实验室的商业模式面临以下挑战：

（1）每 26 个月才能发射一次的“发射窗口”有限；当设计团队完成工作时，你不只是决定去火星。

（2）在很短的开发“时间窗”内创新和创造新技术。

（3）在短开发周期内创新、设计和开发系统，紧接着就是任务的命令和控制。尽管组织通常在完成后开发和交付系统，但喷气推进实验室必须命令和控制自己的任务，并承担其系统工程师系统开发决策的后果。

（4）底线：受成就和成功驱动的资金。

底线：喷气推进实验室是一个成功驱动的决策机构，其使命涉及重大技术和工艺挑战。

2001 年，我见到了火星探路者项目经理布莱恩·缪尔黑德和他的团队成员，了解到更多有助于项目成功的因素。从我们的讨论中得出三个要点：

（1）项目团队由来自喷气推进实验室的多学科工程师组成，这些工程师

“为要着手一项面临重大技术挑战的任务而兴奋鼓舞”。

(2) 团队成员是系统思考者，他们理解主动、跨学科协作和沟通的重要性。

(3) 团队理解通过设计风险缓解测试和稳健的确认测试程序，例如，飞行器、地面任务控制和通信等“工作系统”进行系统验证和确认（V&V）的重要性和关键性。

在这期间，布莱恩及其团队成员的评论引起了共鸣，并被作者自己在业务领域的独立观察和经验所证实。

布莱恩现在是喷气推进实验室的总工程师，仍然积极参与实验室任务的工程设计。布莱恩及其团队在 1997 年火星探路者项目中开创的概念和想法为喷气推进实验室如今的成功提供了参照系。

在编制本书（第 2 版）的过程中，似乎值得重温一下探路者团队的注解，并与布莱恩一起讨论他对系统工程的看法是如何在这些年里不断演变的。在我们的谈话中，布莱恩回答了以下几点：

(1) 在项目开始时就“提前”开始思考测试程序，尤其是在编制规范时，以及你将如何演示和证明“功能和接口”。每一项要求都应经过评审，只留下有效的基本要求和系统验证和确认（V&V）计划。

(2)“政府和行业常常因几近泛滥的流程而困扰。我们已经用流程取代（系统）思维”——数字填色工程（第 2 章）。

(3) 火星探路者项目团队“提前”做出决定，预留 50% 的开发时间进行系统设计，另外 50% 用于测试和验证工作系统。设计风险缓解测试，尤其是针对新技术的测试，是设计不可或缺的一部分。团队达到了 50% 设计/50% 测试进度目标。

(4)（不同于缺乏重点战略的 SDBTF－DPM 工程范式）探路者团队进行了大量精心策划的“构建-测试-中断-学习”练习和基于结果的纠正措施活动，包括用实际测试数据确认分析模型。当时（20 世纪 90 年代），一些分析工程工具（如克雷计算机系统）不能提供他们需要的答案；确认测试是唯一合乎逻辑的选择。

(5) 系统验证在证明符合规范要求方面有其价值。然而，系统确认是你发现系统是否按“功能和接口”要求提供行为和相互作用的一种方法。回想一下我们在第 2 章讨论的内容，沃里克和诺里斯（2010）提到了迈克尔·格里芬博士的观察“……理解这些相互作用的动态行为”。

总之，第 1~34 章提供了进行系统工程与开发所需的系统工程概念、原理和实践。接下来取决于你本人、你所在的项目和组织。你以及你所在的组织需要回答的问题是：

在时间紧迫、预算有限和技术挑战重重的情况下，我们如何保持第 1~34 章中所述的系统工程概念、原理和实践的完整性？

这需要经验、良好的工程判断和积极主动的执行意愿——调整和扩展系统工程实践——按要求实现基于行为的结果。

谨记这些要点，在此向你致以良好祝愿，祝你在担任系统工程师、系统分析师、工程师、项目经理、职能经理或主管时成功应用系统工程：分析、设计与开发实现系统工程与开发卓越业绩！

查尔斯·S·沃森

Wasson Strategics，LLC

www. wassonstrategics. com

2015 年 8 月

附录 A　缩略语

A

A_o	operational availability	运行可用性
A_i	inherent availability	固有可用性
A_a	achieved availability	可达可用性
A&D	aerospace & defense	航空航天和国防
ABD	architecture block diagram	架构框图
ABET	Accreditation Board of Engineering & Technology	工程与技术认证委员会
ABS	anti-lock braking system	防抱死制动系统
ACA	after contract award	合同授予后
ACO	acquirer's contracting officer	购买者的合同官员
AD	architecture description	架构描述
ADT	administrative delay time	管理延误时间
$\overline{ADT}$	mean administrative delay time（MADT）	平均管理延误时间（MADT）
AFE	acquirer furnished equipment	购买者提供设备
AFSCM (US)	Air Force Systems Command	空军系统司令部
AFP	acquirer furnished property	购买者提供的财产
AMSL	above mean sea level（see MSL）	平均海拔（见 MSL）
ANSI	American National Standards Institute	美国国家标准学会
AoA	analysis of alternatives	替代方案分析
AR	as required	按要求
ASEP (INCOSE)	acquisition systems engineering professional	助理系统工程师
ATC	air traffic control	空中交通管制

ATE	automated test equipment	自动测试设备
ATP	acceptance test procedure	验收测试程序
ATR	acquirer's test representative	购买者测试代表

B

BCD	baseline concept description	基线概念描述
BES	British engineering system	英制工程单位制
BioMed	BioMedical Engineering	生物医学工程
BIT	built-in test	内置测试
BITE	built-in test equipment	内置测试设备
BOM	bill of materials (see EBOM)	材料清单(参见 EBOM)

C

CAD	computer-aided design	计算机辅助设计
CAIV	cost as an independent variable	成本作为独立变量
C2	command and control	命令和控制
C4I	command, control, communications & computers Integration	命令、控制、通信和计算机集成
CBM	condition-based maintenance	视情维修
CCB	Configuration Control Board	构型控制委员会
CCM	counter-counter measures	对抗对策
CDD	capabilities development document	能力开发文件
CDF	cumulative distribution function	累积分布函数
CDR	critical design review	关键设计评审
CDRL	contract data requirements list	合同数据需求清单
CEP	circular error probability	圆概率误差
CFD	computational fluid dynamics	计算流体动力学
CG	center of gravity	重心
CoC	certificate of compliance	合格证
CoM	center of mass	质心
ChemE	chemical engineering	化学工程
CHI	computer-human interface	人机界面
CI	configuration item	构型项
CLIN	contract line item	合同行项目编号
CLS	contract logistics support	合同后勤支持
CM	configuration management	构型管理
CMM	capability maturity model	能力成熟度模型
CMMI	capability maturity model integration	能力成熟度模型集成
CMMI-ACQ	CMMI for acquisition	CMMI 采购模型

CMMI－DEV	CMMI for development	CMMI 开发模型
CMMI－SVC	CMMI for services	CMMI 服务模型
CMP	configuration management plan	构型管理计划
CMT	corrective maintenance time	纠正性维护时间
COI	critical operational issue	关键运行问题
COMSEC	communications security	通信安全
ConOps	concept of operations	运行概念
COS	conditions of satisfaction	满足条件
COTS	commercial-off-the-shelf	商用现货
CPAT	（DoD）critical process assessment tool	（国防部）关键流程评估工具
CPFF	cost plus fixed fee（contract）	成本加固定费用（合同）
CPIF	cost plus incentive fee（contract）	成本加激励费用（合同）
CR	change request	变更请求
CSA	configuration status accounting	构型状态报告
CSC	computer software component	计算机软件部件
CSU	component software unit	计算机软件单元
CSCI	computer software configuration item	计算机软件构型项
CSE	common support equipment	通用保障设备
CSEP	（INCOSE）certified systems engineering professional	（INCOSE）认证系统工程师
CSOW	contract statement of work	合同工作说明书
CTI	critical technical issue	关键技术问题
CTO	certified test operator	认证测试操作员
CUT	code and unit test	代码和单元测试
CW	courseware	课件
CWCI	courseware configuration item	课件构型项
CWBS	contract work breakdown structure	合同工作分解结构

D

DAL	data accession list	数据访问列表
DAU	Defense Acquisition University	国防军需大学
DBDD	database design description	数据库设计说明
DCL	design criteria list	设计标准列表
DFR	decreasing failure region	递减失效区
DFSS	design for six sigma	六西格玛设计
DI	data item	数据项
DID	data item description	数据项描述

DOA	dead on arrival	到货即损
DoD	（US）Department of Defense	（美国）国防部
DoE	（US）Department of Energy	（美国）能源部
DOF	degrees of freedom	自由度
DPM	（Archer's）design process model	（阿彻）设计过程模型
DR	discrepancy report	差异报告
DRD	design rationale document	设计原理文档
DSM	design structure matrix	设计结构矩阵
DT	down time	停机时间
DT&E	developmental test & evaluation	开发测试与评估
DTC	design-to-cost	按费用设计
DTV	design-to-value	客户价值设计

E

E3	electromagnetic environment effects	电磁环境影响
EBOM	engineering bill of materials	工程材料清单
ECEF	earth-centered-earth-fixed	地心地固
ECI	earth-centered inertial	地心惯性
ECP	engineering change proposal	工程变更建议
ECR	engineering change request	工程变更请求
EDS	entity development specification	实体开发规范
EE	electrical/electronic engineering	电气/电子工程
EF	exploration factor（Highsmith）	探索因子（海史密斯）
EIA	Electronic Industries Association	电子工业协会
EIS	environmental impact study	环境影响研究
EMC	electromagnetic compatibility	电磁兼容性
EMF	electromotive force	电动势
EMI	electro-magnetic interference	电磁干扰
EMP	engineering management plan	工程管理计划
ENU	east-north-up（local reference）	东-北-天（局部参照）
E/QT	environmental/qualification test	环境/鉴定测试
ER	entity relationships	实体关系
ERD	entity relationship diagram	实体关系图
ERR	engineering release record	工程发布记录
ESD	electro-static discharge	静电放电器
ESEE	equivalent system engineering effort	等效系统工程工作
ESEP	（INCOSE）expert systems engineering professional	（INCOSE）专家系统工程师

ES&OH	environmental, safety and occupational health	环境、安全和职业健康
ET	(US NASA space shuttle) external tank	(美国国家航空航天局航天飞机) 外部燃油箱
E $(\bar{T})$	expected life	预期寿命
EVMS	earned value management system	挣值管理系统

F

FAA	(US) Federal Aviation Administration	(美国) 联邦航空局
FAIT	fabrication, assembly, integration and test	制作、装配、集成和测试
FAR	(US) Federal Acquisition Regulation	(美国) 联邦采办条例
FCA	functional configuration audit	功能构型审核
FFP	firm fixed price (contract)	固定价格 (合同)
FMEA	failure modes and effects analysis	失效模式和影响分析
FMECA	failure modes, effects and criticality analysis	失效模式、影响和危害性分析
FFBD	functional flow block diagram	功能流程框图
FIS	facility interface specification	设施接口规范
FOC	full operational capability	全面运行能力
FOM	figure of merit	品质因数
FRACAS	failure reporting and corrective action system	失效报告、分析和纠正措施系统
FSP	full scale production	全规模生产
FTA	fault tree analysis	故障树分析

G

GNC	guidance, navigation and control	导向、导航和控制
GPS	global positioning system	全球定位系统
GSE	ground support equipment	地面保障设备

H

HAZMAT	hazardous material	危险物品
HCD	human-centered design	人本设计
HDBK	handbook	手册
HDD	hardware design description	硬件设计说明
HDP	hardware development plan	硬件开发计划
HE	human engineering	人体工程
HF	human factors	人为因素
HFE	human factors engineering	人因工程
HFES	Human Factors and Ergonomics Society	美国人因工程学会
HITL	human-in-the-loop	人在回路
HoQ	house of quality	质量屋
HRR	hazard rate region	危害率区域

HRS	hardware requirements specification	硬件要求规范
HSI	human-system integration	人类系统集成
HSR	hardware specification review	硬件规格评审
HTR	hardware trouble report	硬件故障报告
HW	hardware	硬件
HWCI	hardware configuration item	硬件构型项

I

I/F	interface	接口
I/O	input/output	输入/输出
IA	inherent availability	固有可用性
IBR	integrated baseline review	综合基线评审
I&CO	installation & checkout	安装和检验
IC	integrated circuit	集成电路
ICAO	International Civil Aviation Organization	国际民用航空组织
ICD	interface control document	接口控制文件
ICWG	interface control working group	接口控制工作组
IDD	interface design description	接口设计说明
IDE	integrated development environment	集成开发环境
IDEF	integration definition (modeling languages)	集成定义（建模语言）
IE	industrial engineering	工业工程学
IEC	International Electrotechnical Commission	国际电工委员会
IEEE	Institute of Electrical And Electronic Engineers	电气和电子工程师协会
IFR	increasing failure region	递增失效区
IID	iterative and incremental development	迭代和增量开发
IMP	integrated master plan	综合主规划
IMS	integrated master schedule	综合主进度
INCOSE	International Council on Systems Engineering	系统工程国际委员会
INFOSEC	information security	信息安全
INS	inertial navigation system	惯性导航系统
INU	inertial navigation unit	惯性导航单元
IOC	initial operational capability	初始运行能力
IP	integration point	集成点
IPPD	integrated product and process development	集成产品和过程开发
IPR	in-process review	进程内评审
IPT	integrated product team	综合产品团队
IRI	international roughness index	国际平整度指标
IRS	interface requirements specification	接口需求规范

ISD	instruction system development	教学系统开发
ISO	International Organization of Standards	国际标准化组织
ISS	International Space Station	国际空间站
IT	information technology	信息技术
ITA	independent test agency	独立测试机构
ITAR	（US）International Traffic and Arms Regulations	（美国）国际武器贸易条例
ITT	independent test teams	独立测试团队
IV&V	independent verification & validation	独立验证和确认

J

JIT	just-in-time	及时
JPL	Jet Propulsion Laboratory	喷气推进实验室

K

KE	kinetic energy	动能
KPP	key performance parameters	关键性能参数
KPI	key performance indicator	关键绩效指标
KSA	knowledge, skills and abilities	知识、技能和能力
KSC	（US NASA）Kennedy Space Center	（美国国家航空航天局）肯尼迪航天中心

L

LAN	local area network	局域网
LCC	life cycle cost	生命周期成本
LCL	lower control limit	控制下限
LDT	logistics delay time	后勤延误时间
$\overline{LDT}$	mean logistics delay time（MLDT）	平均后勤延误时间（MLDT）
LH	left-hand	左手
LM	（US Apollo）lunar module	（美国阿波罗）登月舱
LOB	line of business	业务线
LOE	level of effort	投入水平
LORA	level of repair analysis	修理级别分析
LRIP	low rate initial production	初始小批量生产
LRU	line replaceable unit	现场可更换单元
LSA	logistics support analysis	后勤保障分析
LSB	least significant bit	最低有效位
LSE	lead systems engineer	首席系统工程师
LSWG	logistics support working group	后勤保障工作组

M

$\overline{M}$	mean active maintenance time (MAMT)	平均有效维护时间（MAMT）
M_{ct}	corrective maintenance time	纠正性维护时间
$\overline{M_{CMT}}$	mean corrective maintenance time	平均纠正性维护时间
M_{PMT}	preventive maintenance time	预防性维护时间
$\overline{M_{PMT}}$	mean preventive maintenance time	平均预防性维护时间
M&S	modeling and simulation	建模与仿真
MAMT	mean active maintenance time	平均有效维护时间
MBSE	model based systems engineering	基于模型的系统工程
MC2	monitor, command and control	监控、命令和控制
MDD	model driven design	模型驱动设计
MDT	maintenance down time	维护停机时间
ME	mechanical engineering	机械工程
MET	mission event timeline	任务事件时间线
MIL	military	军事系统
MKS	meter-kilogram-second (system)	米-千克-秒（制）
MLE	maximum likelihood estimation	最大似然估计
MMI	man-machine interface	人机接口
MNS	mission needs statement	任务需求声明
MOE	measure of effectiveness	有效性度量
MOP	measure of performance	性能度量
MOS	measure of suitability	适用性度量
MPS	master program schedule	项目总进度表
MRB	Material Review Board	材料审查委员会
MRI	magnetic resonance imaging	磁共振成像
MSB	most significant bit	最高有效位
MSDS	material safety data sheet	材料安全数据表
MSL	mean sea level (see AMSL)	平均海平面（见 AMSL）
MTBF	mean-time-between-failure	平均失效间隔时间
MTBM	mean-time-between-maintenance	平均维护间隔时间
MTTF	mean-time-to-failure	平均失效时间
MTTR	mean-time-to-repair	平均修复时间
MTTRS	mean-time-to-restore-service	平均系统恢复时间

N

NASA	(US) National Aeronautics & Space Administration	美国国家航空航天局
NCR	non-conformance report	不合格报告

NDA	non-disclosure agreement	保密协议
NDI	non-developmental item	非开发项
NDIA	National Defense Industrial Association	美国国防工业协会
NED	north-east-down（local reference）	北-东-地（局部参照）
NEPA	（US）National Environmental Policy Act	（美国）国家环境政策法案
NFS	network file structure	网络文件结构
NGT	nominal grouping technique	名义群体技术
NIH	（US）National Institute of Health	美国国家卫生研究院
NIST	（US）National Institute of Standards and Technology	美国国家标准与技术研究院
NOAA	（US）National Oceanic and Atmospheric Agency	美国国家海洋和大气管理局

O

OA	operational availability	运行可用性
OM&S	operations, maintenance & sustainment	运行、维护和维持
OCD	operational concept description	运行概念描述
OE	operating environment	运行环境
OEM	original equipment manufacturer	原始设备制造商
OH&S	operational health and status	运行健康和状态
OJT	on-the-job（training）	在职培训
OM&S	operations, maintenance and sustainability	运行、维护和维持
OMG	object management group	对象管理组织
Ops	operations	运行
OPSEC	operations security	作战安全
ORD	operational requirements document	运行需求文件
ORT	operational readiness test	运行准备测试
OSE	open systems environment	开放系统环境
OSHA	（US）Occupational Safety & Health Administration	美国职业安全与健康管理局
OSP	organizational standard process	组织标准流程
OS&H	（US）occupational safety and health	（美国）职业安全与健康
OT&E	operational test and evaluation	运行测试和评估
OTW	out-the-window（display）	窗外（显示）
OV	（US space shuttle）orbiter vehicle	（美国航天飞机）轨道飞行器

P

PBS	product breakdown structure	产品分解结构

PCA	physical configuration audit	物理构型审核
PDF	probability density function	概率密度函数
PDT	product development team	产品开发团队
PE	professional engineer（registration）	专业工程师（注册）
PERT	program evaluation and review technique	计划评估和评审技术
PdM	predictive maintenance	预测性维护
PDR	preliminary design review	初步设计评审
PGE	powered ground equipment	动力地面设备
PHM	prognosis and health management	预测与健康管理
PHS&T	packaging, handling, storage & Transportation	包装、装卸、贮存和运输
PHYSEC	physical security	物理安全
PIA	proprietary information agreement	专有信息协议
PM	project management	项目管理
PMB	performance measurement baseline	性能度量基线
PMI	project management institute	项目管理协会
PMP	project management plan	项目管理计划
PMT	preventive maintenance time	预防性维护时间
POC	point of contact	接触点
PR	problem report	问题报告
PRR	production readiness review	生产就绪评审
PSE	peculiar support equipment	专用保障设备
PWBS	project work breakdown structure	项目工作分解结构
PWO	project work order	项目工单

Q

QA	quality assurance	质量保证
QAP	quality assurance plan	质量保证计划
QAR	quality assurance representative	质量保证代表
QFD	quality function deployment	质量功能配置
QMS	quality management system	质量管理体系
QT	qualification test	鉴定试验
QR	（ISO）quality record	（ISO）质量记录

R

R&M	reliability and maintainability	可靠性和可维护性
R&D	research & development	研发
RCM	reliability-centered maintenance	以可靠性为中心的维修

REQ	requirement	需求
RFI	request for information	信息征询书
RFP	request for proposal	投标邀请
RFS	request for service	服务请求
RFQ	request for quotation	报价邀请书
RH	right hand	右手
RMA	reliability, maintainability & availability	可靠性、可维护性和可用性
RMP	risk management plan	风险管理计划
RMT	requirements management tool	需求管理工具
ROBP	requirements, operations, behavior and physical (SE process)	需求、运行、行为和物理（系统工程流程）
ROMP	risk and opportunity management plan	风险和机会管理计划
ROC	required operational capability	所需运行能力
ROI	return on investment	投资回报
ROIC	return on invested capital	投入资本回报率
ROM	rough order of magnitude	粗数量级估算
RPY	roll, pitch and yaw	滚转、俯仰和偏航
RSO	range safety officer	靶场安全员
RTA	requirements traceability audit	需求追溯审计
RTF	run-to-failure (see TTF)	故障检修（见 TTF）
RTM	requirements traceability matrix	需求追溯矩阵
RTSR	ready-to-ship review	装运就绪评审
RVM	requirements verification matrix	需求验证矩阵
RVTM	requirements verification traceability matrix	需求验证可追溯矩阵

S

6-DOF	six degrees of freedom	六自由度
S&T	simulation and training	模拟与训练
S/N	signal-to-noise	信噪比
SA&M	system acquisition and management	系统采办和管理
SBA	simulation-based acquisition	基于仿真的采办
SBD	system block diagram	系统框图
SCCB	Software Configuration Control Board	软件构型控制委员会
SCM	supply chain management	供应链管理
SCR	software change request	软件变更请求
SDBTF	specify-design-build-test-fix (paradigm)	定义—设计—构建—测试—修复（范式）

SDD	software design description	软件设计说明
SDN	system design notebook	系统设计记事本
SDP	software development plan	软件开发计划
SDR	system design review	系统设计评审
SDRL	subcontract data requirements list	分包数据要求清单
SDT	system development team	系统开发团队
SE	system engineering	系统工程
SE&D	systems engineering and development	系统工程与开发
SEA	system element architecture	系统元素架构
SEEC	System Engineering Effectiveness Committee	系统工程有效性委员会
SEI	software engineering institute	软件工程研究所
SEIT	system engineering and integration team	系统工程和集成团队
SEMP	systems engineering management plan	系统工程管理计划
SETA	systems engineering and technical assistance	系统工程和技术援助
SFP	single failure point	单一故障点
SFR	stabilized failure region	稳定失效区
SI	international system of units	国际单位制
SI&T	system integration and test	系统集成和测试
SITE	system integration, test & evaluation	系统集成、测试和评估
SIVP	system integration & verification plan	系统集成和验证计划
SM	(US Apollo) service module	(美国阿波罗) 服务舱
SMART-V	specific, measurable, achievable, realistic, testable (Doran); verifiable and traceable (Wasson) (requirements)	具体、可测量、可实现、现实、可测试(Doran);可验证和可追溯(Wasson) (要求)
SME	subject matter expert	主题专家
SOA	service-oriented architecture	面向服务的架构
SOI	system of interest	利益相关系统
SOO	statement of objectives	目标陈述
SOPP	standard operating practices & procedures	标准操作规程和程序
SoS	system of systems	系统体系
SOW	statement of work	工作说明书
SPC	statistical process control	统计过程控制
SPR	software problem report	软件问题报告
SPS	system performance specification	系统性能规范
SQA	software quality assurance	软件质量保证

SRB	(US NASA space shuttle) solid rocket booster	(美国国家航空航天局航天飞机) 固体火箭助推器
SRD	system requirements document	系统需求文件
SSET	source selection evaluation team	来源选择评估小组
SRR	system requirements review	系统需求评审
SRS	software requirements specification	软件要求规范
SSDD	system/segment design description	系统/区段设计说明
SSR	system specification review	系统规格评审
SVD	software version description (document)	软件版本说明 (文档)
SVR	system verification review	系统验证评审
SVT	system verification test	系统验证测试
SW	software	软件
SwE	software engineering	软件工程
SysML™	systems modeling language™	系统建模语言™
SWOT	strengths, weaknesses, opportunities and threats	优势、劣势、机会和威胁

T

TBD	to be determined	待确定
TBS	to be supplied	待提供
TC	test case	测试案例
TCO	total cost of ownership	总拥有成本
TD	test discrepancy	测试差异
TDD	test driven development	测试驱动开发
TDP	technical data package	技术数据包
TE	test and evaluation	测试和评估
TEMP	test and evaluation master plan	测试与评估主计划
TEWG	test and evaluation working group	测试与评估工作组
TMDE	test, measurement and diagnostics equipment	测试、测量和诊断设备
TMP	technical management plan	技术管理计划
TOO	target of opportunity	机会目标
TPM	technical performance measure	技术性能度量
TPP	technical performance parameter	技术性能参数
TQM	total quality management	全面质量管理
TRR	test readiness review	测试就绪评审
TSO	test safety officer	测试安全员
TSR	trade study report	权衡研究报告

TTF	time-to-failure（see RTF）	故障时间（见 RTF）

U

UAS	unmanned aerial system	无人驾驶航空系统
UC	use case	用例
UCI	user-computer interface	用户计算机接口
UCL	upper control limit	控制上限
UCSD	user-centric system design	以用户为中心的系统设计
UML™	unified modeling language™	统一建模语言™
UT	up time	可用时间
UUT	unit-under-test	被测单元

V

V&V	verification & validation	验证和确认
VAL	validation	确认
VDD	version description document	版本说明文件
VOC	voice of the customer	客户呼声
VTR	verification test report	验证测试报告

W

WAN	wide area network	广域网
WBS	（project）work breakdown structure	（项目）工作分解结构
WCS	world coordinate system	世界坐标系

附录 B INCOSE 手册可追溯性

对于那些阅读 INCOSE SEH v4（2015）或正在为通过系统工程国际委员会（INCOSE）助理系统工程师、认证系统工程师或专家系统工程师认证而努力学习的人员而言，附录 B 可以作为快速参考，建议将 INCOSE SEH v4 大纲主题与本教材——《系统工程分析、设计与开发：概念、原理和实践》结合起来阅读。

参考文献

INCOSE SEHv4(2015), Systems Engineering Handbook: A Guide for System Life Cycle Process and Activities, 4th ed. D. D. Walden, G. J. Roedler, K. J. Forsberg, R. D. Hamelin, and T. M. Shortell (Eds.). San Diego, CA: International Council on Systems Engineering.

INCOSE《系统工程手册》	系统工程：分析、设计与开发	
第 1 章　系统工程手册范围		
第 2 章　系统工程概述		
	第 2 章	系统工程实践的发展状况——挑战和机遇
2.1　简介		
2.2　系统的定义和概念	第 I 部分	系统工程和分析概念
	第 1~34 章	关键术语定义
2.3　系统内的层级结构	第 8 章	系统抽象层次、语义和元素
	第 9 章	相关系统的架构框架及其运行环境

（续表）

INCOSE《系统工程手册》	系统工程：分析、设计与开发	
2.4　系统体系的定义	第1章	系统、工程和系统工程
2.5　使能系统	第4章	用户企业角色、任务和系统应用
	第8章	系统抽象层次、语义和元素
	第9章	相关系统的架构框架及其运行环境
2.6　系统工程的定义	第1章	系统、工程和系统工程
2.7　系统工程的起源和发展	第1章	系统、工程和系统工程
2.8　系统工程的使用和价值	第1章	系统、工程和系统工程
	第2章	系统工程实践的发展状况——挑战和机遇
2.9　系统科学和系统思维	第1章	系统、工程和系统工程
2.10　系统工程领导	第12~18章	系统开发策略简介
2.11　系统工程专业发展	第2章	系统工程实践的发展状况——挑战和机遇
第3章　一般生命周期阶段		
3.1　简介		
3.2　生命周期特征	第3章	系统属性、性质和特征
3.3　生命周期阶段	第3章	系统属性、性质和特征
3.4　生命周期方法	第3章	系统属性、性质和特征
3.5　什么对您的组织、项目或团队最有利？	第1章	系统、工程和系统工程
	第2章	系统工程实践的发展状况——挑战和机遇
	第11章	分析性问题求解和解决方案开发综合
	第14章	沃森系统工程流程
	第15章	系统开发过程模型
	结尾篇	结尾篇
3.6　案例研究简介	第1、2、4、5、11、20、24~28、33章	
	同步网站	请参考教材的同步网站：www.wiley.com/go/systemengineering analysis2e
第4章　技术流程	第12章	系统开发战略简介
	第13章	系统验证和确认流程战略

（续表）

INCOSE《系统工程手册》		系统工程：分析、设计与开发
	第 14 章	沃森系统工程流程
	第 15 章	系统开发过程模型
4. 1　业务或任务分析流程	第 4 章	用户组织角色、任务和系统应用
	第 5 章	用户需求、任务分析、用例和场景
	第 29 章	系统部署，运行、维护和维持，退役及处置
4. 2　利益相关方需求和要求定义流程	第 3 章	系统属性、性质和特征
	第 4 章	用户组织角色、任务和系统应用
	第 5 章	用户需求、任务分析、用例和场景
	第 22 章	需求陈述编制
	第 29 章	系统部署，运行、维护和维持，退役及处置
4. 3　系统需求定义流程	第 4 章	用户企业角色、任务和系统应用
	第 5 章	用户需求、任务分析、用例和场景
	第 6 章	系统概念的形成和发展
	第 7 章	系统命令和控制——运行阶段、模式和状态
	第 10 章	任务系统和使能系统操作建模
	第 21 章	需求派生、分配、向下流动和可追溯性
	第 22 章	需求陈述编制
	第 29 章	系统部署，运行、维护和维持，退役及处置
4. 4　架构定义流程	第 7 章	系统命令和控制——运行阶段、模式和状态
	第 8 章	系统抽象层次、语义和元素
	第 9 章	相关系统的架构框架及其运行环境
	第 12 章	系统开发战略简介
	第 26 章	系统和实体架构开发
	第 27 章	系统接口定义、分析、设计和控制
4. 5　设计定义流程	第 12 章	系统开发战略简介
	第 16 章	系统构型标识和部件选择战略

（续表）

INCOSE《系统工程手册》	系统工程：分析、设计与开发	
	第 24 章	以用户为中心的系统设计
	第 25 章	单位、坐标系和惯例的工程标准
	第 26 章	系统和实体架构开发
	第 27 章	系统接口定义、分析、设计和控制
4.6 系统分析流程	第 I 部分	系统工程和分析概念
	第 30 章	分析决策支持简介
	第 31 章	系统性能分析、预算和安全裕度
	第 34 章	系统可靠性、可维护性和可用性
4.7 实施流程	第 12 章	系统开发战略简介
	第 13 章	系统验证和确认战略
	第 14 章	沃森系统工程流程
	第 15 章	系统开发过程模型
	第 16 章	系统构型标识和部件选择战略
	第 17 章	系统文档战略
	第 18 章	技术评审战略
4.8 集成流程	第 8 章	系统抽象层次、语义和元素
	第 12 章	系统开发战略简介
	第 16 章	系统配置识别和部件选择策略
	第 28 章	系统集成、测试和评估实践
4.9 验证流程	第 12 章	系统开发战略简介
	第 13 章	系统验证和确认战略
	第 14 章	沃森系统工程流程
	第 28 章	系统集成、测试和评估
4.10 过渡流程	第 6 章	系统概念的形成和发展
	第 29 章	系统部署、运行、维护、维持、退役及处置
4.11 确认流程	第 12 章	系统开发战略简介
	第 13 章	系统验证和确认战略
4.12 操作流程	第 3 章	系统属性、性质和特征
	第 6 章	系统概念的形成和发展
	第 10 章	任务系统和使能系统操作建模
	第 29 章	系统部署，运行、维护和维持，退役及处置

（续表）

INCOSE《系统工程手册》	系统工程：分析、设计与开发	
4.13　维护流程	第 3 章	系统属性、性质和特征
	第 6 章	系统概念的形成和发展
	第 10 章	任务系统和使能系统操作建模
	第 29 章	系统部署，运行、维护和维持，退役及处置
	第 34 章	系统可靠性、可维护性和可用性
4.14　处置流程	第 3 章	系统属性、性质和特征
	第 6 章	系统概念的形成和发展
	第 29 章	系统部署，运行、维护和维持，退役及处置
第 5 章　技术管理流程		
5.1　项目规划流程	第 12 章	系统开发战略简介
	第 13 章	系统验证和确认战略
	第 14 章	沃森系统工程流程
	第 15 章	系统开发过程模型
	第 16 章	系统构型标识和部件选择战略
	第 17 章	系统文档战略
	第 18 章	技术评审战略
5.2　项目评估和控制流程	第 12 章	系统开发战略简介
	第 13 章	系统验证和确认战略
	第 16 章	系统配置识别和部件选择战略
	第 18 章	技术评审战略
5.3　决策管理流程	第 13 章	系统验证和确认战略
	第Ⅲ部分	分析决策和支持实践
	第 30 章	分析决策支持简介
	第 31 章	系统性能分析、预算和安全裕度
	第 32 章	替代方案权衡研究分析
	第 33 章	系统建模与仿真
	第 34 章	系统可靠性、可维护性和可用性
5.4　风险管理流程	第 12 章	系统开发战略简介
	第 13 章	系统验证和确认战略
	第 18 章	技术评审战略
	第 24 章	以用户为中心的系统设计

（续表）

INCOSE《系统工程手册》		系统工程：分析、设计与开发
	第 32 章	替代方案权衡研究分析
	第 33 章	系统建模与仿真
	第 34 章	系统可靠性、可维护性和可用性
5.5 配置管理流程	第 12 章	系统开发战略简介
	第 16 章	系统构型标识和部件选择战略
	第 27 章	系统接口定义、分析和控制
5.6 信息管理流程	第 16 章	系统配置识别和部件选择战略
	第 25 章	单位、坐标系和惯例的工程标准
	第 33 章	系统建模与仿真
	第 34 章	系统可靠性、可维护性和可用性
5.7 测量流程	第 12 章	系统开发战略简介
	第 13 章	系统验证和确认战略
	第 15 章	系统开发过程模型
	第 21 章	需求派生、分配、向下流动和可追溯性
	第 29 章	系统部署，运行、维护和维持，退役及处置
	第 31 章	系统性能分析、预算和安全裕度
	第 34 章	系统可靠性、可维护性和可用性
5.8 质量保证流程	第 12 章	系统开发战略简介
	第 13 章	系统验证和确认战略
	第 14 章	沃森系统工程流程
	第 15 章	系统开发过程模型
	第 18 章	技术评审战略
	第 20 章	规范制定方法
	第 23 章	规范分析
	第 28 章	系统集成、测试和评估
第 6 章 协议流程		
6.1 采购流程	第 3 章	系统属性、性质和特征
	第 16 章	系统配置识别和部件选择战略
	第 18 章	技术评审战略
6.2 供应流程	第 4 章	用户企业角色、任务和系统应用
	第 29 章	系统部署，运行、维护和维持，退役及处置

（续表）

INCOSE《系统工程手册》		系统工程：分析、设计与开发
	第 34 章	系统可靠性、可维护性和可用性
第 7 章　组织项目——启用流程		
7.1　生命周期模型管理流程		
7.2　基础设施管理流程		
7.3　组合管理流程		
7.4　人力资源管理流程		
7.5　质量管理流程		
7.6　知识管理流程	第 4 章	用户组织角色、任务和系统应用
	第 5 章	用户需求、任务分析、用例和场景
	第 14 章	沃森系统工程流程
	第 16 章	系统构型标识和部件选择战略
	第 22 章	需求陈述制定
	第 29 章	系统部署，运行、维护和维持、退役及处置
	第 33 章	系统建模与仿真
	第 34 章	系统可靠性、可维护性和可用性
第 8 章　系统工程的裁剪流程及应用		
8.1　裁剪流程	第 12 章	系统开发战略简介
	第 19 章	系统规范概念
	结尾篇	
8.2　针对特定产品部门或领域应用的裁剪	第 5 章	用户需求、任务分析、用例和场景
8.3　系统工程在产品线管理中的应用	第 3 章	系统属性、性质和特征
	第 5 章	用户需求、任务分析、用例和场景
	第 12~18 章	系统开发战略实践
8.4　系统工程在服务中的应用	第 1~34 章	
	第 14 章	沃森系统工程流程
8.5　系统工程在企业中的应用	第 1~34 章	
	第 5 章	用户需求、任务分析、用例和场景
	第 12 章	系统开发策略简介
	第 13 章	系统验证和确认战略
	第 14 章	沃森系统工程流程
	第 15 章	系统开发过程模型

（续表）

INCOSE《系统工程手册》		系统工程：分析、设计与开发
	第 16 章	系统构型标识和部件选择战略
	第 17 章	系统文档战略
	第 18 章	技术评审战略
8.6 系统工程在小微企业中的应用	第 1~34 章	
	第 12 章	系统开发战略简介
	第 13 章	系统验证和确认战略
	第 14 章	沃森系统工程流程
	第 15 章	系统开发过程模型
	第 16 章	系统构型标识和部件选择战略
	第 17 章	系统文档战略
	第 18 章	技术评审战略
第 9 章 交叉系统工程方法	第 1~34 章	
9.1 建模与仿真	第 10 章	任务系统和使能系统运行行为、物理交互建模
	第 33 章	系统建模与仿真
9.2 基于模型的系统工程	第 2 章	系统工程实践的发展状况——挑战和机遇
	第 10 章	任务系统和使能系统操作建模
	第 33 章	系统建模与仿真
9.3 基于功能的系统工程方法	第 2 章	系统工程实践的发展状况：挑战和机遇
	第 14 章	沃森系统工程流程
9.4 面向对象的系统工程方法	第 5 章	用户需求、任务分析、用例和场景
	第 7 章	系统命令和控制——运行阶段、模式和状态
	第 8 章	系统抽象层次、语义和元素
	第 9 章	相关系统的架构框架及其运行环境
	第 10 章	任务系统和使能系统运行行为、物理交互建模
	第 28 章	系统集成、测试和评估
	附录 C	系统建模语言（SysML™）结构
9.5 原型设计	第 7 章	系统命令和控制——运行阶段、模式和状态

（续表）

INCOSE《系统工程手册》	系统工程：分析、设计与开发	
	第 16 章	系统构型识别和部件选择战略
	第 20 章	规范制定方法
	第 24 章	以用户为中心的系统设计
	第 33 章	系统建模与仿真
9.6　接口管理	第 12 章	系统开发战略简介
	第 16 章	系统构型标识和部件选择战略
	第 27 章	系统接口定义、分析和控制
9.7　集成产品和过程开发	第 2 章	系统工程实践的发展状况——挑战和机遇
	第 12 章	系统开发战略简介
	第 14 章	沃森系统工程流程
	第 15 章	系统开发过程模型
	第 16 章	系统构型识别和部件选择战略
9.8　精益系统工程	第 2 章	系统工程的现状——挑战和机遇
9.9　敏捷系统工程	第 15 章	系统开发过程模型
第 10 章　专业工程活动		
10.1　可负担性/成本效益/生命周期成本分析	第 3 章	系统属性、性质和特征
	第 5 章	用户需求、任务分析、用例和场景
	第 21 章	需求派生、分配、向下流动和可追溯性
	第 30 章	分析决策支持实践简介
	第 34 章	系统可靠性、可维护性和可用性
10.2　电磁兼容性	第 8 章	系统抽象层次、语义和元素
	第 9 章	相关系统的架构框架及其运行环境
	第 30 章	分析决策支持简介
10.3　环境工程/影响分析	第 9 章	相关系统的架构框架及其运行环境
	第 28 章	系统集成、测试和评估
	第 30 章	分析决策支持简介
10.4　互操作性分析	第 3 章	系统属性、性质和特征
	第 5 章	用户需求、任务分析、用例和场景
	第 10 章	任务系统和使能系统操作建模
	第 26 章	系统和实体架构开发
	第 27 章	系统接口定义、分析、设计和控制

（续表）

INCOSE《系统工程手册》	系统工程：分析、设计与开发	
	第 30 章	分析决策支持简介
10.5　物流工程	第 5 章	用户需求、任务分析、用例和场景
	第 29 章	系统部署，运行、维护和维持，退役及处置
	第 30 章	分析决策支持简介
	第 34 章	系统可靠性、可维护性和可用性
10.6　制造和生产能力分析	第 30 章	分析决策支持简介
10.7　质量特性工程	第 3 章	系统属性、性质和特征
	第 30 章	分析决策支持简介
	第 31 章	系统性能分析、预算和安全裕度
	第 34 章	系统可靠性、可维护性和可用性
10.8　可靠性、可用性和可维护性	第 26 章	系统和实体架构开发
	第 27 章	系统接口定义、分析和控制
	第 34 章	系统可靠性、可维护性和可用性
10.9　复原工程	第 26 章	系统和实体架构开发
	第 27 章	系统接口定义、分析、设计和控制
	第 34 章	系统可靠性、可维护性和可用性
10.10　系统安防工程	第 4 章	用户企业角色、任务和系统应用
	第 5 章	用户需求、任务分析、用例和场景
	第 7 章	系统命令和控制——运行阶段、模式和状态
	第 10 章	任务系统和使能系统操作建模
	第 18 章	技术评审战略
	第 20 章	规范制定方法
	第 23 章	规范分析
	第 24 章	以用户为中心的系统设计
	第 26 章	系统和实体架构开发
	第 27 章	系统接口定义、分析、设计和控制
	第 30 章	分析决策支持简介
	第 31 章	性能分析、预算和安全裕度
	第 32 章	替代方案权衡研究分析
	第 33 章	系统建模与仿真

（续表）

INCOSE《系统工程手册》	系统工程：分析、设计与开发	
	第 34 章	系统可靠性、可维护性和可用性
10.11　系统安全性工程	第 4 章	用户组织角色、任务和系统应用
	第 5 章	用户需求、任务分析、用例和场景
	第 23 章	规范分析
	第 26 章	系统和实体架构开发
	第 27 章	系统接口定义、分析和控制
	第 30 章	分析决策支持简介
10.12　培训需求分析	第 4 章	用户企业角色、任务和系统应用
	第 5 章	用户需求、任务分析、用例和场景
	第 30 章	分析决策支持简介
	第 33 章	系统建模与仿真
10.13　可用性分析/人类系统集成	第 5 章	用户需求、任务分析、用例和场景
	第 24 章	以用户为中心的系统设计
	第 30 章	分析决策支持简介
10.14　价值工程	第 32 章	替代方案权衡研究分析
附录 A　参考文献	第 1~34 章	本章结束　参考文献
附录 B　缩略词	附录 A	缩略词和缩略语
附录 C　术语和定义	第 1~34 章	各章关键术语的定义
附录 D：系统工程流程的 N2 图		
附录 E：输入/输出说明		
附录 F：致谢		
附录 G：意见表		
	附录 C	系统建模语言（SysML™）结构

附录 C　系统建模语言（SysML™）结构

C.1　简介

系统工程（SE），作为一种多学科的问题解决和解决方案开发方法，由基于模型的系统工程（MBSE）、模型驱动设计（MDD）等方法和工具支持，这些方法和工具根据系统的运行、行为和物理关系、性质和特性来概念化、表达和阐述系统。系统、产品或服务的建模需要建立一个分析框架，这样我们能够用嵌入的传递函数来表示时间相关的、串行与并行流程和任务，从而使我们能够将一组可接受/不可接受的输入转换成一组可接受/不可接受的行为输出（见图 3.2）。那么，我们如何创建和描述这些流程？解决方案从图形描述语言开始，如系统建模语言（SysML™）。SysML™ 由对象管理组织（OMG™）创建。SysML™ 结构为《系统工程分析、设计与开发：概念、原理和实践》中使用的一些图提供了依据。

注意 C.1　系统工程分析、设计与开发侧重于建立系统工程概念、原理和实践基础，而不是 SysML™。由于 SysML™ 是许多系统工程师和系统分析师所做工作的一个组成部分，本文使用了几个 SysML™ 图结构来说明概念、原理和实践。因此，附录 C 不宜解释为 SysML™ 或其应用的教学指南。仅使用与本文中的讨论相关的特定 SysML™ 图表。有关 SysML™ 的更多详细说明，请参考德尔嘉迪（2013）、弗雷登塔尔等（2014）和对象管理组织（2012）。

由于空间限制且需要保持字体最小，本文中的图形没有图形化地描述

SysML™ 结构的所有属性，如模型元素、图表框、书名号《》、命名空间、分隔、端口和流以及语义。对于 SysML™ 及其图表和应用的当前官方规范和说明，请务必参考对象管理组织（OMG™）的 SysML™ 网站 www. omgsysml. org。

C. 2　实体关系

根据定义，系统是由多个**抽象**层次和**实体**组成的（见图 8. 4），在每个层次中可能有/也可能没有直接的关系。同理，一个系统可能与依赖于时间的外部系统有直接或关联的实体关系（ER）。我们从分析上把系统及其内部和外部的相互作用称为实体关系。实体关系图（ERD）以图形方式描绘了实体关系，如图 26. 2 所示。

实体关系以图形方式展现了垂直抽象层次或外部系统之间比较典型的组合和关联关系。如图 C. 1 所示，组合实体关系的特征在于两个概念：泛化和聚合。

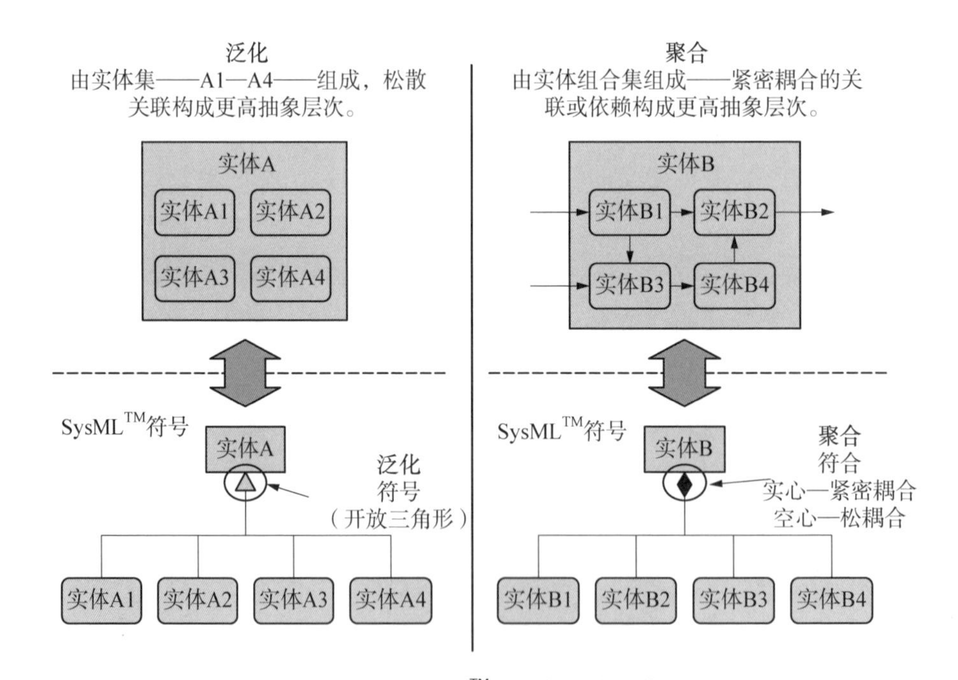

图 C. 1　SysML™ 泛化与聚合概念

接下来我们进一步研究这些概念。

C. 2. 1 泛化组合

参考资料：对象管理组织（2012：35）

泛化概念仅仅意味着一个系统或其一个或多个多层次实体的特征是与较低层次实体存在关联实体关系（见图 21. 2）。参考图 C1 的左上角——系统由松散关联的四个实体 A1 ~ A4 组成。例如，安装套件是一包或一盒零件的泛化，除了一起放在包中之外，这些零件彼此之间可能存在，也可能不存在物理关联（见图 8. 9）。

从实体关系的角度来看，这些关系具有层级——包/盒（父项）由零件（子项）组成，如图 21. 2 和 C. 1 所示。泛化用更高层次类或父类所附的开放三角形符号表示。举例说明如下。

示例 C. 1 车辆管理局数据库

政府的车辆管理局发放执照和车辆标签授权车辆在道路上行驶。数据库用于跟踪车辆属性（卡车/轿车、车型等）和车辆标签号。

在数据库中，车辆类型（按制造商分类的卡车和汽车）被分层地构造成代表独特车型的多层次子类。因此，我们可以说卡车等车辆类型是制造商 X 的卡车车型、制造商 Y 的卡车车型等的泛化。由于车辆除了由特定制造商或一组设计创造之外，没有物理的实体关系，我们将这些称为泛化的关联关系。

然而，从图形上来看，泛化实体关系图中的开放三角形符号表示“存在”较低层次实体关系，但与数量无关——它是没有单位的。从分析上来说，我们需要一个数学关系来表达每一个实体关系的数量信息。通过将每个实体关系链接标注为一对一、一对多或多对一实体关系可以达到前述目的。因此，与泛化开放三角形相对的实体关系的末端——以及后来的聚合菱形——被标注为：

(1) 0. . * ——表示“零对多”实体关系。其中，可能存在也可能不存在较低层次的实体；在条件出现的末端，有时在实体关系链接中使用虚线。

(2) 1. . * ——表示“一对多”实体关系。

图 26. 2 用于说明这些关系。

前面的讨论说明了基于逻辑关联的实体关系（见图 8. 9），而不是物理实

体关系。这就引出了下一话题——聚合组合。

C. 2. 1. 1　聚合组合

一些系统或产品由物理连接的部件组成——机械、电气、无线、光学等。例如，汽车发动机作为一个抽象实体，代表发动机缸体、活塞、凸轮轴和其他部件的物理集成（组合）。如果存在直接的组合关系，我们称之为聚合，如图 1 右侧所示。

聚合表示第 1 章中提供的系统定义的表现形式。它用实体关系更高层次的类或父类所附的菱形表示。聚合菱形分为两种形式：（1）实心菱形；（2）空心菱形。我们先来对其进行定义：

（1）实心菱形——表示由父类及其子类之间紧密耦合物理连接组成的“零件关联”（OMG，2012：35）——“聚合=组合”（OMG，2012：47）。如果有两个或多个零件关联，这些关联被称为多分支零件关联（OMG，2012：35）。

（2）开放（空心）菱形——表示“共享聚合”（OMG，2012：35）或松耦合。同样，如果有两个或多个零件关联，这些线被称为多分支共享关联（OMG，2012：35）。

在泛化情况下，聚合通过注解用于表示“一对一（1）”　“一对多（1.. *）”或“多对一”实体关系数量属性。

C. 3　SysML™ 图

作为一种系统描述语言，SysML™ 提供了一套图解结构（构造），借此系统工程师、系统分析师和工程师能够对系统、产品或服务的各个方面进行建模。SysML™ 图由三种类型组成（见图 C. 2）：行为、需求和结构。

（1）行为图——据此我们能够对外部和内部、刺激—响应、系统、产品或服务及其用户、外部系统和运行环境之间的行为性能交互进行建模。

（2）需求图——据此我们能够描述系统、产品或服务需求的层级结构。

（3）结构图——据此我们能够建立我们选择建模的系统、产品或服务的架构框架和组合实体关系。

接下来我们简单介绍一下上述各类图。

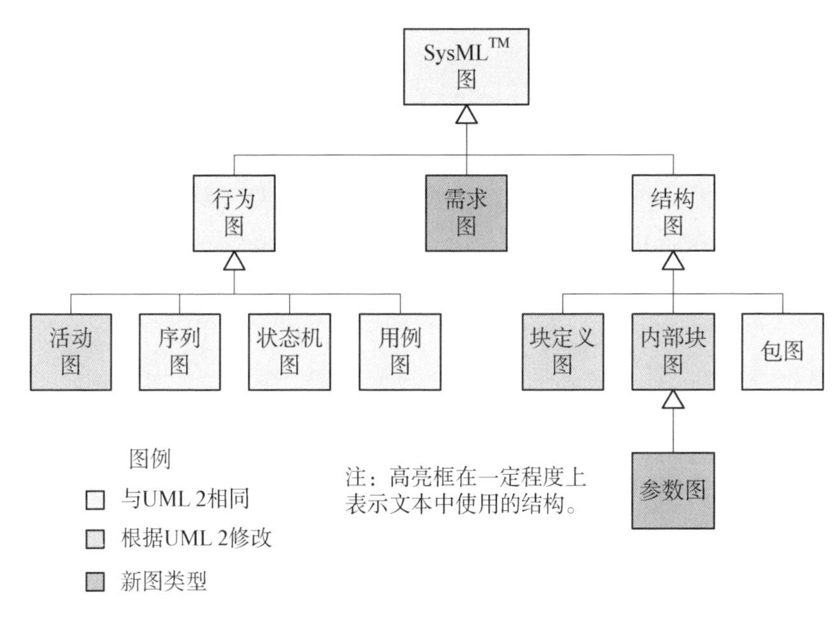

图 C.2 SysML™ 图类型分类（OMG，2012：167）

C.3.1 行为图

行为图有助于我们建立两个或多个实体之间的行为交互模型，包括它们的实体关系。本文中使用的 SysML™ 行为图包括用例图（UCD）、序列图、活动图和状态图。

C.3.1.1 用例图

参考：对象管理组织（2012：123－125）

在系统工程中，第一步是了解：①谁是系统、产品或服务的利益相关方——用户和最终用户；②利益相关方期望系统、产品或服务实现什么——基于行为的结果；③就性能而言，结果实现得有多好。这一步很关键，是推导系统、产品或服务能力，进而据此推导规范要求的依据。

SysML™ 用例图，如图 C.3 所示，有助于我们分析性地表示用户及其用例——与系统、产品或服务的刺激—响应交互。

用例图的关键属性如下：

（1）参与者——用户用简笔画表示。参与者可以是与系统、产品或服务交互的任何实体，例如：①人员和人员角色——飞行员、领航员等；②地点——

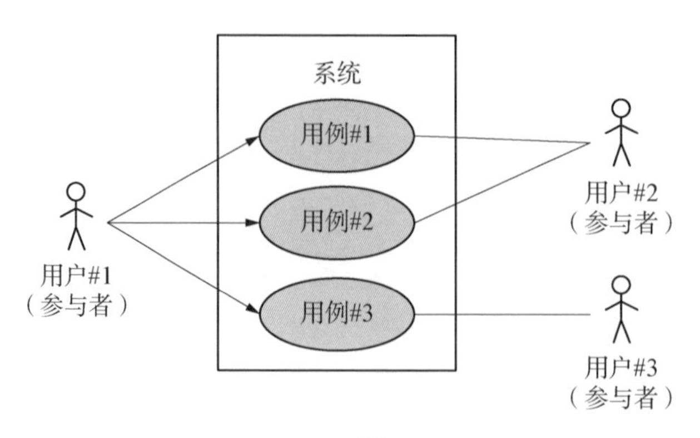

图 C. 3　SysML™ 用例图结构

环境条件等；③事物——外部系统等。不同的参与者可能共享相同的用例，如用例#1 和#2 是参与者#1 和#2 共用的。

(2) 系统边界——用一个矩形框表示。

(3) 用例——用椭圆表示，并分配有特定语法的名称：一个主动动词后接基于结果的系统预期成果。例如，UC #X——打印文件。结果表示用户（参与者）期望系统、产品或服务能实现什么（原理 5. 14）；而不是系统为产生结果而执行的基于能力的动作——打印。

(4) 扩展用例——基本用例的细化。例如，作为基本用例的汽车 UC #X 驱动车辆可以细化为车辆启动、车辆加速、车辆减速和车辆停止等扩展用例（OMG，2012：186）。

注意 C. 2

请密切注意上述用例要点。大多数系统工程师和系统分析师默认根据他们对系统或产品内部执行的动作（功能）的观点来分配用例名称。记住——必须明白用户希望系统或产品实现哪些基于行为的结果，然后才能定义如何实现——实施。要认识到两者之间的差异！

C. 3. 1. 2　序列图

参考：对象管理组织（2012：113－118）

在我们明确用户（参与者）是谁以及用户（参与者）期望系统完成什么后，下一步是将用例扩展到代表系统、产品或服务的刺激—响应行为的细节层次。这样我们能够与用户（参与者）合作，描述他们期望系统、产品或服务在面对刺激、激励或提示时应如何做出行为反应。

SysML™ 序列图，如图 C. 4 所示，有助于我们描述两种类型的交互：①与用户的外部交互；②如何处理用户输入以产生行为反应的内部交互。

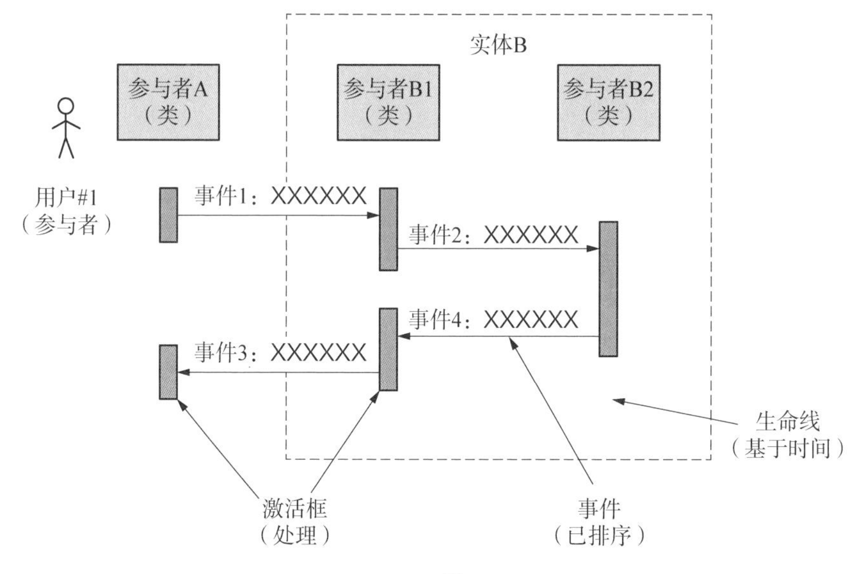

图 C. 4　SysML™ 序列图结构

序列图的关键属性如下：

（1）惯例——从“从左到右”流程的通用工程实践开始。

（2）参与者——代表与抽象层次和系统边界相关的用户——人员和人员角色、地点和事物。

（3）生命线——延伸到每个参与者下方，代表时间的垂直线（自上而下）。

（4）激活框——沿着每条生命线的垂直矩形框，代表由参与者执行的输入/输出（I/O）刺激—响应处理。

（5）事件——代表引发另一参与者处理的触发因素——刺激、激励或提示。*

＊ **注意**

（1）激活框不会延长生命线的全长。

（2）操作术语“激活”：

当系统、产品或服务没有主动执行刺激-响应处理时，其处于“等待状态”——空闲——等待下一个输入或处于“待机模式”（第 7 章）。在大多数情况下，当一名参与者被激活并被设计为节省能量时，它可能进入“待机模式”——休眠或睡眠——需要操作人员“激活”它才能恢复正常运行。办公室复印机（见表 5. 1）例如，在用户处于不活动状态 X 分钟后，可能进入“待机模式”，并保持在该模式，直到重新激活开始正常运行。

C. 3. 1. 3　活动图

参考：对象管理组织（2012：92－111）

在建立系统、产品或服务的序列图后，我们需要将激活框扩展成可操作的活动——操作任务。我们通过活动图可以达到前述目的，如图 C. 5 所示的结构。活动图更详细地展现序列图激活框如何处理通过参与者之间的交互获得的信息，产生预期的用例结果。如图 10. 9 所示，活动图中的控制流（垂直）和数据流（水平）表示交互。

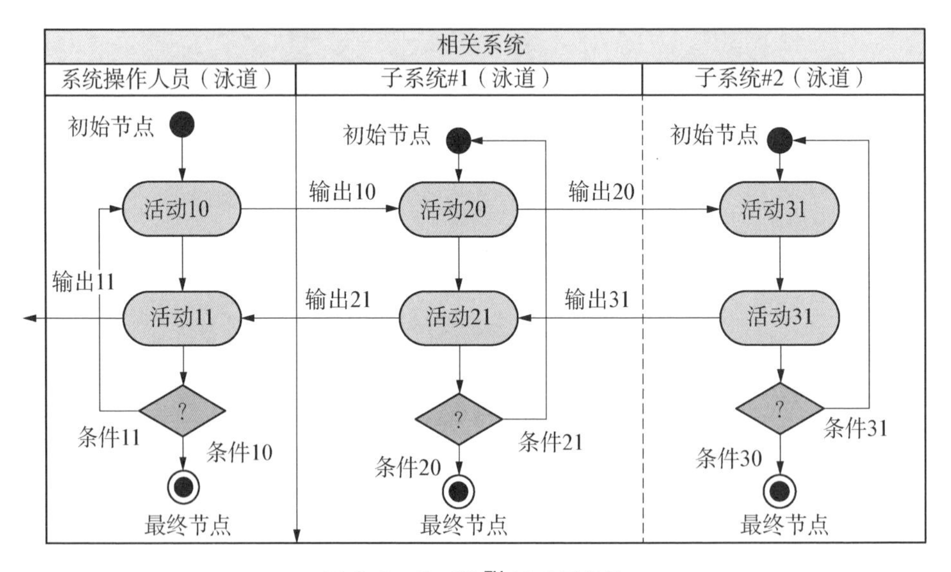

图 C. 5　SysML™ 活动图结构

在活动图自上而下的顺序控制流中，决策块可以根据条件沿着特定的路径指导处理。图 C. 6 中引入两个额外符号：一个分叉节点和一个汇合节点。

根据图 C. 5，活动图的关键属性如下：

（1）泳道——将参与者生命线扩展到垂直区域，用于描述内部对等参与者或外部系统参与者的控制流和数据流活动序列（见图 10. 9）。

（2）初始节点——每个参与者的处理活动从初始节点开始（OMG，2012：94）。

（3）输入——通常表示外部刺激、激励和提示或资源，每个都有自己的唯一标识符，如输入 10。

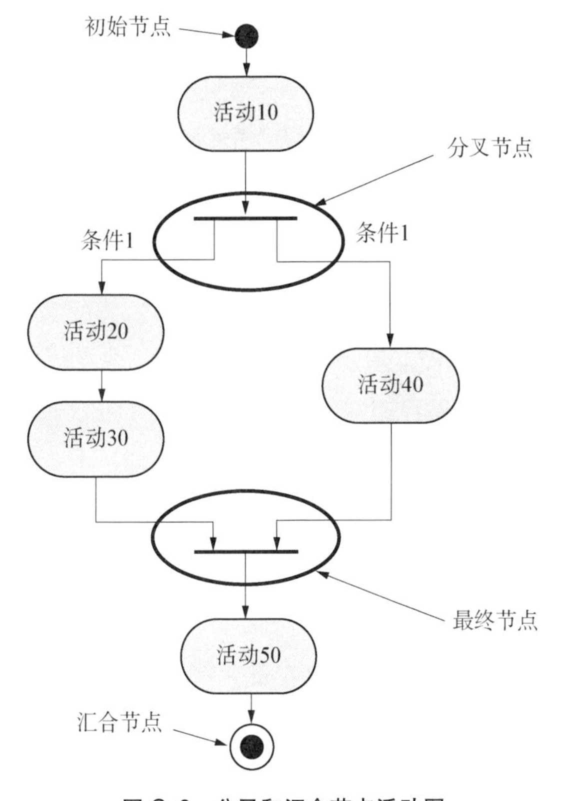

图 C.6 分叉和汇合节点活动图

（4）活动——用圆角矩形框表示，代表输入—输出（I/O）处理，该处理通过数学传递函数转换输入，产生特定的基于行为的结果——输出 XX。

（5）分叉节点（图 C.6）——表示并发处理路径（OMG，2012：94）。

（6）汇合节点（图 C.6）——表示一个或多个分叉控制流同步发生形成一个单向控制流（OMG，2012：94）。

（7）决策节点——用菱形符号表示，代表在连续的活动流程中要做出的决策。虽然传统的决策块包含一个要回答的问题，但 SysML™ 决策通常不包含文本。相反，决策路径会标注（OMG，2012：93）。传统的流程决策框（菱形）用条件性的“是”或“否”分支来表示问题，而 SysML™ 只是简单地放置一个“？”在决策框内，用标题标注决策分支。

（8）结果——表示作为输出产生的响应结果，每个响应结果都有自己的唯一标识符，如输出 21。

(9) 最终节点——每个参与者的处理活动都以最终节点结束（OMG，2012：93）。*

C.3.1.4　状态机图

参考：对象管理组织（2012：119－122）

状态机概念有助于我们表征处理过程，从而实现一组特定的基于目标的结果，直到基于条件或收到外部触发而发生状态变化。示例包括运行模式（见图7.7）和运行状态（见图7.5）。

状态机图的关键属性如下：

(1) 初始伪状态——进入状态或运行的条件。

(2) 切换触发——导致从一种状态切换到另一种状态的条件或事件。触发用触发名称或条件进行注释。

(3) 最终状态——运行状态结束的条件。

由于在触发退出到下一状态前模式和状态一直保持当前状态，因此传统上这种条件由一个270°循环来表示，其中箭头外部连接到模式或状态框的其中一角（见图7.5）。

C.3.2　需求图

参考：对象管理组织（2012：139－153）

SysML™需求图为定义、分配和向下传递系统、产品或服务需求提供框架。需求图在本文中一般是用层级结构表示，如图14.3所示。需求图是系统、产品或服务需求域解决方案的需求架构的基础，详见：

(1) 图11.2——四域解决方案。

(2) 图14.1和图14.2——开发需求域解决方案。

C.3.3　结构图

系统、产品或服务的架构框架及其内部和外部交互推动了用结构图描述聚合组合（见图C.1）实体关系的这种需求。这包括：①不同抽象层次（系统、

* 输入和输出的名称类型可自行选择。不过，宜以简洁为准。之前使用的通用输出21仅供参考。但是，请注意输出参数名称应**明确**，如XYZ触发、位置XYZ坐标等。

子系统、组件、子组件和零件）；②各层次内不同部件之间的交互。SysML™ 结构图提供了概念。

系统工程问题解决和解决方案开发需要将抽象实体分析划分/分解或细化为风险可控的较低层次的部件（原理 4.17）。同样，我们需要表示系统或产品的层次划分和集成——产品结构。那么，我们如何描述分析分解和物理集成呢？图 8.7 所示为一个系统工程应用示例。

SysML™ 结构图包括本文中使用的两种类型：块定义图（BDD）和内部块图（IBD）。

C.3.3.1　块定义图

参考：对象管理组织（2012：32－36，38－40，59－61 等）

泛化和聚合的组合概念使我们能够将系统、产品或服务推导、细化、分解成一些风险可控且有意义的实体。SysML™ 块定义图就有这种作用。图 C.7 所示为一个块定义图示例。

系统、产品或服务代表由至少①一个或多个任务系统和②一个或多个使能系统组成的相关系统（见图 9.1）。各任务系统和使能系统由系统元素组成，包括人员、设备、任务资源、操作规程、系统响应及设施（见图 9.2）。我们用图 C.7 所示的块定义图来说明这些实体关系。

观察图 C.7 中任务系统下方的虚线。虚线（中断线）表示人员可能是也可能不是任务系统的一部分。例如，作为任务系统用于分配处方药物的静脉注射医疗设备显然不包括来自制造商的“立即可用”人员。但是，该设备与医务人员综合在一起形成包括人员（医生、护士等）和设备（医疗设备等）的更高层次静脉给药系统。

如果将一个块定义图实体细化到更低的细节层次，那么我们可以创建如图 C.8 所示的另一个实例。观察块的属性包括《块》符号和名称——电源、性能值、执行的操作以及输入和输出。

C.3.3.2　内部块图

参考：对象管理组织（2012：37－38，40－42，61－62 等）

既然我们理解块定义图结构，我们需要描述其实体之间的交互。SysML™ 为此提供了内部块图（IBD）。

作为任务系统的各系统、产品或服务都在其运行环境中与外部系统交互。

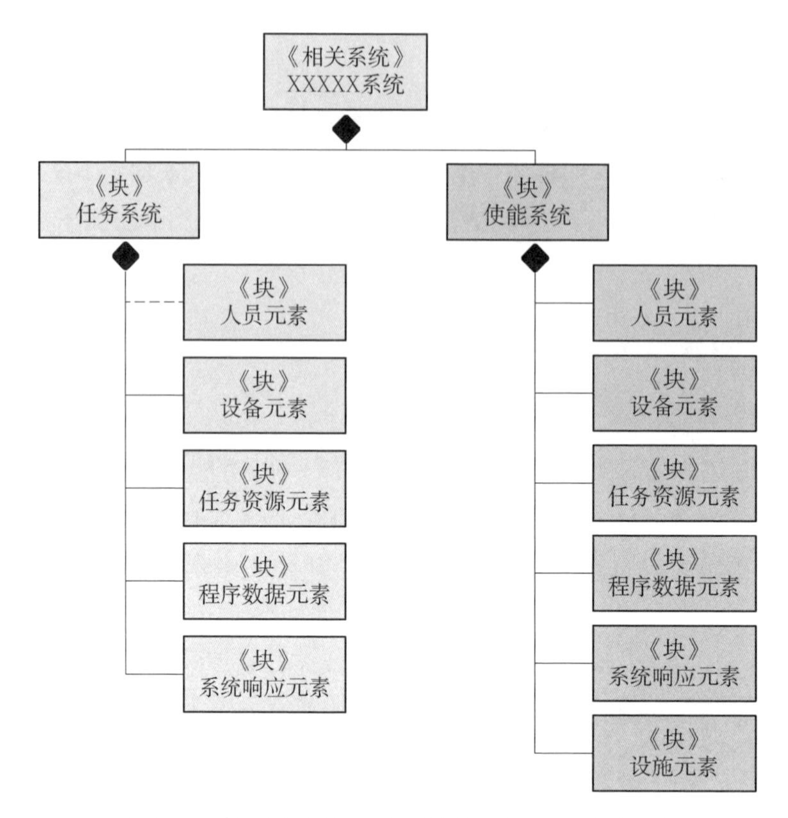

图 C.7　块定义图结构（程序数据元素改成操作规程）

运行环境由物理环境组成，包括自然环境、诱导环境和人类系统环境。图 C.9 所示为描述这些交互的一个内部块图示例。

内部块图的关键属性如下：

（1）ibd——位于左上角表示图的类型。

（2）句法——ibd（小写）中的块名称由冒号和块名组成，即（命名空间）。

（3）范围——注意：自然环境、诱导环境和人类系统环境可能由零或一对多（0..*或 1..*）实体组成，取决于具体情况。

（4）端口——包括指示力、数据或能量流向的箭头。

（5）端口名称——在依赖—交互—线路上的端口旁边列出。

（6）箭头——沿着交互指示方向流，并包括被传递参数的注释。

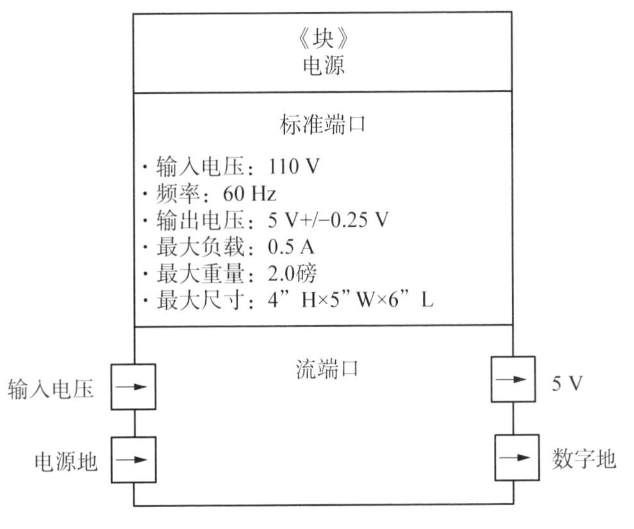

图 C. 8　详细块定义图结构

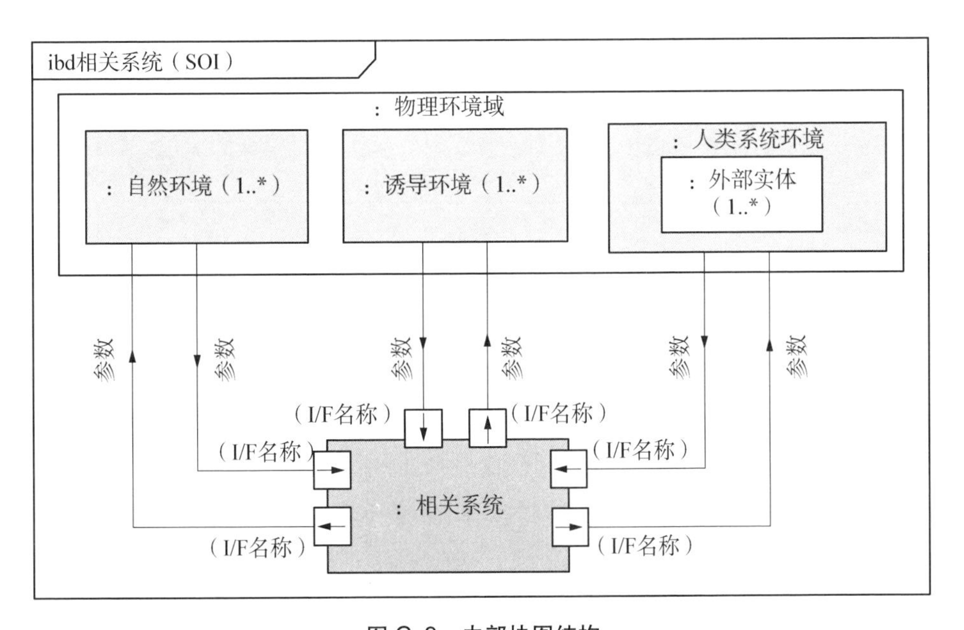

图 C. 9　内部块图结构

C. 3. 4　图用法

对象管理组织（2012）也介绍了图用法的概念。

这包括使用特定类型的图［如环境图（见图 8. 1）］作为块定义图、内部块图和用例图的一种使用形式（OMG，2012：170）。

C.4 参考文献

Delgatti, Lenny (2013), *SysML Distilled: A Brief Guide to the Systems Modeling Language,* Boston, MA: Addison-Wesley Professional.

Friedenthal, Sanford; Moore, Allan; and Steiner, Rick (2014), *A Practical Guide to SysML, Third Edition: The Systems Modeling Language*, Burlington, MA: The MK/OMG Press-Morgan Kaufmann.

OMG SysML™(2012), OMG Systems Modeling Language (SysML™), Version 1. 3, Document Number: formal/2012 - 06 - 01, Needham, MA: Object Management Group (OMG ®). Retrieved on 2/23/14 from http: //www. omgsysml. org.

索 引

C

D

E

F

G

H

K

L

M

N

O

P

Q

R

S

T

W

X

Y

Z

威立最终用户许可协议

登录 www. wiley. com/go/eula 访问威立电子书最终用户许可协议（EULA）。